Guia de boas práticas em farmácia hospitalar e serviços de saúde

Guia de boas práticas em farmácia hospitalar e serviços de saúde

2ª edição

ORGANIZADORAS

Maria Rita Carvalho Garbi Novaes
Michelle Silva Nunes
Valéria Santos Bezerra

Editora gestora: Sônia Midori Fujiyoshi
Produção editorial: Rico Editorial
Capa: Ricardo Yoshiaki
Imagem da capa: iStock
Projeto gráfico: Departamento Editorial da Editora Manole
Diagramação e ilustrações: Luargraf Serviços Gráficos Ltda.

Cip-Brasil. Catalogação na publicação
Sindicato Nacional dos Editores de Livros, RJ

G971
2 .ed.

Guia de boas práticas em farmácia hospitalar / organizadoras Michelle Silva Nunes ... [et al.]. - 2. ed. - Barueri [SP] : Manole, 2020.
560 p. ; 23 cm.

Inclui bibliografia e índice
ISBN 9788520460702

1. Farmácia hospitalar - Administração. 2. Farmácia hospitalar - Administração – Manuais, guias, etc.

20-63480 CDD: 615.1
CDU: 615.1

Leandra Felix da Cruz Candido - Bibliotecária - CRB-7/6135

Edição – 2020

Editora Manole Ltda.
Avenida Ceci, 672 – Tamboré
06460-120 – Barueri – SP – Brasil
Tel.: (11) 4196-6000
www.manole.com.br
http://atendimento.manole.com.br

Impresso no Brasil
Printed in Brazil

Diretoria Sbrafh
(biênio 2018/2019)

Organizadoras

Maria Rita Carvalho Garbi Novaes

Graduada em Farmácia-Bioquímica pela Universidade Federal do Mato Grosso do Sul (UFMS). Especialista em Nutrição Parenteral (SBNPE); Farmácia Clínica (Sbrafh); Farmácia Hospitalar (Sbrafh); Farmácia Oncológica (Sobrafo); Educação farmacêutica (Instituto Hyogo, Japão). Mestre em Química Orgânica/ Síntese de Fármacos pela Universidade de Brasília (UnB). Mestre em Educação Farmacêutica pela Universidade de Maastrich, Holanda. Doutora em Ciências da Saúde (Terapia Nutricional) pela UnB. Pós-Doutora em Ética em Pesquisa Clínica pela Universidade do Chile. Membro Titular da Academia Brasileira de Ciências Farmacêuticas. Foi Farmacêutica hospitalar da Secretaria da Saúde do Distrito Federal (SES/DF); Diretora de Abastecimento Farmacêutico (SES/DF); Chefe da Farmácia Hospitalar dos Hospitais Regionais de Taguatinga (HRT--SES/DF) e Hospital Regional de Brazlândia (HRBz-SES/DF); Pró-reitora de Pesquisa e Comunicação Científica (ESCS/FEPECS); Docente dos Cursos de Farmácia (UNB) e de Medicina (ESCS/FEPECS); Presidente da Sbrafh (2005-07 e 2008-09); Diretora Técnico-Científica da Sbrafh (2018-19); membro da Comissão de Ética do CRF-DF; Coordenadora do CEP da SES/DF; consultora em diversas instituições. Atualmente é Docente Orientadora na Pós-graduação (Mestrado/Doutorado) da UnB e ESCS/FEPECS; Consultora ANVISA e Conep/ MS e Membro da Comissão de Farmácia Hospitalar (CRF/DF).

Michelle Silva Nunes

Graduada em Farmácia pela Universidade Federal Rio Grande do Norte, com Residência Multiprofissional Integrada em Terapia Intensiva do Adulto. Atualmente é farmacêutica da Empresa Brasileira de Serviços Hospitalares na

Unidade de Terapia Intensiva materna da Maternidade Escola Januário Cicco. Presidente da Comissão de Farmácia Clínica do CRF/RN (2018-2019). Presidente do departamento de Farmácia da AMIB (2020-2021). Foi diretora executiva da Sbrafh (2016-2017). Membro-fundadora da regional Sbrafh do Rio Grande do Norte (2014-2015).

Valéria Santos Bezerra

Graduada em Farmácia pela Universidade Federal de Pernambuco (UFPE). Residência em Planejamento e Gestão de Serviços Farmacêuticos, realizada no Hospital da Restauração. Especialização em Farmacologia Clínica pelo IBPEX. Especialista em Farmácia Hospitalar pela Sbrafh. Especialista em Farmácia Clínica pela Sbrafh. MBA em Gestão em Saúde e Controle de Infecção. Vice-Presidente da Sbrafh (2018/2020). Mestre em Ciências Farmacêuticas pela UFPE. Atualmente é Superintendente de Suprimentos, Docente e Preceptora da Residência em Farmácia no Hospital da Restauração e de cursos de pós-graduação. Doutoranda do Programa de Pós-graduação em Ciências Farmacêuticas pela UFPE, desenvolvendo projeto na área de Stewardship Program.

Autores

Andréa Cassia Pereira Sforsin

Graduada em Farmácia e Bioquímica com habilitação na Indústria Farmacêutica pela Faculdade de Ciências Farmacêuticas e Bioquímicas Oswaldo Cruz. Especialização em Farmácia Hospitalar e Iniciação à Farmácia Clínica pelo HC-FMUSP. Docente da Residência em Assistência Farmacêutica do HCFMUSP. Diretora Técnica de Saúde do Serviço de Assistência Farmacêutica da Divisão de Farmácia do HCFMUSP. Presidente da Comissão de Farmacologia da Diretoria Clínica do HCFMUSP.

Andreia Cordeiro Bolean

Graduada em Farmácia e Bioquímica pela Faculdade de Ciências Farmacêuticas Oswaldo Cruz. Especialista em Gestão Empresarial com ênfase em Organização e Sistemas de Saúde pela FGV. Especialista em Administração Hospitalar e Farmacologia Clínica pelo Instituto de Pesquisas Hospitalares. Experiência em Gestão de Farmácia Hospitalar e Clínica nos Hospitais 9 de Julho e Dom Alvarenga. Palestrante e consultora nas áreas de Farmácia e Acreditação Hospitalar. Atualmente é Gerente Farmacêutica da Home Doctor Fornecimento de Infra-estrutura de Apoio e Assistência a Paciente no Domicílio.

Cleuber Esteves Chaves

Possui graduação em Farmácia-Bioquímica pela Universidade Federal de Alfenas. Especialização em Administração de Serviços de Saúde/Administração Hospitalar pela Faculdade de Saúde Pública da USP. Possui experiência na área de Farmácia, com ênfase em Farmácia Hospitalar, atuando com produção de medicamentos, controle da qualidade, garantia da qualidade, boas práticas, elaboração e POPs, manuais, guias. Atualmente é diretor técnico de saúde I do Serviço de Produção de Medicamentos da Divisão de Farmácia do Instituto Central do HCFMUSP.

Danielly Botelho Soares

Mestre em Medicamentos e Assistência Farmacêutica pela UFMG, com projeto voltado para farmácia clínica no âmbito dos cuidados intensivos. Graduada em Farmácia pela Universidade Federal São João del Rei (UFSJ). Atualmente atua como farmacêutica na Secretaria Municipal de Saúde/Prefeitura de Belo Horizonte (Unidade de Dispensação de Medicamentos Antirretrovirais). Membro do conselho científico do Instituto para Práticas Seguras no Uso de Medicamentos (ISMP Brasil). Experiências anteriores como farmacêutica hospitalar no Hospital Madre Teresa (Belo Horizonte-MG), Biocor Instituto (Nova Lima-MG), Hospital Semper (Belo Horizonte-MG) e Hospital Municipal e Maternidade de Ibirité.

Diana Mendonça Silva Guerra

Possui Graduação em Farmácia com Habilitação em Bioquímica pela UFPE. Especialização em Micologia pela UFPE. Mestrado em Biologia de Fungos pela UFPE. Especialização em Farmacologia Clínica pela UNINTER. Especialista em Farmácia Clínica pela Sbrafh. Especialização Internacional de Qualidade em Saúde e Segurança do Paciente pela FIOCRUZ. MBA em Gestão em Saúde e Controle de Infecção pela FAMESP. Presidente da Comissão Estadual de Residência em Farmácia do Estado de Pernambuco. Coordenadora e Preceptora do Programa de Residência em Farmácia da Universidade de Pernambuco – Hospital da Restauração. Membro da Comissão de Ensino do CRF/PE. Membro da Comissão de Farmácia Clínica do CRF/PE. Membro do Centro de Estudos do Hospital da Restauração. Farmacêutica Bioquímica Assessora Técnica/Hospital da Restauração – SES/PE.

Eliane Morais Pinto

Farmacêutica e Bioquímica pela Faculdade de Ciências Farmacêuticas da USP. Especialista em Vigilância Sanitária em Saúde Pública: área Medicamentos – USP. Farmacêutica Responsável pela área de Farmacovigilância da Divisão de Farmácia do ICHC.

Elisangela da Costa Lima-Dellamora

Farmacêutica pela UFRJ. Mestre em Ciências Biológicas pela UFRJ. Especialista em Farmácia Hospitalar pela Sbrafh. Doutora em Saúde Pública pela FIOCRUZ. Pós-Doutorado em Pesquisa Clínica em Pediatria pela Paediatric Medicines Research Unit – Alder Hey Children's Hospital. Diretora da Regional Rio de Janeiro (Sbrafh) (2013-2019). Docente permanente da Faculdade de Farmácia da UFRJ. Tutora da Residência Multiprofissional em Saúde da Criança e do Adolescente da UFRJ.

Eugenie Desirèe Rabelo Néri

Graduada em Farmácia pela Universidade Federal do Ceará. Mestre em Ciências Farmacêuticas, área de concentração Farmácia Clínica e Doutora em Ciências Farmacêuticas pela Universidade Federal do Ceará. Especialista em Gestão Hospitalar, Segurança do Paciente e Gestão de Hospitais Universitários. Presidente da Sbrafh de 2010 a 2011. Especialista em Farmácia Clínica pela Sbrafh. Presidente da Comissão de Residência Multiprofissional e em Área Profissional da Saúde da Universidade Federal do Ceará. Chefe do Setor de Gestão da Qualidade e Vigilância em Saúde da Maternidade-Escola Assis Chateaubriand, da Universidade Federal do Ceará.

Felipe Dias Carvalho

Farmacêutico pela Universidade Federal de Ouro Preto. Especialista em Farmácia Hospitalar pela Sbrafh. Mestre em Ciências Médicas pela FMRP/USP. MBA em Administração de Organizações pela FUNDACE/FEARP/USP. Farmacêutico (2005-2008) e Diretor Administrativo do Bloco Cirúrgico (2008-2010) do HCFMRP/USP. Farmacêutico Educador na FCFRP/USP (2010-2012). Responsável pelas atividades de administração, logística, planejamento e avaliação junto à Coordenação Geral de Laboratórios de Saúde Pública da Secretaria de Vigilância em Saúde do Ministério da Saúde – CGLAB/SVS/MS (2012-2014). Consultor Nacional de Desenvolvimento e Inovação Tecnológica em Saúde da Organização Pan-Americana da Saúde/Organização Mundial da Saúde – OPAS/OMS (2014-2018). Coordenador Técnico de Projetos de Saúde Pública junto ao Escritório das Nações Unidas de Serviços para Projetos – UNOPS (2018-Atual).

Helaine Carneiro Capucho

Farmacêutica pela Universidade Federal de Ouro Preto. Especialista em Farmácia Hospitalar pela Sbrafh. Aperfeiçoamento em Farmácia Clínica pela Universidad de Chile. MBA em Marketing pela FUNDACE/USP – Ribeirão Preto. Mestrado em Ciências Farmacêuticas pela Faculdade de Ciências Farmacêuticas de Ribeirão Preto – USP. Doutorado em Ciências pela Escola de Enfermagem de Ribeirão Preto da USP. Especialista em Farmácia Clínica pela Sbrafh. Gerente de Riscos do Hospital das Clínicas da USP – Ribeirão Preto (2007-2011). Consultora técnica junto à Comissão Nacional de Incorporação de Tecnologias no SUS – CONITEC (2011- 2013). Presidente da Sbrafh (2012-2013). Coordenadora da COSUDEFH – Coordinadora Sudamericana para el Desarollo de la Farmacia Hospitalaria (2012-2013). Chefe de Serviço de Gestão da Qualidade na Diretoria de Atenção à Saúde da Empresa Brasileira de Serviços Hospitalares (EBSERH), Ministério da Educação (2013-2019). Professora Adjunta do Departamento de Farmácia da Faculdade de Ciências da Saúde da UnB (2019-atual).

Helena Márcia Ribeiro de Oliveira Moraes

Graduada em farmácia pela UFMG. Especialista em Farmácia Hospitalar pela Sbrafh. Especialista em Saúde Pública – área de concentração medicamentos – UFMG. Especialista em Farmácia Clínica – Sbrafh. Mestre em Bioética pela Universidad Del Museo Social Argentino (UMSA), Buenos Aires, Argentina. Doutoranda em Salud Pública – menciones en Epidemiologia y Sistemas y Servicios de Salud – Universidade de Ciencias Empresariales y Sociales (UCES), Buenos Aires, Argentina. Membro da diretoria da Sbrafh (mandato: 2006 a 2011). Docente do Instituto de Ciências Biológicas e da Saúde do Centro Universitário UNA, Belo Horizonte – MG. Coordenadora da Comissão de Gerenciamento de Risco no uso de Tecnologias em Saúde do Hospital Governador Israel Pinheiro do IPSEMG – MG.

Ilenir Leão Tuma

Graduação em Farmácia-Bioquímica pela UFG. Especialização em Microbiologia pelo IPT-UFG. Fitoterapia pelo SES-GO. Farmácia Hospitalar pela UFRN-MS-OPAS. Política e Estratégia pela UEG-ADESG. Especialista em Análises Clínicas pela SBAC. Farmácia Hospitalar pela Sbrafh. Professora Colaboradora do Departamento de Patologia da Faculdade de Medicina da UFG (1977 e 1978). Farmacêutica do Banco de Dados de Plantas Medicinais – Convênio CNPq/CEME /UFG (1980 a 1982). Participação na montagem e organização do

Hospital de Urgências de Goiânia – HUGO, onde exerceu a chefia do Serviço de Farmácia (1991 a 1995). Farmacêutica-Bioquímica do Laboratório Moderno Ltda., Goiânia-GO (1978 a 2010), onde esteve como sócia-proprietária, RT, RT-Substituta e Gestor da Qualidade. Secretária da SBAC-GO (1983-1985); Diretora do CRF-GO (1995 a 2001); Membro da Comissão de Farmácia –, CFF (2000 a 2005) e da Comissão de Farmácia Hospitalar – CFF (2006 a 2011). Sócia Fundadora da Sbrafh, onde atuou como Membro da Comissão Organizadora (biênio 2012/2013).

José Ferreira Marcos

Graduado em Farmácia e Bioquímica pela Faculdade de Ciências Farmacêuticas de Ribeirão Preto – USP. Mestre em Ciências Policiais de Segurança e Ordem Pública. Pós-graduado em Farmácia Hospitalar e Farmácia Clínica. Especialista em Farmácia Hospitalar pela Sociedade Brasileira de Farmácia Hospitalar. Especialista em Farmácia Clínica pela Sociedade Brasileira de Farmácia Hospitalar. Tenente Coronel Farmacêutico PM do Hospital da Polícia Militar do Estado de São Paulo (1987/2017). Membro da Comissão de Questões Profissionais do Grupo de Trabalho sobre Farmácia Hospitalar do Conselho Federal de Farmácia (2008/2019). Coordenador da Comissão Assessora de Farmácia Hospitalar do Conselho Regional de Farmácia do Estado de São Paulo (2005/2019). Diretor-tesoureiro da Sociedade Brasileira de Farmácia Hospitalar e Serviços de Saúde (Sbrafh) (2007/2009). Diretor-secretário da Sbrafh (2010/2011). Vice-diretor financeiro da Sbrafh – Regional São Paulo (2016/2017). Integrante do Grupo de Indicadores de Farmácia Hospitalar do Núcleo de Apoio à Gestão Hospitalar – Programa CQH (Compromisso com a Qualidade Hospitalar) – Associação Paulista de Medicina e Conselho Regional de Medicina do Estado de São Paulo (2007/2013). Integrante da Câmara Setorial de Medicamentos – ANVISA (2008/2009/2010). Presidente da Associação dos Oficiais de Saúde da Polícia Militar do Estado de São Paulo (2004/2005, 2012/2013, 2014/2015, 2016/2017 e 2018). Professor de diversos Cursos na Área de Farmácia Hospitalar. Coautor e colaborador de diversos capítulos de livros. Assessor de Saúde da Associação dos Oficiais da Polícia Militar do Estado de São Paulo (2018/2019).

Maely Peçanha Fávero Retto

Graduada em Farmácia pela Universidade Federal do Rio de Janeiro. Mestre em Química Biológica pela UFRJ. Doutora em Ciências Farmacêuticas pela UFRJ. Especialista em Farmácia Hospitalar e em Farmácia Clínica pela Sbrafh, com MBA Executivo pelo Instituto COPPEAD. Atualmente é Tecnologista em Farmácia Hospitalar do Instituto Nacional de Câncer e farmacêutica do Hospital Municipal Miguel Couto. Docente da Residência Multiprofissional em Oncologia do INCA e de cursos de pós-graduação. Presidente da Sociedade Brasileira de Farmácia Hospitalar e Serviços de Saúde (Sbrafh) de 2017 a 2020. Tem experiência na área de metrologia biológica com ênfase no estudo de medicamentos Biossimilares. Membro dos Grupos de Trabalho de Farmácia Hospitalar do Ministério da Saúde e do Conselho Federal de Farmácia.

Maria Arlete Silva Pires

Graduada em Farmácia pela UFMG. Especialização em Administração Industrial pela Fundação Carlos Alberto Vanzolini - USP. Mestrado em Ciências Farmacêuticas pela UFMG. Doutorado em Química pela UFMG. Tem 15 anos de experiência na indústria farmacêutica, na área de desenvolvimento farmacotécnico. Atualmente é professora e coordenadora dos cursos de Farmácia e Biomedicina do Centro Universitário UNA.

Maria Hilecy de Aparecida Orías Berbare

Graduada em Farmácia e Bioquímica com habilitação na Indústria Farmacêutica pela Faculdade de Ciências Farmacêuticas e Bioquímicas Oswaldo Cruz. Especialização em Farmácia Hospitalar e Iniciação à Farmácia Clínica HCFMUSP. MBA em Economia e Gestão da Saúde – CPES/UNIFESP. Pós-graduação em Farmácia Clínica – CESAS/SBIAE. Mestre em Economia da Saúde pelo CPES/UNIFESP. MBA em Gestão de Negócios FIA. Tem 20 anos de experiência em Farmácia Hospitalar e 11 anos de experiência de atuação no Centro de Informações sobre Medicamentos do Hospital Albert Einstein. Ministrou aulas nos cursos de pós-graduação de farmácia clínica no Hospital Albert Einstein e no Instituto Racine. Atualmente responsável pela área de treinamento hospitalar na indústria farmacêutica.

Maria Lúcia Rodrigues

Graduada em Farmácia e Bioquímica pela UNESP – Araraquara. Especialista em Administração de Serviços de Saúde pela USP. Especialista em Homeopatia pelo Instituto Brasileiro de Estudos Homeopáticos – IBEHE. Avaliadora de qualidade com certificado de exame de proficiência ONA (Organização Nacional de Acreditação). Foi farmacêutica e gerente de farmácia e suprimentos no Hospital Albert Einstein, São Paulo (1983-2002). Sócia-proprietária e consultora na Sépia

Consultoria, com experiência em processos hospitalares: qualidade assistencial, cadeia logística, farmácia hospitalar e farmácia clínica (2003-2019).

Mariana Martins Gonzaga do Nascimento

Graduada em Farmácia pela Faculdade de Farmácia da Universidade Federal de Minas Gerais (FAFAR/UFMG). Especialista em Farmácia Hospitalar e Serviços de Saúde pela Universidade Estadual de Montes Claros/Associação Mineira de Farmacêuticos (UNIMONTES/AMF). Mestra em Ciências da Saúde pela Universidade Federal de São João del Rei (UFSJ). Doutora em Ciências da Saúde pela Fundação Oswaldo Cruz/Centro de Pesquisa René Rachou (FIOCRUZ/CPqRR). Pós-doutorado em Medicamentos e Assistência Farmacêutica pelo Centro de Estudos em Atenção Farmacêutica (CEAF/FAFAR/UFMG). Professora Adjunta do Departamento de Produtos Farmacêuticos da Faculdade de Farmácia da UFMG (PFA/FAFAR/UFMG). Membro do conselho científico do Instituto para Práticas Seguras no Uso de Medicamentos (ISMP Brasil).

Mário Borges Rosa

Doutor em Ciências da Saúde: Infectologia e Medicina Tropical pela UFMG. Doutorado Sanduíche pela School of Pharmacy of University of London. Mestre pela UFMG, área de concentração em Epidemiologia. Curso de Farmácia Clínica pela Universidad de Chile (1991). Especialização em Farmácia Hospitalar pela Universidade Federal do Rio Grande do Norte. Farmacêutico da Fundação Hospitalar do Estado de Minas Gerais desde 1990. Presidente do Instituto para Práticas Seguras no Uso de Medicamentos (ISMP-Brasil). Presidente da Red Latinoamerican para el Uso Seguro de Medicamentos.

Mario Jorge Sobreira da Silva

Graduado em Farmácia pela Universidade do Grande Rio. Especialista em Terapia Nutricional Parenteral e Enteral pela Santa Casa de Misericórdia – RJ. Especialista em Farmácia Hospitalar e em Farmácia Clínica pela Sbrafh. Mestre e Doutor em Saúde Pública pela Escola Nacional de Saúde Pública da Fundação Oswaldo Cruz (FIOCRUZ). Atualmente é Chefe da Divisão de Ensino *Lato Sensu* e Técnico e Coordenador da Comissão de Residência Multiprofissional em Oncologia do Instituto Nacional de Câncer (INCA). Editor Associado da Revista Brasileira de Cancerologia (RBC). Membro da diretoria da Sociedade Brasileira de Farmacêuticos em Oncologia (SOBRAFO) desde 2012, tendo sido presidente da sociedade no período de 2014-2018.

Nadja Nara Rehem de Souza

Graduada em Farmácia pela Faculdade de Ciências Farmacêuticas da Universidade Federal da Bahia. Farmacêutica Industrial pela Universidade Federal da Bahia. Especialista em Farmácia Hospitalar pela Universidade de Brasília. Participou do Curso de Farmácia Clínica da Universidade da Flórida (USA) e do Primeiro Seminário de Farmácia Hospitalar Brasileiro em Paris. Atuou como Assessora Técnica da Diretoria de Assistência Farmacêutica da Secretaria de Saúde da Bahia e como Gerente de Suprimentos do Instituto do Coração da Bahia (Incoba), de 2006-2007. Presidente da Comissão de Farmácia Hospitalar do Conselho Regional de Farmácia da Bahia (2007-2009). Farmacêutica Coordenadora do Hospital São Rafael em Salvador (1991-2005). Farmacêutica concursada da Secretaria de Saúde do Estado da Bahia (2011). Coordenadora de Produtos para Saúde na Coordenação de Assistência a Saúde do Servidor Público do Estado da Bahia (Planserv) da Secretaria da Administração (desde 2007). Participou da diretoria da Sbrafh como Vice-presidente (2008-2009) e Diretor Tesoureiro (2010-2011). Participou do 1º Curso de Avaliação de Tecnologias em Saúde do Departamento de Ciência e Tecnologia (DECIT) da Secretaria de Ciência, Tecnologia e Insumos Estratégicos (SCTIE) do Ministério da Saúde (MS) em 2011. Consultora em Farmácia Hospitalar e Serviços de Saúde, com experiência em OPME e auditoria em oncologia e medicamentos de alto custo.

Raissa Carolina Fonseca Cândido

Graduada em Farmácia pela Faculdade de Farmácia da UFMG. Mestra em Medicamentos e Assistência Farmacêutica pela Faculdade de Farmácia da UFMG. Membro do Instituto para Práticas Seguras no Uso de Medicamentos. Diretora Administrativa da Associação Mineira de Farmacêuticos (Biênio 2019-2020). Farmacêutica clínica e hospitalar com experiência em terapia intensiva neonatal e pediátrica. Pesquisadora do Centro de Estudos do Medicamento da UFMG e da *Cochrane Collaboration*.

Sonia Lucena Cipriano

Graduada em Farmácia pela Faculdade de Ciências Farmacêuticas da USP. Especialista em Farmácia Hospitalar pela Sbrafh. Especialista em Administração Hospitalar pela Faculdade São Camilo. Especialista em Economia da Saúde pela Faculdade de Saúde Pública da USP. MBA em Engenharia da Qualidade pela Politécnica da USP. Mestre em Saúde Pública pela Faculdade de Saúde Pública da USP. Doutora em Serviços de Saúde Pública pela Faculdade de Saúde

Pública da USP. Diretora Técnica de Saúde da Divisão de Farmácia do Instituto Central do HCFMUSP (2000-2011). Presidente da Comissão de Farmacologia do HCFMUSP (2004-2011). Coordenadora da Assistência Farmacêutica da Secretaria da Saúde de São Paulo (2011-2014). Coordenadora e docente do Curso de Especialização em Farmácia Hospitalar e Clínica do InCor – HCFMUSP. Docente em cursos de pós-graduação e residência. Membro do Núcleo Técnico de Segurança do Paciente do InCor – HCFMUSP. Membro do Conselho Científico do Instituto para Práticas Seguras no Uso de Medicamentos – ISMP Brasil; Atualmente é Diretora Técnica de Saúde – Serviço de Farmácia do InCor – HCFMUSP.

Vanusa Barbosa Pinto

Graduada em Farmácia e Bioquímica pela Universidade Federal de Mato Grosso do Sul. Especialização em Farmácia Hospitalar e Clínica pelo HCFMUSP. Atualmente é Diretora da Divisão de Farmácia do ICHC. Mestranda em Gestão da Competitividade em Saúde pela Fundação Getulio Vargas. Docente da Residência em Assistência Farmacêutica do HCFMUSP. Instrutora do Programa de Treinamento e Qualificação em Assistência Farmacêutica para Profissionais do Sistema Único de Saúde com Simulação Realística do Hospital Israelita Albert Einstein. Diretora Executiva da Regional SP da Sbrafh. Experiência em planejamento estratégico em farmácia hospitalar, gestão de projetos e segurança do paciente.

Sumário

Mensagem da Presidente

A Sociedade Brasileira de Farmácia Hospitalar e Serviços de Saúde (Sbrafh) tem a satisfação de lançar a 2ª edição do *Guia de Boas Práticas em Farmácia Hospitalar e Serviços de Saúde*, uma ferramenta de apoio técnico-científico aos hospitais e demais serviços de saúde. Essa iniciativa visa estimular o desenvolvimento e implementação de melhorias nos processos que envolvem serviços farmacêuticos e o cuidado ao paciente, servindo como referencial para consolidação de práticas que busquem melhorar a segurança e a qualidade da assistência prestada. Além de oportuno, esta obra é um estímulo às boas práticas e esperamos que seja de grande contribuição. Boa leitura.

Maely Peçanha Fávero Retto
Presidente da Sbrafh
(biênio 2018/2019)

Prefácio

É com grande satisfação que temos a oportunidade de apresentar mais uma importante iniciativa da Sociedade Brasileira de Farmácia Hospitalar (Sbrafh), com o objetivo de promover o aperfeiçoamento contínuo e a melhoria da qualidade dos serviços farmacêuticos.

O reconhecimento nacional e internacional do trabalho técnico-científico e ético da Sbrafh, nestes 25 anos de existência, a colocam constantemente em direção ao desafio do pioneirismo em busca da excelência no exercício profissional da Farmácia Hospitalar e Clínica no Brasil. Após alguns meses de intenso trabalho, os autores desta obra realizaram a revisão e a atualização de sua primeira edição, publicada pela Sbrafh em 2009.

Esta segunda edição do Guia teve a inclusão de novos temas, distribuídos nos 12 capítulos, em consonância com as políticas e diretrizes governamentais que regulamentam os serviços farmacêuticos hospitalares no Brasil.

Esperamos que esta nova edição do *Guia de Boas Práticas em Farmácia Hospitalar e Serviços de Saúde* seja um referencial importante para o desenvolvimento da farmácia hospitalar e clínica no Brasil, em benefício da sociedade brasileira.

Maria Rita Carvalho Garbi Novaes
Michelle Silva Nunes
Valéria Santos Bezerra

1

A farmácia hospitalar no Brasil

Autores
Maria Rita Carvalho Garbi Novaes
Sonia Lucena Cipriano
Nadja Nara Rehem de Souza
Maely Peçanha Fávero Retto
Mario Jorge Sobreira da Silva

Coautora
Michelle Silva Nunes

CONSIDERAÇÕES SOBRE A POLÍTICA NACIONAL DE ASSISTÊNCIA FARMACÊUTICA NO CONTEXTO DA FARMÁCIA HOSPITALAR

A assistência farmacêutica (AF) é parte integrante e essencial dos processos de atenção à saúde em todos os níveis de complexidade. As atividades da unidade de farmácia devem ser executadas com efetividade e segurança em todo o processo de utilização dos medicamentos e outros produtos para a saúde, objetivando os melhores resultados clínicos, econômicos e relacionados à qualidade de vida dos usuários.

A AF envolve um conjunto de atividades relacionadas ao medicamento e que devem ser realizadas de maneira articulada e sincronizada, tendo o paciente como o principal beneficiário. É o produto da combinação de diversos componentes necessários para o desenvolvimento dos serviços em certo contexto social. A organização do trabalho varia segundo a complexidade das atividades desenvolvidas e a qualidade dos serviços prestados[1].

Segundo a Política Nacional de Assistência Farmacêutica, do Conselho Nacional de Saúde, a AF é definida como:

> um conjunto de ações voltadas à promoção, proteção e recuperação da saúde, tanto individual como coletiva, tendo o medicamento como insumo essencial e visando ao acesso e ao seu uso racional. Este conjunto envolve a pesquisa, o desenvolvimento e a produção de medicamentos e insumos, bem como a sua seleção, programação, aquisição, distribuição, dispensação, garantia da qualidade dos produtos e serviços, acompanhamento e avaliação de sua utilização, na perspectiva da obtenção de resultados concretos e da melhoria da qualidade de vida da população[2].

Esse conceito enfatiza alguns aspectos importantes: ações de promoção e proteção da saúde, que são prioritárias em relação às ações curativas; atuações multiprofissional e interdisciplinar, que são essenciais para o sucesso terapêutico e para o alcance da integralidade do cuidado; o desenvolvimento de ações intersetoriais que propiciem benefícios claros para os usuários e o sistema de saúde; e a incorporação de um ciclo de atividades coordenadas que assegurem o acesso e a promoção do uso racional dos medicamentos[3].

A principal finalidade da AF é contribuir para a melhora da qualidade de vida da população. Como parte integrante da política de saúde, é reconhecida como uma área estratégica do sistema de saúde que oferece suporte para as intervenções terapêuticas desenvolvidas nos serviços de saúde, envolvendo procedimentos técnicos, administrativos e científicos[4].

A visão sistêmica da AF é personificada por meio do denominado Ciclo da Assistência Farmacêutica, que é entendido como um conjunto de atividades sucessivas e inter-relacionadas que buscam superar o processo de fragmentação, valorizando a articulação existente e estabelecendo fluxos na consolidação das ações desenvolvidas pelos serviços. Cada uma das atividades gera resultados/produtos próprios que proporcionam a realização da etapa seguinte[3].

Para além das atividades envolvidas no ciclo, dada a complexidade da AF, é necessário que se considere uma variedade de outras ações/aspectos que poderão influenciar diretamente na prestação de cuidados a serem realizados. Cabe destacar que as atividades AF devem ser praticadas de forma multiprofissional, interdisciplinar, intersetorial e em diversos níveis (macropolíticos, macrogestão e gestão do cuidado), de modo articulado e integrado[5].

Os aspectos macropolíticos envolvem as ações voltadas especialmente ao estabelecimento de princípios e diretrizes que busquem, em linhas gerais, garantir o acesso e a racionalidade do uso dos medicamentos. No contexto da gestão, para ser eficiente, a AF deve ser integrada ao cuidado prestado, englobando duas grandes vertentes complementares, uma relativa à gestão técnica da AF (macrogestão) e a outra à gestão clínica do medicamento (gestão do cuidado), que auxiliam na obtenção de resultados clínicos, econômicos e humanísticos positivos[5,6], conforme demonstrado na Figura 1.1.

As atividades da AF são essenciais para garantir acesso, segurança, eficácia e qualidade aos medicamentos que serão disponibilizados nos serviços de saúde. Uma vez que a AF é composta de um conjunto de ações clínicas e gerenciais, essas atividades são consideradas essenciais para uma adequada prestação de cuidados em saúde[6].

A AF no âmbito dos serviços de saúde deve ser executada de forma sistêmica e descentralizada. Para tanto, as atividades precisam ser devidamente planejadas e seus resultados devem ser periodicamente avaliados[3].

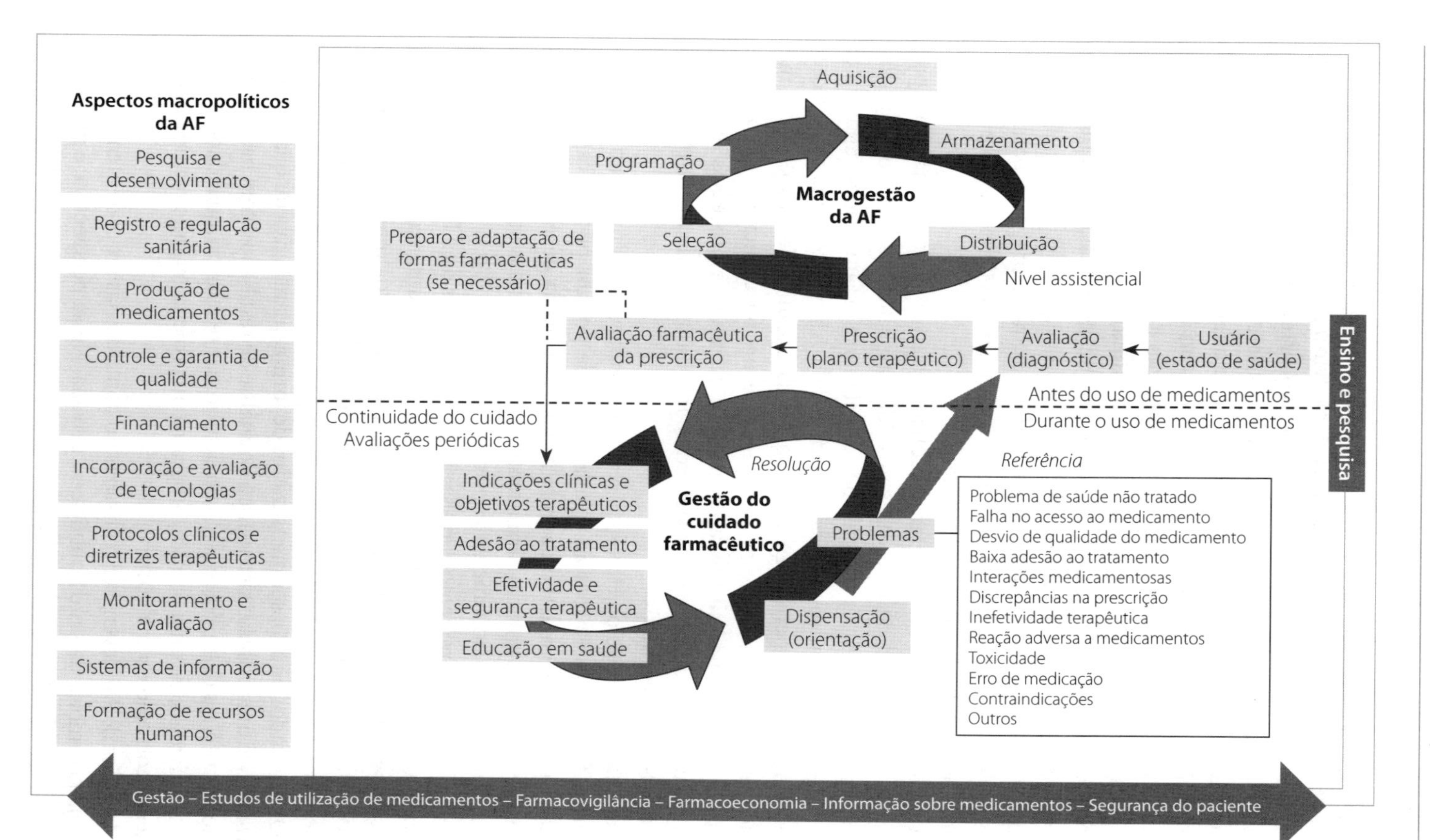

Figura 1.1. Sistematização das atividades da assistência farmacêutica[5,6].

O planejamento é um processo participativo, dinâmico, contínuo, sistematizado e racional cujo objetivo é conhecer e intervir na realidade local, buscando o alcance de uma situação desejada. Seu início ocorre por meio da realização de um diagnóstico situacional, cuja finalidade é conhecer a condição atual da instituição/setor/atividade e identificar os fatores que interferem no desempenho da organização[1]. O produto do planejamento é o plano de ação, que corresponde a um documento elaborado a partir da identificação de problemas, para os quais se elaboram objetivos, ações/atividades com o intuito de solucioná-los, em conformidade com um cronograma de execução, que responda às seguintes questões: como? Quem? Quando? Quanto?[7].

Após o diagnóstico, definem-se os objetivos, as metas programadas, as atividades para atingir as metas estabelecidas, o cronograma de execução e os indicadores de acompanhamento e avaliação.

A organização dos serviços farmacêuticos objetiva garantir o acesso e promover o uso racional de medicamentos[3]. São aspectos a serem considerados para a organização dos serviços: dispor de estrutura organizacional apropriada para o desempenho adequado das atividades da AF; realizar um conjunto de ações que permita a permanente adaptação da organização dos serviços mediante mudanças previsíveis no ambiente externo; ter capacidade de interagir de forma permanente, em busca de adequar estrutura e processos diante das circunstâncias; e realizar gestão orientada para resultados, de forma planejada e com objetivos construídos[7].

Para atender a seus objetivos, os serviços farmacêuticos precisam dispor de estrutura física e instalações adequadas, além de possuir pessoal capacitado e treinado para o desempenho das atividades. A farmácia deve, ainda, dispor de um manual de boas práticas farmacêuticas contendo todas as informações necessárias sobre o funcionamento do serviço[4].

Ações de monitoramento e avaliação dos resultados da AF devem ser constantes nos serviços farmacêuticos. O *monitoramento* é um mecanismo gerencial de acompanhamento do funcionamento de determinada intervenção em uma política, programa ou projeto, com base em indicadores que subsidiam a tomada de decisão.

Os resultados podem ser mensurados de forma quantitativa ou qualitativa. Já a *avaliação* é um processo sistemático de análise de resultados, com base na utilização de critérios definidos, que visam determinar relevância, qualidade, utilidade ou efetividade de uma política, programa ou projeto, gerando recomendações para sua correção ou melhoria[3,7].

As ações de AF devem ser realizadas no contexto das redes de atenção à saúde, seja no âmbito da saúde pública ou privada. Nessa perspectiva, é necessário integrar os variados serviços farmacêuticos realizados, em nível hospitalar e ambulatorial, de modo que o usuário tenha seu cuidado continuado, garantindo assim a integralidade desse cuidado.

A farmácia hospitalar deve ser considerada um serviço clínico e hierarquicamente subordinado à direção do hospital e ao serviço clínico e assistencial, devendo, portanto, manter um relacionamento integrado com as divisões clínicas e administrativas do hospital. A atuação da farmácia hospitalar, como unidade clínica, estende-se à assistência prestada ao paciente e não apenas à provisão de produtos e serviços[8].

O mau gerenciamento e o uso incorreto de medicamentos acarretam sérios problemas à sociedade e, consequentemente, ao Sistema Único de Saúde (SUS), gerando aumento de morbidade e mortalidade, elevação dos custos diretos e indiretos e prejuízos à qualidade de vida dos usuários. Ressalte-se que os recursos destinados à assistência farmacêutica representam grande impacto econômico ao Ministério da Saúde.

Considerando o custo da assistência à saúde, a complexidade da farmacoterapia e a morbidade e mortalidade relacionadas a medicamentos, a prática farmacêutica requer mudanças profundas. No âmbito dos serviços de saúde, essas mudanças consistem no redirecionamento das ações, antes focadas exclusivamente na provisão de medicamentos, para aquelas centradas no usuário. Tais ações buscam melhorar a qualidade dos processos de utilização de medicamentos e outros produtos para a saúde, alcançando resultados concretos capazes de agregar valor ao processo assistencial nos aspectos clínicos, humanitários e econômicos[9-12].

O objetivo deste capítulo é descrever o sistema de análise de informações e de planejamento visando a um gerenciamento adequado do serviço de farmácia hospitalar em diferentes contextos e tipos de hospitais.

A farmácia hospitalar no Brasil se profissionalizou muito na última década, alcançando um patamar de reconhecimento internacional, o que permitiu que alguns centros brasileiros servissem como modelo para a estruturação organizacional e técnica de outros serviços nas Américas do Sul e Central[10].

Entretanto, pela grande extensão territorial e diversidade econômica nos estados brasileiros, a realidade é ainda muito diversificada no Brasil. O Diagnóstico da Farmácia Hospitalar no Brasil evidenciou graves problemas técnico-administrativos relacionados ao Ciclo de Assistência Farmacêutica, apontando para a urgente necessidade de ações que permitam solucioná-los ou minimizá-los[7]. Este capítulo descreve aspectos importantes dos serviços exercidos pela farmácia no contexto, estrutura e diversidade de hospitais.

CARACTERIZAÇÃO DA FARMÁCIA HOSPITALAR

A farmácia hospitalar possui abrangência assistencial, técnico-científica e administrativa, em que se desenvolvem atividades relacionadas à produção, armazenamento, controle, dispensação e distribuição de medicamentos e materiais médico-hospitalares. É também responsável pela orientação de pacientes internos e ambulatoriais, visando à eficácia da terapêutica e à racionalização dos custos[8-10].

A assistência farmacêutica é parte integrante e essencial dos processos de atenção à saúde em todos os níveis de complexidade. O farmacêutico hospitalar é um membro da equipe multidisciplinar cujas funções técnicas, gerenciais e assistenciais são essenciais nos cuidados ao paciente hospitalizado ou em regime domiciliar[4].

A Organização Pan-Americana de Saúde (OPAS) e o Ministério da Saúde definem como funções fundamentais da farmácia hospitalar[9]:

- Seleção de medicamentos, germicidas e produtos para saúde necessários ao hospital, realizada pela Comissão de Farmácia e Terapêutica ou correspondente e associada a outras comissões, quando necessário.
- Aquisição, conservação e controle dos medicamentos selecionados, estabelecendo níveis adequados para aquisição por meio do gerenciamento apropriado dos estoques. O armazenamento de medicamentos deve seguir as normas técnicas para preservar a qualidade dos medicamentos.
- Manipulação e produção de medicamentos para atender a prescrições especiais ou por motivos de viabilidade econômica.
- Estabelecimento de um sistema racional de distribuição de medicamentos para assegurar que eles cheguem ao paciente com segurança, no horário certo e na dose adequada.
- Implantação de um sistema de informação sobre medicamentos para obtenção de dados objetivos que possibilitem à equipe de saúde otimizar a prescrição médica e a administração dos medicamentos.
- Fornecer subsídios para avaliação de custos com a assistência farmacêutica e para elaboração de orçamento.

O êxito da terapêutica e do prognóstico do paciente depende em boa parte dos cuidados realizados pela equipe multiprofissional que o assiste. O farmacêutico, em colaboração com outros profissionais da saúde e com a equipe multidisciplinar de saúde, deve monitorar e avaliar a resposta do paciente à terapêutica e incentivar práticas assistenciais que contribuam para o desenvolvimento de uma cultura de segurança nos estabelecimentos de saúde[8]. A efetividade e os efeitos adversos dos medicamentos devem ser documentados e o paciente deve ser monitorado durante o uso[11,12].

No plano de cuidados do paciente, o farmacêutico deve visar à realização de procedimentos eficazes, manter a ética da profissão farmacêutica e comunicar-se de forma adequada, técnica e respeitosa com o paciente, seus cuidadores e a equipe de saúde[8,10].

A farmácia hospitalar necessita da implementação de políticas públicas que incentivem e priorizem medidas que promovam a qualificação dos serviços e da assistência farmacêutica hospitalar, o que requer muito empenho e comprometimento dos gestores. Dos dados evidenciados no referido diagnóstico, pouca coisa melhorou no panorama da farmácia hospitalar no Brasil. Alguns conselhos regionais de farmácia conseguiram que hospitais contratassem farmacêuticos para melhorar a situação dos cerca de 25% dos hospitais brasileiros com mais de 20 leitos que se encontravam sem farmacêuticos, entre outros problemas técnicos e logísticos descritos no Diagnóstico da Farmácia Hospitalar no Brasil[13].

A partir de 2014, com a promulgação da Lei n. 13.021/2014, houve um importante avanço para a farmácia hospitalar brasileira, uma vez que, em seu artigo 8°, fica claro que a farmácia hospitalar, de qualquer natureza, é uma unidade de atendimento assistencial, devendo manter farmacêuticos durante todo o funcionamento. Tal fato corrige um entendimento equivocado criado pela Lei n. 5.991/73, que definia dispensário de medicamentos como uma unidade de atendimento de pequena unidade hospitalar, o que levou a uma grande discussão jurídica sobre o número de farmacêuticos por leito. Em decorrência desse lapso na Lei n. 5.991/73, muitos hospitais de até 200 leitos, número posteriormente, por entendimento jurídico, reduzido a 50 leitos, possuíam apenas um profissional: o responsável técnico.

Outro avanço relevante para a atuação do farmacêutico hospitalar foi a Resolução n. 585/2013 do Conselho Federal de Farmácia (CFF), que regulamentou as atribuições clínicas dos farmacêuticos, fortalecendo no Brasil o conceito de farmácia clínica estabelecido com base na filosofia do *pharmaceutical care*, dos Estados Unidos, desde a década de 1960. Os processos de acreditação hospitalar também contribuíram para a efetiva implantação de serviços clínicos nos hospitais brasileiros. Durante a certificação existem várias exigências quanto à dispensação e ao uso seguro e racional de medicamentos, ampliando o papel da farmácia dentro da equipe interdisciplinar de assistência ao paciente.

REQUISITOS LEGAIS

Formação e qualificação de recursos humanos

Em consonância com a Lei n. 8.080/90, a Política Nacional de Medicamentos[14], a Política Nacional de Assistência Farmacêutica[15], o Consenso Brasileiro de

Atenção Farmacêutica[16] e as diretrizes da Política Nacional de Educação Permanente (Portaria GM/MS n. 198/2004)[17], a formação, capacitação e qualificação dos recursos humanos deverão ser contínuas, em quantidade e qualidade suficientes para o correto desenvolvimento da assistência farmacêutica.

Competências do farmacêutico

A farmácia hospitalar conta ainda com competências estabelecidas pelo Conselho Federal de Farmácia por meio da Resolução n. 300/97 e da Portaria n. 4.283/2010 do Ministério da Saúde[18].

Função do farmacêutico na Comissão de Farmácia e Terapêutica

Em 2015, foi publicada a Resolução n. 619/2015 pelo CFF, sobre as atribuições do farmacêutico na Comissão de Farmácia e Terapêutica.

Organização do serviço de farmácia hospitalar

Em 2010, o Ministério da Saúde publicou a Portaria n. 4.283, que aprova as diretrizes e estratégias para organização, fortalecimento e aprimoramento das ações e serviços de farmácia no âmbito dos hospitais[18].

ORGANIZAÇÃO

A organização básica de um serviço de farmácia hospitalar encontra-se descrita no Quadro 1.1. Devem ser estabelecidas as funções, as normas, os procedimentos e os horários de funcionamento dos diferentes setores de acordo com as atividades a serem desenvolvidas pela farmácia hospitalar[5,8].

PROCESSOS

A farmácia hospitalar cumpre sua missão e visão por meio de seus processos, que devem estar integrados e alinhados às diretrizes da instituição onde ela está inserida, gerando produtos e serviços que agreguem valor (Figura 1.2).

Processo é um conjunto de atividades repetitivas e interdependentes, envolvendo pessoas, equipamentos, procedimentos e informações, que, quando executadas, transformam insumos em produtos ou serviços que agregam valor para um cliente[19-21].

Quadro 1.1 Organização de um serviço de farmácia hospitalar

Organização	Atividade
Gerenciamento do serviço	▪ Comissão de Farmácia e Terapêutica ▪ Guia farmacoterapêutico ▪ Normas de funcionamento ▪ Controle de entorpecentes e psicotrópicos ▪ Gestão logística: aquisição de medicamentos e produtos para a saúde ▪ Relações internas: direção, unidades hospitalares e pacientes hospitalizados ▪ Relações externas: fornecedores, visitantes e pacientes ambulatoriais
Logística farmacêutica	▪ Seleção, aquisição e distribuição dos medicamentos ▪ Seleção dos fornecedores e preparo dos editais de aquisição ▪ Dispensação de medicamentos: preparação da dose individualizada/unitária ▪ Controle de estoque
Farmacotécnica	▪ Fórmulas magistrais e oficinais ▪ Misturas intravenosas ▪ Nutrição parenteral ▪ Antineoplásicos ▪ Fracionamento e unitarização
Informação sobre medicamentos	▪ Serviço de informação ▪ Boletins informativos ▪ Apoio à Comissão de Farmácia e Terapêutica
Farmácia clínica	▪ Estudos sobre a utilização de medicamentos ▪ Farmacoepidemiologia ▪ Farmacovigilância
Farmacocinética	▪ Determinação analítica das amostras ▪ Interpretações e informes
Docência e investigação	▪ Estudantes de graduação, pós-graduação e treinamento dos colaboradores de nível médio ▪ Pesquisa clínica e operacional

RESULTADOS

Os processos são os intermediadores dos sistemas, responsáveis por transformar as entradas em saídas ou resultados. As saídas dos processos podem se dar na forma de produtos ou de prestação de serviços (Quadro 1.2)[19-21].

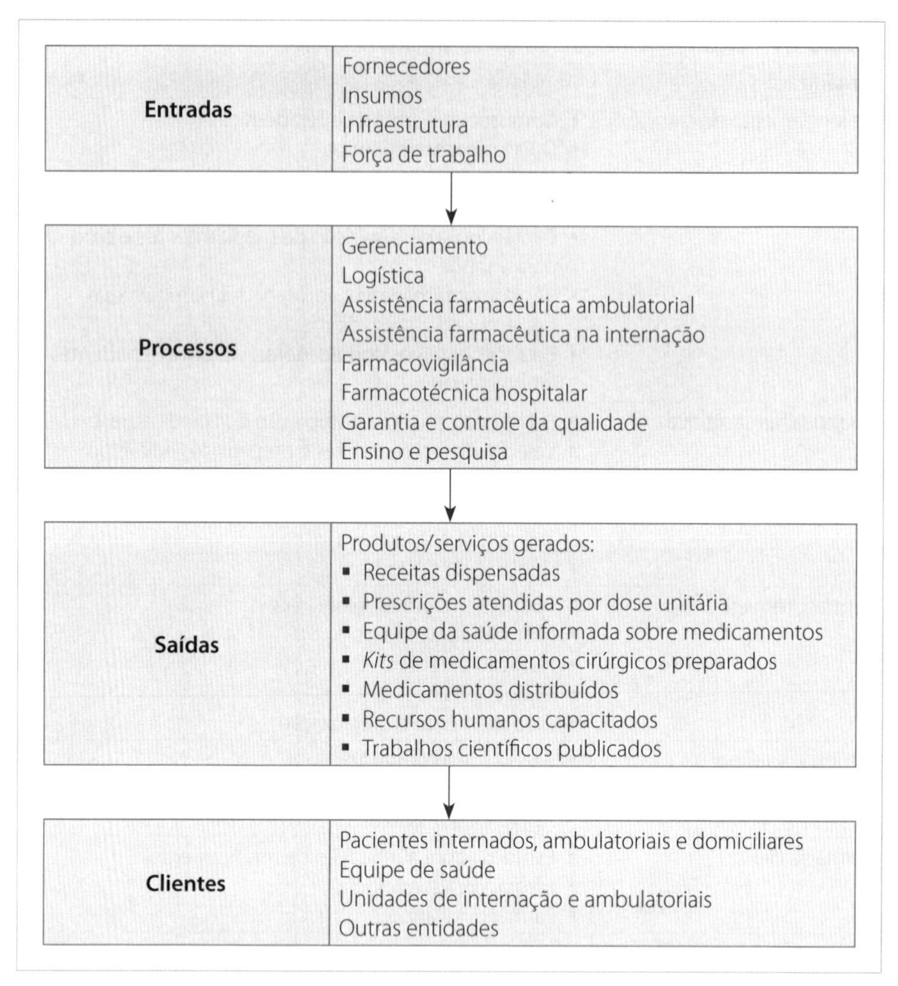

Figura 1.2 Visão sistêmica da farmácia hospitalar.

INFRAESTRUTURA

Para a realização dos processos e a obtenção dos produtos, são necessários fornecedores, infraestrutura (equipamentos, tecnologia da informação e instalações) e força de trabalho[19-21].

Os principais tipos de fornecedores que compõem a cadeia de suprimentos da farmácia hospitalar, assim como os produtos e serviços por eles fornecidos, devem ser identificados (Quadro 1.3).

Quadro 1.2 Processos e produtos gerados pela farmácia hospitalar

<table>
<tr><th>Processos</th><th>Descrição</th><th>Produtos e serviços</th></tr>
<tr><td>Gerenciamento</td><td>Prover à estrutura organizacional para viabilizar as ações da Divisão de Farmácia, assim como desenvolver um ambiente favorável para práticas de gestão da qualidade</td><td rowspan="9">▪ Receitas dispensadas
▪ Acompanhamento farmacoterapêutico realizado
▪ Informação sobre medicamentos/procedimentos
▪ Orientação farmacêutica
▪ Prescrições atendidas por dose individualizada/unitária
▪ Kits cirúrgicos de medicamentos
▪ Requisições atendidas
▪ Parecer técnico de medicamento e insumos farmacêuticos
▪ Especificação de medicamentos para aquisição e insumos farmacêuticos
▪ Notificação de eventos adversos
▪ Medicamentos estéreis e não estéreis produzidos
▪ Medicamentos manipulados por fórmulas individualizadas
▪ Medicamentos fracionados em dose unitária
▪ Medicamentos exclusivos produzidos inexistentes no mercado
▪ Medicamentos desenvolvidos para protocolos clínicos
▪ Certificados de análises físico-químicas e biológicas emitidos
▪ Cursos de especialização em farmácia hospitalar e introdução à farmácia clínica
▪ Estágios curriculares e voluntários em farmácia hospitalar
▪ Cursos de capacitação e desenvolvimento externo
▪ Trabalhos científicos publicados
▪ Relatórios gerenciais</td></tr>
<tr><td>Assistência farmacêutica ambulatorial</td><td>Prestar assistência farmacêutica integrada ao paciente ambulatorial, domiciliar e à equipe de saúde, disponibilizando os medicamentos em condições adequadas conforme protocolos de utilização e controles especiais, para assegurar o uso seguro e racional de medicamentos</td></tr>
<tr><td>Assistência farmacêutica à internação</td><td>Prestar assistência farmacêutica integrada ao paciente e à equipe da saúde das unidades de internação, hospital-dia, centro cirúrgico e emergência, disponibilizando os medicamentos prescritos para o paciente certo em condições adequadas, no tempo e na hora, conforme protocolos de utilização e controles especiais</td></tr>
<tr><td>Ensino e pesquisa</td><td>Formar, capacitar e desenvolver recursos humanos para a farmácia hospitalar, assim como promover cursos internos e externos, realizar produção e divulgação científica e participar de pesquisas clínicas</td></tr>
<tr><td>Logística</td><td>Efetuar a programação de compra de medicamentos conforme demanda e avaliação de fornecedores e parecer técnico, receber, armazenar, controlar e distribuir de forma adequada, garantindo a qualidade e a rastreabilidade dos produtos</td></tr>
<tr><td>Farmacovigilância</td><td>Monitorar o uso de medicamentos, detectando e prevenindo eventos adversos (erro de medicação, reação adversa e queixa técnica) e notificando a Gerência de Risco e respectivos fornecedores</td></tr>
<tr><td>Farmacotécnica hospitalar</td><td>Produzir e manipular medicamentos e produtos correlatos, exclusivos e com similares no mercado, assim como efetuar o fracionamento em dose unitária de especialidades farmacêuticas e desenvolver medicamentos para pesquisa e ensaios clínicos, de acordo com as boas práticas de fabricação</td></tr>
<tr><td>Garantia e controle da qualidade</td><td>Realizar análises físico-químicas e biológicas de medicamentos, matérias-primas e produtos em processos de produção, além de desenvolver métodos analíticos</td></tr>
<tr><td>Educação continuada</td><td>Capacitar e desenvolver a força de trabalho</td></tr>
</table>

Quadro 1.3. Tipos de fornecedores e seus respectivos produtos e serviços

Tipos de fornecedores	Produtos/serviços
Indústrias e laboratórios farmacêuticos	▪ Especialidades farmacêuticas ▪ Matérias-primas ▪ Materiais de embalagem ▪ Reagentes
Distribuidores e importadoras de produtos farmacêuticos	
Departamento de suprimentos	▪ Processos de licitação e aquisição
Engenharia hospitalar	▪ Manutenção preventiva e corretiva de equipamentos ▪ Laudos técnicos ▪ Especificação de materiais e equipamentos
Informática	▪ Manutenção corretiva ▪ Instalação de equipamentos e programas ▪ Laudos técnicos ▪ Especificação de equipamentos e materiais de informática
Empresas terceirizadas	▪ Serviços de segurança, limpeza e ar-condicionado, serviço de manutenção preventiva de equipamentos, lavanderia

Os fornecedores devem ser avaliados e qualificados para seu credenciamento no fornecimento de medicamentos e materiais médico-hospitalares. O monitoramento do seu desempenho deve ser feito por indicadores como prazo de entrega e não conformidades relacionadas a produtos[19-21].

O gestor farmacêutico deve categorizar seus fornecedores pela curva ABC (valor financeiro) e XYZ (grau de importância), assim como por sua participação no volume total de aquisições[19-21].

A infraestrutura básica de um serviço de farmácia hospitalar quanto aos equipamentos, tecnologia da informação e equipamentos especiais pode ser visualizada no Quadro 1.4.

GESTÃO

A força de trabalho deve ser conhecida quali e quantitativamente pelo número de colaboradores ativos, licenciados e com restrições físicas, bem como categorizada por equipe farmacêutica, equipe de nível técnico e equipe de suporte.

O gestor deve manter atualizada a ficha funcional dos colaboradores, com endereço, nível de escolaridade, tipo de vínculo empregatício e treinamentos realizados.

A força de trabalho deve estar inserida nas normas e procedimentos de segurança do trabalho, sendo disponibilizados equipamentos de proteção individualizada

Quadro 1.4 Infraestrutura básica de um serviço de farmácia hospitalar

Equipamentos	▪ Termômetros digitais para controle de temperatura do armazenamento de medicamentos termolábeis ▪ Máquinas para envelopamento e emblistamento de medicamentos sólidos para embalagem em dose unitária com nome, lote, validade e códigos de barras ▪ Máquinas para fracionamento de medicamentos líquidos para embalagem em dose unitária com nome, lote, validade e códigos de barras ▪ Fluxos laminares – classe 100 para produção e controle da qualidade de medicamentos estéreis ▪ Impressora ou etiquetadora para impressão de lote e validade em ampolas
Tecnologia da informação	▪ Sistema de Informação e Gestão Hospitalar (SIGH) ▪ Sistema de Administração de Materiais (SAM) ▪ Sistema de Gestão Documental (SGD) ▪ Sistema Automatizado de Gerenciamento de Atendimento ▪ Banco de dados da distribuição de formulários de notificação de Receitas de Medicamentos Sujeitos a Controle Especial
Instalações especiais	▪ Estações de trabalho para separação de medicamentos em doses individualizadas e unitárias ▪ Cabines específicas para cada etapa da produção de medicamentos sólidos para evitar contaminação cruzada ▪ Cabines específicas por forma farmacêutica para manipulação de medicamentos ▪ Rede de frios (câmara fria e refrigeradores) ligada a geradores para armazenamento de medicamentos termolábeis

e coletiva, nas devidas áreas da farmácia hospitalar, como protetores auriculares, máscaras, óculos de proteção, aventais, luvas, extintores, chuveiros e capelas de exaustão[19-21].

A saúde dos colaboradores da farmácia hospitalar deve ser acompanhada pela observação dos aspectos ergonômicos do local de trabalho e pelo Serviço de Assistência Médica, com agendamento de consultas e realização de exames diagnósticos, além da realização de exames periódicos de acuidade visual e auditiva para aqueles que desenvolvem atividades em áreas com restrições, de forma a não desenvolver síndromes de desgaste laboral e outros problemas de saúde[22].

A farmácia hospitalar atua no mercado de serviços de saúde, cujo segmento pode ser de hospital público, privado ou filantrópico, onde se encontram seus principais clientes-alvo.

O farmacêutico gestor deve conhecer seus clientes e correlacioná-los aos produtos e serviços gerados pela farmácia hospitalar (Quadro 1.5).

Quadro 1.5 Produtos e serviços da farmácia hospitalar e seus respectivos clientes-alvo

Produtos/serviços	Clientes-alvo
Receitas dispensadas	▪ Pacientes ambulatoriais do SUS ▪ Pacientes domiciliares ▪ Pacientes funcionários
Seguimento farmacoterapêutico realizado	▪ Pacientes ambulatoriais do SUS ▪ Pacientes domiciliares ▪ Pacientes funcionários ▪ Pacientes internados do SUS, conveniados e particulares
Informação sobre medicamentos/procedimentos e orientação farmacêutica	▪ Pacientes ambulatoriais ▪ Pacientes internados conveniados e particulares ▪ Cuidadores e familiares ▪ Equipe da saúde
Prescrições atendidas por dose individualizada/unitária	▪ Pacientes internados do SUS, conveniados e particulares
Kits cirúrgicos de medicamentos	▪ Pacientes internados do SUS, conveniados e particulares
Requisições atendidas	▪ Unidades de internação e ambulatoriais ▪ Institutos, hospitais auxiliares e laboratórios de investigação médica
Parecer técnico de medicamentos e insumos farmacêuticos	▪ Unidades administrativas ▪ Equipe de saúde
Especificações de medicamentos e insumos farmacêuticos para aquisição	▪ Unidades administrativas ▪ Equipe de saúde
Notificação de eventos adversos de medicamentos	▪ Gestão de riscos ▪ Agência Nacional de Vigilância Sanitária (Anvisa)
Medicamentos fracionados em dose unitária	▪ Pacientes internados do SUS, conveniados e particulares
Medicamentos desenvolvidos para protocolos clínicos	▪ Equipe de saúde (pesquisador)
Estágios curriculares e voluntários em farmácia hospitalar	▪ Profissionais farmacêuticos ▪ Instituições de ensino públicas e privadas
Trabalhos científicos publicados	▪ Profissionais farmacêuticos ▪ Equipe de saúde
Relatórios gerenciais	▪ Unidades administrativas

As principais necessidades de cada tipo de cliente devem ser identificadas, analisadas e atendidas por meio dos processos desenvolvidos pelas áreas de trabalho (Quadro 1.6).

Quadro 1.6 Tipos de clientes e suas respectivas necessidades

Tipo de cliente	Necessidades
Pacientes internados	▪ Avaliação criteriosa da prescrição ▪ Fornecimento do medicamento certo no horário certo ▪ Informação e orientação sobre medicamentos ▪ Acompanhamento farmacoterapêutico do tratamento ▪ Detecção e avaliação de reações adversas a medicamentos ▪ Intervenções farmacêuticas
Pacientes ambulatoriais Pacientes domiciliares Pacientes funcionários Familiares e cuidadores	▪ Avaliação criteriosa da prescrição ▪ Fornecimento do medicamento certo em quantidade adequada ▪ Humanização no atendimento ▪ Fornecimento de informação e orientação farmacêutica ▪ Acompanhamento farmacêutico do tratamento ▪ Implantação de serviços de AF para tratamentos ou doenças específicas
Equipe de saúde	▪ Fornecimento de informação sobre medicamentos e procedimentos específicos da área ▪ Capacitação e desenvolvimento sobre medicamentos
Unidades de internação Unidades ambulatoriais	▪ Fornecimento correto do medicamento no prazo estabelecido ▪ Agilidade no atendimento ▪ Estabelecimento de rotinas e critérios para estoque de medicamentos em cada área
Unidades administrativas	▪ Fornecimento de relatórios gerenciais ▪ Elaboração de pareceres técnicos de medicamentos e insumos farmacêuticos ▪ Elaboração de especificações de medicamentos e insumos para aquisição
Anvisa	▪ Envio das notificações de eventos adversos de medicamentos
Instituições de ensino públicas e privadas	▪ Fornecimento de campo de estágio ▪ Implantação de programas de residência

A identificação das necessidades dos clientes possibilita o melhor direcionamento dos esforços na obtenção de resultados mais efetivos. O grau de satisfação dos clientes deve ser conhecido por meio da utilização de questionários de pesquisa de satisfação[19-21].

Os processos devem ser aperfeiçoados e gerenciados porque são os meios pelos quais suprimos as necessidades dos clientes e atingimos as metas da farmácia hospitalar e da instituição.

Os principais benefícios da gestão por processos são[19-21]:

- Proporciona uma visão sistêmica da organização.
- Identifica as principais falhas do desempenho.
- Evita o retrabalho.
- Evita a subutilização de equipes.
- Busca caminhos mais fáceis para que as ações sejam mais rápidas, com menos custo e mais eficiência, eficácia e efetividade.
- Proporciona aos colaboradores maior compreensão da complexidade e importância de suas tarefas para o desempenho geral da organização e maior entendimento das funções dos outros setores e colaboradores.
- Cria uma padronização nos processos, evitando dúvidas na forma de operacionalizá-los, e facilita o treinamento de novos membros da equipe.
- Protege o capital intelectual da organização, garantindo que o conhecimento gerado internamente não seja perdido com a rotatividade dos colaboradores.
- Estabelece uma rotina de trabalho focada nos processos e não nas pessoas.
- Proporciona uma visão mais detalhada aos gestores de como os processos ocorrem.
- Identifica necessidades de treinamento.
- Reduz erros, podendo reduzir custos.
- Evita os defeitos antes que eles ocorram.
- Desenvolve e mantém processos seguros e validados que eliminam a necessidade de controle final.

A gestão por processos possibilita à farmácia hospitalar[19-21]:

- A identificação, o gerenciamento e o aprimoramento dos processos principais do negócio e dos processos de apoio.
- A uniformização de práticas e indicadores em toda a organização.
- A constante inovação de práticas e métodos, trazendo maior sinergia ao processo de melhoria contínua.
- A aplicação do ciclo de PDCA (planejar, fazer, verificar e agir, do inglês *plan-do-study-act*), contribuindo para a disseminação da cultura da excelência e a consolidação do aprendizado organizacional.
- O aprimoramento da forma de trabalho de todas as operações da organização, assim como o desempenho dos complexos assistenciais.

- A disseminação da prática de *benchmarking*, interna e externamente, acelerando a obtenção de resultados pela organização.
- A atuação integrada de líderes e equipes, alinhada à estratégia a fim de levar a organização à excelência nas suas operações.
- O domínio dos processos, levando à previsibilidade dos resultados e à excelência em desempenho.
- O alinhamento da organização com os fundamentos de excelência da gestão para a qualidade.

REFERÊNCIAS

1. Brasil. Ministério da Saúde. Gabinete do Ministro. Anexo IX da Portaria de consolidação n. 2, de 28 de setembro de 2017. Dispõe sobre a Política Nacional de Assistência Farmacêutica. Diário Oficial [da] República Federativa do Brasil, 3 out. 2017.
2. Brasil. Ministério da Saúde. Secretaria de Ciência, Tecnologia e Insumos Estratégicos (SCTIE). Serviços farmacêuticos na atenção básica à saúde: cuidado farmacêutico na atenção básica. Brasília: Ministério da Saúde; 2014.
3. Brasil. Ministério da Saúde. Secretaria de Ciência, Tecnologia e Insumos Estratégicos (SCTIE). Assistência farmacêutica na atenção: instruções técnicas para sua organização. Brasília: Ministério da Saúde; 2006.
4. Correr CJ, Otuki MF, Soler O. Assistência farmacêutica integrada ao processo de cuidado em saúde: gestão clínica do medicamento. Rev Pan-Amaz Saúde. 2011;2(3):41-9.
5. Marin N, Luiza VL, Osorio-de-Castro CGS, Machado dos Santos S (org.). Assistência farmacêutica para gerentes municipais. Rio de Janeiro: OPAS/OMS; 2003.
6. Oliveira MA, Bermudez JAZ, Osorio-de-Castro CGS. Assistência farmacêutica e acesso a medicamentos. Rio de Janeiro: Fiocruz; 2007.
7. Osorio-de-Castro CGS, Luiza VL, Castilho SR, Oliveira MA, Jaramillo NM (org.). Assistência farmacêutica: gestão e prática para profissionais de saúde. Rio de Janeiro: Fiocruz; 2014.
8. Silva MJS, Osorio-de-Castro CGS. Assistência farmacêutica na rede de atenção oncológica. In: Almeida JRC (org.). Farmacêuticos em oncologia: uma nova realidade. 3.ed. Rio de Janeiro: Atheneu; 2017.
9. Sociedade Brasileira de Farmácia Hospitalar e Serviços de Saúde. Padrões mínimos para farmácia hospitalar e serviços de saúde. São Paulo: Sociedade Brasileira de Farmácia Hospitalar; 2017.
10. Novaes MRCG. La farmacia hospitalaria en Brasil: estrategias y desafíos. Farmacia Hospitalaria. 2006;30(5):265-8.
11. Novaes MRCG. Nutrição parenteral. In: Storpirts S, Mori ALPM, Yochiy A, Ribeiro E, Porta V. Farmácia clínica e atenção farmacêutica. Guanabara Koogan; 2008.
12. Organização Panamericana de Saúde/Organização Mundial de Saúde. Assistência farmacêutica no Brasil: estrutura, processos e resultados. Brasília: Ministério da Saúde; 2005.
13. Castro CGSP, Castilho SR. Diagnóstico da farmácia hospitalar no Brasil. Rio de Janeiro: Fiocruz; 2004.
14. Brasil. Ministério da Saúde. Portaria n. 3.916/GM, de 30 de outubro de 1998. Aprova a política nacional de medicamentos. Diário Oficial da República Federativa do Brasil; 10 nov. 1998; Seção 1:18-22.
15. Brasil. Conselho Nacional de Saúde. Política Nacional de Assistência Farmacêutica. Resolução n. 338/2004. Disponível em: http://bvsms.saude.gov.br/bvs/saudelegis/cns/2004/res0338_06_05_2004.html. Acesso em: 16 set. 2019.
16. Ivama AM, Noblat L, Castro MS, Jaramillo NM, Rech N. Consenso brasileiro de atenção farmacêutica: proposta. Brasília: Organização Pan-Americana da Saúde; 2002.

17. Brasil. Ministério da Saúde. Portaria GM/MS n. 198/2004. Institui diretrizes para implementação da Política de Educação Permanente em Saúde, no âmbito do Ministério da Saúde (MS). Disponível em: http://bvsms.saude.gov.br/bvs/saudelegis/gm/2014/prt0278_27_02_2014.html. Acesso em: 16 set. 2019.
18. Brasil. Ministério da Saúde. Portaria n. 4.283, de 30 de dezembro de 2010. Aprova as diretrizes e estratégias para organização, fortalecimento e aprimoramento das ações e serviços de farmácia no âmbito dos hospitais. Diário Oficial da República Federativa do Brasil; 31 dez 2010; n. 251, Seção 1: 94-5.
19. Garbi Novaes MRC, Lolas F, Quezada A (eds.). Ética y farmacia: una perspectiva latinoamericana. Monografías de Acta Bioethica n. 2. Programa de Bioética da OPS/OMS, 2009.
20. Cipriano SL, Perazzolo E, Cornetta VK, Almeida MIR. Os conceitos da teoria de sistemas alinhados ao modelo de gestão Prêmio Nacional da Gestão em Saúde – PNGS no gerenciamento da Farmácia hospitalar. Revista Brasileira de Farmácia Hospitalar e Serviços Saúde. 2006;11:21-32.
21. Cipriano SL, Cornetta VK. Gestão da qualidade e indicadores na farmácia hospitalar. In: Storpirts S, Mori ALPM, Yochiy A, Ribeiro E, Porta V. Ciências farmacêuticas: farmácia clínica e atenção farmacêutica. Rio de Janeiro: Guanabara Koogan; 2008.
22. Novaes MRCG, Bernardino HMOM, Bernardino JO. Síndrome de burnout em farmacêuticos hospitalares brasileiros: validação por meio de análise fatorial. Revista Brasileira de Farmácia Hospitalar e Serviços Saúde. 2014;5(2):20-5.

2

Liderança da farmácia hospitalar

Autores
Vanusa Barbosa Pinto
Cleuber Esteves Chaves
Andréa Cassia Pereira Sforsin
Sonia Lucena Cipriano

Coautora
Michelle Silva Nunes

INTRODUÇÃO

O Ministério da Saúde, por meio da Portaria MS/GM 4.283, de 30 de dezembro de 2010, sugere aos hospitais que proporcionem estrutura organizacional e infraestrutura física que viabilizem suas ações com qualidade, utilizando modelo de gestão sistêmico, integrado e coerente, pautado nas bases da moderna administração. Isso influencia na qualidade, resolutividade e custo da assistência, com reflexos positivos para o usuário, estabelecimentos e sistema de saúde, devidamente aferidos por indicadores[1,2].

Para o acompanhamento do adequado desempenho das principais atividades da farmácia hospitalar, recomenda-se a adoção de indicadores de gestão, logísticos, de assistência ao paciente e de educação. Portanto, essa sugestão do Ministério da Saúde vem incentivar que as farmácias hospitalares e serviços de saúde incluam em sua gestão um sistema de liderança forte e qualificado para viabilizar a assistência farmacêutica plena.

Qualquer organização que produza bens ou serviços necessita de um sistema de liderança eficaz para obter resultados e manter sua sustentabilidade. Assim, a liderança na farmácia hospitalar deve ser o fator preponderante, catalisador de atividades, que permita à farmácia obter destaque nos processos de assistência farmacêutica.

Os modelos de gestão para a qualidade recomendam que as organizações de saúde tenham um sistema de liderança instituído. A Organização Nacional de Acreditação (ONA) estabelece os padrões de liderança conforme os seguintes níveis:

- Nível 1: a liderança institui o modelo de gestão, as políticas e as responsabilidades, com foco na segurança e na qualidade do cuidado e dos serviços.

- Nível 2: a liderança classifica, identifica, promove e acompanha a interação dos processos organizacionais e avalia seu desempenho, de acordo com o modelo de gestão definido.
- Nível 3: modelo transparente de gestão e responsabilidades e para o desenvolvimento da organização, afirmando o compromisso com a excelência, sustentado pelos fundamentos de gestão em saúde e demonstrando maturidade institucional[3].

Um sistema de liderança eficaz cria valores claros quanto aos requisitos das partes interessadas e fixa elevadas expectativas de desempenho e sua melhoria. Esse sistema promove a lealdade e o trabalho em equipe com base nos valores e na busca do atingimento dos propósitos comuns. Ele encoraja e apoia a iniciativa, a criatividade e a gestão de risco, subordina a organização ao seu propósito e função e evita cadeias de comando que obriguem a longos caminhos para a tomada de decisão. Um sistema de liderança eficaz inclui mecanismos para a autoavaliação e a melhora das habilidades dos líderes[4].

Assim sendo, a farmácia hospitalar terá boa vitalidade quando a autonomia para a resolução de problemas e as respostas às demandas estejam nas pontas e não mais centralizadas no comando.

Entendemos que o líder tem como função a promoção do engajamento das equipes, que é fundamental para a geração de resultados sustentáveis, sempre com foco nos pacientes e seus acompanhantes. O objetivo é potencializar esses resultados com ênfase na humanização do trabalho, no desenvolvimento dos profissionais e no compromisso de fazer o melhor para as pessoas[5].

Segundo Hunter, em seu livro *O monge e o executivo*, liderança é a habilidade de influenciar pessoas para trabalharem entusiasticamente visando atingir os objetivos identificados como sendo para o bem comum[6].

Dentro desse cenário, o farmacêutico hospitalar deve estar preparado para implantar um sistema de liderança compatível com a realidade do hospital e das atividades que pretende desenvolver, tendo como base a definição e a descrição das atividades exercidas, o perfil de profissionais necessário para exercê-las, as práticas de trabalho definidas e a constância de propósito. Os procedimentos estabelecidos devem estar disseminados na instituição.

Este capítulo tem como objetivo subsidiar o farmacêutico hospitalar de informações sobre a importância de um sistema de liderança e sobre sua implantação.

REQUISITOS LEGAIS

Os requisitos legais que contemplam aspectos de um sistema de liderança estão destacados a seguir.

▸ Portaria n. 1.017, de 23 de dezembro de 2002, da Secretaria de Atenção à Saúde do Ministério da Saúde[7]:

Art. 1º – Estabelecer que as farmácias hospitalares e/ou dispensários de medicamentos existentes nos hospitais integrantes do Sistema Único de Saúde deverão funcionar, obrigatoriamente, sob a responsabilidade técnica de profissional farmacêutico devidamente inscrito no respectivo Conselho Regional de Farmácia.

Parágrafo único – Os demais profissionais farmacêuticos deverão ser em número adequado ao porte do hospital e suficientes para o exercício das ações inerentes à sua atividade profissional na farmácia hospitalar e/ou dispensário de medicamentos[7].

▸ Resolução n. 568, de 6 de dezembro de 2012, do Conselho Federal de Farmácia[8]. Regulamenta o exercício profissional nos serviços de atendimento pré-hospitalar, na farmácia hospitalar e em outros serviços de saúde, de natureza pública ou privada.

Art. 2º – Os serviços de atendimento pré-hospitalar, farmácia hospitalar e outros serviços de saúde têm como principal objetivo contribuir no processo de cuidado à saúde, visando à melhoria da qualidade da assistência prestada ao paciente, promovendo o uso seguro e racional de medicamentos – incluindo os radiofármacos e os gases medicinais – e outros produtos para a saúde, nos planos assistencial, administrativo, tecnológico e científico.

Art. 3º – No desempenho de suas atribuições nos serviços de atendimento pré-hospitalar, na farmácia hospitalar e em outros serviços de saúde, o farmacêutico exerce funções clínicas, administrativas e consultivas, de pesquisa e educativas.

Art. 4º – **São atribuições do farmacêutico nos serviços de atendimento pré-hospitalar, na farmácia hospitalar e em outros serviços de saúde:**

[...]

III – Gestão da informação, infraestrutura física e tecnológica;

IV – Gestão de recursos humanos.

Art. 5º – Nas atividades de assistência farmacêutica, é de competência do farmacêutico nos serviços de atendimento pré-hospitalar, na farmácia hospitalar e em outros serviços de saúde:

[...]

VIII – Elaborar manuais técnicos e formulários próprios;

[...]

Art. 6º – Ao farmacêutico responsável técnico, compete:

I – Cumprir e fazer cumprir a legislação pertinente às atividades nos serviços de atendimento pré-hospitalar, na farmácia hospitalar e em outros serviços de saúde e relativas à assistência farmacêutica nos aspectos físicos e estruturais, considerando o perfil e a complexidade do serviço de saúde;

II – Buscar os meios necessários para o funcionamento dos serviços de atendimento pré-hospitalar, na farmácia hospitalar e em outros serviços de saúde, relacionados aos aspectos políticos, ambientais e aos recursos humanos, em conformidade com os parâmetros mínimos recomendáveis;

III – Organizar, supervisionar e orientar tecnicamente todos os setores que compõem os serviços de atendimento pré-hospitalar, hospitalar e outros serviços de saúde, de forma a assegurar o mínimo recomendável para o funcionamento harmonioso do estabelecimento de saúde, dentro da visão da integralidade do cuidado;

IV – Articular parcerias interinstitucionais, acadêmicas e comunitárias;

V – Zelar para que se cumpra os dispostos nesta resolução[8].

▸ Resolução n. 578, de 26 de julho de 2013, do Conselho Federal de Farmácia[9]. Regulamenta as atribuições técnico-gerenciais do farmacêutico na gestão da assistência farmacêutica no âmbito do Sistema Único de Saúde (SUS).

Art. 1º – Dispor sobre as atribuições técnico-gerenciais do farmacêutico na gestão da assistência farmacêutica no âmbito do Sistema Único de Saúde (SUS), nos termos desta resolução.

Art. 2º – As atribuições de que trata o artigo anterior são:

I – participar na formulação de políticas e planejamento das ações, em consonância com a política de saúde de sua esfera de atuação e com o controle social;

II – participar da elaboração do plano de saúde e demais instrumentos de gestão em sua esfera de atuação;

III – utilizar ferramentas de controle, monitoramento e avaliação que possibilitem o acompanhamento do plano de saúde e subsidiem a tomada de decisão em sua esfera de atuação;

IV – participar do processo de seleção de medicamentos;

V – elaborar a programação da aquisição de medicamentos em sua esfera de gestão;

VI – assessorar na elaboração do edital de aquisição de medicamentos e outros produtos para a saúde e das demais etapas do processo;

VII – participar dos processos de valorização, formação e capacitação dos profissionais de saúde que atuam na assistência farmacêutica;

VIII – avaliar de forma permanente as condições existentes para o armazenamento, distribuição e dispensação de medicamentos, realizando os encaminhamentos necessários para atender à legislação sanitária vigente;

IX – desenvolver ações para a promoção do uso racional de medicamentos;

X – participar das atividades relacionadas ao gerenciamento de resíduos dos serviços de saúde, conforme legislação sanitária vigente;

XI – promover a inserção da assistência farmacêutica nas redes de atenção à saúde (RAS) e dos serviços farmacêuticos[9].

- Lei n. 13.021, de 8 de agosto de 2014, da Presidência da República[10]. Dispõe sobre o exercício e a fiscalização das atividades farmacêuticas.

Art. 5º No âmbito da assistência farmacêutica, as farmácias de qualquer natureza requerem, obrigatoriamente, para seu funcionamento, a responsabilidade e a assistência técnica de farmacêutico habilitado na forma da lei.

[...]

Art. 13. Obriga-se o farmacêutico, no exercício de suas atividades, a:

I – notificar os profissionais de saúde e os órgãos sanitários competentes, bem como o laboratório industrial, dos efeitos colaterais, das reações adversas, das intoxicações, voluntárias ou não, e da farmacodependência observados e registrados na prática da farmacovigilância;

II – organizar e manter cadastro atualizado com dados técnico-científicos das drogas, fármacos e medicamentos disponíveis na farmácia;

III – proceder ao acompanhamento farmacoterapêutico de pacientes, internados ou não, em estabelecimentos hospitalares ou ambulatoriais, de natureza pública ou privada;

IV – estabelecer protocolos de vigilância farmacológica de medicamentos, produtos farmacêuticos e correlatos, visando a assegurar o seu uso racionalizado, a sua segurança e a sua eficácia terapêutica;

V – estabelecer o perfil farmacoterapêutico no acompanhamento sistemático do paciente, mediante elaboração, preenchimento e interpretação de fichas farmacoterapêuticas;

VI – prestar orientação farmacêutica, com vistas a esclarecer ao paciente a relação benefício e risco, a conservação e a utilização de fármacos e medicamentos inerentes à terapia, bem como as suas interações medicamentosas e a importância do seu correto manuseio.

Art. 14. Cabe ao farmacêutico, na dispensação de medicamentos, visando a garantir a eficácia e a segurança da terapêutica prescrita, observar os aspectos técnicos e legais do receituário[10].

COMO IMPLANTAR UM SISTEMA DE LIDERANÇA NA FARMÁCIA HOSPITALAR

A implantação de um sistema de liderança pode seguir estas etapas:

A. Conhecer/apropriar a cultura organizacional do hospital ou do serviço de saúde.
B. Verificar o modelo de gestão para qualidade utilizado pela instituição ou escolher um modelo a ser desenvolvido na farmácia hospitalar.
C. Definir o estilo de liderança que será implantado.

D. Definir missão, visão e valores da farmácia hospitalar.
E. Definir a estrutura organizacional da farmácia hospitalar.
F. Escolher as ferramentas de gestão.
G. Estabelecer o processo de análise de desempenho.
H. Desenvolver pessoas e equipe.

A. Conhecer/apropriar a cultura organizacional do hospital ou do serviço de saúde

A cultura organizacional é o modo informal e compartilhado de perceber, sentir e atuar em uma organização.

São exemplos de elementos da cultura organizacional: rituais, cerimônia, história, mitos, heróis, linguagem, crenças, valores, normas, tabus, estereótipos e preconceitos.

O farmacêutico deve conhecer os elementos da cultura organizacional para implantar um sistema de liderança eficaz e condizente com a realidade do hospital.

A cultura organizacional tem funções e traz benefícios, como:

- Dar aos membros uma identidade organizacional.
- Compartilhar normas, valores e percepções; promover um sentimento de união e de pertencimento.
- Facilitar o compromisso coletivo.
- Promover a estabilidade organizacional.
- Encorajar a integração e a cooperação entre os funcionários.
- Dar significados comuns para entender como e por que as coisas acontecem.

Os valores organizacionais refletem as expectativas culturais de um grupo ou da sociedade sobre como seus membros devem se comportar, estabelecem os padrões a serem alcançados e fornecem um senso de direção comum.

O líder é um representante da instituição perante sua equipe e deve refletir, expressar e disseminar sua missão, valores e objetivos de forma clara e íntegra. Além disso, deve exercer ativamente os valores institucionais, contribuindo para a internalização por parte de seus liderados, além de valorizar e reconhecer as pessoas que atuam de forma sincrônica a esses valores[5].

B. Verificar o modelo de gestão para qualidade utilizado pela instituição ou escolher um modelo a ser desenvolvido na farmácia hospitalar

Como exemplos de modelos de gestão para qualidade usados em serviços de saúde, podem-se citar:

- Programa CQH, cujo instrumento de avaliação é o *Roteiro de visitas*, publicado pelo Programa CQH - Compromisso com a Qualidade Hospitalar da Associação Paulista de Medicina[11].
- Prêmio Nacional da Gestão em Saúde (PNGS), com os instrumentos de avaliação *Rumo à excelência* e *Compromisso com a excelência*, publicados pela Fundação Nacional da Qualidade[4].
- Acreditação, que possui como instrumento de avaliação o *Manual brasileiro de acreditação*, publicado pela ONA[3].
- Acreditação hospitalar, cujo instrumento de avaliação é o *Manual internacional de padrões de acreditação hospitalar*, tradução de Joint Commission International Accreditation Standards for Hospitals, publicado pelo Consórcio Brasileiro de Acreditação[12].
- Norma ISO 9001, cujo instrumento de avaliação é a *NBR ISO 9001:2015 - Sistemas de gestão para qualidade - requisitos*, publicada pela Associação Brasileira de Normas Técnicas[13].
- Acreditação internacional: Accreditation Canada Internacional (ACI), que utiliza a metodologia internacional de excelência *QMentum Internacional*, publicada pelo IQG - Health Services Accreditation[14].

C. Definir o estilo de liderança que será implantado

O farmacêutico que se encontra na função de gestor da farmácia deverá definir o estilo de sua liderança, estimulando os membros da equipe à busca espontânea por mudanças e aprimoramento no seu ambiente de trabalho e em suas atividades. Também deve proporcionar um ambiente no qual as pessoas sintam-se corresponsáveis pelos processos e resultados[5].

Além da estrutura formal definida pelo organograma e pelos cargos, o farmacêutico pode utilizar uma estrutura funcional com formação de equipes de trabalho, com composição, responsabilidades, atividades e objetivos de acordo com as estratégias estabelecidas para alcançar resultados definidos para a assistência farmacêutica. Essas equipes devem contar com representantes de todos os níveis hierárquicos para o desenvolvimento de projetos.

D. Definir missão, visão e valores da farmácia hospitalar

A construção da missão, visão e valores das organizações deve ser realizada de forma participativa, consensual e voltada para os objetivos de suas áreas, das metas desejadas e dos princípios que norteiam suas ações[4,12,13].

Para atingir sua visão, a farmácia hospitalar deve ter definida sua missão, ou razão de ser, tendo como pilares seus valores.

Após a construção dos princípios organizacionais (missão, visão e valores), estes devem ser validados periodicamente, comunicados e entendidos por toda a força de trabalho da organização[4,12,13]. O entendimento e a comunicação podem ser garantidos por meio de mecanismos lúdicos, treinamentos, oficinas, palestras participativas com os colaboradores, cartazes e eventos específicos para sua divulgação.

O Quadro 2.1 exemplifica formas de comunicação da missão, visão e valores que podem ser utilizados na farmácia hospitalar[15].

Quadro 2.1 Formas de comunicação da missão, visão e valores

Partes interessadas	Formas de comunicação
Força de trabalho	▪ Manual de integração ▪ Murais e quadros encontrados em todos os ambientes ▪ Apresentações, durante a abertura, em aulas, treinamentos, reuniões, oficinas e eventos ▪ *Site* do hospital. ▪ Relatórios de gestão e de planejamento estratégico ▪ Fóruns específicos para missão e valores
Fornecedores	▪ Encontro de fornecedores ▪ "Guia de boas práticas de fornecedores de medicamentos e insumos farmacêuticos" ▪ *Site* do hospital ▪ Murais e quadros encontrados em todos os ambientes ▪ Reuniões com fornecedores
Clientes e sociedade	▪ Murais e quadros encontrados em todos os ambientes ▪ Apresentações, durante a abertura, em aulas, treinamentos, reuniões, oficinas, eventos e cursos ▪ Material didático distribuído ▪ *Site* do hospital
Hospital	▪ Apresentações, durante a abertura, em aulas, treinamentos, reuniões, oficinas, eventos e cursos ▪ Relatório de gestão/atividades ▪ Relatório do planejamento estratégico ▪ Murais e quadros encontrados em todos os ambientes ▪ *Site* do hospital

Fonte: Cipriano et al.[15].

E. Definir a estrutura organizacional da farmácia hospitalar

Conforme os *Padrões mínimos para farmácia hospitalar e serviços de saúde*, da Sociedade Brasileira de Farmácia Hospitalar e Serviços de Saúde, a gestão da farmácia hospitalar, de responsabilidade exclusiva de farmacêutico, deve estar focada em prestar assistência farmacêutica. Para tanto, desenvolverá uma estrutura organizacional que permita[16]:

- O estabelecimento da sua missão, valores e visão de futuro.
- A definição do organograma da farmácia, inserido no organograma institucional.
- A formulação, implementação e acompanhamento do planejamento estratégico para cumprimento de sua missão.
- O estabelecimento de critérios (indicadores) para avaliação do desempenho do serviço.
- O acompanhamento e monitoramento da implementação das ações estabelecidas.
- A avaliação contínua para estabelecimento de ações preventivas ou correção das não conformidades.
- O provimento do corpo funcional capacitado, dimensionado adequadamente às necessidades do serviço, considerando o porte e a complexidade do hospital.
- A garantia da assistência farmacêutica em período integral de funcionamento da instituição.
- O estabelecimento das atribuições e responsabilidades do corpo funcional.
- A promoção de treinamentos necessários e da educação permanente do corpo funcional.
- A elaboração e a revisão contínuas de rotinas, processos de trabalho e planos de contingência para situações emergenciais, ressaltando-se que o serviço de farmácia deve estar incluído no plano de contingência do estabelecimento.
- O estabelecimento de uma política de melhoria contínua da qualidade.

Para a organização da farmácia hospitalar, é necessária a definição do rol de atividades de assistência farmacêutica que a farmácia realizará, de acordo com as diretrizes e demandas e com o porte do hospital: seleção, programação, manipulação, aquisição, armazenamento, distribuição, dispensação, acompanhamento farmacoterapêutico, ensino e pesquisa, tendo como alicerces a gestão e os sistemas de informação[17-18]. Com base na definição das atividades, deve-se elaborar um organograma, estabelecer os processos de trabalho, dimensionar recursos humanos, equipamentos e instalações, de acordo com a legislação pertinente vigente, a literatura técnica e os *Padrões mínimos para farmácia hospitalar*, quanto ao dimensionamento de recursos humanos, recomendados pela Sociedade Brasileira de Farmácia Hospitalar[16].

A farmácia hospitalar deve ser dirigida por farmacêutico habilitado e com competências gerenciais. Esse profissional deve ser capaz de estabelecer um sistema de liderança que defina organização, infraestrutura, processos, responsabilidades e funções para que as atividades da assistência farmacêutica possam atingir os resultados esperados pela direção do hospital[3,10,12,16].

A forma como a farmácia hospitalar é conduzida será responsável pelos seus resultados, e, nesse contexto, os líderes assumem relevada importância e devem assegurar que as decisões sejam tomadas, comunicadas e implantadas de forma estruturada[18,19].

F. Escolher as ferramentas de gestão

A escolha de ferramentas de gestão é importante, pois estas auxiliam na sistematização das práticas de gestão (processos de trabalho) do sistema de liderança.

As práticas de gestão de um serviço de farmácia hospitalar exigem que se estabeleçam padrões. Tais práticas devem ser definidas, planejadas, implantadas, controladas e melhoradas continuamente. Para tanto, utiliza-se o ciclo PDCA. Os padrões das práticas de gestão devem orientar sua execução, garantindo a qualidade dos produtos e processos obtidos[4,12,16].

A padronização de práticas deve ser pautada nas necessidades da organização, dos colaboradores e clientes, na missão, visão e valores, nas diretrizes institucionais, nas estratégias, na legislação pertinente e nos referenciais comparativos disponíveis[4,12,16].

O Quadro 2.2 exemplifica padrões de trabalho para práticas de gestão do sistema de liderança, utilizando ferramentas de gestão[15].

Quadro 2.2 Padrões de trabalho das práticas de gestão do sistema de liderança

Prática de gestão	Padrão de trabalho/Ferramentas da qualidade
Reuniões sistematizadas	▪ Elaboração do cronograma anual de reuniões – sistema integrado de reuniões ▪ Elaboração da pauta em modelo estabelecido, contendo assuntos a serem abordados (levantados previamente), assuntos pendentes, responsável e prazo ▪ Realização da reunião, com registro em ata dos assuntos da pauta e acompanhamento dos assuntos pendentes até sua resolução
Implantação de novos projetos	▪ Verificação no planejamento estratégico do prazo, responsáveis e áreas envolvidas ▪ Realização de reuniões sistematizadas para elaboração do projeto segundo a ferramenta ciclo PDCA ▪ Estruturação do projeto em ficha técnica 5W2H, na qual etapas, procedimentos, metas e responsáveis são estabelecidos ▪ Elaborar procedimento operacional padrão (POP)

Continua

Quadro 2.2 Padrões de trabalho das práticas de gestão do sistema de liderança *(continuação)*

Prática de gestão	Padrão de trabalho/Ferramentas da qualidade
Tomada de decisão	▪ Definição e elaboração da pauta de acordo com a necessidade detectada pela liderança ▪ Divulgação da pauta para liderança, com data e horário definidos ▪ Realização de reunião com participação de todos os membros da liderança ▪ Apresentação do tema pelo membro que detectou a necessidade ▪ Aplicação da ferramenta *brainstorming* pelo coordenador da reunião para levantamento de informações, conhecimentos e vivência de cada participante ▪ Elaboração das propostas ▪ Busca do consenso entre os membros para melhor tomada de decisão ▪ Quando não ocorre consenso, verifica-se a vontade da maioria, e, quando se faz necessário, a decisão é tomada pelo farmacêutico gestor com base em suas informações, conhecimentos e vivência ▪ Registro em ata da reunião ▪ Definição do conteúdo da informação a ser transmitida para as partes interessadas de forma clara e transparente
Resolução de problemas	▪ Levantamento das causas do problema por meio das ferramentas *brainstorming* e espinha de peixe ▪ Reunião com os membros da liderança ▪ Análise de Pareto e/ou GUT para estabelecer as prioridades ▪ Identificação de planos de ação correlacionando causas e efeitos ▪ Desdobramento dos planos de ação em ficha técnica 5W2H ▪ Monitoramento da resolução do problema
Melhoria dos processos de trabalho	▪ Detecção das necessidades de melhorias dos processos por meio da análise dos resultados dos indicadores de desempenho, pesquisa de satisfação de clientes e reuniões com as partes interessadas ▪ Realização de reuniões sistematizadas com os envolvidos no processo para tomada de decisão ▪ Resolução dos problemas e/ou implantação de melhorias
Reuniões de análise crítica	▪ Definição dos indicadores estratégicos, metas e referenciais comparativos com registro na ficha de indicadores padronizada ▪ Elaboração do cronograma de reuniões e definição dos responsáveis pela apresentação da análise dos resultados ▪ Registro da análise crítica (alcance da meta, tendência e efetividade dos planos de ação) em um modelo padrão

5W2H: *what* (o quê?) – *why* (por quê?) – *where* (onde?) – *when* (quando?) – *who* (quem?); *how* (como?) – *how much* (quanto?); GUT: Gravidade, Urgência e Tendência.
Fonte: Cipriano SL et al.[15].

Esses padrões devem ser do conhecimento de todos e necessitam estar descritos em manuais ou guias. Os colaboradores devem ser treinados para tal execução[14,12,16].

O cumprimento dos padrões de trabalho das práticas de gestão pode ser monitorado por meio de autoavaliação, auditorias externas e reuniões periódicas.

As práticas de gestão devem ser avaliadas de forma sistematizada com análise de indicadores previamente definidos para esse fim. Após a avaliação, medidas de melhorias devem ser implantadas e monitoradas[4,12,16].

G. Estabelecer o processo de análise de desempenho

A análise de desempenho se refere à abordagem utilizada pela farmácia hospitalar para avaliar se os resultados obtidos demonstram que os objetivos estratégicos estão sendo alcançados[4].

O desempenho da farmácia hospitalar deve ser analisado de forma sistemática, por meio da avaliação dos resultados dos indicadores, de pesquisas de satisfação, dos relatórios de auditorias internas ou externas. A forma como a farmácia analisa seu desempenho deve estar descrita e disseminada para todos os colaboradores.

O cumprimento da missão da farmácia hospitalar e seus objetivos estratégicos devem ser verificados por meio da avaliação de desempenho, realizada de forma sistematizada, conforme exemplo do Quadro 2.3.

Quadro 2.3 Processo de análise de desempenho

Quando	O quê	Quem	Como
Mensal	▪ Reunião de análise crítica dos indicadores de desempenho ▪ Monitoramento das etapas do desdobramento dos planos de ação	▪ Farmacêuticos das áreas ▪ Gestores	▪ Verificação dos resultados obtidos, comparando com a série histórica e implantando ações de melhoria
Bimestral	▪ Análise operacional do planejamento (de baixo para cima)	▪ Colaboradores ▪ Farmacêuticos das áreas ▪ Gestores	▪ Realizando reuniões setoriais com todos os colaboradores, com pautas registradas em atas ▪ Verificando o andamento e analisando os planos de ação operacionais ▪ Identificando as necessidades de correções de rumo

Continua

Quadro 2.3 Processo de análise de desempenho *(continuação)*

Quando	O quê	Quem	Como
Semestral	▪ Análise estratégica do planejamento (de cima para baixo)	▪ Gestores	▪ Realizando reuniões setoriais prévias para verificação do andamento dos planos de ação estratégicos, registrados em planilhas ▪ Realizando reuniões dos gestores, em local externo ao hospital, para apresentação, integração e análise dos planos de ação estratégicos e operacionais ▪ Adequação dos planos de ação estratégicos e das metas estabelecidas, de acordo com as necessidades de correções de rumo, com registro em planilhas
Anual	▪ Análise do desempenho global	▪ Gestores	▪ Utilizando o relatório de avaliação de auditorias externas ▪ Utilizando o relatório de autoavaliação ▪ Utilizando o planejamento da farmácia (estratégico e operacional) ▪ Utilizando as variáveis do ambiente externo e interno – análise SWOT ▪ Utilizando as informações comparativas disponíveis ▪ Realizando reuniões, em local externo ao hospital, com apresentação, integração e análise de desempenho global e tomada de decisões ▪ Definição de planos de ação para correção de resumo

SWOT: forças, fraquezas, oportunidades e ameaças (do inglês *strenghts, weaknesses, opportunities and threats*).
Fonte: elaborado pelos autores.

Uma forma bastante eficaz de realizar a análise de desempenho é a autoavaliação (autoinspeção, auditoria interna), que consiste em ferramenta por meio da qual se definem equipe interna de avaliadores, itens de verificação, cronograma de avaliação e formato de apresentação dos resultados. A equipe definida com base no cronograma estabelecido realiza a autoinspeção de acordo com os itens de verificação e apresenta o resultado em reunião ou em formato de relatório.

Com base nos resultados da análise de desempenho, devem-se tomar decisões para melhoria contínua dos processos da farmácia. Essas decisões devem resultar em planos de ação, visando à correção dos problemas apontados na análise[4,12,16].

Os planos de ação devem ser implantados e acompanhados para verificar se suas etapas estão sendo realizadas, podendo-se utilizar a ferramenta 5W2H para o desdobramento dos planos.

H. Desenvolver pessoas e equipes

A liderança deve promover ações voltadas para a gestão de pessoas, desde a seleção de novos colaboradores, integração na equipe e treinamento dos procedimentos até a identificação e o desenvolvimento de novos líderes. O líder deve identificar talentos e habilidades, colocando as pessoas em posições nas quais possam ser mais úteis para equipe e as mantendo motivadas por fazerem o que gostam.

É necessário estabelecer o perfil dos profissionais que exercerão a liderança e as práticas de gestão para:

- Identificação e preparo dos profissionais que têm potencial para o perfil estabelecido.
- Seleção e definição de profissionais para cargos de liderança.
- Avaliação e desenvolvimento dos líderes da farmácia hospitalar.

Líderes reconhecem, identificam, treinam e promovem novos líderes. Portanto, as competências da liderança devem contemplar:

- Foco em resultados: entregar bons resultados de forma contínua e sistemática.
- Fazer diferente e melhor: ter foco na inovação e praticar o aprendizado no dia a dia.
- Paixão: ter alto nível de comprometimento.
- Autonomia com responsabilidade.
- Negociação e tomada de decisão: administrar conflitos, sabendo comunicar-se em todos os níveis da organização.
- Trabalho em equipe: atuar de forma colaborativa, cultivando relações de transparência e confiança para todos.
- Visão do todo: conhecer o impacto de suas ações em outras áreas, no hospital/serviço de saúde, clientes, fornecedores, comunidades, mercados e meio ambiente.

- Atitude: fazer o que deve ser feito com respeito e na hora certa.
- Visão de futuro com entusiasmo e empreendedorismo.
- Liderança: desenvolver e inspirar pessoas e equipes para sustentar as estratégias do hospital/serviço de saúde.

A OMS, por meio do relatório *Preparing the future pharmacist* (Vancouver, 1997), preconiza 7 funções, consideradas essenciais para o farmacêutico, que devem ser lembradas no desenvolvimento do farmacêutico. O profissional que cumpre essas funções é conhecido como "farmacêutico 7 estrelas". As responsabilidades e funções requeridas do "farmacêutico 7 estrelas" são[20]:

1. Atenção à saúde (*caregiver*).
2. Tomada de decisões (*decision maker*).
3. Comunicação (*communicator*).
4. Liderança (*leader*).
5. Gerenciamento (*manager*).
6. Estudante permanente (*lifelong learner*).
7. Educador (*teacher*).

A busca constante pelo conhecimento, desenvolvimento da equipe e aperfeiçoamento das habilidades e atitudes conduz esse profissional a ter uma visão sempre à frente do seu tempo, desenvolvendo competências para realizar uma gestão moderna, inovadora, capaz de gerar o reconhecimento da farmácia hospitalar por parte da alta administração do hospital e motivação para sua força de trabalho[8].

Quadro 2.4 Roteiro orientativo quanto aos padrões das práticas

Assunto	O que avaliar
Sistema de liderança	▪ Existe farmacêutico responsável técnico? ▪ O farmacêutico responsável é o diretor da farmácia hospitalar? ▪ As competências, funções e responsabilidades da equipe estão definidas? ▪ Os processos de assistência farmacêutica estão definidos? ▪ A farmácia hospitalar possui infraestrutura (recursos humanos, área física, insumos, equipamentos) adequada para a realização dos processos a que se propõe? ▪ Existe prática para a identificação e o desenvolvimento das lideranças da farmácia hospitalar? ▪ A farmácia hospitalar possui prática de avaliação das lideranças? ▪ Os líderes da farmácia hospitalar são desenvolvidos de acordo com o resultado das avaliações?

Continua

Quadro 2.4 Roteiro orientativo quanto aos padrões das práticas *(continuação)*

Assunto	O que avaliar
Cultura da excelência	▪ A farmácia hospitalar possui missão, visão, valores e/ou políticas e objetivos da qualidade definidos, aprovados e disseminados? ▪ Existem procedimentos operacionais padrão (rotinas, práticas de gestão, padrões de trabalho) definidos, escritos e disseminados para os processos de assistência farmacêutica? ▪ A liderança da farmácia hospitalar monitora o cumprimento dos procedimentos estabelecidos? ▪ Existem avaliação e proposição de melhorias para os procedimentos definidos?
Análise de desempenho	▪ A liderança analisa o desempenho da farmácia hospitalar por meio de indicadores? ▪ A liderança da farmácia hospitalar realiza autoavaliação (autoinspeção, auditoria interna)? ▪ A liderança toma decisões decorrentes da análise de desempenho e dos resultados da autoavaliação? ▪ A liderança da farmácia hospitalar acompanha as ações implantadas decorrentes da tomada de decisão?

Fonte: elaborado pelos autores.

Em um sistema de liderança, o líder serve de exemplo para todos, por seu comportamento ético e transparente, suas habilidades de planejamento, comunicação e análise. É isso que estimula as pessoas a buscarem a excelência[18].

REFERÊNCIAS

1. Brasil. Ministério da Saúde. Gabinete do Ministro. Portaria n. 4.283, de 30 de dezembro de 2010. Aprova as diretrizes e estratégias para organização, fortalecimento e aprimoramento das ações e serviços de farmácia no âmbito dos hospitais. Diário Oficial da União, Brasília (DF); 31 dez. 2010; Seção 1:94.
2. Pinto VB, Chaves CE. Planejamento estratégico e gestão do conhecimento. In: Carvalho FD; Capucho HC; Bisson MP (org.). Farmacêutico hospitalar: conhecimento, habilidades e atitudes. Barueri: Manole; 2014.
3. Organização Nacional de Acreditação (ONA). Manual das Organizações Prestadoras de Serviços de Saúde. Brasília: Organização Nacional de Acreditação; 2014.
4. Fundação Nacional da Qualidade (FNQ). Rumo à excelência e compromisso com a excelência. São Paulo: FNQ; 2007.
5. Hospital das Clínicas da FMUSP. Cartilha do líder HCFMUSP. São Paulo: Hospital das Clínicas da FMUSP; 2014.
6. Hunter JC. O monge e o executivo: uma história sobre a essência da liderança. 7.ed. Rio de Janeiro: Sextante; 2004.
7. Brasil. Ministério da Saúde. Secretaria de Atenção à Saúde. Portaria n. 1.017, de 23 de dezembro de 2002. Estabelece que as farmácias hospitalares e/ou dispensários de medicamentos existentes nos hospitais integrantes do SUS deverão funcionar obrigatoriamente, sob a responsabilidade

técnica de profissional farmacêutico devidamente inscrito no respectivo Conselho Regional de Farmácia. Diário Oficial da União, Brasília (DF); 24 dez. 2002; Seção 1:249.

8. Brasil. Conselho Federal de Farmácia. Resolução n. 568, de 6 de dezembro de 2012. Dá nova redação aos artigos 1º ao 6º da Resolução/CFF n. 492 de 26 de novembro de 2008, que regulamenta o exercício profissional nos serviços de atendimento pré-hospitalar, na farmácia hospitalar e em outros serviços de saúde, de natureza pública ou privada. Diário Oficial da União, Brasília (DF); 7 dez. 2012; Seção 1:353.
9. Brasil. Conselho Federal de Farmácia. Resolução n. 578, de 26 de julho de 2013. Regulamenta as atribuições técnico-gerenciais do farmacêutico na gestão da assistência farmacêutica no âmbito do Sistema Único de Saúde (SUS). Diário Oficial da União, Brasília (DF); 19 ago. 2013; Seção 1:151.
10. Brasil. Presidência da República. Lei n. 13.021, de 8 de agosto de 2014. Dispõe sobre o exercício e a fiscalização das atividades farmacêuticas. Diário Oficial da União, Brasília (DF); 11 ago. 2014; Seção 1:1.
11. Compromisso com Qualidade Hospitalar (CQH). Roteiro de visitas. Versão 11. São Paulo: CQH; 2016.
12. Consórcio Brasileiro de Acreditação. Padrões de acreditação da Joint Commission International para hospitais. 5.ed. Rio de Janeiro: Consórcio Brasileiro de Acreditação de Sistemas e Serviços de Saúde; 2014.
13. Associação Brasileira de Normas Técnicas. NBR ISO 9001. Sistemas de gestão para qualidade – requisitos. Rio de Janeiro: Associação Brasileira de Normas Técnicas; 2015.
14. IQG Health Services Accreditation. Informações sobre o processo de acreditação internacional - Accreditation Canada [Internet]. IQG Health Services Accreditation Acreditação Internacional. Informações. Disponível em: http://www2.iqg.com.br/site/principal/ler/4854-informacoes. Acesso em: 12 dez. 2016.
15. Cipriano SL, Pinto VB, Chaves CE. Gestão estratégica em farmácia hospitalar: aplicação prática de um modelo de gestão para qualidade. São Paulo: Atheneu; 2009.
16. Sociedade Brasileira de Farmácia Hospitalar e Serviços de Saúde. Padrões mínimos para farmácia hospitalar e serviços de saúde. São Paulo: Sociedade Brasileira de Farmácia Hospitalar; 2017.
17. Marin N, Luiza VL, Osorio-de-Castro CGS, Machado-dos-Santos S (org.). Assistência farmacêutica para gerentes municipais. Rio de Janeiro: OPAS/OMS; 2003.
18. Fundação Nacional da Qualidade. Cadernos de excelência: liderança. São Paulo: Fundação Nacional da Qualidade; 2007.
19. Silva AF. O administrador e o desafio da tomada de decisão. Portal Administradores. Disponível em: https://administradores.com.br/artigos/o-desafio-da-tomada-de-decisao. Acesso em: 02 out. 2019.
20. World Health Organization (WHO). Report of a fourth WHO consultative group on the role of the pharmacist: the role of the pharmacist in the health care system, preparing the future pharmacist: curricular development. Vancouver: WHO; 1997.

3

Estratégias e ferramentas de gestão para qualidade e resultados

Autores
Vanusa Barbosa Pinto
Eliane Morais Pinto
Felipe Dias Carvalho
Sonia Lucena Cipriano

Coautora
Michelle Silva Nunes

INTRODUÇÃO

A estratégia não é uma prática recente para a humanidade. Desde que o homem pré-histórico se pôs a caçar, pescar ou lutar para sobreviver, a estratégia sempre esteve presente, como uma antecipação de "o que" e "como" fazer para se obter sucesso[1].

O conceito de estratégia, como é geralmente entendido, nasceu em meio às atividades militares do passado. Para obter êxito nas batalhas, os líderes militares realizavam estudos sobre as características e as atividades do exército adversário (ameaças e oportunidades), sobre o campo de batalha (cenário) e sobre seu próprio exército (pontos fortes e fracos), conseguindo dessa forma informações valiosas para que pudessem surpreender o inimigo e criar artifícios a fim de se salvar em caso de insucesso do ataque.

A adaptação dos conceitos militares de estratégia para os negócios das organizações começou após a Revolução Industrial, em meados do século XIX, e teve seu apogeu no decorrer do século XX.

No setor sanitário, a utilização de estratégias de ação começou a partir da década de 1970, principalmente por meio dos estudos de Carlos Matus, e ganhou expressividade no final da década de 1990, com a criação das instituições certificadoras de "qualidade" para serviços de saúde.

O QUE É ESTRATÉGIA?

De acordo com Chiavenato e Sapiro (2004), a estratégia pode ser definida como a determinação das metas e dos objetivos básicos de uma organização, em longo prazo, além da adoção de planos de ação e alocação dos recursos necessários à consecução dessas metas[2].

Maximiano definiu estratégia como a seleção dos meios para a realização de objetivos futuros da organização, sendo orientada para os resultados a alcançar em longo prazo[3].

A estratégia é um processo complexo, formado pelas etapas de planejamento, implementação, monitoramento e avaliação de determinadas ações. Ela deve envolver toda a organização, pois se refere ao comportamento adaptativo desta quanto ao seu ambiente interno e ao ambiente externo que a circunda.

Formular estratégias e planos de ação permite à organização determinar seu posicionamento no mercado, direcionar suas ações e maximizar seu desempenho, estabelecendo metas setoriais e institucionais a serem alcançadas.

PLANEJAMENTO ESTRATÉGICO

O planejamento introduz ordem e método nas atividades e transforma a ação administrativa em rotinas disciplinadas. Ele dirige e reduz o custo operacional, diminui o desperdício e o improviso, prevê os elementos necessários, permite a conclusão do trabalho no tempo estabelecido e o aproveitamento eficaz dos recursos, eleva o moral do grupo e melhora a qualidade de produtos e serviços. O planejamento se realiza apoiado em planos ou projetos. Planejar é a arte de elaborar o projeto de um processo de mudança. É a forma de viabilizar uma ideia. Compreende um conjunto de conhecimentos práticos e teóricos ordenados de modo que possibilita interagir com a realidade, programar as estratégias e ações necessárias e tudo o que seja delas decorrente, para tornar possível alcançar os objetivos e metas nele preestabelecidas[2].

As estratégias sustentam a capacidade da organização de manobrar em meio a cenários cada vez mais complexos e dinâmicos. Contudo, não bastam o conhecimento e o diagnóstico de como estão os ambientes externos e internos da organização. É preciso, ainda, definir premissas, ponderar eventuais desdobramentos e visualizar possíveis consequências futuras, procurando minimizar os riscos inerentes à tomada de decisão. É que o planejamento estratégico se baseia em decisões de hoje que deverão construir o amanhã. É preciso projetar o futuro. O cenário consiste em projeções variadas de tendências históricas para compor o futuro esperado. Não basta conhecer o hoje: é preciso conhecer como será o amanhã, no momento em que a estratégia for implementada. A construção de cenários torna-se fundamental para a adequação da estratégia da organização aos objetivos que ela almeja atingir no longo prazo. Quase sempre um cenário é uma referência imaginária a respeito do futuro. No entanto, não se trata apenas de futurologia no sentido usual, e sim de projetar antecipadamente como as condições ambientais e organizacionais deverão se comportar. As organizações constroem cenários alternativos que servem para questionar premissas, explorar possibilidades alternativas do futuro e abrir novos caminhos. Quanto mais o ambiente se torna mutável e turbulento e a organização muda e inova, mais importantes se tornam os cenários para o processo decisório estratégico da organização.

O planejamento é um instrumento gerencial que deve estar apoiado nos conhecimentos teóricos e práticos da realidade, das condições e dificuldades da organização, visando tornar possível o alcance dos objetivos e metas nele estabelecidas. Planejar significa, portanto, orientar a ação do presente para que possamos organizar e estruturar um conjunto de atividades, conforme critérios previamente estabelecidos, visando modificar dada realidade.

O planejamento tem sido descrito como uma das quatro funções-chave do gestor, além de organização, liderança e controle. Na verdade, das quatro funções, o planejamento é crucial porque é o suporte para as outras três[4].

O processo de planejamento estratégico compreende a tomada de decisões sobre o padrão de comportamento ou planos de ação que a organização pretende seguir, produtos e serviços que pretende oferecer e mercados e clientes que pretende atingir, considerando os riscos contidos em tais ações[5].

O planejamento é o processo pelo qual a estratégia é elaborada e articulada sistematicamente, considerando os ambientes interno e externo da organização, de acordo com sua missão e buscando o alcance de sua visão. Contudo, não é algo que se faz uma vez a cada ano; não é descontínuo. Quanto mais frequentes forem as mudanças ambientais e organizacionais, mais frequente deverá ser a revisão do planejamento[5].

Condição *sine que non* para levar a cabo o planejamento estratégico é a definição de um plano de ações para aclarar "o que" será realizado, "por que" é necessário realizar, "onde" se realizará, "quando" será realizado, "quem" realizará, "como" será realizado e "quanto" custará a realização, incógnitas que podem ser respondidas com o auxílio da ferramenta 5W2H, que será abordada mais à frente neste capítulo.

Desde meados do século XX até a década de 1980, como o mundo dos negócios mudava pouco, o planejamento estratégico era definido rigidamente para horizontes temporais de 5-10 anos. Atualmente, em um mundo globalizado cujas características são as fortes mudanças e a concorrência feroz, o planejamento estratégico está se tornando indispensável para o sucesso organizacional. A diferença hoje é que o planejamento estratégico deixa de ser anual ou quinquenal para se tornar contínuo e ininterrupto; deixa de ser rígido para se tornar flexível e adaptável; deixa de constituir monopólio da alta direção para alcançar o compromisso e a dedicação de todos os membros da organização. Como a realidade é dinâmica, não existem planos definitivos, fechados, que possam valer sem alterações por muito tempo. É preciso considerar as incertezas e deixar "espaço" para o imprevisto[6].

O processo de planejamento implica um conhecimento profundo da realidade que se procura melhorar. Quem mais conhece a realidade é quem dela participa. Logo, o planejamento deve ser feito pela equipe de trabalho, privilegiando a composição multiprofissional. Cada um possui um capital intelectual acumulado ao longo de sua experiência. Valorizar habilidades significa envolver as pessoas e criar caminhos para que as diversas competências existentes sejam devidamente usufruídas. Devemos ter consciência de que o executor do plano a ser elaborado, conhecedor que é da realidade que se pretende transformar, há de participar do processo de planejamento estratégico.

O Ministério da Saúde, por meio da Portaria MS/GM n. 4.283, de 30 de dezembro de 2010, sugere aos hospitais que proporcionem estrutura organizacional e infraestrutura física que viabilizem as suas ações com qualidade, utilizando modelo de gestão sistêmico, integrado e coerente, pautado nas bases da moderna administração, influenciando na qualidade, resolutividade e custo da assistência, com reflexos positivos para o usuário, estabelecimentos e sistema de saúde, devidamente aferidos por indicadores. Para o acompanhamento do adequado desempenho das principais atividades da farmácia hospitalar, recomenda-se a adoção de indicadores de gestão, logísticos, de assistência ao paciente e de educação[2]. Portanto, essa sugestão do Ministério da Saúde vem incentivar que as farmácias hospitalares e serviços de saúde tenham inserida em sua gestão a realização de um planejamento estratégico, para viabilizar o adequado desempenho, pautado em indicadores e metas[4].

As organizações que desejarem a contribuição de todos os funcionários para implementar a estratégia deverão compartilhar suas visões e projetos de longo prazo com seus colaboradores e incentivá-los a sugerir ativamente formas pelas quais a visão e os objetivos possam ser alcançados. Esse sistema de *feedback* e orientação engaja os funcionários no futuro da empresa e encoraja-os a participar da formulação e da implementação do empreendimento. O ideal seria que todos na empresa, do nível hierárquico mais elevado ao mais baixo, compreendessem o alcance das pretensões e como suas ações individuais sustentarão "a estratégia institucional"[7].

O verdadeiro planejamento não é uma lista de desejos ou boas intenções. Ele deve enunciar objetivos factíveis e alcançáveis, caso contrário perderá a credibilidade. Planejar exige a ousadia de visualizar um futuro melhor, mas não é simplesmente "sonhar grande". Exige maturidade para se acomodar às restrições impostas pelo ambiente ou pelo grau de desenvolvimento da organização. Além disso, o planejamento obriga a selecionar as ações concretas necessárias para alcançar o objetivo desejado.

O planejamento não é mera ferramenta de trabalho, uma coleção de técnicas e fórmulas que podem ser aplicadas a determinada situação. Planejar abrange toda uma visão administrativa e envolve um variado número de atores sociais. Em uma organização, pode envolver seus diretores, chefes de setores, profissionais prestadores de serviços e, não raro, os próprios usuários ou clientes.

O sucesso do planejamento, ou seja, a efetividade dos resultados, mantém relação direta com a qualidade das informações referentes ao cenário a ser modificado e àquele a ser alcançado. A utilização de indicadores de desempenho permite a obtenção de tais informações.

O planejamento permite à organização:

- Identificar com clareza os objetivos esperados a longo prazo.
- Avaliar as necessidades e os problemas mais relevantes.
- Garantir a otimização dos recursos disponíveis.
- Buscar e orientar investimentos de recursos adicionais.
- Constituir uma base de dados que permita avaliar a efetividade das ações executadas.

O planejamento estratégico é um instrumento que permite a uma organização explicitar os resultados que ela deseja alcançar, como, em que tempo e quem é o responsável[7].

Para a elaboração do planejamento estratégico, recomenda-se efetuar as etapas do processo esquemático demonstrado na Figura 3.1.

O processo de planejamento estratégico tem a finalidade de mapear o caminho a ser seguido para que se alcancem os resultados desejados, constituídos pelos seguintes elementos:

- Declaração de missão: a missão é o elemento que traduz as responsabilidades e pretensões da organização no ambiente e define seu "negócio", delimitando o ambiente de atuação. A missão da organização representa sua razão de ser, seu papel na sociedade[8].

A missão da organização deve ser estabelecida de acordo com seu negócio, em termos de satisfazer alguma necessidade do ambiente externo e não em termos de oferecer algum produto ou serviço. Um negócio precisa ser visto como um processo de satisfação do cliente, não como mero processo de geração de produtos e serviços. Em geral, a missão procura expressar qual é a razão de ser da organização, qual é o papel da organização na sociedade, qual é a natureza do negócio da organização e quais os tipos de atividades em que ela deverá concentrar seus esforços no futuro[9].

Estabelecer uma missão e declará-la formalmente traz muitas consequências importantes, como: ajudar a concentrar esforços das pessoas para uma direção, ao explicitar os principais compromissos da organização; afastar o risco de

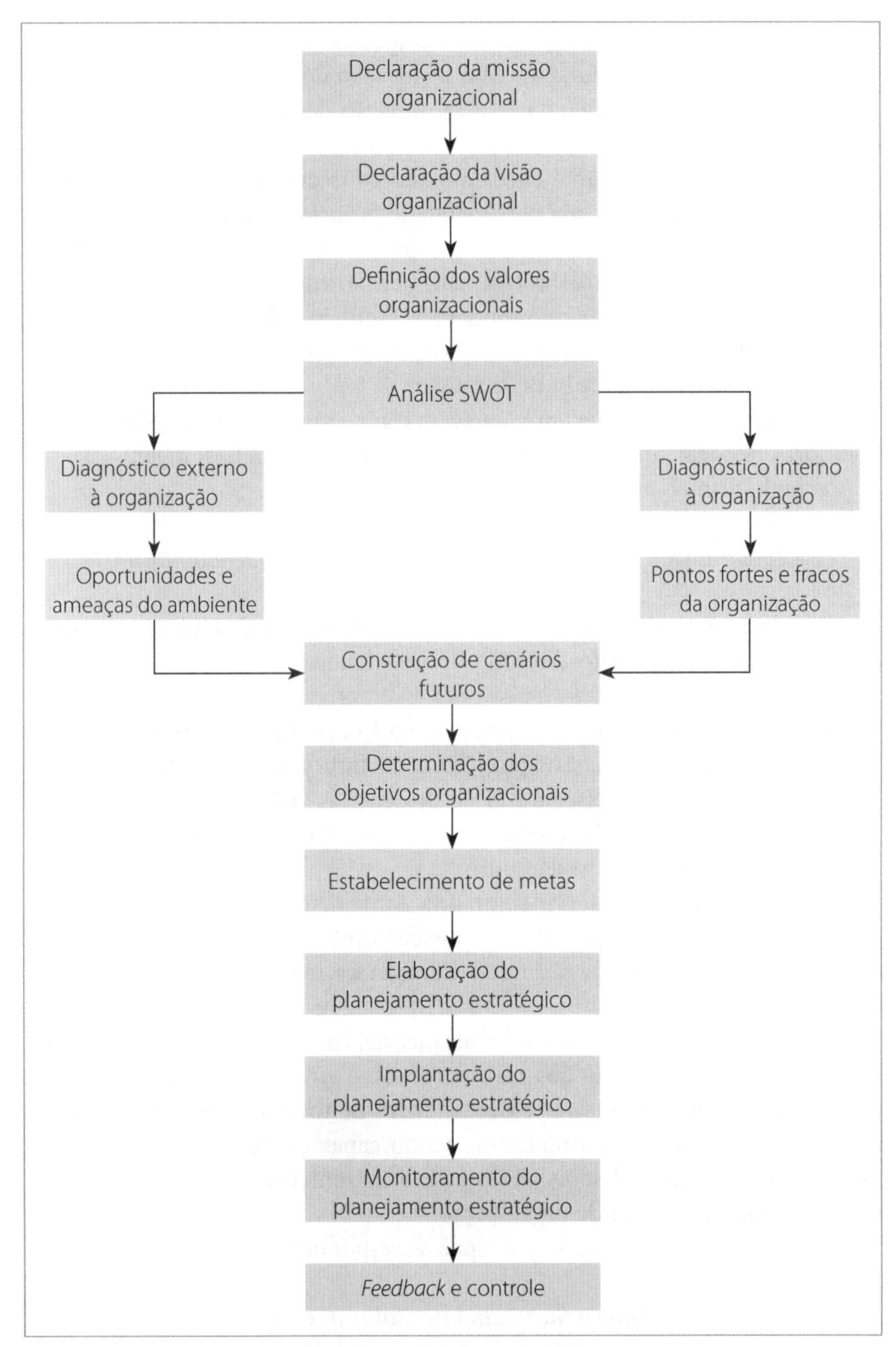

Figura 3.1 Processo esquemático de elaboração do planejamento estratégico.
SWOT: forças, fraquezas, oportunidades e ameaças (do inglês *strenghts, weaknesses, opportunities and threats*).

buscar propósitos conflitantes, evitando desgastes e conflitos durante a execução do plano estratégico; fundamentar a alocação dos recursos segundo regras apresentadas pela missão; embasar a formulação de políticas e a definição de objetivos organizacionais.

A formulação da missão é eficaz quando consegue definir uma individualidade da organização ou uma personalidade própria para o negócio e quando é estimulante, inspiradora e revitalizante para todas as partes interessadas. A definição de missão não é definitiva nem permanente, mas dinâmica e sujeita a mudanças frequentes. Quando mudam as condições de mercado ou quando, durante um longo período, não se observa o direcionamento apresentado pela missão declarada, é chegada hora de mudar.

A missão deve ser escrita em linguagem clara e inteligível para todos os colaboradores, de forma que mostre a razão de ser da farmácia hospitalar.

Exemplo de missão:

"Apoiar a vida e a saúde com a melhor assistência farmacêutica"[4].

Uma declaração de missão bem formulada dá aos colaboradores um senso compartilhado de propósito, direção e oportunidade.

- Declaração de visão: a visão mostra uma imagem da organização no momento da realização de seus propósitos no futuro. Não se trata de predizer o futuro, mas sim de assegurá-lo no presente. A visão de negócios cria um "estado de tensão" positivo entre o mundo como ele é e como gostaríamos que ele fosse (perspectiva de futuro)[10].

A visão também pode servir como uma fonte inspiradora, um chamamento que estimule e motive as pessoas a verem realizada, com sucesso, a missão declarada. A "visão" associada a uma "declaração de missão" compõe a intenção estratégica da organização.

A visão deve ser viável, factível e alcançável, caso contrário pode tornar-se motivo de ironia por parte dos colaboradores, e vir a ser denominada "miragem"; deve atender aos anseios e necessidades de todas as partes interessadas; tem de ser concisa, todavia poderosa, sendo capaz de definir sucintamente o foco das ações a serem desenvolvidas e de fazer sonhar e incentivar o compromisso de todas as pessoas da organização.

Dessa forma, a visão precisa ser capaz de responder às seguintes perguntas:

O que a farmácia hospitalar quer ser?
Onde quer chegar (sonho)?
Sendo sempre desafiante!

Exemplo de visão:

"Ser referência internacional em farmácia hospitalar"[4].

- Princípios e valores organizacionais: são os conceitos, filosofia e crenças gerais que a organização respeita e emprega e que estão acima das práticas cotidianas, na busca de ganhos de curto prazo. São os ideais eternos, servindo de orientação e inspiração para todas as gerações futuras da organização. Os princípios referem-se a conceitos dos quais não se está disposto a abrir mão, como ética e honestidade, que permeiam a missão e a visão declaradas. Os valores organizacionais correspondem aos atributos e às virtudes da organização, como prática da transparência, o respeito à diversidade, a cultura para a qualidade ou o respeito ao meio ambiente[5].

Os objetivos estratégicos são os resultados que a organização pretende obter. Algumas empresas partem desse ponto em seu planejamento estratégico para, em seguida, pensar nas estratégias, não se preocupando em explicitar uma missão. Os objetivos, que podem ser enunciados como alvos muito precisos ou intenções, focalizam qualquer indicador de desempenho que sirva para medir resultados da organização: participação no mercado, retorno sobre investimento, satisfação do cliente e assim por diante.

No setor de saúde, o planejamento estratégico é uma ferramenta de gestão que permite melhorar o desempenho, otimizar a produção e elevar a eficácia e a eficiência dos sistemas no desenvolvimento das funções de proteção, promoção, recuperação e reabilitação da saúde[11].

A formulação de estratégias de uma farmácia hospitalar deve ser pautada em informações de indicadores de desempenho internos relacionados a produtos e processos; informações comparativas com outros serviços (*benchmarking*) e com o ambiente tecnológico do setor; fatores sociodemográficos; fatores políticos institucionais e extrainstitucionais que afetam as atividades do hospital.

O planejamento estratégico há de envolver as diversas áreas da farmácia e deve contar com a participação dos farmacêuticos, representantes dos auxiliares de farmácia, representantes dos funcionários de apoio administrativo, representantes dos auxiliares de serviços, dos parceiros e fornecedores, além dos diretores, permitindo direcionar suas ações e maximizar seu desempenho para satisfazer todos seus *stakeholders*.

Após ser elaborado, o planejamento estratégico deve ser formalmente aprovado pela direção da farmácia e pela alta administração do hospital.

Exemplo de valores organizacionais:

"Qualidade, Ética, Respeito, Responsabilidade, Cooperação, Comunicação e Conhecimento"[4].

Análise SWOT

A avaliação global dos pontos fortes (*strengths*), pontos fracos (*weaknesses*), oportunidades (*opportunities*) e ameaças (*threats*) de uma organização é denominada análise SWOT. Ela envolve o monitoramento dos ambientes externo e interno da organização.

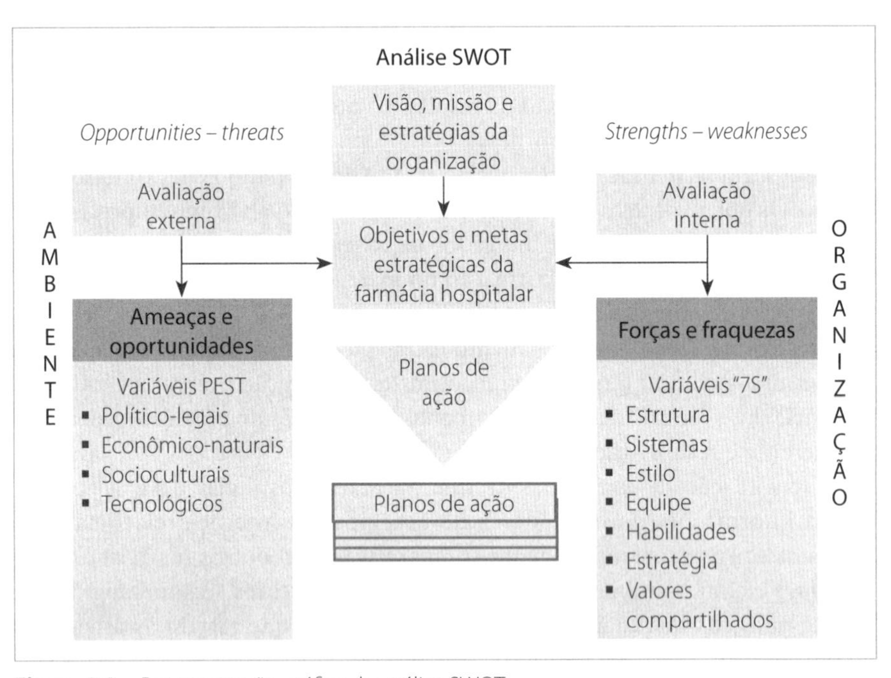

Figura 3.2 Representação gráfica da análise SWOT.

- Análise do ambiente externo (oportunidades e ameaças): consiste no processo de extrapolar os limites do serviço e identificar mudanças e tendências do mercado que possam afetar suas atividades. Uma organização tem de monitorar as importantes forças macroambientais (econômicas, demográficas, tecnológicas, políticos-legais e socioculturais) e os significativos agentes microambientais (clientes, concorrentes, distribuidores, fornecedores) que afetam sua capacidade de obter resultados positivos. Conforme seu impacto no serviço, as pressões do mercado são classificadas entre ameaças e oportunidades[12].

A análise SWOT deve estabelecer um sistema de inteligência para acompanhar tendências e mudanças importantes. Já a administração precisa identificar oportunidades e ameaças associadas a cada tendência ou acontecimento.

- Análise do ambiente interno (pontos fortes e fracos): uma coisa é perceber oportunidades atraentes, outra é ter capacidade de tirar o melhor proveito delas. Cada unidade de negócio precisa avaliar periodicamente suas forças e fraquezas internas. É evidente que a organização não precisa corrigir todas as suas fraquezas, nem deve vangloriar-se de todas as suas forças. A grande pergunta é se a organização deve limitar-se às oportunidades para as quais dispõe dos recursos necessários ou se deve examinar melhores oportunidades, para as quais pode precisar adquirir ou desenvolver maiores forças.

A análise SWOT é realizada por meio da listagem dos pontos fortes e fracos da organização (ambiente interno) e das ameaças e oportunidades (ambiente externo), visando à investigação e explicitação desses fatores para que estes possam ser trabalhados (Figura 3.2): os pontos fortes da organização deverão ser ressaltados e incrementados; os pontos fracos, ser revistos e corrigidos; as ameaças terão de ser evitadas ou contornadas e as oportunidades, aproveitadas.

Em geral, as forças e fraquezas de uma organização são resultado: a) das forças e fraquezas dos indivíduos que a compõem; b) da forma como essas capacidades individuais são integradas no trabalho coletivo; e c) da qualidade da coordenação dos esforços de equipe[12].

Depois de ter realizado uma análise SWOT, a empresa pode estabelecer metas específicas para o período de planejamento. Essa etapa do processo é denominada estabelecimento de metas. Os gerentes utilizam o termo "metas" para descrever objetivos em termos de magnitude e prazo.

A análise SWOT também pode ser apresentada sob as perspectivas do BSC (*balanced scorecard*), cujo conceito será apresentado adiante (ver item "*Balanced scorecard*").

Diagnóstico estratégico externo

O diagnóstico estratégico externo procura antecipar oportunidades e ameaças para a concretização da visão, da missão e dos objetivos empresariais. Corresponde à análise de diferentes dimensões do ambiente que influenciam as organizações. Estuda também as dimensões setoriais e competitivas. Sua principal finalidade é identificar os indicadores de tendências, avaliar o ambiente de negócios e a evolução setorial, analisar a concorrência e entender grupos estratégicos.

Tabela 3.1 Exemplo de uma análise SWOT[13]

Ambiente externo					
Dimensão tecnológica			**Dimensão social**		
Tendência	**Ameaça**	**Oportunidade**	**Tendência**	**Ameaça**	**Oportunidade**
Informatização e automação dos processos de trabalho	Dificuldade de incorporação de tecnologia pelo custo elevado	Desenvolver novos produtos de TI a partir das necessidades da área farmacêutica	Aumento do número de escolas técnicas e cursos profissionalizantes	Grande oferta de profissionais com qualificação deficiente	Oferecer cursos de capacitação e desenvolvimento à sociedade
					Promover eventos científicos
Abertura do mercado para importação de insumos e produtos farmacêuticos	Falta de insumos e produtos farmacêuticos pela dependência da importação	Abrir licitação internacional para insumos e produtos farmacêuticos	Aumento da pressão dos usuários por serviços de saúde de melhor qualidade	Aumento dos riscos de denúncias	Desenvolvimento de novos processos de trabalho
Financiamento de projetos inovadores pelos órgãos de fomento e iniciativa privada		Desenvolver projetos científicos para os órgãos de fomento	Ampliação do número de publicações científicas na área farmacêutica	Comprometimento da qualidade das publicações	Publicar livros e artigos científicos
		Incrementar os processos de parceria com empresas e universidades	Exposição na mídia sobre novas tecnologias e produtos	Aumento de demandas pontuais (mandados judiciais)	Desenvolvimento de programas educacionais
Incorporação acelerada de novos procedimentos e novas tecnologias (paradigma biotecnocientífico)	Avaliação tecnológica insuficiente para tomada de decisão socialmente sustentável	Ampliar a atuação do farmacêutico nos estudos de farmacoeconomia, farmacovigilância e ensaios clínicos			

Continua

Tabela 3.1 Exemplo de uma análise SWOT[13] *(continuação)*

Ambiente interno	
Pontos fortes	Oportunidades de melhoria
Desenvolvimento de projetos multidisciplinares	Publicação científica insuficiente
Comprometimento da equipe de colaboradores	Ampliar o elenco de medicamentos na apresentação unitária
Ser referência para outras instituições no programa de *benchmarking*	Necessidade de informatização e automação da produção de medicamentos e controle de qualidade
Formação de especialistas em farmácia hospitalar	Ampliação do sistema informatizado e automação para distribuição e rastreabilidade de medicamentos na assistência farmacêutica
Campo de estágio para desenvolvimento e capacitação profissional	Necessidade de farmacêuticos clínicos nas unidades de internação e ambulatoriais
Desenvolvimento de medicamentos especiais para ensaios clínicos ou descontinuados pela indústria farmacêutica	Incrementar o desenvolvimento de projetos em parceria com a sociedade
Prestação de assistência farmacêutica integrada ao paciente e à equipe da saúde	
Desenvolvimento de práticas inovadoras em farmácia hospitalar	
Incorporação do aumento da demanda com adequação dos processos de trabalho	

Fonte: Cipriano et al.[13].

PEST

Uma ferramenta utilizada para a realização do diagnóstico estratégico externo é a análise "PEST", que avalia os fatores político-legais ("P"), econômico-naturais ("E"), socioculturais ("S") e tecnológicos ("T"). Para a realização dessa análise, deve ser construída uma "matriz ambiental" para cada um dos quatro conjuntos de fatores. A Tabela 3.2 apresenta os principais fatores de influência em cada um dos quatro grandes grupos que compõem o ambiente externo à organização, os quais devem ser considerados no momento de realização do diagnóstico estratégico externo.

Apenas a identificação dos fatores ambientais que afetam a organização não é suficiente para a elaboração de estratégias. No planejamento, os profissionais envolvidos precisam transformar as informações coletadas em ações práticas, e tal transformação pode ser feita com o auxílio da estrutura "PEST" (Tabela 3.3).

Na coluna de ameaças e oportunidades, deverão estar relacionadas todas aquelas advindas de mudanças ambientais nos quatro fatores: Político-legais, Econômico-naturais, Socioculturais e Tecnológicos. Na coluna de ações, caberá aos executivos

Tabela 3.2 Estrutura "PEST" para diagnóstico estratégico externo à organização

Fatores político-legais		Fatores socioculturais	
2.1	Estrutura política e legal do país, estado, região, cidade	2.15	Hábitos de vida
2.2	Certificação de produtos e/ou processos	2.16	Dados demográficos
2.3	Políticas de subsídios	2.17	Dados epidemiológicos
2.4	Políticas tributárias	2.18	Níveis de escolaridade
2.5	Barreiras tarifárias	2.19	Atitudes
2.6	Restrições a tipos de comunicação	2.20	Padrões de consumo
2.7	Leis de gerenciamento de resíduos	2.21	Mobilidade social
2.8	Poder dos sindicatos	2.22	Comportamento
2.9	Atuação de grupos organizados	2.23	Tamanho das famílias
2.10	Legislação trabalhista	2.24	Distribuição de renda
2.11	Legislação de proteção ao meio ambiente	2.25	Lazer
2.12	Juros e câmbio	2.26	Segurança
2.13	Estabilidade política e governamental	2.27	Escassez de tempo
2.14	Atuação de órgãos reguladores de mercado (Anvisa)	2.28	Envelhecimento da população
		2.29	Participação da mulher no mercado de trabalho
		2.30	Concentração populacional
Fatores econômico-naturais		**Fatores tecnológicos**	
2.31	Taxa de juros do mercado	2.44	Nível de investimento das instituições em automação
2.32	Custos de energia	2.45	Nível de investimento das instituições em informatização
2.33	Nível de educação dos profissionais do mercado	2.46	Velocidade de modificação tecnológica no setor
2.34	Linhas de crédito	2.47	Modificação dos custos de tecnologias
2.35	Taxa de câmbio	2.48	Tecnologias de ponta para o setor
2.36	Taxa de inflação	2.49	Tecnologias defasadas para o setor
2.37	IGPC	2.50	Vida útil dos equipamentos existentes e a serem adquiridos pela farmácia
2.38	Restrições de insumos naturais (água, ar, outros)	2.51	*Softwares* utilizados e a serem utilizados pelas farmácias
2.39	Pagamento ou não de determinado procedimento ou tecnologia pelo SUS e pelos planos de saúde		
2.40	Capital de giro das organizações		
2.41	Concentração de fornecedores		
2.42	Concentração de consumidores		
2.43	Orçamento médio das farmácias hospitalares		

Fonte: elaborado pelos autores.

da organização elaborar as respectivas estratégias de atuação para cada mudança ambiental, protegendo a instituição das ameaças e aproveitando as oportunidades. Após essas análises, que devem ser realizadas para as variáveis que apresentarem as maiores oportunidades para a empresa ou que podem representar ameaças, a equipe de planejamento pode então agrupar essa relação e propor projetos específicos para aproveitar as oportunidades e/ou neutralizar possíveis ameaças.

Tabela 3.3 Formulário para elaboração da estrutura "PEST", para diagnóstico estratégico externo à organização

Político-legais		Econômico-naturais	
Listar as ameaças e oportunidades	Listar as ações da organização	Listar as ameaças e oportunidades	Listar as ações da organização
▪ Ameaça ▪ Oportunidade	▪ Ação 1 ▪ Ação 2	▪ Ameaça ▪ Oportunidade	▪ Ação 3 ▪ Ação 4
Socioculturais		**Tecnológicos**	
Listar as ameaças e oportunidades	Listar as ações da organização	Listar as ameaças e oportunidades	Listar as ações da organização
▪ Ameaça ▪ Oportunidade	▪ Ação 5 ▪ Ação 6	▪ Ameaça ▪ Oportunidade	▪ Ação 7 ▪ Ação 8

Fonte: elaborado pelos autores.

Diagnóstico estratégico interno

Corresponde ao diagnóstico da situação da organização diante das dinâmicas ambientais relacionadas às suas forças e fraquezas e criando condições para formular estratégias que representem o melhor ajustamento da organização ao ambiente em que atua. O alinhamento dos diagnósticos externo e interno produz premissas que alicerçam a construção de cenários. Pelo diagnóstico estratégico interno, a organização faz uma avaliação das potencialidades, pontos fortes que precisam ser mais intensamente explorados, e de suas fragilidades e pontos fracos que precisam ser corrigidos e sanados.

A melhor maneira de fazer um diagnóstico estratégico da organização é começar pelos seus recursos, sejam eles tangíveis (recursos que podem ser vistos e quantificados, como equipamentos e instalações), sejam intangíveis (que não podem ser mensurados, como conhecimento, cultura organizacional, competências). O diagnóstico estratégico interno geralmente é feito com o auxílio da ferramenta análise SWOT. Outra ferramenta útil para a realização do diagnóstico estratégico interno é a chamada 7S, que descreve 7 fatores que uma instituição deve reunir para se tornar excelente.

7S

1. Estrutura (*Structure*): a forma como as pessoas e as tarefas são estruturadas, incluindo o organograma organizacional, as políticas e os procedimentos que governam a maneira como a organização age sobre si mesma e dentro de seu ambiente.

2. Sistemas (*Systems*): todos os processos e fluxos de informação que ligam a organização. Os sistemas de tomada de decisão dentro da organização podem variar da intuição da gerência aos sistemas informatizados estruturados.
3. Estilo (*Style*): a forma como os gerentes atuam. O estilo refere-se à maneira comum de pensar e se comportar dos funcionários, normas não escritas de comportamento e do pensamento, que incluem estilo de liderança e cultura organizacional.
4. Equipe (*Staff*): a forma como se desenvolvem gerentes (atuais e futuros). O *staff* significa que a organização empregou pessoas capazes, treinou-as bem e lhes atribuiu os trabalhos certos. A seleção, o treinamento, a recompensa, o reconhecimento, a retenção, a motivação e a indicação para o trabalho apropriado são todos temas-chave.
5. Habilidades (*Skills*): atributos ou potencialidades dominantes que existem na organização. As "habilidades" referem-se ao fato de que os empregados têm as habilidades demandadas para realizar a estratégia da organização. A organização disponibiliza treinamento, capacitação e desenvolvimento para assegurar que os colaboradores saibam realizar seus trabalhos e permaneçam atualizados com as técnicas mais avançadas.
6. Estratégia (*Strategy*): a visão e o sentido integrados da organização, assim como a maneira como se derivam, articulam, comunicam e implementam visão e direção.
7. Valores compartilhados (*Shared values*): visão de longo prazo e todo o conjunto de valores que dão forma aos objetivos da organização. Os valores compartilhados significam que os empregados participam dos mesmos ideais. São coisas pelas quais se lutaria mesmo se não fossem lucrativas. Os valores agem como a consciência de uma organização, fornecendo a orientação nas épocas de crise.

Definição dos objetivos

As empresas são instituições criadas para atingir objetivos específicos, que devem satisfazer todas as partes interessadas. A visão organizacional é eficaz quando ajuda na definição de objetivos claros e explícitos a serem alcançados ao longo do tempo. A eficiência da organização é percebida à medida que atinge seus objetivos. Estes podem ser estratégicos (os de longo prazo e que cobrem a organização como um sistema global), táticos (aqueles a serem alcançados em médio prazo e que cobrem cada unidade da organização, geralmente relacionados a diferentes funções – farmácia, nutrição, enfermagem, comissão de infecção hospitalar), ou operacionais (que devem ser atingidos em curto prazo, já que estão voltados à execução de operações/processos rotineiros da organização. Na verdade, são os detalhamentos/derivações dos objetivos táticos).

Análise das partes interessadas (*stakeholders*)

Os *stakeholders* são pessoas, grupos de pessoas ou organizações que podem influenciar ou ser influenciados diretamente pela organização, como consumidores, usuários, colaboradores, fornecedores proprietários, dirigentes, governos, instituições financeiras, opinião pública, acionistas. Essa análise consiste na identificação dos *stakeholders* e de seus interesses e poderes de influência com respeito à missão da organização. A organização deve ter ideias claras sobre o que os vários *stakeholders* esperam dela pela execução do plano estratégico, a fim de atender de modo equilibrado a todos os diferentes interesses envolvidos. Quanto mais a visão da organização está alinhada com os interesses dos *stakeholders*, mais ela pode ser considerada factível.

Implementação da estratégia

O sucesso no alcance dos objetivos e metas organizacionais almejados durante o planejamento estratégico depende da implementação adequada das estratégias, o que possibilitará ao planejador deslocar, realocar, ajustar e reconciliar, de modo sistemático, os recursos organizacionais disponíveis, aproveitando as oportunidades emergentes no ambiente e neutralizando as ameaças, com o intuito de colocar em prática as ações planejadas. A implementação das estratégias se dá por meio de planos ou projetos, que são esquemas detalhados de emprego dos recursos organizacionais.

A linguagem do plano deve ser clara e concisa, de forma que todos os que o leiam compreendam claramente a visão de futuro e os objetivos perseguidos.

Um plano estratégico define a relação pretendida pela organização com o ambiente, levando em conta suas competências e recursos, sendo seus principais componentes: negócio, objetivos, vantagens competitivas e alocação de recursos.

O plano estratégico define quais produtos e serviços a organização pretende fornecer e para quais mercados e clientes. Cronogramas, decisões, orçamentos e outros tipos de planos, como normas e procedimentos corporativos e funcionais, são todos reflexos de decisões sobre o futuro, para colocar em prática as estratégias explícitas e implícitas.

A direção da farmácia deverá comunicar à força de trabalho os objetivos estratégicos, os planos e as metas a serem alcançadas, por meio de reuniões específicas, intranet, mural de gestão à vista, visando ao estabelecimento de compromissos mútuos entre todos os envolvidos com as atividades da farmácia.

Periodicamente, a direção deverá fazer acompanhamento formal da implementação dos planos de ação estabelecidos.

A farmácia terá de contar com planos de ação alinhados com a estratégia previamente planejada, nos quais deverá contemplar metas de curto, médio e longo prazos, agentes envolvidos na execução das ações, recursos necessários, indicadores para controle do cumprimento das metas estabelecidas e cronograma de execução.

Para viabilizar a implementação dos planos, a direção da farmácia, com a direção do hospital, deverá disponibilizar os recursos necessários, incluindo os recursos financeiros.

Monitoramento do planejamento estratégico

Após o processo de implementação do planejamento estratégico, este precisa ser avaliado quanto ao seu desempenho e resultados. Para tanto, necessita ter indicadores que permitam o monitoramento dos resultados a fim de que seja possível a aplicação de medidas preventivas e corretivas e de melhorias para garantir seu sucesso, tendo sempre como foco os objetivos e as metas estratégicas. O controle permite a correção ou a mudança de rota e o ajuste da organização às novas situações e ao inesperado.

A farmácia hospitalar e a de serviços de saúde devem utilizar indicadores elaborados por meio de informações íntegras e atualizadas, para monitorar o desempenho global relacionado aos objetivos e às metas estratégicas.

O exame dos indicadores que permitem analisar o desempenho estratégico da organização deve ser acompanhado do monitoramento de ameaças e oportunidades do ambiente. Considerando a instabilidade deste, sempre em constante mudança e com ameaças concretas, os números podem não ser suficientes para mostrar o que está além do horizonte.

A cada momento, o ciclo de planejamento pode ser reiniciado com base nas informações de controle, pois um fato novo pode comprometer a realização de objetivos e das metas estratégicas e provocar sua redefinição. Os sistemas internos, assim como o ambiente, são dinâmicos e propõem desafios constantes. Pontos fracos e fortes surgem e evoluem, exigindo a intervenção direta dos gestores.

O monitoramento do desenvolvimento dos planos de ação em busca dos objetivos e metas estratégicas estabelecidos pode ser feito com o auxílio do *software* Microsoft Project®, que possibilita visualizar de forma gráfica o "grau" de execução das ações, ou mesmo de forma manual, elaborando-se o planejamento estratégico conforme formulário demonstrado no Quadro 3.1.

Quadro 3.1 Formulário para elaboração do planejamento estratégico da farmácia hospitalar[13]

Metas		Objetivo estratégico Farmácia hospitalar						Coordenador									
								Secretário									
								Situação (%)									
Nº	Plano de ação	Área	Prazo	Meta	Recurso	Indicador	Resp.	10	20	30	40	50	60	70	80	90	100

Fonte: elaborado pelos autores.

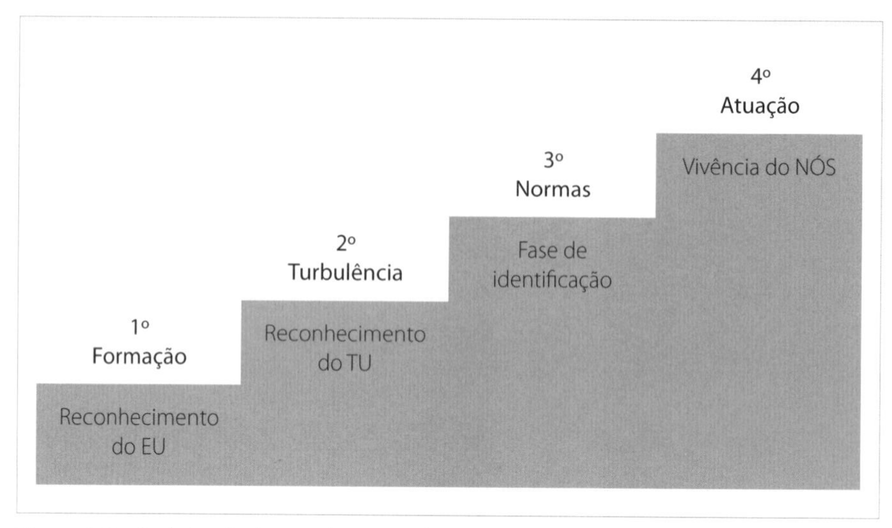

Figura 3.3 Estágios de desenvolvimento de uma equipe.

FERRAMENTAS DE GESTÃO

Trabalho em equipe

"O problema de um é problema de todos quando convivemos em equipe".

O trabalho em equipe nem sempre é fácil, pois exige participação, compromisso e responsabilidade de todos os componentes, mas os benefícios e a satisfação são bem maiores quando se consegue um bom resultado.

Foco e direção devem estar alinhados para que se possa atingir as metas de sua unidade.

Fundamentos do trabalho em equipe

- Saber seu papel na equipe e como se preparar para exercê-lo.
- Concentrar suas ações nos objetivos da equipe.
- Confiar em si mesmo, participando ativamente das atividades e expondo suas ideias com clareza, resistindo à tentação de mostrar-se o "sabe-tudo".
- Saber ouvir.
- Buscar cooperação por meio do diálogo e conversas.
- Jamais subestimar os pontos de vista diferentes do seu. Considerar com humildade as ideias de todos.
- Dominar emoções fortes, não entrando em brigas inúteis.
- Dar retornos, cumprir o prometido, valorizando os consensos e acordos.

- Não criticar os colegas na frente de outros, mantendo sempre uma postura ética.
- Fazer elogios merecidos e pedir desculpas quando necessário.

1º) Formação - fase de identificação

Nesta fase, as pessoas sentem-se um pouco perdidas e buscam o comportamento mais adequado. O líder é testado formal ou informalmente. O indivíduo ainda não é membro efetivo. As pessoas sentem orgulho por serem escolhidas, têm afeição por alguns membros do grupo e medo em relação ao resultado do trabalho.

2º) Turbulência - reconhecimento do EU

As pessoas ficam impacientes com a lentidão e com as dificuldades das tarefas. Ficam irritadas, implicantes ou muito minuciosas. Passam a fazer as coisas na base do "cada um por si", julgando suas propostas melhores. Há muita competitividade, facções. É a lei do mais forte. É a busca pelo reconhecimento do EU. A vivência da turbulência gera a necessidade de normas, de focalizar na tarefa.

3º) Normas - reconhecimento do TU

Os membros passam a estruturar e aceitar as regras básicas da equipe e os seus papéis. As relações tornam-se mais cooperativas; diferenças são percebidas e os conflitos emocionais diminuem. Surge a crítica mais construtiva e um sentimento de que tudo vai funcionar.

4º) Atuação - vivência do NÓS e da sinergia do grupo

Os integrantes do grupo focalizam o diagnóstico e a solução de problemas. Compreendem os pontos fortes e fracos de cada um. São capazes de fazer inversão de papéis e de cada um colocar-se no lugar do outro. O clima é de confiança e cooperação. Há satisfação pelo progresso do TIME e forte apego à equipe.

Diretrizes

Formação do trabalho em equipe

A fase mais crítica para a formação de qualquer nova equipe é estabelecer o propósito, o processo de trabalho, a meta e as medidas do progresso do grupo.

Uma boa prática é definir as diretrizes e regras que conduzirão as reuniões dos participantes, as quais devem ser registradas em ata e ficar à vista de todos, servindo de referência em reuniões futuras[14].

Defina as normas para a conduta do grupo

- Papéis e participação: discuta como o grupo escolherá o coordenador e o secretário e suas responsabilidades. Os membros da equipe devem assumir a conduta de encorajar a participação de todos.

- Regras gerais: desenvolva regras em que todos estejam de acordo sobre o que é aceitável e inaceitável em termos de condutas individuais e da equipe (índice de presença, uso do celular, tempo de fala de cada participante etc.).
- Tomada de decisão: determine se as decisões serão tomadas por meio de consenso, domínio da maioria e votação e se, quando houver empate, caberá ao coordenador da equipe decidir com base em suas informações, conhecimentos e vivência.
- Comunicações: possibilite que todos os membros da equipe sejam ouvidos, praticando a realimentação construtiva. Reconheça, aceite e registre as opiniões de todos os que estiverem presentes, e procure uniformizar o vocabulário.

Defina normas sobre o propósito da equipe

- Estabeleça a razão de ser da equipe (por que foi criada?).
- Reúna as pessoas que trabalhariam bem na equipe.
- Determine se cada pessoa tem os conhecimentos, habilidades, informações e a influência requerida para participar de modo eficaz naquele grupo.

Defina medidas do progresso da equipe

- Elabore um cronograma para a realização das atividades, destacando as etapas, as responsabilidades e o tempo de execução, e monitore.
- Faça uma estimativa da data em que o projeto deve estar completo.

Manutenção do trabalho em equipe

Normalmente as equipes começam bastante motivadas mas em pouco tempo passam a perder o foco, pois o grande desafio é manter o grupo concentrado em seu propósito e não nas histórias de seus membros e em suas relações uns com os outros.

Estabeleça em consenso qual o modelo de melhoria a ser utilizado

- Passos-padrão: defina o processo de trabalho a ser utilizado e as ferramentas de gestão mais apropriadas para a qualidade desejada.
- Dados: colete os dados pertinentes para analisar a situação atual. Identifique o que se sabe e o que ainda precisa ser levantado, mas saiba quando parar. A equipe deve saber quando considerar que seu trabalho está suficientemente bom para passar para a próxima etapa do processo.
- Desenvolva um plano: elabore ou utilize o modelo padrão de estrutura geral de plano para o projeto. Calcule a duração de cada etapa e para o projeto como um todo. Monitore e revise os planos, conforme necessário.

Use métodos comprovados

- Métodos baseados em dados: utilize os dados coletados e sistematize-os com as ferramentas sugeridas neste capítulo para gestão da qualidade. Essas ferramentas evitam o "achismo", ajudam a eliminar as emoções da análise e mantêm o processo em movimento (planos de ação 5W2H, gráfico de Pareto etc.). Elas ajudam a obter o consenso, que é a fonte de energia ideal para um grupo.

Conserve a dinâmica da equipe

- Use facilitadores: às vezes, a equipe necessita de uma pessoa externa para auxiliar os membros a manterem suas interações positivas e produtivas, concentradas no propósito do trabalho.
- Controle os conflitos: à medida que os trabalhos da equipe evoluem, a tendência aos conflitos também cresce. Isso é normal, já que a comunicação se torna mais aberta. Neste caso, utilizam-se técnicas de resolução de conflitos ou se usa o facilitador como recurso.
- Reconheça acordos: no andamento dos trabalhos, às vezes é necessário estabelecer acordos, que devem ser registrados por escrito à medida que ocorrerem, de modo que sejam respeitados.
- Encoraje a participação de todos: cada membro da equipe deve ter a consciência de participar de forma construtiva em todas as discussões. O grupo, igualmente, tem de ajudar o coordenador a "controlar" os membros dominantes, de modo que se dê oportunidade para que os mais inibidos participem.

Término dos trabalhos da equipe/projetos

A maior parte das equipes não termina seus trabalhos de forma satisfatória. Antes de terminar, a equipe deve aplicar a seguinte lista de verificação:

- Comparamos os nossos resultados com as metas estabelecidas no trabalho?
- Identificamos todas as tarefas a serem realizadas?
- Elaboramos ou atualizamos os procedimentos operacionais padrões?
- Treinamos as pessoas com relação ao novo processo, e documentamos?
- Estabelecemos responsabilidades para o monitoramento de mudanças ao longo do tempo?
- Comunicamos as mudanças a todos os que foram afetados por elas?
- Comemoramos os esforços da equipe pelo término do trabalho (confraternização, carta de agradecimento, apresentação especial para a alta administração ou outra expressão de comemoração)?

Programa 5S

O que é o 5S?

O programa 5S visa a manter farmácia hospitalar limpa e zelar pelo local de trabalho.

É um programa participativo, pois faz com que os colaboradores criem e mantenham um ambiente de trabalho excelente e, quando bem planejado e implementado, favorece a implantação da gestão para a qualidade[15,16].

O 5S representa as iniciais de 5 palavras japonesas; estão interligados compondo um sistema para obtenção de resultados.

Na Figura 3.4, senso é o modo de sentir. É importante porque a arrumação, a limpeza e a ordem afetam a vida de cada um de nós, todos os dias, em todos os lugares. Se a farmácia hospitalar está suja, é um sintoma de que não está bem.

Qual a sensação que você tem ao entrar em um lugar limpo? Lembremos que o ambiente faz as pessoas.

Objetivo

Os objetivos do programa 5S são:

- Eliminar o desperdício com redução de custos.
- Melhorar o ambiente de trabalho com otimização do espaço.
- Prevenir acidentes aumentando a segurança do trabalhador.
- Melhorar o espírito de equipe e, com isso, as relações humanas.
- Promover a conservação ambiental com economia de energia e água.
- Incentivar a criatividade.
- Promover a melhoria contínua dos processos.
- Aumentar a produtividade.

Esses objetivos devem ser estabelecidos com metas mensuráveis para o monitoramento por todos os colaboradores da farmácia hospitalar.

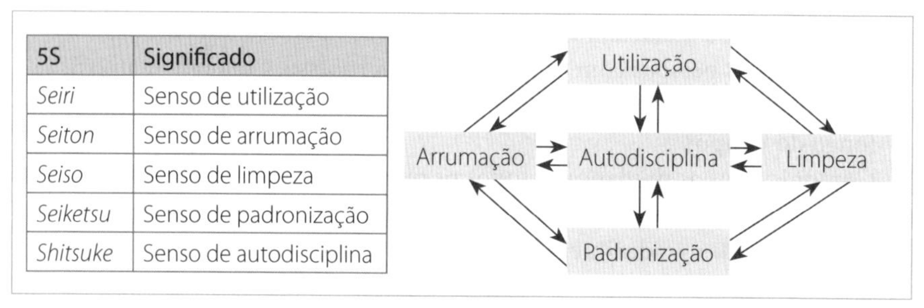

5S	Significado
Seiri	Senso de utilização
Seiton	Senso de arrumação
Seiso	Senso de limpeza
Seiketsu	Senso de padronização
Shitsuke	Senso de autodisciplina

Figura 3.4 Representação esquemática do 5S.

Os custos desse programa em geral são baixos e representam um pequeno investimento que pode trazer grandes benefícios.

A abrangência da implantação do programa 5S deve ocorrer em todas as áreas da farmácia hospitalar.

1º S – *Seiri* – Senso de utilização

Separa tudo o que é necessário daquilo que é dispensável, inclusive os excessos, e elimina o que é inútil. Enfim, refere-se à melhor utilização dos recursos da farmácia hospitalar, evitando desperdícios e emprego inadequado.

As principais dificuldades na implantação do 1º S referem-se a aspectos culturais, pois o ser humano tem grande apego às coisas materiais. Nos hospitais, existe uma grande insegurança na tomada de decisão de modo geral. E se algum dia nós precisarmos desse item? Quem irá assumir?

Quando inexiste o hábito de promover o *seiri*, destacam-se as possíveis perdas provocadas com os custos desnecessários de:

- Manutenção de estoques.
- Áreas internas e externas.
- Movimentações, em decorrência de um *layout* inadequado por causa do excesso de itens estocados.
- Mão de obra para gerenciar os inventários.

Livre-se de tudo o que for inservível (no chão, nos corredores, nas estantes, nas gavetas, nos armários, nas salas e depósitos) e utilize suas áreas de forma mais racional, até mesmo para repensar seu *layout*. Talvez aquela área adicional que falta na farmácia hospitalar esteja escondida na sua própria área e você nem sabe!

Como aplicar o seiri

Decida o "de que precisa" e livre-se do resto.

- Necessário: separar todas as coisas que você utiliza de fato, frequentemente, na área de trabalho.
- Desnecessário: separar todas as coisas que não são utilizadas e que provavelmente jamais serão, inclusive aquelas de que você não sabe se precisará.

Isso se aplica a muitas coisas que você "herdou" quando entrou pela primeira vez no local de trabalho. Todos esses itens deverão ser retirados imediatamente e encaminhados para outro lugar do hospital (área de segregação, de materiais excedentes) para triagem (itens que poderão ser úteis para outros setores, ou eventualmente no futuro), ou para sucata (itens que não serão mais úteis no hospital e que terão de ser eliminados de imediato).

É imprescindível identificar os itens com etiquetas apropriadas (usar cores na classificação), considerando origem e número de patrimônio.

Existem, ainda, materiais que pertencem a outras pessoas, como livros, apostilas, equipamentos emprestados, pastas, dentre outros. Neste caso, devemos identificá-los e comunicar os responsáveis, para darem um destino adequado e liberarem o espaço.

Apresentar os resultados do senso *seiri*, qualitativa e quantitativamente e, quando possível, valorados.

2º S – *Seiton* – Senso de arrumação

Organiza todos os itens necessários, identificando-os de forma que qualquer pessoa possa localizá-los facilmente. Enfatiza a obrigatoriedade de estudo do *layout* adequado para o ambiente, equipamentos, móveis e insumos. Cada coisa precisa ter o seu único e exclusivo lugar e, após a sua utilização deve ser guardada no local convencionado, ficando disponível para uma próxima necessidade de uso.

Como aplicar o seiton

- Analisar a situação atual.
- Definir com a equipe o melhor *layout* para cada ambiente, para torná-lo prático e funcional, com redução de esforços e de energia, considerando a melhor localização dos materiais com facilidade de localização e transporte.
- Definir como guardar as coisas.
- Criar e manter um padrão:
- Instalações de quadros de avisos e instruções em local visível e de fácil acesso.
- Padronização dos nomes dos equipamentos, insumos, ferramentas e demais objetos de uso.
- Sinalização das áreas de trabalho, de estocagem, de segregação, corredores, extintores e outros.
- Controles visuais que sejam fáceis de usar e convenientes.
- Fazer que todos sigam as regras de arrumação:
- Depois do uso, tudo (equipamentos, materiais, insumos, ferramentas, outros) deve voltar para seu lugar.
- Proibir a colocação de objetos em cima de armários, arquivos, prateleiras, beirais de janelas, embaixo de mesas, balcões, bancadas ou ainda nos corredores.
- Limpar balcões, mesas, bancadas e demais móveis após o expediente.
- Restringir ao mínimo necessário o material retirado da área de armazenamento conforme procedimento de utilização.

- Reduzir ao mínimo indispensável as vias de documentos, como cópias, impressos e relatórios.

Quadro 3.2 Benefícios da arrumação e sinais de desordem do programa 5S

Benefícios da arrumação	Sinais de desordem
▪ Simplificar a manutenção e a limpeza do local ▪ Dar melhor apresentação do local aos envolvidos, a outros setores e aos clientes ▪ Propiciar melhor aproveitamento dos espaços existentes ▪ Contribuir para eliminar as causas de acidentes de trabalho e de incêndios ▪ Contribuir para reduzir os desperdícios de tempo e de energia ▪ Contribuir para o melhor controle de estoque	▪ Áreas entulhadas e desarrumadas ▪ Empilhamento desordenado de insumos ▪ Material amontoado danificando outros materiais ▪ Corredores obstruídos ▪ Material acumulado nos cantos e em locais inadequados ▪ Quantidade excessiva e desnecessária de itens ▪ Áreas e prateleiras entulhadas de material ▪ Lixeiras de depósitos transbordando

Fonte: elaborado pelos autores.

Arrumar não significa somente dispor os itens de forma a agradar a vista, mas também tornar o uso mais fácil por todos.

3º S – *Seiso* – Senso de limpeza

Deve existir um amplo trabalho de educação, treinamento e conscientização do pessoal para que haja mudança de mentalidade. Devemos dizer NÃO à sujeira. Normalmente é mais "não sujar" do que "limpar".

Como aplicar o *seiso*:

- Prevenir para não sujar.
- Obter o consenso de todos sobre as vantagens da máxima limpeza no ambiente de trabalho. Essa não é uma tarefa dos responsáveis pela faxina, mas uma atitude a ser compartilhada por todos.
- Manter limpas as coisas que são utilizadas:
- Como rotina, deixar os equipamentos, mesas, bancadas, armários, móveis e utensílios limpos após o uso, antes de guardá-los ou cobri-los.
- Nada pode ser jogado no chão, mas em lixeiras colocadas em locais adequados.
- Limpar é retirar periodicamente o pó ou sujeira do piso, paredes, teto, janelas, portas, prateleiras, armários, mesas, cadeiras e locais de uso diário.
- Assim que sujar, limpar logo que possível, mantendo tudo em ordem.
- Os colaboradores em geral devem ser treinados e motivados para assim proceder, em todos os níveis.

- Prover meios para a limpeza:
- Providenciar material de limpeza, vassouras e lixeiras para todos os setores.
- As lixeiras devem estar situadas em pontos estratégicos, próximos dos locais onde o lixo é gerado.
- As causas da sujeira devem ser determinadas usando o *brainstorming* e o diagrama de causa e efeito elaborado pelo pessoal envolvido, e depois devem ser combatidas e eliminadas.

Passamos mais tempo no local de trabalho do que em nossa própria casa. Por que, então, não mantemos na farmácia hospitalar um padrão excelente de arrumação e limpeza?

Quando se trata de limpeza, não existe exceção. Não se trata somente de impressionar os visitantes, mas também de proporcionar o ambiente ideal para o trabalho.

4º S – *Seiketsu* – Senso de padronização

Determina a manutenção das responsabilidades dos primeiros 3S, com o estabelecimento de padrões. Com o *seiketsu*, pretende-se tornar permanentes os ganhos obtidos com a aplicação dos sensos anteriores (utilização, arrumação e limpeza).

Isso é conseguido por meio da padronização de hábitos, normas e procedimentos que envolvem inclusive aspectos de segurança no trabalho. Com esse senso, as pessoas ficam mais atentas, criativas e mantêm a melhoria contínua.

O *seiketsu* objetiva conscientizar as pessoas para a necessidade de manutenção do ambiente de trabalho sempre favorável à saúde e à higiene. Quem exige e faz qualidade deve cuidar muito da organização de sua área de trabalho, pois em um ambiente limpo a segurança é maior e os produtos e serviços são melhores.

Como aplicar o seiketsu

- Reunir a equipe e estabelecer os padrões necessários para a manutenção dos primeiros 3S, de forma visual nas áreas (quem, quando e qual atividade deve ser executada).
- Fazer a incorporação do programa 5S nos procedimentos e instruções de trabalho.
- Sistematizar a forma de corrigir as eventuais anomalias, utilizando as ferramentas de gestão da qualidade *brainstorming* ou diagrama de causa e efeito.
- Definir requisitos (*checklist*) para avaliação por meio de auditorias internas nas áreas.

Nunca devemos nos esquecer de que o ambiente de trabalho tem de ser melhorado sempre, por nós e para nós mesmos.

5º S – *Shitsuke* – Senso de autodisciplina

É a incorporação ao cotidiano da prática voluntária dos sensos anteriores. Autodisciplinar-se para manter e praticar corretamente os padrões que estão determinados e melhorá-los continuamente. Significa ter atitude positiva, colaboração e responsabilidade.

O *shitsuke* implica:

- O novo comportamento obtido pela equipe de colaboradores da farmácia hospitalar terá reflexos altamente positivos na qualidade de produtos e serviços prestados aos clientes, como horários, prazos de entrega, normas de segurança, gestão de resíduos, especificações de produtos e serviços.
- A manutenção do programa 5S está relacionada com o grau de conscientização das pessoas envolvidas. Dessa forma, é necessário constância de propósito, bem como um programa de educação continuada para a equipe de colaboradores.
- Saber dizer NÃO à indisciplina, à quebra das regras de segurança e a tudo o que prejudique o ambiente de trabalho.

O programa 5S é uma ferramenta de sucesso para a melhoria do padrão de qualidade nas farmácias hospitalares, preparando o ambiente para a implantação da gestão para qualidade.

Brainstorming

O *brainstorming* é uma ferramenta associada à criatividade e é, por isso, preponderantemente usada na fase de planejamento (na busca de soluções). O método *brainstorming* foi inventado por Alex F. Osborn em 1939. Na época, ele presidia uma importante agência de propaganda[14,16-18].

Características do *brainstorming*

O *brainstorming* apresenta as seguintes características:

- Capacidade de expressão, livre de inibições ou preconceitos da própria pessoa ou de qualquer outra do grupo.
- Liberação da criatividade.
- Capacidade de aceitar diferenças conceituais e multidisciplinares e conviver com elas.
- Ausência de julgamento prévio.
- Registro das ideias.
- Capacidade de síntese.

- Delimitação de tempo.
- Inexistência de hierarquia durante o processo.

Onde se aplica o brainstorming

O *brainstorming* é usado para que um grupo de pessoas crie o maior número de ideias acerca de um tema previamente selecionado.

Este nome deriva de *brain* (mente, cérebro) e *storm* (tempestade), que pode ser traduzido como tempestade cerebral, também conhecido como "toró de ideias".

A expressão é usada ainda para identificar problemas no questionamento de causas ou como análise da relação causa-efeito.

Como se usa o *brainstorming*

Há muitas variações ou modelos de *brainstorming*. O que apresentamos a seguir é um dos que promovem melhores resultados.

Primeira etapa: constituir a equipe

A equipe deve ser definida, mas em geral participam dela os membros do setor que busca resolver o problema. Eventualmente, pessoas criativas de outros setores da empresa podem ser convocadas.

Cabe aos participantes indicar uma pessoa para secretariar (facilitador, coordenador ou líder) a reunião, isto é, anotar as ideias que cada membro vai ditando.

Segunda etapa: definir foco e enfoque

O foco é o tema principal; normalmente está associado a um resultado indesejável (problema) ou a um desafio que se quer vencer. Deve ser escrito e ficar à vista de todos. Após essa definição, é necessário definir o enfoque, que mostrará como o assunto principal vai ser abordado. Por exemplo, se o nosso foco é "dispensação de medicamentos na farmácia ambulatorial", podemos abordá-lo em perspectivas distintas (enfoques), por exemplo:

- Como melhorar a dispensação ao paciente da farmácia ambulatorial?
- Como minimizar a falta de medicamentos na farmácia ambulatorial?

Terceira etapa: geração de ideias

O que importa nesta etapa é a quantidade de ideias geradas e não a qualidade. Cumpre observar:

- Manter o foco previamente definido.
- As ideias devem ser anotadas pelo facilitador e ficar isentas de críticas; pode-se dizer que, quanto maior o "disparate" da ideia, melhor a chance de ela

induzir à criatividade para a solução do problema. O objetivo, nesta etapa, é emitir ideias que possam ser associadas a outras já expressas.

- O participante pode expor quaisquer ideias, sem nenhum receio de censura quanto às próprias e quanto às ideias dos demais. A sugestão merece ser formulada mesmo que, em um primeiro instante, pareça ridícula.
- Quando for emitida uma ideia, o facilitador deve expressá-la em voz alta e anotá-la, sem qualquer crítica antecipada.
- Periodicamente, o facilitador faz a leitura de todas as sugestões até então anotadas.

Ao término de determinado período (de 10-20 minutos), as ideias começam a ficar mais raras e o facilitador pode propor o encerramento desta etapa, passando para a seguinte.

Quarta etapa: crítica

- Nesta etapa, o que se pretende é a qualidade, e isso é obtido por meio de uma primeira crítica às ideias geradas. O facilitador então as lê uma a uma, e, em conjunto, é feita uma primeira análise;
- A ideia está voltada para o foco do problema? Em caso afirmativo, ela continua; caso contrário, é riscada (eliminada).

Uma vez selecionadas as proposições que estão relacionadas com o foco ou problema, estas serão agrupadas por "semelhança" de conteúdo, de forma a gerar subtítulos ou múltiplas respostas.

Quinta etapa: conclusão

Feita uma análise dos tópicos, subtítulos ou respostas, deve-se selecionar aquela ou aquelas que, combinadas ou isoladamente, respondam à questão exposta no foco.

Diagrama de causa e efeito

Esta ferramenta de gestão é também conhecida como diagrama de Ishikawa ou "espinha de peixe":

- causa → razão, motivo
- efeito → manifestação, sinal, sintoma, resultante

O nome surgiu da semelhança estrutural do diagrama com uma espinha de peixe (Figura 3.5).

O que é o diagrama de causa e efeito ou Ishikawa (espinha de peixe)[14-17,19-20]

O diagrama de causa e efeito é a representação gráfica que mostra a relação entre uma característica de qualidade (efeito) e os fatores que a influenciam (causas). Tem como finalidade a organização do raciocínio e a discussão sobre as causas de um problema.

É muito útil para identificar, explorar, ressaltar e mapear fatores que julgamos afetar um problema. Vantagens[20]:

- Separa as causas dos efeitos.
- Identifica as várias causas de um mesmo efeito.
- Visualização clara das causas possíveis para um mesmo efeito.

Uma vez identificadas, as possíveis causas de um problema podem ser analisadas, e, então, é possível atuar de modo mais específico e direcionado sobre elas visando obter uma solução.

A construção desse diagrama é feita da seguinte forma: primeiro, identifica-se o problema a ser analisado, contemplando seu processo, como ocorre, onde ocorre, áreas envolvidas e escopo; essas informações são colocadas na "cabeça do peixe". Em seguida, listam-se as possíveis causas do problema em questão, agrupando-as em categorias, como equipamentos, mão de obra, materiais, métodos de trabalho; essas informações são alocadas nas "espinhas do peixe".

O problema geralmente é identificado pela análise de Pareto ou em reuniões de *brainstorming*. As causas, por sua vez, são identificadas com o auxílio das ferramentas *brainstorming* ou "por que – por que".

Havendo necessidade, as causas são sucessivamente divididas em "causas menores", a fim de refinar a investigação para que se conheça a verdadeira raiz do problema. Isso dará origem a outras espinhas de peixe, que deverão ser analisadas em gráficos separados (Figura 3.6).

Assim:

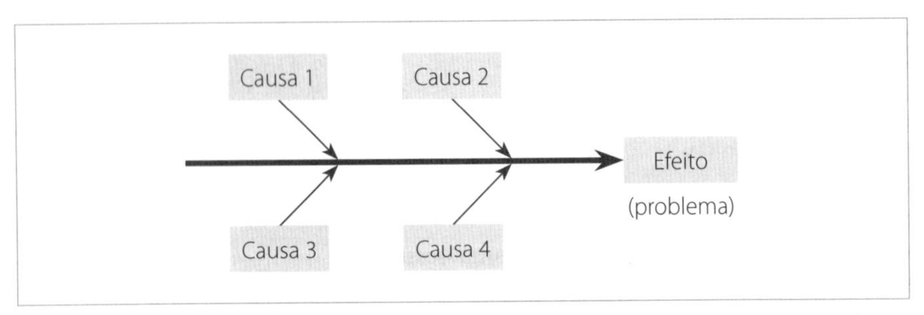

Figura 3.5 Diagrama de causa e efeito: mostrando o problema e as possíveis causas diretas decorrentes dele.

De modo geral, podemos dizer que as causas básicas estão ligadas a:

▪ Mão de obra	▪ Materiais
▪ Métodos	▪ Meio ambiente
▪ Máquinas	▪ Medições

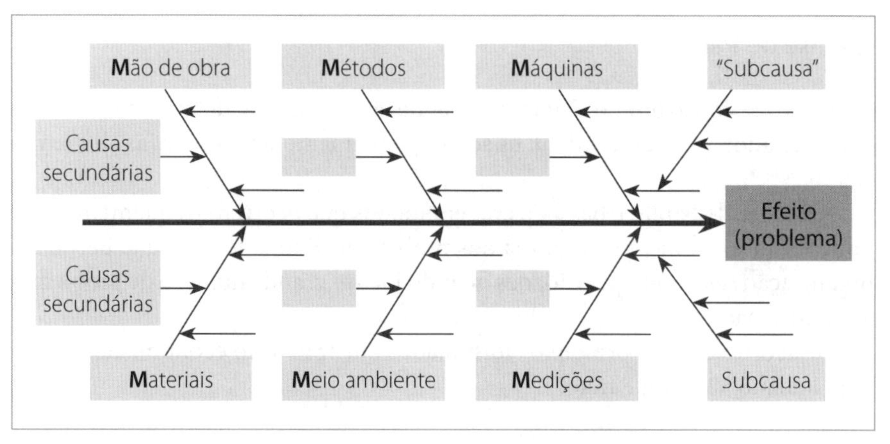

Figura 3.6 Diagrama de causa e efeito mostrando o problema, as possíveis causas diretas e as causas secundárias decorrentes.

- Quando construir um diagrama do seu problema, tente encaixar cada causa levantada em um desses itens. Caso não seja possível, crie um novo título para a caixa.
- Anotar as causas secundárias e colocá-las abaixo das causas básicas.
- Havendo "subcausas", enumerá-las e conectá-las com as causas secundárias.

Quando utilizar o diagrama de causa e efeito

- Para identificar as causas do problema.
- Para analisar um processo.
- Para confirmar se as causas levantadas são realmente causas do problema.

Como utilizar o diagrama de causa e efeito

- Desenhe a "espinha de peixe".
- Escreva na ponta da seta – espinha dorsal – o efeito a ser analisado.
- Faça um *brainstorming* das causas desse efeito.
- Escreva cada causa secundária ligando a causa básica citada, ou seja: mão de obra, métodos, materiais, máquinas, meio ambiente ou medições.
- Havendo necessidade, podem-se criar "subcausas" e conectá-las às causas secundárias.

Como saber se o diagrama de causa e efeito está correto

- Revise o diagrama: "Esta causa realmente produz este efeito?".
- Encontre a causa principal: "Eliminando esta causa, desaparecerá o efeito?".
- Parta para a solução encontrada para a causa.
- Repita essas três últimas fases até chegar na última causa.

Análise de Pareto

Uma vez construído o diagrama, este deverá ser analisado com base em dados coletados para determinar quão frequentemente acontecem as diferentes causas[14,16-18].

A análise de Pareto é baseada em fenômenos que ocorrem frequentemente, e poucas causas explicam a maioria dos problemas. É uma técnica que permite à organização selecionar prioridades quando há um grande número de problemas a serem sanados.

De acordo com os princípios formulados em 1897 pelo economista e sociólogo italiano Vilfredo Pareto:

- Aproximadamente 20% das possíveis causas de um problema representam cerca de 50% da incidência do fato em análise.
- 20-30% das possíveis causas representam 20-30% da ocorrência.
- 50-60% das possíveis causas representam cerca de 20% de sua incidência.

Nesse sentido, acredita-se que a maior parte dos problemas seja motivada por um número relativamente pequeno de situações.

A elaboração de uma análise de Pareto deve ser iniciada listando:

- As possíveis causas do problema em estudo.
- O percentual de incidência de cada causa em relação ao total de situações ocorridas.

Em seguida, essas informações devem ser dispostas em uma tabela e ordenadas decrescentemente, de acordo com os percentuais de incidência. Com isso, ficará demonstrado o percentual de incidência acumulada das causas do problema.

Por fim, as informações constantes na tabela devem ser apresentadas em um gráfico, chamado gráfico de Pareto, que é dividido em três classes: a classe "A", que compreende as causas prioritárias para adequação (são os 20% de causas responsáveis por cerca de 50% da incidência do problema); a classe "B", que compreende as causas intermediárias (são os 20-30% de causas responsáveis por 20-30% da incidência do problema); e a classe "C", que compreende as causas de menor prioridade (são os 50-60% de causas responsáveis por cerca de 20% da incidência do problema). No eixo vertical, normalmente se coloca a frequência (número de vezes em que determinada causa foi responsável por determinado problema), e, no eixo horizontal, colocam-se as possíveis causas do problema.

Um exemplo de análise de Pareto das causas de preparação incorreta de formulações para nutrição parenteral em uma farmácia hospitalar demonstra como a análise de Pareto deve ser estruturada (Quadro 3.3).

Quadro 3.3 Demonstração das causas de preparação incorreta de formulações para nutrição parenteral e de dados relacionados à incidência de problemas por causa

Causas (listadas em ordem decrescente de incidência)	Incidência anual	Percentual de incidência	Percentual de incidência acumulado	Classificação ABC
1. Erro nos cálculos para conversão de unidades de medida	28	56%	56%	A
2. Prescrição inadequada	8	16%	72%	B
3. Troca de nutrientes a serem aditivados	7	14%	86%	B
4. Falha na máquina de mistura de nutrientes	4	8%	94%	C
5. Troca de prescrição	2	4%	98%	C
6. Não aditivação de nutrientes por esquecimento	1	2%	100%	C

Fonte: elaborado pelos autores.

Matriz GUT

O que é GUT?

GUT é a sigla formada pelas palavras[14-16]:

- Gravidade: refere-se às consequências, aos efeitos negativos resultantes da permanência das falhas. São atribuídos valores à gravidade (observe o Quadro 3.4).

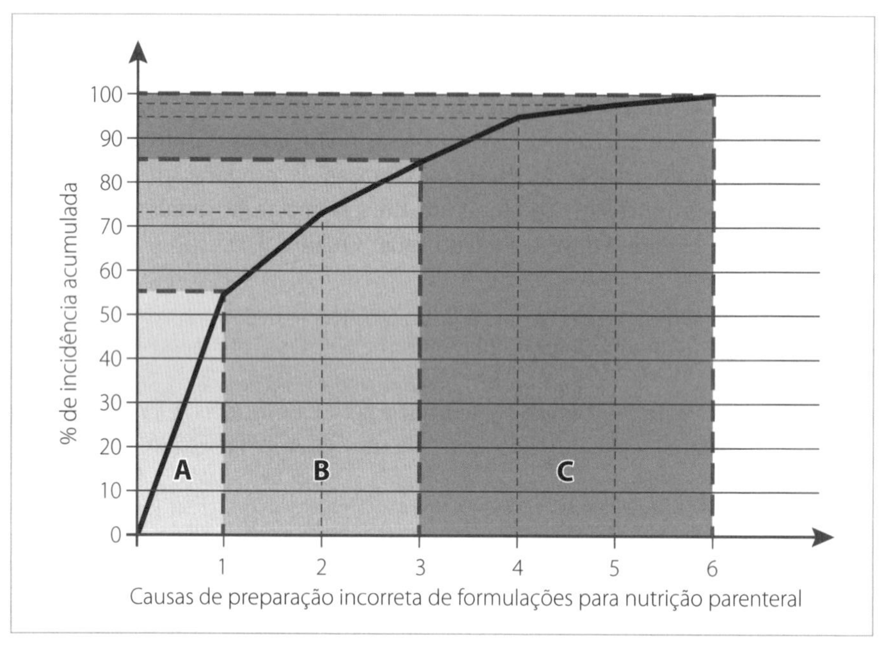

Figura 3.7 Gráfico de Pareto das causas de preparação incorreta de formulações para nutrição parenteral em uma farmácia hospitalar.

Quadro 3.4 Quadro esquemático para utilização da ferramenta GUT

Valor	**G** **Gravidade: consequências se nada for feito**	**U** **Urgência: prazo para tomada de decisão**	**T** **Tendência: proporção do problema no futuro**	**G × U × T** **(prioridade)**
5	Os prejuízos ou necessidades são extremamente graves	É necessária uma ação imediata	Se nada for feito, o agravamento da situação será imediato	125
4	Muito graves	Com alguma urgência	Vai piorar em curto prazo	64
3	Graves	O mais cedo possível	Vai piorar em médio prazo	27
2	Pouco graves	Pode esperar um pouco	Vai piorar em longo prazo	8
1	Sem gravidade	Não tem pressa	Não vai piorar ou pode até melhorar	1

Fonte: elaborado pelos autores.

- Urgência: está ligada ao tempo disponível para solucionar o problema. Também atribuímos valores, segundo a classificação da tabela.
- Tendência: diz respeito à progressão do problema, isto é, que evolução terá.

Como utilizar o GUT

Para utilizar a matriz GUT, é necessário que sejam atribuídos valores de 1-5 para a gravidade, a urgência e a tendência, conforme o Quadro 3.4.

Os valores que você atribuir à gravidade, à urgência e à tendência deverão ser multiplicados. Então, cada problema apresentará um GUT diferente. Aquele que apresentar um valor maior do GUT deverá ser priorizado. Considere-o mais importante.

Para que serve o GUT

É uma ferramenta ideal para definir prioridades quando vários problemas forem diagnosticados.

Plano de ação – 5W2H

O 5W2H é um instrumento para gestão da qualidade simples e extremamente útil na consolidação e sistematização de um plano de ação. Trata-se de uma forma sistemática de listar as causas de um problema e as contramedidas propostas para neutralizá-las[16].

O plano de ação 5W2H permite considerar todas as tarefas a serem executadas ou selecionadas de forma cuidadosa e objetiva, assegurando sua implementação de forma organizada. São 7 perguntas que permitem entender situações e problemas:

1. ***What?*** (O que?) Quais são as metas? Quais são os indicadores? Quais são os recursos? Quais são as tecnologias usadas? Quais são as entradas do processo? Quais são as saídas?
2. ***Who?*** (Quem?) Quem é o cliente/usuário/beneficiário? Quem executa? Quem fornece? Quem gerencia? Quem estabelece as metas? Quem dá suporte ao método? Quem decide sobre os recursos? Quem participa da análise e otimização do processo?
3. ***When?*** (Quando?) Quando as atividades serão planejadas? Quando as atividades serão executadas? Quando as atividades serão avaliadas?
4. ***Where?*** (Onde?) Onde será planejado o processo? Onde será executado? Onde será avaliado?

5. ***Why?*** (Por quê?) Por que/para que o processo existe? Por que as atividades são essas e nessa ordem? Por que essas metas e esses indicadores? Por que usar essas técnicas?
6. ***How?*** (Como?) Como as atividades serão planejadas? Como as atividades serão executadas? Como as atividades serão avaliadas? Como as informações são registradas e disseminadas? Como é avaliada a satisfação dos clientes, das pessoas que executam o processo? Como são avaliadas as especificações dos insumos? Como é avaliado o desempenho do processo? Como é a participação das pessoas envolvidas no processo?
7. ***How much?*** (Quanto custa?) Qual o valor estimado desse processo ou projeto?

O plano de ação, após serem definidas todas as etapas já citadas, deve ficar em local visível por toda a equipe para que as ações passem a ser executadas. Respostas do tipo não, ninguém, nunca etc. são indicativos de problemas em potencial.

Por exemplo: uma equipe resolveu aplicar o PDCA, do qual trataremos adiante, para solucionar um problema crônico de demora do paciente na fila para dispensação de medicamentos na farmácia ambulatorial.

Seguindo os passos de identificação, observação e análise do problema, concluiu-se que eram duas as causas fundamentais: 1) grande número de pacientes; 2) separação e preparação de medicamentos conforme a receita médica. A partir dessas conclusões, a equipe traçou um plano de ação para neutralizar as causas encontradas.

Observar que as etapas descritas no Quadro 3.5 (identificação, observação, análise do problema e elaboração do plano de ação) compõem a fase do PDCA. A partir daí, prossegue o ciclo conforme já descrito: execução, verificação, ações corretivas.

Quadro 3.5 Quadro esquemático de utilização da ferramenta 5W2H

Projeto ou plano de ação	
O que será analisado	A demora do paciente na fila para dispensação de medicamentos da farmácia ambulatorial.
Quem deve analisar	Pessoal interno: equipe da farmácia ambulatorial, inclusive os repositores de medicamentos, ou seja, o pessoal que está familiarizado com o problema. Pessoal externo: central de medicamentos, logística, encarregados, farmacêuticos-chefes e diretor de serviços.

Continua

Quadro 3.5 Quadro esquemático de utilização da ferramenta 5W2H *(continuação)*

Projeto ou plano de ação	
Quando deve ser analisado o problema	De imediato, por meio da convocação dos membros por parte do diretor de serviços e com reuniões regulares agendadas. As sugestões deverão ser testadas no sentido de ter sua efetividade comprovada.
Onde será analisado o problema	*In loco* e nas salas de reuniões da farmácia.
Por que deve ser analisado o problema	Para melhorar o conforto do paciente da farmácia hospitalar quanto a receber o seu medicamento, bem como para diminuir a aglomeração de pessoas no ambiente de espera para a dispensação de medicamentos.
Como será a proposta	Recomendação de um conjunto de indicadores que correlacionam as atividades da farmácia hospitalar com os requisitos do Manual Brasileiro de Acreditação das Organizações Prestadoras de Serviços Hospitalares, utilizando um modelo de ficha padrão para sua construção.
Quanto custa Qual o valor total do projeto ou plano de ação	Para cada ação, deve-se incluir o Quanto custa (*How much?*) da implantação ou correção da atividade proposta.

Fonte: elaborado pelos autores.

Coleta de dados (folha de verificação)

São os meios (planilhas, formulários, outros) previamente elaborados que permitem visualizar o processo e controlá-lo. Não há um formato único, e os modelos são projetados conforme as necessidades e conveniências de uso e a finalidade a que se destinam. Os dados coletados servem para verificar com que frequência certos eventos acontecem em determinado período[3,21-22].

Chamamos esses questionários ou formulários de folhas de verificação, e eles têm fundamental importância, pois uniformizam as informações, o conteúdo e o formato das respostas.

Quando for realizada a coleta de dados, você observará que surgirão dois tipos de dados:

- Os que poderão ser contados – chamados de variáveis quantitativas.
- Os que poderão ser apenas classificados – chamados de variáveis qualitativas.

Por exemplo:

Coleta de dados da farmácia ambulatorial		
Variável quantitativa	Número médio de pacientes por dia	Contagem
	Quantidade média de medicamentos na receita por paciente	Medição
	Tempo médio de atendimento por paciente	Medição
Variável qualitativa	Idade dos pacientes	Classificação
	Sexo, escolaridade, nível de satisfação	Classificação

Usamos a coleta de dados para obter informações, tomar decisões e acompanhar processos.

O grupo deve definir:

- Os objetivos.
- Os dados que devem ser levantados.
- A amostra (Quem? Quantos?).
- O tipo de registro (questionário, tabela...).
- A periodicidade das anotações.
- Quem será o coletor.

O coletor deve ser treinado e a folha de verificação deve ser feita previamente, para então:

- Realizar a coleta de dados.
- Construir a planilha de apuração com os resultados da coleta.
- Apresentar os resultados ao grupo.

Importante: somente questione quando pretender realmente atender às expectativas, isto é, oferecer melhorias ou provocar mudanças.

Fluxograma

É uma representação gráfica na qual se registram, por meio de símbolos, as etapas de um processo, facilitando assim a visualização e a análise do fluxo[14-17].

Recomendações para a elaboração de fluxogramas:

- Não sair dos limites do processo.
- Empregar símbolos/linguagem simples.

- Procurar soluções para todas as alternativas (decisão).
- Observar que o retângulo de processo tem uma só saída.
- Quando houver mais de uma saída, usar o losango de decisão.
- Não é necessário definir específica e completamente todo o processo na primeira vez.
- Envolver todas as pessoas que estejam familiarizadas com o processo.

Quando usar o fluxograma?

Sempre que for analisar as etapas de um processo.

O fluxograma ideal permite que todos visualizem o processo de forma total, exibindo as falhas existentes, e ainda possibilita analisar se as mudanças que serão implantadas realmente solucionarão os problemas.

Indicadores de desempenho

O monitoramento do progresso de qualquer gestão deve ser baseado em instrumentos de aferição denominados indicadores, geralmente utilizados para identificar, a qualquer momento, qual é a situação da organização quanto ao que foi planejado[21,23-25].

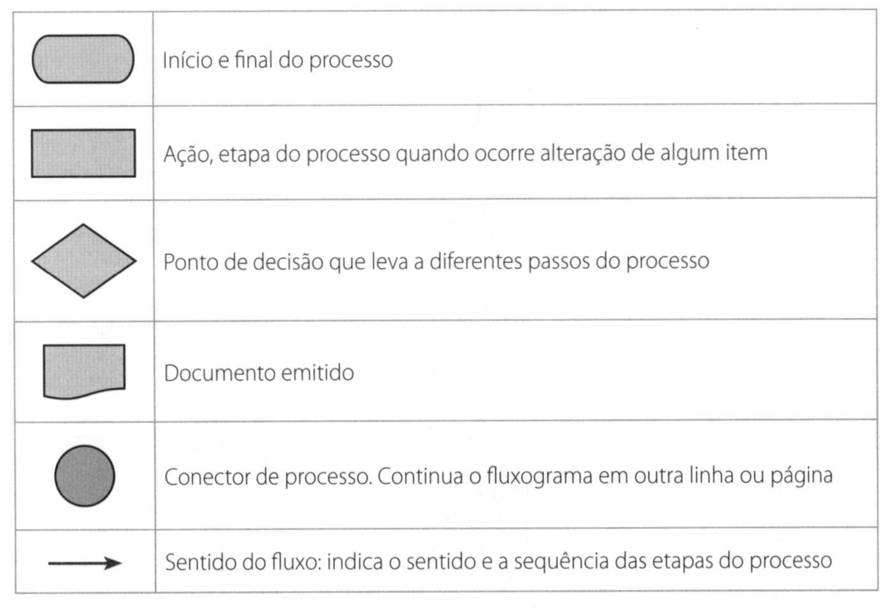

Figura 3.8 Símbolos utilizados na construção de um fluxograma.

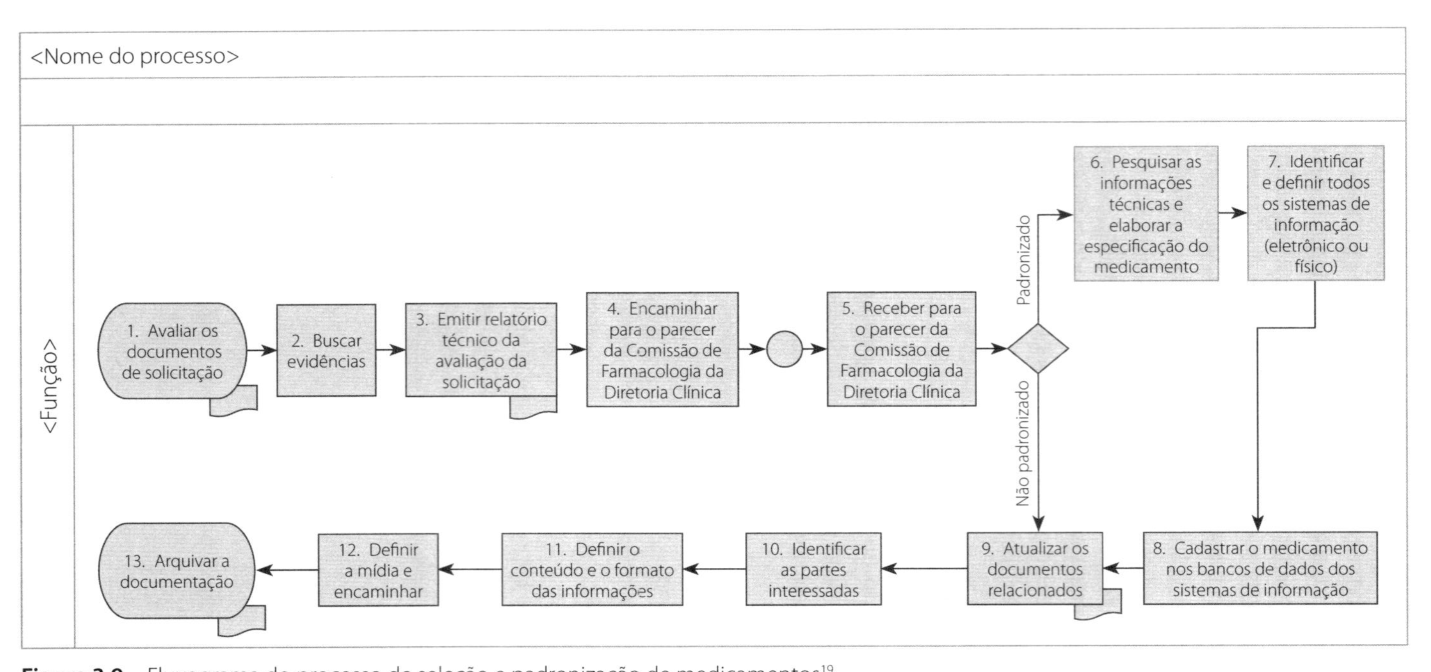

Figura 3.9 Fluxograma do processo de seleção e padronização de medicamentos[19].
Fonte: Pinto et al.[19].

Quadro 3.6 Definição de um conjunto de indicadores utilizando a ferramenta de gestão 5W2H em uso na farmácia hospitalar

O que deve ser definido	Definição de um conjunto de indicadores sistematizados que permita o monitoramento e a gestão das atividades da farmácia hospitalar com foco na acreditação hospitalar
Quem deve utilizar o indicador	Farmácias hospitalares, independentemente do porte do hospital, de seu segmento de atuação ou de serem públicas ou privadas
Quando deve ser utilizado o indicador	A partir da implantação da farmácia hospitalar e de suas atividades, assim como para aquelas que já desenvolvem suas atividades e queiram otimizar seu desempenho ou preparar-se para um processo de acreditação hospitalar
Onde será utilizado o indicador	Nas atividades desenvolvidas pela farmácia hospitalar
Por que deve ser utilizado o indicador	Para criar parâmetros que permitam o monitoramento do meio ambiente, da estrutura, dos processos e dos resultados da farmácia hospitalar, auxiliando na tomada de decisões para melhoria contínua, possibilitando a análise de tendências e comparações com referenciais internos e externos
Como será o indicador	Recomendação de um conjunto de indicadores que correlacionam as atividades da farmácia hospitalar com os requisitos do Manual Brasileiro de Acreditação das Organizações Prestadoras de Serviços Hospitalares, utilizando um modelo de ficha padrão para sua construção

Fonte: elaborado pelos autores.

Por que medir?[21,25]

Os indicadores, portanto, devem permitir a avaliação de resultados. Eles podem medir o desempenho do processo (estágio em andamento do projeto ou de uma atividade, durante a fase de execução) ou o impacto do processo (efeitos que o processo gerou na população-alvo ou no meio socioeconômico).

Os indicadores auxiliam a:

- Conhecer, com base em dados, a real situação do serviço.
- Diagnosticar as deficiências para que possam ser analisadas e eliminadas.
- Comunicar aos subordinados, com exatidão, as expectativas do desempenho.
- Fornecer *feedback*, comparando o desempenho com o padrão.
- Recompensar o desempenho.
- Tomar e apoiar decisões.

Principais vantagens na utilização de indicadores

- Instrumento gerencial para avaliação de qualidade, custo e produtividade.
- Otimização da qualidade das atividades desenvolvidas.
- Estabelecimento das metas e ações para aprimoramento de competências e qualificações de processos.
- Orientação para políticas de capacitação/reciclagem.
- Redução dos erros na dispensação.
- Propicia compra racional.
- Estoque reduzido.
- Busca a melhoria do setor.
- Elaboração de planos de ação estabelecendo metas.
- Facilita e agiliza o trabalho.
- Simplifica todo o sistema.
- Detecta anomalias.
- Sinaliza o desempenho.
- Reduz custos com base no monitoramento do custo real.
- Possibilita avaliações do serviço interno e externo.
- Possibilita a tomada de decisões e a melhoria de processos.
- Gera apoio para decisões gerenciais.
- Banco de dados de informações para análise e gerenciamento dos sistemas.
- Possibilita a mudança de processos com base em informações precisas, não em "achismo".
- Possibilita a comparação de processos semelhantes entre hospitais.
- Interação/avaliação junto a outros setores de maneira mais qualificada.

Principais dificuldades na utilização de indicadores

- Seleção dos indicadores que de fato ajudarão no gerenciamento do setor.
- Desconhecimento, por alguns, do que são indicadores.
- Falta de padronização das informações.
- Coleta de informações.
- Quantificação dessas informações.
- Dificuldades encontradas na ausência de um banco de dados que possa suprir as necessidades das informações.
- Fonte de dados.
- Falta de tempo para coleta de dados.
- Cooperação dos setores envolvidos.
- Tempo gasto na geração/análise de dados.
- Agitação e correria do dia a dia.
- Falta de hábito de registrar as atividades realizadas.
- Custo da implantação dos indicadores (recursos humanos e tecnológicos).

Quadro 3.7 Fórmulas de cálculos para indicadores[11,13]

Coeficiente É a razão entre duas grandezas, dividindo-se a contagem parcial de determinada ocorrência pelo total de ocorrências	Coeficiente de erros de prescrição/mês $\frac{\text{Quantidade de erros nas prescrições/mês}}{\text{Número total de prescrições atendidas/mês}}$ $\frac{82}{9.352} = 0{,}0087$
Taxa É usada para tornar o valor do coeficiente mais apresentável; para tanto, basta multiplicar o coeficiente por 10, 100, 1.000, e assim por diante	Taxa de erros de prescrição/mês $\frac{\text{Quantidade de erros nas prescrições} \times 100}{\text{Número total de prescrições atendidas/mês}}$ $\frac{82}{9.352} = 0{,}87\%$
Índice É a razão entre duas grandezas diferentes	Índice de treinamento técnico $\frac{\text{Número total horas de treinamento}}{\text{Número total de colaboradores treinados}}$ $\frac{480}{12} = 40$ horas/homem de treinamento

Fonte: elaborado pelos autores.

Um número limitado de indicadores e de fontes de verificação pode substituir uma infinidade de dados e de estatísticas acumuladas nos projetos e, ao mesmo tempo, aumentar a qualidade do acompanhamento. Muitas vezes, os bons indicadores são descobertos somente durante a ação. Assim, não se deve hesitar em reexaminar os indicadores durante as revisões periódicas do processo. Em certos casos, não é necessário inventar indicadores, pois muitas vezes estes já existem.

Atributos para a construção de indicadores

Um bom indicador deve ter[21,25]:

- Simplicidade – ou seja, quanto mais simples e clara for a relação matemática, menos distorções apresentará.
- Inteligibilidade – de fácil entendimento para os usuários e analistas.
- Rastreabilidade – isto é, oferece conhecimento e controle de suas variáveis.
- Estabilidade – seus elementos (numerador e denominador) são constantes ao longo do tempo.
- Especificidade – possibilita a captação de eventos bem definidos.
- Sensibilidade – para ser capaz de detectar pequenas flutuações ou variações no requisito estudado.
- Validade – permite a mensuração fidedigna do evento observado.

- Objetividade – para não depender da interpretação do observador.
- Baixo custo de obtenção – quando da busca de dados nos relatórios existentes na instituição. Evitar a criação de novos instrumentos para sua coleta ou para a elaboração de sofisticados e complicados modelos de obtenção e tratamento deles.

Quadro 3.8 Conjunto de indicadores selecionados sob as 4 perspectivas do *balanced scorecard* (BSC) para monitoramento e gestão das atividades da farmácia hospitalar com foco na acreditação hospitalar

Perspectivas BSC	Indicadores
Financeiro	▪ Faturamento com produtos vendidos ▪ Taxa de erros de inventário – financeiro ▪ Economia gerada ▪ Consumo valorado de medicamentos ▪ Perda por validade valorada
Clientes	▪ Índice de reclamações recebidas da ouvidoria ▪ Taxa de satisfação do paciente ambulatorial
Processos internos	▪ Taxa de erro de inventário ▪ Taxa de erro de distribuição ▪ Taxa de itens em falta ▪ Taxa de rendimento ▪ Tempo médio de espera ▪ Índice de notificações de RAM – paciente ambulatorial ▪ Índice de notificações de RAM – paciente internado ▪ Índice de erros de dispensação ▪ Taxa de conformidade dos estoques periféricos – ambulatório ▪ Taxa de conformidade dos estoques periféricos – internação ▪ Número de informações prestadas ▪ Número de termos de medicamentos próprios ▪ Taxa de prescrições avaliadas pelo farmacêutico ▪ Taxa de orientação de alta ▪ Taxa de conciliação medicamentosa ▪ Taxas de receitas avaliadas pelo farmacêutico ▪ Taxa de intervenções aceitas ▪ Taxa de rastreabilidade
Aprendizado e conhecimento	▪ Índice de treinamento ▪ Número de colaboradores de enfermagem treinados ▪ Número de publicações de artigos e revistas científicos

Fonte: Pinto et al.[19].

Destacamos um modelo de ficha técnica para a construção de indicadores, em que os itens 6, 7 e 8 (Quadro 3.9) fazem uma correlação entre os requisitos do Manual Brasileiro de Acreditação das Organizações Prestadoras de Serviços Hospitalares – Subseção Assistência Farmacêutica e as atividades desenvolvidas na farmácia hospitalar[21,26].

Quadro 3.9 Proposta de ficha técnica para a construção de indicadores[21,25]

Nome do indicador:		(1)	Sigla: (2)
Fórmula:		(3)	Tipo: (4)
Objetivo:			(5)
Nível: (6)	Princípio: (7)	Atividade: (8)	
Meta:			(9)
Área ou serviço relacionado:			(10)
Coleta de dados:			(11)
▪ Fontes de informação:			(12)
▪ Método:			(13)
▪ Amostra:			(14)
Frequência de avaliação:			(15)
Usuários da informação: (16)	Responsável: (17)	Revisão Data: (18)	

Fonte: Cipriano[21].

A ficha técnica para construção do conjunto de indicadores deve ser cuidadosamente especificada, de forma que proporcione uma padronização em sua obtenção e que os resultados sejam confiáveis para serem utilizados nas comparações internas e externas.

Definiram-se as especificações para o preenchimento dos 18 itens que compõem o modelo da ficha padrão (Quadro 3.10).

É fundamental que os mecanismos de seleção, coleta, registro e armazenamento das informações sejam confiáveis, seguros e, principalmente, permitam a fácil utilização por todos os usuários que delas necessitem.

Quadro 3.10 Especificação dos itens da ficha padrão para construção de indicador para farmácia hospitalar[18]

Nº	Itens	Especificação
1	Nome do indicador	Escrever o nome do indicador por extenso
2	Sigla	Criar uma identificação abreviada para o indicador. Sugere-se utilizar a inicial da atividade a ser monitorada com um número sequencial
3	Fórmula	Método de cálculo para obtenção do indicador
4	Tipo	Definir se o indicador é uma taxa, um índice ou um valor absoluto
5	Objetivo	Descrever a razão principal para a criação do indicador
6	Nível	Fazer a correlação do indicador com os níveis 1, 2 ou 3, de acordo com o respectivo padrão do Manual Brasileiro de Acreditação das Organizações Prestadoras de Serviços Hospitalares
7	Princípio	Fazer a correlação do indicador com os princípios: Segurança (nível 1), Organização (nível 2), Práticas de excelência (nível 3) e itens de orientação, conforme o Manual Brasileiro de Acreditação das Organizações Prestadoras de Serviços Hospitalares
8	Atividade	Citar a atividade da farmácia hospitalar para a qual o indicador foi construído
9	Meta	Deve ser estabelecida procurando-se destacar sua parte mensurável, considerando o prazo para atingi-la, utilizando o histórico, pesquisa de mercado, referenciais de comparação e diretrizes administrativas, em um ambiente de melhoria contínua
10	Área ou serviço relacionado	Identificar as áreas ou serviços relacionados com a construção do indicador
11	Coleta de dados	Orientar quanto à fonte de obtenção dos dados, o método a ser seguido e a amostra a ser considerada
12	Fontes de informação	Verificar os documentos, impressos ou eletrônicos, para obter os dados necessários para a construção do indicador
13	Método	Descrever como os dados devem ser tratados para obtenção do indicador
14	Amostra	Determinar a amplitude da coleta dos dados (total ou parcial), por determinado período, para efetuar o cálculo do indicador
15	Frequência de avaliação	Definir o período em que o indicador deverá ser analisado criticamente

Continua

Quadro 3.10 Especificação dos itens da ficha padrão para construção de indicador para farmácia hospitalar[18] *(continuação)*

Nº	Itens	Especificação
16	Usuários da informação	Identificar os setores que deverão receber o resultado obtido do indicador, para efetuar monitoramento e gestão, análise de tendência e comparação com referenciais
17	Responsável	Definir o responsável pela obtenção e atualização do indicador
18	Data da revisão	Mostrar a data da última revisão da ficha de construção do indicador

Fonte: Cipriano[21].

Quadro 3.11 Exemplo de uma ficha técnica do indicador – erros na dispensação de medicamentos[21,25]

Nome do indicador:	***Erros na dispensação de medicamentos***	Sigla: DD2
Fórmula:	$\frac{\text{Número de itens incorretamente separados}}{\text{Número total de itens a dispensar}} \times 100$	Tipo: Taxa
Objetivo:	Estimar o grau de exatidão da separação de medicamentos, de acordo com a prescrição médica	

Nível: 1	Princípio: Segurança – estrutura	Atividade: ▪ Distribuição e dispensação de medicamentos
Meta:	Zero % de erros na dispensação de medicamentos.	
Área ou serviço relacionado: Dispensação de medicamentos, enfermagem		
Coleta de dados:		
▪ Fontes de informação: formulário para controle de erros na dispensação de medicamentos utilizado na conferência dos medicamentos separados por paciente.		
▪ Método: contabilizar o número de medicamentos incorretamente separados em relação à prescrição médica por tipo de erro: triagem das prescrições, identificação, quantidade, especialidades, forma farmacêutica, por meio de sistema informatizado ou formulário apropriado.		
▪ Amostra: controlar todos os itens de medicamentos separados por paciente conforme prescrição médica em determinado dia ao acaso.		
Frequência de avaliação: mensal		
Usuários da informação: Farmácia	***Responsável:*** Farmacêutico	***Revisão*** Data:

Fonte: Cipriano[21].

Benchmarking

Benchmarking pode ser literalmente traduzido como "teste de bancada" e, originalmente, é o nome dado à prática que as empresas manufatureiras de bens duráveis e semiduráveis desenvolveram para testar em laboratório os produtos dos concorrentes para comparar o desempenho deles com o desempenho dos produtos da própria empresa. Hoje, o conceito de *benchmarking* foi estendido para a comparação de desempenho não só de produtos, mas também de serviços. Os critérios (quesitos) utilizados para avaliar o desempenho dos concorrentes devem ser os mesmos para avaliar o da própria empresa, de modo a facilitar as comparações[16].

O *benchmarking* é um processo contínuo e sistemático para avaliar produtos, serviços e processos de trabalho de organizações reconhecidas como representantes das melhores práticas, com finalidade de melhoria organizacional. Na medida em que são realizadas comparações entre empresas, o hiato constatado entre elas sinaliza uma oportunidade de melhoria a ser explorada. É preciso identificar os referenciais de excelência (*benchmark*) e realizar as devidas comparações com esses referenciais (*benchmarking*). Assim, é possível saber como uma empresa se encontra em relação aos concorrentes diretos e aos de melhor desempenho em atividades similares[23].

Há muitos tipos de *benchmarking*, alguns dos quais são listados a seguir:

- ***Benchmarking* interno:** comparação entre processos ou partes de processos dentro da mesma organização.
- ***Benchmarking* externo:** comparação entre um processo e outros processos que são partes de diferentes organizações.
- ***Benchmarking* competitivo:** comparação direta entre concorrentes no mesmo mercado ou em mercados similares.
- ***Benchmarking* não competitivo:** *benchmarking* feito entre organizações externas que não são concorrentes pelos mesmos mercados.
- ***Benchmarking* de desempenho:** comparação entre níveis de desempenho atingidos em diferentes processos.
- ***Benchmarking* de práticas:** comparação entre as práticas de processos de uma organização, ou formas de fazer as coisas, com aquelas adotadas por outros processos. Em geral, o objetivo é ver se alguma coisa pode ser aprendida das práticas adotadas por outras organizações, que então poderia ser transferida para as práticas operacionais da própria organização.

É importante esclarecer desde já que o *benchmarking*, por ser um processo sistemático, utiliza uma metodologia de trabalho. *Benchmarking* não é, simplesmente, fazer uma visita a outra empresa a fim de trocar informações. Promover uma visita é extremamente saudável e até faz parte, em dado momento, da metodologia, mas não basta.

O objetivo maior do *benchmarking* é captar e aprender, identificando oportunidades e ameaças. A empresa que se propõe a realizar *benchmarking* almeja aperfeiçoar sua gestão por meio de:

- Busca de melhores processos e práticas inovadoras.
- Aceleração dos ciclos de aprendizado e melhoria como um todo.
- Redução de prazos e custos.
- Formação de consenso interno sobre as limitações da organização e suas deficiências.
- Estabelecimento de referências quantitativas para melhoria dos resultados.

Os principais passos metodológicos para a realização de *benchmarking* são:

- Identificação do tema.
- Identificação de empresas comparáveis e parceiros.
- Identificação do método de coleta de dados e realização da coleta.
- Determinação da defasagem de desempenho da empresa.
- Projeção de desempenho futuro.
- Estudo das práticas utilizadas.
- Estabelecimento de metas e planos de ação.
- Implementação de plano de ação.
- Monitoramento do desenvolvimento do trabalho.
- Reavaliação de todo o processo.

A utilização da técnica do *benchmarking* compreende 5 etapas: planejamento, análise, integração, ação e maturidade:

1. Planejamento: nesta etapa, o objetivo é definir a pesquisa das melhores práticas. Os procedimentos essenciais são:
   - Seleção do produto ou processo a ser comparado: em primeiro lugar, é preciso escolher o produto ou processo que vai ser comparado com os produtos ou processos da empresa que tem as melhores práticas correspondentes.
   - Seleção do marco de referência: com quem nos compararemos? As melhores práticas podem ser encontradas nos concorrentes ou em uma organização que esteja em um ramo de atuação completamente diferente?
   - Definição do método de obtenção dos dados: não há um método único para a obtenção de dados sobre empresas que têm as melhores práticas.

Alguns dados são públicos. Outros podem exigir procedimentos de pesquisa e observação direta, sempre que for possível. Muitas vezes, a empresa a ser copiada abre suas portas para que outros a estudem.

2. Análise: a etapa da análise compreende coleta, estudo e interpretação dos dados sobre a organização escolhida como marco de referência.
   - Entendimento das práticas do marco de referência: por que o marco de referência é melhor? Em que se baseia sua superioridade? Quais de suas práticas podem ser copiadas e implementadas?
   - Determinação das diferenças: neste ponto, faz-se a comparação efetiva com o marco de referência a fim de definir o que deve ser alterado.
3. Integração: nesta fase, as informações resultantes do *benchmarking* são utilizadas para definir as modificações no produto ou processo que foi comparado. Os procedimentos são os seguintes:
   - Obtenção da aprovação das informações do *benchmarking*: é preciso demonstrar, com clareza, que as informações são corretas e fundamentadas em dados concretos.
   - Comunicação: as informações do *benchmarking* devem ser comunicadas a todos os níveis organizacionais, com o objetivo de obtenção de apoio e comprometimento.
4. Ação: este é o estágio da implementação, em que as seguintes atividades são realizadas:
   - Colocação em prática dos resultados do *benchmarking*.
   - Avaliação contínua da implementação.
   - Previsão de modificações.
   - Comunicação do progresso.
5. Maturidade: quando a empresa chegar ao estágio de incorporar as melhores práticas, terá chegado ao estágio da maturidade. Indicativo desta fase é o interesse de outras empresas pelo processo ou produto que foi copiado. Na fase da maturidade também se encontra o interesse contínuo no aprimoramento com base nas melhores práticas. Uma empresa madura está constantemente praticando o *benchmarking*.

As atividades de *benchmarking* são, normalmente, regidas por um código de conduta, ao qual empresas e participantes se submetem ao iniciarem uma atividade dessa natureza. Vejamos os princípios encontrados no Código Brasileiro de Ética e Conduta, desenvolvido pelo Instituto Nacional de Desenvolvimento e Excelência (Inde, 2002)[22]:

- Princípio da legalidade.
- Princípio da troca.

- Princípio da confidencialidade.
- Princípio do uso.
- Princípio do contato em *benchmarking*.
- Princípio do contato com terceiros.
- Princípio da preparação.
- Princípio do pleno cumprimento.
- Princípio do entendimento e da ação.
- Princípio do relacionamento.

Outro aspecto importante diz respeito à continuidade; o método não se constitui em evento isolado, assemelhando-se a uma pesquisa que disponibiliza informações de valor. Não se trata de copiar, mas de aprender com outras organizações de sucesso; para tanto, é necessário o exercício de atividade intensa e disciplinada, visto ser uma metodologia de aplicações múltiplas em uma gama de processos no âmbito organizacional.

Por meio do *benchmarking*, uma instituição procura imitar outras organizações, concorrentes ou não, do mesmo ramo de negócios ou de outros, que façam algo de maneira particularmente bem-feita. A ideia central da técnica do *benchmarking* é a busca das melhores práticas da administração, como forma de identificar e ganhar vantagens competitivas. As melhores práticas podem ser encontradas nos concorrentes, ou em uma organização que esteja em um ramo de atuação completamente diferente.

Análise FMEA

O objetivo da ferramenta Análise dos Efeitos e Modos de Falhas (FMEA, do inglês *Failure Mode and Effect Analysis*), é identificar as características do produto ou serviço que são críticas para a ocorrência de vários tipos de falhas e determinar seus efeitos, podendo-se, então, avaliar sistematicamente o comportamento do processo com o objetivo de prevenir tais ocorrências na produção de bens ou serviços. É um meio de identificar falhas antes que elas aconteçam, por meio de uma "lista de verificação" (*checklist*), que deve ser construída em torno de três perguntas-chave para cada possível causa:

- Qual é a probabilidade de a falha ocorrer?
- Qual seria a consequência da falha?
- Com qual probabilidade essa falha é detectada antes que afete o cliente?

Com base em uma avaliação quantitativa dessas três perguntas, calcula-se um número de prioridade de risco (NPR) para cada causa potencial de falha.

Desse modo, ações corretivas que visam prevenir falhas são aplicadas às causas cujo NPR indica que justificam prioridade[24].

O FMEA é um processo constituído por 7 passos:

- **1º passo:** identificação de todas as partes componentes dos produtos ou serviços.
- **2º passo:** listagem de todas as formas possíveis segundo as quais os componentes do sistema poderiam falhar (os modos de falhas).
- **3º passo:** identificação dos efeitos possíveis das falhas (tempo parado, insegurança, necessidade de consertos, efeitos para os clientes).
- **4º passo:** identificação de todas as possíveis causas das falhas para cada modo de falha.
- **5º passo:** avaliação da probabilidade de falha, da gravidade de seus efeitos e da probabilidade de detecção com o auxílio da Quadro 3.12.
- **6º passo:** cálculo do NPR multiplicando entre si as três avaliações descritas no passo anterior.
- **7º passo:** estímulo para uma ação que minimize falhas nos modos de falhas que mostram um alto NPR.

A seguir está demonstrado um exemplo ilustrativo da aplicação do FMEA em farmácia hospitalar e de serviços de saúde:

Uma farmácia hospitalar identificou 4 modos de falha associados à falha denominada "Falta de determinado medicamento no hospital":

- Modo de falha 1 (atraso na entrega do medicamento).
- Modo de falha 2 (falta de controle de estoques – atraso na emissão do pedido).
- Modo de falha 3 (falta de verba para aquisição do medicamento).
- Modo de falha 4 (erro na especificação do medicamento solicitado – entrega do medicamento errado).

Diante do problema apresentado, o diretor da farmácia, baseado nas escalas de avaliação para FMEA, alocou pontuações nos modos de falha nos quesitos probabilidade de ocorrência, gravidade de falha e probabilidade de detecção das falhas (Quadro 3.12).

Após a alocação dos escores, calcula-se o NPR de cada modo de falha:

- NPR do modo de falha 1 (atraso na entrega do medicamento): $8 \times 9 \times 2 = 144$.
- NPR do modo de falha 2 (falta de controle de estoques – atraso na emissão do pedido): $1 \times 9 \times 3 = 27$.

Quadro 3.12 Escalas de pontuação para FMEA

Probabilidade de ocorrência	
Modo de falha	Pontuação
1	8
2	1
3	9
4	2
Gravidade de falha	
Modo de falha	Pontuação
1	9
2	9
3	9
4	9
Probabilidade de detecção	
Modo de falha	Pontuação
1	2
2	3
3	8
4	7

- NPR do modo de falha 3 (falta de verba para aquisição do medicamento): $9 \times 9 \times 8 = 648$.
- NPR do modo de falha 4 (erro na especificação do medicamento solicitado – entrega do medicamento errado): $2 \times 9 \times 7 = 126$.

Analisando os NPR, conclui-se que a prioridade de ações deve ser dada ao modo de falha 3 (falta de verba para aquisição dos medicamentos) ao tentar eliminar a falha "falta de determinado medicamento no hospital".

A FMEA pode ser dividida em três tipos:

- *System* FMEA: busca a identificação e a quantificação das falhas associadas às funções de um sistema.
- *Design* FMEA: serve para analisar um projeto de produto antes que este seja liberado para produção.
- *Process* FMEA: analisa os processos de fabricação de bens ou prestação de serviços de modo que se possa identificar as características críticas e as características significativas.

Quadro 3.13 Escalas de avaliação para FMEA

Ocorrência de falhas		
Descrição	**Avaliação**	**Possível ocorrência de falhas**
Probabilidade remota (não seria razoável esperar que ocorressem falhas)	1	0
Baixa probabilidade (geralmente associada com atividades similares a outras anteriores que tiveram falhas ocasionais)	2 3	1:20.000 1:10.000
Probabilidade moderada (geralmente associada com atividades similares a outras anteriores que tiveram falhas ocasionais)	4 5 6	1:2.000 1:1.000 1:200
Alta probabilidade (geralmente associada com atividades similares a outras anteriores que tradicionalmente causaram problemas)	7 8	1:100 1:20
Probabilidade muito alta (quase certeza de que falhas importantes ocorrerão)	9 10	1:10 1:2
Gravidade de falhas		
Descrição		**Avaliação**
Pequena (uma falha muito pequena que não teria efeito notável no desempenho do sistema)		1
Baixa (uma falha pequena que causa leve aborrecimento aos clientes)		2 3
Moderada (uma falha que causaria algum descontentamento, desconforto ou aborrecimento ou causaria deterioração notável no desempenho)		4 5 6
Alta (uma falha que ocasionaria alto grau de descontentamento dos clientes)		7 8
Muito alta (uma falha que afetaria a segurança)		9
Catastrófica (uma falha que poderia causar danos à propriedade, ferimentos sérios ou morte)		10
Detecção de falhas		
Descrição	**Avaliação**	**Probabilidade de detecção**
Probabilidade remota de que a falha atinja o cliente (não seria razoável esperar que uma falha dessas não fosse detectada durante inspeção, teste ou montagem)	1	0-5%

Continua

Quadro 3.13 Escalas de avaliação para FMEA *(continuação)*

Detecção de falhas		
Descrição	Avaliação	Probabilidade de detecção
Baixa probabilidade de que a falha atinja o cliente	2 3	6-15% 16-25%
Probabilidade moderada de que a falha atinja o cliente	4 5 6	26-35% 36-45% 46-55%
Alta probabilidade de que a falha atinja o cliente	7 8	56-65% 66-75%
Probabilidade muito alta de que a falha atinja o cliente	9 10	76-85% 86-100%

Fonte: elaborado pelos autores.

Ciclo PDCA

O ciclo PDCA foi idealizado por Shewhart e mais tarde aplicado por Deming, um dos maiores especialistas mundiais da qualidade, pioneiro no uso de estatísticas e métodos de amostragem, ainda na primeira metade do século passado.

O ciclo PDCA nasceu no escopo da tecnologia denominada TQC (do inglês *Total Quality Control*) como uma ferramenta que melhor representava o ciclo de gerenciamento de uma atividade, qualquer que fosse[12-14].

O conceito do ciclo PDCA evoluiu ao longo dos anos, vinculando-se também à ideia de que uma organização qualquer encarregada de atingir determinado objetivo necessita forçosamente planejar e controlar as atividades a ela relacionadas.

Entende-se como ciclo PDCA o conjunto de ações em sequência dada pela ordem estabelecida pelas letras que compõem a sigla: P (*plan*: planejar), D (*do*: fazer, executar), C (*check*: verificar, controlar) e, finalmente, A (*act*: agir, atuar corretivamente).

P (*plan*): planejar

Trata-se da fase de planejamento da atividade ou tarefa, levando em conta os recursos disponíveis. O planejamento deve se basear na missão, visão, diretrizes, metas, normas, procedimentos, orçamento, projetos/atividades da farmácia hospitalar. Exemplos: (a) **Estabelecer metas** – p. ex.: tempo de espera no ambulatório para dispensação de medicamentos igual ou inferior a 2 horas. (b) **Definir os métodos para atingir a meta desejada** – p. ex.: procedimentos, manuais de

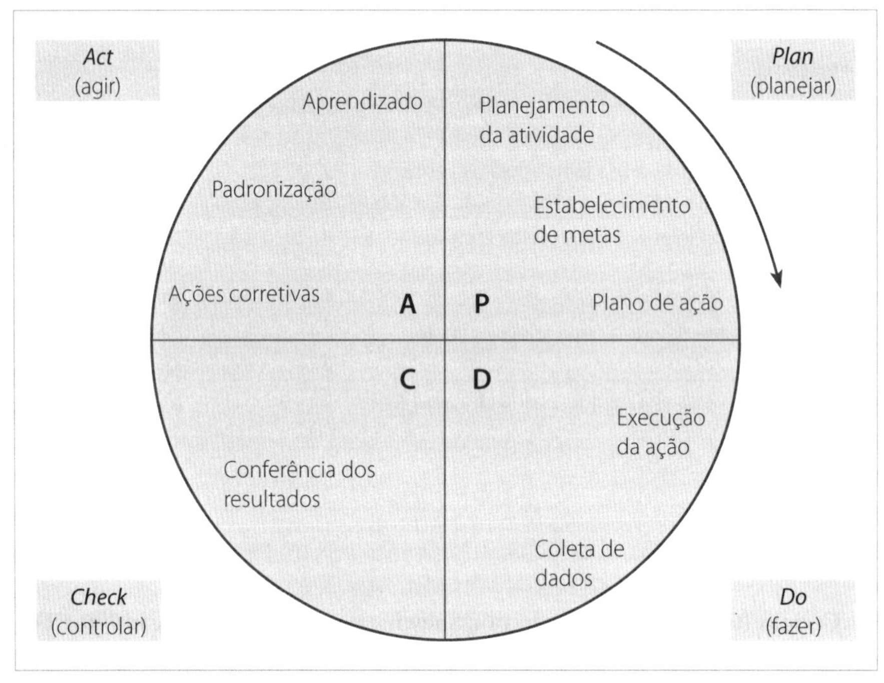

Figura 3.10. Representação gráfica do ciclo PDCA.
Fonte: elaborado pelos autores.

treinamento, atendentes bem treinados, suprimento dos medicamentos, orientação especializada durante todo o período de atendimento e assim por diante.

D (*do*): fazer

Trata-se da execução das tarefas exatamente como previsto no plano, o que compreende projetos, melhoria de atividades e rotinas, educação e treinamento do pessoal, para que a equipe saiba por que e como realizar. Ao longo da execução, coletam-se dados relativos à meta pretendida para uma análise posterior. No exemplo, em "Planejar", isso representaria o tempo real que os pacientes esperam para receber os medicamentos.

C (*check*): controlar

É a fase de comparação dos resultados com as metas previamente estabelecidas. Torna-se necessário verificar se a meta está sendo atingida ou não com base nos dados coletados. As seguintes dimensões devem ser tratadas: indicadores, relatórios de controle, sistemas de informações, informações de desempenho, informações de satisfação, análise de processos, auditoria/avaliação. Se tudo estiver de acordo, prossegue-se na execução das tarefas conforme o sistema de padrões. Ex.: os pacientes estão realmente esperando no máximo 2 horas?

A (*act*): agir

É a atuação quanto a todo o processo. Sempre que os resultados forem diferentes do estabelecido, devem-se corrigir os desvios definitivamente para que não se repitam. Existem duas possibilidades:

- *Padronizar*: caso a meta estabelecida tenha sido alcançada (os pacientes estão esperando no máximo 2 horas), para garantir sempre o mesmo resultado toda vez que o processo for executado.
- *Implantar ações corretivas*: sempre que forem observados desvios (p. ex., existem pacientes esperando mais que 2 horas). Caso os resultados obtidos não sejam os esperados, verificar em primeiro lugar se o padrão foi obedecido. Se este não tiver sido observado, deve-se providenciar treinamento para sanar falhas.

Se houve observação do padrão, revisa-se o método, pois é nele que deve estar o problema. As ações corretivas são realizadas em dois estágios; primeiro, remove-se o sintoma para que o processo volte a funcionar; em seguida, elimina-se a causa fundamental para evitar reincidência do problema.

Isso significa que cada fase deve ser planejada, cumprida de acordo com o planejamento, verificada e devem ser tomadas ações para corrigir o rumo, quando necessário.

A experiência demonstra que, quanto mais "rodado" for o ciclo, mais aperfeiçoado se torna o processo de planejamento. É a melhoria contínua de que ouvimos falar em gestão da qualidade.

A aplicação do ciclo do PDCA a todas as fases do projeto leva, invariavelmente, ao aperfeiçoamento e ajustamento do processo ou projeto em análise.

Balanced scorecard[27-30]

As gerências devem compreender bem a cultura da empresa e pensar de forma corporativa e estratégica. Menos de 10% das estratégias efetivamente formuladas são efetivamente executadas.

O sucesso de um empreendimento está no seu propósito principal, naquilo que está definido na sua missão, visão e definição estratégica.

Para atuar em um ambiente que se torna a cada dia mais complexo, os estrategistas, gerentes e colaboradores necessitam de ferramentas que possam dar alinhamento, suporte e controle estratégico em todos os níveis, gerando habilidades e conhecimentos para a organização.

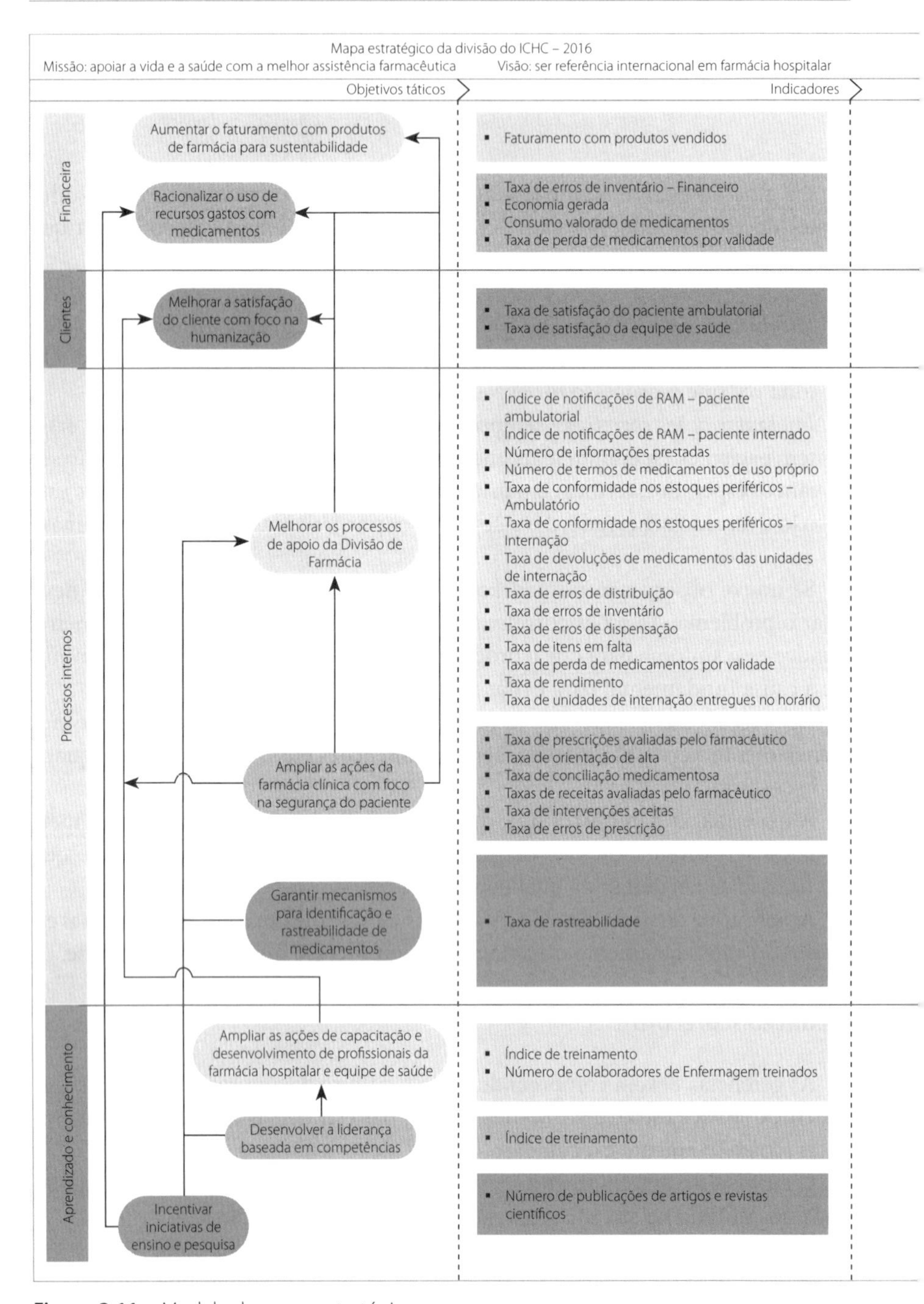

Figura 3.11 Modelo de mapa estratégico.
Fonte: Pinto et al.[19].

Comitê Gestor

Meta	Ações táticas
▪ R$ 25.000,00/ano	▪ Definir o escopo da UFAR ▪ Estudo de viabilidade da UFAR (demonstração do resultado do exercício)
▪ 1% ▪ R$ 1.400.000,00/ano ▪ R$ 4.700.000/mês ▪ 0% do estoque total	▪ Reestruturar as atividades da assistência farmacêutica ambulatorial ▪ Realizar estudos de utilização de medicamentos
▪ 97% ▪ 97%	▪ Implantar programa de qualidade no atendimento ▪ Reestruturar os canais de comunicação com pacientes ▪ Aplicar a pesquisa de satisfação da equipe de saúde e propor melhorias
▪ 0,3 RAM/1000 pacientes ▪ 0,3 RAM/1000 pacientes-dia ▪ 45 informações/mês ▪ 100 termos ▪ 95% ▪ 95% ▪ ? ▪ 1% ▪ 1% ▪ 0,5% ▪ 3% ▪ 0% ▪ 97% ▪ 98%	▪ Ampliar o sistema de prescrição/dispensação eletrônica para paciente ambulatorial ▪ Atualizar o mapa de risco da Divisão de Farmácia ▪ Centralizar o atendimento das farmácias descentralizadas do ICHC ▪ Divulgar o CIM das unidades do ICHC ▪ Elaborar Manual de Procedimentos ▪ Elaborar plano de manutenção preventiva de equipamentos – estabelecer o indicador direcionador: taxa de perda por problema de equipamentos ▪ Estabelecer o indicador e avaliar os motivos de devolução ▪ Estruturar protocolo de busca ativa de RAM para novos medicamentos padronizados ▪ Implantar a Política de Aquisição HC/FFM de Insumos Farmacêuticos ▪ Implantar o registro do horário de recebimento dos medicamentos pela Enfermagem ▪ Padronizar o período de vigência das prescrições médicas, aprazamento de medicamentos e atendimento pela farmácia ▪ Parametrizar o sistema *Soul*/MV para fracionamento da entrega das prescrições médicas por período
▪ 40% ▪ 7% ▪ 10% ▪ 10% ▪ 96% ▪ 1%	▪ Ampliar as unidades atendidas pela Central de Avaliação de Prescrição ▪ Estruturar as metas farmacêuticas e registros nas visitas multiprofissionais ▪ Padronizar o critério para a avaliação de TEV pelo farmacêutico clínico ▪ Parametrizar o sistema *Soul*/MV com base no relatório de erros de prescrição ▪ Reestruturar a orientação farmacêutica na alta hospitalar ▪ Estruturar o organograma e dimensionar o quadro de RH para farmácia clínica
▪ 93%	▪ Ampliar a rastreabilidade para medicamentos sólidos sujeitos a controle especial e antimicrobianos no Sistema de *Soul*/MV ▪ Ampliar a rastreabilidade para demais medicamentos sólidos no Sistema de *Soul*/MV ▪ Ampliar a rastreabilidade para os demais medicamentos (demais apresentações) no Sistema de *Soul*/MV ▪ Estabelecer fluxo para rastreabilidade do medicamento, considerando a implantação do PEP
▪ 60 horas-homem ▪ 165 colaboradores/mês	▪ Realizar o treinamento de protocolos da assistência farmacêutica para equipe da farmácia hospitalar ▪ Estruturar e implantar programa de treinamento de diluição de medicamentos para a equipe de saúde
▪ 60 horas-homem	▪ Treinamento e construção da matriz de responsabilidades da Divisão de Farmácia
▪ 32 publicações/ano	▪ Publicar o livro *Atenção Farmacêutica* ▪ Publicar o livro *Gerenciamento de Risco na Farmácia Hospitalar* ▪ Estruturar procedimento para realização de pesquisa em serviço e publicação em revistas

Na gestão estratégica competitiva, o alinhamento e o controle estratégico são suportados pela ferramenta *balanced scorecard* (BSC)[27], que significa indicadores balanceados de desempenho.

O BSC foi criado por Kaplan e Norton, em 1992, para resolver problemas de avaliação de desempenho e se mostrou relevante na ajuda para implementação de novas estratégias nas empresas e na criação de valor para o cliente, transformando-se em uma ferramenta gerencial de sucesso[27].

As medidas adotadas pelo BSC derivam da visão do futuro, da missão e da estratégia da organização. É um sistema de integração da gestão estratégica em curto, médio e longo prazo que visa ao crescimento organizacional. Como metodologia de medição de desempenho do negócio, o BSC é uma ferramenta para controle e alinhamento estratégico da organização[28].

O BSC permite aos gestores visualizar e desdobrar as estratégias em 4 perspectivas: financeira, clientes externos, processos internos e aprendizado e crescimento[27], que facilitam o estabelecimento da lógica de causa e efeito entre os objetivos da organização[28]. Estas devem ser monitoradas em um sistema de indicadores, distribuídos nessas perspectivas para melhorar o desempenho[27].

O BSC apresenta como vantagens: auxilia na obtenção de clareza e consenso sobre a estratégia do negócio, proporciona foco, desenvolve a liderança da alta administração, educa a organização e alinha programas e investimentos[28].

Uma estratégia bem definida pode ser apresentada na forma de diagrama, que chamamos de mapa estratégico, o qual descreve a estratégia mediante a identificação de relação de causa e efeito explícitas entre os objetivos nas 4 perspectivas do BSC.

A elaboração do planejamento estratégico, a utilização de ferramentas de gestão para qualidade e o monitoramento por meio de indicadores de desempenho são fundamentais para promover a cultura da excelência na farmácia hospitalar.

A realização de um trabalho alinhado com as diretrizes institucionais, elaborado com criatividade e competência, direcionado por metas claras, só pode motivar e levar a equipe ao sucesso, promovendo melhores resultados da assistência farmacêutica prestada ao paciente.

REFERÊNCIAS

1. Costa EA. Gestão estratégica. São Paulo: Saraiva; 2002.
2. Chiavenato I, Sapiro A. Planejamento estratégico: fundamentos e aplicações. Rio de Janeiro: Campus; 2004.
3. Maximiano ACA. Teoria geral da administração: da revolução urbana à revolução digital. São Paulo: Atlas; 2005.
4. Pinto VB, Chaves CE. Planejamento estratégico e gestão do conhecimento. In: Carvalho FD, Capucho HC, Bisson MP (org.). Farmacêutico hospitalar: conhecimento, habilidades e atitudes. Barueri: Manole; 2014. p.122-8.

5. Fundação Nacional da Qualidade (FNQ). Manual do Prêmio Nacional de Gestão em Saúde (PNGS) - ciclo 2006-2007. São Paulo: FNQ; 2006.
6. Chiavenato I. Administração: teoria, processo e prática. 3.ed. São Paulo: Makron Books; 2000.
7. Kissil M, Pupo TRGB. Gestão da mudança organizacional. São Paulo: FSP/USP; 1998. (Série Saúde & Cidadania).
8. Reis AMM. Farmácia hospitalar: planejamento, missão e visão. In: Storpirtis S, Mori ALPM, Yochiy A, Ribeiro E, Porta V. Ciências farmacêuticas: farmácia clínica e atenção farmacêutica. Rio de Janeiro: Guanabara Koogan; 2008. p.101-6.
9. Gianesi IGN, Corrêa HL. Administração estratégica de serviços: operações para a satisfação do cliente. São Paulo: Atlas; 2006.
10. Júnior IM, Cierco AA, Rocha AV, Mota EB. 2004 (Série Gestão Empresarial).
11. Camacho JLT. Qualidade total para os serviços de saúde. São Paulo: Nobel; 1998.
12. Neto GV, Malik AM. Gestão em saúde. 2.ed. Rio de Janeiro: Guanabara Koogan; 2016.
13. Cipriano SL, Pinto VB, Chaves CE. Relatório de gestão. Rumo à Excelência. Prêmio Nacional da Gestão em Saúde PNGS (ciclo 2007-2008). São Paulo: Divisão de Farmácia - HCFMUSP; 2008.
14. Brassard M, Ritter DO. The memory jogger II. Salem, NH: GOAL/QPC; 1994.
15. Calegare JAA. Os mandamentos da qualidade total. São Paulo: Inter Qual; 1996.
16. Motta VT. Gestão da qualidade no laboratório clínico. Caxias do Sul: Editora Médica Missau; 2001.
17. Instituto do Coração HC-FMUSP. Manual InCor da Qualidade: Programa InCor da Qualidade. São Paulo: Instituto do Coração HC/FMUSP/FEJZ; 1996.
18. Meireles M. Ferramentas administrativas para identificar, observar e analisar problemas: organizações com foco no cliente. São Paulo: Art & Ciência; 2001. (Série Excelência Empresarial, v.2).
19. Pinto VB, Sforsin ACP, Chaves CE (orgs.). Relatório de gestão da Divisão de Farmácia do Instituto Central do HCFMUSP 2014-2016.
20. Malik, AM, Schiesari LMC. Qualidade na gestão local de serviços e ações de saúde, para gestores municipais de serviços de saúde. São Paulo: Faculdade de Saúde Pública da Universidade de São Paulo; 1998 (Série Saúde & Cidadania).
21. Cipriano SL. Proposta de um conjunto de indicadores para utilização na Farmácia Hospitalar com foco na Acreditação Hospitalar. [Dissertação]. São Paulo: Faculdade de Saúde Pública da Universidade de São Paulo; 2004.
22. Controle de Qualidade Hospitalar (CQH). Roteiro de visitas versão janeiro 2008. São Paulo, 2008.
23. Neves MF. Planejamento e gestão estratégica de marketing. São Paulo: Atlas; 2005.
24. Slack N, Chambers S, Johnston R. Administração da produção. Tradução: Maria Teresa Corrêa de Oliveira e Fábio Alher. Revisão técnica: Henrique Luiz Corrêa. São Paulo: Atlas; 2002.
25. Cipriano SL, Cornetta VK. Gestão da qualidade e indicadores na farmácia hospitalar. In: Ciências farmacêuticas: farmácia clínica e atenção farmacêutica. Rio de Janeiro: Guanabara Koogan; 2007. p.123-35.
26. Organização Nacional de Acreditação (ONA). Manual Brasileiro de Acreditação de Organizações Prestadoras de Serviços de Saúde: instrumento de avaliação versão 2006. Brasília: ONA; 2006.
27. Prado, LJ. Guia balanced scorecard. LJP E-Zine. A Revista Eletrônica da Gestão. 2002 [E-book].
28. Lobato DM, Moysés Filho J, Torres MCS, Rodrigues MRA. Estratégia de empresas. 9.ed. Rio de Janeiro: FGV; 2009. p.159-73.
29. Meneses GV, Muller CJ. Planejamento estratégico, avaliação de desempenho e gestão por processos em empresa pública de transporte em massa. XXVI ENEGEP (Encontro Nacional de Engenharia de Produção), 2006.
30. Kaplan RS, Norton DP. Using the balanced scorecard as strategic management system. Boston: Harvard School Review Press; 1996. p.75-95.

4

Gerenciamento da informação

Autores
Maria Hilecy de Aparecida Orías Berbare
Cleuber Esteves Chaves
Vanusa Barbosa Pinto

Coautora
Michelle Silva Nunes

INTRODUÇÃO

O cenário de constante transformação impulsionado pelas inovações tecnológicas e pela busca da qualidade com crescentes requisitos de conformidade e exigências legais eleva o desafio do gerenciamento da informação na área da saúde[1,2].

A informação é um elemento estratégico das organizações tanto para seu planejamento como para a gestão. O setor de informação é uma parte substancial da economia dos países[1,3]. O termo "gerenciamento da informação" é normalmente usado como sinônimo de "gerenciamento de recursos informacionais"; no entanto, um conceito de gerenciamento da informação pode ser diferenciado em duas óticas: do ponto de vista da tecnologia da informação e da perspectiva interativa[4,5].

Do ponto de vista da farmácia hospitalar as duas óticas são relevantes, mas, considerando a realidade da estrutura financeira das farmácias hospitalares no Brasil, a perspectiva interativa ganha destaque, uma vez que essa abordagem busca identificar o processo da informação, verificar o ciclo de vida do gerenciamento da informação, integrar o conhecimento e as habilidades das pessoas na organização e promover o uso efetivo e eficiente dos recursos informacionais.

O sistema de informação de saúde pode ser considerado uma estratégia para aumentar a qualidade da saúde, fornecendo informações sobre o curso do tratamento que contribuam para um cuidado ao paciente adequado e seguro. O sistema de informação da farmácia hospitalar, como uma das principais aplicações da tecnologia da informação, desempenha um papel essencial na eficiência, na eficácia, na qualidade do serviço e na satisfação dos pacientes.

O volume de informação gerada pelo efetivo gerenciamento do uso de medicamentos está aumentando significativamente, gerando dados que podem apresentar-se de forma estruturada ou desestruturada. A informação, para ser acessível, deve ser organizada e gerenciada, e cabe à farmácia hospitalar encontrar uma maneira de garantir o nível contínuo de proteção e o acesso às informações para recuperar as que são úteis à operacionalização de suas atividades e da gestão hospitalar[6].

Por outro lado, as atividades assistenciais pertinentes à farmácia hospitalar necessitam de informação cada vez mais complexa e dependente de diferentes e múltiplas fontes[7].

Para desenvolver as atividades assistenciais pertinentes, a farmácia hospitalar utiliza informações provenientes de publicações científicas, de resultados laboratoriais, de registros em prontuários médicos e de bases de dados que permitam fazer cálculos de ajuste de doses e que forneçam informações sobre o uso correto de medicamentos.

Embora a informatização e outras tecnologias melhorem a eficiência, os princípios do bom gerenciamento de informações aplicam-se a todos os métodos, sejam eles baseados no registro em papel, sejam no registro eletrônico[8].

A administração de materiais em qualquer empresa é uma área especializada cuja finalidade é fazer o material certo chegar para a necessidade certa no exato momento em que for necessário[9]. Para fazer com que isso ocorra, torna-se fundamental gerar informações adequadas. A informatização traz consigo o benefício de organizar e disciplinar o sistema de materiais[5,9].

Muitas tarefas associadas ao controle do uso de medicamentos (p. ex., coletar, gravar, armazenar, resgatar, resumir, transmitir e disponibilizar a informação sobre o uso de medicamentos) são mais eficientes quando se utilizam sistemas informatizados em vez de sistemas manuais. No entanto, vale ressaltar que, para estabelecer um sistema informatizado, deve-se conduzir um estudo detalhado do sistema manual, definindo suas funções e inter-relações. Essas informações são então usadas como base para desenhar uma avaliação prospectiva do sistema informatizado e como se relaciona com as outras áreas do hospital, como com o setor de internação[10].

O sistema informatizado deve conter uma adequada segurança e confiabilidade dos dados armazenados. Um sistema de *backup* garante a recuperação das informações na ocorrência de falha do sistema, e todas as transações ocorridas durante o período devem ser inseridas o quanto antes[11]. Não se pode deixar de mencionar que o sistema informatizado também deve contemplar as necessidades legais e disponibilizar, de forma escrita, os dados sobre o uso de substâncias controladas[12].

Este capítulo discute a importância dos processos de gerenciamento da informação do uso de medicamentos e a utilização apropriada da informação nos processos de tomada de decisão gerencial ou assistencial da farmácia hospitalar.

Inserido nesse objetivo, o capítulo abordará aspectos tecnológicos, devendo a tecnologia ser entendida como algo que substitui tarefas ou rotinas realizadas por pessoas ou que aumenta a capacidade de execução dessas tarefas.

PRINCÍPIOS PARA UM BOM GERENCIAMENTO DA INFORMAÇÃO

Informações geradas pelo uso de medicamentos (Figura 4.1)

Essas informações devem estar disponíveis para auxiliar nas funções administrativas (logísticas) e gerenciar os perfis farmacoterapêuticos dos pacientes.

Conhecer e detalhar o caminho percorrido pelos medicamentos dentro da instituição consiste em identificar, definir, padronizar processos e indicadores[6,8,13].

O ciclo da assistência farmacêutica (Figura 1.1, no Capítulo 1) pode auxiliar na visão macro, no entanto apenas um fluxo detalhado do caminho percorrido auxiliará na identificação dos pontos críticos[12]. Trata-se de um pré-requisito indispensável para a definição da rastreabilidade.

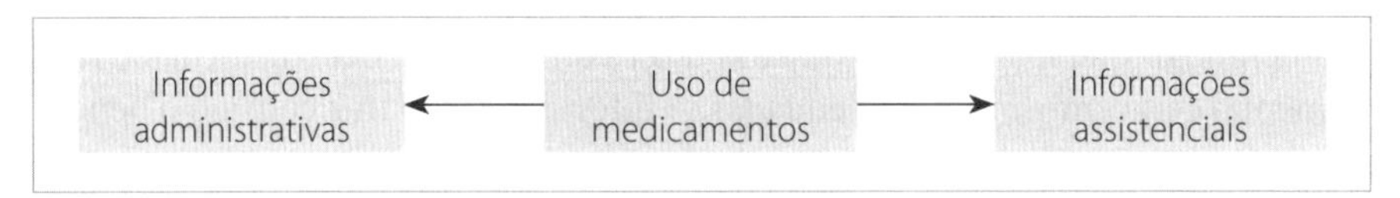

Figura 4.1 Inter-relação das informações geradas pelo uso de medicamentos.

Identificar os fornecedores e clientes e sua interação sistêmica[11,12,14]

Deve permitir a identificação das fases da interação e reconhecer o momento em que a farmácia é um provedor da informação, assim como o momento em que a farmácia recebe a informação para o desempenho de suas atividades. A Figura 4.2 menciona alguns dos setores com os quais a farmácia se inter-relaciona.

Planejamento

O planejamento consiste em identificar as necessidades de informação interna e externa da farmácia hospitalar, considerando a missão da instituição e da farmácia hospitalar, os serviços prestados, os recursos, o acesso a tecnologias disponíveis e o suporte para uma comunicação efetiva. Devem-se considerar o tamanho da instituição, a complexidade dos serviços e a disponibilidade de recursos humanos técnicos[7,8].

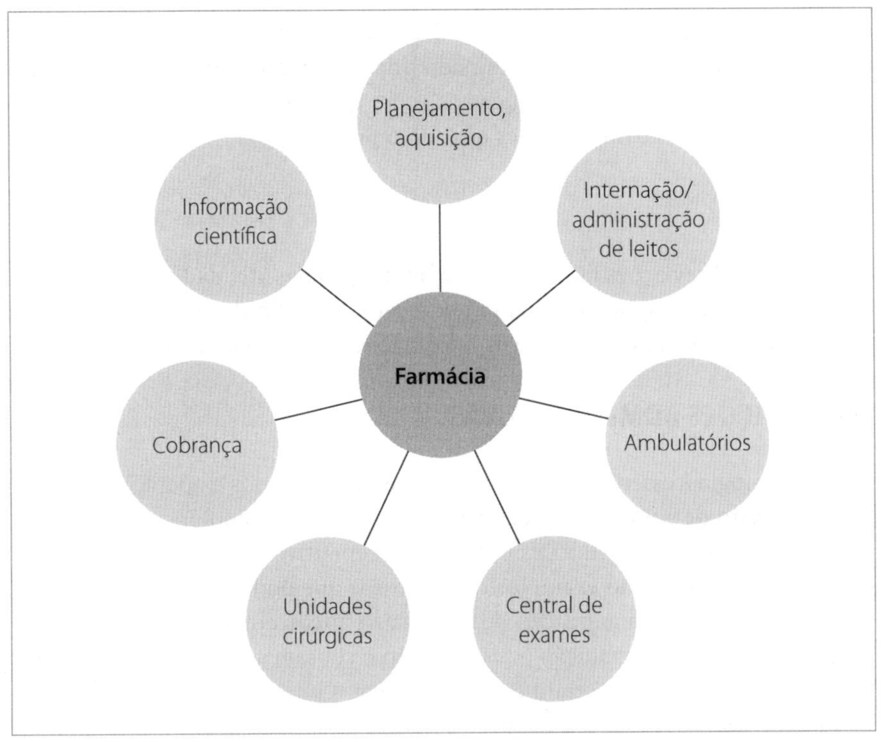

Figura 4.2 Setores internos com os quais a farmácia se inter-relaciona.

Disponibilidade/confidencialidade[7,8,11]

Trata-se de garantir o acesso para aqueles que necessitam da informação para o desempenho de suas atividades, identificando os riscos e conferindo segurança às informações (sejam elas em papel, sejam eletrônicas), por meio de políticas de privacidade e confidencialidade, visando proteger as informações que não podem ser utilizadas ou divulgadas sem o consentimento de quem é responsável por elas. Alguns exemplos de informações confidenciais são relativos a pacientes e envolvem a questão do sigilo médico. No entanto, informações gerenciais da farmácia ou dos setores que se inter-relacionam também podem ser sigilosas se o uso indevido, ou não autorizado, afetar o negócio da empresa.

Integridade e período de arquivamento dos dados e informações[4,8,11,13]

É necessário proteger as informações contra modificações não autorizadas, a perda de informação no caso de desastres como incêndios, ou de ataques como vírus em sistemas computadorizados. Todas as informações devem ser arquivadas por tempo suficiente, determinado por leis e regulamentos, quando for o caso. Também devem estar definidas as ações que serão adotadas para o tratamento desses dados e informações quando o prazo expirar.

Abreviações[8,10,14,15]

Algumas abreviações fazem parte da linguagem das atividades desempenhadas na farmácia hospitalar, no entanto devem ser definidas e divulgadas para todos aqueles que tenham acesso às informações em que elas se apresentam.

INFORMAÇÕES ADMINISTRATIVAS

A tecnologia é essencial para o gerenciamento de dados e operações.

O conceito de automação é descrito como o uso de tecnologias de informação para a execução de funções e processos repetitivos. Em farmácia hospitalar, podemos citar, como exemplos de processos que podem ser automatizados, aqueles relacionados à aquisição de materiais e medicamentos, controle de estoque, logística de distribuição e dispensação e cobrança. A automação permite que comandos e funções sejam executados sem a intervenção humana, de maneira mais segura, rápida e eficiente[16,17].

- Sistemas integrados de logística/cobrança: os sistemas de informação logística combinam *software* e *hardware* para gerir, controlar e medir as atividades logísticas. O *hardware* inclui computadores, dispositivos de *input/output* e multimídia. O *software* inclui sistemas operativos e aplicações utilizadas no processamento de transações, controle de gestão, análise de decisão e planejamento estratégico. Esse tipo de arquitetura inclui a informação-base para manter o armazenamento dos dados e a execução de componentes. A informação-base contém ordens de compra, a situação dos estoques e encomendas dos clientes (p. ex., reservas efetuadas por unidades descentralizadas ou unidades reservadas para a dispensação aos pacientes)[18].

  Outra vantagem de sistemas integrados é a possibilidade de agilizar os processos de cobrança, resultando em benefícios para a instituição hospitalar, bem como para as fontes pagadoras. O armazenamento de dados contém informação relativa às atividades passadas, ao seu estado atual e as bases para planejamentos futuros[19,20].
- Compras eletrônicas: outra tecnologia de automação que permite a apuração do melhor preço, conferindo transparência e agilidade aos processos de aquisição.

INFORMAÇÕES PARA A PRÁTICA ASSISTENCIAL

No âmbito da assistência farmacêutica, o principal desafio é conciliar o contínuo crescimento da informação acerca do uso de medicamentos para oferecer uma assistência farmacêutica focada no paciente[6,12].

Registros do cuidado ao paciente de forma minuciosa e precisa evidenciam o cuidado apropriado e o cumprimento do padrão de atendimento. Elaborar o perfil farmacoterapêutico, com o registro cronológico das informações relacionadas ao consumo de medicamentos do paciente, pode tornar-se praticamente impossível sem o auxílio da informática, pela dificuldade de identificar em tempo hábil as informações necessárias para minimizar os erros com medicamentos.

Gerar informações e utilizá-las como suporte à decisão clínica consiste no nível mais avançado do gerenciamento de informação na prática assistencial[21,22], a exemplo do caso de sistemas inteligentes de prescrição que promovam alertas de problemas relacionados ao uso de medicamentos, como identificar pacientes alérgicos ao medicamento e inibir a dispensação[23,24]. O Quadro 4.1 relaciona outras possibilidades de módulos, em sistemas integrados de prescrição eletrônica.

Quadro 4.1 Módulos de sistemas de informação na prática assistencial

Variação de dosagens	Identificação de doses e frequência seguras baseadas nos parâmetros do paciente
Alergia	Identificação de sensibilidades do paciente baseadas em alergias conhecidas
Precauções	Minimizam o uso de medicamentos em situações de contraindicações, como faixa etária (pediátrica ou geriátrica), gestação, aleitamento
Interações	Interações droga/droga, droga/alimento ou droga/terapias alternativas (fitoterápicos e suplementos dietéticos)
Duplicação de terapias	Alerta da composição dos medicamentos ou repetição do item
Compatibilidade	Recusa automática de prescrição de soluções injetáveis incompatíveis
Prescrição	Selecionar padrões de prescrição, doses e apresentações disponíveis para evitar erros e dar maior agilidade ao processo
Reações adversas	Identificar rapidamente e monitorar as reações indesejáveis

Ainda nesse contexto, a tecnologia do código de barras cria um processo mais seguro para a administração de medicamentos, detectando erros em 5 momentos-chave: alerta o profissional quando o medicamento ou o paciente estão incorretos, quando um medicamento está a ponto de ser administrado no momento inoportuno, através da via errada ou em dose incorreta[22].

As informações geradas pelo histórico da prescrição e perfil farmacoterapêutico são importantes para estabelecer a prática de estudos de utilização de medicamentos que forneçam subsídios para a elaboração de protocolos clínicos e gerenciais, bem como para os processos de seleção e padronização de medicamentos da instituição hospitalar[25].

INFORMAÇÕES SOBRE MEDICAMENTOS

A OMS propõe a adoção de uma Política Nacional de Medicamentos, e nela é mencionado o papel da informação sobre medicamentos como componente fundamental para a promoção de seu uso racional. Alguns fatores, como a corrida tecnológica e a introdução de novos medicamentos no mercado, acarretam um aumento da necessidade de informações sobre esses produtos, já que são dados fundamentais para o tratamento eficaz de enfermidades. A informação e sua promoção podem influenciar a forma como os medicamentos são utilizados, portanto as informações prestadas devem ser objetivas, comparativas, independentes e ter credibilidade, indispensável para as decisões terapêuticas apropriadas[26-28].

Em um hospital, a farmácia é a primeira fonte de informação sobre os medicamentos, atividade que pode ser delegada a um Centro de Informações sobre Medicamentos (CIM), que pode ser definido como unidade operacional que proporciona informação técnica e científica sobre medicamentos de forma objetiva e independente[26,28].

A criação de um CIM em um hospital possui vantagens em relação a outros locais, onde também existe a possibilidade de implantar tal sistema, como faculdades, universidades e conselhos de classe, entre outros. A existência de um CIM poderia ser questionada se considerarmos que atualmente existe um grande número de profissionais que, por meio de sistemas computadorizados, acessam bibliotecas e bancos de dados de informações sobre medicamentos. No entanto, mesmo sendo profissionais da área da saúde, vale lembrar que nem todos têm a formação ou o treinamento necessário para avaliar uma informação. Além disso, esses sistemas não oferecem respostas individualizadas para casos específicos. Também é possível que profissional possua a formação adequada para avaliação da literatura e, no entanto, não disponha de tempo para buscar a informação. Outro fator importante refere-se aos custos de acesso aos sistemas de informação, que geralmente limitam o número de usuários[6,28].

Centros de Informações sobre Medicamentos de outros países, como Espanha e Suécia, utilizam ferramentas *Web* para armazenar, recuperar e gerenciar as informações produzidas, trazendo como vantagens a economia de tempo por reduzir a duplicação do trabalho e a uniformidade de resposta, melhorando o desempenho e a qualidade das informações prestadas[29].

ETAPAS DO PROCESSO DE GESTÃO DA INFORMAÇÃO E INFORMÁTICA

Embora a gestão da informação possa ser realizada sem o uso da informática, é evidente a contribuição de um sistema de gestão da informação que utilize os conceitos de difusão e adoção de uma tecnologia de informática. Para migrar de um sistema manual para um informatizado, torna-se importante um estudo detalhado do processo que identifique qual é a tecnologia disponível mais adequada para prestar suporte às operações da farmácia e qual será o impacto do uso dessa tecnologia na prática farmacêutica hospitalar[30]. O Quadro 4.2 apresenta as etapas do processo de gestão da informação e informatização, adaptado do relato analítico do projeto "Desenvolvimento de parâmetros assistenciais para a avaliação e para o planejamento a partir da análise integrada dos sistemas de informação em saúde no Rio Grande do Sul", que pode ser utilizado pela farmácia hospitalar, verificando o nível do uso da informação e informática que se encontram.

Quadro 4.2 Etapas do processo de gestão da informação e informática

Etapa 0	Sistemas de informação fragmentados e burocratizados, infraestrutura precária, uso tênue da informação no suporte à gestão, informação de propriedade de setores específicos, capacitações fragmentadas e dirigidas aos operadores de cada sistema
Etapa 1	Agregação artesanal de informações para suporte à gestão, devolução de dados agrupados por sistema aos gestores, qualificação da infraestrutura de informação e informática, composição artesanal de indicadores e parâmetros simples para monitoramento da gestão
Etapa 2	Incorporação de novas tecnologias de associação e análise de dados, georreferenciamento de informações para suporte à gestão, elaboração de parâmetros e indicadores mais complexos para o acompanhamento da gestão, desenvolvimento de estratégias para a incorporação de novas bases de dados
Etapa 3	Sofisticação das tecnologias de associação de bases de dados, criação de mecanismos com tecnologia complexa para análise das informações, ampliação de parcerias para a área da informação e informática em saúde e desenvolvimento de produtos de fácil operação para subsídio à gestão

Quadro 4.3 Roteiro orientativo quanto aos padrões de qualidade

Assunto	O que avaliar
Informações da farmácia hospitalar	▪ Informações necessárias para a gestão da farmácia hospitalar
Gerenciamento de informação	▪ Processo que controle eficazmente a informação, incluindo o processamento de armazenamento, a captura, a emissão de relatório, a recuperação, a disseminação de dados/informações clínicas e dados de informações não clínicas/gerenciais ▪ Fornecimento de informação para uso na tomada de decisão pelo sistema de gestão
Disponibilidade	▪ Procedimentos que preservem o acesso contínuo às informações sempre que autorizado (planos de contingência)
Confidencialidade/ privacidade	▪ Política que preserve a confidencialidade da informação, determinando os níveis de privacidade e confidencialidade mantidos para as diferentes categorias de informação
Segurança e integridade	▪ Procedimentos eficazes que determinem quem tem acesso às informações, às instalações da organização e aos recursos fora da organização (acessos *Web*) ▪ Processo a ser seguido quando a confidencialidade e a segurança são violadas ▪ Procedimentos que protejam a informação de desastres e ataques
Período de arquivamento dos dados e informações	▪ Política para o arquivamento de dados e informações, respeitando o tempo suficiente determinado por leis e regulamentos ▪ Tratamento dos dados e informações quando o prazo expirar
Abreviações	▪ Definição de abreviações que podem ou não ser usadas
Padronização dos dados	▪ Padronização de dados mínimos, definições, códigos, terminologias
Organização da coleta de dados	▪ Políticas e procedimentos para captura e uso dos dados
Continuidade de tratamento	▪ Processos que garantam a comunicação das informações ao serviço seguinte quando um paciente é transferido dentro ou fora da organização ▪ Processos que permitam o registro completo e exato das alterações de cuidados e de terapia medicamentosa empregadas
Informação sobre medicamentos	▪ Acesso à informação relevante, objetiva e independente sobre o uso de medicamentos ▪ Fontes de informação confiáveis
Rastreabilidade	▪ Controle das principais operações envolvidas nos processos de utilização de medicamentos e de produtos para saúde no ambiente hospitalar (aquisição, armazenamento, produção, preparo, dispensação, administração, outros) ▪ Processos que assegurem a interdição e o recolhimento de itens impróprios para uso

Para alcançar a excelência, é necessário que os farmacêuticos das farmácias hospitalares e serviços de saúde estejam plenamente informados e que analisem continuamente as informações, transformando-as em conhecimento, a fim de poder compartilhá-lo. As informações e o conhecimento são os principais insumos para o planejamento estratégico, boas práticas da farmácia hospitalar, melhoria contínua, inovação e aprendizado organizacional[31].

REFERÊNCIAS

1. Chaudhry B, Wang J, Wu S, Maglione M, Mojica W, Roth E, et al. Systematic review: impact of health information technology on quality, efficiency, and costs of medical care. Ann Intern Med. 2006;144:E12-22.
2. Rodrigues Filho J, Xavier JC, Adriano AL. Tecnologia da informação na área hospitalar: um caso de implementação de um sistema de registro de pacientes. RAC, 2005;5(1):105-20.
3. Marchiori PZ. Ciência da informação: compatibilidade no espaço profissional. Caderno de Pesquisas em Administração, São Paulo. 2002;9(1):91-101.
4. Bergeron P. Information resources management. ARIST. 1996;31:263-300.
5. Chiavegato M. As práticas do gerenciamento da informação: estudo exploratório na Prefeitura de Belo Horizonte [Dissertação de mestrado em administração pública]. Belo Horizonte: Fundação João Pinheiro; 1999.
6. Malone PM, Kier KL, Stanovich JE, eds. Drug information: a guide for pharmacists. 3rd ed. New York: McGraw-Hill; 2006.
7. Desselle SP. Pharmacy management: essentials for all practice settings. New York: McGraw-Hill; 2005.
8. Joint Commission International Accreditation Standards for Hospital. 5th ed. 2014.
9. Novaes MLO, Gonçalves AA, Simonetti VMM. Gestão das farmácias hospitalares através da padronização de medicamentos e utilização da Curva ABC. In: XII Simpósio de Engenharia de Produção - SIMPEP, 2006, Bauru. Anais. Bauru: Universidade Estadual Paulista Julio de Mesquita Filho; 2006;1:1-8.
10. American Society of Health-System Pharmacists (ASHP). Best practices for health-system pharmacy. Positions and practice standards of ASHP 1998-1999. Bethesda: ASPH; 1998/99.
11. Gonçalves JC. Gerenciamento da informação e sua segurança contra os ataques de vírus de computador recebidos por meio de correio eletrônico [Dissertação de mestrado em Administração de Empresas]. Taubaté: Universidade Taubaté; 2002.
12. Brasil. Ministério da Saúde. Secretaria de Ciência, Tecnologia e Insumos Estratégicos. Departamento de Assistência Farmacêutica e Insumos Estratégicos. Assistência farmacêutica na atenção básica: instruções técnicas para sua organização/Ministério da Saúde, Secretaria de Ciência, Tecnologia e Insumos Estratégicos, Departamento de Assistência Farmacêutica e Insumos Estratégicos. 2.ed. Brasília: Ministério da Saúde; 2006. 100p.: il. (Série A. Normas e Manuais Técnicos).
13. Cousins DD. Medication use: a system approach to reducing errors. 2nd ed. Oakbrook Terrace, IL: Joint Commission Resources; 2007.
14. Cardoso Junior WF. A inteligência competitiva aplicada nas organizações do conhecimento como modelo de inteligência empresarial estratégica para a implementação e gestão de novos negócios [Tese de doutorado em Engenharia de Produção]. Florianópolis: Universidade Federal de Santa Catarina; 2003.
15. Malta NG. Sistemas automatizados de dispensação de medicamentos In: Ferracini FT, Borges Filho WM. Prática farmacêutica no ambiente hospitalar: do planejamento à realização. São Paulo: Atheneu; 2005.

16. Mendes RD. Inteligência artificial: sistemas especialistas no gerenciamento da informação. Ci. Inf. 1997;26(1).
17. Bowerox D, Closs DJ, Cooper MB. Logistical management: the integrated supply chain process. New York: McGraw-Hill; 1996.
18. Schout D, Novaes HMD. From records to indicators: the management of health care information production in hospitals. Cienc Saude Coletiva. [Internet]. 2007;12(4):935-44.
19. Guimarães EMP, Évora YDM. Sistema de informação: instrumento para tomada de decisão no exercício da gerência. Ci Inf. 2004;33(1).
20. Mendes ACG, Albuquerque PC, Lessa FD, Maciel Filho R, Farias SF, Montenegro TO. Hospital information system: complementary source for surveillance and monitoring of vector-borne diseases. Inf Epidemiol SUS. 2000;9(2):125-36.
21. Gross PA, Bates DW. A pragmatic approach to implementing Best practices for clinical decision support systems in computerized provider. J Am Med Inform Assoc. 2007;14:25-8.
22. Bell, et al. Conceptual framework for electronic prescribing. J AM Med Inform Assoc. 2004;11:60-70.
23. Magarinos-Torres R, Osorio-de-Castro CGS. Gerenciamento de eventos adversos relacionados a medicamentos em hospitais. REAH. 2007;3:1-11.
24. Serafim SAD. Impacto da informatização na dispensação de medicamentos em um hospital universitário [Dissertação de mestrado]. Ribeirão Preto: Faculdade de Medicina de Ribeirão Preto; 2006.
25. Berbare MHAO. Centro de informações sobre medicamentos. In: Ferracini FT, Borges Filho WM. Prática farmacêutica no ambiente hospitalar: do planejamento à realização. São Paulo: Atheneu; 2005.
26. DSE/German Foundation for international development in collaboration with WHO/Geneva – international seminar on improving drug information systems in developing countries. Villa Borsiing, Berlin; 1995.
27. Vidotti CCF, Hoefler R, Silva EV, Bergsten-Mendes G. Sistema Brasileiro de Informação sobre Medicamentos (SISMED). Cad Saúde Pública [Internet]. 2000 [cited 2008 Ago 05] 16(4):1121-6.
28. Juárez Giménez JC, Mendarte Barrenechea G, Luján G, Sala Piñol F, Lalueza Broto P, Girona Brumos L, Monterde Junyent J. Gestión de la información de medicamentos mediante la intranet de un centro hospitalario. Farm Hosp. 2006;30:49-52.
29. Ferla AA, Ribeiro LR, Oliveira FP, Geyer C, Álvares LO. Informação como suporte à gestão: desenvolvimento de parâmetros para acompanhamento do sistema de saúde a partir da análise integrada dos sistemas de informação em saúde. Concurso Nacional de Experiências Inovadoras no SUS. Disponível em: http://www.opas.org.br/observatorio/Arquivos/Sala298.pdf.
30. Fundação Nacional da Qualidade. Cadernos de excelência: informações e conhecimento. São Paulo: Fundação Nacional da Qualidade; 2008.
31. PSA's Guideline for Pharmacists on Providing Medicines Information to Patients. Disponível em: www.psa.org.au.
32. SHPA Practice standards. Standards of practice for drug information service: providing medicines information. J Pharm Pract Res. 2013;43(2 suppl).
33. SHPA Practice standards: standards of practice for drug use evaluation in Australian Hospital. J Pharm Pract Res. 2004;34(3):220-3.
34. Tamblyn R, Huang A, Kawasumi Y, Bartlett G, Grad R, Jacques A, et al. e-Rx and integrated drug management in primary care. J Am Med Inform Assoc. 2006;13;148-59.
35. Coe CP. Preparing the pharmacy for a Joint Commission Survey. 4.ed. Bethesda: ASPH; 1998.
36. Brown TR, Smith MC. Handbook of institutional pharmacy practice. 2nd ed. Baltimore: Williams & Wilkins; 1986.
37. Organização Nacional de Acreditação (ONA). Manual Brasileiro de Acreditação, versão 2014.

5

Gestão de pessoas

Autores
Helena Márcia de Oliveira Moraes
Ilenir Leão Tuma
Eugenie Desirèe Rabelo Néri

Coautora
Michelle Silva Nunes

INTRODUÇÃO

As pessoas são os principais recursos das organizações. Mesmo naquelas nas quais a tecnologia é preponderante, sempre existirá o fundamental elemento humano. A gestão de pessoas é uma área contingencial e situacional, que depende, dentre outras variáveis, da cultura de cada organização.

Muitos foram os momentos pelos quais a gestão de pessoas passou no mundo, desde o mecanicismo, passando pela reengenharia, chegando atualmente à era da globalização dos negócios e da crescente concorrência mundial. O cenário atual tem como palavras de ordem produtividade, qualidade e competitividade, e, nesse contexto, as pessoas são consideradas vantagens competitivas dentro das organizações, aí inseridos os hospitais e, como subsistema, a farmácia hospitalar. As pessoas deixam de ser o recurso organizacional mais importante para se tornarem os parceiros principais do negócio, conferindo-lhe dinâmica, vigor e inteligência[1]. Portanto, as pessoas devem ser consideradas dentro de estruturas que trabalham como a principal ferramenta rumo à qualidade.

O desenvolvimento de uma cultura humanística e o posicionamento interdisciplinar do farmacêutico hospitalar se fazem necessários para o bom desempenho profissional, em face da articulação e integração da farmácia hospitalar com os demais serviços e unidades clínicas, requerendo o desenvolvimento de habilidades para entender e motivar pessoas e grupos, e o uso da empatia nas relações interpessoais para maior eficácia dos resultados na gestão de pessoas.

Na função de gestor de recursos humanos, o farmacêutico-chefe da farmácia hospitalar deve definir o perfil dos profissionais que atuarão na farmácia, bem como os critérios de seleção e avaliação de desempenho, respeitando as diretrizes da política de recursos humanos da instituição e as necessidades das tarefas.

Para a excelência dos serviços prestados e o cumprimento da sua missão, a farmácia hospitalar precisa contar com profissionais em número suficiente e perfil adequado ao desempenho de suas funções.

A OMS refere os seguintes atributos desejáveis para o farmacêutico:

- Capacidade técnica de prestação de serviços.
- Poder de decisão.
- Capacidade de comunicação.
- Liderança.
- Habilidade gerencial.
- Aperfeiçoamento profissional.
- Capacidade de ensinar[2].

O grau de instrução dos colaboradores que comporão o quadro de pessoal da farmácia hospitalar deve ser compatível com a complexidade das funções que lhes são delegadas, e estes devem ser capacitados de acordo com programas previamente elaborados. Capacitações periódicas, por meio de programas de educação, são necessárias para a otimização de processos. Estabelecer parcerias com a área de Recursos Humanos do hospital contribui para a melhoria da qualidade e eficácia dos programas de treinamento e educação na farmácia.

O número de auxiliares que, sob a supervisão do farmacêutico, executarão o trabalho operacional dependerá da disponibilidade de recursos financeiros, do grau de automatização dos serviços e da informatização da unidade. A Sociedade Brasileira de Farmácia Hospitalar e Serviços de Saúde (Sbrafh) recomenda, como parâmetros mínimos de recursos humanos, para as atividades básicas de dispensação para pacientes internados: 1 farmacêutico para cada turno/plantão diurno e noturno, 1 auxiliar de farmácia e 1 auxiliar administrativo para cada turno/plantão diurno. Para a logística de suprimentos, recomenda-se no mínimo 1 farmacêutico e 1 almoxarife em horário administrativo[3].

Contar com uma equipe de auxiliares atualizados e aptos ao desempenho das suas atividades permite aos farmacêuticos maior dedicação às atividades clínicas.

Buscar o desenvolvimento e o envolvimento dos colaboradores, nos contextos individual e de equipe, é primordial para o sucesso da farmácia hospitalar, resultando em melhores resultados para o paciente e a instituição.

O gestor do serviço da farmácia hospitalar precisa estar preparado para novos e constantes desafios. Persistência e perseverança são atitudes necessárias para promover mudanças de paradigmas e atitudes.

Contar com um quadro de pessoal adequado, em número de farmacêuticos e profissionais de apoio; qualificados (formação compatível com a complexidade das funções); devidamente treinados de acordo com programas elaborados; comprometidos e competentes, é fruto de um trabalho árduo de sensibilização e convencimento.

O Manual Brasileiro de Acreditação, da Organização Nacional de Acreditação (ONA), trata a gestão de pessoas como uma atividade relacionada à organização e coordenação dos processos relativos ao planejamento de recursos humanos, condições de trabalho, saúde e segurança dos profissionais e trabalhadores[4].

O pessoal que executa atividades que afetam a qualidade do produto deve ser competente, com base em educação, treinamento, habilidade e experiência apropriadas[5].

Neste capítulo serão abordados tópicos referentes às boas práticas aplicadas à gestão de pessoas, com destaque para legislação, sistemas de trabalho, capacitação e qualidade de vida.

ASPECTOS DA LEGISLAÇÃO

A organização é responsável por implementar medidas de proteção e segurança à saúde do trabalhador; as diretrizes estão estabelecidas na Norma Regulamentadora (NR) 32, aplicada a todos os serviços de saúde[6].

A NR 9 estabelece a obrigatoriedade da elaboração e implementação, por parte de todos os empregadores e instituições, do Programa de Prevenção de Riscos Ambientais (PPRA), que, para os serviços de saúde, deve conter a identificação dos riscos biológicos mais prováveis, em razão da localização geográfica e da característica do serviço de saúde e seus setores[7].

As ações do PPRA devem ser desenvolvidas no âmbito de cada unidade da empresa, sob a responsabilidade do empregador e com a participação dos trabalhadores, sendo sua abrangência e profundidade dependentes das características dos riscos e das necessidades de controle. O conhecimento e a percepção que os trabalhadores têm do processo de trabalho e dos riscos ambientais presentes, incluindo os dados consignados no mapa de riscos, previsto na NR-5, deverão ser considerados para fins de planejamento e execução do PPRA em todas as suas fases[8].

A elaboração, implementação, acompanhamento e avaliação do PPRA poderão ser feitas pelo Serviço Especializado em Engenharia de Segurança e em Medicina do Trabalho ou por pessoa ou equipe de pessoas que, a critério do empregador, sejam capazes de desenvolver o disposto na NR.

Na instituição que possui terapia antineoplásica deve constar no PPRA a descrição dos riscos inerentes às atividades de recebimento, armazenamento, preparo, distribuição, administração dos medicamentos e das drogas de risco. Para efeito da NR 32, consideram-se medicamentos e drogas de risco aqueles que possam causar genotoxicidade, carcinogenicidade, teratogenicidade e toxicidade séria e seletiva sobre órgãos e sistemas. A unidade de preparo de medicamentos antineoplásicos será considerada no capítulo 7[6].

O PPRA é parte integrante do conjunto mais amplo das iniciativas da empresa no campo da preservação da saúde e da integridade dos trabalhadores, devendo estar articulado com o disposto nas demais NR, em especial com o Programa de Controle Médico de Saúde Ocupacional (PCMSO), previsto na NR 7, e as Comissões Internas de Prevenção de Acidentes do Trabalho (Cipa), previstas na NR 5.

A NR 7 estabelece a obrigatoriedade de elaboração e implementação, por parte de todos os empregadores e instituições que admitam trabalhadores como empregados, do PCMSO, com o objetivo de promoção e preservação da saúde do conjunto dos seus trabalhadores. Essa NR estabelece os parâmetros mínimos e as diretrizes gerais a serem observados na execução do PCMSO, podendo ser ampliados mediante negociação coletiva de trabalho. O PCMSO deve incluir, entre outros, a realização obrigatória dos exames médicos: admissional, periódico, de retorno ao trabalho, de mudança de função e demissional[9].

A Cipa tem como objetivo a prevenção de acidentes e doenças decorrentes do trabalho, de modo a tornar compatível permanentemente o trabalho com a preservação da vida e a promoção da saúde do trabalhador. A Cipa tem por atribuição identificar os riscos do processo de trabalho e elaborar o mapa de riscos, com a participação do maior número de trabalhadores; colaborar no desenvolvimento e implementação do PCMSO e PPRA; promover, anualmente, a Semana Interna de Prevenção de Acidentes do Trabalho (Sipat) e participar, em conjunto com a empresa, de campanhas de prevenção da HIV/Aids, hepatites, vacinação, entre outras. As campanhas sobre riscos à saúde, como hipertensão arterial, fumo, obesidade, dieta inadequada e estresse, contribuem para melhorar a qualidade de vida no trabalho e devem fazer parte do planejamento institucional.

Cabe ao empregador proporcionar aos membros da Cipa os meios necessários ao desempenho de suas atribuições, garantindo tempo suficiente para a realização das tarefas constantes do plano de trabalho.

No tocante à imunização, os serviços de saúde devem oferecer, gratuitamente, programa de imunização ativa contra tétano, difteria, hepatite B e os estabelecidos no PCMSO. Sempre que houver vacinas eficazes contra outros agentes biológicos a que os trabalhadores estão, ou poderão estar, expostos, o empregador deve fornecê-las gratuitamente. O empregador deve fazer o controle da eficácia da vacinação sempre que for recomendado pelo Ministério da Saúde e seus órgãos, e providenciar, se necessário, seu reforço. A vacinação deve ser registrada no prontuário clínico individual do trabalhador, previsto na NR 7. Deve ser fornecido ao trabalhador comprovante das vacinas recebidas.

SISTEMAS DE TRABALHO

Organização da força de trabalho e estrutura de cargos

A estrutura de cargos é um recurso importante para melhorar o desempenho dos funcionários. As organizações criam em seu organograma uma estrutura de cargos, que os define e hierarquiza[7]. São definidas e implementadas para promover resposta rápida, iniciativa, criatividade, inovação, cooperação e comunicação eficaz.

Para a compreensão da estrutura de cargos, é necessário conhecer os conceitos de cargo, tarefa e função. Segundo Cunha, a tarefa existe como um conjunto de elementos que requer o esforço humano para determinado fim. Quando tarefas suficientes se acumulam para justificar o emprego de um trabalhador, surge a função. Assim, a função é um agregado de deveres, tarefas e responsabilidades que requerem o serviço de um indivíduo. Desse modo, as funções que são semelhantes em sua natureza e requisitos são chamadas de cargo. Portanto, cargo pode ser definido como um grupo de funções idênticas na sua maioria ou em todos os aspectos mais importantes das tarefas que o compõem[10].

Descrever um cargo significa relacionar o que o ocupante faz, como ele faz, sob quais condições e por que ele faz. A descrição do cargo é um retrato simplificado do conteúdo e das principais responsabilidades do cargo[10].

Segundo Griffin e Moorhead, a estrutura de cargos pode influenciar positivamente a motivação, o desempenho e a satisfação com o trabalho dos que os ocupam[11].

A busca por um modelo de cargo que produza, em seu ocupante, grande motivação, elevado desempenho, alta satisfação com o trabalho, poucas faltas e baixa rotatividade é objetivo incessante da área de gestão de pessoas. Diversos modelos foram testados, desde o da especialização do trabalho (Taylor), em que as atividades foram bastante segmentadas, passando pelo modelo de enriquecimento do cargo, em que foi ampliado o escopo da tarefa (horizontal e verticalmente), até o modelo de valorização das características do trabalho, na busca por melhores resultados para a empresa e para o trabalhador[10].

No modelo que enfatiza as características do trabalho, são dimensões essenciais dele e, consequentemente, dos cargos:

- Variedade das habilidades – o grau em que o trabalho exige uma variedade de atividades ligadas a diferentes talentos e capacidades.
- Teor do serviço – o grau em que o emprego exige a realização de uma tarefa completa e identificável, ou seja, o fato de o trabalho ter um início e um fim com resultados palpáveis.

- Importância do trabalho – o grau em que o trabalho influencia a vida ou o trabalho de outras pessoas, tanto na empresa quanto fora dela.
- Autonomia – o grau em que o trabalho permite liberdade individual, independência e poder de decisão para planejar o serviço e determinar os procedimentos para executá-lo.
- *Feedback* – o grau em que as atividades do trabalho dão ao indivíduo informações claras e diretas sobre a eficiência de seu desempenho[9].

Analisar um cargo significa detalhar quais conhecimentos, habilidades e atitudes são exigidos dos seus ocupantes, de forma a poder desempenhá-lo adequadamente. A descrição do cargo focaliza o conteúdo do cargo – o que o ocupante faz, quando, como e por que faz –, e a análise do cargo procura determinar quais requisitos físicos e mentais o ocupante deve possuir, as responsabilidades e as condições nas quais o trabalho deve ser feito. Geralmente a análise e a descrição do cargo são as bases do sistema de administração de salários[11].

Recrutamento, seleção e contratação

Todas as empresas, independentemente de suas características, necessitam, em algum momento, realizar recrutamento, seleção e contratação.

Recrutamento pode ser entendido como o convite, por meio de diversos veículos de mídia, para que as pessoas participem de um processo seletivo. A seleção constitui-se na escolha, dentre os que atenderam ao convite, daquele com maior chance de se ajustar ao cargo e desempenhá-lo adequadamente. É, em essência, um processo de comparação entre os requisitos do cargo a ser preenchido e o perfil dos candidatos recrutados[12].

Por meio de recrutamento e seleção, quando bem conduzidos, as empresas conseguem agregar pessoas competentes aos seus quadros e, como consequência direta, melhorar a qualidade dos serviços prestados e a imagem da empresa perante a sociedade[13].

A atividade de recrutamento e seleção deve, preferencialmente, ser realizada por um psicólogo organizacional, juntamente com o farmacêutico responsável pela área para a qual está sendo realizada a seleção. Quando realizada de forma eficiente, agrega qualidade; porém, se deficiente, pode gerar alta rotatividade de funcionários, aumento desnecessário dos custos de recrutamento e seleção e comprometimento do ambiente de trabalho[13].

Como técnicas de seleção, citam-se:

- Entrevistas.
- Prova ou teste de conhecimento ou capacidade na área.

- Testes psicométricos.
- Testes de personalidade.
- Técnicas de simulação.

A entrevista, método amplamente utilizado em seleções, deve ser planejada e padronizada, levando em consideração o conteúdo (informações do candidato ao seu respeito) e a forma (comportamento do candidato). Tem por objetivos: detectar o potencial de cada candidato, suas características, comportamento, habilidades, aptidões e condições de aproveitamento para o cargo em questão; estabelecer um prognóstico, ou seja, uma avaliação sobre as possibilidades futuras do candidato e suas condições de desenvolvimento na empresa; estabelecer uma negociação entre candidato e empresa[13].

Segundo Cavichiolli e Melo, o tempo da entrevista deve ser dividido entre:

- Informações profissionais (40%): histórico profissional, sucessos e fracassos anteriores.
- Histórico educacional (20%): se a pessoa se preocupa em se desenvolver.
- Relações familiares e ajustamento social (30%): avalia se o salário condiz com a realidade do indivíduo e principalmente se o que a empresa tem a oferecer suprirá as necessidades do candidato[14].

O entrevistador deverá estimular o candidato a expressar suas respostas sob a forma de contexto, ação e resultado de forma completa, facilitando a análise final[13].

Para aumentar o sucesso de um processo seletivo, um candidato deverá ser avaliado com base em competências técnicas e aspectos comportamentais, como: postura ética de acordo com a profissão, criatividade em lidar com as situações do dia a dia e iniciativa[13]. A cada dia, os aspectos comportamentais estão se tornando mais relevantes no processo seletivo das empresas.

No processo de recrutamento e seleção devem ser assegurados os aspectos éticos e que permitam condições de igualdade de avaliação entre os candidatos.

Classifica-se o recrutamento em interno e externo, e é função e responsabilidade da gestão estratégica de pessoas.

O recrutamento interno considera os empregados atuais para promoções ou transferências. Representa uma oportunidade de ascensão funcional, com repercussão na motivação e redução da evasão de pessoal, e deve ser realizado antes de se optar pelo recrutamento externo.

O recrutamento externo consiste na busca de profissionais disponíveis no mercado. Amplia as possibilidades de escolha e pode agregar novos talentos à equipe. Ao final do processo seletivo, a empresa deve informar aos candidatos não selecionados sua situação em comparação ao candidato selecionado, como forma de contribuição.

A utilização da descrição de cargos no processo de recrutamento e seleção é uma ferramenta importante. Nesse documento devem constar as informações: nome do cargo, superior imediato, atribuições, requisitos mínimos, escolaridade, qualificações e requisitos desejáveis.

As responsabilidades e competências dos profissionais e do pessoal de apoio (farmacêuticos, auxiliares de farmácia, almoxarifes, secretária, estagiários, assistentes administrativos) devem estar claramente definidas, de forma a serem compreendidas pelas pessoas em seu ambiente de trabalho.

As qualificações e experiências anteriores dos candidatos, suas habilidades, competências e disposição em contribuir para o cumprimento da missão da farmácia também devem ser consideradas no processo de seleção.

Para a contratação do funcionário apresentam-se dois aspectos fundamentais: o contrato formal, que é assinado com relação ao cargo a ser ocupado, e o contrato psicológico, que estabelece o que a organização e o indivíduo esperam realizar e ganhar com o novo relacionamento[14].

Integração dos novos membros

Após recrutar, selecionar e admitir o funcionário, este deve ser integrado à empresa, preferencialmente passando por um treinamento introdutório, momento em que recebe orientações a respeito de sua função e toma ciência das normas e procedimentos do serviço. Devem ser apresentados a missão, a visão e os valores da farmácia hospitalar, metas para o período, programas desenvolvidos (qualidade e segurança, dentre outros), sistema informatizado (caso o funcionário necessite utilizá-lo) e proceder à apresentação formal ao responsável pela área que o está recebendo e às pessoas que compõem a equipe.

Gerenciamento e avaliação do desempenho

O indivíduo é avaliado para efeito de admissão, demissão, promoção, aumento salarial, dentre outros. Constituem objetivos para sustentação da implantação de um sistema de avaliação: manter a motivação e o comprometimento; estimular a eficácia na comunicação interna; ajustar os objetivos com as metas da organização; identificar as necessidades de treinamento e desenvolvimento[15].

Ao olharmos as pessoas por sua capacidade de entrega, temos uma perspectiva mais adequada para avaliá-las, para orientar seu desenvolvimento e para estabelecer recompensas. O termo "entrega" se remete ao conceito de competência estabelecido por Fleury, e refere-se ao indivíduo que sabe agir de maneira responsável e ser reconhecido por isso[16].

Uma das questões mais difíceis na gestão de pessoas é definir e avaliar o desempenho. Dutra define desempenho como o conjunto de entrega e de resultados de determinada pessoa para a empresa ou negócio. Ao avaliarmos o desempenho de um indivíduo, nos tornamos aptos a verificar que ele se divide em três dimensões que interagem entre si: desenvolvimento (definido como a capacidade do indivíduo de lidar com situações cada vez mais complexas), esforço (ligado à motivação e às condições favoráveis oferecidas pela empresa ou pelo mercado) e comportamento (que pode ser medido pela avaliação 360°)[17].

A avaliação de desempenho é uma ferramenta que permite medir a maneira como cada funcionário está desempenhando seu papel dentro da organização e o quanto está ou não cumprindo as funções do cargo que ocupa. A avaliação levanta dados, traça um mapeamento dos resultados apresentados pelos funcionários, tendo como foco o levantamento dos pontos fortes e pontos a serem melhorados, estabelecendo um plano de ação que favoreça a qualidade dos serviços prestados[17].

O gerenciamento do desempenho das pessoas na organização, e consequentemente da farmácia hospitalar, deve ser realizado por meio de instrumentos estruturados, que permitam autoavaliação e avaliação pela equipe.

Formas de avaliação:

- Avaliação por objetivo – cumprimento das metas, apreciação do comportamento do avaliado, avaliação do potencial.
- Avaliação direta – realizada pelo líder direto, que tem todo o compromisso de avaliar seu subordinado direto.
- Avaliação conjunta – realizada uma análise conjunta entre o avaliador e o avaliado. É uma experiência rica, que permite a oportunidade de troca, transparência, clareza e objetividade.
- Autoavaliação – possibilita a participação ativa do avaliado. A principal vantagem dessa modalidade é que possibilita ao orientador fornecer *feedback*, reforçando os pontos fortes e os passíveis de serem melhorados. A desvantagem é no caso de o colaborador possuir um perfil de supervalorização de si e solicitar sua autopromoção.
- Avaliação 180º – metodologia de gestão de desempenho em que as pessoas que interagem com o colaborador, em razão da execução de seu trabalho, formam um comitê com a finalidade de emitir apreciação e avaliação sobre sua *performance* nas dimensões estipuladas. Nesse tipo de avaliação (em rede), o funcionário é avaliado pelo gestor imediato, pares e clientes internos (a quem presta serviços).

- Avaliação 360º – processo democrático e participativo que consiste em uma avaliação realizada pelo funcionário, seu superior imediato (ou dois pares, quando não há hierarquia), dois clientes internos, dois clientes externos (pode ser suprimido) e dois subordinados diretos. É de extrema importância que sejam preservados na aplicação: clareza das informações, total confidencialidade, esclarecimento de todas as dúvidas e acompanhamento da realização do processo. Recomenda-se que essa avaliação seja conduzida por pessoa que não faça parte do quadro da farmácia hospitalar e que tenha formação na área de RH[16,17].

A avaliação 360° é uma importante ferramenta de aprendizagem e desenvolvimento, que encerra em si muitos benefícios. Permite que os participantes obtenham *feedback* de qualidade sobre suas competências e desempenho e as compare com a sua autoavaliação, oferecendo excelentes oportunidades de aumentar a percepção e a consciência, melhorar a comunicação, identificar as necessidades de aprendizagem e o desenvolvimento, organizar atividades de aprendizagem de acordo com prioridades, reforçar a confiança, motivar e reavaliar, oferecendo desenvolvimento individual com foco no trabalho em equipe[16].

Atualmente é uma das formas mais eficientes de avaliação de desempenho, pois avalia o profissional sob vários aspectos de seu desempenho na organização. Para a realização dessa avaliação, devem ser estabelecidos objetivos claros, criando um plano de desenvolvimento pessoal e organizacional[16].

A definição de competência se sustenta no conjunto de conhecimentos, habilidades e atitudes que o indivíduo apresenta e deve ser feita a partir da missão da organização[16].

O ponto alto do processo de avaliação do desempenho é o *feedback*, que consiste em revelar a percepção do avaliador como uma ferramenta de desenvolvimento essencial no gerenciamento das pessoas e do desempenho. É visto como um aprimoramento da *performance* individual, do bom andamento dos trabalhos e da melhoria do clima organizacional. O *feedback* deve ser dado de forma construtiva, encorajando a pessoa à melhoria, valorizando seus pontos fortes e reforçando seu potencial e sua capacidade. O diálogo deve ser franco e aberto para promover no receptor a aceitação da crítica e provocar a mudança que se deseja alcançar. Deve propiciar aos colaboradores um acompanhamento de suas potencialidades, habilidades e promover maior comprometimento com a organização, otimizando seu desempenho.

"A implantação de um sistema de avaliação de desempenho é um processo que atende à organização, aos gestores e aos colaboradores, pois integra um modelo de gestão de pessoas e de trabalho, participação nos resultados, desenvolvimento e treinamento de pessoal, promoções e processo de desligamento."[18]

A eficácia do sistema de avaliação de desempenho, para que se constitua em um fator impulsionador do sucesso na gestão da farmácia hospitalar, está alicerçada no comprometimento da direção e na competência da implementação.

Remuneração, reconhecimento e incentivo

Remuneração por competências é a forma de remuneração relacionada com o grau de informação e o nível de capacitação de cada funcionário. O sistema premia certas habilidades técnicas ou comportamentais do funcionário. O foco principal passa a ser a pessoa e não mais o cargo. Isso significa que a remuneração não está relacionada com as exigências do cargo, mas com as qualificações de quem desempenha as tarefas[16,17].

Cunha[10] refere que as empresas entendem por competência os vários atributos, como capacidade técnica, personalidade, criatividade, inovação e conhecimento. Para Fleury[16], competência é saber agir de maneira responsável. Implica mobilizar, integrar, transferir conhecimentos, recursos e habilidades que agreguem valor econômico à organização e valor social ao indivíduo.

Organização e pessoas, lado a lado, propiciam um processo contínuo de troca de competências. A empresa transfere seu patrimônio para as pessoas, enriquecendo-as e preparando-as para enfrentar novas situações profissionais e pessoais, dentro ou fora da organização. As pessoas, por outro lado, ao desenvolver sua capacidade individual, transferem para a organização seu aprendizado, dando-lhes condições para enfrentar novos desafios[13].

Na remuneração por competência, funcionários que ocupam o mesmo cargo podem receber salários diferentes, conforme a competência de cada um. Essa forma de remuneração surgiu da necessidade de diferenciar empregos com habilidades diversas. O novo conceito resgata as diferenças: as pessoas ganham pelo que sabem e pela colaboração no sucesso da empresa. É uma maneira de remunerar pela contribuição pessoal de cada funcionário à organização e de incentivar a participação e o envolvimento das pessoas na condução da empresa[17].

Para implementar essa metodologia, Cunha sugere 3 passos:

1. Estabelecer de forma conjunta (gerente e funcionários) quais as competências necessárias para o trabalho, pontos fortes e fracos.
2. Programação conjunta de treinamento.
3. Remuneração personalizada[10].

Apesar de o art. 461 da Consolidação das Leis do Trabalho (CLT) vetar diferenças salariais para funções iguais, a remuneração por competência pode ser feita sob a forma de gratificação anual[11] e por participação nos lucros e resultados[16].

CAPACITAÇÃO E DESENVOLVIMENTO

Identificação e compatibilidade de necessidades

O hospital, por ser uma organização baseada no conhecimento, deve ter na capacitação e no desenvolvimento os pilares da qualidade da assistência. Para tanto, deve instituir programas sistemáticos que atendam às necessidades identificadas e deem resposta aos anseios dos clientes, cooperando para a excelência do processo assistencial.

Dutra[17] define o desenvolvimento de um indivíduo como a capacidade de uma pessoa de assumir ou executar atribuições e responsabilidades de maior complexidade. Para tanto, devem existir programas de ajuste da remuneração de acordo com as novas responsabilidades assumidas.

As necessidades de capacitação e desenvolvimento devem ser levantadas, contando com a participação direta dos funcionários envolvidos.

O levantamento das necessidades de treinamento deve ser iniciado por uma análise organizacional, na qual se procura conhecer o comportamento da organização, se analisam os recursos humanos disponíveis para as atividades atuais e metas futuras (quantidade e perfis adequados ao desempenho de cada tarefa, de modo eficaz) e seus processos[14].

Os meios para levantamento de necessidades de treinamento são: avaliação de desempenho (desempenhos insatisfatórios), observação (evidências de trabalhos ineficientes), questionários, solicitação, entrevistas com supervisores e gerentes, reuniões de departamentos, avaliação dos funcionários (testes de conhecimento), modificações do trabalho, entrevistas de desligamento (possibilitam identificar deficiências da organização), análise de cargos, relatórios periódicos da empresa ou de produção.

Após identificar as necessidades, deverá ser elaborada a programação de treinamento, planejamento e execução do treinamento. A realização do treinamento é complementada com a avaliação dos resultados. Esta se constitui no maior desafio da área de treinamento. São adotados como instrumentos de avaliação: questionários de expectativas, análise de habilidades e tarefas, testes de habilidades padronizadas, questionários padronizados de atitudes, estudo de clima organizacional, dentre outros[19].

A participação nos treinamentos deverá ser registrada em formulário padronizado e ser acompanhada de registro fotográfico. Ao final do treinamento, deve ser elaborado relatório contendo programa, material didático fornecido, avaliações, listas de frequência e fotografias, de forma a subsidiar avaliações posteriores. As pessoas que compõem a organização devem ser permanentemente capacitadas e desenvolvidas, de forma a atender a suas necessidades e às da organização, e integradas à cultura da excelência.

Cultura da excelência

A geração do sucesso (cultura da excelência) está fundamentada, segundo Oliveira[20], no desenvolvimento das pessoas para a obtenção do desenvolvimento organizacional, treinando, desafiando e estimulando colaboradores a desenvolverem seus potenciais no trabalho e na vida pessoal. Os hospitais devem possuir gestores que realizem, com seus funcionários, o planejamento e a viabilização das metas organizacionais e pessoais.

O desenvolvimento pessoal deve ser focado no desenvolvimento das potencialidades. Os objetivos humanos e organizacionais devem caminhar juntos, para que a necessidade de mudar aflore espontaneamente; o funcionário assuma uma atitude proativa e madura, contribuindo para a reestruturação das bases da organização.

O objetivo da empresa deve ser transformar todas as pessoas em talentos, mantendo-as estimuladas e entusiasmadas, buscando o aprimoramento pessoal e o crescimento da equipe como um todo[20].

Programas de capacitação e desenvolvimento

As pessoas são elementos estratégicos dos serviços de saúde e a chave do sucesso e da qualidade da assistência. Nesse contexto, o processo de capacitação e desenvolvimento assume papel relevante, pois passa a ter a missão de ensinar o indivíduo a pensar, reelaborar seu significado e aprender a fazer autocrítica[9].

A força de trabalho deve ser desenvolvida utilizando-se métodos de orientação, aconselhamento e desenvolvimento de carreira[21].

Desse modo, o treinamento está diretamente ligado ao processo produtivo, pois reúne informações e métodos para produzir mais e tornar a produção mais ágil. Já o desenvolvimento está ligado ao processo de competência. O processo de desenvolvimento é inerente ao de treinamento, porém o contrário não é verdadeiro[7].

A educação profissional visa preparar o homem para o exercício de uma profissão. O desenvolvimento profissional é a educação profissional que aperfeiçoa, amplia e desenvolve o homem para a carreira dentro de uma profissão, para seu crescimento profissional, visando fornecer conhecimentos que ultrapassam o que é exigido no cargo atual, preparando-o para funções mais complexas[7].

O treinamento é a educação profissional que prepara o homem para um cargo ou função e visa adaptá-lo à empresa, fornecendo elementos essenciais para o exercício do cargo. Deve ser aplicado de maneira sistemática e organizada, para desenvolver nas pessoas conhecimentos, habilidades e atitudes, de acordo com os objetivos definidos[8].

O treinamento está sendo visto como fator motivacional pelas empresas, e principalmente nos serviços de saúde, em que a efervescência tecnológica é marcante, tendo correlação entre competência e otimização dos resultados[22].

O treinamento é uma atividade cíclica[9] e deve ser realizado em 4 etapas:

1. Levantar necessidades de treinamento.
2. Programar o treinamento para atingir as necessidades.
3. Implantar e executar.
4. Avaliar os resultados.

A distribuição adequada do saber é caminho privilegiado para o desenvolvimento de todas as pessoas envolvidas, tornando o local de trabalho um lugar em que o aprendizado não se dissocia dos desejos de crescimento individual e da necessidade de crescimento da própria organização. O êxito das empresas deve acompanhar e propiciar o progresso de cada um dos seus colaboradores, beneficiando-se deles[6].

As habilidades e conhecimentos recém-adquiridos devem ser avaliados em relação à sua utilidade na execução do trabalho e à sua eficácia no apoio à consecução das estratégias da organização.

Gestão do desenvolvimento e da carreira por competência

As organizações estão cada vez mais pressionadas a investir no desenvolvimento humano, pois perceberam a necessidade de estimular e apoiar o contínuo desenvolvimento das pessoas como forma de galgar espaço em um mercado cada vez mais competitivo. Paralelamente, as pessoas se dão conta de que se aperfeiçoar naquilo que fazem se tornou condição fundamental para sua inserção e manutenção no mercado de trabalho[7].

Um grande desafio é orientar esse desenvolvimento em um ambiente volátil; para tanto, pode-se lançar mão de um plano de carreira. Esse plano deve ser construído por empresa e pessoa, sendo a carreira comparada a uma estrada em permanente construção. Deve ser transparente, permeado pela honestidade de intenções, sentimento de segurança e clareza nas regras, de forma a permitir à pessoa e à empresa o delineamento do caminho rumo ao desenvolvimento e crescimento de ambos[7].

QUALIDADE DE VIDA

Saúde ocupacional, segurança e ergonomia

A saúde ocupacional está relacionada com as condições ambientais de trabalho que assegurem a saúde física e mental e com as condições de saúde e bem-estar das pessoas.

A ergonomia no trabalho é definida pela Associação Internacional de Ergonomia como uma disciplina científica relacionada ao entendimento das interações entre os seres humanos e outros elementos ou sistemas, e à aplicação de teorias, princípios, dados e métodos a projetos, a fim de otimizar o bem-estar humano e o desempenho global do sistema[23].

De maneira geral, seus domínios[23] são:

- Ergonomia física – está relacionada com as características da anatomia humana, antropometria, fisiologia e biomecânica em sua relação à atividade física. Os tópicos relevantes incluem o estudo da postura no trabalho, manuseio de materiais, movimentos repetitivos, distúrbios musculoesqueléticos relacionados ao trabalho, projeto de posto de trabalho, segurança e saúde.
- Ergonomia cognitiva – refere-se aos processos mentais como percepção, memória, raciocínio e resposta motora conforme afetem as interações entre seres humanos e outros elementos de um sistema. Os tópicos relevantes incluem o estudo de carga mental de trabalho, tomada de decisão, desempenho especializado, interação homem-computador, estresse e treinamento conforme se relacionem a projetos envolvendo seres humanos e sistemas.
- Ergonomia organizacional – concernente à otimização dos sistemas sociotécnicos, incluindo suas estruturas organizacionais, políticas e de processos. Os tópicos relevantes incluem comunicações, projeto de trabalho, organização temporal do trabalho, trabalho em grupo, projeto participativo, novos paradigmas do trabalho, trabalho cooperativo, cultura organizacional, organizações em rede, teletrabalho e gestão da qualidade.

Trata-se de uma disciplina orientada para uma abordagem sistêmica de todos os aspectos da atividade humana. Para dar conta da amplitude dessa dimensão e poder intervir nas atividades do trabalho, é preciso contar com os ergonomistas (profissionais capacitados), que fazem uma abordagem holística de todo o campo de ação da disciplina, tanto em seus aspectos físicos e cognitivos como nos sociais, organizacionais e ambientais[23].

Bem-estar, satisfação e motivação

Uma grande preocupação das organizações é a questão da motivação no trabalho. Dessa forma, a busca de explicações para a motivação do trabalhador em relação ao seu trabalho tem sido tema constante em várias pesquisas efetuadas por cientistas do comportamento humano. O fenômeno motivacional pode ser entendido, genericamente, como uma fonte de energia interna que direciona ou canaliza o comportamento do indivíduo na busca de determinados objetivos e ainda como um conjunto de forças que leva as pessoas a se engajar em uma atividade em vez de outra.

Esse estado interno que energiza o comportamento está diretamente relacionado com as necessidades de cada pessoa, necessidades estas que variam de indivíduo para indivíduo, em razão das diferenças individuais inerentes ao próprio ser humano[8]. Daí a dificuldade de estudar e compreender o homem e sua interação com seu trabalho.

As organizações no âmbito geral são sustentadas por uma gama de recursos, dentre os quais é conveniente destacar a importância dos recursos humanos. Afinal, é o único recurso insubstituível. No entanto, para que as pessoas possam exercer o máximo da sua eficiência nas organizações, é necessário que estejam bem motivadas[24].

Bowditch e Buono, em *Fundamentos do comportamento organizacional*, apresentam as teorias da motivação por necessidades, por processo e por aprendizagem. Várias teorias básicas foram apontadas por pesquisadores do comportamento organizacional para a motivação por necessidades[25]:

- Administração científica (teoria de Taylor) – parte do pressuposto de que o dinheiro é o principal motivador humano no local de trabalho.
- Escola das relações humanas – parte do pressuposto de que os fatores sociais (sentir-se útil e importante) são os motivadores primordiais.
- Abordagem dos recursos humanos – parte do pressuposto de que as pessoas querem contribuir com a organização e são capazes de fazê-lo de maneira genuína.
- Hierarquia das necessidades (teoria de Maslow): fundamentada na ideia de que as necessidades humanas estão dispostas de acordo com uma hierarquia de importância. Oferece um esquema geral para a categorização das necessidades constituído por 5 categorias: necessidades fisiológicas → necessidades de segurança → necessidades sociais → necessidades de estima → necessidades de autorrealização, sendo consideradas básicas as necessidades fisiológicas, de segurança e sociais e de crescimento, as necessidades de estima e de autorrealização.

- Teoria ERC – existência, relacionamentos e crescimento (teoria de Alderfer): descreve três necessidades básicas: existência, relacionamentos e crescimento, representadas pelas letras ERC, propondo que mais de um tipo de necessidade pode motivar a pessoa ao mesmo tempo e inclui um componente de satisfação/progressão e um de frustração/regressão.
- Teoria da estrutura dual ou teoria dos dois fatores (teoria de Herzberg) – vê a motivação como um fenômeno de estrutura dual, composta de duas dimensões distintas: uma dimensão *satisfação ↔ não satisfação* e outra de *insatisfação ↔ não insatisfação*. Presume que fatores motivacionais (intrínsecos ao trabalho) afetam a satisfação e fatores de sanidade (exteriores) determinam a insatisfação.
- Outras necessidades individuais importantes: de conquista, de afiliação e de poder. A necessidade de conquista é o desejo de alcançar um objetivo ou realizar uma tarefa de forma mais eficaz que no passado; a necessidade de afiliação, o anseio humano de ter companhia e a necessidade de poder, o desejo de controlar os recursos em seu ambiente[11].

"A premissa básica das teorias de motivação por necessidades é a de que os seres humanos motivam-se primordialmente por carências em relação a uma ou mais necessidades importantes ou grupos de necessidades."[9]

A motivação não é estática. As pessoas não costumam ficar motivadas por muito tempo pelo mesmo fator motivacional. É por esse motivo que as organizações devem estar em constante avaliação do grau de motivação dos seus colaboradores, pois o foco de satisfação das necessidades muda continuamente, assim como o objeto de motivação. A motivação é o fator-chave para o alcance dos objetivos propostos pela organização. Nenhum indivíduo desmotivado envolve-se plenamente em direção ao abarcamento desses objetivos.

A perspectiva motivacional por processo se concentra na maneira como as pessoas se comportam em seus esforços para satisfazer suas necessidades. Apresenta as linhas de pensamento fundamentadas na motivação por processo.

A teoria da equidade parte do pressuposto de que as pessoas querem ser tratadas de maneira justa em relação às demais; e, se acreditam que seu tratamento é desigual, adotam ações para reduzir essa disparidade.

A teoria da expectativa sustenta que as pessoas se motivam a trabalhar para alcançar um objetivo que desejam e que acreditam ter uma possibilidade razoável de alcançar. Os componentes gerais do modelo são esforço e resultados, descritos sob a ótica da combinação entre os elementos: expectativa de esforço e desempenho e expectativa de desempenho e resultado. Ainda na teoria da expectativa, Porter e Lawler propõem um modelo ampliado, que inclui habilidades, traços e percepções relativas ao papel desempenhado pelo trabalhador.

"Para gerar motivação o gestor terá de descobrir quais recompensas cada funcionário quer, quão valiosas essas recompensas são para cada um, medir as várias expectativas e, finalmente, ajustar as relações entre esses fatores."[11] Ainda sobre a teoria da expectativa, esta oferece linhas mestras à atuação cotidiana dos gestores, como:

- Que ele determine que resultados primordiais cada funcionário almeja.
- Que decida quais níveis de desempenho são necessários para alcançar as metas organizacionais.
- Que se assegure de que os níveis desejados de desempenho são possíveis.
- Que relacione os resultados desejados com o desempenho almejado.
- Que analise a situação para determinar expectativas conflitantes.
- Que se assegure de que as recompensas sejam boas.
- Que se assegure de que, no geral, o sistema seja equânime para todos.

A motivação pelo aprendizado, outro componente-chave da motivação dos funcionários, responsável por um ritmo permanente de mudanças no comportamento ou no potencial de comportamento, resulta da experiência direta ou indireta[11].

- Teoria do reforço e aprendizado – os sistemas de reforço indicam quando ou como os gestores devem incentivar certos comportamentos.
- Teoria do aprendizado social nas organizações – acontece quando as pessoas observam o comportamento dos outros, reconhecem suas consequências e mudam de atitude. "O comportamento individual é determinado pelas cognições de uma pessoa e pelo ambiente social. Mais especificamente, presume-se que as pessoas aprendam comportamentos e atitudes, pelo menos em parte, em resposta ao que os outros esperam delas."[11]
- Teoria da modificação do comportamento organizacional – é a aplicação da teoria do reforço às pessoas, no ambiente organizacional[11].

"A modificação do comportamento organizacional é uma estratégia que utiliza princípios de aprendizado e reforço, a fim de aumentar a motivação e o desempenho dos funcionários. Essa estratégia conta, em grande medida, com a mensuração eficaz do desempenho e recompensas para o desempenho de alto nível."[11]

Para transformar o potencial de motivação em melhora de desempenho, os gestores precisam entender vários procedimentos operacionais, sistemas e métodos, para aplicar as teorias da motivação como ferramenta. Ao tentar empreender pesquisa no campo da motivação no trabalho é que se constata, na prática, a vastidão e a complexidade que o assunto encerra. Na verdade, quaisquer comentários conclusivos simplistas, decorrentes de generalizações fáceis, podem não passar de meras especulações, não resistindo de modo algum a uma crítica mais rigorosa. No entanto, as pessoas no ambiente de trabalho não agem somente por causa dos seus impulsos interiores, das necessidades não atendidas ou por aplicações de recompensas e punições. Em lugar disso, as pessoas devem ser vistas como indivíduos pensantes cujas crenças, percepções e estimativas de probabilidade influenciam fortemente seus comportamentos. Daí se conclui que o tema motivação no trabalho não consiste apenas em aglomerações teóricas; trata-se da real necessidade de manter as pessoas em contínuo estado de contentamento, para expandir suas habilidades e competências de forma que seu ambiente laboral não se torne um local de sofrimento psíquico.

É importante para todos os gestores compreender o indivíduo nas organizações. Um recurso básico para facilitar essa compreensão é o contrato psicológico, conjunto de expectativas que as pessoas têm em relação à sua contribuição para a empresa e ao retorno que terão[11].

O contrato psicológico é originado a partir de uma série de expectativas subjetivas, ligadas intrinsecamente às necessidades do indivíduo e às necessidades da organização. Governa a relação básica entre funcionários e organizações. Quando o contrato é violado, os empregados podem apresentar queda em seu comprometimento para com a organização e consequente aumento nas intenções de abandono/demissão e outras formas de desafeto.

Cada pessoa em uma organização é essencialmente diferente de todas as outras. Para serem bem-sucedidos, os gestores precisam reconhecer a existência dessas diferenças e tentar entender como elas interferem no comportamento[11].

É importante entender e administrar a adequação cargo/pessoa para que os contratos psicológicos sejam eficazes. Essa é uma tarefa difícil, em razão das diferenças individuais. A adequação cargo/pessoa existe quando as contribuições que o funcionário dá à empresa correspondem aos incentivos oferecidos por ela[11].

A satisfação ou insatisfação no trabalho reflete a medida da gratificação e da plenitude de alguém no trabalho. Pesquisas revelam que fatores pessoais, como necessidades e aspirações, junto com fatores de grupo e organizacionais, como relacionamento com colegas e supervisores, condições de trabalho, políticas de trabalho e remuneração, determinam a satisfação no trabalho. Entretanto, uma pesquisa indica que um alto grau de satisfação não leva necessariamente a um desempenho melhor[11]. "Sempre que uma organização avalia ou julga o comportamento de seus funcionários, deve certificar-se de levar em conta também as circunstâncias em que o comportamento se manifesta. [...] Levar em consideração as diferenças individuais e as contribuições dos funcionários, relacionando-as aos incentivos e aos contextos, é um grande desafio para as organizações que procuram estabelecer contratos psicológicos eficazes e adequar, da melhor maneira possível, pessoas a cargos."[11]

Clima organizacional

Nos conceitos de vários autores sobre clima organizacional, podem ser encontradas 3 palavras-chave: satisfação, percepção e cultura.

"O clima é o indicador do grau de satisfação dos membros de uma empresa em relação a diferentes aspectos da cultura ou realidade aparente da organização, tais como políticas de RH, modelo de gestão, missão da empresa, processo de comunicação, valorização profissional e identificação da empresa", segundo Roberto Coda, citado por Ricardo Luz[26].

O clima organizacional tem impacto sobre a qualidade dos serviços prestados. Para um funcionário prestar um bom serviço, é preciso que ele saiba, possa e queira fazê-lo. O "saber fazer" é uma questão de conhecimento, habilidades e atitudes; logo, uma questão de capacitação e desenvolvimento para o trabalho. O "poder fazer" é uma questão de ter e poder usar os recursos necessários. O "querer fazer" é uma questão volitiva que depende da satisfação, da percepção que o funcionário tem sobre a empresa e da cultura organizacional; logo, o "querer fazer" está associado ao clima organizacional, que muitas vezes é o elemento no qual encontramos as causas da má qualidade dos serviços[26].

O clima organizacional, embora abstrato, pode ser avaliado por meio do contato direto dos gestores com seus subordinados, entrevistas de desligamento, *ombudsman*, programas de sugestão, "café da manhã com o presidente" e pesquisa de clima.

A estratégia de avaliação de clima por meio de pesquisa permite à empresa conhecer de forma concreta o seu clima organizacional, identificando tanto os problemas reais no campo das relações de trabalho como os potenciais. A pesquisa de clima revela o grau de satisfação dos funcionários e aponta tendências de comportamento e predisposição para apoiar ou rejeitar projetos a serem desenvolvidos, permitindo intervenções por meio da adoção de políticas na gestão de pessoas ou seu aprimoramento. Já a utilização de indicadores de alerta sobre a qualidade do clima organizacional (rotatividade de pessoal, absenteísmo, conflitos interpessoais e interdepartamentais, desperdício de materiais e queixas no serviço de saúde) apenas faz presumir sobre o clima organizacional[26].

Melhoria da qualidade de vida

A construção da qualidade de vida no trabalho é um exercício de mudança permanente de hábitos, exigindo paciência e persistência.

A qualidade de vida no trabalho (QVT) refere-se à preocupação com o bem-estar geral e a saúde dos trabalhadores no desempenho de suas tarefas, conceito desenvolvido por Louis Davis na década de 1970[12].

Atualmente, o conceito de QVT envolve tanto os aspectos físicos e ambientais como os aspectos psicológicos do local de trabalho. A QVT representa o grau em que os membros da organização são capazes de satisfazer suas necessidades pessoais por meio de seu trabalho.

Chiavenato apresenta 3 modelos de QVT: o modelo de Nadler e Lawlerm e os modelos de Hackman e Oldhan e de Walton[1]. No modelo de Walton existem 8 fatores que afetam a QVT, a saber: compensação justa e adequada; condições de saúde e segurança no trabalho; utilização e desenvolvimento de capacidades; oportunidade de crescimento e segurança; integração social na organização; garantias constitucionais; trabalho e espaço total de vida; e relevância social da vida no trabalho[12].

Quadro 5.1 Roteiro orientativo para a gestão de pessoas

Assunto	O que avaliar
▪ Sistemas de trabalho ▪ Organização da força de trabalho e estrutura de cargos	▪ Organograma da farmácia hospitalar, suas subordinações e interação sistêmica ▪ Procedimentos e registros com a descrição de cargos da farmácia hospitalar
Recrutamento, seleção e contratação	▪ Procedimentos para recrutamento e seleção ▪ Procedimentos e registros das responsabilidades e competências para cada cargo
Integração dos novos membros	▪ Procedimentos e registros para treinamento introdutório
Gerenciamento e avaliação do desempenho	▪ Instrumentos utilizados pela organização para avaliar o desempenho ▪ Procedimentos e registros da gestão do desempenho
Remuneração, reconhecimento e incentivo	▪ Existência de programa de remuneração, reconhecimento e incentivos por competências ▪ Procedimentos e registros de instrumentos estruturados para remuneração, reconhecimento e incentivos por competências
▪ Capacitação e desenvolvimento ▪ Identificação e compatibilidade de necessidades	▪ Levantamento de necessidades de treinamento ▪ Procedimentos e registros de treinamentos realizados e os resultados obtidos
Cultura da excelência	▪ Programas de aprimoramento pessoal e crescimento ▪ Procedimentos e registros de programas de desenvolvimento e registro de participantes

Continua

Quadro 5.1 Roteiro orientativo para a gestão de pessoas *(continuação)*

Assunto	O que avaliar
Programas de capacitação e desenvolvimento	▪ Programas de capacitação ▪ Procedimentos e registros de programas de capacitação, desenvolvimento, execução e avaliação dos resultados
Gestão do desenvolvimento e da carreira por competência	▪ Plano de carreira ▪ Procedimentos e registros do crescimento na carreira
▪ Qualidade de vida ▪ Saúde ocupacional, segurança e ergonomia	▪ Ambientes de trabalho que garantam condições de saúde e bem-estar humano e o desempenho global do sistema ▪ Procedimentos e registros das ações para melhoria das interações entre as pessoas e outros elementos ou sistemas
Bem-estar, satisfação e motivação	▪ Programas motivacionais ▪ Procedimentos e registros dos programas realizados
Clima organizacional	▪ Instrumentos de avaliação do clima ▪ Procedimentos e registros das avaliações realizadas
Melhoria da qualidade de vida	▪ Instrumentos de melhoria da qualidade de vida no trabalho ▪ Procedimentos e registros das melhorias realizadas

REFERÊNCIAS

1. Chiavenato I. Recursos humanos: o capital humano das organizações. 8.ed. São Paulo: Atlas; 2004.
2. World Health Organization (WHO). The role of the pharmacist in the health care system: preparing the future pharmacist. Geneve: WHO; 1997.
3. Sociedade Brasileira de Farmácia Hospitalar e Serviços de Saúde. Padrões mínimos para farmácia hospitalar e serviços de saúde. São Paulo: Sociedade Brasileira de Farmácia Hospitalar; 2017.
4. Organização Nacional de Acreditação. Manual Brasileiro de Acreditação: Manual das organizações prestadoras de serviços de saúde. ONA; 2006.
5. Organização Pan-Americana da Saúde/Organização Mundial da Saúde (OPAS/OMS). A transformação da gestão de hospitais na América Latina e Caribe. Brasília: OPAS/OMS; 2004.
6. Brasil. Ministério do Trabalho. NR n. 32, de 11 de novembro de 2005. Segurança e saúde no trabalho em serviços de saúde. Diário Oficial da União, 16 nov. 2005.
7. Brasil. Ministério do Trabalho. NR n. 9. Programa de Prevenção de riscos ambientais. Diário Oficial da União, 6 jul. 1978.
8. Brasil. Ministério do Trabalho. NR n. 5. Comissão Interna de Prevenção de Acidentes. Diário Oficial da União, 24 fev. 1999.
9. Brasil. Ministério do Trabalho. NR n. 7. Programa de Controle Médico de Saúde Ocupacional (PCMSO). Diário Oficial da União, 8 jun. 1978.

10. Cunha JR. In: Bertelli SB. Gestão de pessoas em administração hospitalar. Rio de Janeiro: Qualitymark; 2004. Capítulo 3, p.51-64.
11. Griffin RW, Moorhead G. Fundamentos do comportamento organizacional. São Paulo: Ática; 2006.
12. Galvani FM. In: Bertelli SB. Gestão de pessoas em administração hospitalar. Rio de Janeiro: Qualitymark; 2004. Capítulo 5, Parte I. p.97-119.
13. Bertelli SB. Gestão de pessoas em administração hospitalar. Rio de Janeiro: Rio de Janeiro: Qualitymark;. 2004.
14. Cavichiolli AT, Melo RN. In: Bertelli SB. Gestão de pessoas em administração hospitalar. Rio de Janeiro: Qualitymark; 2004. Capítulo 4. p.65-87.
15. Fleury MT. Apud Dutra JS (org.). Gestão por competências. 6.ed. São Paulo: Gente; 2001. p.25-43.
16. Dutra JS (org.). Gestão por competências. 6.ed. São Paulo: Gente; 2001.
17. (In: Gestão por Processos ...pg 118)
18. Chiavenato I. Gestão de pessoas e o novo papel dos recursos humanos nas organizações. 2.ed. São Paulo: Elsevier; 2004.
19. Oliveira V. In: Bertelli SB. Gestão de pessoas em administração hospitalar. Rio de Janeiro: Qualitymark; 2004. Capítulo 5, Parte II. p.121-8.
20. Fundação Nacional da qualidade (FNQ). Cadernos de Excelência: Pessoas. São Paulo: FNQ; 2007.
21. Galvani FM, Oliveira V. In: Bertelli SB. Gestão de pessoas em administração hospitalar. Rio de Janeiro: Qualitymark; 2004. Capítulo 5, Parte III. p. 129-39.
22. Bom Sucesso EP. Relações interpessoais e qualidade de vida no trabalho. Rio de Janeiro: Qualitymark; 2002.
23. Associação Brasileira de Ergonomia. O que é ergonomia. Disponível em: http://www.abergo.org.br/internas.php?pg=o_que_e_ergonomia. Acesso em: 2 out. 2019.
24. Malik AM, Silva JC. Gestão de recursos humanos. São Paulo: Faculdade de Saúde Pública da Universidade de São Paulo; 1998 (Coleção Saúde e Cidadania, v.9).
25. Bowditch JL, Buono AF. Fundamentos do comportamento organizacional. 6.ed. Rio de Janeiro: LTC; 2006.
26. Luz R. Gestão do clima organizacional. Rio de Janeiro: Qualitymark; 2003. p.11.

6

Gestão por processo

Autores
Nadja Nara Rehem de Souza
Helena Márcia de Oliveira Moraes
Maria Hilecy de Aparecida Orías Berbare
Ilenir Leão Tuma
José Ferreira Marcos
Felipe Dias Carvalho
Maria Lúcia Rodrigues
Andreia Cordeiro Bolean

Coautora
Valéria Santos Bezerra

INTRODUÇÃO

A busca por soluções eficazes levou as organizações a rever suas estruturas, passando a arquitetá-las não mais a partir de agrupamentos de atividades a serem executadas, mas sob o ponto de vista do cliente, alterando o foco administrativo do fluxo de trabalho de áreas funcionais para processos[1].

A norma NBR ISO 9001:2015 define processo como uma atividade que usa recursos e que é gerenciada de forma a possibilitar a transformação de entradas em saídas. Frequentemente a saída de um processo é a entrada para o processo seguinte[2].

A Fundação Nacional da Qualidade (FNQ) expressa de forma semelhante o conceito de processo como um conjunto de atividades inter-relacionadas ou interativas que transformam insumos (entradas) em produtos e serviços (saídas)[3].

No manual internacional de padrões de acreditação hospitalar *Joint Commission International Accreditation Standards for Hospitals*[3], os macroprocessos são definidos como funções. Os padrões são organizados em torno de importantes funções, comuns a todas as instituições de saúde, como a função "cuidado ao paciente". As atividades da farmácia apresentam-se como padrões, parte integrante desse grande processo[4].

Processo significa uma atuação realizada, que transforma uma entrada/insumo (bem, serviço, documentos etc.) em uma saída/produto com valor agregado. A entrada é um evento que produz a necessidade da realização do processo, por meio de uma função de transformação, produzindo uma saída que é o evento resultante desse processo. O evento resultante, por sua vez, é o fornecedor do próximo processo.

A excelência do desempenho e o sucesso requerem que todas as atividades inter-relacionadas sejam compreendidas e gerenciadas segundo uma visão de processos.

É fundamental que sejam conhecidos os clientes desses processos, seus requisitos e o que cada atividade adiciona de valor na busca do atendimento a esses requisitos[5].

Gestão por processos é o foco administrativo aplicado por uma organização que busca a otimização e a melhoria da cadeia de seus processos, desenvolvida para atender a necessidades e expectativas das partes interessadas, assegurando o melhor desempenho possível do sistema integrado a partir da mínima utilização de recursos e do máximo índice de acertos[5].

A gestão de processos permite identificar o conjunto de atividades capaz de gerar maior valor ao usuário/cliente que recebe um produto ou serviço, integrar e orientar para resultados as várias unidades organizacionais e auferir recursos e desenvolver competências para a consecução dessas finalidades[6].

A gestão de processos demanda a concepção e o contínuo monitoramento de um quadro de indicadores de desempenho para a constante avaliação do alcance das metas estabelecidas de eficácia (efetivo alcance dos resultados), eficiência (melhor equacionamento entre recursos utilizados para alcançar os resultados) e efetividade (real capacidade de os resultados promoverem os impactos esperados)[6].

Uma característica comum encontrada nas organizações e, por conseguinte na farmácia hospitalar, é a estrutura organizacional concebida segundo o conceito de "unidades funcionais", que excutam e gerenciam um conjunto de atividades bastante específicas e especializadas.

Para um hospital e demais serviços de saúde funcionarem de maneira eficaz, é necessário identificar e gerenciar diversas atividades interligadas.

A gestão da assistência farmacêutica hospitalar sistematizada de acordo com o grau de complexidade e especialização de cada organização pode ser modelada pelo método de composição de processos.

PROCESSOS-CHAVE

- Representam sérios riscos para a vida humana, para o meio ambiente e/ou colocam em risco uma grande quantidade de recursos.
- Seus resultados produzem alto impacto para os clientes.
- Falhas nesses processos comprometem o desempenho de todo o sistema.
- São críticos para a consecução da estratégia da organização.

ESCOPO DO PROCESSO

- Missão do processo – seu propósito, função e/ou incumbência.
- Onde o processo começa – qual o seu limitador do processo, limites de sua abrangência.
- O que ele contém – quais as atividades principais desenvolvidas pelo processo.
- Onde termina seu processo – o que determina seu final, limites de sua abrangência.
- O que ele não contém – atividades fora de seus limites de abrangência, mesmo sendo relacionados e/ou compatíveis com o processo.
- Quais os objetivos do processo – alvo ou fim que se quer atingir com a missão do processo; níveis de qualidade do produto ou serviço; índices de satisfação do cliente; atendendo às necessidades; competitividade e custos.
- Quais os fatores críticos de sucesso – áreas em que o processo não pode falhar.
- Atividades dentro do processo que precisam dar certo, caso contrário todo o processo falha.
- Pontos-chave do processo – pontos que asseguram seu sucesso.
- Quais os suportes críticos ao processo – todas as atividades de suporte (inspeção, informática, limpeza, outros processos).

IMPORTÂNCIA DA ELABORAÇÃO DOS FLUXOGRAMAS DOS PROCESSOS

A elaboração de fluxogramas, também chamada de diagramação lógica ou de fluxo, é uma ferramenta inestimável para entender o funcionamento interno e o relacionamento entre os processos empresariais.

Define-se fluxograma como um método para descrever graficamente um processo existente ou um novo processo proposto, usando símbolos simples, linhas e palavras, de forma a apresentar graficamente as atividades e a sequência no processo.

- Mostram como os elementos se relacionam.
- Permitem comparação com o processo real.
- Determinam como melhorar a atividade.
- Facilitam a comunicação.

O objetivo de fazer e de analisar um fluxograma é adquirir conhecimento sobre o processo, para definir e implementar processos de aperfeiçoamento.

PLANEJAMENTO DO TRABALHO

- Identificar os processos-chave.
- Estabelecer objetivos e metas que devem ser cumpridas a partir dos esforços de gestão por processos.
- Desenvolver um plano de trabalho contendo os objetivos, as atividades, os recursos necessários, as fases do projeto, os produtos e resultados de cada fase, os prazos de entrega e a equipe de trabalho.
- Propor o projeto à liderança, com o objetivo de obter aprovação, suporte e apoio gerencial, assegurar os recursos necessários e o comprometimento de todas as pessoas da organização que farão parte da equipe.
- Prever análises críticas periódicas e apresentar o *status* do projeto à liderança de forma programada.
- Observar que o mapeamento de processos é um meio e não um fim. O que deve ser atingido de fato são os objetivos e as metas compromissadas.
- Não é necessário mapear todos os processos, nem todos os níveis do processo.

A gestão de processos facilita a integração e a coesão das diversas áreas, minimizando as descontinuidades do fluxo de trabalho, tão comuns nas organizações.

AVALIAÇÃO DOS RESULTADOS

Como o gestor da farmácia responderia a estas questões?

- O que está sendo feito por você?

A resposta a essa pergunta deveria estar na missão, nos projetos e nas atividades sendo desenvolvidas na organização, mesmo que a missão da organização não seja claramente compreendida por todos.

- Está sendo bem-feito?

A resposta pode ceder a uma perspectiva subjetiva com afirmações em geral qualitativas.

- Como saber se você está fazendo bem-feito?

A resposta a essa questão nos remete a estruturas de gestão quantitativas, em que os indicadores de desempenho são os modos de comunicação (objetiva e passível de melhoria contínua) entre gestores e organização, entre organização e sociedade etc.

- Como demonstrar para os outros que está sendo bem-feito?

Realizar análise dos resultados obtidos dos indicadores de desempenho quanto à tendência, nível atual e, se possível, medidas comparativas com farmácias hospitalares de mesmo perfil.

SELEÇÃO E PADRONIZAÇÃO

Os medicamentos podem ser considerados ferramentas para que o profissional de saúde venha modificar o curso de prevenção, diagnóstico ou tratamento de uma doença, tendo um papel importante na relação médico-paciente[7].

O uso inapropriado de medicamentos é um dos principais problemas enfrentados nos hospitais e é responsável pelo desenvolvimento e propagação da resistência microbiana, reações adversas a medicamentos (RAM), erros na utilização e uso de medicamentos relativamente perigosos[8].

É fundamental desenvolver mecanismos de gestão de risco que assegurem um aumento da segurança e eficiência do plano farmacoterapêutico, capacitem e fomentem a formação dos profissionais de saúde envolvidos, criem condições que permitam melhorar a racionalização e a monitoração sistemática do uso de medicamentos, promovam práticas centradas nas necessidades dos pacientes, para otimizar os resultados da saúde que advêm da utilização do medicamento, e assegurem o envolvimento da alta liderança hospitalar no processo de mudança.

A seleção de medicamentos está presente no âmbito primário da saúde e na escolha de medicamentos essenciais da escala mundial da OMS, contribuindo como uma das diretrizes para o uso racional de medicamentos. Sendo assim, é de suma importância estabelecer critérios baseados na eficácia, segurança, qualidade e custo dos medicamentos. Para tanto, a Comissão de Farmácia e Terapêutica (CFT) é um instrumento para promoção do uso racional, contribuindo para o gerenciamento das questões relacionadas à seleção, aquisição, distribuição, custos e utilização de medicamentos.

É importante entender a diferença entre o termo "padronização" e a atividade "seleção", preconizada pela OMS, pois muitas vezes a terminologia empregada para essa atividade parece controversa no Brasil, o que pode influenciar sua compreensão e realização.

A Figura 6.1 mostra o processo de seleção de medicamentos (adaptada de WHO, 2003) que transforma a simples ação de exclusão ou inclusão de medicamentos, para fins de "padronização", que estiveram associadas a insuficiente ou inexistente análise crítica[9].

Outro ponto conceitual importante é ter conhecimento da lista de medicamentos essenciais. No contexto de saúde pública, a lista de medicamentos essenciais orienta e racionaliza o suprimento de medicamentos no setor público, a

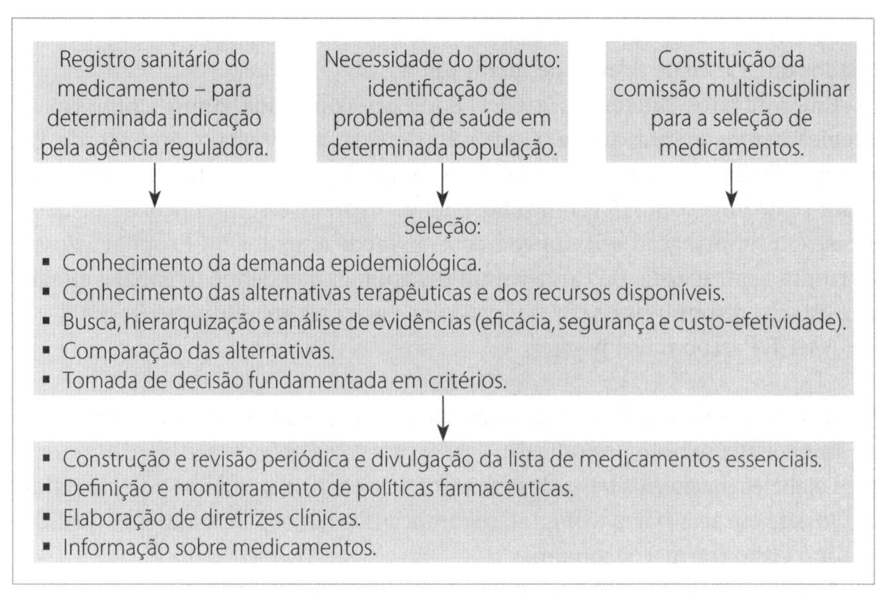

Figura 6.1 Processo de seleção de medicamentos.

produção local de medicamentos e as ações no âmbito da assistência farmacêutica. No Brasil, a Relação Nacional de Medicamentos Essenciais (Rename) e o Formulário Terapêutico Nacional têm sido ferramentas que orientam a atenção à saúde, como prescrição, dispensação, administração e emprego pelo usuário, bem como aspectos relacionados à gestão, abrangendo seleção, suprimento e acesso dos medicamentos para a população. Basicamente, os critérios utilizados são: eficácia, segurança, conveniência para o paciente, qualidade assegurada, custo comparativamente favorável e o fato de serem usados em mais de uma doença. Os critérios básicos de exclusão são: medicamentos de similar eficácia e segurança, de recente introdução no mercado, com insuficiente experiência de uso e eficácia ou segurança não definidamente comprovadas.

Já os medicamentos com indicações muito específicas, que requerem alto grau de *expertise* para assegurar seu uso, que induzem rápida resistência microbiana ou que podem desenvolver dependência física e psíquica, fazem parte da lista complementar de modelo da OMS. Na Rename e em outras listas elaboradas no Brasil, esses medicamentos são considerados de uso restrito, estando assinalados com a letra R seguida de um número que corresponde à nota de rodapé explanatória. Na lista devem constar as designações genéricas dos medicamentos incluídos (no Brasil, segundo a Denominação Comum Brasileira – DCB, 2010), sem usar nomes de marca ou fabricantes específicos, o que melhora a prática de prescrição e dispensação, contribuindo para o uso racional, evitando erros de medicação. Essas listas e designações genéricas são importantes aliados da prática de seleção de medicamentos[10].

Em contextos diferentes, a CFT pode ser conhecida como Comissão de Medicamentos e Terapêutica, Comissão de Farmacoterapia, Comissão de Padronização de Medicamentos ou Comissão de Uso Racional de Medicamentos. Trata-se de uma comissão clínica hospitalar, órgão assessor para consulta, coordenação e informação relacionada com os medicamentos do hospital[7]. Possui estrutura centralizada, de caráter multidisciplinar, que define os medicamentos que estarão disponíveis para prescrição aos pacientes atendidos no hospital[7].

A CFT é responsável por:

- Avaliar e selecionar os medicamentos para a padronização, assim como manter sua revisão periódica[8].
- Estabelecer critérios baseados em evidências considerando os aspectos clínicos, de eficácia (farmacologia), segurança (farmacoepidemiologia), qualidade e custo (farmacoeconomia)[8].
- Avaliar a utilização dos medicamentos para identificar problemas potenciais (erros de medicação e reações adversas)[8].
- Promover medidas e intervenções para aprimorar a utilização dos medicamentos na cadeia terapêutica (prescrição, identificação, fracionamento, dispensação, preparo e administração de medicamentos)[8].
- Promover educação continuada à equipe multidisciplinar[8].
- Promover práticas de controle de infecção hospitalar[8].

Conforme a Resolução n. 619 do Conselho Federal de Farmácia, de 27 de novembro de 2015, as atribuições do profissional farmacêutico no âmbito da Comissão de Farmácia e Terapêutica são:

- Atuar na escolha, análise e utilização de estudos científicos que fundamentem a adequada seleção de medicamentos e produtos para a saúde[11].
- Implantar ações visando à promoção do uso racional de medicamentos e produtos para a saúde[11].
- Participar da elaboração de diretrizes clínicas e protocolos terapêuticos, observando normativas do Ministério da Saúde[11].
- Estabelecer normas para prescrição, dispensação, administração, utilização e avaliação dos medicamentos e produtos para a saúde[11].
- Avaliar e estabelecer critérios para prescrição e uso de medicamentos e produtos para saúde não selecionados, eventualmente prescritos[11].
- Utilizar técnicas de farmacoeconomia para a avaliação dos medicamentos e outros produtos para a saúde[11].

- Acompanhar a documentação sobre reação adversa dos medicamentos selecionados, propondo critérios de segurança sempre que necessário[11].
- Participar da definição de critérios que disciplinem a divulgação de medicamentos e produtos para a saúde no ambiente hospitalar[11].
- Garantir a divulgação permanente da relação de medicamentos selecionados e dos produtos para a saúde, destacando sempre as atualizações da relação promovidas pela comissão[11].
- Estimular a realização de estudos de utilização de medicamentos e a implantação de programas de farmacovigilância e tecnovigilância[11].
- Utilizar indicadores epidemiológicos como critério do processo decisório de seleção[11].
- Zelar pela adesão e cumprimento da seleção de medicamentos e produtos para a saúde[11].
- Participar da elaboração do guia farmacoterapêutico[11].

A seleção de medicamentos acompanhada de um formulário terapêutico é considerada a parte principal de um sistema eficiente de gestão de produtos farmacêuticos. Os demais processos (aquisição, armazenamento e distribuição) são etapas administrativas cujas ações giram em torno dos produtos selecionados[12].

A seleção de medicamentos tem como objetivos:

- Garantir a disponibilidade de medicamentos em tempo útil sem afetar a qualidade da assistência prestada;
- Melhorar a qualidade da atenção por meio da seleção da opção terapêutica com melhor relação risco-benefício, segundo a evidência científica disponível e a diminuição de erros de medicação por redução do arsenal terapêutico disponível[13].
- Reduzir os custos por meio de menor duplicidade terapêutica, que diminui os valores associados à gestão de um medicamento pela seleção da opção mais custo-efetiva[13].
- Servir como suporte para um sistema de dispensação eficiente[14].
- Possibilitar o uso de uma mesma linguagem por todos os membros da equipe de saúde[15].

Objetivos

- Demonstrar a importância da atuação da Comissão de Farmácia e Terapêutica no hospital, como órgão consultivo na política de medicamentos e produtos para saúde.

- Discutir a importância da definição de políticas de aquisição de medicamentos e produtos para a saúde padronizados e para aqueles eventualmente necessários à assistência, bem como a divulgação da lista de medicamentos padronizados por meio de formulários terapêuticos.

ESTRUTURA E DESENVOLVIMENTO DOS PROCESSOS

É importante que a direção do hospital delegue autonomia e apoie a atividade exercida pela CFT, pois seu papel é de assessoria à direção, quanto às diretrizes para seleção, aquisição e distribuição de medicamentos e produtos para a saúde[8].

A CFT promove a assessoria de forma passiva por intermédio de resposta às solicitações de inclusão e exclusão no Guia Farmacoterapêutico (GFT) de medicamentos, assim como de forma ativa por critérios explícitos de utilização e boletins de difusão periódica[7].

Deve atuar definindo diretrizes-padrão de qualidade com o estabelecimento de uma política de utilização de medicamentos e produtos para a saúde, garantia da objetividade e confiabilidade em suas recomendações, assim como o estabelecimento de uma política de resolução de conflitos de interesse, sendo imparcial ao prover informações sobre os medicamentos. Sua atuação ajuda a eliminar insegurança, inefetividade ou ainda baixa qualidade de produtos, pela identificação efetiva e segura dos medicamentos, bem como pelos critérios estabelecidos para seleção e qualificação dos fornecedores[7].

A Comissão deve ser um órgão consultivo da equipe assistencial hospitalar, representando a linha de comunicação e união do corpo médico com o serviço farmacêutico, que não só realiza o processo de seleção e elaboração do guia farmacoterapêutico, mas também promove os estudos de utilização de medicamentos, registros de reações adversas, farmacoeconomia e toda atividade dirigida a promover o uso racional.

O Serviço de Farmácia, para promover e participar da implantação do desenvolvimento da seleção de medicamentos, necessita do desenvolvimento de sistemas e procedimentos de avaliação e seleção baseados na gestão do conhecimento, que deve estar focada nas áreas de busca de informação, evolução crítica da literatura, análise comparativa das alternativas terapêuticas, evolução da segurança e farmacoeconomia. Com o incremento científico e metodológico acarretando aumento da complexidade, a seleção não se limita a decidir sobre a incorporação do medicamento no guia farmacoterapêutico, mas também define seu posicionamento terapêutico para garantir seu emprego na indicação clínica e condições de uso apropriado[16].

Há uma relação direta entre o uso eficiente dos recursos e o impacto da seleção dos medicamentos na atenção especializada e primária, pois uma seleção adequada limita o número de medicamentos disponíveis, facilitando seu correto manejo, assim como promovendo a detecção e a prevenção de riscos. Apesar de os aspectos vinculados à informação e à tomada de decisões da área de saúde estarem cada vez mais inter-relacionados, tradicionalmente os processos de seleção de medicamentos no Brasil têm sido realizados de forma independente em cada hospital, existindo pouca experiência de colaboração ou coordenação entre eles. Em outros países já há grupos de trabalho coordenados para a evolução das novidades e a investigação da seleção de medicamentos[16].

Recursos humanos

Para o desenvolvimento de uma CFT, é necessário que se tenha uma equipe com experiência, habilidades e um gestor com liderança para que a Comissão trabalhe de forma dinâmica e efetiva[8].

O farmacêutico deve ter conhecimento em bioética, gestão clínica e sanitária, políticas financeiras, comunicação interpessoal e ser estratégico na seleção de medicamentos para relacionar-se com a aquisição e distribuição (logística)[7].

Devem-se realizar reuniões regulares, documentadas em atas, e o acompanhamento das atividades. Deve-se criar um ambiente de confiança, discussão e transparência em relação ao trabalho desenvolvido, promovendo a partilha de experiências[8].

Na composição da equipe incluem-se representantes de diversas especialidades médicas e profissionais de enfermagem, de fisioterapia e de farmácia, além de serviços normativos, como o de Controle de Infecção e Grupo de Suporte Nutricional. O farmacêutico poderá ocupar na CFT o cargo de presidente, secretário ou membro efetivo. As especialidades médicas podem ser referendadas pela Diretoria Técnica ou Clínica do hospital[8].

Sociedades científicas de outras especialidades, centros de informação sobre medicamentos, agências sanitárias e grupos específicos de trabalho podem contribuir com recomendações, consensos sobre uso de medicamentos e produtos para a saúde, bem como com a publicação de informes, podendo ser consultores *ad hoc* da CFT.

Processo

É um processo contínuo, multidisciplinar e participativo, sendo essencial estar estruturado com metodologia explícita e baseado em evidências. As intervenções bem-sucedidas são: estabelecimento e implantação de um formulário ou lista de medicamentos essenciais[17], protocolos de tratamento padronizado (PTP)[18] e o uso de técnicas educativas (métodos interativos baseados em problemas nos contextos reais e sessões repetidas com prescritores diferentes)[18,19], estabelecimento e implantação de auditoria e retroalimentação do prescritor[20], além da supervisão e monitoração da prescrição.

A CFT deve assumir um papel estratégico na monitoração sistemática do consumo dos medicamentos e na produção, adesão aos protocolos terapêuticos instituídos e análise para adequação da prescrição à situação clínica. Essas informações, além de importantes na tomada de decisão à gestão do medicamento, permitem melhorar a qualidade de sua utilização.

Na prática, as atividades a serem implementadas são:

- Caracterizar o consumo de medicamentos no hospital, fundamentado em metodologias de estudos descritivos ou analíticos[21]. A análise qualitativa dos consumos deve garantir o desenvolvimento de intervenções de modo a aperfeiçoar a terapêutica em função da evidência existente. Deve-se ter o estudo dos medicamentos com consumo insignificante ou nulo.
- Monitoração sistemática das principais classes farmacoterapêuticas (medicamentos com elevado consumo, de alto custo, clinicamente importantes, medicamentos recentes na padronização ou cuja inclusão será considerada, doenças de grande relevância na instituição e doenças para as quais foram estabelecidos protocolos terapêuticos)[21].
- A identificação de medicamentos e produtos para a saúde de alto custo poderá ser feita por meio da análise da curva ABC. Os itens de curva A são de 10-20% dos itens em estoque e representam 75-80% dos custos, os itens de curva B são de 10-20% dos itens em estoque e representam 15-20% dos custos e os itens de curva C são de 60-80% dos itens em estoque e representam 5-10% dos custos, podendo variar para cada hospital[22].
- A identificação dos itens clinicamente importantes poderá ser feita pela análise VEN, em que V são as drogas vitais que potencialmente salvam vidas; E são as drogas essenciais efetivas contra doenças severas; e N são as drogas não essenciais, que possuem eficácia questionável, com alto custo, para uma margem pequena de vantagem terapêutica[22].
- Avaliações para adequação do perfil da prescrição do hospital, estudos de utilização de medicamentos não incluídos no guia farmacoterapêutico[21].
- Implantar o conceito de auditoria farmacoterapêutica, na qual o farmacêutico faz a análise da adequação da terapia medicamentosa de acordo com as indicações para as quais os medicamentos foram introduzidos e/ou de acordo com os protocolos estabelecidos[21].
- Divulgação periódica, junto aos serviços clínicos, dos dados relativos à utilização de medicamentos[21].

- Promoção e divulgação dos estudos e dos resultados das intervenções instituídas nos ganhos em saúde e nas despesas com medicamentos[21].
- Estabelecer critérios de atuação para medicamentos não disponíveis no arsenal terapêutico, propondo o uso da melhor alternativa entre os fármacos disponíveis.
- Adoção da Rename como medida indispensável e de referência na elaboração das listas de medicamentos e como instrumento fundamental de orientação à prescrição, à dispensação e ao abastecimento de medicamentos, particularmente no âmbito do Sistema Único de Saúde (SUS), conforme instituído pela Política Nacional de Medicamentos e pela Portaria MS n. 3.916, de 30 de outubro de 1998, e pela Política Nacional de Assistência Farmacêutica, publicada pela Resolução CNS n. 338, de 6 de maio de 2004[23].

Uma prática que pode ser utilizada é o intercâmbio farmacêutico, procedimento mediante o qual o medicamento é substituído por outro de diferente composição, do qual se espera o mesmo efeito terapêutico ou superior. Para uso dessa metodologia, devem-se levar em conta os aspectos de equivalência farmacêutica, intercambialidade, características do paciente, aspectos intrínsecos que permitem a troca e políticas da instituição. Propõe, dessa forma, assegurar a melhor alternativa terapêutica, favorecendo o uso eficiente e garantindo sua disponibilidade[24,25].

Há também o conceito de equivalente farmacêutico, no qual há um fármaco de diferente estrutura química da original, mas do qual se espera um efeito terapêutico e um perfil de efeitos adversos similares quando se administra a um paciente a dose equivalente[24,25].

Tais requisitos são fundamentais para esclarecer os critérios para considerar um fármaco da mesma classe, pois, para alguns casos, o efeito de classe se estabelece na existência de uma estrutura química similar (anel di-hidropiridínico dos bloqueadores de cálcio), outras vezes em propriedades bioquímicas, como a capacidade de bloquear uma enzima, em outros casos com base no efeito sobre determinado órgão (como a atividade estrogênica) ou apresentando um efeito farmacológico similar, como os anti-hipertensivos (antagonistas de cálcio, betabloqueadores etc.). Sendo assim, assumir que os fármacos da mesma classe são equivalentes é muito arriscado, assim como é um erro afirmar que são intercambiáveis[25].

Sempre que consideramos os fármacos como equivalentes terapêuticos, entende-se que é para uma indicação aprovada, portanto correta: ambos estão formalmente indicados, mas deve-se analisar se a eficácia relativa e a segurança na prática clínica são similares. Devem-se levar em conta as indicações dos medicamentos, que podem variar de um país para o outro. Para reduzir os riscos de extrapolar dados falsos de um efeito de classe e maximizar a seleção ótima de um fármaco dentro de uma classe, é útil aplicar métodos precisos que facilitem a tomada de decisão. Há algoritmos que valorizam de forma sequencial a importância clínica do medicamento com base em indicação, eficácia, contraindicação, considerações especiais dos pacientes, efeitos adversos, interações farmacológicas, aderência e tempo de tratamento, doses terapêuticas equivalentes e tempo esperado para exercer o efeito terapêutico, assim como há níveis hierárquicos de evidência de equivalência com base nos estudos[7,25].

Os documentos consensualizados para prescrição e dispensação de medicamentos considerados equivalentes terapêuticos, segundo a informação científica disponível, referem-se a um programa de intercâmbio terapêutico[25]. Este é aplicável para:

- Substituição de fármacos pela alternativa incluída no Guia Farmacoterapêutico, adaptando-se dose e tempo de tratamento (como substituição de estatinas: fluvastatina, lovastatina e pravastatina por sinvastatina)[25].
- Suspensão de fármacos que não têm mostrado eficácia em ensaios clínicos ou que carecem de interesse terapêutico em pacientes internados (antiespasmódicos via oral como pinavério e mebeverina)[25].
- Continuação de tratamento com fármacos em que não é aconselhável a modificação (antiparkinsonianos, antidepressivos, medicamentos para tratamento de doença de Alzheimer)[25].
- Aplicação do conceito de fármacos homólogos, ou seja, equivalentes terapêuticos que não mostram superioridade em termos de eficácia ou segurança, mas que são utilizados de forma indistinta em razão do custo ou da disponibilidade (inibidores de bomba de prótons)[25].

O intercâmbio farmacêutico, como qualquer política de medicamentos, promove responsabilidades, riscos e desafios. Considerando os aspectos técnicos que se devem levar em conta, pode-se resumir em identificar e eleger a alternativa terapêutica adequada para cada ocasião e monitorar clinicamente o paciente. Há também a necessidade de confiança mútua e habilidade entre as equipes, principalmente em relação ao médico, para que este possa mudar seus hábitos de prescrição, uma vez que a política busca, por meio da elaboração do intercâmbio, sua aplicação em forma de programa educativo. Sendo assim, a informação ao médico é um dos aspectos mais sensíveis do processo[24,25].

O intercâmbio terapêutico se deve a uma seleção de fármacos adequada com uma CFT ativa, encarregada pela seleção dos medicamentos, divulgação das informações para seu correto uso, promoção de protocolos e guias de utilização de medicamentos, e assim implantado demonstra não apenas uma mudança entre fármacos, mas também a mudança do fármaco sobre o qual existe mais evidência para sua efetividade e segurança[25].

Uma das dificuldades do intercambio terapêutico é garantir os controles clínicos, a existência de múltiplos guias de referência e – a maior implicação – a opinião do próprio paciente como ponto contrário à mudança. Somente o médico poderá efetuar o intercâmbio terapêutico, baseado em protocolos clínicos escritos e aprovados, os quais devem garantir a qualidade das atuações da prática assistencial[25].

O estabelecimento de um procedimento de aquisição com os critérios para as marcas comerciais aprovadas contribui para a aderência aos critérios de seleção e padronização, sendo uma estratégia para a contenção de custos[26].

Vale ressaltar a importância da inclusão da tecnologia de informação ao processo como base sustentadora para a criação de uma rede de comunicação entre as equipes de trabalho e a equipe do hospital para promover o desenvolvimento das diretrizes, além de criar responsabilidades para a operacionalização das atividades da comissão.

É de suma importância a estruturação do trabalho da CFT, evitando, assim, os principais insucessos de atuação:

- Falta de comprometimento da equipe[8].
- Falta de treinamento adequado[8].
- Falta de apoio, reconhecimento e remuneração pelo tempo despendido pela equipe em trabalhar na comissão[8].
- Falta de representatividade dos membros perante o corpo clínico[8].
- Falta de apoio da administração do hospital em relação à política institucional e demais recursos (humanos, físicos etc.)[8].

Considerando a importância do processo e os critérios de seleção, faz-se necessária uma adequada e racional seleção de medicamentos, em razão dos seguintes aspectos:

- Amplitude do mercado farmacêutico e pressão da indústria farmacêutica sobre os profissionais de saúde, bem como os pacientes, por intermédio de campanhas de *marketing*[7,27].
- Multiplicidade de medicamentos e falta de estudos de eficácia e efetividade de diferentes medicamentos que competem entre si[7,27].
- Escassa habilidade de especialistas para leitura e análise crítica de estudos, principalmente relacionados a novos medicamentos e atualização na farmacoterapia[7].
- Internet como via de acesso à informação biomédica[7].

- Política de redução de custos[7,26].
- Falta de tempo e estrutura para autoformação contínua[7].

Os critérios de seleção de medicamentos podem estar relacionados a:

- Medicamentos registrados no Brasil em conformidade com a legislação sanitária[23]. Deve-se avaliar o registro do medicamento, bem como as documentações de licença e autorização de funcionamento, certificados de responsabilidade técnica referentes ao fabricante e distribuidor, boas práticas de fabricação, distribuição e importação, análise do recolhimento fiscal (ICMS) e idoneidade (Serasa/Sintegra); enfim, é necessário estabelecer critérios para a qualificação de fornecedores[26].
- Em relação à demanda, analisar frequência e quantidades utilizadas, assim como os aspectos epidemiológicos do hospital, levando em consideração os critérios existentes na saúde pública, respeitando indicações dos programas do Ministério da Saúde. Devem-se conhecer os programas e relacioná-los com o tipo de pacientes atendidos no hospital[23].
- Análise da utilização do produto em conformidade com as indicações do fabricante e ter o valor terapêutico comprovado com base na melhor evidência em seres humanos, destacando segurança, eficácia e efetividade[23]. Para análise de eficácia e segurança, podem-se utilizar, preferencialmente, estudos de nível I (ensaios clínicos randomizados, revisões sistemáticas e metanálises), com adequado desenho e poder metodológico, relevância clínica e aplicabilidade no contexto brasileiro. Avaliar nos estudos os aspectos relacionados a pacientes (como número e critérios de inclusão), grupos de tratamento (experimental ou controlado), especificando indicação e duração de tratamento, variabilidade de resultados (redução de riscos, intervalos de confiança e significância estatística)[7,25].
- Epidemiologia, características dos procedimentos, incidência, bibliografia sobre eficiência dos produtos (medicina baseada em evidências – MBE)[7,13,23].
- Princípio ativo identificado conforme a DCB ou Denominação Comum Internacional (DCI)[23], além de informações na Classificação Anatômica Terapêutica (ATC) e na Dose Diária Definida (DDD).
- Dar preferência para dose e formas farmacêuticas que promovem comodidade de administração em diversas faixas etárias, com facilidade para o cálculo da dose a ser administrada e facilidade para fracionamento ou multiplicação das doses, com perfil de estabilidade mais adequado às condições de estocagem e uso[23].
- Formas de apresentação (quantidade de produto por embalagem) e necessidades especiais (refrigeração, fracionamento, tempo de validade)[23].

- Avaliar embalagem, instruções de uso, durabilidade, resistência, ergonomia, cumprimento de sua finalidade prática/função, facilidade de manuseio[7].
- Vias de administração[7,23].
- Medicamentos com um único princípio ativo, admitindo-se combinações em doses fixas[23].
- Morbidade das doenças prevalentes[7,13,23].
- Número de indicações terapêuticas aprovadas[7].
- Número e tipos de contraindicações. Descrever os efeitos secundários mais significativos (por frequência ou gravidade) e sua incidência[13].
- Alergia com fármacos similares[7].
- Interações com fármacos e alimentos[7].
- Espectro de ação, biodisponibilidade (início de ação, via de eliminação etc.)[23].
- Disponibilidade de formas de administração alternativas ou fatores que afetam o cumprimento terapêutico[7,23]. Descrever a possibilidade de erros de medicação potenciais[13].
- Farmacovigilância: avaliar notificações de suspeita de reação adversa[7,8].
- Segurança principalmente em grávidas, crianças e idosos, ou doenças específicas (insuficiência hepática, renal etc.)[13].
- A análise farmacoeconômica (custo-efetividade ou custo-benefício) com menor custo de aquisição, armazenamento, distribuição e controle[23]. Podem-se utilizar os métodos e critérios baseados nos estudos de economia em saúde[13].
- A análise pode ser feita pelo custo farmacológico do tratamento completo para terapia aguda e o custo de um ano para tratamento crônico, do novo fármaco e da terapia de referência às doses usuais[13].
- A análise de custo-efetividade é calculada pelo custo do tratamento completo pelo número de pacientes necessários para produzir uma unidade de eficácia. Quando a comparação do novo medicamento não for direta com o tratamento de referência, realizar-se-á correspondente análise de custo-efetividade da terapia de referência[13].
- Estimar o impacto econômico anual de incluir o fármaco no Guia Farmacoterapêutico[13].
- Para tratamentos crônicos, estimar a diferença do impacto em suspender tratamentos ineficazes[13,24].

A atividade de monitoração da prescrição e os estudos de utilização de medicamentos, bem como a análise do consumo dos medicamentos, trazem o conhecimento da prescrição, administração e custo. A variabilidade de critérios na prática clínica promove impacto na utilização dos recursos, assim como na qualidade e nos resultados. Por essa variabilidade, pode-se obter a subutilização ou a utilização em doses excessivas, o que traz o emprego menos eficiente e segura dos medicamentos[28].

O efeito dos avanços científicos e tecnológicos permite um grande arsenal farmacoterapêutico; sendo assim, um mesmo paciente pode concorrer para diversas doenças e, em consequência, os critérios de diversos profissionais que podem não atuar de forma coordenada, trazendo a utilização menos eficiente e segura dos medicamentos. Para tanto, é importante ter gestão sobre a variabilidade clínica, a qual implica estabelecer critérios e condições de utilização de medicamentos baseados nos resultados efetivos e seguros na saúde, mantendo a eficiência e considerando a conveniência para os pacientes[25].

Para reduzir a variabilidade da prática clínica, a responsabilidade é conjunta com a MBE, a investigação dos resultados em saúde e os guias de prática clínica[25].

O processo de seleção não se limita à elaboração da relação de medicamentos essenciais e do guia farmacoterapêutico, mas faz parte de um conjunto de atividades[29]:

- 1ª etapa – fase política: apoio e sensibilização do gestor e dos profissionais da saúde.
- 2ª etapa – fase técnico-normativa: criação da CFT em caráter permanente e deliberativo. Quando necessário, subcomissões ou consulta a especialistas.
- 3ª etapa – seleção propriamente dita, cujo resultado e/ou produto consiste na elaboração de uma relação de medicamentos essenciais, que deve nortear as diretrizes de utilização, programação, aquisição, prescrição, dispensação etc. Fase de estruturação da relação de medicamentos: definição de critérios e efetivação do processo.
- 4ª etapa – fase de divulgação e implantação: elaboração de estratégias para divulgação da relação, que poderá ser feita por meio de seminários, palestras, meios de comunicação, instrumento oficial (portaria), entre outros, como forma de validar e legitimar o processo.
- 5ª etapa – elaboração de um formulário terapêutico: documento que consiste em informações técnicas relevantes e atualizadas a respeito dos medicamentos selecionados, para subsidiar os prescritores.

Considerando os modelos para a seleção de medicamentos, esta pode ser feita por meio de[30]:

- Sistema de Guia Farmacoterapêutico.
- Concursos públicos e procedimentos diretos.
- Método de Sistema de Análise de Decisão de Multiatributos (Teoria da Utilidade Multiatributo – MAUT, do inglês *multiattribute utility theory*), em que

os critérios de avaliação do fármaco são baseados nos custos, eficácia clínica, esquema posológico, incidência e gravidade de efeitos adversos e interações medicamentosas.

- Sistema de Análise de Avaliação por Objetivo (SOJA, do inglês *system of objectified judgement analysis*), em que os critérios de avaliação são os estudos clínicos, indicações aprovadas e tempo de comercialização, farmacocinética, aspectos farmacêuticos e critérios específicos de classe terapêutica.

Compliance

O termo *compliance* tem origem no verbo em inglês to *comply*, que significa agir de acordo com uma regra, uma instrução interna, um comando ou um pedido; ou seja, estar em "*compliance*" é estar em conformidade com leis e regulamentos externos e internos, e isso se estende ao comportamento ético[31].

Na seleção de medicamentos, é necessário mitigar riscos de *compliance* com diretrizes básicas:

- Avaliação de conflito de interesses: evitar situações de risco, mesmo que o propósito seja válido.
- Preservação da autonomia do médico em prescrever o melhor tratamento para o paciente.
- A informação sobre o produto deve ser completa, verdadeira e de acordo com as indicações aprovadas.
- Transparência.
- Rastreabilidade de documentação e registros adequados.

INSTRUMENTOS

Guia Farmacoterapêutico

O formulário ou GFT tem como objetivo promover a segurança e o uso racional e efetivo dos medicamentos[32,33].

Historicamente, as Comissões de Farmácia e Terapêutica têm focado principalmente na minimização de custos. Neste processo, os formulários ou guias têm sido usados como um caminho, provando qualidade e valor por toda parte, pois devem retratar as estratégias e mecanismos que criam eficiência no processo do uso do medicamento, colaborando com as políticas de intercambialidade e mudanças terapêuticas, contribuindo assim para a melhora na qualidade dos cuidados com os pacientes[7,25,34].

O Guia Farmacoterapêutico deve representar a cultura farmacoterapêutica do hospital e a qualidade da terapia medicamentosa, assim como deve se basear em evidências científicas e de relevância social. Seu conteúdo deve ser completo, atualizado, atrativo e conciso[7].

O Guia deve conter os seguintes aspectos:

- Normas, procedimentos e recomendações institucionais relativas ao uso de medicamentos (composição, características e funcionamento da CFT, informações regulatórias sobre prescrição, dispensação e administração de medicamentos, normas de controle de entorpecentes, psicotrópicos e medicamentos de uso especial)[7,34].
- Critérios de inclusão e exclusão de medicamentos[7,34].
- Diretrizes sobre o uso de medicamentos equivalentes terapêuticos e genéricos. Relacionar as condições gerais para os casos de substituição automática com a relação dos equivalentes aprovados[13,25].
- Relação dos medicamentos aprovados no hospital, incluindo as informações básicas sobre cada um, com orientações farmacológicas e clínicas. Os medicamentos podem ser classificados por grupos terapêuticos. O Guia deve conter no mínimo o nome genérico do princípio ativo e suas associações, formas comerciais disponíveis no hospital, dose usual em pacientes adultos e pediátricos, indicações aprovadas, normas e recomendações especiais referentes à sua prescrição, conservação e administração, como "uso restrito a...", "não administrar por via IV", "proteger da luz" etc.[7,34].
- Índice de princípios ativos, nomes comerciais e grupos terapêuticos. Incluir um índice múltiplo com entradas por genéricos, nomes comerciais e grupos terapêuticos. É aconselhável diferenciar por tipos de letras (maiúscula, minúsculas, negrito etc.)[7,34].
- Informações práticas de interesse sobre medicamentos. Variáveis conforme a característica do hospital, tipicamente se incluem informações não facilmente disponíveis em outras fontes, como: tabela de abreviaturas e símbolos, tabela de doses equivalentes (corticosteroides), medicamentos contraindicados na gravidez, administração de medicamentos para pacientes com insuficiência renal e hepática, tabelas de interações de medicamentos e alimentos, tabelas de interferência de medicamentos com exames laboratoriais, fórmulas-padrão de nutrição parenteral, tabelas contendo o íon sódio para cada medicamento, tabela de concentração de eletrólitos mais utilizados e suas equivalências em diferentes unidades, protocolos ou algoritmos de decisões para situações concretas (p. ex., algoritmo para eleição de benzodiazepínicos), parâmetros e unidades fisicoquímicas de interesse, situações e padronização dos carros de emergência, fármacos que modificam a coloração de

fezes e urina, aspectos de toxicologia clínica, farmacocinética e monitoração de medicamentos, fármacos dializáveis etc.[34].

- Estudos de utilização de medicamentos de uso restrito e manejo em ensaios clínicos[26,34].
- Potencializar a disponibilidade de novas tecnologias[34].
- Informações sobre como utilizar o Guia Farmacoterapêutico[34].

É importante o estabelecimento de uma política funcional e dinâmica de substituição de genéricos e de substituição terapêutica aprovada pela CFT. Recomenda-se a inclusão no guia, de forma prioritária, das formas farmacêuticas que dispõem de medicamentos genéricos[34].

A utilização do GFT traz a transparência na decisão com base em consensos e na experiência clínica e no impacto econômico, fundamental para o prescritor na tomada de decisão[7].

Não existe um formato único para o GFT, mas recomenda-se que seja visualmente agradável e fácil de ler, com caráter profissional, diferenciação de cor ou sistema de localização lateral, com edição em tamanho de bolso e econômico, em virtude da frequência em sua reedição, que deve ser anual. É recomendável que esteja disponível em versão on-line com suporte para disponibilizar na rede de intranet do hospital, para que possa ser acessada em qualquer terminal em sua versão atualizada[34].

É aconselhável estabelecer um sistema de atualização entre as edições por meio de notas informativas ou suplementares que podem ser colocadas na capa ou na contracapa do guia. Com o objetivo de evitar confusões, é recomendável modificar a cor da capa a cada reedição[34].

A informação é parte fundamental no processo de aderência, sendo necessário difundir o guia para toda a equipe do hospital, com a entrega de um exemplar para cada médico que ingressa nele com orientações sobre sua justificativa de existência e a obrigatoriedade de seu cumprimento. Uma cópia da última edição deve ser colocada em cada unidade onde ocorre o tratamento dos pacientes (salas de hospitalização, consultas externas, unidades de cuidados especiais, urgências e serviços gerais), assim como se deve entregar uma cópia para os enfermeiros, farmacêuticos e responsáveis pela gestão administrativa, assegurando seu conhecimento e sua utilização correta[13,34].

O guia deve ter características de autoridade e grande âmbito de aplicação, e o serviço de farmácia deve estar estruturado para gestão e seguimento dos critérios de utilização racional dos medicamentos com base na seleção e em um sistema de dispensação individualizada ou unitária. A transparência nas decisões e no procedimento de avaliação, bem como a difusão das informações, são princípios básicos para a qualidade dos trabalhos[13,34].

Parecer técnico de avaliação para inclusão de novos medicamentos

A inclusão de novos medicamentos deve ser documentada, incluindo as referências correspondentes com informações detalhadas pelo médico solicitante, podendo-se pedir a opinião de outros. O farmacêutico deve elaborar um informe com o parecer de avaliação para cada novo medicamento, parecer esse que será encaminhado para análise da CFT. Nesse informe, devem-se incluir informações sobre propriedades farmacológicas, indicações terapêuticas, formas de dosificação, farmacocinética, toxicidade e efeitos adversos, precauções especiais, dados comparativos com outros fármacos incluindo custos, justificativa para inclusão, recomendações e bibliografia[33].

Destacam-se como bibliografia recomendada: *American Hospital Formulary Service Drug Information, Martindale, The Extra Pharmacopeia, Physicians Desk Reference, The Pharmacological Basis of Therapeutics, American Journal of Hospital Pharmacy* e *Panorama Actual del Medicamento*[33]. A análise deve ser realizada quando se dispõe das informações proporcionadas pelo laboratório farmacêutico[7,33].

Os seguintes aspectos devem ser contemplados na proposta de inclusão de novo princípio ativo ou especialidade no Guia Farmacoterapêutico[33]:

- Nome genérico.
- Nome comercial.
- Fabricante.
- Composição (princípios ativos).
- Apresentação.
- Dose, duração de tratamento[34].
- Ação farmacológica principal/categoria terapêutica[34].
- Uso terapêutico que justifica sua inclusão.
- Citar os medicamentos incluídos no guia que podem ser considerados similares.
- Razões clínicas para que o medicamento proposto seja considerado superior aos citados no item anterior.
- Substitui alguns dos medicamentos incluídos atualmente no guia ou há medicamentos que podem ser excluídos?
- Citar o médico ou equipe solicitante.
- Data e assinatura.

O farmacêutico deve analisar a solicitação do fármaco conforme os critérios já descritos e deve emitir uma recomendação final: inclusão ou não no Guia Farmacoterapêutico, inclusão para determinada população de pacientes ou com alguma recomendação ou inclusão em algum protocolo.

Quando um novo medicamento for inserido, deve ser comparado com os já existentes na padronização. Definir qual é seu papel na terapêutica e seus benefícios clínicos. Valorizar a relação custo-efetividade e identificar situações clínicas específicas e subgrupos de pacientes que obtenham melhor relação de custo-efetividade.

O farmacêutico clínico deve buscar diferenciar a incorporação da inovação terapêutica do fato de existir um medicamento comercializado e disponível. A Figura 6.2 mostra o que é necessário para fazer essa diferenciação.

Justificativa de medicamentos não padronizados

É recomendável um processo definido para uso e um manual de medicamentos não disponíveis na lista padronizada, os quais podem ser chamados de medicamentos não padronizados[7,34].

Faz-se necessário um impresso contendo questões que devem ser avaliadas pelo farmacêutico e equipe médica na proposta de aquisição de medicamentos não padronizados:

- Dados do paciente (nome, leito, registro).
- Nome genérico.
- Nome comercial.
- Fabricante.
- Composição (princípios ativos).

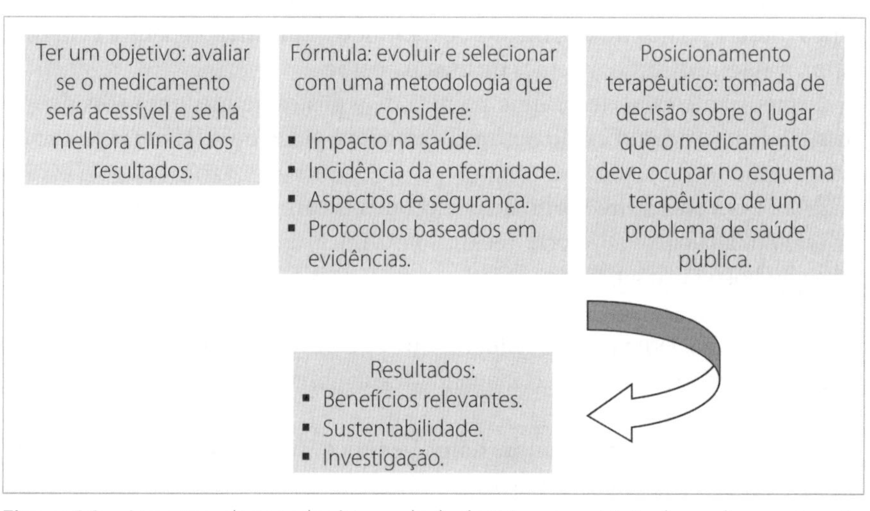

Figura 6.2 Aspectos relacionados à tomada de decisão na aquisição de medicamentos não padronizados.

- Apresentação.
- Justificativa para seu uso terapêutico.
- Tempo estimado de tratamento.
- Citar o médico ou equipe solicitante, com dados de contato.
- Data e assinatura.

Deve-se definir com a Diretoria Técnica ou Clínica do hospital a forma de trabalho, incluindo: análise do farmacêutico para proposta de substituição do medicamento não padronizado por um medicamento disponível no GFT, análise por um médico ou equipe para autorização da compra ou substituição do medicamento, forma de contato e abordagem com o médico solicitante, tempo de aquisição e dispensação do medicamento, consensos com a Comissão e o Serviço de Controle de Infecção Hospitalar para acompanhamento e autorização de antimicrobianos prescritos fora do GFT, tipos de monitoração da prescrição e controle de custos.

Termo de responsabilidade de medicamentos próprios

Dentro do processo de prescrição de medicamentos não padronizados, é recomendável o estabelecimento de políticas de prescrição e uso[7], principalmente quando os medicamentos são trazidos pelo próprio paciente.

O farmacêutico torna-se corresponsável pela utilização dos medicamentos do paciente quando usados no ambiente intra-hospitalar, devendo validar as informações obtidas com o paciente ou acompanhante e analisar o medicamento em relação às condições adequadas de conservação e uso, além de colaborar para a prescrição dos medicamentos, garantindo sua rastreabilidade e evitando, assim, a automedicação ou erros de medicamento.

É importante estabelecer uma política de aquisição e uso nos casos de impossibilidade de identificação dos medicamentos, prazo de validade expirado ou conservação inadequada.

Propõe-se, então, um termo de compromisso contendo questões que devem ser referendadas pela Diretoria Técnica ou Clínica, assim como com a Área Jurídica do hospital, contendo:

- Dados do paciente (nome, leito, registro) ou acompanhante, o qual se torna responsável pela procedência, qualidade e conservação do medicamento trazido ao hospital.
- Descrição dos medicamentos: nome genérico, nome comercial, apresentação, quantidade, lote e validade.
- Autorização da guarda dos medicamentos com a equipe de enfermagem.
- Data, assinatura do paciente e do farmacêutico.

Especificação

A especificação consiste na determinação, com exatidão, daquilo que se tem normatizado, fazendo uma descrição objetiva, com detalhes que possam distinguir uma apresentação de outra[35]. A especificação de um medicamento deve incluir: dosagem, forma farmacêutica, volume e/ou peso e nomenclatura do fármaco segundo a DCB. A terminologia empregada em sua descrição deve ser entendida por usuários e fornecedores. Todas as características que definem o produto a ser adquirido devem ser descritas de forma explícita[29].

Um exemplo de descritivo para a aquisição de solução fisiológica em sistema fechado seria: Solução fisiológica a 0,9%, 500 mL, estéril, atóxica e apirogênica, acondicionada em recipiente de material maleável (bolsa ou frasco plástico), transparente e atóxico. O volume total da solução deve escoar sem necessidade de entrada de ar, sem utilização de respiro e com gotejamento constante para garantir o sistema fechado em qualquer condição. A escala de graduação deve ser no recipiente, por processo de moldagem ou impressão. O recipiente deve possuir sítio de adição de medicamentos com elastômero que garanta a estanqueidade (autovendável), via para conexão de equipo dotada de diafragma ou mecanismo similar. O produto deve ser identificado adequadamente, ostentando em seu rótulo a seguinte informação: "sistema fechado". Também pode ser necessário conservar o recipiente plástico cheio com solução parenteral, se dentro de uma embalagem protetora externa, hermeticamente fechada, e não deve perder mais de 2,5% da massa ao ano a 28 °C e a 65% de umidade relativa[35].

Classificação

Classificar um medicamento é agrupá-lo elegendo critérios para sua posterior codificação, facilitando a distinção de produtos que têm maior probabilidade de serem confundidos ou que são extremamente semelhantes em relação ao nome, colocando-os em seu respectivo local. A ordenação do estoque pode seguir diferentes modos:

- Ordem alfabética.
- Forma farmacêutica.
- Curva ABC de consumo ou valor.

A classificação é de extrema importância como forma de acompanhamento de estoque, auxiliando o armazenamento e o emprego de sistemas informatizados. Muitas vezes os controles são realizados por grupos de medicamentos, possibilitando inclusive a substituição de um produto pelo outro quando há falha no reabastecimento[35].

Codificação

Codificar significa simbolizar todo o conteúdo de informações necessárias por meio de números e/ou letras com base na classificação obtida do medicamento, de forma clara e concisa, evitando interpretações duvidosas ou confusas. Os sistemas de codificação podem ser divididos em alfabético, alfanumérico e numérico.

Esse arranjo pode gerar significados diversos, porém mantendo uma relação em que um código nunca tenha mais que um item e um item não tenha mais que um código[35].

De acordo com a necessidade da instituição, a codificação pode ser dividida em subgrupos e subclasses.

Atualmente a codificação tem sido feita por sistemas informatizados que apontam esses dados automaticamente[35].

Resultados

A efetividade das atividades de seleção de medicamentos está diretamente relacionada com a organização da CFT, seus processos de trabalho e sua capacidade de monitorar e comprovar resultados.

Há indicadores relatados por Santana et al.[36] relacionados à estrutura do comitê, indicadores de processo e indicadores de resultado. Serão mostrados a seguir.

Indicadores de estrutura da CFT

- Institucionalização de CFT responsável pela seleção de medicamentos no serviço de saúde (comitê instituído por portaria, decreto ou documento institucional equivalente).
- Nível de representatividade do comitê (não há um número ideal, mas, segundo estudos, a média é de 12 membros para unidades com menos de 500 leitos).
- Quantidade e periodicidade das reuniões da CFT ao longo do ano (mínimo de uma reunião a cada 2 meses).
- Aferição de situações de impedimento ético entre os membros (assinatura de declaração de isenção de conflito de interesses).

- Autoridade da CFT (possuir autonomia delegada pela gestão para decidir sobre a disponibilidade e utilização de medicamentos no serviço).
- Documentos institucionais com regras gerais para o funcionamento da CFT (regimento interno ou documento equivalente com missão, objetivos, funções e procedimentos da CFT).
- A CFT se organiza em subcomissões para regulamentação de políticas específicas (comissões de controle de antimicrobianos, medicamentos de alto custo, entre outras).
- Participação de outros comitês da instituição no processo de seleção de medicamentos (Comissão de Controle de Infecção Hospitalar, Equipe Multidisciplinar de Terapia Nutricional, entre outras).
- A CFT realiza colaboração em rede com organizações governamentais, sociedades científicas ou com outras CFT (rede de apoio governamental ou associação independente).
- Possui recursos para financiamento de suas atividades (recursos para custear treinamentos, materiais informativos, entre outros).

Indicadores de processos da CFT

- Possui guia de medicamentos essenciais disponíveis para os profissionais (guia impresso ou digital distribuído para todos os prescritores de serviços).
- Processo padronizado para solicitação de alteração na lista de medicamentos (fluxo padrão descrito em documento institucional e amplamente divulgado).
- Utilização de estudos e ferramentas gerais de saúde baseada em evidências na tomada de decisão (avaliação de estudos conforme níveis de evidência).
- Utilização de estudos farmacoeconômicos para tomada de decisão (p. ex., estudos de custo minimização, custo-benefício, custo-efetividade etc.).
- Avaliação de outros aspectos e implicações relacionados ao ciclo logístico da assistência farmacêutica (estabilidade durante armazenamento, disponibilidade no mercado, condições de transporte, entre outros).
- Realização de atividades de educação e consultoria dos profissionais da instituição sobre as questões relacionadas ao uso de medicamentos (treinamento sobre farmacoterapia e utilização racional de medicamentos).
- Protocolos e diretrizes terapêuticas padronizadas no serviço (protocolos elaborados pelo serviço ou utilização de protocolos nacionais).
- Programa de intercâmbio terapêutico de medicamentos (profissionais não médicos podem realizar alterações na prescrição seguindo protocolos específicos elaborados pelas CFT).
- Possui assessoria de um centro de informação sobre medicamentos.

- Utilização de metodologias específicas validadas para a incorporação de medicamentos (*Guía para la incorporación de nuevos fármacos* [GINF], SOJA), entre outros.
- Elaboração de pareceres e/ou relatórios técnicos para documentar as alterações da lista (emissão de parecer técnico para cada proposta de alteração da lista de medicamentos).
- Avaliação e monitoramento do uso *off-label* de medicamentos no serviço.
- Monitoramento da segurança do uso de medicamentos no serviço (notificação de erros de medicação, número de reações adversas, resistência de microrganismos a antibióticos).
- Estratégias para priorização da demanda de avaliação de medicamentos (priorização de itens com maior relevância para o serviço).
- Normas para a solicitação e utilização eventual de medicamentos não padronizados na lista de medicamentos essenciais do serviço (fluxo padrão descrito e divulgado).
- Estratégia de divulgação da lista e das decisões da CFT.
- Restrição do uso de medicamentos por especialidade ou serviço ofertado (listas com critérios predefinidos para serviços específicos).
- Reporte/validação das decisões da CFT em instância superior (direção clínica, gestores, solicitantes podem recorrer às decisões da CFT e/ou reportar casos de surgimento de novas evidências científicas).
- Periodicidade de revisão da lista (anual, no mínimo bienal).

Indicadores de resultado da CFT

- Número de medicamentos que compõem o formulário da instituição (comparação com serviços de mesmo porte, listas de referências).
- Número e percentual de inclusões de medicamentos da lista durante revisão (monitoramento do impacto da CFT ao longo do tempo).
- Número e percentual de exclusões de medicamentos da lista durante revisão (monitoramento do impacto da CFT ao longo do tempo).
- Quantidade de solicitações de alteração na lista demandadas pelos profissionais do serviço (comparação entre unidades do serviço, índice de demanda).
- Número de parecer/relatórios realizados pela CFT com relação ao total de alterações (meta ideal de 100% das alterações com parecer da CFT).
- Percentual de medicamentos da lista com avaliação formal da CFT (meta ideal de 100% das listas com avaliação da CFT).
- Número de protocolos e diretrizes terapêuticas elaboradas ou validadas pela CFT (meta ideal de 100% dos tratamentos com protocolos elaborados ou validados pela CFT).

- Porcentagem de itens selecionados indicados por governos e organizações de saúde (comparação com a Rename, lista de referência da OMS).
- Quantitativo de medicamentos por classe terapêutica (número de alternativas terapêuticas por grupo de medicamentos).
- Quantitativo de notificações de problemas relacionados aos medicamentos selecionados (quantitativo de queixas técnicas, reações adversas, casos de microrganismos resistentes a antibióticos).
- Percentual de adesão dos prescritores às políticas de uso de medicamentos instituídas pela CFT (porcentagem de prescrições de acordo com lista, protocolos clínicos e orientações de utilização).
- Impacto econômico das alterações na lista (monitoramento da redução ou incremento de gastos após as modificações na relação de medicamentos).
- Número e custo das aquisições de itens não padronizados (monitoramento do impacto da aquisição de itens fora da lista).

Os possíveis problemas com o uso de medicamentos nos mostram:

- Perfis e tendências de utilização.
- Qualidade da prescrição e uso dos medicamentos baseados na aderência aos guias de prescrição, protocolos, consensos ou formulários terapêuticos.
- Características e hábitos dos prescritores.
- Custos de tratamentos, principalmente em longo prazo.
- Determinação de parâmetros sociodemográficos.
- Perfis de reações adversas e interações medicamentosas.

Os dados provenientes da CFT devem relacionar-se com outras comissões clínicas.

A monitoração pode ser efetuada por meio de indicadores de estrutura, funcionamento e produção da CFT, como:

- Número de reuniões por ano[7,37].
- Número de critérios definidos na seleção de medicamentos[7].
- Número de especialidades farmacêuticas e princípios ativos contidos no guia farmacoterapêutico[37].
- Número de solicitações de inclusão de fármacos recebidas e avaliadas em prazos de tempo definidos[37].
- Número de fármacos incluídos/excluídos[37].
- Número de solicitações de medicamentos não padronizados[37].
- Número de protocolos de utilização de medicamentos[37].
- Existência de política de utilização de medicamentos[7].

- Consumo de medicamento por classe farmacoterapêutica[21].
- Nível e giro de estoque[37].
- Número de auditorias terapêuticas realizadas[21].
- Taxa de aderência aos protocolos[21].
- Grau de respostas e eficácia da informação para estimar o grau de aceitação da informação dada pelo Serviço de Farmácia na tomada de decisão da Comissão[21,37].

A investigação e o desenvolvimento de novos medicamentos com sua posterior incorporação à prática clínica estão gerando notáveis benefícios em termos de saúde e bem-estar para um grande número de pacientes, uma vez que os medicamentos são utilizados como ferramentas terapêuticas que permitem curar enfermidades agudas, estabilizar enfermidades crônicas, salvar o paciente ou melhorar sua qualidade de vida.

Da mesma forma que há avanços farmacoterapêuticos, há o crescente aumento de efeitos adversos e os problemas relacionados ao uso adequado, assim como o aumento de custos, que afeta a sustentabilidade do sistema de saúde. Sendo assim, a cadeia terapêutica, constituída por um conjunto de atores e ações que participam de distintas etapas que vão desde o registro para comercialização, distribuição, promoção, prescrição até a dispensação, administração e utilização, torna-se componente importante para garantir o uso racional de medicamentos.

A aplicação de medidas centralizadas na área de compras relacionada aos preços dos medicamentos e aos processos logísticos possuem efeitos limitados em razão da própria dinâmica do setor e seus distintos agentes. Para melhorar o cuidado assistencial com diminuição do número de erros de medicação e reações adversas, é importante reconhecer a importância dos estudos de utilização e o processo de seleção dos medicamentos. A CFT oferece a oportunidade de um ambiente propício para melhorar o manejo de medicamentos em hospitais e no contexto da atenção básica.

A eleição dos medicamentos comercializados que apresentam o balanço benefício *versus* risco mais favorável, definido por metodologias de evidência científica, determina aqueles que serão utilizados para atender às necessidades terapêuticas dos pacientes ao menor custo possível.

O sistema de formulários e o Guia Farmacoterapêutico constituem ferramentas disponíveis para melhorar a terapêutica do paciente. Seu uso inteligente contribui para melhorar a gestão dos recursos farmacêuticos e proporcionar aos pacientes a terapia mais eficaz e custo-efetiva.

PROGRAMAÇÃO, AQUISIÇÃO E ARMAZENAMENTO DE MEDICAMENTOS E PRODUTOS PARA A SAÚDE

Programação

Programar consiste em identificar as necessidades, estimar e definir as quantidades para atender à demanda do serviço por determinado período, e elaborar as especificações técnicas dos itens a serem adquiridos. Diz respeito a quando e quanto comprar. Trata-se de um processo que exige a participação de pessoas com diferentes formações profissionais e visões diferenciadas do assunto, para a fundamentação das decisões técnicas, contemplando o paciente, o produto, espaço, estruturas e instalações, recursos financeiros e normas[38].

Na execução da programação, para que a estimativa reflita a real necessidade, são de grande valor a disponibilidade e a utilização de dados referentes aos produtos a serem adquiridos. A programação inadequada afeta diretamente o abastecimento e o acesso ao medicamento, bem como o nível de perda dos produtos. Os seguintes aspectos ainda devem ser considerados na programação[38]: área física, estrutura da Central de Abastecimento Farmacêutico (CAF), condições técnicas e espaço disponível; demanda, baseada no estudo das variações sofridas pelos estoques, suas causas e efeitos em um período, para prever sua tendência futura, com certo grau de confiabilidade; e recursos financeiros.

Orientações gerais para programação

- Empregar, sempre que possível, a DCB e a DCI na sua ausência.
- Estimar a quantidade de medicamentos com base em: métodos de produção do hospital, número de egressos, número de consultas etc.; possíveis modificações da demanda de atenção à saúde; esquema de tratamentos utilizados; identificação dos medicamentos vitais.
- Selecionar o período para o qual se calcula o consumo.
- Calcular o consumo de cada medicamento por serviço.
- Em hospitais com atendimento ambulatorial, estimar o consumo desse serviço a cada mil atendimentos: esse número obtido dividindo-se o consumo de cada medicamento pelo número total de consultas desses pacientes e multiplicando o resultado por mil[12]. Deve-se também ajustar o consumo em razão do estoque existente, das necessidades atuais da instituição, de perdas evitáveis tendo em conta o desabastecimento, dados de morbidade e protocolos de tratamento para medicamentos de uso eventual.

Objetivos

- Evitar a descontinuidade no abastecimento, aquisições desnecessárias e perda de produtos.
- Definir especificações técnicas e quantidades dos medicamentos a serem adquiridos, tendo em vista o estoque, os recursos e prazos disponíveis[39].
- Definir prioridades e quantidades a serem adquiridas, em face da necessidade de aquisição para atendimento da demanda e da disponibilidade de recursos.

Estrutura

Etapas envolvidas no processo de programação[40]:

- Definir a equipe de trabalho.
- Estabelecer normas e procedimentos.
- Levantar dados e informações necessários ao processo.
- Elaborar a programação.
- Acompanhar e avaliar.

A responsabilidade da programação deve ser compartilhada pela farmácia com a administração do hospital ou setor responsável pela aquisição, bem como com representantes dos serviços clínicos e Comissão de Farmácia e Terapêutica. As decisões devem advir de consenso após discussão dos critérios específicos, apresentados pelos membros da equipe. Cabe à farmácia repassar ao setor responsável pelas compras suas necessidades referentes aos produtos a serem adquiridos, com as especificações adequadas, informando quantidade e prazo para entrega, e acompanhar o transcurso do processo para apontar as urgências.

A equipe responsável pela programação deve estabelecer metodologia de trabalho, critérios de priorização de necessidades, atribuições e responsabilidades de cada membro, cronograma de execução, periodicidade e modalidades de compras e elaborar os instrumentos apropriados: planilhas (relacionando os medicamentos e suas especificações técnicas), formulários adequados para o registro das informações e instrumentos de avaliação.

Em relação ao levantamento de dados e informações necessárias ao processo, a maioria dos dados é obtida junto à Central de Abastecimento Farmacêutico; outros, com os demais membros da equipe de trabalho. Dados úteis: medicamentos padronizados, perfil da clientela do hospital, tipo e qualidade dos serviços ofertados, consumo histórico de cada produto, oferta e demanda real por unidade clínica, estoque existente de cada produto e fatores que influenciam sua utilização, protocolos terapêuticos existentes, custo unitário por tratamento e disponibilidade orçamentária e financeira no momento e no decorrer do período para o qual se efetiva a programação.

A elaboração da programação requer[40]:

- Listar os medicamentos necessários de acordo com a seleção estabelecida.
- Quantificar os medicamentos de acordo com a necessidade real.
- Detalhar as especificações para a compra.
- Calcular o custo e compatibilizar as necessidades com o teto financeiro previsto para efetuar a aquisição.
- Priorizar as necessidades, de comum acordo com a equipe de trabalho e a política do hospital.
- Definir modalidade de compra, cronograma para aquisição e forma de fornecimento dos produtos (semanal, quinzenal, mensal, entre outros).

Para acompanhamento e avaliação, faz-se necessário utilizar os instrumentos de controle definidos pela equipe, para acompanhar e avaliar o processo ao longo do tempo, intervindo em tempo hábil para evitar descontinuidade no abastecimento[40].

Métodos de programação

A programação deverá ser desenvolvida utilizando: a política de estoque estabelecida; o cadastro adequado dos itens; o parâmetro de reposição (prazo ou estoque); as informações sobre consumo, estoque e rotatividade dos itens; e o cronograma de trabalho, com definição de ações e responsabilidades.

Também são consideradas informações necessárias à adequada programação: conhecimento sobre a infraestrutura de armazenamento e distribuição; dados de consumo e de demanda reprimida (necessidade atendida e não atendida) de cada produto, incluindo sazonalidades, estoques existentes e períodos de descontinuidade; perfil epidemiológico local (morbidade e mortalidade); análise comparativa com programações anteriores; e recursos financeiros disponíveis para definir prioridades. Vários métodos têm sido utilizados para a programação, dentre os quais se destacam:

- Análise do consumo histórico: método para programação de necessidades estimado com base no comportamento de série histórica de consumo (recomendável no mínimo 3 meses).
- Perfil epidemiológico: baseado em dados de morbidade e mortalidade da população atendida e em esquemas terapêuticos.

- Sistema ABC: classificação de produtos pela ordem de custo, sendo A os de maior custo (representados por cerca de 5% dos produtos), B os de custo intermediário (cerca de 15%) e C os de menor custo (cerca de 80% dos produtos)[41] (Tabela 6.1). A curva ABC pode ser utilizada para estoque ou consumo, sendo fundamental para a adequada gestão dos insumos farmacêuticos.

Tabela 6.1 Classificação ABC

Categoria	% produtos	% do valor de custo
A	5	80
B	15	15
C	80	5

- Sistema VEN ou XYZ[12,41] (Tabela 6.2): classificação dos produtos segundo a prioridade técnica (frequência de solicitação e importância para o processo produtivo), sendo V os medicamentos cuja falta pode prejudicar a realização de processos vitais; E os medicamentos essenciais, cuja falta pode provocar alteração momentânea nos processos de rotina; e N os necessários, cuja falta não inviabiliza a rotina.

Tabela 6.2 Classificação XYZ ou VEN

Categoria	Importância no processo assistencial
X ou V	Imprescindíveis para a realização de um procedimento ou terapia; não possuem substitutos ou equivalentes.
Y ou E	A falta altera procedimentos de rotina, podendo paralisar ou reduzir algumas atividades; em alguns casos, possuem substitutos ou equivalentes.
Z ou N	Não são imprescindíveis para a realização de um procedimento ou terapia; em geral possuem substitutos ou equivalentes.

A combinação dos sistemas ABC e VEN é bastante útil na adequação das necessidades ao capital disponível, pelo critério da prioridade e para a definição da política de estoque, permitindo a obtenção de uma programação mais ajustada. A projeção de necessidades orçamentárias pode ser obtida por meio da multiplicação do custo médio dos produtos pelo número de unidades farmacêuticas consumidas em dado período (recomendável no mínimo um ano), acrescida do percentual de crescimento em número de internações e procedimentos para o período objeto da projeção orçamentária[4]. A avaliação de resultados da programação permite a melhoria contínua da qualidade do processo e pode ser obtida pela aplicação de instrumentos adequados e utilização de indicadores. Na dificuldade de operacionalização com todos os itens do estoque geral, a pesquisa deve ser feita pelo menos com os medicamentos vitais[39].

AQUISIÇÃO

A aquisição de medicamentos e produtos para a saúde, bem como a programação, é um processo que requer a participação interdisciplinar para sua eficácia. Cabe ao farmacêutico sensibilizar os setores de planejamento, orçamento, finanças, administrativo/compras, para a importância do trabalho multidisciplinar como forma de assegurar a qualidade dos produtos adquiridos. Quando a unidade de farmácia não é o responsável direto pela aquisição de medicamentos e produtos para a saúde, deve manter estreita relação com o setor responsável, assegurando a participação por meio da emissão de parecer técnico. A provisão de medicamentos e produtos para a saúde, em quantidades bem definidas, a preços justos e com qualidade assegurada, depende de alguns requisitos importantes, como: seleção adequada dos produtos; classificação por categorias; organização de um catálogo de materiais com especificações técnicas adequadas; planejamento da compra; cadastro de fornecedores mediante avaliação de desempenho; e controle eficaz de estoque. Falta de estrutura adequada, de organização do serviço, de qualificação do pessoal para a gestão do medicamento e de um sistema de controle e de informação eficaz interferem na qualidade do processo de aquisição e no aumento dos gastos com medicamentos e produtos para a saúde, contribuindo para a lentidão do processo, faltas constantes, aumento na frequência das compras, fragmentação e compras em regime de urgência (por vale e outras formas), perdas e desperdícios.

Independentemente do tipo de administração do hospital (público ou privado), todo processo de compras deve ser orientado com as seguintes informações: relação dos medicamentos com as especificações técnicas adequadas; lista de produtos em falta (para compra emergencial); relação dos fornecedores qualificados; cronograma de compras e registros de desvio da qualidade (registros produzidos geralmente pelo Serviço de Gerenciamento de Risco da instituição).

As diversas fontes de entrada dos medicamentos no hospital devem ser consideradas ao se planejar a aquisição: compras centralizadas ou setoriais, produção própria, doações, entre outras.

Princípios básicos do processo de aquisição

- Responsabilizar o setor de compras, unidade ligada à administração, pelas compras do hospital. Em hospital público, acrescenta-se a Comissão Permanente de Licitação (CPL) para adjudicação de provedores.

- Elaborar normas e procedimentos para orientar o processo de compras, levando em consideração as normas nacionais e institucionais.
- Divulgar normas e procedimentos para compra de medicamentos e produtos para a saúde em circunstâncias normais e principalmente eventuais (produtos não padronizados e para suprir necessidades emergenciais) a todos os interessados.
- Avaliar os fornecedores e elaborar o Cadastro de Fornecedores. As informações do cadastro devem contemplar os aspectos técnicos, administrativos e comerciais. O cadastro deve ser revisado e atualizado periodicamente, com base nas experiências de compras anteriores e em visitas aos fornecedores.
- Revisar as propostas apresentadas pelos fornecedores e selecionar a mais vantajosa, de acordo com os critérios estabelecidos. É importante considerar a apresentação dos medicamentos em embalagens que facilitem o fracionamento.
- Contar com um sistema de gestão de estoques eficiente. Parâmetros básicos: estoque mínimo, estoque máximo e estoque de alerta.
- Estabelecer um sistema de comunicação eficaz entre a CAF ou o setor responsável pelo planejamento das aquisições e o setor de compras, evitando desabastecimentos, por meio da disponibilidade de informações confiáveis e oportunas na emissão dos pedidos.

Objetivos

- Disponibilizar à equipe de saúde medicamentos e produtos para a saúde previamente selecionados, com qualidade adequada, nas quantidades necessárias, em tempo oportuno, com preço justo, de forma a contribuir para a promoção do uso racional deles[40].
- Suprir as necessidades dos pacientes, contribuindo para a prestação de serviços de atenção à saúde com qualidade, equidade e racionalização dos recursos[12].
- Reduzir os custos por meio da gestão de processos e de fornecedores.
- Assegurar a regularidade do abastecimento.

São requisitos fundamentais para a organização do processo de aquisição:

- Seleção de medicamentos e produtos para a saúde: instrumento norteador da política de medicamentos e direcionamento do processo de compras.
- Normatização da política: contemplando critérios técnicos e administrativos, periodicidade e modalidades das compras e divulgação para conhecimento de todos no hospital. Os critérios técnicos e administrativos deverão ser especificados em edital de compras, para garantir a segurança e qualidade dos

produtos. Quanto à periodicidade, a aquisição pode ser mensal, bimestral, trimestral ou anual com entregas programadas, ou ainda conforme a necessidade do serviço. A modalidade de compra em geral é definida com base no valor da compra e na quantidade adquirida[6], uma vez que melhores preços podem ser obtidos com a aquisição de grandes quantidades, e esta relação deve ser considerada. Outros fatores que influenciam nessa escolha são a capacidade física da CAF, o número de fornecedores disponíveis, a tendência do consumo e o sistema de controle de inventário.

- No setor público, as compras são feitas considerando a Lei de Licitação, n. 8.666, cuja escolha da modalidade obedece a critérios técnicos e legais. O Pregão e o Sistema de Registro de Preços são modalidades que independem de limites ou valores da compra, sendo atualmente amplamente praticados. A política de compras deve ser estabelecida de acordo com custos administrativos, capacidade de armazenamento, recursos disponíveis, necessidade e volume da compra. No setor privado, as compras de medicamentos e produtos para a saúde geralmente são feitas por meio de contrato de compras.
- Programação de compras: está relacionada com a política de compras e visa atender às demandas, nas quantidades necessárias, por determinado período.
- Cadastro e seleção de fornecedores: permite selecionar os fornecedores com melhores condições para atender às necessidades de prazos de entrega, preço e qualidade.
- Catálogo de materiais ou manual de especificação técnica: o catálogo de materiais, assim como o cadastro de fornecedores, constitui ferramenta importante de suporte para a aquisição de medicamentos e produtos para a saúde, devendo contemplar informações específicas como denominação genérica, características técnicas (forma farmacêutica e apresentação), tipo de embalagem, quantidade, preço unitário e total, consumo mensal, estoque existente e data da última aquisição.
- Sistema eficiente de gestão de materiais e informações: subsidiado pela tecnologia da informação, deve permitir identificar, em tempo oportuno: histórico da movimentação dos estoques (entradas e saídas), níveis de estoques (mínimo, máximo, ponto de reposição), rastreabilidade dos lotes, dados de consumo, demanda atendida e não atendida de cada produto utilizado, entre outras informações que possam ser úteis no processo de compra.
- Recursos humanos qualificados: com conhecimentos técnicos, administrativos, econômicos e legais sobre os medicamentos e produtos para a saúde: boas práticas de fabricação, problemas existentes como falsificação de medicamentos, entre outros, legislação sanitária, lei de licitações, registro nacional de preços e demais exigências legais e administrativas.

- Articulação permanente com os setores envolvidos no processo de compra: o processo de compra envolve diversos segmentos, áreas e setores: Comissão de Licitação, Orçamento e Finanças, Material e Patrimônio, Planejamento, Fornecedores, Vigilância Sanitária, Comissão de Farmácia e Terapêutica e Comissão de Riscos.
- Normas e procedimentos operacionais: compreendem as instruções para o desenvolvimento das atividades relacionadas à aquisição de medicamentos e demais produtos para saúde, com fluxo das informações, atribuições e responsabilidades dos envolvidos no processo e divulgação.
- Sistema de comunicação eficiente: linha telefônica interna e externa, fax e internet.
- Sistema de arquivo: em meio físico ou eletrônico, seguro, com garantia de privacidade e rastreabilidade.

A implementação do processo de aquisição contempla a elaboração da requisição e a definição da modalidade de compra, considerando o elenco de medicamentos e produtos para a saúde padronizados, a programação elaborada e sua adequação aos recursos disponíveis. A aquisição deve ser preferencialmente de fabricantes. Ao adquirir produtos de distribuidoras e farmácias, atentar para a qualificação técnica do fornecedor e para o cumprimento das boas práticas (estocagem, distribuição e transporte) e da legislação sanitária. Fatores como tempo, custo, qualidade e rapidez deverão ser levados em consideração no planejamento da aquisição[1].

No setor público, as aquisições devem atender às exigências legais. Periodicamente, são editadas portarias ajustando os valores relativos às distintas modalidades de licitação. Neste setor são ainda atividades que envolvem a aquisição: publicação de edital, habilitação, qualificação de fornecedores, abertura de propostas, julgamento das propostas e classificação, adjudicação e empenho (formalização do contrato).

Compete ao setor de compras: obter medicamentos e demais produtos para a saúde na quantidade e qualidade necessárias; identificar a fonte de recursos; efetuar pesquisa de preço; obter do fornecedor o menor preço possível e entrega em tempo hábil; desenvolver e manter um bom relacionamento com os fornecedores; saber negociar os termos e condições de compra; praticar e desenvolver fornecedores potenciais; estabelecer requisitos administrativos em edital[38].

Compete à unidade de farmácia: levantar as necessidades de acordo com a demanda, consumo, sazonalidades e níveis de estoques; definir as quantidades necessárias de acordo com a periodicidade estabelecida para compras; elaborar o pedido de compras, com as especificações técnicas descritas no catálogo de materiais; definir prioridades de acordo com a limitação de recursos (compatibilizar os recursos com as necessidades); encaminhar o pedido de compras à direção para autorização de abertura do processo licitatório ou contrato de compras; estabelecer requisitos técnicos em edital; participar e acompanhar a execução da compra; emitir parecer técnico nos processos de compras relacionados a medicamentos e outros materiais sob a responsabilidade e guarda da CAF; acompanhar a entrega dos medicamentos para assegurar a conformidade com o edital, a proposta da empresa, o contrato de fornecimento, prazos para entrega e condições técnicas estabelecidas; avaliar o processo da compra e o desempenho de fornecedores.

Seleção, avaliação e validação de fornecedores

O fornecedor ideal é aquele que reúne as características de possuir tecnologia para produzir ou representar produtos oferecidos, na qualidade requerida, nas quantidades necessárias, em tempo hábil e a preços competitivos[38]. Outros parâmetros importantes a considerar no processo de seleção, avaliação e qualificação de fornecedores são a localização e o pós-venda.

No processo de seleção de fornecedores, em relação à oferta de produtos, ocorrem situações nas quais se apresenta apenas um fornecedor (em geral por razões de patente, especificações técnicas, tipo de matéria-prima) e em outras, se apresentam múltiplos fornecedores (ocasião mais vantajosa para o comprador). A análise cadastral, certificação de sistemas da qualidade e auditoria de qualidade envolvendo tecnologia, processo, qualidade das matérias-primas, qualificação da mão de obra, organização, suporte e controle da produção, qualidade do produto acabado e assistência técnica, são instrumentos que devem ser considerados. A validação requer o monitoramento do fornecedor por meio de parâmetros que assegurem o cumprimento das condições para a garantia de resultados em conformidade com o esperado. Abrange avaliação comercial (administrativa, jurídico-fiscal, mercadológica) e avaliação técnica (matéria-prima, garantia da qualidade, organização industrial e boas práticas de fabricação, armazenamento e transporte).

Para a qualificação técnica, deverá ser exigido dos fornecedores:

- Documentação: licença de funcionamento expedida e renovada anualmente pela autoridade sanitária do estado ou município; alvará de localização fornecido pela Prefeitura Municipal e certidão de regularidade emitida pelo Conselho Regional de Farmácia. O licitante que cotar medicamentos e insumos sujeitos a controle especial deverá apresentar cópia autenticada da autorização especial.

- Cópia autenticada do registro dos produtos na Agência Nacional de Vigilância Sanitária (Anvisa), publicado no *Diário Oficial da União*.
- Certificado de Boas Práticas de Fabricação por linha de produção, expedida para o fabricante do produto ou detentor do registro emitido pela Anvisa. Observar no Certificado qual linha produtiva foi certificada e se esta corresponde aos produtos adquiridos. O certificado não vale para todos os produtos fabricados pela empresa. Uma empresa pode estar certificada para sólidos e não para líquidos e injetáveis.
- Os licitantes que forem empresas distribuidoras deverão apresentar declaração do fabricante, em original ou cópia autenticada, garantindo qualitativa e quantitativamente o fornecimento do objeto proposto.
- No caso de produto importado, o fornecedor deve apresentar o certificado emitido pela autoridade sanitária do país de origem, acompanhado de tradução juramentada para a língua portuguesa.
- Laudo analítico em amostra dos lotes dos produtos oferecidos.
- Atendimento às especificações técnicas do documento de compra.

São requisitos administrativos que devem ser inseridos em edital e contrato de compras para reduzir os problemas nas entregas:

- Documentação fiscal: os produtos devem ser entregues com a documentação fiscal, em duas vias, especificando quantidade entregue, por lote.
- Quantidades: os produtos devem ser entregues nas quantidades requeridas e, preferencialmente, na apresentação em unidades individualizadas.
- Prazos de entrega: de acordo com o estabelecido no edital ou no pedido de compras.
- Preços: devem estar descritos em documento fiscal, especificando o preço unitário e o preço total de cada produto.
- Transporte: deve ser efetuado por empresas autorizadas e em conformidade com as características do produto e a legislação vigente. Os medicamentos termolábeis devem ser acondicionados em caixas térmicas com controle de temperatura. São requisitos técnicos, relacionados aos aspectos qualitativos do produto e à verificação da legislação sanitária, que devem ser exigidos em edital e/ou contrato de compras de medicamentos e produtos para a saúde de forma a reduzir problemas com fornecedores.
- Proposta: deve conter a marca, o nome do fabricante e a procedência do medicamento ou produto para a saúde oferecido.
- Especificação técnica: deve estar em conformidade com o que foi solicitado: forma farmacêutica, concentração, condições de conservação, entre outros.

- Registro sanitário: junto com a proposta de preços, deve ser entregue comprovante de registro do produto na Anvisa/Ministério da Saúde ou cópia da publicação no *Diário Oficial da União*. No caso de produto para a saúde isento de registro, deve ser exigido o certificado de dispensa de registro expedido pela Anvisa.
- Autorização especial emitida pela Anvisa/Ministério da Saúde: no caso de medicamento ou insumo sujeito a controle especial.
- Embalagem: os medicamentos e demais produtos para a saúde devem ser entregues na embalagem original, identificada, em perfeito estado, sem sinais de violação, aderência ao produto, umidade ou inadequação do conteúdo, nas condições de temperatura especificadas no rótulo e com o número do registro emitido pela Anvisa/Ministério da Saúde. Para medicamentos, na embalagem deve constar o nome do farmacêutico responsável pela fabricação do produto, seu respectivo número e unidade federativa do CRF de inscrição, que deve ser, obrigatoriamente, da unidade da federação onde a fábrica está instalada. Para os demais produtos, devem constar o nome e o número do registro do responsável técnico.
- Rotulagens e bulas: todos os medicamentos, nacionais ou importados, devem constar nos rótulos e bulas, com todas as informações em língua portuguesa atendendo à legislação sanitária e seguindo os termos do artigo 31 do Código de Defesa do Consumidor[38,42]: nome do produto, apresentação, concentração, número de lote, data de fabricação e validade, número de registro na Anvisa/Ministério da Saúde, nome do responsável técnico, entre outros.
- Lote e validade: a Nota Fiscal deve discriminar os números dos lotes e as datas de validade dos produtos entregues. Os medicamentos devem ser entregues por lotes e data de validade, nos quantitativos especificados na nota fiscal. Todos os lotes devem vir acompanhados de laudo analítico-laboratorial, expedido pela empresa produtora/titular do registro na Anvisa. O prazo de validade dos medicamentos não deve ser inferior a 12 meses, a contar da data da entrega do produto.
- Laudo de Análise de Controle de Qualidade: os fornecedores (fabricantes, distribuidoras ou empresas importadoras) devem apresentar o laudo técnico de análise dos medicamentos (para cada lote fornecido) emitido pelo fabricante, detentor do registro ou laboratório integrante da Rede Brasileira de Laboratórios Analíticos em Saúde (Reblas). As especificações de cada produto devem estar baseadas em referências farmacopeicas oficialmente reconhecidas. O edital ou contrato de compras deve dispor sobre essa exigência, para apresentação com a proposta.
- Apresentação de Certificado das Boas Práticas de Fabricação e/ou cópia da publicação no *Diário Oficial da União*: o relatório de inspeção emitido pelas

Vigilâncias Sanitárias locais não substitui o Certificado de Boas Práticas, nem vale como documento de certificação da empresa. As distribuidoras e importadoras devem apresentar Certificado de Boas Práticas de Fabricação do fabricante do produto por ele comercializado. O Certificado só é válido se publicado no *Diário Oficial da União*, e a validade é de 12 meses a partir da data de publicação.

- Os produtos fornecidos pelas empresas vencedoras das licitações devem apresentar em suas embalagens a expressão: PROIBIDO A VENDA NO COMÉRCIO (Port. 2.814/GM, de 29 de maio de 1998)[43].

Para a aquisição de saneantes hospitalares, os fornecedores também necessitam comprovar a autorização de funcionamento e o alvará sanitário e apresentar laudo analítico do produto, emitido pelo fabricante, tendo os saneantes: risco I - Notificação à Anvisa e saneantes; risco II - Registro na Anvisa. Os produtos de risco I compreendem os saneantes domissanitários formulados com substâncias que não apresentem efeitos mutagênicos, teratogênicos ou carcinogênicos, devendo ser notificados junto ao órgão competente de Vigilância Sanitária. Os saneantes de risco II compreendem os saneantes domissanitários cáusticos, corrosivos, os produtos que apresentam $pH \leq 2$ ou $> 11,5$, aqueles com atividade antimicrobiana, os desinfetantes e os produtos biológicos à base de microrganismos. Os produtos classificados como risco II deverão ser registrados junto ao órgão competente de Vigilância Sanitária.

Considerando as formas de aquisição, pode-se realizá-las de várias maneiras: sem licitação, também denominada compra direta; por licitação; registro de preços e bolsa eletrônica de preços, entre outras. Em geral, as licitações são adotadas pelo serviço público. Algumas aquisições, em meio público, têm a contratação decorrente de licitação. Esses casos incluem a dispensa de licitação, quando há competição, mas a licitação afigura-se objetivamente inconveniente ao interesse público, ou seja, pode haver licitação, mas a administração pode não licitar; e inexigibilidade de licitação, quando a competição é inviável e, portanto, não se aplica o dever de licitar. Quanto ao fracionamento de compras, a Lei n. 8.666, de 21 de junho de 1993, em seu art. 23 § 5º, veda esse procedimento, ou seja, proíbe dividir valores para fazer compra direta ou por meio de outras modalidades, como convite e tomada de preço[44,45].

São consideradas modalidades de licitação[44]:

- Concorrência pública (CP): para valores elevados; exige ampla divulgação, assegura a participação de quaisquer interessados que preencham os requisitos previstos no edital convocatório.

- Tomada de preços (TP): aquisições de vulto médio (inferior ao estabelecido para a concorrência); exige publicação de edital, e a participação é aberta a interessados previamente cadastrados ou que preenchem requisitos para cadastramento.
- Convite: para aquisições de pequeno valor; divulgação por carta a pelo menos três fornecedores, cadastrados ou não.
- Pregão: modalidade instituída pela MP 2.026, de 26 de outubro de 2000, e regulamentada pelo Decreto n. 3.555, de 8 de agosto de 2000. Características: debate jurídico, presencial ou eletrônico (*web* - Decreto n. 3.450, de 31 de agosto de 2005), negociação, maior agilidade.
- Registro de preços: conjunto de procedimentos para registro formal de preços para contratações futuras, realizado por meio de uma única licitação, na modalidade de concorrência ou pregão, em que as empresas disponibilizam os bens e serviços a preços e prazos registrados em ata específica e a aquisição ou contratação é feita quando melhor convier aos órgãos/entidades que integram a ata. Esse sistema apresenta as seguintes vantagens: independe de previsão orçamentária; é adequado à imprevisibilidade do consumo; propicia a redução do volume do estoque; evita o fracionamento da despesa; proporciona a redução do número de licitações; agiliza o processo de aquisição; gera economia de escala e transparência.
- Bolsa eletrônica de compras - SisBec/SP: sistema de compras implantado pelo Governo do Estado de São Paulo, regulamentado pelo Decreto n. 45.695, de 5 de março de 2001. Trata-se de uma forma eletrônica de contratação destinada aos órgãos da administração direta e entidades autárquicas e fundacionais do Estado de São Paulo, abrangendo o recebimento de propostas em sistema eletrônico, por meio da internet, para a apuração do menor preço ofertado, em hipóteses de dispensa de licitação, pelo valor, e procedimentos licitatórios realizados na modalidade convite.

No setor público, eliminada a etapa de licitação, que resulta na Ata de Registro de Preços, a fase da aquisição propriamente dita resume-se na formalização do processo com o pedido de compras devidamente instruído, a reserva orçamentária, a assinatura do contrato e a consequente emissão da ordem de fornecimento e nota de empenho. Periodicamente deve ser realizada pesquisa de mercado para verificar se o preço registrado continua compatível com o praticado no mercado. Caso o preço do item registrado esteja mais alto que o praticado no mercado, o fornecedor deve ser comunicado e o preço, reduzido, sob pena de cancelamento da compra do item. Podem ser citadas ainda outras modalidades de aquisição praticadas, como cooperativas, doações, permutas e empréstimos. Aquisições por cooperativas são as realizadas por grupos de hospitais, os quais constituem associações ou fundações, para provisão de insumos, com ou sem fins lucrativos, com aproveitamento da economia em escala e redução de custos associados ao processo.

Aquisição por doação implica análise sobre as condições do material doado, bem como de sua validade, de forma a garantir segurança ao usuário e não aumentar os gastos com a destinação final dos resíduos desses produtos. As permutas são utilizadas para evitar perdas de produtos que porventura tenham seu consumo reduzido na instituição, podendo ser permuta pelo mesmo produto (com validade posterior) ou por um produto diferente (troca em valor financeiro).

Os empréstimos são comumente realizados entre instituições em casos de urgência, e implicam devolução tão logo a compra do material seja efetuada. A devolução do empréstimo poderá ser feita no mesmo produto emprestado ou por permuta com outro produto, tendo como referencial o preço de aquisição. Todas essas aquisições deverão ser devidamente documentadas e autorizadas pelo coordenador da farmácia e seu superior.

Passos para a aquisição

A Figura 6.3 mostra o fluxograma para a aquisição de insumos farmacêuticos. São passos para a realização da aquisição:

- Elaboração da requisição: utilizar as especificações técnicas descritas no catálogo de materiais e efetuar pesquisa de preço (a consulta de preços não deve limitar-se aos fornecedores: outras fontes, como banco de preços do Ministério da Saúde e Comprasnet, devem ser consultadas); estimar o valor da compra para posterior comparação com os preços cotados; identificar fonte de recursos; definir prioridades, de acordo com a limitação de recursos; compatibilizar as necessidades com os recursos disponíveis; encaminhar o pedido de compras à direção para autorização de abertura do processo licitatório ou contratação da compra.
- Estabelecer requisitos técnicos e administrativos em edital.
- Realizar a compra: publicação de edital, habilitação, qualificação de fornecedores, abertura de propostas, julgamento das propostas/classificação, formalização do contrato.
- Selecionar a melhor proposta que atenda às exigências do edital*, analisando as propostas seguindo critérios técnico-científicos, comerciais e administrativo-financeiros (Tabela 6.3); emitindo parecer técnico quando necessário.

Os itens assinalados com (*) são atribuições do Departamento de Compras e Comissão de Licitação; os demais são de competência da unidade de farmácia.

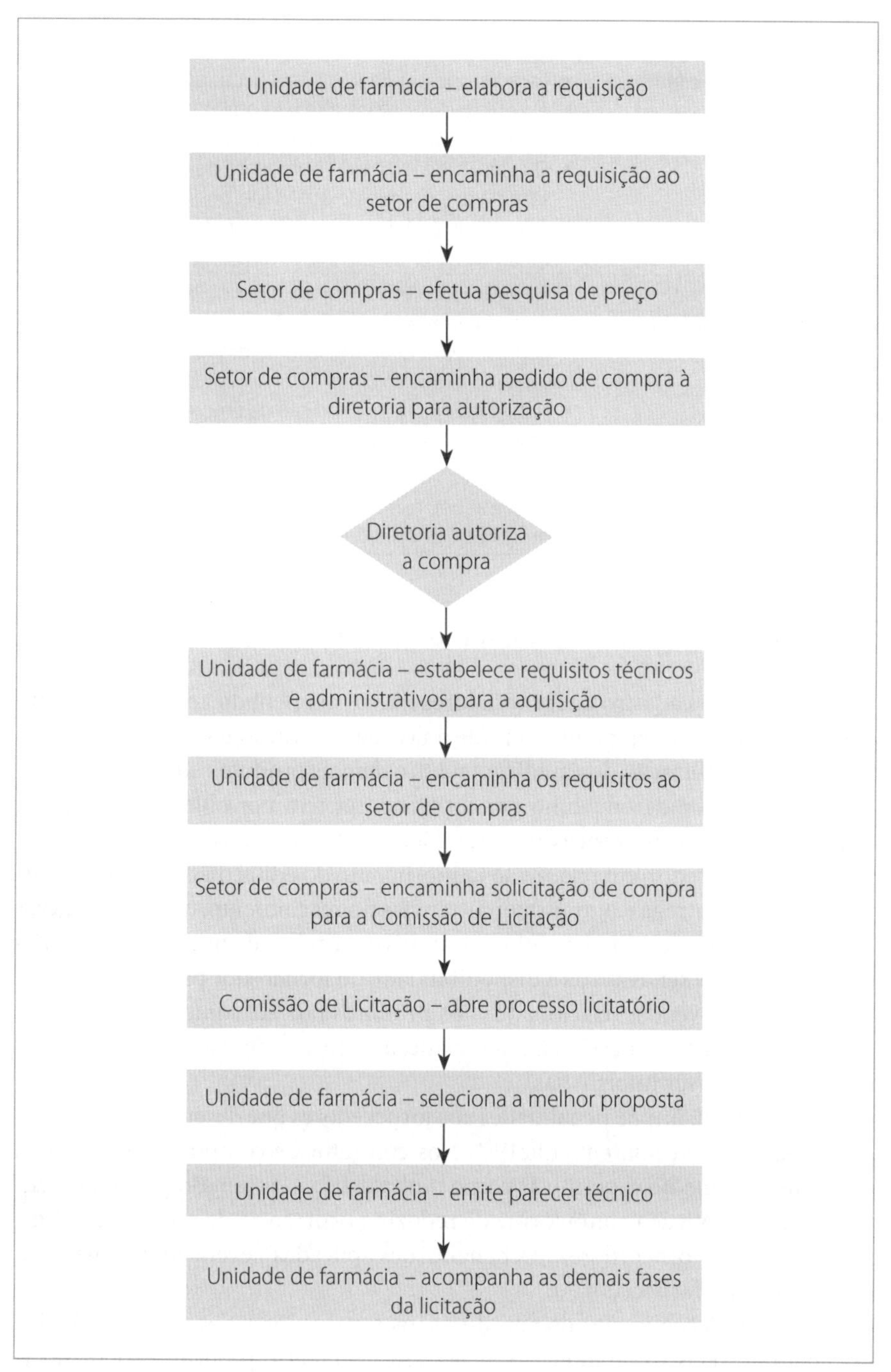

Figura 6.3 Fluxograma de aquisição de insumos farmacêuticos.

Tabela 6.3 Critérios para análise de ofertas em processos de aquisição

Aspectos técnico-científicos	▪ Características químicas e farmacêuticas do produto. ▪ Apresentação: envase múltiplo ou unitário, embalagem, etiquetagem, facilidade de reenvase. ▪ Qualificação técnica: cumprimento de especificações, sistema de controle de qualidade, pessoal de inspeção, disponibilidade de informação científica, registro sanitário.
Aspectos administrativos e financeiros da empresa	▪ Situação econômica e financeira: liquidez, endividamento. ▪ Regularidade fiscal: inscrição no órgão de registro sanitário (Anvisa/MS). ▪ Habilitação jurídica: condição da empresa (fabricante, concessionário, representação de produto, distribuidor).
Aspectos comerciais	▪ Preço, prazo de entrega, prazo para pagamento, bonificações, reajuste de preços, política de troca de produtos e devoluções.

Avaliação de desempenho dos fornecedores

A seleção e o cadastro de fornecedores não os eximem do acompanhamento e da avaliação de desempenho durante a fase da realização da compra, do recebimento e da utilização dos medicamentos e demais produtos adquiridos.

A avaliação de desempenho dos fornecedores tem por objetivo subsidiar a tomada de decisão no processo de seleção, por meio da análise do comportamento do fornecedor, em relação ao cumprimento do edital ou contrato de compra, prazos de entrega e outras intercorrências no recebimento, que podem gerar custos adicionais, falta do produto e compras em caráter de urgência. Além disso, também deve ser avaliada a disponibilidade do fornecedor para resolver problemas, no pós-venda, relacionados aos produtos por ele comercializados. Em caso de problemas de desvios na qualidade, a comissão de riscos e a autoridade sanitária devem ser informadas.

A Lei n. 8.666 impõe penalidades aos fornecedores que descumprem o prazo de entrega estabelecido em edital[44,46]. Nos contratos de compras, a inserção de cláusulas com medidas punitivas como multa diária e suspensão por tempo determinado é praticada como forma de reduzir a ocorrência de problemas administrativos com fornecedores. As penalidades aplicadas devem constar na ficha de avaliação do fornecedor.

No ato do recebimento dos produtos, os fornecedores devem ser avaliados por meio do registro de intercorrências, em formulário próprio. Podem-se citar como exemplos: condição do produto na entrega (adequado ou danificado); condição da embalagem (identificação/adequação); quantidade do material (igual ou diferente da identificada na embalagem ou nota fiscal); divergências entre a nota fiscal e ordem de compra ou nota de empenho; material entregue em desacordo com o edital; atraso; condição do transporte; destino de entrega incorreto; entrega sem laudo técnico[47], entre outros. O formulário com as informações referentes ao recebimento deve ser datado, assinado e arquivado com a cópia da NF, e seus dados deverão ser lançados em ficha eletrônica de avaliação do desempenho do fornecedor.

Acompanhamento do processo de compras

O acompanhamento do processo de compras tem por objetivos verificar o estágio em que se encontram os pedidos, para cobrança dos prazos de entrega acordados; colher informações para efetuar planejamento e, se necessário, sua reprogramação; e avaliar a capacidade e idoneidade do fornecedor[1,38]. Essa atividade se faz necessária para assegurar a conformidade com o edital, a proposta da empresa, o contrato de fornecimento, prazos para entrega e condições técnicas estabelecidas.

A operacionalização e instrumentalização do acompanhamento do processo de compras se dá por meio de acompanhamento interno e externo[38], conforme descrito na Tabela 6.4.

Tabela 6.4 Operacionalização e instrumentalização do acompanhamento do processo de compras

Acompanhamento interno	▪ Contatos periódicos com os fornecedores utilizando os meios de comunicação disponíveis: fone, fax, correio eletrônico. ▪ Registros dos *follow-ups* em andamento – para aumentar a confiabilidade do sistema de compras.
Acompanhamento externo	▪ Contatos e/ou visitas *in loco*. ▪ Verificação da capacidade técnica do fornecedor. ▪ Desenvolvimento de novos fornecedores.

Monitoramento do processo de aquisição

A incorporação de ferramentas tecnológicas ao processo de compras de medicamentos e produtos para a saúde tem contribuído para a transparência das operações, a redução de preços dos produtos e, consequentemente, os custos com aquisição, a organização das informações de forma sistematizada e o acompanhamento de tendências do mercado[48]. A utilização de indicadores permite avaliar os processos, a relação com os fornecedores e a eficiência da estrutura interna, sendo de grande utilidade para a revisão de procedimentos com vistas à melhoria contínua.

O processo de aquisição deve ser monitorado e todas as ocorrências devem ser registradas. São exemplos de itens que deverão ser monitorados: tempo decorrido da data do pedido à data do recebimento dos produtos; número de itens solicitados *versus* itens adquiridos; valor da compra *versus* valor estimado da compra; consequências da demora (ocorrência ou não de compras emergenciais) e perdas.

Os dados obtidos podem ser utilizados para avaliar o fornecedor, contribuindo para a melhoria do processo de aquisição, pois fornecem subsídios para a exclusão de fornecedores problemáticos das futuras aquisições.

ARMAZENAMENTO

No hospital, o armazenamento de medicamentos e produtos para a saúde pode ocorrer em três ambientes diferentes: na Central de Abastecimento Farmacêutico (CAF); na Farmácia Central – que deve prever uma área para armazenamento por um curto período – geralmente 7 dias e nas unidades descentralizadas (farmácias satélites e unidades assistenciais), que requerem medicamentos e outros produtos para uso imediato dos pacientes: UTI, emergência, entre outros, demandando a existência de estoque de reserva.

A CAF deve estar sob a supervisão do farmacêutico, o qual deve prover condições que permitam aos encarregados das atividades de apoio contar de forma oportuna com os materiais e equipamentos necessários para a execução do trabalho.

Nos demais ambientes em que há medicamentos e produtos para a saúde armazenados, a responsabilidade pela estocagem adequada para a preservação da qualidade também é do farmacêutico.

Para garantir a conservação adequada dos medicamentos estocados, a CAF deve possuir características estruturais, ambientais e organizacionais que atendam às necessidades dos produtos armazenados e às funções desempenhadas.

Os requisitos para armazenamento adequado compreendem:

- Local estrategicamente situado, de fácil acesso ao recebimento e distribuição dos produtos, preferencialmente equidistante dos pontos de atendimento e próximo aos serviços com relação direta.
- Espaço físico adequado e suficiente, com áreas distintas para estocagem de produtos que exigem condições diferenciadas.
- Condições ambientais adequadas para a boa conservação dos produtos (temperatura, ventilação, umidade e luminosidade).

- Dispositivos de segurança para os produtos e para o pessoal.
- Recursos humanos em número adequado, capacitado para o desempenho das funções e treinado continuamente.
- Equipamentos e mobiliários em quantidade suficiente para garantir a estocagem correta e racional dos medicamentos e produtos para a saúde: estantes, armários, *pallets*, estrados etc.
- Manual de normas, procedimentos e instrumentos gerenciais para registro de movimentação de estoque e das condições ambientais (temperatura, umidade).

São funções do coordenador da CAF:

- Planejar, conduzir e controlar o processo de recepção, armazenamento e distribuição de medicamentos e produtos para a saúde, visando à disponibilidade, em tempo oportuno e nas quantidades necessárias.
- Elaborar normas, procedimentos operacionais e instruções de trabalho, visando reduzir perdas por danos e validade, reduzir tempo gasto na movimentação dos produtos, evitar acidentes e aumentar a eficiência do processo de estocagem.
- Desenvolver funções de controle e supervisão para preservar a integridade dos medicamentos, produtos para a saúde e insumos, respeitando a regulamentação sanitária.
- Receber ou supervisionar a recepção dos medicamentos e produtos para a saúde adquiridos.
- Revisar a documentação de entrada verificando sua conformidade com a quantidade e as especificações descritas nos documentos que respaldam a compra e acompanhar sua tramitação posterior.
- Elaborar de forma eficaz os informes de ingresso dos medicamentos, produtos para a saúde e insumos recebidos.
- Coordenar, supervisionar e avaliar os registros de movimentação dos produtos e demais funções desenvolvidas pelos almoxarifes e pessoal de apoio operacional.
- Promover treinamento em serviço e apoiar as atividades de educação permanente desenvolvidas em parceria com outros serviços do hospital, visando ao cumprimento das boas práticas.
- Proceder a levantamentos físico-financeiros da movimentação dos produtos e efetuar remanejamentos, quando necessário.
- Manter sistema de informação sobre os estoques atualizado e disponível a todos os setores envolvidos.
- Promover a relação intersetorial com as demais unidades do hospital.

- Coletar amostras para análise da qualidade dos medicamentos adquiridos e cuidar para que os trâmites se processem de forma adequada e oportuna.
- Trabalhar em parceria com as comissões hospitalares: Comissão de Farmácia e Terapêutica, Comissão de Riscos, Comissão de Controle de Infecção Hospitalar e Comissão de Licitação (quando existente).
- Zelar para o máximo aproveitamento do espaço físico da CAF, o adequado controle e a preservação da qualidade dos medicamentos, produtos para a saúde e insumos sob sua guarda e para que todas as funções estejam de acordo com a política do hospital.

Objetivos

- Receber, inspecionar, estocar, conservar, proteger, distribuir, controlar e gerar informações para retroalimentar o sistema logístico.
- Manter em condições de segurança os produtos em estoque (preservando as propriedades fisicoquímicas e farmacológicas), a equipe de trabalho e o meio ambiente.
- Assegurar a qualidade dos produtos em estoque, durante sua permanência na CAF, tal como se apresentaram no ingresso, a fim de que cheguem aos pacientes em condições ótimas para uso e possam exercer a ação esperada.
- Promover o controle de estoque, visando à disponibilidade dos produtos, de modo especial os estratégicos, e manter informações sobre as movimentações realizadas.

Estrutura

O planejamento das atividades de armazenamento deve incluir:

- Estrutura física: área física e instalações adequadas (físicas, elétricas, hidráulicas, de informática, entre outras), com boa localização e condições ambientais.
- Estrutura organizacional: *layout*, organização interna, segurança, equipamentos e acessórios.
- Estrutura funcional: definição e controle das atividades, elaboração de normas, procedimentos operacionais e planilhas de controle, sistemas de informação e comunicação eficazes e eficientes.
- Serviço de manutenção de equipamentos.
- Recursos humanos: pessoal habilitado, tecnicamente capacitado e qualificado para a execução das tarefas que lhes são pertinentes.
- Acompanhamento e avaliação.

A área física da CAF tem por finalidade receber, estocar, conservar e distribuir medicamentos, produtos para a saúde e insumos, dentro das normas técnicas e padrões estabelecidos para a manutenção da integridade dos produtos e a segurança do pessoal no local de trabalho.

O armazenamento de medicamentos, produtos para a saúde e insumos deve ser feito de modo a garantir as condições adequadas de conservação. Isso requer das áreas da CAF características especiais relacionadas ao dimensionamento, acesso, instalações, localização, comunicação, condições ambientais (luz, temperatura e umidade controladas), segurança, higienização e limpeza.

No que se refere ao piso, paredes, portas, teto e instalações elétricas, os requisitos recomendados para a estrutura física deverão seguir as recomendações da RDC 50 e dos Padrões Mínimos para Farmácia Hospitalar e Serviços de Saúde - Sbrafh[47,49].

As instalações devem ser protegidas contra umidade excessiva e possuir um sistema que permita boa circulação de ar, mantendo padrões aceitáveis de temperatura, não superior a 25 °C. Devem ainda ter proteção contra entrada de poeira e odores, pragas, insetos, roedores e outros animais, com a instalação de telas nas janelas e medidas de sanitização.

De acordo com os padrões mínimos para farmácia hospitalar e serviços de saúde[49], em relação aos parâmetros mínimos para ambiente, a farmácia hospitalar deve contar com área específica para administração, armazenamento, dispensação e atendimento farmacêutico. Havendo outros tipos de atividades, deverão existir ambientes específicos para cada uma delas, atendendo à legislação vigente[49].

A Sbrafh recomenda ambiente privativo para a gerência da farmácia, com suporte administrativo e recursos para as atividades relacionadas à informação sobre medicamentos, produtos para a saúde e farmacovigilância.

Para a dispensação ambulatorial de medicamentos, é recomendável área específica, contando com consultório farmacêutico em sua instalação.

Os padrões mínimos para farmácia hospitalar e serviços de saúde destacam que as áreas de manipulação de nutrição parenteral, medicamentos estéreis, medicamentos citotóxicos e radiofármacos devem ser destinadas exclusivamente para o preparo desses medicamentos, sendo vedada a manipulação de outras substâncias, obedecendo à legislação específica vigente[49].

Devem existir tomadas ligadas ao gerador em número igual ao de *freezers* mais geladeiras, bem como lâmpadas de segurança.

Sem perder de vista a legislação sanitária e as recomendações existentes, a área física da CAF deve ser planejada de acordo com as necessidades do serviço e adequada à diversidade e às características dos produtos, contemplando periodicidade das compras, intervalo de entrega dos fornecedores, fluxo de movimentação dos estoques e recursos humanos. Deve contemplar espaços fixos, áreas livres e prever expansões futuras. Os espaços fixos são destinados ao armazenamento de acordo com peso, volume e embalagem dos produtos, definidos por categorias. Devem ser suficientes e apropriados para atender à quantidade e às exigências especiais dos produtos estocados. O espaço definido por categoria deve ser respeitado para garantir organização, fácil localização e acesso.

As áreas livres destinam-se ao armazenamento de produtos ingressados no hospital por doações, compras extraordinárias e de caráter eventual e produtos que requerem segregação (quarentena). As condições ambientais adequadas pressupõem:

- Conforto térmico: temperatura não superior a 25 °C.
- Ventilação: boa circulação de ar. Os produtos devem ser mantidos em locais ventilados, preferencialmente em áreas climatizadas.
- Umidade relativa entre 40-70%, medida com higrômetro.
- Iluminação adequada.
- Proteção contra incêndio e entrada de animais.

Nos locais onde a temperatura apresenta-se superior a 25 °C, deve ser instalado equipamento de refrigeração. É recomendável a existência de um termo-higrômetro (Figura 6.4) por ambiente.

Em regiões onde a umidade relativa ultrapassa 70%, é recomendável o uso de desumidificadores.

Segundo a Farmacopeia Americana USP[50], os padrões de temperatura de conservação para produtos farmacêuticos são:

- Temperatura ambiente: entre 15-30 °C – com controle mediante termostato. Recomenda-se temperatura próxima a 20 °C.

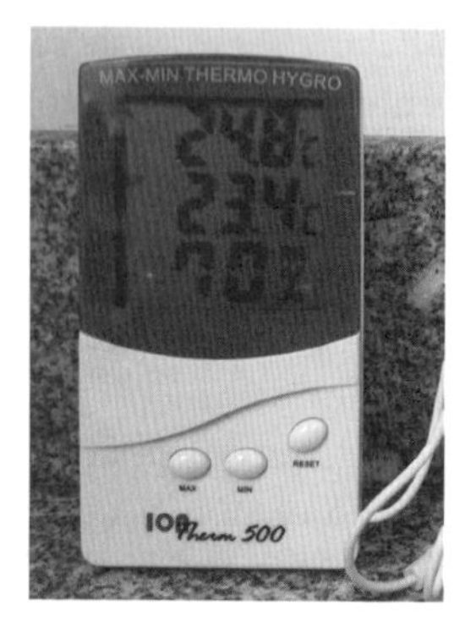

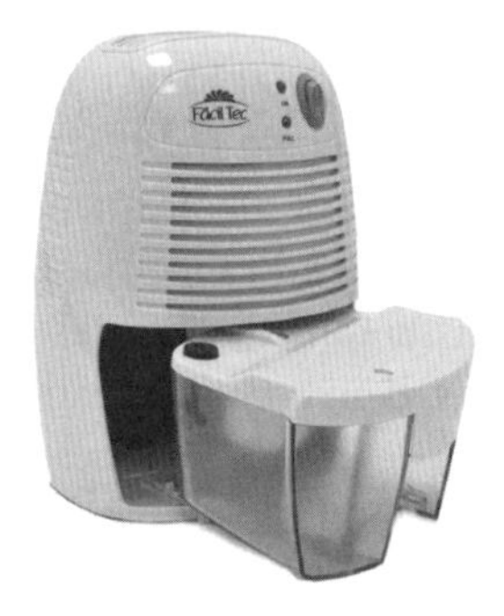

Figura 6.4 Termo-higrômetro digital e desumidificador.

- Quente: temperatura acima de 30 °C.
- Fria ou refrigerada: entre 2-8 °C.
- Local fresco: ambiente cuja temperatura situa-se entre 8-15 °C.
- Em congelador: temperatura entre 0 e –20 °C.

Considerando os processos desenvolvidos, a CAF deve possuir no mínimo quatro áreas básicas: área de recepção e inspeção, área de ingresso e registro, área de distribuição (embalagem e distribuição) e área de armazenamento.

A área de recepção é aquela destinada ao recebimento e conferência de produtos. Deve ser situada próximo à porta principal da CAF e dispor, no local, de instruções escritas para o recebimento de medicamentos e produtos para a saúde, com o objetivo de verificar o cumprimento dos requisitos administrativos estipulados nos documentos de compra e as especificações técnicas do catálogo de materiais.

A área de ingresso e registro é a área administrativa na qual são desenvolvidas as atividades operativas, localizada preferencialmente próximo à entrada, para melhor acompanhamento das ações.

A área de distribuição é aquela destinada à preparação e liberação de pedidos de medicamentos e produtos para a saúde. Deve ficar próxima à porta principal e, dependendo da dimensão da área da CAF, pode estar ou não no mesmo espaço físico da recepção, porém distintamente separadas[49].

No serviço público, a área de armazenamento tem diminuído, principalmente em razão da otimização da logística decorrente das aquisições por pregão e registro de preços, que permitem compras anuais ou semestrais com entregas programadas, dão agilidade ao processo, racionalizam espaço e recursos de todas as ordens. Nas instituições privadas em geral, a preocupação com a racionalização do espaço para armazenamento antecede os novos modelos de aquisição regulamentados para a área pública. Entretanto, apesar do modelo de compra, a CAF deve dispor de área suficiente para armazenamento dos diversos itens sob sua guarda, possibilitando a disposição ordenada dos medicamentos e demais produtos.

Na área de recepção e inspeção são identificadas possíveis alterações nos produtos ou situações que possam comprometer a segurança do trabalhador. A inspeção sistemática nos estoques e áreas de estocagem deve ser uma prática rotineira, para cumprir seu objetivo. Os produtos rejeitados pela inspeção, suspeitos ou passíveis de análise, devem ser armazenados na área de quarentena.

A recepção compreende a verificação dos aspectos administrativos e requisitos técnicos dos produtos entregues e, ainda, a elaboração dos informes de ingresso. Para o recebimento dos produtos deve haver área específica, na qual é feita a conferência para verificar se os produtos recebidos cumprem os requisitos estipulados nos documentos de compra quanto às quantidades recebidas, por unidade, embalagem, lote e validade. Nesse ato, o material entregue é comparado com o pedido e a nota fiscal e as condições de transporte, verificadas. São necessários recursos de comunicação eficientes e equipamentos para transporte dos produtos e instruções de trabalho, bem como dispor de um fluxograma no local, contribuindo para a padronização de conduta entre os almoxarifes.

São normas para recebimento de medicamentos e produtos para a saúde:

- Todo medicamento deve ingressar no hospital por meio da CAF. Em caso de emergência ou em caráter excepcional, a farmácia poderá receber os medicamentos, devendo regularizar o trâmite o mais breve possível.
- O pessoal de apoio, sob supervisão do farmacêutico, é responsável pelas ações pertinentes à recepção.
- Todas as embalagens e produtos devem ser cuidadosamente inspecionadas para detectar eventuais contaminações ou danos.
- Ao receber a nota fiscal, deve-se certificar o cumprimento das especificações e elaborar o informe de ingresso (entrada).
- Para efeito de controle de qualidade, deve-se tomar uma amostra representativa do lote, a qual será inspecionada para verificar o cumprimento das especificações. A amostra deve ser manejada por pessoal treinado e qualificado e de acordo com as instruções descritas no procedimento.

Para inspeção durante o recebimento dos produtos, devem ser considerados os seguintes aspectos administrativos: nota fiscal (razão social, data da emissão e da entrega, número da nota, nome, endereço e CNPJ do comprador, inscrição estadual, lote e validade, valor unitário e total de cada produto, valor total da nota, cálculo do imposto, número do processo ou número do empenho); quantidade (conformidade da nota fiscal com o pedido e o recebido, em número de unidades e de embalagens) e prazo de entrega (se cumpre o estabelecido no processo de compra).

São requisitos técnicos para a inspeção:

- Especificação do produto: conformidade com o edital e processo de compra ou nota de empenho; denominação genérica, apresentação, concentração e forma farmacêutica.
- Condições de conservação: produto entregue nas condições de temperatura especificadas no rótulo.
- Certificado de análise de controle de qualidade do lote entregue.
- Embalagem e rótulo: apresentados em sua embalagem original ou conforme especificação do edital ou processo de compra, devidamente identificados, sem sinais de violação, aderência ao produto, umidade, mancha e inadequação em relação ao conteúdo.

- Lote e validade: conferência do número dos lotes recebidos com os constantes da NF; prazo de validade igual ou superior ao prazo mínimo referido no edital ou processo de compra.
- Instruções de uso: a bula, no caso dos medicamentos, e instruções de uso, no caso de produtos para a saúde, devem acompanhar os produtos entregues.
- Condições de transporte: veículos apropriados, higienizados, com sistema de manutenção e controle da temperatura, umidade adequada ao tipo de produto transportado, sem contato com outros produtos incompatíveis com o transporte de medicamentos.
- Entregadores uniformizados, com autorização para o transporte dos insumos e especialidades farmacêuticas.

São orientações gerais para o recebimento:

- Os produtos que são registrados devem possuir impresso em seu rótulo o número de registro emitido pela Anvisa/MS.
- Os produtos notificados, saneantes domissanitários, devem conter no rótulo os dizeres: "Produto Notificado na Anvisa/MS".
- Os produtos para a saúde dispensados de registro devem conter em sua embalagem os dizeres: "Declarado Isento de Registro pelo Ministério da Saúde".
- Na embalagem dos medicamentos genéricos deve constar "Medicamento Genérico" dentro de tarja amarela, e ainda a referência "Lei n. 9.787/99".
- Os medicamentos fornecidos por empresas vencedoras de licitações devem apresentar em suas embalagens secundárias e/ou primárias a expressão "PROIBIDA A VENDA NO COMÉRCIO".
- Fica a cargo do proponente provar que o produto objeto da compra não está sujeito a regime de vigilância sanitária.
- Para obter informações sobre produtos registrados ou empresas autorizadas pela Anvisa/MS e saber se um produto está sob investigação ou com algum problema, tal como lote interditado cautelarmente ou proibido para o consumo, consultar a lista de Resoluções Específicas (RE) disponível na página da Anvisa na internet, por área de atuação (www.anvisa.gov.br/scriptsweb/index.htm).

Após a inspeção e estando conforme, deve-se[41]:

- Carimbar, assinar e datar a NF no verso, atestando o recebimento.
- Registrar a entrada dos medicamentos no sistema de controle informatizado existente.
- Incluir a informação do lote e do prazo de validade no registro de entrada.

- Avaliar a entrega do fornecedor, mediante preenchimento de formulário específico, e arquivar com a cópia da NF.
- Comunicar aos setores envolvidos a entrada do produto para posterior distribuição.
- Protocolar e encaminhar a via original da NF ao setor financeiro para que seja processado o pagamento. Algumas recomendações importantes[41]:
  - Não escrever ou rasurar a via original da NF ou documento que acompanha o produto. Usar documento anexo para essa finalidade.
  - Arquivar cópia de toda a documentação referente à movimentação dos produtos, no serviço.
  - Não atestar NF com quantidade de entrega divergente do total ou documento cujos produtos não foram recebidos no local, ou que não estejam sob seu controle.
- Os medicamentos em desacordo com as especificações devem ter a ocorrência notificada, o fato informado ao fornecedor e a NF bloqueada até a solução do problema. Na suspeita de falsificação, contatar imediatamente a gerência de riscos do hospital ou, em sua ausência, a Vigilância Sanitária local.
- Todas as ocorrências identificadas devem ser registradas, datadas e assinadas e lançadas preferencialmente na ficha de monitoração e avaliação do fornecedor.
- Todos os procedimentos realizados e providências tomadas, referentes às ocorrências, devem ser registradas por escrito e as cópias arquivadas, para apuração de responsabilidades.
- As devoluções de medicamentos devem ser justificadas e documentadas, relacionando nome, lote e validade, assinadas pelo responsável pela devolução e pelo recebedor.
- A seguir, propõe-se um fluxograma para o processo de recebimento (Figura 6.5).

A área de ingresso e registro tem por objetivo atender às necessidades de controle e registros que permitem melhorar a gestão da CAF. Desenvolve atividades de controle das entradas e saídas de medicamentos e produtos para a saúde, por meio de ferramentas de gestão, e mantém os registros necessários sobre as entradas e as saídas de medicamentos e produtos para a saúde, pelo período determinado nas normas do serviço.

A distribuição tem por objetivo organizar os medicamentos e produtos para a saúde que saem da CAF para a farmácia central, farmácias satélites, unidades assistenciais e demais setores requisitantes, em condições de segurança. As atividades realizadas estão diretamente relacionadas com o sistema de distribuição empregado, e em geral devem contemplar separação, acomodação para o

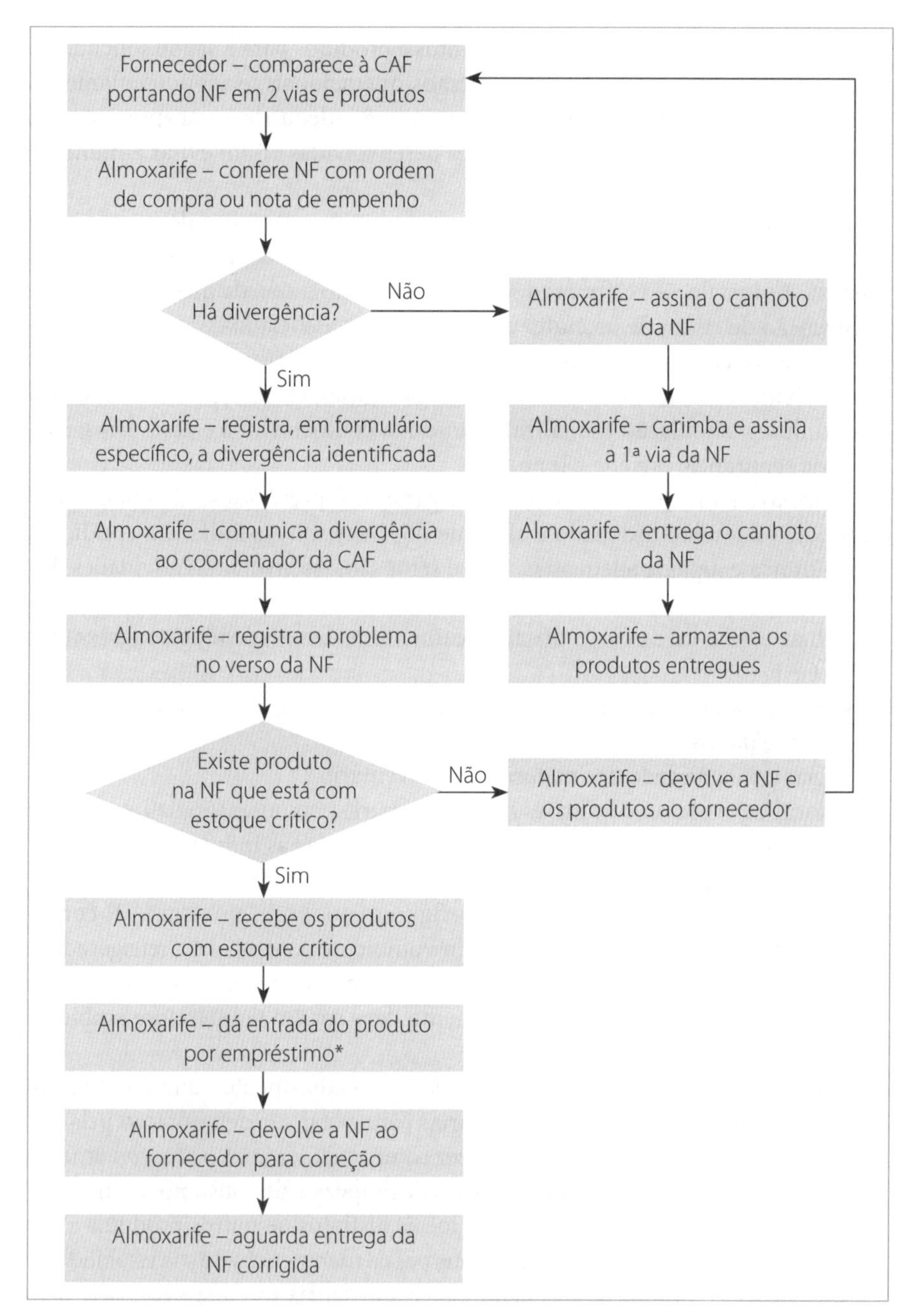

Figura 6.5 Fluxograma para o processo de recebimento de produtos pela CAF.
* Para utilizar o produto, deve-se registrar sua entrada no sistema informatizado. Uma alternativa é dar entrada do produto sem NF, como empréstimo do fornecedor. Com a chegada da nota fiscal, é realizada a entrada de todos os itens e, em seguida, a devolução do empréstimo no sistema.

transporte e distribuição dos medicamentos e produtos para a saúde solicitados, de acordo com as normas e procedimentos operacionais, e acondicionamento de cada medicamento ou produto, na forma mais adequada à sua apresentação, visando ao manejo seguro. As atividades desenvolvidas visam evitar a multiplicidade de embalagens por pedido.

As instalações prediais devem ser projetadas ou adaptadas de acordo com as operações executadas, e mantidas em bom estado de conservação, higiene e limpeza. As instalações elétricas devem ter um cronograma de manutenção para a prevenção de riscos de incêndio e outros perigos associados.

A organização interna das áreas de estocagem influi na operacionalidade. Compreende: *layout*; conforto térmico; organização, ordenação e identificação dos produtos; circulação e sinalização interna; equipamentos e acessórios; medidas de segurança, higiene e limpeza.

O armazenamento tem o objetivo de garantir a preservação da qualidade e o acondicionamento ordenado e eficiente dos bens sob custódia, em condições de segurança e higiene adequadas. Nesse setor são desenvolvidas atividades de:

- Armazenamento e guarda dos medicamentos e demais produtos ingressados na CAF.
- Controle sobre medicamentos e produtos obsoletos, de baixa rotatividade, perdas e danos.
- Vigiar a rotatividade dos materiais em inventário.
- O local deve prover condições adequadas para a manutenção da integridade e conservação dos produtos, e protegê-los de todas as influências potencialmente danosas.
- As recomendações do fabricante que figuram no rótulo em relação às condições de armazenamento ("temperatura ambiente controlada", "refrigerador", "temperatura ambiente") devem ser rigorosamente seguidas. Na ausência de instruções específicas, o armazenamento deve ser em temperatura ambiente controlada.
- A área de estocagem geral é destinada aos medicamentos que não exigem condições especiais além das necessárias para evitar sua deterioração pela luz, umidade e temperatura, e não pode ser compartilhada com o armazenamento de outros insumos, incluindo materiais de limpeza e de consumo. Os medicamentos devem ser armazenados em locais distintos de outros produtos e nas condições especificadas pelo fabricante, para a manutenção de sua estabilidade. Devem ser colocados de forma a manter a distância mínima necessária para permitir a circulação interna de ar entre si, entre ele e a parede (de 30-50 cm)[51], e entre eles e o teto (50 cm)[51] e o piso, evitando a formação de zonas de calor. Os medicamentos e produtos para a saúde nunca devem ser colocados

diretamente no chão, sob refrigeradores ou *freezers*, encostados nas câmaras frigoríficas e refrigeradores ou próximos a condicionadores de ar ou estufas.

- Para que todas as operações sejam realizadas com precisão, é necessária iluminação adequada.
- Determinados medicamentos, produtos para a saúde e insumos requerem condições especiais para guarda e controle. As áreas devem ser edificadas ou adequadas e equipadas para prover as condições desejáveis, considerando as variações climáticas, normas de boas práticas e legislação sanitária. Cuidados especiais devem ser adotados no armazenamento de produtos sujeitos a controle especial, materiais perigosos e delicados como inflamáveis, gases sob pressão, substâncias tóxicas, materiais radioativos e corrosivos. Da mesma forma que na área de estocagem geral, nas áreas específicas os produtos devem ser armazenados de acordo com suas características: por forma farmacêutica, em ordem alfabética por princípio ativo e da esquerda para a direita.
- São produtos que requerem áreas específicas para armazenamento: medicamentos sujeitos a controle especial; medicamentos excepcionais ou de alto custo; soluções parenterais de grande volume e outras soluções de grande volume; medicamentos termolábeis, imunobiológicos; medicamentos segregados (deteriorados, vencidos, interditados, devolvidos, de quarentena); produtos inflamáveis; produtos para a saúde e insumos (matéria-prima, materiais de embalagem e envase).
- Os produtos sujeitos a controle especial requerem controle diferenciado, sob responsabilidade do farmacêutico: local exclusivo (armário); sistema de segurança contra roubo (chave ou outro dispositivo) e acesso restrito.
- Os medicamentos de dispensação em caráter excepcional ou de alto custo devem ser armazenados em armários com chave ou em área de acesso restrito, sob controle do farmacêutico.
- A área destinada ao armazenamento de soluções parenterais de grande volume, soluções germicidas, soluções de diálise, solução fixadora e reveladora para radiografia, dentre outras, deve permitir a adequada movimentação de produtos pesados.
- A estocagem de medicamentos e produtos sensíveis à temperatura requer refrigeração para sua conservação, podendo ser constituída de rede móvel: caixas isotérmicas e rede fixa: *freezers*, congeladores, refrigeradores e câmaras frias. Para armazenamento de grandes quantidades, é necessário dispor de câmara fria com prateleiras, provida de antecâmara, gerador e sistema de alarme automático. A disposição dos produtos no interior dos refrigeradores e câmaras frigoríficas deve permitir a livre circulação de ar. Os produtos devem ser rigorosamente monitorados. A verificação, controle e registro da temperatura dos equipamentos e do ambiente deve ser feita três vezes ao dia[41].

- O armazenamento de produtos químicos deve levar em consideração a natureza do produto, a incompatibilidade química e o volume a ser armazenado. A CAF deve possuir um local isolado, específico e adequado ao armazenamento de produtos inflamáveis. O ideal é no pavimento térreo, com ventilação e proteção contra incêndio (portas corta-fogo, sistema de alarme e rede de alagamento automático[41], extintores de incêndio em quantidade e especificação adequadas). Deve estar sinalizada convenientemente e protegida do calor por sistema de refrigeração.
- Medicamentos interditados, deteriorados ou vencidos devem ser retirados das prateleiras e transferidos para a área de quarentena até sua desinterdição ou seu encaminhamento para incineração. As embalagens devem ser identificadas e, em caso de alteração do produto, preenchida e encaminhada notificação para a Comissão de Riscos. A incineração só deve acontecer após autorização da diretoria para tanto, devendo esse documento ser arquivado para auditorias posteriores. Os procedimentos para incineração deverão seguir os critérios técnicos estabelecidos no plano de gerenciamento de resíduos de serviços de saúde.
- Medicamentos envolvidos em ensaios clínicos devem ser estocados em local separado dos demais. No caso de devoluções ou problemas de outra natureza, os coordenadores e o farmacêutico responsável pelas pesquisas clínicas devem ser comunicados, para providências cabíveis. Esses produtos, quando vencidos, alterados, quebrados ou após o término do estudo, devem ter a destinação estabelecida no protocolo de ensaio clínico.
- Para o adequado armazenamento dos produtos para a saúde, devem-se seguir as normas e recomendações dos fabricantes quanto ao controle de temperatura, umidade e luminosidade, caso contrário podem sofrer alterações e causar prejuízos ao paciente. A identificação nas embalagens deve conter: nome do produto, fabricante, lote, validade, método e data da esterilização, além de outras exigências legais.

Os métodos de armazenamento e organização devem atender às características específicas para a preservação dos materiais e observar os fatores que facilitam a rotatividade, a distribuição, o controle e a proteção contra danos e avarias. Apesar de variarem de acordo com o espaço disponível, os equipamentos de movimentação e a quantidade de produtos armazenados, existem aspectos comuns a serem considerados na organização dos medicamentos e outros produtos na CAF:

- Similaridade: agrupamento por classe terapêutica, ação farmacológica, forma farmacêutica, classificação ABC.
- Demanda: a localização deve facilitar a rotatividade dos produtos.

- Condições especiais: uso restrito, inflamáveis, entre outros.
- Capacidade física da área de armazenamento: tamanho, altura do teto, entre outros.
- Equipamentos em geral.
- Recursos humanos: a demarcação das zonas de estocagem permite melhor aproveitamento dos espaços.

Considerando a organização dos produtos na CAF, os itens mais volumosos e pesados devem ficar próximos à área de saída, para facilitar a movimentação, e ser colocados sobre estrados ou *pallets* (Figura 6.6) de plástico. O contato direto com o solo cria pontos de acúmulo indesejáveis de umidade que se depositam nas embalagens, podendo afetar o produto com o tempo. Não é recomendável a utilização de estrados ou *pallets* de madeira, pois são afetados pela umidade, podendo soltar farpas e hospedar pragas.

O empilhamento deve ser feito em sistema de amarração, para manter espaços de circulação de ar, evitar desabamentos e deformações por compressões. A altura e a quantidade de caixas dependem do volume e peso do produto e da resistência da embalagem secundária. Sempre se deve respeitar o empilhamento máximo recomendado pelo fabricante.

Dentre os materiais estocados, existem os itens de menor e os de maior movimentação, considerando sua frequência de utilização. Quanto à organização, os produtos que vencem primeiro devem ser colocados à esquerda e na frente dos produtos com data de vencimento posterior, para que a distribuição seja feita sempre com o produto de vencimento mais próximo. Este é o sistema FEFO (do inglês *first expiry, first out* – primeiro a vencer, primeiro a sair). Os produtos de grande rotatividade, que não requerem monitoramento rigoroso do prazo de validade, podem ser armazenados pelo sistema FIFO (do inglês *first in, first out* - primeiro que entra, primeiro que sai).

A identificação e localização dos medicamentos merece destaque, com a identificação dos produtos sendo conservada em todo o processo logístico.

Figura 6.6 *Pallet.*

Deve ser disposta, de acordo com a classificação utilizada, na parte frontal das estantes. A etiqueta de identificação dos medicamentos na estante deve conter as seguintes informações: nome genérico, apresentação, concentração, estoques máximo, mínimo e de alerta. O uso de etiquetas de cores diferentes, atribuindo um significado para cada cor, auxilia na diferenciação dos produtos que requerem um controle mais rigoroso, como os medicamentos com data de validade próxima do vencimento e produtos sob quarentena.

Os medicamentos devem ser conservados nas embalagens originais. Além da proteção, facilita a identificação e verificação dos números dos lotes e prazo de validade. Os medicamentos e produtos para a saúde cuja embalagem apresenta-se danificada ou suspeita de contaminação devem ser retirados dos estoques e mantidos em área separada (quarentena), até decisão sobre seu destino. As caixas abertas devem ser sinalizadas, indicando a violação e a quantidade retirada e, a seguir, lacradas.

A área deve ser sinalizada contribuindo para a fácil identificação tanto no aspecto externo da CAF (nome, logotipo, placas indicativas) como nas áreas internas. É recomendável dispor, na entrada da CAF, de um sinalizador que indique a localização dos medicamentos e produtos para a saúde, na área de armazenamento, para agilizar o processo de distribuição.

Considerando os tipos de *layout*, os mais utilizados são em L, S, U ou linha reta (Figura 6.7).

Figura 6.7 Exemplo de *layout* em linha reta[50].

Controle de temperatura e umidade

Nos locais de estocagem, o monitoramento da temperatura e umidade do ar deve ser feito diariamente, por meio de termômetros de máxima e mínima e higrômetros, respectivamente, ou de termo-higrômetros (Figura 6.4). As leituras devem ser registradas em Mapa de Controle, diariamente, e analisadas para instituir medidas corretivas caso necessário. Esses mapas de controle deverão ser arquivados para serem apresentados em caso de inspeção sanitária. Devem estar disponíveis as instruções para leitura e registro de temperatura e umidade, calibração dos instrumentos e ações a serem tomadas, em casos de desvios da faixa recomendada. Nesses casos, os medicamentos devem ser relacionados e transferidos para outros locais de armazenamento; o provável impacto sobre a qualidade do produto deve ser registrado, bem como perdas, danos e prejuízos, se houver. Deve ser feita investigação da causa do desvio e correção do problema.

Equipamentos, materiais, instrumentos e acessórios

A CAF necessita, para seu adequado funcionamento, de equipamentos destinados à armazenagem de produtos termolábeis, equipamentos de movimentação, equipamentos de segurança, de informática e de comunicação. Além desses, a CAF necessita de mobiliários, acessórios e instrumentos para aferição de temperatura e umidade.

São equipamentos para armazenagem de produtos termolábeis as câmaras frias, refrigeradores e *freezers*.

São equipamentos para movimentação dos produtos os carros-*pallets* – o tipo e o quantitativo dependerão da dimensão e altura interna do almoxarifado e da quantidade, volume médio e especificidade dos produtos em estoque: empilhadeiras, carro-plataforma para transporte de grandes volumes, carrinhos para transporte. A movimentação de produtos deve levar em consideração os seguintes fatores: o que vai ser movimentado; o peso da carga; para onde vão ser levadas; por onde vão passar; a frequência de transporte e a quantidade de material a ser transportada. Os meios mais comuns de transportar materiais são: manual (geralmente utilizando cestas); semimanual (utilizando carrinho e carro-*pallet*); e motorizado (utilizando empilhadeira).

São equipamentos de segurança que devem estar disponíveis na CAF: sistema de alarme automático e extintores de incêndio, adequados a cada tipo de material em combustão: pó químico seco, gás carbônico ou água pressurizada.

Dentre os equipamentos de informática, computadores e impressoras em número suficiente ao desempenho das atividades, e programas (*softwares*) de gestão de estoque, de preferência integrados aos demais sistemas do hospital através de rede, são indispensáveis ao adequado funcionamento da CAF. Considera-se imprescindível a disponibilização de pelo menos um ponto de acesso à internet. A existência de leitores óticos é recomendável para facilitar a movimentação de produtos pela leitura de código de barras. São também indispensáveis os seguintes equipamentos para comunicação: telefone, fax e internet.

A CAF pode dispor, conforme a necessidade, de outros equipamentos, como: exaustores eólicos, ventiladores, ar-condicionado e caixas térmicas para transporte de medicamentos termolábeis. Como itens do mobiliário da CAF, podem ser citados: estrados ou *pallets*, estantes e armários, cestas e *bins* de polietileno, bancadas de trabalho, cadeiras, entre outros. Como acessórios, podem-se citar: fichários, pastas suspensas, placas indicativas e materiais de escritório.

Disposição dos produtos em estoque

Os medicamentos, produtos para a saúde e insumos devem ser ordenados de forma lógica e que permita fácil identificação de nome, lote e validade. Os rótulos devem ser mantidos na frente, para facilitar a visualização e a separação.

Codificação das estantes

As estantes e prateleiras podem ser codificadas de forma a permitir a fácil localização dos produtos na CAF. As regras listadas a seguir poderão ser utilizadas de forma a permitir a identificação das estantes conforme a Figura 6.8.

Procedimento para numeração alfanumérica[50]:

- Numerar as estantes.
- Numerar cada prateleira com letras de baixo para cima.
- Numerar os compartimentos de baixo para cima e da esquerda para a direita.
- Marcar a estante da esquerda para a direita e de baixo para cima.
- Um número indicará a coluna da estante e uma letra indicará a altura (prateleira).
- Estabelecer o código de localização e, se possível, indicá-lo no sistema informatizado.

Do sistema e medidas de segurança

A CAF deve manter sistema de segurança para proteção dos produtos contra desvios, deteriorações, contaminações, incêndios e intempéries e para prevenir acidentes ocupacionais. O sistema de segurança inclui políticas de saneamento,

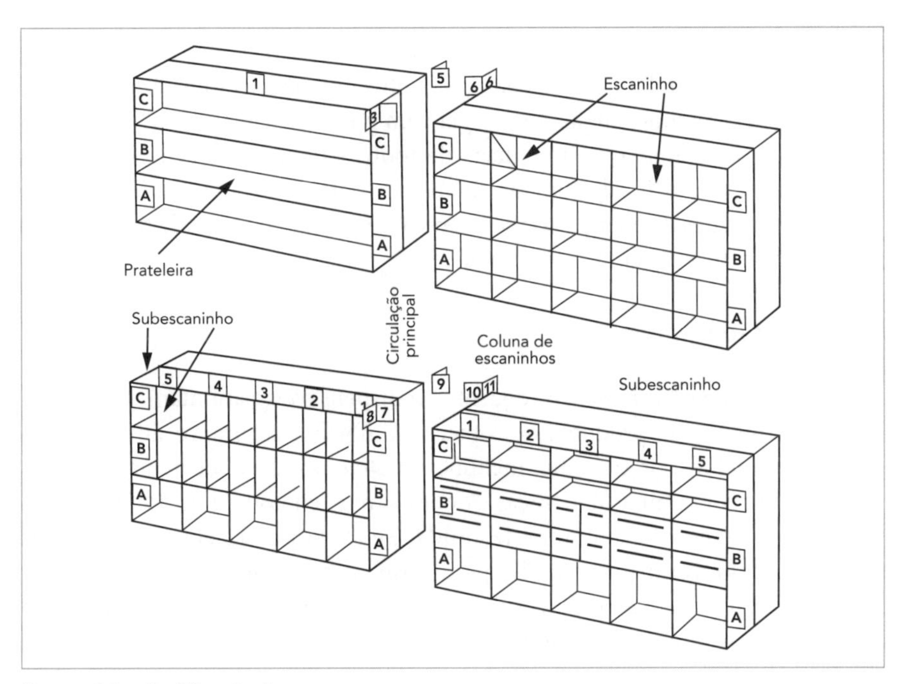

Figura 6.8 Codificação de estantes.

técnicas de limpeza, uso de equipamentos de proteção coletiva, equipamentos de proteção individual, identificação dos funcionários e uso de uniformes. O manuseio adequado dos equipamentos e produtos deve ser enfaticamente trabalhado pelo coordenador da CAF junto à equipe de auxiliares. Evitando ações como arremessar caixas ou se deitar sobre elas, evitam-se acidentes de trabalho e prejuízos por avarias: quebras, danos e perda da estabilidade.

Os medicamentos sujeitos a controle especial exigem instalações trancadas e com controle de acesso. Medidas de segurança na CAF incluem: placas de advertência quanto aos riscos e perigos de incêndio e explosão; treinamento para utilização de extintores de incêndio; e sinalização adequada do ambiente. A sinalização deve facilitar a localização dos equipamentos contra incêndio e permitir fácil acesso dos bombeiros. Os extintores devem ser adequados aos tipos de materiais armazenados, sinalizados conforme normas vigentes e fixados às paredes ou colocados sobre tripés apoiados no chão. As válvulas devem possuir pino e trava de acionamento. Inspeção periódica deve ser realizada, para verificar a data de recarga na etiqueta de identificação, e se as válvulas estão devidamente travadas. Os ponteiros dos manômetros devem estar na posição verde.

São cuidados básicos que devem ser adotados na CAF: conferir diariamente, antes da saída do trabalho, se os equipamentos que não serão utilizados foram desligados; evitar sobrecargas de energia com o uso de benjamins ("T"). Quando usados, são somadas as potências de todos os aparelhos acoplados neles, fazendo com que o fio da tomada fique sobrecarregado. Além disso, deve-se dispor de tomadas de energia com corrente nominal adequada e de telefones em quantidade suficiente em todas as áreas.

Higienização e limpeza

Higienização e limpeza são requisitos indispensáveis para manter a conservação adequada dos produtos e propiciar conforto e segurança aos trabalhadores. Todo o local de trabalho, incluindo prateleiras, deve ser mantido limpo, isento de pó, contaminação e traças. A poeira, por seu poder higroscópico, funciona como elemento catalisador de umidade e corrosão. O chão deve ser limpo de acordo com as normas para limpeza hospitalar, estabelecidas pela CCIH e Hotelaria. A segregação e o descarte do lixo devem obedecer ao Plano de Gerenciamento de Resíduos de Serviços de Saúde.

Estrutura funcional

A execução dos trabalhos na CAF deve ser orientada por normas, procedimentos e instruções de trabalho. Normas e procedimentos administrativos são uma necessidade básica na organização de qualquer serviço, podendo ser condensadas em um manual. Esse manual é o instrumento que norteia e orienta a execução das tarefas, seu devido controle e indicadores. A organização da CAF envolve planejamento, e os níveis de responsabilidade na execução de cada atividade devem estar claramente definidos, bem como as etapas dos processos. Para a operacionalização da estocagem, devem ser estabelecidos os critérios técnicos e os procedimentos operacionais.

O Manual da CAF deve conter: políticas e procedimentos operacionais relativos ao recebimento, estocagem e distribuição; controle de dados, documentação e registros; controle de processos; instruções de trabalho; controle dos equipamentos e instrumentos; ações corretivas e preventivas; definição de responsabilidades. Também deve contemplar as orientações para manter a CAF em condições adequadas de segurança, higiene e limpeza, as condutas mais prováveis de ocorrer nas emergências e o tratamento das não conformidades. A linguagem empregada deve ser de fácil compreensão para as pessoas envolvidas em todas as atividades, de forma a favorecer o cumprimento das boas práticas de estocagem.

Todos os funcionários devem conhecer e receber treinamento prévio sobre os procedimentos e instruções para a execução das tarefas. Nenhum medicamento, produto para a saúde ou insumo poderá ser recebido ou distribuído sem documentação, ou em desacordo com os documentos que os acompanham, exceto nas situações previstas e referidas nas instruções de trabalho. As não conformidades devem ser registradas, datadas e assinadas e as ações corretivas, implantadas e monitoradas.

Recursos humanos

Os recursos humanos necessários para a logística de suprimentos são referidos no documento "Padrões mínimos para farmácia hospitalar e serviços de saúde, Sbrafh"[49], juntamente com os recomendados para as "atividades básicas de dispensação para pacientes internados, sendo 1 farmacêutico para cada turno/plantão diurno, 1 farmacêutico para cada turno/plantão noturno, 1 auxiliar de farmácia para cada turno/plantão diurno, 1 auxiliar administrativo para cada turno/plantão diurno".

O pessoal envolvido no armazenamento de medicamentos e produtos para a saúde deve ser qualificado para a função, ter competência para assegurar que os produtos ou materiais sejam adequadamente armazenados e manuseados, ser treinado para a execução de tarefas e o registro das ações. Além dos conhecimentos técnicos específicos, noções de logística e gerenciamento de materiais são necessárias para um bom desempenho das atividades.

Desenvolvimento, processos e avaliação de resultados

Instrumentos de controle, acompanhamento e avaliação

O inventário dos itens em estoque é o instrumento mais utilizado para vigiar e controlar os medicamentos, produtos para a saúde e insumos, no interior da CAF, com o propósito de:

- Controlar a movimentação (entrada e saída), os níveis de estoque e o tempo de reposição.
- Conhecer as características e tendências do consumo.
- Detectar problemas como estoque excessivo ou obsoleto e produtos com data de vencimento próxima.
- Descartar física e contabilmente todo medicamento ou produto para a saúde deteriorado ou vencido.
- Identificar os estoques disponíveis na CAF, para confronto com os dados registrados.

- Atualizar os dados do sistema informatizado para trabalhar com dados reais.
- Coletar dados para planejamento de treinamentos nas normas e regulamentos objetivando a melhoria do desempenho.

A verificação de estoques na CAF, por meio de inventários, deve ser realizada pelo menos uma vez ao ano, em um inventário geral, periodicamente, em inventários seletivos (por tipo de medicamento). Quando se trata de recursos públicos, a perda de produtos por vencimento ou más condições de armazenamento implica responsabilidade penal e administrativa por danos ao bem público. Os tipos mais comuns de inventário são:

- Periódico: a intervalos definidos.
- Permanente: a cada vez que o produto é movimentado.
- Especial: eventual, por razões específicas.

SISTEMAS DE INFORMAÇÃO E COMUNICAÇÃO

A informação e a comunicação constituem ferramentas fundamentais para o setor de saúde. Os novos modelos da tecnologia da informação e comunicação (TIC) revolucionaram a gestão da farmácia hospitalar e da logística do medicamento, permitindo ao farmacêutico dedicar mais tempo às funções clínicas.

No armazenamento de medicamentos, produtos para a saúde e insumos, as TIC oferecem suporte às atividades gerenciais, operacionais e estratégicas, orientando decisões, planejamentos e embasando as estatísticas, com melhor utilização dos dados disponíveis e, como produto final, a melhoria da qualidade na assistência. A tecnologia da informação (TI) se aplica tanto a equipamentos como a recursos humanos. Inicialmente teve sua aplicação em faturamento, evoluindo para os processos, produção de informações e geração de conhecimento. Os benefícios de sua utilização, aliados aos níveis de exigência cada vez maiores dos clientes, desafiam os profissionais à quebra de barreiras expressas pela resistência à inovação e por falta de conhecimentos, capacitação e prática com recursos de informática. Tem como vantagens: redução de custos com economia de papel, mão de obra e espaço para arquivo; maior facilidade de gerenciamento e rapidez de acesso às informações; maior agilidade no serviço: disponibilização de informações em tempo oportuno e redução do tempo de atendimento; consolidação das informações de forma prática, com melhora geral em todos os indicadores e na comparação de dados; ganho na vigilância em saúde – farmacovigilância e tecnovigilância; maior segurança no controle de estoques, reduzindo desvios e fraudes e integração em rede entre a farmácia hospitalar e seus colaboradores, outros serviços e outras empresas (como fornecedores).

A TI melhora muito a segurança dos processos na CAF, mas inicialmente também pode gerar novos problemas. A implantação de sistemas de informática deve ser feita em ritmo seguro, de forma que os problemas possam ser resolvidos um a um, antes de abandonar o modelo antigo de trabalho. Para superar as dificuldades, é necessário planejamento, envolvimento da equipe, infraestrutura de suporte, apoio da direção, estratégia de *marketing* interno, treinamento, monitoramento da implantação para fazer as mudanças necessárias, perseverança e persistência, mapeamento e redefinição de processos e papéis. É necessário compreender o fluxo de trabalho (fluxogramas e diagramas ajudam a definir as etapas dos processos e os responsáveis pela execução) para montar cenários para os processos a serem transformados em fluxo eletrônico.

As novas TIC (intranet, internet e tecnologias de acesso remoto) oferecem à farmácia hospitalar uma infraestrutura de comunicação capaz de dar respostas à necessidade de interação de seus integrantes em rede e de organizar as informações, por área de conhecimento, de forma racional.

A informatização e a automação na administração de estoques[41]

A necessidade de aprimorar o controle logístico de medicamentos convergiu para a inserção da informática e da automação na farmácia hospitalar e na administração de estoques. Esse novo modelo gerencial contribuiu ainda para a otimização de custos na administração de estoques, a agilidade no processamento das operações, a minimização da incidência de erros e para a melhora da rastreabilidade dos medicamentos e produtos para a saúde. O sistema de automação com código de barras é, hoje, uma ferramenta das mais significativas para aumento da produtividade, otimização de custos e redução de erros, quando comparado com o sistema de digitação, contribuindo para a qualidade das atividades assistenciais.

A utilização de coletores de dados pode ser alternativa para proporcionar racionalização de mão de obra, redução nos custos e otimização na execução de inventários. São ferramentas de informática disponíveis para a gestão de estoques[41]:

- Controle efetivo da movimentação do estoque e dos subestoques (*on-line*), mantendo a integridade dos dados.
- Controle de validade dos produtos pelo sistema FEFO (primeiro que vence, primeiro que sai), garantindo a qualidade e evitando perdas por validade.
- Controle do consumo por classe terapêutica, por quantidade, por item, por centro de custo, por especialidade médica e por paciente.
- Processamento de medicamentos com exigência de controle especial, gerando relatórios para a Vigilância Sanitária local.

- Registro das compras e cálculo do preço médio.
- Identificação de lote e validade por código de barras, minimizando erros na separação.
- Busca de produtos por nome comercial ou por princípio ativo.
- Integração com os demais setores do hospital (faturamento, compras, entre outros).
- Ressuprimento de estoque – sinaliza o ponto de reposição.
- Curva ABC – ordena os itens de acordo com sua importância na produtividade *versus* custos.
- Inventário – apura os itens que compõem o estoque físico e contábil, incorporando-os ao patrimônio da instituição e dando suporte à produção e ao planejamento.
- Emissão rápida de relatórios operacionais, administrativos, contábeis e gerenciais; diários, por período, mensais e anuais.

FALSIFICAÇÃO DE MEDICAMENTOS

A Lei n. 9.677, de 2 de julho de 1998, inclui a falsificação de medicamentos na classificação de crimes hediondos[52].

Como reconhecer falsificações pelo número de registro de produtos[46]

A Tabela 6.5 apresenta o número correto de dígitos que devem constar no número de protocolo e no número de registro. Também mostra como devem ser apresentados os produtos isentos de registro.

Tabela 6.5 Número correto de dígitos em produtos e apresentação de produtos isentos de registro

Produto isento de registro	Reg. MS conforme Res. Anvisa n., DOU... (dia/mês/ano)
N. de protocolo	Deve ter 15 dígitos
N. de registro	Deve ter 13 dígitos
N. de registro de medicamentos	Começa com o n. 1
N. de registro de cosméticos	Começa com o n. 2
N. de registro de saneantes	Começa com o n. 3
N. de registro de alimentos	Começa com os ns. 4, 5 ou 6
N. de registro de produtos para a saúde	Começa com os ns. 1 e 8

Fonte: Anvisa[46].

A Anvisa esclarece que os números de protocolos têm 15 dígitos, não sendo obrigatórios os dois últimos. Eles começam com uma numeração que vai de 25.000 a 25.999. Os seis dígitos seguintes referem-se à ordem em que o processo foi protocolado no ano de entrada. Os dois primeiros números depois da barra expressam o ano em que o processo deu entrada na Agência e os outros dois dígitos são verificadores internos, a exemplo de contas bancárias. Um exemplo de número correto de processo é 25000.001254/92-16. É ilegal vender produtos que tenham essas sequências numéricas, pois ainda não obtiveram o registro definitivo para serem comercializados.

Os números de registro têm 13 dígitos, podendo ser utilizados apenas nove, pois não é obrigatório que os quatro últimos constem na embalagem. Ex.: 1.0234.0058.001-9. Neste caso, trata-se de um Registro de Medicamento, que sempre começa com o número 1. O primeiro grupo de quatro números refere-se à autorização federal de funcionamento da empresa, isto é, a identifica. O segundo grupo refere-se à ordem em que o produto da empresa foi registrado, ou seja, a empresa tem 58 medicamentos já legalizados. Os quatro últimos números não obrigatórios dizem respeito ao número de apresentações que o produto possui, em termos de embalagem, e a forma farmacêutica. No exemplo citado, 001 significa que é a primeira apresentação do produto registrada na Anvisa e o número 9 é apenas um dígito verificador interno.

Os produtos para a saúde com registros anteriores a 2001 mantêm o dígito inicial 1 (um), porque a área de tecnologia de produtos para a saúde (antiga correlatos), no passado, estava incorporada à área de medicamentos. Os produtos registrados após 2001 têm registro começando com o número 8.

Exemplos comuns de adulteração de registro são expressos pelas iniciais MS, de Ministério da Saúde, seguidas de uma série de seis números e de um ano qualquer (p. ex.: MS 610.001/98). Suspeitas de produtos falsificados devem ser encaminhadas para a Comissão de Riscos e, em sua ausência, à Vigilância Sanitária do município ou do estado. Essa notificação também pode ser feita diretamente à Anvisa pelo *e-mail* ouvidoria@anvisa.gov.br.

DESCARTE DE PRODUTOS

O descarte adequado de insumos farmacêuticos alterados ou vencidos deve ser uma das preocupações do coordenador da CAF, e tem por objetivo reduzir o risco potencial de contaminação do meio ambiente com lixo químico, por meio da destinação correta dos resíduos. Deve seguir as determinações estabelecidas no Plano de Gerenciamento de Resíduos de Serviços de Saúde (PGRSS) da instituição.

O farmacêutico deve notificar os órgãos públicos responsáveis pelas perdas de medicamentos e insumos farmacêuticos por expiração do prazo de validade e estabelecer um sistema de gerenciamento de resíduos de medicamentos e insumos farmacêuticos vencidos, contaminados, interditados ou não utilizados, que atenda às exigências sanitárias e ambientais, sempre em concordância com o PGRSS.

As substâncias e medicamentos sujeitos a controle especial devem seguir a legislação específica para seu descarte.

PGRSS

O PGRSS deve atender à legislação vigente e abordar aspectos referentes à geração, segregação, acondicionamento, coleta, armazenamento temporário, transporte interno, tratamento, armazenamento externo, coleta e transporte externo e destinação final dos resíduos. Dados sobre os tipos e as quantidades dos resíduos produzidos, mapas de fluxo e de risco, orientações sobre uso de equipamentos de uso individual e equipamentos de uso coletivo e procedimentos de emergência em caso de acidentes devem estar informados no plano. A educação permanente sobre o PGRSS deve incluir noções gerais sobre ciclo de vida dos materiais, biossegurança e controle de infecção, manuseio geral dos resíduos, responsabilidades na gestão e eliminação, formas de redução, legislação, entre outros.

ROTEIRO ORIENTATIVO QUANTO AOS PADRÕES DE QUALIDADE

Tabela 6.6 Programação

Assunto	O que avaliar
Recursos humanos	▪ Existência de Grupo de Trabalho (GT) interdisciplinar estruturado para executar a programação, com representantes da farmácia, de serviços clínicos, do setor de compras e da administração do hospital ▪ Metodologia de trabalho em equipe, com definição de ações, atribuições e responsabilidades para os membros da comissão ▪ Planejamento da programação com cronograma de execução e elaboração de ferramentas para o trabalho, como fluxograma operacional, planilhas para registros, acompanhamento e controle ▪ Ações estruturadas com objetividade, definição de responsáveis, especificação de prazos, alocação de recursos e avaliação da implementação ▪ Plano de educação continuada e programa de treinamento, com cronograma de execução voltado para a melhoria de processos

Continua

Tabela 6.6 Programação *(continuação)*

Assunto	O que avaliar
Recursos materiais	▪ Disponibilidade de dados e informações atualizadas, necessárias ao processo, como relação de medicamentos selecionados e produtos para a saúde padronizados, relatórios atualizados sobre consumo físico, consumo histórico, demanda (atendida e não atendida), sazonalidades, itens em estoque, perfil da clientela, morbidade e mortalidade, protocolos terapêuticos, rotatividade dos estoques ▪ Existência de ferramentas adequadas ao trabalho: planilhas, formulários de registro das informações e instrumentos de avaliação ▪ Programação de necessidades financeiras para executar a programação ▪ Existência de manual de especificação técnica ou cadastro adequado dos itens ▪ Planilhas com relação dos medicamentos ou produtos para a saúde, quantidades e custo estimado, nos parâmetros definidos
Gestão	▪ Política de estoque estabelecida ▪ Cadastro adequado dos itens ▪ Coleta e análise de dados dos itens em estoque e perfil da clientela, para estabelecer parâmetros de reposição ▪ Registros e análise de dados ▪ Sistema de informatização eficaz ▪ Sistema de gestão de estoques eficiente (coleta, armazenamento, alimentação e acesso aos dados) ▪ Utilização de dados para a construção de indicadores e sua aplicação no processo de elaboração da programação ▪ Normas e procedimentos adequados para avaliação, controle e acompanhamento do processo ▪ Adequabilidade dos critérios utilizados para quantificar necessidades ▪ Utilização de indicadores para avaliação de desempenho e identificação de oportunidades de melhoria ▪ Utilização dos resultados das avaliações para planejamento e implementação de melhorias
Gestão de fornecedores	▪ Utilização de critérios preestabelecidos para os processos de seleção, qualificação, cadastro e contratação de fornecedores ▪ Existência de cadastro de fornecedores adequado e atualizado ▪ Utilização de ficha de avaliação de fornecedores, para registro de intercorrências no ato do recebimento (não conformidade nos itens e prazo de entrega, entre outras) ▪ Imposição de penalidades aos fornecedores, no caso de ocorrência de problemas e registro em formulário adequado ▪ Avaliação de fornecedores nas fases de cadastro, processo de aquisição, recebimento dos produtos e pós-venda ▪ Registros das avaliações dos fornecedores e utilização dos dados para atualização do cadastro

Continua

Tabela 6.6 Programação *(continuação)*

Assunto	O que avaliar
	▪ Comunicação dos resultados da avaliação aos fornecedores ▪ Evidências de envolvimento e comprometimento dos fornecedores com os valores e diretrizes da instituição, no compartilhamento de riscos inerentes à saúde, à segurança e ao meio ambiente
Processos	▪ Análise de dados para identificação de necessidades de compras ▪ Especificação adequada dos itens a serem adquiridos (conforme catálogo de compras e/ou exigências do edital) ▪ Definição de critérios de priorização de necessidades, para aquisição ▪ Utilização de métodos de programação reconhecidos e validados, parâmetros de reposição de estoque que sugiram quantidades e contemplem prazos para entrega, periodicidade e modalidade de compras ▪ Realização de pesquisa de preços no mercado e estimativa de necessidades financeiras para execução da programação ▪ Compatibilização dos recursos financeiros disponíveis, com as prioridades definidas na programação
Indicadores	▪ Existência de indicadores para gerenciar o processo da programação ▪ Quantidade programada compatível com a cobertura do período estimado ▪ Medicamentos vitais disponíveis nas quantidades necessárias, em tempo oportuno ▪ Medicamentos perdidos por data de validade e valor gasto com produtos não utilizados ▪ Número de medicamentos programados para aquisição com especificação adequada ▪ Existência de relação atualizada de fornecedores qualificados, tecnicamente avaliados
Monitoramento	▪ Mecanismos de controle, acompanhamento e instrumentos de avaliação disponíveis ▪ Registros de controle e acompanhamento para os processos identificados ▪ Definição de indicadores para os processos identificados e sua utilização para avaliações de desempenho ▪ Utilização dos indicadores de desempenho para ajustar os processos ▪ Implementação de ações corretivas sobre as não conformidades ▪ Acompanhamento e verificação dos resultados das ações corretivas implantadas ▪ Evidências de impacto nos processos e melhorias ao longo do tempo ▪ Eficiência do sistema de informação e de gestão de estoques ▪ Existência de ações preventivas documentadas ▪ Avaliação do desempenho dos fornecedores por meio de séries históricas, indicadores e evidências de melhorias na relação com o hospital

Tabela 6.7 Aquisição

Assunto	O que avaliar
Infraestrutura	▪ Existência de área específica para recepção dos produtos adquiridos, identificada e separada da área de armazenamento, com localização adequada e equivalente a 10% da área da CAF
Recursos humanos	▪ Comissão de compras ou de licitação composta por representantes da farmácia e demais setores interessados na aquisição do produto (usuários indiretos) ▪ Registro de reuniões de trabalho ▪ Utilização de instrumentos para avaliação de desempenho
Recursos materiais	▪ Existência de lista atualizada de fornecedores qualificados ▪ Existência de cadastro atualizado dos fornecedores qualificados, tecnicamente avaliados ▪ Existência de Manual de especificação técnica ou catálogo de materiais (especificação detalhada dos medicamentos e produtos para a saúde) ▪ Existência de formulário adequado para registro das intercorrências com fornecedores (atraso na entrega, entrega de itens em desacordo com o especificado, entre outros) ▪ Recursos utilizados para obtenção de menores preços com garantia de qualidade
Gestão	▪ Gerenciamento dos recursos financeiros de forma a assegurar a utilização adequada ▪ Otimização de custos com fornecedores ▪ Medicamentos adquiridos de acordo com a especificação detalhada no manual de especificações técnicas (catálogo de compras) ▪ Medicamentos recebidos em concordância com as especificações para a compra ▪ Acompanhamento da tramitação dos processos de compra (gestão dos contratos) ▪ Comunicação aos fornecedores dos requisitos de fornecimento, para evitar a ocorrência de erros ▪ Implementação de ações corretivas sobre os problemas ocorridos ▪ Existência de mecanismos e instrumentos de avaliação da qualidade dos medicamentos e produtos para a saúde ▪ Uso de ferramentas da qualidade (gráfico de Pareto, 5W 2H, *brainstorming* etc.) ▪ Controle interno da qualidade dos processos

Continua

Tabela 6.7 Aquisição *(continuação)*

Assunto	O que avaliar
Processos	▪ Instrumentação do processo de aquisição pela farmácia ▪ Operacionalização do acompanhamento do processo de compras e de execução das despesas ▪ Critérios para definição de prioridades de compra ▪ Pareceres técnicos presentes nos processos de aquisição ▪ Medicamentos adquiridos com base em informações atualizadas sobre consumo físico ▪ Existência de procedimento para o recebimento de medicamentos e produtos para a saúde ▪ Exigência de apresentação do certificado de análise de controle de qualidade do fabricante, para recebimento dos produtos adquiridos
Recebimento	▪ Instruções para recebimento de medicamentos e produtos para a saúde, disponíveis na área de recepção e evidências de seu cumprimento pelos almoxarifes ▪ Existência de *checklist* para inspeção dos medicamentos e produtos para a saúde recebidos ▪ Problemas relacionados à documentação de entrega dos produtos, identificados e encaminhados para correção ▪ Produtos entregues inspecionados e refugados no ato de recebimento, na constatação de inadequações ▪ Medicamentos recebidos de acordo com as especificações constantes no processo de compra ▪ Registro em formulário específico e anotação, no cadastro do fornecedor, das ocorrências negativas de natureza técnica ou administrativa
Indicadores	▪ Medicamentos adquiridos e recebidos em concordância com a lista de medicamentos selecionados, especificações e quantidades detalhadas no processo de compras, em tempo oportuno, com base em informações atualizadas sobre consumo físico e o parecer técnico ▪ Número de medicamentos adquiridos e recebidos em adequação às especificações detalhadas no processo da programação ▪ Conformidade na entrega de produtos pelos fornecedores: quantidades contratadas e quantidades entregues no prazo, data de validade dentro do prazo contratado (mínimo de 1 ano) ▪ Medicamentos disponíveis nas quantidades necessárias em tempo oportuno ▪ Resultados do relacionamento do hospital com seus fornecedores: taxa de itens entregues no prazo; taxa de ocorrência de não conformidades com os produtos entregues; número de medicamentos dentro do prazo de validade estabelecido em contrato de compra; número de notificações de eventos adversos recebidas; número de queixas técnicas recebidas; número de notificação de penalizações emitidas

Continua

Tabela 6.7 Aquisição *(continuação)*

Assunto	O que avaliar
Acompanhamento e avaliação	▪ Evidência de eficácia na operacionalização dos processos de compras e disponibilidade de recursos ▪ Medicamentos e produtos para a saúde adquiridos, com qualidade e custo adequado ▪ Existência de cadastro de fornecedores qualificados, avaliados tecnicamente ▪ Registro de reclamações de produtos recebidas ▪ Conformidade no cumprimento dos prazos de entrega contratados ▪ Evidência de procedimento de avaliação de fornecedores ▪ Avaliação do desempenho dos fornecedores por meio de séries históricas e de indicadores para os serviços prestados: taxa de itens entregues no prazo; conformidade na entrega dos produtos; evidências de melhorias no perfil de relacionamento do fornecedor com o hospital; auditorias internas (autoavaliações) periódicas; auditorias externas ou controle externo da qualidade (acreditação)

Tabela 6.8 Armazenamento

Assunto	O que avaliar
Infraestrutura	▪ Adequação da área física da CAF à legislação sanitária e aos padrões mínimos da Sbrafh ▪ Organização interna do espaço físico da CAF: área de recepção e inspeção, área de ingresso e registro, área de distribuição (embalagem e despacho) e área de armazenamento ▪ Existência de áreas separadas para medicamentos e produtos que requerem condições especiais ▪ *Layout*, sinalização interna da CAF e disposição adequada dos produtos nos suportes e mobiliários ▪ Adequação do fluxo na área de recebimento e despacho ▪ Adequação dos equipamentos às necessidades da CAF ▪ Sistema eficaz de coleta, armazenamento, alimentação, acesso e recuperação de dados ▪ Disponibilidade de informações fidedignas do estoque e consumo ▪ Informações adequadas para programação, disponíveis em tempo oportuno ▪ Condições adequadas de segurança no local para trabalhadores, fornecedores e visitantes
Recursos humanos	▪ Levantamento das necessidades de capacitação e de desenvolvimento das pessoas que compõem a equipe de trabalho ▪ Evidência de treinamento para a realização das operações e procedimentos normatizados ▪ Definição formal do perfil, competências, atribuições e responsabilidades dos cargos

Continua

Tabela 6.8 Armazenamento *(continuação)*

Assunto	O que avaliar
	▪ Programa de incentivo à educação continuada ▪ Utilização de estratégias de gestão da qualidade para avaliação e melhoria das práticas de gestão de processos e padrões de trabalho (ferramentas da qualidade: gráfico de Pareto, 5W 2H, *brainstorming* etc.) ▪ Avaliação de produção e produtividade
Gestão	▪ Política de estoque estabelecida ▪ Definição, elaboração e controle das atividades ▪ Disponibilidade de manuais operacionais atualizados, para os processos da CAF ▪ Rotinas administrativas escritas, voltadas para a gestão dos medicamentos e produtos para a saúde ▪ Espaços disponíveis racionalizados ▪ Processo de distribuição facilitado ▪ Controle de estoque eficaz ▪ Medicamentos selecionados disponíveis nas quantidades necessárias ▪ Disponibilidade de relatórios com informações atualizadas sobre consumo físico ▪ Contrato de manutenção preventiva dos equipamentos e instrumentos e registros das intervenções e manutenções realizadas ▪ Instruções e treinamento de segurança do trabalho ▪ Mapas de risco ▪ Condições adequadas de segurança no local para trabalhadores, fornecedores e visitantes ▪ Condições de segurança dos produtos armazenados ▪ Evidência de ações para proteção do meio ambiente ▪ Existência de um setor estruturado para manutenção das instalações físicas, rede hidráulica e elétrica, ou contrato de prestação de serviços com empresas especializadas no ramo ▪ Análise de custos e viabilidade econômica para manutenção e aquisição de equipamentos ou serviços ▪ Procedimento escrito para controle de sanitização e desinfestação ▪ Sistema de avaliação da qualidade dos medicamentos e produtos para a saúde armazenados ▪ Identificação, registro e evidências de redução de problemas relacionados ao armazenamento de medicamentos e produtos para a saúde ▪ Gestão de processos por meio de indicadores de desempenho ▪ Registros de temperatura e umidade dos locais de armazenagem e controle adequado das condições ambientais ▪ Procedimento para coleta de sugestões/reclamações da qualidade dos produtos ▪ Registro das reclamações recebidas dos medicamentos e produtos para a saúde distribuídos e das providências tomadas

Continua

Tabela 6.8 Armazenamento *(continuação)*

Assunto	O que avaliar
Processos	▪ Existência de normas e procedimentos operacionais atualizados para todas as atividades da CAF ▪ Processos bem definidos, fluxogramas e registros necessários à garantia da qualidade ▪ Avaliação técnica da qualidade dos produtos adquiridos, recebidos e armazenados ▪ Controle das condições ambientais para manutenção da qualidade dos produtos ▪ Controle da validade dos medicamentos ▪ Plano de Gerenciamento de Resíduos de Serviços de Saúde adequado às normas sanitárias e evidências de seu cumprimento ▪ Rotinas escritas de limpeza da CAF
Indicadores	▪ Medicamentos preservados quanto à qualidade ▪ Percentual de perdas por caducidade ou falta de qualidade ▪ Itens em estoque rapidamente localizados ▪ Medicamentos disponíveis em tempo oportuno ▪ Número de medicamentos disponíveis nas quantidades necessárias e em tempo oportuno ▪ Número de itens dos procedimentos realizados conforme as instruções escritas e os registros de treinamento ▪ Número de metas estabelecidas cumpridas ▪ Número de ocorrências de problemas relacionados ao armazenamento de medicamentos e produtos para a saúde, identificados, registrados e solucionados
Acompanhamento e avaliação	▪ Existência de instrumentos de controle, acompanhamento e avaliação das atividades de estocagem ▪ Gestão de contratos de manutenção de equipamentos, controle de limpeza, sanitização e desinfestação ▪ Existência de atividades de controle de qualidade em todas as fases do processo de recepção e armazenamento ▪ Monitoramento, avaliação e revisão de rotinas para melhoria das práticas e respectivos padrões de trabalho ▪ Adequabilidade dos indicadores de desempenho para aferir o atendimento aos requisitos dos processos ▪ Evidências de eficácia na operacionalização dos processos ▪ Evidências de análise e revisão dos processos voltados à implementação de melhorias ▪ Registro, tratamento e acompanhamento das não conformidades verificadas ▪ Ações corretivas, sobre problemas detectados, rapidamente instaladas e acompanhadas até a resolução ▪ Evidências de implantação de ações preventivas

Continua

Tabela 6.8 Armazenamento *(continuação)*

Assunto	O que avaliar
	▪ Registro de auditorias internas (autoavaliação) e/ou externas (acreditação) e das providências para implantação de melhorias ▪ Registros da avaliação de desempenho dos treinamentos e atividades de educação continuada ▪ Utilização de instrumentos de avaliação de desempenho ▪ Controle das práticas, rotatividade de estoque, sistema eficaz de coleta, armazenamento, alimentação, acesso e recuperação de dados

Embora programação, aquisição e armazenamento tenham em conjunto o propósito de suprir a demanda de medicamentos e armazená-los de forma adequada, cada atividade contribui de forma específica. À programação cabe definir especificações técnicas e quantidades dos medicamentos selecionados; à aquisição, suprir as necessidades observando qualificação dos fornecedores e aliando qualidade ao menor custo e ao armazenamento a responsabilidade pela manutenção das propriedades originais dos medicamentos e produtos estocados e o fornecimento de informações fidedignas e atualizadas sobre o estoque[40].

A programação é uma atividade associada ao planejamento. Sua viabilidade e factibilidade dependem da utilização de informações gerenciais disponíveis e fidedignas[40], da análise do perfil da instituição, do conhecimento dos medicamentos selecionados, de dados consistentes sobre consumo, perfil demográfico e epidemiológico, oferta e demanda de serviços, recursos humanos capacitados e disponibilidade financeira.

A unidade de farmácia deve manter um bom relacionamento com todos os setores envolvidos na aquisição de medicamentos e produtos para a saúde, para trocar informações, dirimir conflitos, harmonizar procedimentos e condutas e dar agilidade ao processo de compra. A quebra na retroalimentação da informação pode causar erros na estimativa da quantidade dos produtos e na qualidade do processo, favorecendo a falta de critérios de racionalidade e o descompasso do sistema.

O planejamento adequado de compras, a organização do serviço, a gestão eficiente de estoques, a definição da periodicidade de compras, entre outros, otimizam recursos, racionalizam as compras e garantem regularidade no abastecimento.

Em face dos problemas decorrentes da aquisição de medicamentos falsificados ou com desvios de qualidade e suas consequências, não se pode perder de vista a preocupação com a qualidade, em detrimento do lucro, independentemente do impacto da aquisição na economia dos serviços de saúde.

SISTEMAS DE DISTRIBUIÇÃO DE MEDICAMENTOS E PRODUTOS PARA A SAÚDE

Os sistemas de distribuição consistem no suprimento de medicamentos e produtos para a saúde às unidades assistenciais do hospital ou serviço de saúde, em quantidade e qualidade corretas e no tempo oportuno. A distribuição deve garantir rapidez e segurança na entrega, eficiência no controle e informação[53]. Deve atender a todas as áreas da instituição nas quais sejam consumidos.

O conceito de farmácia hospitalar tem evoluído nas últimas décadas, e atualmente se espera que sejam exercidas não somente as atividades de gerenciamento e logística, mas também aquelas que possibilitem o uso racional dos medicamentos, garantindo aos pacientes uma terapêutica adequada e segura.

Segundo a OMS, o uso racional de medicamentos ocorre quando o paciente os recebe de acordo com as necessidades clínicas, nas doses requeridas, por um tempo adequado e também a um baixo custo.

A fim de evitar impactos potenciais (Figura 6.9) ao uso inapropriado de medicamentos, uma política de uso racional deve ser implantada[54].

A farmácia hospitalar moderna possui uma estrutura complexa, na qual inúmeros processos e atividades são necessários para garantir o tratamento correto e oportuno aos pacientes, com otimização dos recursos existentes. Em todos

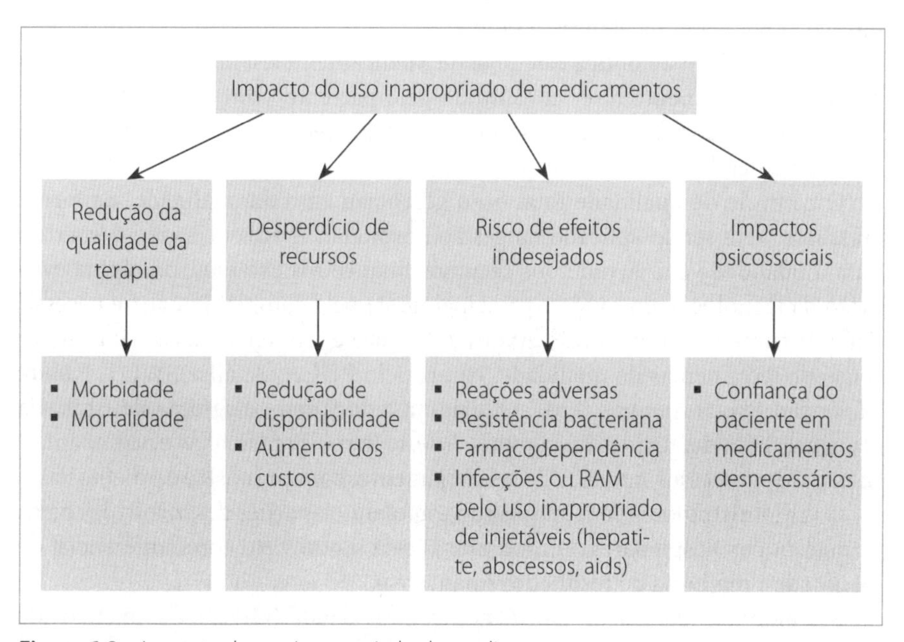

Figura 6.9 Impacto do uso inapropriado de medicamentos.

esses processos e atividades, o foco deve ser o paciente e a disponibilização de medicamentos e produtos para a saúde eficazes e seguros[55-57].

Atualmente, a farmácia hospitalar desenvolve atividades clínicas e práticas gerenciais, que devem ser organizadas de acordo com as características do hospital, mantendo a coerência com seu tipo e seu nível de complexidade.

A reformulação do sistema de saúde brasileiro, com a normatização do SUS (Sistema Único de Saúde), em 1990[58], suscitou a necessidade de elaboração de uma política específica para o setor de medicamentos no Brasil com o propósito de garantir acesso à assistência farmacêutica integral[59].

A assistência farmacêutica é um grupo de atividades relacionadas com o medicamento, destinadas a apoiar as ações de saúde demandadas por uma comunidade. Envolve o abastecimento de medicamentos em todas e em cada uma de suas etapas constitutivas, a conservação e o controle de qualidade, a segurança e a eficácia terapêutica dos medicamentos, o acompanhamento e a avaliação da utilização, a obtenção e a difusão de informação sobre medicamentos e a educação permanente dos profissionais de saúde, do paciente e da comunidade para assegurar o uso racional de medicamentos[60].

Para a efetiva implementação da assistência farmacêutica[61-62], é fundamental ter como princípio básico norteador o ciclo da assistência farmacêutica (disponível no capítulo 1 – Figura 1.1), um sistema constituído pelas etapas de seleção, programação, aquisição, armazenamento, distribuição e dispensação, com suas interfaces nas ações da atenção à saúde[53].

De acordo com a Política Nacional de Medicamentos, a prescrição é o ato de definir o medicamento a ser consumido pelo paciente, com a respectiva dosagem e duração do tratamento; esse ato é expresso mediante a elaboração de uma receita médica[53].

O controle de qualidade total ou o gerenciamento da qualidade, de forma crescente, vem sendo aplicado na gestão hospitalar. A área de saúde despertou para a qualidade em virtude dos recursos financeiros escassos, da rápida evolução da tecnologia em saúde e principalmente pela competitividade e necessidade de aumentar resultados[63]. Assim, o farmacêutico tem de usar e incentivar o uso de ferramentas da qualidade, como ciclo PDCA, Análise SWOT, *Failure Mode and Effects Analysis* (FMEA), diagrama de Pareto, diagrama de Ishikawa etc. (mais bem detalhadas no capítulo 3 deste livro), para análise e acompanhamento dos processos internos de gerenciamento, com propostas de melhorias.

Os administradores vêm aprovando e apoiando as ações desenvolvidas pelos farmacêuticos hospitalares. O profissional está sendo visto como diferencial de qualidade e melhoria de resultados financeiros.

Segundo a Organização Pan-Americana da Saúde (OPAS), os objetivos da implantação de um sistema de distribuição de medicamentos são: diminuir erros de medicação; racionalizar a distribuição; aumentar o controle; reduzir os custos; e aumentar a segurança para o paciente.

Para que haja segurança aos pacientes na utilização dos medicamentos, é necessário que os profissionais envolvidos tenham o conhecimento e o entendimento do conceito de erro de medicação de maneira clara, para que possam identificar o erro, bem como as situações facilitadoras para sua ocorrência.

Vários fatores, como falta de definições de cargos, suporte a práticas individualistas, informações não disponíveis, receio de ações disciplinares e repercussões legais implicadas na divulgação são alguns dos obstáculos à diminuição de erros de medicação. O objetivo deveria ser a análise do processo e não da pessoa, saber onde houve falha, buscando a prevenção.

A utilização de medicamentos em hospitais pode envolver de 20 a 30 etapas, incluindo a prescrição, a transcrição, a distribuição, a administração e o monitoramento[66].

É provável que muitos erros de medicação não sejam detectados. Suas sequelas e significados clínicos são mínimos e sem consequências adversas para o paciente. Entretanto, alguns erros podem provocar consequências graves, e por isso devem-se estabelecer sistemas eficazes de prescrição, dispensação e administração de medicamentos para sua prevenção[67].

É bom que se diga: mesmo com um sistema eficiente e seguro de dispensação, os erros de administração, embora em número muito menor, não deixarão de ocorrer[68].

Podem-se listar os principais erros como: prescrições ilegíveis (causando transcrições e/ou separações erradas), com *overdose* ou subdose; vias erradas de administração; desconhecimento de formas farmacêuticas (formulações com propriedades diferentes, como os injetáveis lipossomais); falhas na preparação, diluição, reconstituição e distribuição; administração de medicação por via e/ou velocidade diferente da prescrita etc.

Facilitar a distribuição de medicamentos e produtos para a saúde por meio de processos ordenados, com horários predefinidos a pacientes específicos e em condições adequadas, com garantia da qualidade, a fim de facilitar o serviço de enfermagem. O fluxo da distribuição vai depender do sistema escolhido pelo hospital ou serviço de saúde. É de suma importância estabelecer uma comunicação eficiente, precisa e permanente entre os vários setores empenhados no processo, com definição de critérios, cronogramas e competências.

Para que o controle seja eficaz, é preciso que o farmacêutico hospitalar tenha acesso às informações sobre o paciente (idade, peso, diagnóstico, medicamentos prescritos), o que permite melhor avaliação da prescrição médica e monitoração da farmacoterapia[69]. Nesse sentido, os recursos de tecnologia da informação são essenciais para melhorar seu desempenho profissional junto ao paciente e à equipe multidisciplinar, assim como na aquisição, análise e utilização dos dados acerca dos custos, prazos de entrega, validades etc.

O novo modelo empresarial recomenda prover o melhor atendimento aos pacientes e reduzir os custos para as empresas. Para tanto, é importante que seja realizado um trabalho integrado e colaborativo, do ponto de vista gerencial, entre todos os setores envolvidos desde a compra até a distribuição. Com o passar do tempo, isso tem se tornado mais fácil e possível pelo emprego da tecnologia da informação. Desse modo, todos os setores passam a dispor e utilizar as informações no exato momento em que são necessárias. Comparativamente, em uma situação tradicional, cabe a esses setores abastecer os administradores com base em dados históricos de consumo, refletindo em estoques elevados, aumento dos custos do capital, insatisfação dos funcionários e pacientes, ampliação de prazos para tomada de decisões etc.

A tendência das instituições de saúde é reorganizar os sistemas de segurança prévia com o estabelecimento de padrões de práticas relacionadas aos processos críticos para a segurança dos pacientes, forma de mensurar esses padrões e implantar melhorias para alcançar a excelência. Isso só é obtido quando se alia redução dos erros de medicação, racionalização da distribuição e controle sobre medicamentos e produtos para a saúde com adequação dos gastos ao melhor custo/benefício.

Objetivos

Descrever os sistemas de distribuição de medicamentos e produtos para a saúde e discutir as repercussões na prática farmacêutica em hospitais e serviços de saúde com o propósito de garantir a utilização segura e eficaz de materiais e medicamentos, proporcionando redução de custos, desperdícios e desvios e, consequentemente, propiciando melhores condições de qualidade e rastreabilidade aos produtos solicitados pelos setores no atendimento ao paciente, promovendo seu uso racional em benefício da melhoria da saúde dos pacientes.

Requisitos

Para a escolha do sistema de distribuição que será usado no hospital ou serviço de saúde, além de contemplar o porte do estabelecimento (número de leitos), o tipo de serviço (geral ou especializado), a classificação (nacional, regional, de área etc.), o tipo de administração (centralizada ou descentralizada), o corpo clínico (aberto ou fechado) e a entidade mantenedora (pública ou privada), o sistema tem de apresentar:

- Agilidade: o processo de distribuição deve ser realizado mediante um cronograma e horários preestabelecidos, para evitar atrasos ou faltas, com tempo de recebimento compatível com o esperado, de forma homogênea, por profissionais envolvidos, treinados e capazes.
- Segurança: garantia de que o produto certo chegará ao paciente certo, na quantidade certa e na hora certa. Não se devem considerar as unidades de enfermagem como setor terminal do sistema. O importante é que em quaisquer áreas o setor seja provido de segurança e controle[70].
- Sistema de informação: o processo de distribuição deve ser monitorado e avaliado. Para tanto, é indispensável um sistema de informações que propicie dados atualizados sobre a posição físico-financeira dos estoques, quantidades recebidas e distribuídas, dados de consumo e demanda de cada produto, estoques máximo e mínimo, ponto de reposição e qualquer outra informação que se fizer necessária para um gerenciamento adequado[1]. Com o uso da informática, a rastreabilidade do medicamento e produto para a saúde se tornou viável dentro da estrutura complexa dos hospitais.
- Acondicionamento e transporte: o transporte dos produtos da farmácia ou local de preparo até o local onde se encontra o paciente deve ser feito com os cuidados necessários para manter sua identidade, integridade fisicoquímica e microbiológica, acondicionado de maneira que garanta sua qualidade até o término de sua utilização. Atenção especial deve ser dada aos medicamentos termolábeis, fotossensíveis, radiofármacos, quimioterápicos e aos cáusticos e inflamáveis. Não esquecer que nestes últimos se enquadram os medicamentos na forma de *spray*, que possuem em suas embalagens propelentes gasosos inflamáveis. O processo dever ser avaliado por meio de relatórios de desempenho dos responsáveis pela distribuição, a fim de garantir a qualidade e segurança do sistema, independentemente do tipo implantado.

SISTEMAS DE DISTRIBUIÇÃO

A alta administração do hospital, de acordo com sua estrutura organizacional, é quem determina de que maneira os pacientes hospitalizados receberão seus medicamentos, e o farmacêutico deve participar dessa decisão. O planejamento estratégico da organização é de fundamental importância para, que qualquer que seja o modelo escolhido, seja bem-sucedido e compatível com a visão e missão da empresa[71]. A formação de uma equipe que estude o melhor modelo deverá incluir profissionais de diversas áreas e elaborar estudos práticos de implantação, substituição de sistemas e avaliações dos possíveis impactos.

Vários são os fatores a serem considerados para que a implantação de um sistema de distribuição na área hospitalar e nos serviços de saúde tenha seu objetivo alcançado com êxito. É importante que o sistema seja avaliado constantemente a fim de permitir intervenções com ações corretivas. Alguns indicadores podem e devem ser usados, como: percentual e/ou número de unidades atendidas ao mês/ano; tempo médio gasto para distribuição dos medicamentos e produtos para a saúde; percentual de itens solicitados *versus* itens atendidos; gasto mensal com medicamentos e produtos para a saúde etc.

Um sistema de distribuição tem início a partir de uma solicitação de medicamentos (por parte do requisitante) para a farmácia, visando suprir as necessidades desses medicamentos por um determinado período. Ou seja, todos os sistemas de distribuição se iniciam com a prescrição médica, pedido da enfermagem ou ordem de reposição (distribuição coletiva). Muitas vezes a requisição está baseada em cotas preestabelecidas entre a unidade requisitante e a fornecedora dos produtos[72].

A prescrição médica pode ser manual ou informatizada. Esta última, por meio de terminais de computadores nas unidades assistenciais ou *palmtops*, nos quais, por meio de transferência por radiofrequência, o médico acessa todos os dados do paciente e prescreve próximo ao leito. Há uma redução de cabos de interligação, diminuição do número de terminais de computador e otimização do tempo, já que as informações são verificadas de imediato e agilizam a prescrição com aumento da qualidade assistencial ao paciente.

Independentemente do sistema de distribuição presente no serviço de saúde, sempre se deve levar em conta a legislação pertinente.

Na prática, existem quatro tipos de sistemas de distribuição de medicamentos, a saber: coletivo, individual, combinado e por dose unitária. O sistema preferido é o da distribuição por dose unitária, pois é que apresenta a menor possibilidade de erro[73].

Sistema de distribuição de medicamentos coletivo (SDMC)

É um sistema no qual os pedidos de medicamentos à farmácia são produzidos pela enfermagem (nas organizações que possuem sistemas informatizados, muitas vezes ele começa com a ordem de reposição, porque há histórico de consumo da área e é possível calcular a reposição das unidades de estoque descentralizadas).

Esses pedidos não são feitos em nome dos pacientes, mas sim em nome de setores. A farmácia envia certa quantidade de medicamentos para serem estocados nas unidades de enfermagem e demais setores, que de acordo com as prescrições médicas vão sendo ministrados aos pacientes. É um sistema que apresenta falhas, pois não há participação direta do farmacêutico e o controle é precário (Figura 6.11).

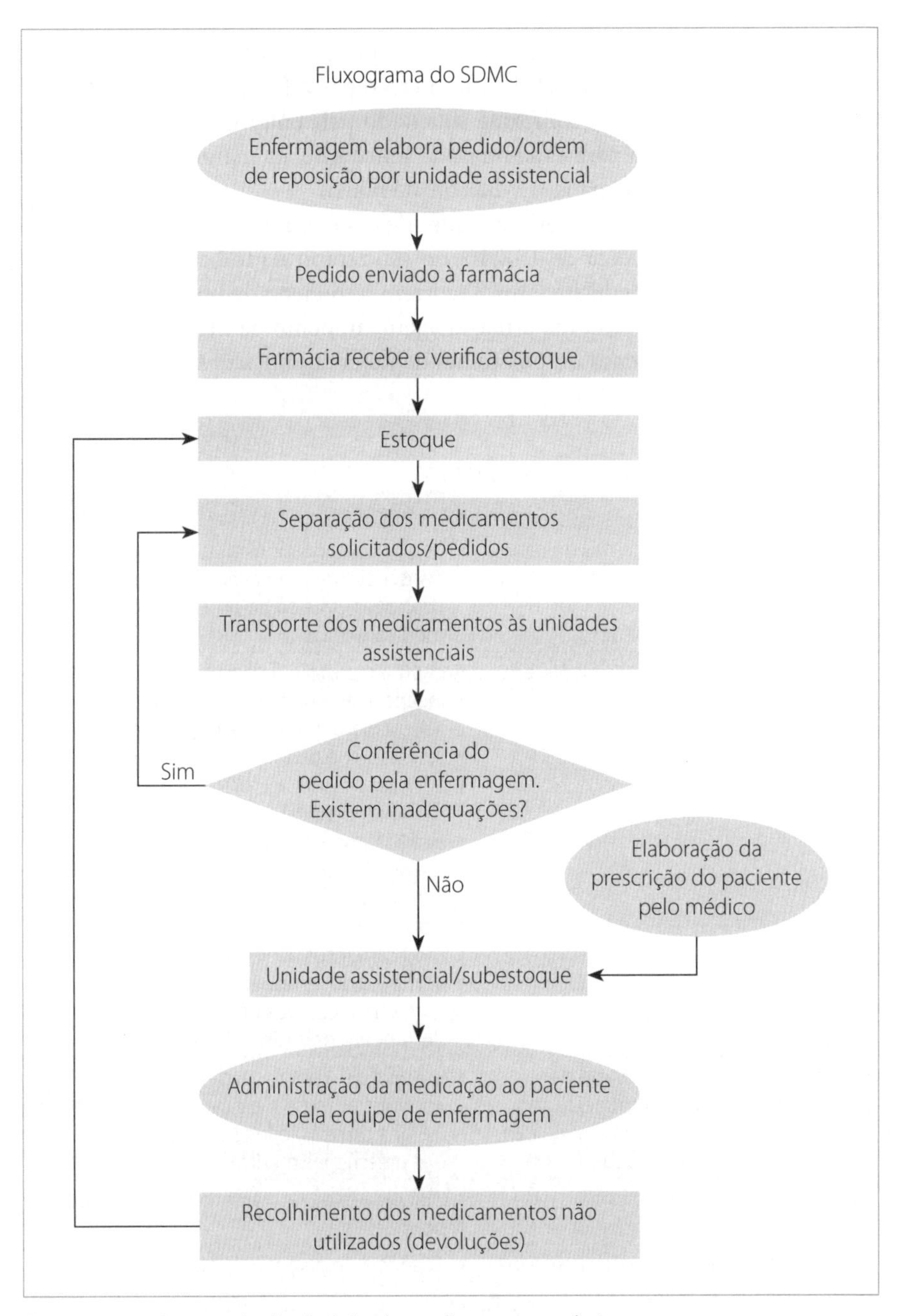

Figura 6.11 Sistema de distribuição de medicamentos coletivo.

Neste sistema, também chamado de estoque descentralizado por unidade assistencial, a farmácia hospitalar é um mero repassador de medicamentos em suas embalagens originais, conforme solicitado pela enfermagem, ou um estoque mínimo e máximo para cada unidade solicitante, na maioria das vezes por períodos longos (uma semana, 15 dias ou até mais).

No SDMC, quem executa as atividades de dispensação farmacêutica é a enfermagem, que gasta cerca de 15-25% do seu tempo de trabalho em armazenagem e preparo de medicamentos. Ocorrem alto custo de estocagem, grande perda por caducidade e/ou má armazenagem, aumento da incidência de erros de medicação, incremento da possibilidade de contaminações, facilidade para desvios e outros[74,75] (Tabela 6.9).

Tabela 6.9 Vantagens e desvantagens do SDMC

Vantagens	Desvantagens
Grande arsenal terapêutico nas unidades, o que facilita o uso imediato dos medicamentos	▪ Requisições, quando feitas por meio da transcrição da prescrição médica, podem ocasionar erros como omissões e trocas de medicamentos
Redução do número de solicitações e devoluções à farmácia	Aumenta o gasto em consequência de: ▪ incapacidade da farmácia em controlar adequadamente os medicamentos ▪ facilidade de desvio; ▪ armazenamento incorreto ▪ perda do medicamento e/ou produtos para a saúde por validade ▪ devolução de medicamentos sem identificação ▪ ocorrência de administração de medicamentos vencidos ao paciente ▪ aumento do tempo gasto pela enfermagem para separação dos produtos em detrimento da assistência ao paciente
Necessidade de menor número de funcionários na farmácia, infraestrutura reduzida em decorrência da diminuição de tarefas a serem executadas	▪ Aumento do potencial de erros de administração de medicamentos, resultante da falta de revisão feita pelo farmacêutico das prescrições médicas de cada paciente
Ausência de investimento inicial	▪ Dificuldade de faturamento real dos gastos por paciente
Não há necessidade de funcionamento da farmácia por 24 horas	▪ Ausência de garantia de qualidade
Registros de movimentações na farmácia de saída de medicamentos e produtos para a saúde fáceis e rápidos	▪ Desvio das atividades dos profissionais de enfermagem

O setor normalmente possui armários nos quais são armazenados os medicamentos e produtos para a saúde, geralmente no posto de enfermagem ou próximo a ele, de onde são retirados os medicamentos mediante receita médica, pelos representantes da enfermagem (enfermeiro, auxiliar), separados e administrados aos pacientes de acordo com as prescrições.

Sistema de distribuição por dose individualizada (SDDI)

É um sistema no qual os medicamentos são separados especificamente para cada paciente, para um determinado período (p. ex., 6, 12, 24 horas ou por turno de trabalho), de acordo com a segunda via da prescrição médica, transcrição ou solicitação eletrônica. Este sistema está mais orientado para a farmácia que o anterior, desde que o farmacêutico participe do processo, visando a um melhor controle dos medicamentos e produtos para a saúde. Representa um avanço na conquista da garantia e segurança quanto à prescrição.

Muitos hospitais estão migrando do sistema de distribuição coletivo de medicamentos para o individualizado e, mais à frente, o unitário. Estudo realizado em um hospital público do estado de São Paulo comprovou a redução de 23% no número de unidades dispensadas e 16% no custo total após a implantação do sistema de distribuição por dose individualizada com cópia da prescrição, em substituição ao sistema coletivo[76].

Quanto à sua aplicabilidade, existem diferenças no modo de preparo e distribuição das doses e no fluxo da rotina operacional[77] (alguns com registros *on-line*), porém os objetivos e resultados são praticamente idênticos (Figura 6.12).

Neste sistema, a unidade de internação possui gavetas ou equivalentes individuais por leito, nas quais são armazenados os medicamentos e produtos para a saúde, geralmente no posto de enfermagem ou próximo a ele, de onde são retirados os produtos específicos para determinado paciente, pelos representantes da enfermagem (enfermeiro, auxiliar) e administrados ao paciente de acordo com a prescrição. Os medicamentos de urgência ficam armazenados da mesma maneira que os do sistema coletivo (Tabela 6.10).

Sistema de distribuição coletiva e individualizada (combinada)

Sistema no qual alguns medicamentos são distribuídos por meio de requisições (sistema coletivo) e outros por prescrição individual (sistema por dose individualizada). Alguns autores o chamam de sistema de distribuição misto.

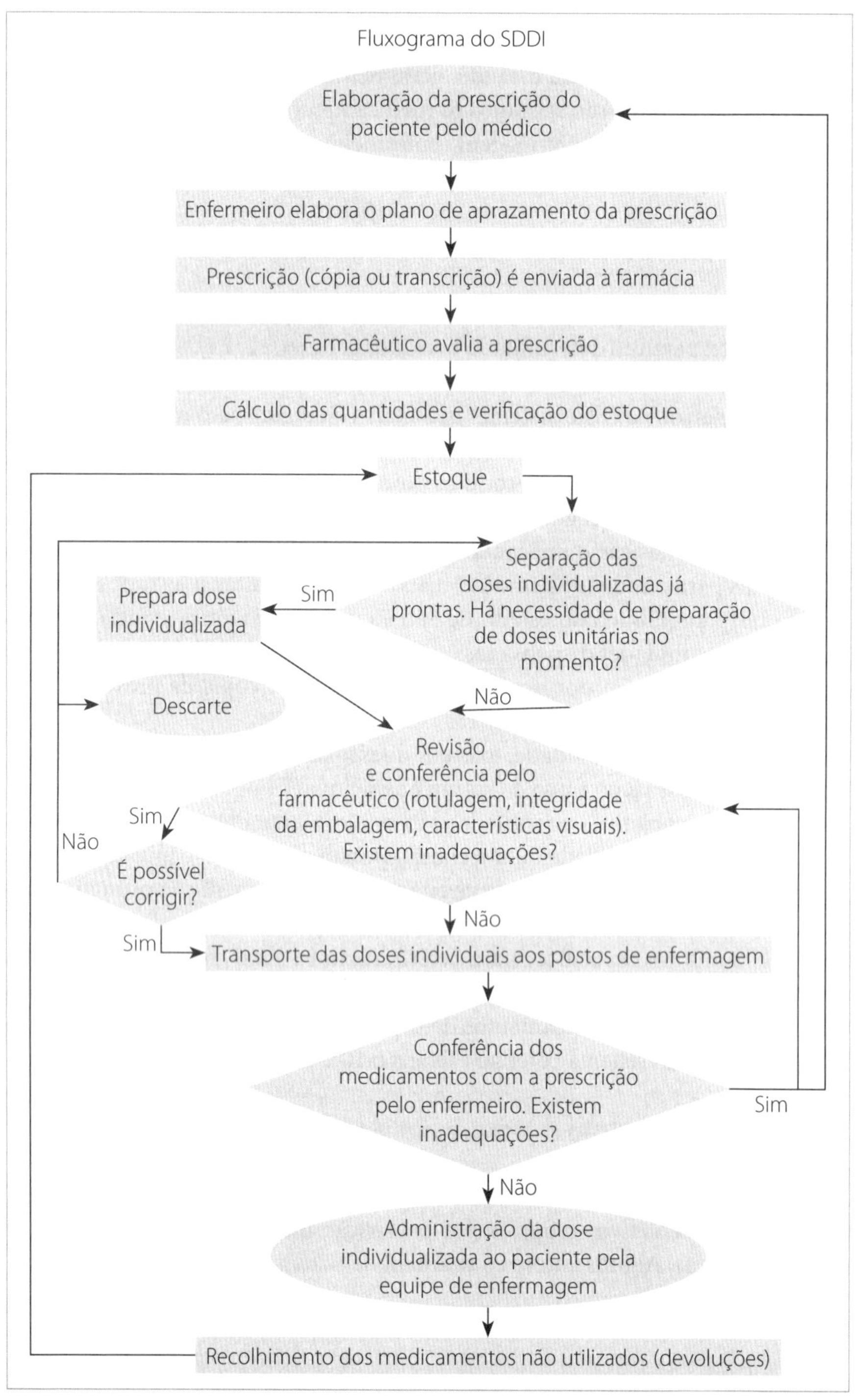

Figura 6.12 Sistema de distribuição por dose individualizada.

Tabela 6.10 Vantagens e desvantagens do SDDI

Vantagens	Desvantagens
Diminuição dos estoques nas unidades assistenciais	Incremento das atividades desenvolvidas pela farmácia*
Facilidade para devolução à farmácia	Funcionamento ininterrupto (24 horas) da farmácia*
Faturamento mais próximo da realidade do gasto por paciente	Ainda permite potenciais erros de distribuição e administração
Redução do tempo do pessoal da enfermagem nas atividades com medicamentos	Necessidade por parte da enfermagem de cálculos e preparo de doses
Redução de custos com medicamentos	Exige um investimento inicial*
Diminuição dos desvios	Aumento de recursos humanos e de infraestrutura*
Controle mais efetivo sobre medicamentos	
Aumento da integração do farmacêutico com a equipe de saúde	
Farmacêutico tem condições de analisar o esquema terapêutico	

* Aspectos que, embora possam ser considerados desvantagens pela administração do hospital, são, do ponto de vista técnico, essenciais à melhoria de todo o sistema de distribuição[15].

Sistema de distribuição por dose unitária (SDMDU)

Para a indústria farmacêutica, a dose unitária corresponde à dose padrão em que os laboratórios comercializam os medicamentos, ou seja, em monodoses[78].

Do ponto de vista científico, o SDMDU é uma quantidade ordenada de medicamentos com forma e dosagens prontas para serem ministradas ao paciente de acordo com a prescrição médica, em um certo período[78].

De todos os sistemas de distribuição de medicamentos, o SDMDU é o que melhor oferece a oportunidade para que o farmacêutico efetue um adequado acompanhamento da terapia medicamentosa do paciente. Permite intervir de forma oportuna, do ponto de vista farmacoterapêutico, antes da administração do medicamento ao paciente, dando a oportunidade ao farmacêutico de acompanhar o médico em sua visita aos pacientes internados. Vários estudos têm demonstrado que este sistema é o mais seguro para o paciente, o mais eficiente do ponto de vista econômico e o que utiliza mais efetivamente os recursos profissionais[25]. O ideal é a avaliação de 100% das prescrições médicas pelo farmacêutico antes da distribuição.

Estudos preliminares da Comissão de Farmacovigilância do Instituto da Criança do Hospital das Clínicas da Faculdade de Medicina da Universidade de São Paulo (ICr) mostraram que, com a implantação do sistema de distribuição de medicamentos por dose unitária, em conjunto com a prescrição médica eletrônica, a farmácia reduziria o consumo interno em até 35%[79].

Reduzindo custos, aumentando a estabilidade econômica do hospital ou clínica, gerando credibilidade e sustentabilidade em sua manutenção, é também o sistema de escolha dos pacientes diante das perspectivas que o SDMDU oferece com relação à menor possibilidade de haver erros. Todos os medicamentos, independentemente da forma farmacêutica, são acondicionados unitariamente por horário de administração e distribuídos pela farmácia hospitalar em embalagens individuais lacradas, para um período predefinido (este período deve ser inferior a 24 horas), de modo que a enfermagem não tenha de manipulá-los, exceto para administrá-los aos pacientes.

Os medicamentos que retornam para a farmácia podem ser guardados em seus estoques com a certeza de estarem livres de troca ou contaminação, graças a mecanismos que garantem a rastreabilidade. Este sistema é eficiente, mas requer um grande investimento inicial com despesas em aquisições de materiais e equipamentos específicos. O custo de entrega por cada dose é alto em relação aos outros sistemas de distribuição, mas pode ser contrabalanceado pela redução de desperdícios e pela facilidade de detecção de perdas. A literatura mostra, ainda, que o custo para implantá-lo e mantê-lo é mais do que compensado pela otimização do tempo da equipe de enfermagem e pela redução de custos com medicamentos por parte do hospital[72].

A solicitação dos medicamentos é feita a partir da cópia da prescrição (ou sistema informatizado), nunca por transcrição, por paciente e para um período de 24 horas. A medicação é preparada em dose e concentração de acordo com a prescrição médica, sendo administrada ao paciente diretamente de sua embalagem "unitarizada", ou seja, "dose prescrita como dose de tratamento a um paciente em particular, cujo envase deve permitir administrar o medicamento diretamente ao paciente"[80] (Figura 6.13[81]).

Para que haja rastreabilidade do medicamento desde sua aquisição até a administração, cada dose tem de estar identificada em todas as etapas, não importando a forma pela qual isso ocorra (etiquetas adesivas, comuns etc.), e nela deve constar, no mínimo: nome do paciente, número do quarto, número do leito, número do registro do paciente e, de acordo com o grau de informatização, o código de barras. A rastreabilidade é uma ação sistemática e contínua, exigida para obtenção de acreditação de nível 1 (acreditado) da Organização Nacional de Acreditação (ONA)[82].

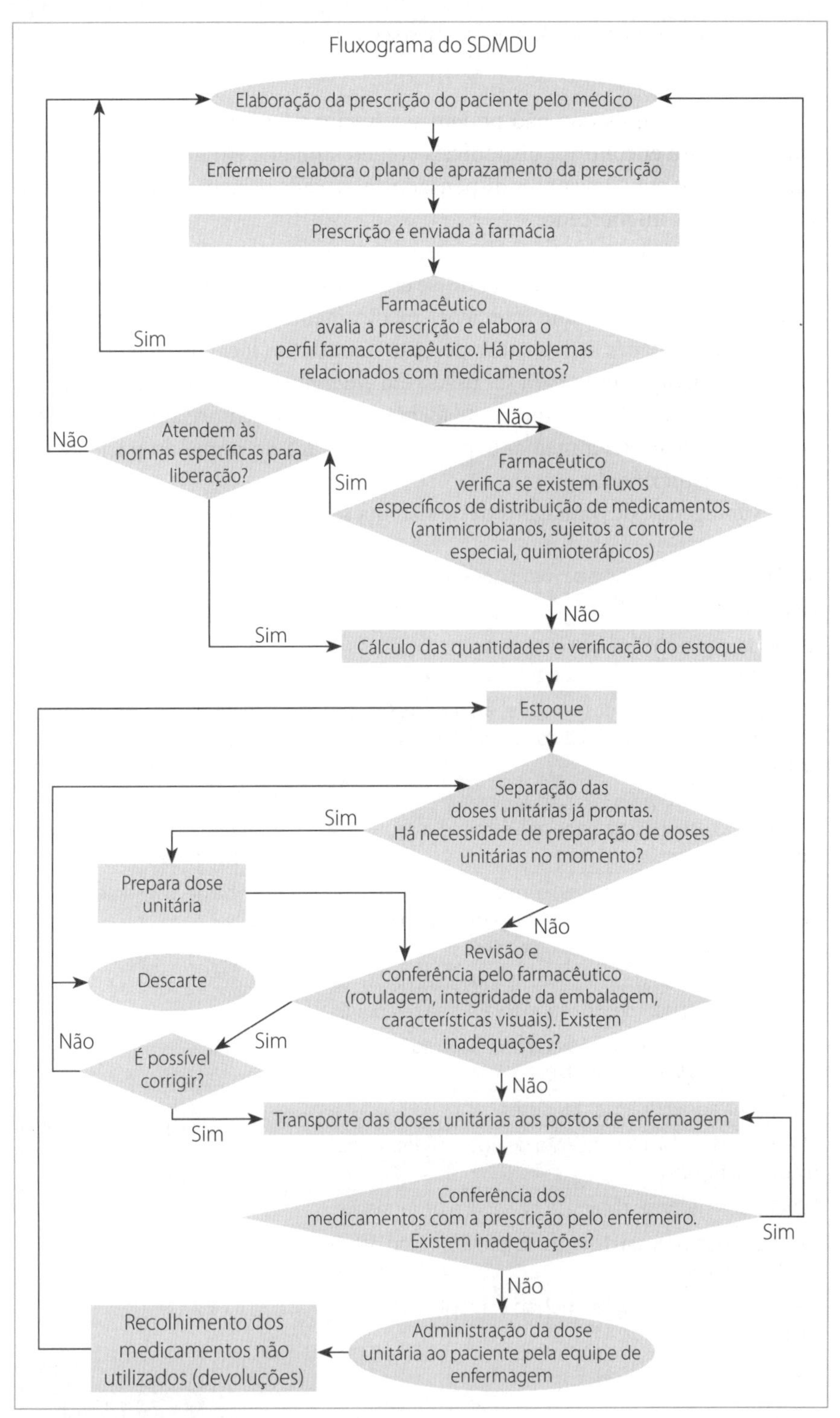

Figura 6.13 Sistema de distribuição por dose unitária.

Os medicamentos que não podem ser fracionados em dose unitária e que também não se encontram disponíveis comercialmente em doses (cremes, pomadas, colírios etc.) devem ser dispensados para cada paciente em suas embalagens oferecidas no mercado.

O objetivo mais importante do sistema é dispensar o medicamento certo, ao paciente certo, na hora certa, levando-se em consideração que podem ser avaliados diversos aspectos, como interações medicamentosas e reações adversas[83,84].

Todas as unidades assistenciais deverão manter, em local de fácil acesso, um estoque de medicamento para ser usado em emergências. É importante a necessidade de controle desse estoque, de forma a mantê-lo sempre atualizado, e sua reposição deve ser feita mediante prescrição médica no nome do paciente que utilizou o medicamento.

As vantagens e desvantagens deste sistema se encontram na Tabela 6.11.

Tabela 6.11 Vantagens e desvantagens do SDMDU

Vantagens	Desvantagens
Maior interação e integração do farmacêutico com os diversos profissionais da saúde e com o paciente	Aumento da necessidade de recursos humanos
Redução dos estoques das unidades assistenciais com consequente redução de perdas por desvios e caducidade	Aumento da infraestrutura da farmácia hospitalar com compra de materiais e equipamentos específicos
Redução do espaço destinado aos estoques nas unidades assistenciais	Resistência inicial dos serviços de enfermagem
Otimização do fluxo de trabalho com a diminuição das tarefas desenvolvidas pela enfermagem, disponibilizando o tempo para o cuidado com o paciente	Exigência de investimento inicial
Melhor controle e racionalização na utilização de medicamentos, por meio da monitoração da terapêutica	
Maior segurança para o médico em relação ao cumprimento de sua conduta	
Rapidez na administração das doses	
Maior facilidade na identificação de possíveis interações medicamentosas	
Funcionamento mais dinâmico do serviço de farmácia	
Redução na incidência de erros de administração de medicamentos	
Redução no tempo de distribuição e ministração de medicamentos	

Continua

Tabela 6.11 Vantagens e desvantagens do SDMDU *(continuação)*

Vantagens	Desvantagens
Facilidade na adaptação a sistemas computadorizados e automatizados	
Maior higiene e organização no preparo das doses, prevenindo possíveis contaminações e alterações	
Faturamento mais próximo do que foi administrado ao paciente	
Participação do farmacêutico na definição do perfil farmacoterapêutico do paciente	
Assistência ao paciente com maior qualidade	
Por ser atividade mais técnica, é gratificante para integrantes da farmácia	
Rastreabilidade do medicamento até o momento de sua administração	
Pode ser aplicado facilmente nos tratamentos domiciliares (*home care*)	
Para o hospital, projeta uma imagem de excelência no atendimento	
Otimização do processo de devoluções	

Alguns autores só consideram existir o SDMDU quando todas as formas farmacêuticas são fracionadas[85] (SDMDU pleno). Outros consideram que, se ao menos uma forma farmacêutica é fracionada, já se pode falar em SDMDU (SDMDU parcial)[81].

A Tabela 6.12 compara os sistemas de distribuição quanto aos custos, riscos e erros.

Tabela 6.12 Matriz comparativa dos sistemas de distribuição

Fator ↓ Sistema →	Coletivo	Individual	Dose unitária
Investimento	Baixo	Médio/alto	Alto
Custo do farmacêutico	Baixo	Médio	Alto
Custo da enfermagem	Médio/alto	Baixo	Baixo
Riscos de desvio	Altos	Médios	Baixos
Erros de medicação	Altos	Médios/altos	Baixos

Tipos de sistemas de distribuição por dose unitária

O modelo de SDMDU a ser escolhido estará de acordo com as características e necessidades do hospital ou serviço de saúde. A decisão é pautada no sistema que se pode aplicar com maior eficiência, sendo a estrutura física do hospital um fator determinante, principalmente nos aspectos de disponibilidade de espaço, distância entre a farmácia e as unidades de internação, assim como a disponibilidade de recursos humanos e econômicos. Não se pode afirmar qual deles é o melhor; as características de cada unidade hospitalar devem ser consideradas.

São três os tipos de sistemas de distribuição de medicamentos por dose unitária: centralizado, descentralizado e a combinação dos dois tipos[78].

Sistema centralizado

Todas as doses são preparadas em um único local, centralizado, e distribuídas para os outros setores do hospital. Nesse local também são realizadas a interpretação das prescrições e a elaboração do perfil farmacoterapêutico. O controle de estoque e a supervisão da preparação, realizados pelo farmacêutico, são mais eficazes. Assim, este tipo de sistema passa a ser mais eficiente que os demais, no que se refere à supervisão, fiscalização e menor custo.

Apresenta as desvantagens de acumular um maior volume de trabalho e, em virtude da distância das unidades de internação, dificulta o relacionamento entre o farmacêutico, os demais profissionais da saúde e os pacientes, podendo requerer maior tempo para as doses chegarem aos seus destinos[86].

Sistema descentralizado

As doses são preparadas de modo descentralizado por intermédio das farmácias satélites, de onde são distribuídas para as unidades assistenciais. Nesse local também são realizadas a interpretação das prescrições e a elaboração do perfil farmacoterapêutico. Tendo em vista que essas farmácias estão mais próximas dos setores de atendimento aos pacientes, a entrega é mais rápida, o que possibilita um melhor relacionamento entre o farmacêutico, a equipe multidisciplinar e o paciente.

Apresenta as desvantagens de requerer um número maior de funcionários (farmacêuticos e pessoal de apoio), assim como a montagem de várias estruturas físicas semelhantes. Indicado principalmente para grandes complexos hospitalares.

Sistema combinado

As doses são preparadas pelas farmácias satélites ou pela farmácia central alternadamente, ou seja, quando uma está em funcionamento, a outra não está operando. Este sistema é geralmente adequado a hospitais de grande porte, que apresentam um consumo muito elevado, a fim de facilitar a adequação aos horários de administração das doses, com diminuição do número de funcionários empregados na tarefa e consequente redução dos custos operacionais.

Também se considera sistema combinado quando a farmácia central prepara todas as doses padrão e as distribui às farmácias satélites, poupando-as desse trabalho. Com a centralização dos equipamentos necessários para a preparação dessas doses, há uma otimização dos recursos humanos, do espaço físico e, mais uma vez, vantagens econômicas.

Sistema de remanejamento de pessoal

Nos Estados Unidos, está surgindo uma nova forma de distribuição, com diversas farmácias satélites. Cada setor possui um horário de distribuição padronizado, de forma que os horários permitam que a equipe prepare e distribua a medicação e a seguir se dirija a outra farmácia satélite.

Neste sistema, a equipe toda é deslocada de uma para outra farmácia satélite, e isso reduz gastos com pessoal. Mas, para que este sistema funcione, é preciso dispor de uma escala de horários de distribuição muito bem elaborada e calculada, para que o tempo seja suficiente à realização completa do processo.

FLUXOS DISTINTOS

A responsabilidade do farmacêutico no controle do uso de medicamentos se estende durante todo o ciclo de distribuição, para pacientes tanto internados como ambulatoriais[87]. Há medicamentos e produtos para a saúde que necessitam de distribuição de maneira diferenciada, tendo em vista suas particularidades e fluxos especiais que devem ser incorporados e adaptados ao existente.

Radiofármacos

O aumento do uso de radiofármacos PET (do inglês *positron emission tomography* – tomografia por emissão de pósitrons), seja para procedimentos radiodiagnósticos ou radioterapêuticos, ainda é um campo pouco explorado pela farmácia hospitalar e serviços de saúde. A preparação de um produto radioativo, a preparação da dose a ser administrada e a administração dessa dose ao paciente devem ser feitas no menor intervalo de tempo possível. Como exemplo, pode-se citar o fornecimento do radiofármaco FDG (fluordesoxiglicose). A logística para a produção e a distribuição do FDG não é simples, pois sua meia-vida é curta, de cerca de 110 minutos. Isso significa que sua produção precisa ser feita perto do local de consumo, pois, a cada período de aproximadamente 2 horas, ele perde metade da radioatividade e, consequentemente, uma quantidade maior tem de ser utilizada para obter o mesmo resultado. Por isso, quanto mais longe for o local de produção do local que será ministrado ao paciente, maior é a quantidade a ser produzida, e maiores os custos e as dificuldades logísticas envolvidas em sua distribuição[88].

Os radiofármacos devem ser armazenados separadamente, em local exclusivo, de modo a preservar a identidade, integridade, segurança, qualidade e atender aos requisitos de radioproteção[89].

Todos os radiofármacos devem ser transportados em recipientes blindados, visivelmente rotulados, tanto em multidoses como em doses individualizadas, com o nome do isótopo, nome do composto e data de recebimento, hora da preparação, tipo de aplicação e identificação do paciente. Devem ser registradas em livro próprio todas as informações relativas ao preparo e uso, como: atividade total, atividade específica em determinada data, volume total, atividade medida de cada dose para o paciente e qualquer outra informação apropriada ou necessária.

As fontes e rejeitos radioativos ou contaminados com radionuclídeos devem ser armazenados em locais blindados, utilizando-se meios adequados para deslocamento seguro dentro das instalações do hospital ou serviço de saúde. Devem ser respeitados os requisitos de proteção radiológica para proteção do operador, do paciente, do público em geral e do meio ambiente, assim como o Regulamento Técnico para o Gerenciamento de Resíduos de Serviço de Saúde.

Distribuição por meio de *kits*

A utilização de *kits* resulta em racionalizar e otimizar o uso de medicamentos e materiais para a saúde, que são acondicionados de maneira organizada, com número específico de itens relacionados à realização de procedimento específico. Vários são os *kits* a serem montados e distribuídos, como: *kit* procedimento; *kit* cirúrgico; *kit* medicamento etc. Alguns *kits* podem conter conjuntamente medicamentos e materiais para a saúde.

É um método bastante empregado em farmácias satélites, em especial as de unidades cirúrgicas. Podem ser elaborados por complexidade, por tipo de cirurgia ou por equipe que executa o procedimento. A distribuição é feita de acordo com o programa de cirurgias[72]. Há melhor utilização de recursos econômicos e agilização dos procedimentos, aumentando sua precisão, proporcionando maior tempo de assistência para a enfermagem e maior integração dos membros da equipe de saúde[90].

Quimioterápicos antineoplásicos

Os quimioterápicos antineoplásicos só devem ser preparados em área exclusiva, com acesso restrito aos profissionais diretamente envolvidos.

Devem-se ter sempre à disposição informações sobre a toxicidade aguda, tratamento em caso de exposição acidental, inativadores químicos e características fisicoquímicas dos antineoplásicos manuseados[91].Também devem ser fornecidos aos trabalhadores dispositivos de segurança que devem ser utilizados durante o transporte que previnam a ocorrência de acidentes (recipientes adequados – caixas de contenção – lacrados).

Nutrição parenteral (NP)

A NP consiste na administração total ou parcial, por via intravenosa, dos nutrientes necessários à sobrevivência do paciente, em regime hospitalar, ambulatorial ou domiciliar[92].

O transporte da NP deve ser feito em recipientes térmicos exclusivos, em condições preestabelecidas e supervisionadas pelo farmacêutico responsável pela preparação, de modo a garantir que a temperatura da NP se mantenha na faixa de 2-20 °C durante o tempo do transporte, que não deve ultrapassar 12 horas, além de protegidas de intempéries e da incidência direta da luz solar[93].

Medicamentos sujeitos a controle especial

A distribuição desses medicamentos e o controle de estoques, assim como a documentação de toda a cadeia em que estiverem envolvidos, deverá obedecer à legislação vigente, independentemente do sistema em uso. Recomenda-se o menor número de etapas e de pessoas envolvidas no processo, para melhor controle.

Medicamentos não padronizados

Os medicamentos não padronizados e solicitados pelos médicos deverão seguir as diretrizes estabelecidas pela Comissão de Farmácia e Terapêutica. Quando forem entregues à farmácia, serão distribuídos da mesma maneira que os demais.

Medicamentos para ensaios clínicos

As boas práticas de pesquisa clínica preconizam que os medicamentos para ensaios clínicos sejam distribuídos pela farmácia, com rígido controle, observando número de randomização do paciente, doses liberadas e devolvidas. Os medicamentos devem ser prescritos apenas pelos investigadores autorizados[83,94]. O farmacêutico deve desenvolver ferramentas para o controle, contendo informações como: referências técnicas da droga; instruções fornecidas pelo investigador e patrocinador; dados coletados pela equipe de enfermagem; interações; instruções para descarte. Cópias confidenciais contendo essas informações devem ser distribuídas aos setores de armazenagem, preparação e dispensação[95].

Autoadministração

Quando da internação, os pacientes, em sua maioria, com receio de ficarem sem seus medicamentos habituais, os levam consigo e nem sempre informam aos médicos a sua posse. Essa prática pode gerar a ingestão de produtos em "duplicata", aumentando os riscos de superdosagem, interações, reações adversas e outros malefícios, podendo levar ao agravamento da doença[96].

Políticas e procedimentos devem ser adotados na orientação de toda e qualquer autoadministração de medicamentos, no controle de amostras grátis, no uso de qualquer medicamento trazido para a instituição pelo paciente e seus familiares e na dispensação no momento da alta hospitalar[83].

Sugerimos que esses medicamentos sejam identificados pela equipe da farmácia e a dispensação siga os mesmos fluxos dos demais.

Gases medicinais

É importante observar as distâncias regulamentares entre os cilindros contendo gases inflamáveis, como hidrogênio e acetileno, daqueles contendo gases oxidantes, tais como oxigênio e óxido nitroso, ou através de barreiras vedadas e resistentes ao fogo.

Todos os equipamentos utilizados para a administração dos gases ou vapores anestésicos devem ser submetidos à manutenção preventiva e corretiva, dando-se especial atenção aos pontos passíveis de vazamentos para o ambiente de trabalho, buscando sua eliminação.

Recall

O termo *recall* (do inglês "chamar de volta"[97], "chamamento"), ou recolha de produto, é uma solicitação de devolução de um lote ou de uma linha inteira, realizada pelo fabricante. Geralmente isso ocorre pela descoberta de problemas relativos à garantia do produto, colocando em risco a saúde ou a segurança do paciente.

Na ocorrência desse fato, todo o lote ou linha, por meio de um processo de rastreabilidade, deve ser de imediato recolhido e segregado, a fim de que não venha a ser distribuído aos pacientes, sejam os produtos que se encontram estocados na farmácia, sejam os que estão nas unidades assistenciais (não administrados). O serviço de farmacovigilância deve ser comunicado para efetivar busca ativa a fim de pesquisar e tabular os possíveis danos causados aos pacientes.

O corpo clínico tem de ser comunicado e estudos devem ser realizados, de preferência pela Comissão de Farmácia e Terapêutica, para substituição daquele produto na padronização, caso seja necessário, para que os tratamentos não sofram interrupção.

Tratamento de resíduos

Todos os produtos recolhidos pela farmácia hospitalar ou serviços de saúde que não podem retornar aos estoques deverão ser descartados, e os descartes devem seguir o Regulamento Técnico para o Gerenciamento de Resíduos de Serviço de Saúde[98]. O regulamento estabelece as normas de manejo, segregação, acondicionamento, identificação, armazenamento, coleta e transporte dos resíduos. A segregação dos Resíduos de Serviços de Saúde permite reduzir o volume de resíduos perigosos e a incidência de acidentes ocupacionais.

Os hospitais devem e precisam ter seus Planos de Gerenciamento de Resíduos dos Serviços de Saúde (PGRSS) aprovados pelos órgãos fiscalizadores competentes, de acordo com as regulamentações sanitária e ambiental, cabendo aos responsáveis legais o gerenciamento dos resíduos, desde a geração até a disposição final, de forma a atender aos requisitos ambientais, de saúde pública e saúde ocupacional, contemplando não apenas os fatores estéticos e de controle de infecção hospitalar.

Em se tratando do manejo dos resíduos contendo substâncias com atividade medicamentosa, como hormônios, antimicrobianos, antineoplásicos, imunossupressores, digitálicos, imunomoduladores e antirretrovirais, bem como resíduos de insumos farmacêuticos, os sujeitos ao controle especial e radiofármacos, a regulamentação sanitária orienta que devem ser submetidos a um tratamento ou disposição final específicos, variando de acordo com as leis municipais e ou estaduais, além das normas federais.

Planos de contingência

Como a distribuição de medicamentos e produtos para a saúde não pode ser interrompida, em situações extremas a farmácia hospitalar deve estar preparada para fazer com que seus processos vitais voltem a funcionar plenamente, ou em um estado minimamente aceitável, o mais rápido possível, evitando assim uma paralisação prolongada que possa gerar prejuízos aos pacientes. Citam-se: falta de energia elétrica (funcionamento dos sistemas de informática, sistemas automatizados, geladeiras, *freezers*, câmaras frias etc.); quebra ou falha de equipamentos (dispensadores automatizados, impressoras, *scanners* etc.); falta ou afastamento de funcionários não previstos; quebra ou derramamento de produtos perigosos (quimioterápicos, inflamáveis etc.), entre outros.

A montagem e a implementação de planos de contingência deve fazer parte de um programa mais amplo de gerenciamento de emergência, o qual, por sua vez, é um dos elementos básicos de um programa de gerenciamento de risco. Para o gerenciamento de riscos geralmente se adota uma série de ações preventivas, as quais têm por objetivo evitar que os acidentes ocorram; porém, mesmo adotando-se essas medidas preventivas, deve-se supor que os acidentes podem ocorrer e, portanto, deve-se estar preparado para minimizar e dominar as emergências oriundas desses acidentes. Na montagem de um plano de contingência, deve-se inicialmente estabelecer o cenário hipotético da emergência e determinar todos os itens relacionados com a situação que está sendo avaliada[99].

Para que se crie um plano de contingência eficaz, normalmente se utilizam as regras a seguir descritas, com algumas variações inerentes ao serviço:

- Identificar todos os processos, definir cenários possíveis de falha e avaliar o impacto que sua falha representa.
- Definir ações necessárias para operacionalização das medidas de contingência cuja implantação dependa da aquisição de recursos financeiros e/ou humanos, estimando seus custos (p. ex., aquisição de gerador e combustível para um sistema de contingência por falta de energia elétrica).
- Definir forma de monitoramento após a falha.
- Definir critérios de ativação do plano, como tempo máximo aceitável de permanência da falha.
- Definição do responsável pela ativação do plano e nomeação dos responsáveis para colocar em prática as medidas de contingência definidas. Também deve haver um substituto nominalmente definido para cada elemento.
- Todos devem estar familiarizados com o plano, visando evitar hesitações ou perda de tempo que possam causar maiores problemas em situação de crise. A equipe responsável deverá ter a possibilidade de decidir diante de situações imprevistas ou inesperadas, e o limite de alçada dessa decisão deve estar previamente definido.
- Definir a forma de reposição aos moldes habituais, ou seja, quando e como sair do estado de contingência e retornar ao estado normal de operação, assim como quem são os responsáveis por essas ações e como esse processo será monitorado.

Quanto a resíduos, o PGRSS deve especificar medidas alternativas para o controle e minimização de danos à saúde, ao meio ambiente e ao patrimônio quando da ocorrência de situações anormais envolvendo quaisquer das etapas de seu gerenciamento.

CONSIDERAÇÕES SOBRE COMO IMPLANTAR O SDMDU

A implantação é uma fase de adaptação do hospital às novas condições de funcionamento exigidas, na qual surgem novas necessidades, dúvidas ou até mesmo barreiras geradas por desconhecimento do usuário quanto à melhor aplicação do sistema à rotina operacional da instituição de saúde ou de seu setor. Portanto, é de extrema importância, antes de realizar qualquer alteração no sistema, que sejam discutidos os fluxos e as reais necessidades dessa alteração, levantando assim os verdadeiros motivos dos problemas que bloqueiam o processo de implantação. Dessa forma, permite-se aos usuários melhor adaptação às mudanças impostas.

O ideal é haver a formação de um comitê de implantação, que estudará a estrutura, as necessidades e a abrangência do projeto, pois exigem fortes decisões quanto às eventuais alterações nas rotinas vigentes, e o consequente desgaste gerado por esse processo. As decisões a serem tomadas, as diretrizes estipuladas e as alterações deverão ser todas registradas por escrito.

Quando se implanta um sistema com diversos controles, ele traz como benefício direto a obrigação de revisão de muitos dos processos operacionais internos, bem como a melhor qualificação dos profissionais envolvidos neles.

O sucesso de uma implantação depende da vontade política da instituição de adotar novos conceitos e quebrar paradigmas superando suas próprias dificuldades internas. A equipe de implantação deve contar com essa vontade para poder vencer a árdua batalha que lhes aguarda. Por isso, o hospital deve eleger uma pessoa para assumir as responsabilidades cabíveis durante a implantação.

No processo de implantação, deve-se evitar ao máximo qualquer tipo de conflito. Qualquer necessidade identificada deve ser apresentada formalmente por escrito ao coordenador da implantação, que deve informar prontamente uma data para atender à solicitação. Caso a solicitação não seja atendida, os motivos relatados pelo usuário devem ser apresentados em documentação formal para arquivo até o fim do processo[79].

Para a implantação da SDMDU e seu bom funcionamento, há a necessidade de uma Comissão de Farmácia e Terapêutica ativa; definição de horários de prescrição, distribuição e ministração dos medicamentos nos setores assistenciais e normas escritas (manual de procedimentos, procedimentos operacionais padrão etc.) para todos os integrantes do processo, incluindo os externos à farmácia.

Deve-se considerar a participação efetiva dos diferentes setores, com ações para o convencimento de que o novo modelo trará benefícios à instituição, aos profissionais e acima de tudo aos pacientes, assim como o apoio e a aprovação de todo o processo pela direção do hospital ou serviço de saúde.

Várias são as etapas a serem seguidas para a implantação deste sistema. Elas podem variar, dependendo da instituição, e devem ser adaptadas.

Etapas

- Decisão da implantação: corpo diretivo da organização ou divisão farmacêutica, com justificativa coerente. Ter em mente que o planejamento da implantação já apresenta um custo direto, pois envolve pessoas e requer o apoio administrativo da instituição.
- Escolha dos participantes: atribuições e responsabilidades.
- Estabelecimento de metodologia, cronograma e prazos: instituição do equilíbrio entre tempo, finanças e recursos. Negociação e intercâmbio entre as etapas com qualidade, conhecendo as limitantes que podem interferir no prazo de implantação.
- Estudo sobre a estrutura do hospital: quantificação das unidades assistenciais, localização, distância entre elas e a(s) farmácia(s), número de leitos etc.
- Reuniões: diretorias, comissões hospitalares, chefias de clínicas, enfermagem e demais profissionais que serão afetados pelo SDMDU. Reuniões periódicas deverão ser programadas para analisar resultados, verificar o cronograma e realinhamento, se necessário.
- Instalações físicas: estudo de mudança de *layout*, infraestrutura e custos.
- Equipamentos e materiais: estudo e definição das necessidades dentro da logística escolhida e os respectivos custos.
- Recursos humanos: estudo quantitativo e estimativo com custos de mão de obra, redistribuição de responsabilidades e tarefas.
- Aprovação do projeto: com autorizações formais.
- Elaboração de formulários: impressos ou eletrônicos que deverão ser preenchidos na cadeia do SDMDU.
- Padronização de medicamentos e produtos para a saúde.
- Escolha dos medicamentos de urgência: equipe médica com a equipe farmacêutica ou a Comissão de Farmácia e Terapêutica.
- Normas de prescrição: estabelecimento de horários, modo de encaminhamento, adaptação do sistema existente diante do novo, atualização.
- Estabelecimento de protocolos terapêuticos: equipe médica com a equipe farmacêutica ou a Comissão de Farmácia e Terapêutica.

- Treinamento: criação de plataforma de ensino e comunicação entre as pessoas e áreas envolvidas, com treinamento e capacitação dos colaboradores.
- Plano piloto (também chamado programa piloto, teste piloto ou pré-teste): serve para a validação e a realização de ajustes do sistema proposto. As etapas são as mesmas, mas ele é realizado em uma escala menor de abrangência, que poderá ser uma unidade assistencial inteira ou parte dela. A unidade a ser escolhida deverá ser a de menor complexidade. Durante o plano piloto, deverá ser avaliada a conveniência ou não da continuação da disseminação às outras unidades assistenciais. Sendo a resposta positiva, todo o processo tem de ser criteriosamente reavaliado, com identificação dos pontos críticos e efetivação de medidas corretivas de imediato.
- Avaliação do plano piloto: criação de relatórios de acompanhamento e resultados, incluindo a satisfação dos usuários e beneficiários finais. As normas e procedimentos devem ser validados.
- Correções: remoção dos erros e definições de novas metas.
- Implantação por setores: realizada dentro do cronograma até abranger todas as unidades assistenciais.
- Reavaliação e medidas corretivas: após a implantação total, reavaliar os pontos falhos ou fracos, propor e implementar medidas corretivas.
- Monitoramento: sistemático, manutenção permanente e busca da excelência.

Descrições de algumas etapas

Entre as etapas a serem consideradas para a implantação do SDMDU, destacam-se estrutura física e mobiliário, equipamentos e acessórios.

Estrutura física

Os espaços devem ser definidos dentro de uma área ou sala para o desenvolvimento de determinada atividade de maneira adequada. É necessário dispor de um espaço exclusivo para a dose unitária, no qual se realizarão todas as ações inerentes ao sistema: recebimento e interpretações das prescrições, elaboração do perfil farmacoterapêutico e preparo das medicações para distribuição.

A área destinada para esse fim dependerá dos seguintes fatores[86]:

- Número de leitos da instituição.
- Tipo de sistema (centralizado, descentralizado ou misto).
- Quantidade de medicamentos a armazenar (estoque) em embalagens originais e quantidade de medicamentos fracionados.
- Número de pessoas que trabalham no local.
- Método de entrega dos medicamentos (p. ex., carrinhos de distribuição).

Segundo Ribas Sala, o tamanho das áreas é mensurado de acordo com o número de leitos (Tabela 6.13)[100].

Tabela 6.13 Parâmetros de áreas

Setor da farmácia - dose unitária	Número de leitos		
	250	600	1000
Recepção de prescrições	6 m^2	8 m^2	10 m^2
Área de preparação – módulos tipo "U"	25 m^2	50 m^2	70 m^2
Área para carros de medicação	5 m^2	10 m^2	15 m^2

Mobiliário, equipamentos e acessórios

Estes equipamentos devem ser dispostos de forma adequada e em quantidade suficiente, que pode variar de acordo com a instituição, seja na política de gastos, seja no tamanho do estabelecimento. Estes últimos quesitos corroboram a necessidade ou não dos seguintes itens:

- Armário com chave – para guarda de medicamentos sujeitos a controle especial (entorpecentes, psicotrópicos, retinoicos e outros de acordo com a legislação vigente).
- Bancada – para preparação das doses unitárias.
- Bancadas da sala de manipulação – local para preparo de pequenas formulações.
- Cabine de fluxo laminar – equipamento empregado para preparo de medicamentos injetáveis em condições estéreis (central de misturas endovenosas). Os conteúdos das ampolas são transferidos para seringas plásticas descartáveis, ficando prontas para uso.
- Carrinho de emergência (urgência) – armário projetado para armazenar e transportar equipamentos, medicamentos e produtos para a saúde, dotado de rodas, usado em situações que exigem procedimentos de socorro imediato ao paciente.

A instituição estabelece um procedimento ou processo para prevenir abuso, roubo ou perda de medicamentos e assegurar que sejam substituídos quando usados, danificados ou quando estejam com o prazo de validade expirado[83]. O ideal é que o processo abranja procedimentos para que este último item nunca venha a ocorrer.

- Carrinho para transporte e guarda de medicamentos – dotado de gavetas com identificação do quarto e leito do paciente, podendo ser transportado até o quarto sem a necessidade de utilizar gavetas nas enfermarias. Funciona com uma logística diferenciada: o medicamento sai da farmácia hospitalar com a medicação armazenada por horário e por paciente nos gaveteiros, cumpre suas atividades de medicação e retorna à farmácia central para ser reabastecido.

A implantação do sistema de distribuição de medicamentos por meio de carrinhos de transporte implica otimização espacial, logística diferenciada, redução de erros na medicação, informação precisa dos gastos com medicamentos, diminuição das perdas e desvios, otimização dos recursos e incremento da qualidade nos serviços prestados aos pacientes[101].

Apesar de existir comercialmente uma grande variedade de carrinhos, eles podem ser fabricados localmente ou sob encomenda. É importante que sejam feitos de material leve, de boa mobilidade, de fácil assepsia e número adequado de gavetas com divisórias ajustáveis.

- Embalagens – poderão ser de plástico transparente (para confecção das fitas que acondicionam as doses dos medicamentos por horários de administração) ou plástico duro, acrílico ou outro material adequado, desde que as tampas sejam transparentes para facilitar a identificação das doses, contendo diversos compartimentos isolados (variando de acordo com os horários de administração de doses preconizadas pelo hospital)[76]. Embalagens finais são utilizadas após os medicamentos serem selecionados e separados para conferência, contendo identificação completa do paciente, horários de administração e responsável pelo preparo da dose.
- Embalagens para unitarização – os materiais usados para unitarização de dose (fracionamento) não poderão absorver, adsorver ou deteriorar o conteúdo neles contido. Antes de adquiri-los, deverá ser realizada pesquisa que indique a compatibilidade e estabilidade com os medicamentos que serão acondicionados[102].
- Equipamentos de ar-condicionado – para manter condições de temperatura e umidade ótima ao ambiente de trabalho e armazenagem dos medicamentos e produtos para a saúde.
- Equipamentos de dispensação automatizada – gabinetes com diversos tipos de gavetas, configuradas de diversas formas. O acesso é realizado por intermédio de senha pessoal ou leitura de digitais. Várias tecnologias estão disponíveis no mercado, como Baxter®, Instymeds®, Lanco®, McKesson®, Meditrol®, PacMed®, PillPick®, Pyxis®, Omnicell®, Suremed®, Talyst®, White Systems® etc.

A dispensação automatizada apresenta como principais características o cumprimento dos *standards* das entidades acreditadoras, como a Joint Commission;

recursos: dispensação somente após autorização do farmacêutico; capacidade configurável conforme a necessidade (expansível); dispensação segura e adequada para medicamentos sujeitos a controle especial. Pode substituir farmácias satélites e eliminar estoques no posto de enfermagem, conhecidos como "farmacinha"[103].

- Estantes (com ou sem *bins*) – estrutura de exposição dos medicamentos de uso diário, mantendo o estoque organizado.
- *Freezer* – utilizado para armazenar medicamentos termolábeis que necessitam de conservação em temperaturas não superiores a –10 °C[104].
- Gaveteiros – para guarda de medicamentos de urgência.
- Geladeira – utilizada para armazenar medicamentos termolábeis que necessitam de conservação em temperaturas entre 2-8 °C[104].
- Impressoras – para impressão de prescrições, formulários, etiquetas etc. Nos medicamentos unitarizados, na maioria das vezes há uma restrição de espaço físico para que seja colocada a etiqueta com códigos de barras, principalmente no que se refere à rastreabilidade (necessidade também de conter validade e número do lote). Para suprir essa lacuna, foram desenvolvidos os códigos de barras bidimensionais (DataBar e Data Matrix)[103], em substituição ao código de barras linear EAN.UCC (dígitos insuficientes). A capacidade de o DataBar (RSS) carregar identificadores de aplicação, como números de série, números de lote e data de validade, possibilita soluções de identificação que suportam a autenticação e a rastreabilidade, qualidade e eficiência do produto e sua identificação de medida variável[96] (Figura 6.14).

É interessante ter uma ou mais impressoras compactas, projetadas especificamente para aplicações de impressão de código de barras. Elas costumam ter custo acessível e boa resolução.

Figura 6.14 Códigos de barras.

Seja o fracionamento manual, seja automatizado, a embalagem fracionada deve possuir informações de lote, validade, nome do medicamento ou princípio ativo, identificação do farmacêutico responsável, código de barras (ideal) e outras informações julgadas pertinentes pelo responsável técnico e de acordo com a legislação vigente, impressa permanentemente e de forma facilmente legível. Nos casos do emprego de seringas, a etiqueta não deve cobrir a escala.

- Leitor de código de barras – aparelho destinado a "copiar" o código para o computador, traduzindo as barras e espaços na informação alfanumérica contida nele. O código de barras é o meio mais eficaz para a identificação rápida de produtos mediante a conversão pelo computador da leitura feita por um sensor. Existem vários tipos de leitores, e cada um utiliza uma tecnologia diferente para ler e decodificar um código de barras: leitores de tipo esferográfico, *scanner*, laser, leitores CCD e leitores com câmeras. Tem sua aplicação no recebimento, transferências internas e distribuição. Como tecnologia de ponta, temos o RFID (*radio frequency identification*) – identificação por radiofrequência (etiquetas inteligentes) – e o EPC (*electronic product code*) – código eletrônico de produtos, que facilitam a localização de materiais e equipamentos.
- Máquina de automatização do sistema de unitarização de doses – dispositivo eletromecânico capaz de armazenar medicamentos nas diversas formas farmacêuticas (sólidos orais e líquidos) em embalagens individuais, de maneira que em cada uma dessas embalagens existam informações impressas referentes a esse medicamento. A aquisição desses equipamentos vai depender da demanda do serviço. Em locais em que o número de doses preparadas diariamente é pequeno, o retorno financeiro só se dará em vários anos, e os administradores normalmente optam por fazer essa operação manualmente.
- Recipientes com tampa – servirão para envase das formas líquidas e semissólidas (poderão ser de alumínio, vidro ou plástico).
- Seladoras ou máquina para termosselagem – e radionuclídeos, equipamento para confeccionar a tira de medicação do paciente, personalizada, com horário em cada compartimento lacrado, sem risco de quebra, perda ou desvio.
- Tubo pneumático (PTS, também chamado de correio pneumático) – sistema de transporte que interliga os setores através de tubos ligados a terminais (estações). Os pedidos de medicamentos e materiais são dispensados e colocados em uma cápsula que, após ser inserida na estação, é impulsionada por um motor. O sentido do fluxo (vácuo ou pressão) é determinado conforme o destino da cápsula, que pode atingir uma velocidade de até 10 metros por segundo[105].

Os impressos devem ser padronizados de acordo com a sistemática do hospital (prescrição médica, etiquetas de identificação, rótulos, guia de devolução etc.). São os "meios de comunicação" durante a operação do sistema. Devem ser de fácil compreensão, com instruções claras e concisas. Além dos requisitos anteriores, as quantidades devem ser definidas para um período adequado, a fim de não se tornarem um obstáculo dentro do sistema. Entre os mais importantes, destacam-se:

- A prescrição, que, segundo a Anvisa, corresponde ao ato de indicar o medicamento a ser utilizado pelo paciente, de acordo com proposta de tratamento farmacoterapêutico, que é privativo de profissional habilitado e se traduz pela emissão de uma receita[106]. A prescrição deve conter no mínimo os seguintes dados: nome completo do paciente; número e registro de entrada; número do quarto e leito; unidade de internação; idade; sexo; nome dos medicamentos, por extenso, por princípio ativo (DCB ou, na sua ausência, DCI) ou nome comercial e suas respectivas formas farmacêuticas, concentração, dose, via de administração e seus intervalos, orientações de administração e uso. Poderá contar com o número de dias em que aquele produto farmacêutico será administrado. Para medicamentos injetáveis, também devem ser observados: diluente e velocidade de infusão[49]; data; identificação do prescritor com o número do registro profissional; assinatura.
- Perfil farmacoterapêutico – registra os dados individuais de cada paciente e a medicação prescrita e administrada, possibilitando ao farmacêutico dar seguimento à terapia medicamentosa, permitindo detectar possíveis erros de dose, duplicidade de prescrições, interações e controle de devoluções. As prescrições médicas devem ser analisadas pelo farmacêutico antes da distribuição dos medicamentos, exceto em emergências, sanando as dúvidas com o prescritor e registrando as decisões tomadas. Deve conter no mínimo os seguintes dados[86]: nome completo do paciente; número e registro de entrada; número do quarto e leito; unidade de internação; idade; sexo; peso; registro dos medicamentos administrados, por princípio ativo (DCB ou, na sua ausência, DCI) ou nome comercial e suas respectivas formas farmacêuticas, concentração, diluente, dose, via de administração e seus intervalos, orientações de administração e uso; ficha de início do tratamento e número total de doses entregues por dia; registro dos medicamentos não administrados e sua causa; reações adversas ou incompatibilidade farmacêutica apresentada; controle dos antibióticos de uso restrito; data de cada avaliação ou intervenção e identificação do profissional farmacêutico; assinatura.

Recursos humanos

A unidade de farmácia hospitalar deve contar com farmacêuticos e auxiliares em número adequado às atividades realizadas, de forma a proporcionar o desenvolvimento de processos seguros e sem sobrecarga operacional, respeitando o limite de carga horária semanal legalmente estabelecida[49].

O número de pessoas é variável de acordo com: tipo de hospital; distância entre as áreas envolvidas no sistema; número de leito; tipo de sistema de dose unitária escolhido; horários de distribuição; delegação de tarefas; número de farmacêuticos empenhados em cada função; nível de conhecimento profissional dos auxiliares; serviços oferecidos (alguns podem ser terceirizados, como o preparo de nutrições parenterais); grau de complexidade dos serviços apresentados (como o atendimento de pacientes ambulatoriais, cirurgias de grande porte); número de estagiários; índice de ocupação; farmácias satélites e capacitação profissional realizada dentro da própria instituição (com visão mais prática) etc.

Sensibilização

O trabalho de sensibilização, convencimento e treinamento, dentro das características de cada instituição, deve ser prioritariamente realizado por uma consultoria farmacêutica, não só pelo conhecimento e especialização, mas também pela imparcialidade, isenção de interesses e ausência de constrangimento. No entanto, quando isso não é possível, a alta administração deve fornecer condições, por meio de estágios ou cursos, de capacitar a equipe farmacêutica a fim de realizar essas etapas. O que não é recomendado é deixar de realizá-las.

É conveniente realizar visitas a hospitais que tenham implantado o sistema escolhido, e que ele funcione corretamente, a fim de ver e comparar vantagens e dificuldades relacionadas a implantação, desenvolvimento e inter-relação do sistema no contexto hospitalar.

Sistematização de rotinas e procedimentos

Um manual com todas as instruções, devidamente elaborado, com descrições pormenorizadas, formalizando rotinas e procedimentos, técnicas e operações, deve ser confeccionado e estar disponível para consulta, sempre que necessário, pela equipe operacional da farmácia. Seu intuito é informar, disseminar, manter as informações, sanar as dúvidas em qualquer das etapas do processo, a fim de proteger e garantir a preservação da qualidade. É de suma importância tanto aos que já estão engajados como aos aprendizes. Deve ser revisado periodicamente e estar permanentemente atualizado.

ITENS DE VERIFICAÇÃO

Tabela 6.14

Assunto	O que avaliar
Escolha do modelo	▪ Decisão da alta direção e/ou farmacêutico ▪ Formação da equipe para avaliação ▪ Classificação do hospital: geral ou especializado ▪ Tipologia do hospital: regime jurídico, aspecto financeiro, porte, tipo de serviço, complexidade, corpo clínico, estrutura física e tempo de permanência dos pacientes
Erros de medicação	▪ Existência de mecanismos de apuração de erros e correções
Racionalização de distribuição	▪ Existência de processos definidos, fluxos com horários, competências e garantia da qualidade
Controle de toda a cadeia de medicamentos	▪ Informações sobre entradas, armazenamento e saídas de produtos, além de dados completos sobre o paciente e medicamentos prescritos ▪ Rastreabilidade
Redução de custos	▪ Trabalho integrado e colaborativo em todos os setores que fazem parte da cadeia desde a compra até a administração ao paciente ▪ Emprego de tecnologia da informação
Segurança ao paciente	▪ Normas de avaliação aos vários requisitos relacionados aos processos críticos
Sistema de distribuição – agilidade	▪ Existência de processos definidos, fluxos com horários e competências
Sistema de distribuição – segurança	▪ Controle de todas as etapas da distribuição
Sistema de distribuição – sistema de informação	▪ Adequação e atualização à realidade dos processos usados
Sistema de distribuição – acondicionamento e transporte	▪ Garantia integral de qualidade
Radiofármacos	▪ Área de armazenagem específica ▪ Logística apropriada ▪ Registros em livro próprio ▪ Programa de proteção radiológica ▪ Descarte adequado
Kits	▪ *Kits* montados de acordo com as necessidades de cada setor

Continua

Tabela 6.14 *(continuação)*

Assunto	O que avaliar
Quimioterápicos	▪ Área de acordo com a legislação ▪ Manuais e normas disponíveis ▪ Logística apropriada ▪ *Kit* de derramamento acessível ▪ Dispositivos de segurança – EPI ▪ Descarte adequado
Nutrição parenteral	▪ Área de acordo com a legislação ▪ Manuais e normas disponíveis
Medicamentos sujeitos a controle especial	▪ Controle de entradas e saídas de acordo com a legislação vigente ▪ Estoque e armário específico para a guarda ▪ Autorização especial expedida pela autoridade sanitária competente.
Medicamentos não padronizados	▪ Diretrizes estabelecidas por escrito
Gases medicinais	▪ Distâncias regulamentares entre os cilindros ▪ Programa de manutenções
Recall	▪ Manual específico de procedimentos
Tratamento de resíduos	▪ Plano de gerenciamento de resíduos dos serviços de saúde implantado e em uso
Planos de contingência	▪ Processos identificados ▪ Ações definidas para cada processo ▪ Definição de formas de monitoramento ▪ Definição de responsáveis ▪ Conhecimento dos planos por todos os integrantes do setor ▪ Definição do momento de retorno ao estado normal das operações
Decisão de implantação	▪ Se foi da alta direção – diretrizes à divisão farmacêutica ▪ Se foi da divisão farmacêutica – convencimento da alta direção por meio da apresentação de projeto fundamentado
Comitê de implantação	▪ Definição formal do perfil, atribuições e responsabilidades de cada integrante
Plano piloto	▪ Estabelecimento de metas e cronogramas ▪ Cumprimento dos prazos ▪ Aderência dos setores envolvidos ▪ Adequação, ações corretivas ▪ Momento oportuno para expansão a outras unidades assistenciais

Continua

Tabela 6.14 *(continuação)*

Assunto	O que avaliar
Comissão de Farmácia e Terapêutica	▪ Participação efetiva dos membros ▪ Emissão de pareceres técnicos fundamentados e coerentes com o sistema ▪ Padronização, preferencialmente de formas farmacêuticas que permitam a individualização da dose ▪ Estabelecimento de protocolos terapêuticos ▪ Estudos farmacoeconômicos
Normas escritas	▪ Existência para todos os setores, inclusive para os externos ▪ Validação de todos os processos ▪ Revisão contínua
Recursos humanos	▪ Corpo funcional capacitado ▪ Educação continuada ▪ Número adequado às atividades realizadas ▪ Responsabilidades e atribuições definidas em organograma e estrutura de cargos ▪ Verificar se há desvio de funções ▪ Dentro dos parâmetros mínimos estabelecidos pela Sbrafh
Recursos materiais	▪ De acordo com as necessidades da demanda
Estrutura física	▪ Seguir a legislação vigente ▪ Os ambientes devem estar dentro dos parâmetros mínimos estabelecidos pela Sbrafh
Indicadores de qualidade	▪ Existência, relacionados com todos os processos de gestão da organização
Integração multidisciplinar	▪ Tem como objetivo a aproximação e a soma do conhecimento individual entre os diferentes profissionais, das diversas áreas, em prol da instituição e do paciente
Sistema de farmacovigilância	▪ Existência de processo de busca ativa de reações adversas a medicamentos e análise das suspeitas comunicadas, conforme legislação
Sistema de informação	▪ Aumento de eficiência ▪ Base de dados completa ▪ Assinatura eletrônica
Gerenciamento de estoques	▪ A base de informações permite pesquisar, planejar, determinar as necessidades, suprir e controlar, com qualidade, os produtos para a saúde e medicamentos

Continua

Tabela 6.14 *(continuação)*

Assunto	O que avaliar
Perfil farmacoterapêutico	▪ 100% das prescrições analisadas pelo farmacêutico antes da distribuição ▪ Registro cronológico da informação relacionada com o consumo de medicamentos, permitindo ao farmacêutico realizar o acompanhamento de cada paciente para garantir o uso seguro e eficaz dos medicamentos

Independentemente do sistema de distribuição implantado, é responsabilidade do farmacêutico hospitalar, além de fazer o acompanhamento farmacoterapêutico, desenvolver um serviço abrangente e de alta qualidade, coordenado adequadamente para atender às necessidades dos vários departamentos diagnósticos e terapêuticos, do serviço de enfermagem, da equipe médica e do hospital como um todo, com o intuito de propiciar a melhor assistência ao paciente[107].

REFERÊNCIAS

1. De Sordi JO. Gestão por processo: uma abordagem da moderna administração. 4. ed. São Paulo: Saraiva; 2014. p.1, 2, 18.
2. Associação Brasileira de Normas Técnicas (ABNT). Normas de Sistemas de Qualidade. Associação Brasileira de Normas Técnicas. ISO - International Organization for Stardardization; 2015
3. Fundação Nacional da Qualidade. Rede Nacional da Gestão. Rumo à Excelência. São Paulo: Fundação Nacional da Qualidade; 2006.
4. Joint Commission International. Manual Internacional de Padrões de Acreditação Hospitalar. Joint Commission International Accreditation Standards for Hospitals; 2014.
5. Prêmio Nacional de Qualidade. Guia de Excelência - Prêmio Nacional de Qualidade; 2003.
6. Guia de modelagem de estruturas organizacionais. Metodologia de gestão de processos. Exercício 3.
7. Ordovás JP, Climente M, Poveda ML. Selección de medicamentos y guía farmacoterapéutica. Sociedad Española de Farmácia Hospitalaria [Internet] [s.d.] [citado 18 jun. 2008]. 63-79p. Disponível em: http://www.sefh.es.
8. Centro Brasileiro de Informação sobre Medicamentos (Cebrim)/Conselho Federal de Farmácia (CFF). Farmacoterapêutica. Revista Pharmacia Brasileira. 2003 Out/Dez;VII(04):1-5.
9. Lima-Dellamora EC, Caetano R, Osório de Castro CGS. Revista Brasileira Farmacêutica. 2014;95(1):415-35.
10. Wannmacher L. Seleção de medicamentos essenciais: propósitos e consequências. Revista Tempus Actas Saude Colet. 2010;23-9.
11. Brasil. Conselho Federal de Farmácia. Resolução n. 619, de 27 de novembro de 2015 [Internet]. 2015 Nov [publicado no DOU 07 dez. 2015]; Seção 1: 115-6. Disponível em: http://www.cff.org.br.
12. Girón Aguilar N, D'Alessio R. Guía para el desarrollo de servicios farmacéuticos hospitalarios: logística del suministro de medicamentos. Washington, D.C; Organización Panamericana de la Salud; 1997.
13. Santolaya R. Problemas éticos en la interpretación del balance beneficio riesgo. In: Requena T. Problemas éticos en la práctica del farmacéutico de hospital. Informe técnico para la eva-

luación de los medicamentos. Sociedad Española de Farmacia Hospitalaria. [Internet] [s.d.] [citado 12 out. 2008]. p.1-5. Disponível em: http://sefh.es.
14. Santos GAA. Gestão de farmácia hospitalar. São Paulo: Senac; 2006.
15. Cavallini ME, Bisson MP. Farmácia hospitalar: um enfoque em sistemas de saúde. Barueri: Manole; 2002.
16. Sociedad Española de Farmacia Hospitalaria. Grupo de Evaluación de Novedad, Estandardización e Investigación en Selección de Medicamentos [Internet] 2006 [citado em 12 out. 2008]. p.1-2. Disponível em: http://genesis.sefh.es/grupotrabajo/index.html.
17. Laing RO, Hogerzeil HV, Ross-Degnan. Ten recommendations to improve use of medicines in developing countries. Health Policy Plan. 2001:16(1):13-20.
18. World Health Organization. Communicable Diseases Cluster. Interventions and strategies to improve the use of anti-microbials in developing countries: a review. Drug management program. Geneva: World Health Organization; 2001.
19. Wlade W, Spruill WJ, Taylor AT, Longe L, Hawkins DW. The expanding role of pharmacy and therapeutics committees: the 1990s and beyond. Pharmacoeconomics. 1996 Aug:10(2):123-8.
20. Thomson O'Brien MA, Oxman AD, Davis DA, Haynes RB, Freemantle N, Harvey EL. Audit and feedback: effects on professional practice and health care outcomes. 2000;(2):CD000259.
21. Crujeira R, Furtado C, Feio J, Falcão F, Carinha P, Machado F, Ferreira A, et al. Programa do Medicamento Hospitalar. Ministério da Saúde – Gabinete do Secretário do Estado da Saúde; 2007 Mar;1-38.
22. Moore T, Bykov A, Savelli T, Zagorski A. Guidelines for implementing drug utilization review programs in hospitals. Arlington, VA/Moscou, Rússia: Rational Pharmaceutical Management Project; 1997 Jan;1-59.
23. Centro Brasileiro de Informação sobre Medicamentos (Cebrim)/Conselho Federal de Farmácia (CFF). Farmacoterapêutica. Revista Pharmacia Brasileira. 2006 set/out/nov/dez;XI(05/06):1-3.
24. Delgado O, Puigventos F. Normas y procedimientos para la realización de intercambio terapéutico en los hospitales. Sociedad Española de Farmacia Hospitalaria [Internet] 2003 Jun [citado 08 abr. 2008]. p.1-4. Disponível em: www.sefh.es/normas/intercambio_terapeutico.pdf.
25. Delgado O, Puigventos F, Bosch P. Equivalentes terapéuticos. Concepto y casos prácticos. Sociedad Española de Farmacia Hospitalaria [Internet] [s.d.] [citado 08 abr. 2008]. p.1-4. Disponível em: www.sefh.es/formacióncontinuadaparafarmaceuticosdehospitalII/pdf.
26. Saez M, Sala J. Estrategia para la contención de costos en farmacia de hospital. Sociedad Española de Farmacia Hospitalaria [Internet] junho de 2003 [citado 13 maio 2008]. p.1-3. Disponível em: http://www.sefh.es/contencion_costes.
27. Política Nacional de Medicamentos: Secretaria de Políticas de Saúde. Revista de Saúde Pública. São Paulo. 2000 abr;34(2).
28. Bonafont X, Ribas J. Sistemas de clasificación de pacientes y su aplicación em la realización de estudios de utilización de medicamentos. Sociedad Española de Farmacia Hospitalaria [Internet] [s.d.] [citado 13 maio 2008]. p.1-89. Disponível em: http://www.sefh.es/.
29. Brasil. Ministério da Saúde. Secretaria de Ciência, Tecnologia e Insumos Estratégicos. Departamento de Assistência Farmacêutica e Insumos Estratégicos. Assistência farmacêutica na atenção básica: instruções técnicas para sua organização. 2. ed. Brasília: Ministério da Saúde; 2006. 100 p.: il. (Série A: Normas e Manuais Técnicos).
30. Endeavor. Prevenindo com o compliance para não remediar o caixa [Internet] [s.d.] [citado 21 jul. 2015]. p.1-3. Disponível em: https://endeavor.org.br/compliance/.
31. Sartori KMR. Curso de atualização em boas práticas de farmácia hospitalar [Internet] [s.d.] [citado 10 set. 2012]. p.1-23. Disponível em: http:// www.crfpr.org.br/Programao_Curso_de_Atualizacao_em_Farmácia_Hospitalar.
32. Lehmann DF, Guharoy R, Page N, Hirschman K, Ploutz-Snyder R, Medicis J. Formulary management as a tool to improve medication use and gain physician support. Am J Health Syst Pharm. 2007Mar 1;64(5):464-6.

33. World Health Organization. Rational use of medicines by prescribers and patients.115th Session EB115/40; 2004 Dec 16;1-6.
34. Sociedad Española de Farmacia Hospitalaria. Recomendaciones de la SEFH para la edición de formularios o guías farmacoterapéuticas [Internet] [s.d.] [citado 25 jul. 2008]. p.1-4. Disponível em: http://www.sefh.es/normas/normas 5.pdf.
35. Sforsin ACP, Souza FS, Sousa MB, Torreão N, Galembeck P, Ferreira R. Gestão de compras em farmácia hospitalar. Pharmacia Brasileira. 2012;85(16):1-30p.
36. Santana RS, Jesus EMS, Santos DG, Lyra Júnior DP, Leite SN, Silva WB. Indicadores da seleção de medicamentos em sistemas de saúde: uma revisão integrativa. Rev Panam Salud Publica. 2014:35(3):228-34.
37. Sociedad Española de Farmacia Hospitalaria. Guía de gestión de los servicios de farmacia hospitalaria [Internet] [s.d.] [citado 01 ago. 2008]. p.1-13. Disponível em: http//www.sefh.es/carpetasecretario/Guía_gestión_ SF.pdf.
38. Maia-Neto JF. Farmácia hospitalar e suas interfaces com a saúde. São Paulo: RX; 2005.
39. Magarinos-Torres R. Indicadores de resultado para a farmácia hospitalar [dissertação]. Rio de Janeiro: Instituto Fernandes Figueira/Fiocruz; 2006.
40. Marin N, Luiza VL, Osório de Castro GSC, Machado SS. Assistência farmacêutica para gerentes municipais. Rio de Janeiro: OPAS/OMS; 2003.
41. Storpirtis S, Mori ALPM, Yochiy A, Ribeiro E, Porta V. Ciências farmacêuticas: farmácia clínica e atenção farmacêutica. Rio de Janeiro: Guanabara Koogan; 2008.
42. Brasil. Presidência da República. Lei n. 8.078, de 11 de setembro de 1990 (versão retificada em 10/01/2007). Dispõe sobre a proteção do consumidor e dá outras providências. Diário Oficial da União, 12 set. 2007.
43. Brasil. Ministério da Saúde. Portaria n. 2.814, de 24 de maio de 1998 (versão republicada em 18/11/1998). Estabelece procedimentos a serem observados pelas empresas produtoras, importadoras, distribuidoras e do comércio farmacêutico, objetivando a comprovação, em caráter de urgência, da identidade e qualidade de medicamento, objeto de denúncia sobre possível falsificação, adulteração e fraude. Diário Oficial da União, 18 nov. 1998.
44. Brasil. Presidência da República. Lei n. 8.666, de 21 de junho de 1993 (versão republicada em 06/07/1994). Regulamenta o art. 37, inciso XXI, da Constituição Federal. Institui normas para licitações e contratos da administração pública e dá outras providências. Diário Oficial da União, 6 jul. 1994.
45. Brasil. Ministério da Saúde, Secretaria de Ciência, Tecnologia e Insumos Estratégicos. Aquisição de medicamentos para assistência farmacêutica no SUS – Orientações básicas. Brasília: Ministério da Saúde; 2006.
46. Osório-de-Castro CGS, Castilho SR, orgs. Diagnóstico da farmácia hospitalar no Brasil. Rio de Janeiro: Fiocruz; 2004.
47. Hospital das Clínicas da Faculdade de Medicina da Universidade de São Paulo, Divisão de Farmácia do Instituto Central do Hospital das Clínicas da FMUSP. Guia de boas práticas de medicamentos e insumos farmacêuticos 2007-2008. 3. ed. São Paulo; 2007.
48. Souza ZB, Florência F. Bases para a operacionalização e avaliação de resultados do governo eletrônico no Brasil. Rev Cienc Admin. 2004;10(2):185-98.
49. Sociedade Brasileira de Farmácia Hospitalar e Serviços de Saúde (Sbrafh). Padrões mínimos para farmácia hospitalar e serviços de saúde. São Paulo: Sbrafh; 2017.
50. Brasil. Ministério da Saúde, Secretaria de Ciência, Tecnologia e Insumos Estratégicos, Departamento de Assistência Farmacêutica e Insumos Estratégicos. Assistência farmacêutica na atenção básica: instruções técnicas para sua organização. Série A. Normas e Manuais Técnicos. 2. ed. Brasília: Ministério da Saúde; 2006.
51. Gomes MJVM, Reis AMM. Ciências farmacêuticas: uma abordagem em farmácia hospitalar. São Paulo: Atheneu; 2001.

52. Brasil. Presidência da República. Lei n. 9.677, de 2 de julho de 1998. Dispõe sobre falsificação, corrupção, adulteração ou alteração de substância ou produtos alimentícios e dá outras providências. Diário Oficial da União, 3 jul. 1998.
53. Brasil. Ministério da Saúde, Secretaria da Ciência, Tecnologia e Insumos Estratégicos, Departamento de Assistência Farmacêutica e Insumos Estratégicos. Assistência farmacêutica na atenção básica: instruções técnicas para a sua organização. Brasília: Ministério da Saúde; 2006.
54. Azevedo Neto FPB, Silva WLM, Luiza VL. Gestão logística em saúde. Florianópolis: Departamento de Ciências da Administração/UFSC; Brasília: Capes UAB, 2010. 96p.
55. American Society of Health-System Pharmacists. ASHP guidelines: minimum standard for pharmacies in hospitals. Am J Health-Syst Pharm. 1995:52:2711-7.
56. Gomes MJVM, Reis AMM. Farmácia hospitalar: histórico, objetivos e funções. In: Gomes MJVM, Reis AMM. Ciências farmacêuticas: uma abordagem em farmácia hospitalar. São Paulo: Atheneu; 2006. p.275-88.
57. Organização Pan-Americana da Saúde/Organização Mundial da Saúde/Conselho Federal de Farmácia. O papel do farmacêutico no sistema de atenção à saúde: boas práticas em farmácia. Brasília: OPAS/OMS, 2004 [Internet] [citado 29 ago. 2008]. Disponível em: http://www.cff.org.br/publicações/Boas%20Práticas%20em%20Farmácia.pdf.
58. Brasil. Presidência da República. Casa Civil. Subchefia para Assuntos Jurídicos. Lei n. 8.080, de 19 de setembro de 1990. Dispõe sobre as condições para a promoção, proteção e recuperação da saúde, a organização e o funcionamento dos serviços correspondentes e dá outras providências. Diário Oficial da União, 20 set. 1990.
59. Magarinos-Torres R, Osorio-de-Castro CGS, Pepe VLE. Atividades da farmácia hospitalar brasileira para com pacientes hospitalizados: uma revisão da literatura. Cienc Saúde Coletiva. 2007 Jul/Ago;12(4) [Internet] [citado 28 nov. 2016]. Disponível em: http://www.scielo.br/scielo.php?script=sci_arttext&pid=S1413-81232007000400019&tlng=en&lng=en&nrm=iso.
60. Brasil. Ministério da Saúde. Portaria GM 3.916, de 30 de outubro de 1998. Aprova a política nacional de medicamentos. Diário Oficial da União, 10 nov. 1998, Seção 1:18-22.
61. Conselho Regional de Farmácia do Estado de São Paulo, Comissões Assessoras de Saúde Pública. Assistência farmacêutica municipal: diretrizes para estruturação e processos de organização. São Paulo: CRF-SP; 2013. 72p.
62. Conselho Regional de Farmácia do Estado de São Paulo, Comissão Assessora de Farmácia Hospitalar. Marcos JF et al. Farmácia hospitalar. São Paulo: CRF-SP; 2016. 55p.
63. Gomes MJVM, Reis AMM. Administração aplicada à farmácia hospitalar. In: Gomes MJVM, Reis AMM. Ciências farmacêuticas: uma abordagem em farmácia hospitalar. São Paulo: Atheneu; 2006. p.289-99.
64. National Coordinating Council for Medication Error Reporting and Prevention. Taxonomy of medication errors. Rockville: NCC MERP, 1998 Nov. [Internet] [citado 28 nov. 2016]. Disponível em: http://www. nccmerp.org/taxo 0514.pdf.
65. Leape LL, Cullen DJ, Clapp MD, Burdick E, Demonaco HJ, Erickson JI, Bates DW. Pharmacist participation on physician rounds and adverse drug events in the intensive care unit. JAMA. 1999;282(3):267-70.
66. Leape LL, Kabcenell AI, Gandhi TK, Carver P, Nolan TW, Berwick DM. Reducing adverse drug events: lessons from a breakthrough series collaborative. Jt Comm J Qual Improv. 2000 Jun;26(6):321-31.
67. Anacleto TA, Perini E, Rosa MB. Prevenindo erros de dispensação em farmácias hospitalares. Infarma. 2006;18:32-6.
68. Santos GAA. Gestão de farmácia hospitalar. 4. ed. São Paulo: Senac; 2016.
69. Cavallini ME, Bisson MP. Farmácia hospitalar: um enfoque em sistemas de saúde. 2. ed. Barueri: Manole; 2010.
70. Maia-Neto JF. A farmácia hospitalar. In: Maia Neto JF. Farmácia hospitalar e suas interfaces com a saúde. São Paulo: RX; 2005. p.31-46.

71. American Society of Health-System Pharmacists. ASHP best practices for health-system pharmacy. Positions and practice standards of ASPH 1998-99. Bethesda, MD: ASPH; 1998. p.126-9.
72. Ribeiro E. Sistemas de distribuição de medicamentos para pacientes internados. In: Storpirts S, Mori ALPM, Yochiy A, Ribeiro E, Porta V. Farmácia clínica e atenção farmacêutica. Rio de Janeiro: Guanabara Koogan; 2008. p.161-70.
73. Management Sciences for Health, World Health Organization, Action Programme on Essential Drugs. Managing drug supply. Kumarian Press; [s.d.]. p.583-94.
74. Ministério da Saúde, Secretaria de Assistência à Saúde, Departamento de Promoção e Assistência à Saúde, Coordenação de Controle de Infecção Hospitalar. Guia básico para a farmácia hospitalar. Brasília: Ministério da Saúde; 1994.
75. Maia-Neto, JF. Dose unitária de medicamentos: análise de um sistema de distribuição [dissertação]. Natal: Universidade Federal do Rio Grande do Norte; 1982.
76. Marcos JF, Maranho D, Lombardi M. Avaliação quantitativa de medicamentos dispensados, prescrições e custos de um sistema de dispensação individualizado versus sistema coletivo [resumo de trabalho]. Rev Bras Cienc Farm. 2001;37 (suppl.2):133.
77. Carestiano JC, Ferreira LG. Dose unitária: relação custo x benefício de sua implantação nos hospitais públicos brasileiros como política de governo. Rev Bras Farm. 1996;77;3:103-12.
78. Maia-Neto JF, Silva LC. Sistemas de distribuição de medicamentos. In: Maia-Neto JF. Farmácia hospitalar e suas interfaces com a saúde. São Paulo: RX; 2005. p.89-108.
79. Marcos JF. Implantação de prescrição eletrônica no hospital da Polícia Militar [dissertação]. São Paulo: Centro de Aperfeiçoamento e Estudos Superiores, Polícia Militar do Estado de São Paulo; 2003.
80. Pereira LFC, Mansur SL, Luiz SCC, Téodulo TFM. Implantação da central de manipulação de misturas intravenosas no hospital das forças armadas [monografia]. Brasília: Universidade de Brasília; 2006.
81. Freitas AR, Vigilância sanitária da farmácia hospitalar: o sistema de distribuição de medicamentos por dose unitária (SDMDU) em foco [monografia]. Rio de Janeiro: Ministério da Saúde/Fundação Oswaldo Cruz/Escola Nacional de Saúde Pública Sérgio Arouca; 2004.
82. Organização Nacional de Acreditação (ONA). Manual Brasileiro de Acreditação: Manual das organizações prestadoras de serviços de saúde. [Internet] [citado 09 dez. 2016]. Disponível em: http://www.ona.org.br/Pagina/33/Acreditacao.
83. Joint Commission International Accreditation Standards for Hospitals. Manual internacional de padrões de acreditação hospitalar. Tradução oficial para o português da segunda edição original. Rio de Janeiro: CBA-CEPESC; 2003.
84. Kunii CM, Ling LH, Boas PV, Romano R. Sistemas de distribuição de medicamentos. In: Ferracini FT, Borges Filho WM. Farmácia clínica: segurança na prática hospitalar. Rio de Janeiro: Atheneu; 2011. p.117-25.
85. Camuzi RC. Avaliação dos processos de implantação do sistema de distribuição de medicamentos por dose unitária em hospitais do município do Rio de Janeiro [dissertação]. Rio de Janeiro: Universidade Federal do Rio de Janeiro; 2002.
86. Aguilar NG, D'Alessio R. Guía para el desarrollo de servicios farmacéuticos hospitalarios: sistema de distribución de medicamentos por dosis unitarias. Washington: Organización Panamericana de la Salud; 1997.
87. American Society of Hospital Pharmacists. ASPH guidelines on preventing medication errors in hospitals. Am J Hosp Pharm. 1993;50:305-14.
88. Ipen reforça produção de radiofármaco utilizado em exame radiológico de ponta. Fonte Nuclear. 2008 Set 02;13(13).
89. Brasil. Agência Nacional de Vigilância Sanitária. Resolução RDC 38, de 4 de junho de 2008. Dispõe sobre a instalação e o funcionamento de serviços de medicina nuclear "in vivo". Diário Oficial da União, 5 jun. 2008.

90. Souza AS. Análise do sistema de distribuição de medicamentos: estudo de caso no Hospital Santa Casa de Misericórdia de Sant'Ana do Livramento [dissertação]. Porto Alegre: Escola de Administração da Universidade Federal do Rio Grande do Sul; 2012.
91. American Society of Hospital Pharmacists (ASPH). ASPH technical assistance bulletin on quality assurance for pharmacy-prepared sterile products. Am J Hosp Pharm. 1993;50:2386-98.
92. Novaes MRCG. Terapia nutricional parenteral. In: Gomes MJVM, Reis AMM. Ciências farmacêuticas: uma abordagem em farmácia hospitalar. São Paulo: Atheneu; 2006. p.449-69.
93. Brasil. Ministério da Saúde. Portaria 272/SNVS, de 8 de abril de 1998. Aprova o regulamento técnico para fixar requisitos mínimos exigidos para a terapia de nutrição parenteral. Diário Oficial da União, 23 abr. 1998.
94. Lima CR, Silva MDG, Reis VLS. Sistemas de distribuição de medicamentos em farmácia hospitalar. In: Gomes MJVM, Reis AMM. Ciências farmacêuticas: uma abordagem em farmácia hospitalar. São Paulo: Atheneu; 2006. p.347-62.
95. Gama CS. Drogas de investigação clínica. In: Ferracini FT, Borges Filho WM. Prática farmacêutica no ambiente hospitalar. 2. ed. Rio de Janeiro: Atheneu; 2010. p.85-95.
96. Globo NT, Silva RA. Automedicação. In: Ferracini FT, Borges Filho WM. Prática farmacêutica no ambiente hospitalar. 2. ed. Rio de Janeiro: Atheneu; 2010. p.51-7.
97. Michaelis. Dicionário prático. 10. ed. São Paulo: Melhoramentos; 1993.
98. Brasil. Agência Nacional de Vigilância Sanitária. Resolução RDC 33, de 25 de fevereiro de 2003. Dispõe sobre o regulamento técnico para o gerenciamento de resíduos de serviços de saúde. Diário Oficial da União, 5 mar. 2003.
99. Kaskantzis Neto G, Lage Neto HS. O uso da modelagem matemática no dimensionamento de planos de contingência. João Pessoa: 21º Congresso Brasileiro de Engenharia Sanitária e Ambiental; 2001.
100. Ribas Sala J, Codine Jane C. Planificación y organización de un servicio de farmacia hospitalaria. Farmacia Hospitalaria. Sociedade Española de Farmacêuticos Hospitalarios. 1993:5-15.
101. Grenfell CP. Otimização do espaço hospitalar com a melhoria do sistema de distribuição de medicamentos através de um modelo móvel de dispensação [monografia]. Belo Horizonte: Universidade Gama Filho do Rio de Janeiro, Universidade Unimed de Belo Horizonte; 2005.
102. American Society of Hospital Pharmacists. ASPH technical assistance bulletin on single unit and dose packages of drug. Am J Hosp Pharm. 1985;42:378-9.
103. Novas tecnologias voltadas à promoção do uso racional de medicamentos – II Semana do Uso Racional de Medicamentos – Nilson Gonçalves Malta. [Internet] [citado 29 ago. 2008]. Disponível em: http://pequenoprincipe.org.br/hospital/noticia/pequeno-principe-promove--a-ii-semana-de-uso-racional-de-medicamentos/.
104. Ministério da Saúde, Central de Medicamentos. Boas práticas para estocagem de medicamentos. Brasília: Ministério da Saúde; 1990.
105. MBS Equipamentos. Sistema de transporte pneumático [Internet] [citado 28 nov. 2016]. Disponível em: http://www.mbs.ind.br/Clientes_hosp_pt.html.
106. Brasil. Agência Nacional de Vigilância Sanitária. Resolução RDC 67, de 8 de outubro de 2007. Dispõem sobre boas práticas de manipulação de preparações magistrais e oficinais para uso humano em farmácias. Diário Oficial da União, 29 out. 2007.
107. Godwin HN, Scott BE. Assistência médica institucional. In: Gennaro AR. Remington: a ciência e a prática da farmácia. 20.ed. Rio de Janeiro: Guanabara Koogan; [s.d.]. p.1996-2018.

7

Farmacotécnica hospitalar

Autores
Maria Rita Carvalho Garbi Novaes
Helena Márcia Ribeiro de Oliveira Moraes
Nadja Nara Rehem de Souza
Mario Jorge Sobreira da Silva
Maria Arlete Silva Pires
Michelle Silva Nunes

INTRODUÇÃO

As boas práticas na farmacotécnica hospitalar estabelecem as orientações gerais de qualificação e de harmonização para serem aplicadas nas operações de manipulação (avaliação farmacêutica, preparo das formulações, controle de qualidade, conservação e transporte) das preparações farmacêuticas, bem como os critérios para aquisição de insumos e produtos para a saúde utilizados na manipulação para uso seguro no paciente.

É indispensável a efetiva e contínua inspeção durante todo o processo de manipulação, de modo a garantir ao paciente a qualidade do produto a ser administrado de acordo com a via de administração adequada.

Neste capítulo são abordados tópicos referentes às boas práticas aplicadas à farmacotécnica hospitalar, com destaque aos procedimentos referentes às preparações estéreis de misturas intravenosas como nutrição parenteral e citostáticos, preparação de formulações não estéreis de uso hospitalar e aspectos relacionados à preparação de dose unitária e unitarização de doses de medicamento em serviços de saúde, em consonância com a legislação vigente no Brasil e as recomendações para a gestão da qualidade descritas na ABNT NBR ISO 9001:2015, Programa de Compromisso com a Qualidade Hospitalar (CQH), Fundação Nacional para Qualidade, Organização Nacional de Acreditação (ONA) e Joint Commission.

O SERVIÇO DE FARMACOTÉCNICA NO HOSPITAL

Farmacotécnica é a área das ciências farmacêuticas que trata da preparação dos medicamentos, ou seja, da transformação de princípios ativos em medicamentos. Essa transformação se faz por meio da manipulação farmacêutica[1].

No setor de farmacotécnica hospitalar, são manipuladas fórmulas magistrais e oficinais, insumos farmacêuticos e correlatos, inclusive preparações extemporâneas, padronizadas ou de uso eventual. A qualidade, a segurança e a eficácia dos produtos farmacêuticos são uma preocupação constante das autoridades sanitárias em todos os países. Na área de produtos farmacêuticos, cabe ao setor público a definição de regulamentos claros e adequados, bem como a fiscalização de seu cumprimento. É obrigação das empresas produtoras farmacêuticas e das farmácias públicas e privadas o cuidado rigoroso com a qualidade e segurança dos seus processos e produtos[1-4].

A preparação de medicamentos é uma das responsabilidades mais antigas do farmacêutico hospitalar, no entanto alguns fatores fizeram diminuir a oferta desse serviço. Isso se deu principalmente pela disponibilidade cada vez maior de medicamentos industrializados e pelo hábito da prescrição médica desses produtos.

A farmacotécnica hospitalar deve assegurar a qualidade e a eficácia dos produtos farmacêuticos, mediante o cumprimento da Resolução RDC n. 67, de 8 de outubro de 2007, que aprova o Regulamento Técnico sobre Boas Práticas de Manipulação de Preparações Magistrais e Oficinais para Uso Humano em farmácia[4].

Esse regulamento fixa os requisitos minimos exigidos para o exercício das atividades de manipulação de preparações magistrais e oficinais das farmácias, como instalações, equipamentos e recursos humanos, aquisição e controle de qualidade da matéria-prima, armazenamento, avaliação farmacêutica da prescrição, manipulação, fracionamento, conservação, transporte e dispensação das preparações, além da atenção farmacêutica aos usuários ou seus responsáveis, visando à garantia de sua qualidade, segurança, efetividade e promoção de seu uso seguro e racional[5].

Os medicamentos manipulados na farmacotécnica hospitalar somente podem ser utilizados em pacientes internados ou sob os cuidados da própria instituição, sendo vedada sua comercialização. A farmácia hospitalar pode manter estoque mínimo de bases galênicas e de preparações magistrais e oficinais, devidamente identificadas, em quantidades que atendam a uma demanda previamente estimada, e desde que garantam a qualidade e a estabilidade das preparações[4].

O objetivo principal dessa atividade é proporcionar, em qualquer momento, independentemente da disponibilidade comercial, medicamentos com qualidade aceitável, adaptados à necessidade da população que atende, desenvolver fórmulas de medicamentos e produtos de interesse estratégico e/ou econômico, transformar formas farmacêuticas, fracionar ou unitarizar medicamentos industrializados, a fim de racionalizar sua administração e distribuição; preparar, diluir ou reenvasar germicidas, necessários para realização de antissepsia, limpeza, desinfecção e esterilização; e garantir a qualidade dos produtos elaborados, manipulados, fracionados ou reenvasados.

Infraestrutura e organização[1,4,5]

Os requisitos mínimos de elaboração, humanos, materiais e financeiros, assim como as normas de funcionamento, processo e avaliação, para todos os tipos de formulações, seguem a mesma sistemática de preparação.

A Figura 7.1 representa um organograma do setor, desenvolvido inicialmente para elaboração e controle de formulações padronizadas[1-7].

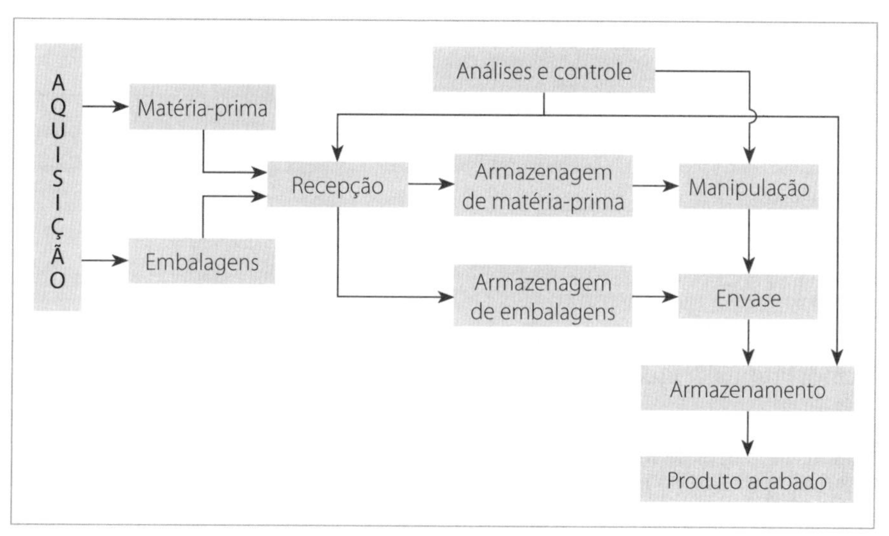

Figura 7.1 Organização de um setor de farmacotécnica.

A área destinada à farmacotécnica hospitalar deve seguir o recomendado pela RDC 67/2007 e estar localizada, projetada, construída ou adaptada, contando com uma infraestrutura adequada às atividades desenvolvidas, a fim de assegurar a qualidade das preparações, incluindo as salas relacionadas no Quadro 7.1, com suas respectivas áreas mínimas definidas pelos padrões mínimos da Sbrafh, com base na legislação vigente[4,5,8,9].

Quadro 7.1 Áreas de uma farmacotécnica hospitalar

▪ Área ou sala para as atividades administrativas
▪ Área ou sala de armazenamento
▪ Sala ou local de pesagem de matérias-primas
▪ Área ou local para lavagem de utensílios e materiais de embalagem

Continua

Quadro 7.1 Áreas de uma farmacotécnica hospitalar *(continuação)*

▪ Sala(s) de manipulação
– Manipulação de sólidos
– Manipulação de semissólidos e líquidos não estéreis
– Central de Misturas Intravenosas (CMIV) (5 m^2 para cada capela de fluxo laminar ou cabine de segurança biológica disponível)
– Sala de diluição de germicida
– Sala de unitarização de líquidos e semissólidos
– Sala de unitarização de sólidos
▪ Área ou sala de controle de qualidade (6 m^2)
▪ Área de dispensação
▪ Vestiário
▪ Sanitários
▪ Depósito de material de limpeza

Detalhes relevantes a serem observados na infraestrutura de uma farmacotécnica hospitalar estão no *Checklist* A, no Quadro 7.2.

Quadro 7.2 Itens de verificação da infraestrutura de uma farmacotécnica hospitalar

Checklist A
▪ Assegurar que os ambientes de armazenamento, manipulação e controle da qualidade estejam protegidos contra a entrada de animais, insetos, roedores e poeiras
▪ Assegurar que os ambientes possuam superfícies internas (pisos, paredes e teto) lisas e impermeáveis (tinta epóxi) sem rachaduras, resistentes aos agentes sanitizantes e facilmente laváveis
▪ Manter as áreas e instalações adequadas e suficientes ao desenvolvimento das operações, dispondo de todos os equipamentos e materiais de forma organizada e racional, objetivando evitar os riscos de contaminação, misturas de componentes e garantir a sequência das operações
▪ Assegurar que os ralos sejam sifonados e fechados (previne a entrada de ratos, baratas e outros insetos)
▪ Manter iluminação e ventilação compatíveis com as operações e com os materiais manuseados (medicamentos fotossensíveis)
▪ Assegurar que a lavagem de materiais seja realizada dentro da área de manipulação, desde que estabelecida por Procedimento Operacional com os devidos registros e em horário distinto da manipulação, ou em área específica

Continua

Quadro 7.2 Itens de verificação da infraestrutura de uma farmacotécnica hospitalar *(continuação)*

Checklist A
▪ Assegurar que os vestiários, lavatórios e os sanitários masculino e feminino sejam de fácil acesso e suficientes para o número de funcionários. Os sanitários não devem ter comunicação direta com as áreas de armazenamento, manipulação e controle da qualidade: têm de ficar fora do espaço de manipulação
▪ Assegurar a existência de área ou local segregado ou sistema para estocagem de matérias-primas, materiais de embalagem e produtos manipulados reprovados, recolhidos, devolvidos ou com prazo de validade vencido ou em quarentena
▪ Dispor de armário resistente e/ou sala própria, fechados com chave ou outro dispositivo que ofereça segurança para a guarda de substâncias e medicamentos sujeitos a regime de controle especial (Portaria n. 344/98)
▪ Assegurar a existência de local e equipamentos seguros e protegidos para o armazenamento de produtos inflamáveis e explosivos (atenção para o álcool), seguindo normas técnicas federais, estaduais, municipais e do Distrito Federal
▪ Assegurar a existência de sistema/equipamento para combate a incêndio, conforme legislação específica

Área para recepção

É a área destinada ao recebimento dos materiais e conferência. O farmacêutico deverá fazer um controle visual e, se houver alguma divergência ou avaria da embalagem dos materiais, deverá tomar a decisão quanto à aceitação ou devolução do material recebido.

Cada produto deve ser examinado visualmente, observando-se sua integridade, sua conformidade com o declarado na nota fiscal, confirmação de peso ou volume (ainda na presença da transportadora), necessidade de conservação especial e validade. Posteriormente será identificado, classificado por meio de uma ficha completa com todas as características (nome, código, quantidade, lote e características físicas), e deverá ser armazenada em local próprio.

Na identificação, todos os produtos adquiridos devem receber uma etiqueta de quarentena e ser armazenados em área específica. Serão retiradas amostras e enviadas ao controle de qualidade para análise. A área de quarentena deve ter acesso restrito de maneira a evitar a utilização inadvertida de matéria-prima não analisada até que o laboratório de controle de qualidade tenha determinado sua aceitabilidade ou rejeição.

As matérias-primas que necessitam de condições especiais de conservação serão retidas até que as análises indiquem sua conformidade. Após o controle de qualidade aprovar ou rejeitar o lote do produto, deve-se identificá-lo com etiqueta de aprovação ou reprovação.

Área ou local de armazenamento da matéria-prima

A área ou local de armazenamento deve ter capacidade suficiente para assegurar a estocagem ordenada das diversas categorias de matérias-primas e materiais de embalagem. Quando são exigidas condições especiais de armazenamento, quanto à temperatura e umidade, tais condições devem ser providenciadas e monitoradas sistematicamente, mantendo-se seus registros.

Área ou local para manipulação

Deve ser dotada com os materiais, equipamentos e utensílios básicos listados no Quadro 7.3.

Quadro 7.3 Materiais e utensílios básicos da área de manipulação

▪ Balança de precisão, devidamente calibrada
▪ Vidraria adquirida em fornecedores credenciados pelos laboratórios da Rede Brasileira de Calibração
▪ Sistema de purificação de água – As instalações e reservatórios de água devem ser devidamente protegidas, para evitar contaminações
▪ Refrigerador para a conservação de produtos termolábeis
▪ Bancadas revestidas de material liso, resistente e de fácil limpeza
▪ Bancada com pia nas áreas de manipulação de não estéreis ▪ Exaustores nas áreas destinadas à manipulação de formas farmacêuticas sólidas
▪ Capela de fluxo laminar ou cabine de segurança biológica nas áreas destinadas à manipulação de produtos estéreis
▪ Lixeiras com pedal e com tampa

Área de armazenamento dos produtos manipulados

O local de armazenamento de fórmulas manipuladas e dos produtos fracionados ou unitarizados para dispensação ao paciente ou distribuição às unidades hospitalares deve ser racionalmente organizado, protegido do calor, da umidade e da ação direta dos raios solares, levando em consideração sua conservação.

As fórmulas manipuladas que contenham substâncias sujeitas a controle especial devem ser mantidas nas condições previstas na legislação específica.

Área administrativa

A farmácia deve dispor de área ou local para atividades administrativas e arquivos de documentação.

Área para controle da qualidade

A área ou local destinado ao controle da qualidade deve dispor de pessoal suficiente e estar perfeitamente equipada para realizar análises necessárias, conforme estrutura e processos descritos no item "Controle de qualidade" deste capítulo.

Tudo o que for preparado no Laboratório de Farmacotécnica deve constar no livro de registro diário, e todas as preparações devem estar devidamente etiquetadas.

Recursos humanos

A farmácia deve ter um organograma que demonstre possuir estrutura organizacional e de pessoal suficiente para garantir que o produto por ela preparado esteja de acordo com os requisitos do regulamento técnico.

Responsabilidades e atribuições

As atribuições e responsabilidades individuais devem estar formalmente descritas e perfeitamente compreensíveis a todos os empregados, investidos de autoridade suficiente para desempenhá-las, não podendo existir sobreposição de atribuições e responsabilidades na aplicação das BPMF.

Funcionários devem receber treinamento inicial e contínuo, devendo haver um programa de treinamento, com os respectivos registros, para todo o pessoal envolvido no funcionamento do laboratório. A farmácia também deve ter pessoal treinado para as atividades de controle de qualidade.

O farmacêutico, responsável pela supervisão da manipulação e pela aplicação das normas de boas práticas, deve possuir conhecimentos científicos sobre as atividades desenvolvidas pelo estabelecimento, previstas na RDC 67/2007, sendo suas atribuições descritas no *Checklist* B (Quadro 7.4).

Quadro 7.4 Atribuições do farmacêutico responsável pelo serviço de farmacotécnica hospitalar

Checklist B
▪ Organizar e operacionalizar as áreas e atividades técnicas da farmácia e conhecer, interpretar, cumprir e fazer cumprir a legislação pertinente
▪ Especificar, selecionar, inspecionar, adquirir e armazenar as matérias-primas e materiais de embalagem necessários ao processo de manipulação
▪ Estabelecer critérios e supervisionar o processo de aquisição, qualificando fabricantes e fornecedores e assegurando que a entrega dos produtos seja acompanhada de certificado de análise emitido pelo fabricante/fornecedor

Continua

Quadro 7.4 Atribuições do farmacêutico responsável pelo serviço de farmacotécnica hospitalar (continuação)

Checklist B
▪ Notificar à autoridade sanitária quaisquer desvios de qualidade de insumos farmacêuticos, conforme a legislação em vigor
▪ Avaliar a prescrição quanto à concentração e compatibilidade fisicoquímica dos componentes, dose e via de administração, forma farmacêutica e grau de risco
▪ Assegurar todas as condições necessárias ao cumprimento das normas técnicas de manipulação, conservação, transporte, dispensação e avaliação final do produto manipulado
▪ Garantir que somente pessoal autorizado e devidamente paramentado entre na área de manipulação
▪ Manter arquivo, informatizado ou não, de toda a documentação correspondente à preparação
▪ Manipular a formulação de acordo com a prescrição e/ou supervisionar os procedimentos para que seja garantida a qualidade exigida
▪ Determinar o prazo de validade para cada produto manipulado
▪ Aprovar os procedimentos relativos às operações de manipulação, garantindo sua correta implementação
▪ Assegurar que os rótulos dos produtos manipulados apresentem, de maneira clara e precisa, todas as informações necessárias
▪ Garantir que a validação dos processos e a qualificação dos equipamentos, quando aplicáveis, sejam executadas e registradas e que os relatórios sejam colocados à disposição das autoridades sanitárias
▪ Participar de estudos de farmacovigilância e os destinados ao desenvolvimento de novas preparações
▪ Informar às autoridades sanitárias a ocorrência de reações adversas e/ou interações medicamentosas não previstas
▪ Participar, promover e registrar as atividades de treinamento operacional e de educação continuada
▪ Manter atualizada a escrituração dos livros de receituário geral e específicos, podendo ser informatizada
▪ Desenvolver e atualizar regularmente as diretrizes e os procedimentos relativos aos aspectos operacionais da manipulação
▪ Guardar as substâncias sujeitas a controle especial e os medicamentos que as contenham, de acordo com a legislação em vigor
▪ Prestar assistência e atenção farmacêutica necessárias aos pacientes, objetivando o uso correto dos produtos
▪ Supervisionar e promover autoinspeções periódicas

Os padrões mínimos da Sbrafh recomendam a proporção mínima de farmacêuticos e auxiliares para compor o quadro do serviço de farmacotécnica hospitalar, conforme a Tabela 7.1[5].

Tabela 7.1 Proporção mínima de recursos humanos para funcionamento da farmacotécnica hospitalar

Manipulação de medicamentos não estéreis, fracionamento e unitarização	1 farmacêutico 1 auxiliar de farmácia
Manipulação de antineoplásicos	1 farmacêutico para cada 50 preparações de quimioterapia 1 auxiliar de farmácia para cada 100 preparações de quimioterapia
Nutrição parenteral	1 farmacêutico para cada 20 pacientes 1 auxiliar de farmácia para cada 20 preparações de NPT
Manipulação de outras misturas intravenosas	1 farmacêutico por turno 1 auxiliar de farmácia por turno

Segurança[11-14]

Nenhum processo do produção e/ou manipulação deverá ser executado sem o uso de equipamentos de proteção apropriados.

Equipamentos de proteção coletiva

Os extintores deverão ter sua área de acesso sempre livre, além de serem revisados periodicamente, de acordo com a legislação, quanto a sua validade, conteúdo e quanto à integração da carcaça.

Equipamentos de proteção individual ou ao produto (EPI e EPP)

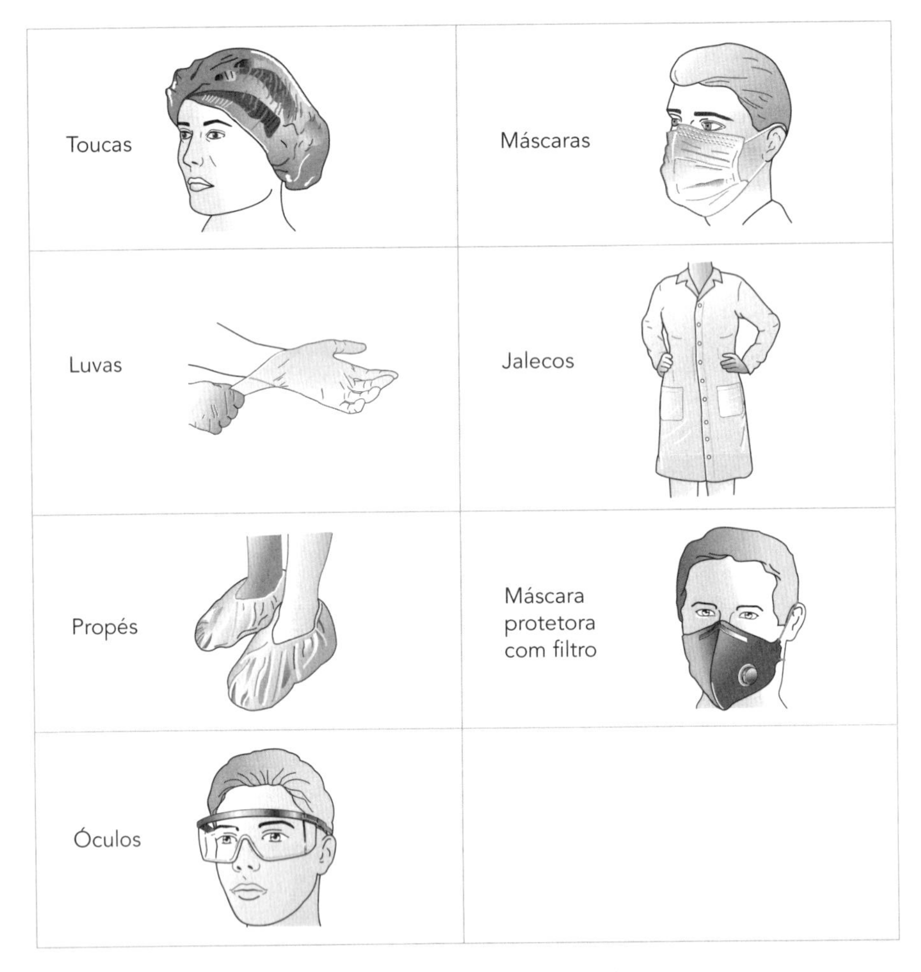

Figura 7.2 Equipamentos de proteção individual ou ao produto.

Equipamentos de proteção específicos

- Laboratórios de manipulação: touca, jaleco, luvas, máscaras e propé.
- Manuseio de solventes voláteis e ácidos fortes: usar também óculos protetores.
- Área com emissão de ruídos fortes (máquina de comprimir, encapsuladeira automática): usar protetores auriculares.
- Manipulação de colírios e pomadas oftálmicas: usar jaleco de manga comprida descartável, máscara descartável e luvas descartáveis, todos estéreis.

Controle de qualidade

É um conjunto de operações com o objetivo de verificar a conformidade dos produtos com as especificações estabelecidas. O controle de qualidade é a parte relacionada à amostragem, às especificações e aos testes, e ligada à organização, à documentação e aos procedimentos de liberação de análises, os quais garantirão que os testes necessários e relevantes sejam executados e que os materiais não sejam liberados para uso (nem os produtos liberados para venda ou fornecimento), até que sua qualidade seja julgada satisfatória. O controle da qualidade não se resume às operações laboratoriais, porém deverá estar envolvido em todas as decisões concernentes à qualidade do produto[13,14].

A farmácia deve dispor de área ou local destinado ao controle de qualidade perfeitamente equipada para realizar as análises necessárias, além de contar com profissional capacitado para as análises, trazendo a convicção de que o laboratório de controle de qualidade é ferramenta indispensável para o crescimento e solidificação do serviço de farmacotécnica e que é perfeitamente possível a implantação de controle de qualidade tanto para as formulações produzidas como para as adquiridas, sejam magistrais, sejam industrializadas ou unitarizadas.

Montagem do laboratório de controle de qualidade[2,7,8]

No Anexo VII da Resolução RDC n. 67/2007 consta o Roteiro de Inspeção para a Farmácia, no qual pode ser encontrado um roteiro de inspeção específico para o Setor de Controle de Qualidade. Esse roteiro pode servir de base para o farmacêutico implantar o laboratório de controle de qualidade na área ou local destinado para esse fim, estando perfeitamente equipada e com profissional capacitado e treinado.

Estrutura[4]

A área física ideal deve estar em uma localização preferencialmente próxima ao almoxarifado e aos laboratórios de produção, porém o laboratório deve ser isolado e independente das outras instalações. O piso deve ser de fácil limpeza, em materiais como cerâmica ou piso vinílico, e as paredes, de azulejo ou com revestimento liso e pintura a óleo.

A refrigeração pode ser feita com ar-condicionado, mantendo a temperatura ambiente em torno de 20 °C (necessário para o funcionamento e a conservação ideal dos equipamentos analíticos), e a área deve ser ventilada com capela de exaustão e iluminação natural e artificial adequadas, porém com a possibilidade de uma área escura (para leituras cromatográficas).

As bancadas podem ser construídas em alvenaria ou em madeira formicada com revestimento protetor, impedindo a quebra de vidrarias. As instalações elétricas e hidráulicas devem ter respectivamente as seguintes especificações: tomadas de 110V e 220V e bancadas com torneiras. Outras benfeitorias, como pontos de gás e vácuo, não podem ser esquecidas. O Quadro 7.5 mostra os itens a serem verificados no *Checklist* D.

Quadro 7.5 Itens de verificação do laboratório de controle de qualidade

Checklist D
▪ Manter o piso, paredes e teto sem rachaduras, com material resistente à limpeza e que não libere partículas
▪ Manter as áreas e instalações adequadas para o desenvolvimento das atividades, dispondo de equipamentos e materiais organizados e suficientes
▪ Manter os ralos sifonados e fechados
▪ Manter iluminação e ventilação suficientes
▪ Manter o controle de temperatura e umidade

Equipamentos e aparelhos adequados para executar as análises

Os equipamentos de um laboratório de controle de qualidade com recursos básicos podem ser obtidos a custos razoáveis. Todavia, o investimento retorna sob a forma de economia, maior eficiência nos processos de produção, avaliação do desempenho dos funcionários, segurança, controle do desempenho da empresa, conscientização geral da empresa sobre a qualidade, credibilidade e a conquista de uma posição estável no mercado.

Os equipamentos necessários para o funcionamento de um laboratório de controle de qualidade em uma farmacotécnica hospitalar devem ser proporcionais à amplitude das análises que se pretendem realizar e à disponibilidade financeira para adquiri-los.

A farmácia deve estar devidamente equipada e com os procedimentos estabelecidos e escritos para realizar, em amostras estatísticas das preparações do estoque mínimo de medicamentos, por produto, os itens relacionados a seguir, quando aplicáveis, mantendo os registros dos resultados.

A. Caracteres organolépticos
B. pH
C. Peso médio
D. Friabilidade
E. Dureza
F. Desintegração
G. Grau ou teor alcoólico
H. Densidade
I. Volume
J. Viscosidade
K. Teor do princípio ativo
L. Pureza microbiológica

É facultado à farmácia terceirizar o controle de qualidade das matérias-primas e preparações manipuladas em laboratórios tecnicamente capacitados para esse fim, mediante contrato formal, para a realização dos itens "K" e "L". A farmácia deve manter amostra de referência de cada lote preparado, pertencente ao seu estoque mínimo de fórmulas magistrais padronizadas, até 4 meses após o vencimento do medicamento.

Para atender a todas as exigências vigentes perante a legislação, considera-se ideal ter disponíveis os materiais listados no Quadro 7.6.

Quadro 7.6 Lista de materiais necessários para as análises do controle de qualidade

Aparelhos e equipamentos
▪ pHmetro digital de bancada
▪ Aparelho para determinação de ponto de fusão vertical (aquecimento com banho de glicerina)
▪ Viscosímetro Brookfield
▪ Viscosímetro Copo Ford
▪ Espectrofotômetro (visível e ultravioleta) na faixa de 190-750 nm
▪ Potenciômetro
▪ Estufa de esterilização e secagem de 42 litros
▪ Balança analítica de precisão
▪ Mufla
▪ Banho-maria redondo
▪ Centrífuga (com pelo menos 3.000 rpm)
▪ Microscópio
▪ Refratômetro
▪ Dessecador
▪ Bico de Bunsen
▪ Tamises para classificação de pós
▪ Alcoômetro de Gay-Lussac
▪ Picnômetro de Gay-Lussac com termômetro (50 mL)
▪ Picnômetro de alumínio (50 mL)
▪ Refrigerador
▪ Cromatoplacas
▪ Lâmpada UV
▪ Cuba cromatográfica (para cromatografia em camada delgada)
▪ Balança com dessecador para determinação de umidade
▪ Deionizador de leito separado

Continua

Quadro 7.6 Lista de materiais necessários para as análises do controle de qualidade *(continuação)*

Aparelhos e equipamentos
▪ Destilador de água 5 L/hora
▪ Barrilhete de água para 20 litros
▪ Termo-higrômetro de leitura direta
▪ Filtro rápido de 1.000 L/hora
▪ Chapa aquecedora com plataforma de alumínio
▪ Agitador magnético com aquecimento
▪ Termômetro (com temperatura máxima de 300 °C)
▪ Banho de ultrassom Unique
▪ Garras para buretas
▪ Papel indicador de pH
▪ Lavador de pipetas em PVC
▪ Suporte para pipetas
▪ Bases com hastes para buretas de ferro
▪ Suporte para telas de amianto
▪ Telas de amianto
Vidraria para laboratório de controle de qualidade
▪ Béquer
▪ Erlenmeyer
▪ Funil de separação
▪ Funil
▪ Pipetas graduadas
▪ Proveta graduada
▪ Gral de vidro com pistilo
▪ Bastões de vidro
▪ Vidros de relógios
▪ Pesa-filtro
▪ Tubos de Nessler
▪ Frascos para reagentes
Aparelhagens de porcelana
São empregadas nas operações em que líquidos quentes ficam em contato com o vaso durante períodos prolongados:
▪ Cápsulas
▪ Gral e pistilo
▪ Cadinho

Programas de limpeza e manutenção periódica de equipamentos e aparelhos[7-12]

Os procedimentos ou instruções operacionais de limpeza e desinfecção das áreas, instalações, equipamentos e materiais devem estar disponíveis e ser de fácil acesso ao pessoal responsável e operacional.

Todos os equipamentos devem ser submetidos à manutenção preventiva, de acordo com um programa formal, e corretiva quando necessário, obedecendo a procedimentos operacionais escritos, com base nas especificações dos manuais dos fabricantes, devendo existir registros realizados.

Programas de verificação e calibração dos equipamentos

Os equipamentos devem ser periodicamente verificados e calibrados, conforme procedimentos e especificações escritas, mantendo-se os registros. As calibrações dos equipamentos devem ser executadas por pessoal capacitado, utilizando padrões rastreáveis à Rede Brasileira de Calibração, com procedimentos reconhecidos oficialmente, no mínimo uma vez ao ano, ou de acordo com a frequência de uso do equipamento e de seus registros de verificações. É necessário assegurar que as verificações dos equipamentos sejam feitas por pessoal treinado do próprio estabelecimento, empregando procedimentos escritos e padrões de referência, com orientação específica.

MANIPULAÇÃO DE PRODUTOS NÃO ESTÉREIS

A manipulação de medicamentos no hospital pode ser necessária, uma vez que os medicamentos industrializados nem sempre são capazes de atender às necessidades fisiopatológicas de determinados grupos de pacientes, como crianças, idosos e pessoas com de ostomias[16]. Desde a manipulação de fórmulas magistrais até as transformações de formas farmacêuticas e o preparo de doses unitárias, diariamente medicamentos são manipulados nos hospitais sob responsabilidade legal do farmacêutico[4].

Apesar de não contemplar todos os aspectos que envolvem uma farmacotécnica hospitalar de maneira específica, a norma sanitária que melhor norteia as atividades de manipulação de medicamentos nos hospitais é a RDC 67/2007. A farmácia é responsável pela qualidade das formulações que manipula, conserva, dispensa e transporta e deve assegurar a qualidade fisicoquímica e microbiológica (quando aplicável) de todos os produtos reembalados, reconstituídos, diluídos, adicionados, misturados ou de alguma maneira manuseados antes de sua dispensação[4].

São indispensáveis o acompanhamento e o controle de todo o processo de manipulação, de modo a garantir ao paciente um produto de qualidade, seguro e eficaz. As boas práticas de manipulação estabelecem requisitos gerais para a aquisição de matéria-prima, insumos farmacêuticos e materiais de embalagem, o armazenamento, a manipulação, a conservação, o transporte, a dispensação de fórmulas magistrais e oficinais, a unitarização ou fracionamento de produtos industrializados.

Essas formulações podem ser padronizadas ou de uso extemporâneo no hospital:

- **Padronizadas:** são as aprovadas pela Comissão da Farmácia e Terapêutica (CFT), destinadas ao uso geral do hospital. Deve existir um estoque mínimo, e será estabelecido dependendo das necessidades do hospital em cada momento.
- **Extemporâneas:** toda preparação para uso em até 48 horas após sua manipulação, sob prescrição médica, com formulação individualizada[4].

Neste tópico serão apresentados elementos específicos sobre a manipulação dos diferentes produtos não estéreis que podem ser produzidos pelo serviço de farmacotécnica hospitalar.

Fórmulas magistrais e oficinais

As fórmulas magistrais e oficinais padronizadas no hospital podem ser produzidas no serviço de farmacotécnica do próprio hospital ou por uma farmácia magistral conveniada, desde que atendidos os requisitos sanitários de produção, armazenamento, conservação e transporte dos produtos.

Assim como as boas práticas de fabricação (BPF) para produtos farmacêuticos fazem parte da garantia da qualidade que assegura que os produtos sejam consistentemente produzidos e controlados, com padrões de qualidade apropriados para o uso pretendido (OMS)[63], para assegurar a qualidade das fórmulas manipuladas, a farmácia deve possuir um Sistema da garantia da qualidade (SGQ) que incorpore as boas práticas de manipulação (BPM), totalmente documentado e monitorado (RDC 67/2007)[4].

- Como norma geral, toda solicitação deve ser feita por receita médica escrita e assinada.
- A preparação se realizará com base em protocolos escritos. Para cada uma das fórmulas preparadas, deve existir uma ficha de preparo e controle, com os seguintes dados: nome, composição, matérias-primas a serem utilizadas, procedimento, envase, quantidade de cada componente, validade, condições de conservação, local de armazenamento, nome e registro no CRF do farmacêutico responsável pelo preparo.

Os tipos de fórmulas que podem ser preparados estão descritos na Figura 7.3[14].

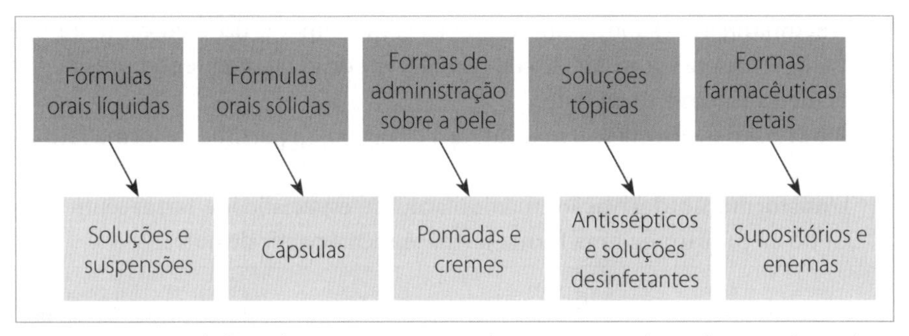

Figura 7.3 Tipos de fórmulas magistrais que podem ser preparadas na farmacotécnica hospitalar.

Segundo a RDC 67/2007, devem ser realizados, no mínimo, os seguintes ensaios, de acordo com a Farmacopeia Brasileira ou outro compêndio oficial reconhecido pela Agência Nacional de Vigilância Sanitária (Anvisa), em todas as preparações magistrais e oficinais (Tabela 7.2).

Tabela 7.2 Ensaios utilizados nas preparações magistrais e oficinais

Preparações	Ensaios
Sólidas	Descrição, aspecto, caracteres organolépticos, peso médio
Semissólidas	Descrição, aspecto, caracteres organolépticos, pH (quando aplicável), peso
Líquidas não estéreis	Descrição, aspecto, caracteres organolépticos, pH, peso ou volume antes do envase

Os resultados dos ensaios devem ser registrados na ordem de manipulação, com as demais informações da preparação manipulada. O farmacêutico deve avaliar os resultados, aprovando ou não a preparação para dispensação.

Unitarização de doses de medicamentos não estéreis

A unitarização é o processo que engloba a produção de doses unitarizadas, estáveis por período e condições definidas, visando atender às necessidades terapêuticas exclusivas de pacientes em atendimento nos serviços de saúde, por meio dos seguintes procedimentos:

A. **Preparação de dose unitária:** adequação da forma farmacêutica à quantidade correspondente à dose prescrita, preservadas suas características de qualidade e rastreamento.
B. **Fracionamento:** subdivisão da embalagem primária do medicamento em frações menores, a partir de sua embalagem original, mantendo seus dados de identificação e qualidade.
C. **Subdivisão de formas farmacêuticas:** clivagem ou partilha de forma farmacêutica.
D. **Transformação/derivação:** manipulação de especialidade farmacêutica visando ao preparo de uma forma farmacêutica a partir de outra.

Todos devem ser efetuados sob responsabilidade e orientação do farmacêutico, em espaço físico exclusivo, de acordo com a forma farmacêutica manipulada[4].

Nos termos da RDC 67/2007, as farmácias de atendimento privativo de unidade hospitalar ou equivalente de assistência médica que realizarem transformação/derivação de medicamentos devem atender aos seguintes requisitos:

- Que o procedimento seja exclusivo para elaboração de doses unitárias e unitarização de doses, visando atender às necessidades terapêuticas exclusivas de pacientes em atendimento nos serviços de saúde.
- Seja justificado tecnicamente ou com base em literatura científica.
- Seja efetuado em caráter excepcional ou quando da indisponibilidade da matéria-prima no mercado e ausência da especialidade farmacêutica na dose e concentração e/ou forma farmacêutica compatíveis com as necessidades terapêuticas do paciente.
- Que o medicamento obtido seja para uso extemporâneo.

O preparo de doses unitárias e a unitarização de doses de medicamentos, desde que preservadas suas características de qualidade e rastreabilidade, são permitidos exclusivamente às farmácias de atendimento privativo de unidade hospitalar ou qualquer equivalente de assistência médica, sob responsabilidade técnica do farmacêutico[4]. O serviço de saúde deve proporcionar à farmacotécnica hospitalar, ou setor equivalente da farmácia responsável pela unitarização, a observação dos requisitos dispostos no *Checklist* E (Quadro 7.7).

Para exercer as atividades de preparação de dose unitária ou unitarizada de medicamento, o serviço de saúde deve possuir infraestrutura adequada às operações correspondentes, dispondo de todos os equipamentos e materiais de forma organizada, objetivando evitar os riscos de contaminação, misturas ou trocas de medicamentos, sem prejuízo das demais normas sanitárias vigentes.

Quadro 7.7 Requisitos para a unitarização de medicamentos em serviços de saúde

Checklist E
▪ Garantir que a preparação de doses unitárias e a unitarização de doses de medicamentos sejam realizadas sob responsabilidade e orientação do farmacêutico, que deve efetuar os respectivos registros de forma a garantir a rastreabilidade dos produtos e procedimentos realizados
▪ Manter a preparação de doses unitárias e a unitarização de dose do medicamento registrada em Livro de Registro de Receituário, ou seu equivalente eletrônico, escriturando as informações referentes a cada medicamento, de modo a facilitar seu rastreamento
▪ Manter Livro de Registro de Receituário, informatizado ou não, que deve estar disponível para verificação das autoridades sanitárias. O registro deve conter as seguintes informações: – DCB ou, na sua falta, DCI, em letras minúsculas – Data do preparo de doses unitárias ou da unitarização de doses – Nome comercial do medicamento ou genérico e fabricante – Número de lote e data de validade original, em mês e ano – Código, número ou outra forma de identificação criada pelo serviço de saúde (número sequencial correspondente à escrituração do medicamento no Livro de Registro de Receituário) e data de validade após a submissão do medicamento ao preparo de doses unitárias ou à unitarização de doses – Forma farmacêutica, concentração da substância ativa por unidade posológica e quantidade de unidades, antes e depois da submissão do medicamento ao preparo de doses unitárias ou à unitarização de doses – Identificação do profissional que efetuou a atividade de preparação de doses unitárias ou a unitarização de doses do medicamento – Tipo de operação realizada na preparação de doses unitárias ou na unitarização de doses (transformação/adequação, subdivisão da forma farmacêutica ou fracionamento em serviços de saúde)
▪ Assegurar a existência de procedimentos operacionais escritos para a prevenção de trocas ou misturas de medicamentos, sendo, portanto, vedada a realização de procedimentos de preparação concomitante de doses unitárias ou unitarização de doses de mais de um medicamento
▪ Manter a escrituração de todas as operações relacionadas com os procedimentos de preparação de dose unitária ou unitarização de doses do medicamento, devendo ser legível, sem rasuras ou emendas, além de observar a ordem cronológica e ser mantida devidamente atualizada, podendo ser informatizada ou não
▪ A farmácia deve assegurar a qualidade microbiológica, química e física de todos os medicamentos submetidos à preparação de dose unitária ou unitarização de doses
▪ Os procedimentos para a preparação de dose unitária ou a unitarização de doses de medicamento devem seguir preceitos farmacotécnicos, de forma a preservar segurança, eficácia e qualidade do medicamento

Continua

Quadro 7.7 Requisitos para a unitarização de medicamentos em serviços de saúde *(continuação)*

Checklist E
▪ Manter o prazo de validade dos produtos submetidos à preparação de dose unitária ou a unitarização de doses, que pode variar de acordo com o tipo de operação realizada. Devem ser observados ainda os seguintes itens: – No caso de fracionamento em serviços de saúde sem o rompimento da embalagem primária, o prazo de validade será o determinado pelo fabricante – No caso de fracionamento em serviços de saúde nos quais há o rompimento da embalagem primária, o prazo de validade será, quando não houver recomendação específica do fabricante, de no máximo 25% do tempo remanescente constante na embalagem original, desde que preservadas segurança, qualidade e eficácia do medicamento – No caso de preparação de doses unitárias ou unitarização de doses por transformação/adequação ou subdivisão da forma farmacêutica, quando não houver recomendação específica do fabricante, o período de uso deve ser o mesmo das preparações extemporâneas
▪ A farmácia deve preferencialmente adquirir medicamentos disponíveis no mercado em embalagem primária fracionável
▪ O prazo máximo para estoque dos medicamentos já submetidos à preparação de dose unitarizada é de 60 dias, respeitadas a forma farmacêutica e o prazo de validade estabelecido
▪ A embalagem primária do produto submetido à preparação de doses unitárias ou à unitarização de doses deve garantir que as características do medicamento não sejam alteradas, preservando sua qualidade, eficácia e segurança
▪ Devem existir procedimentos operacionais escritos para as operações de rotulagem e embalagem de medicamentos submetidos ao preparo de dose unitária ou unitarizada
▪ A rotulagem deve garantir a rastreabilidade do medicamento submetido à preparação de dose unitária ou unitarizada, contendo, no mínimo, as seguintes informações: – DCB ou, na sua falta, DCI, em letras minúsculas – Concentração da substância ativa por unidade posológica, com exceção de medicamentos com mais de quatro fármacos – Data de validade após submissão do produto ao preparo de dose unitária ou a unitarização de doses em mês e ano – Nome do farmacêutico responsável pela atividade de preparação de dose unitária ou unitarizada ou respectivo CRF – Via de administração, quando restritiva – Número, ou outra forma de identificação que garanta a rastreabilidade do produto submetido à preparação de dose unitária ou unitarizada e dos procedimentos realizados

A sala destinada às atividades de preparação de dose unitária ou unitarizada de medicamentos deve estar devidamente identificada, e suas dimensões devem ser compatíveis com o volume das operações. Os medicamentos sujeitos a controle especial devem seguir legislação específica[4].

Aspectos legais e técnicos das adaptações de formas farmacêuticas

A abertura de uma cápsula, a partição ou trituração de um comprimido, assim como a utilização de um medicamento por via diversa da recomendada na bula, tornam o seu uso "sem licença" e, consequentemente, o fabricante não tem mais responsabilidade por qualquer dano que possa ocorrer ao paciente em razão da utilização. Assim, o farmacêutico é legalmente responsável por todas as adaptações de formas farmacêuticas nos serviços de saúde[4,17].

Adaptação de forma farmacêutica é o ato de modificar a forma física ou a via de administração de um medicamento previamente formulado, com o intuito de atender às necessidades fisiopatológicas específicas dos pacientes de modo a suprir a inexistência ou indisponibilidade de determinada apresentação de um medicamento. Esse conceito abrange qualquer procedimento de alteração da forma farmacêutica, como a transformação/derivação e subdivisão (adaptação farmacotécnica), assim como o uso da formulação íntegra em uma via de administração diferente da recomendada pelo fabricante (adaptação de via de administração)[18].

Nos últimos dez anos, diversos estudos publicados na *Revista Brasileira de Farmácia Hospitalar e Serviços de Saúde* têm contribuído para a caracterização e análise da necessidade de adaptação de forma farmacêutica para pacientes hospitalizados. Os motivos que tornam essa prática necessária, as classes farmacológicas e os medicamentos mais frequentes nos resultados dessas pesquisas estão ilustrados na Figura 7.4[18-24].

A. Considerações sobre delineamento e adaptação de forma farmacêutica

O delineamento de uma forma farmacêutica prevê principalmente a capacidade de o princípio ativo alcançar o sítio de ação, portanto a absorção de um fármaco depende, principalmente, de condições relativas ao pH e à polaridade para que se obtenha o efeito terapêutico desejado. No contexto das adaptações de via de administração, em que formas delineadas para uso endovenoso podem ser indicadas para administração oral, intramuscular ou até intranasal, por exemplo, é fundamental avaliar o pH da formulação em relação à via de administração, a fim de garantir o efeito farmacológico, especialmente quando a absorção é uma etapa necessária para alcançar o objetivo terapêutico[25,26].

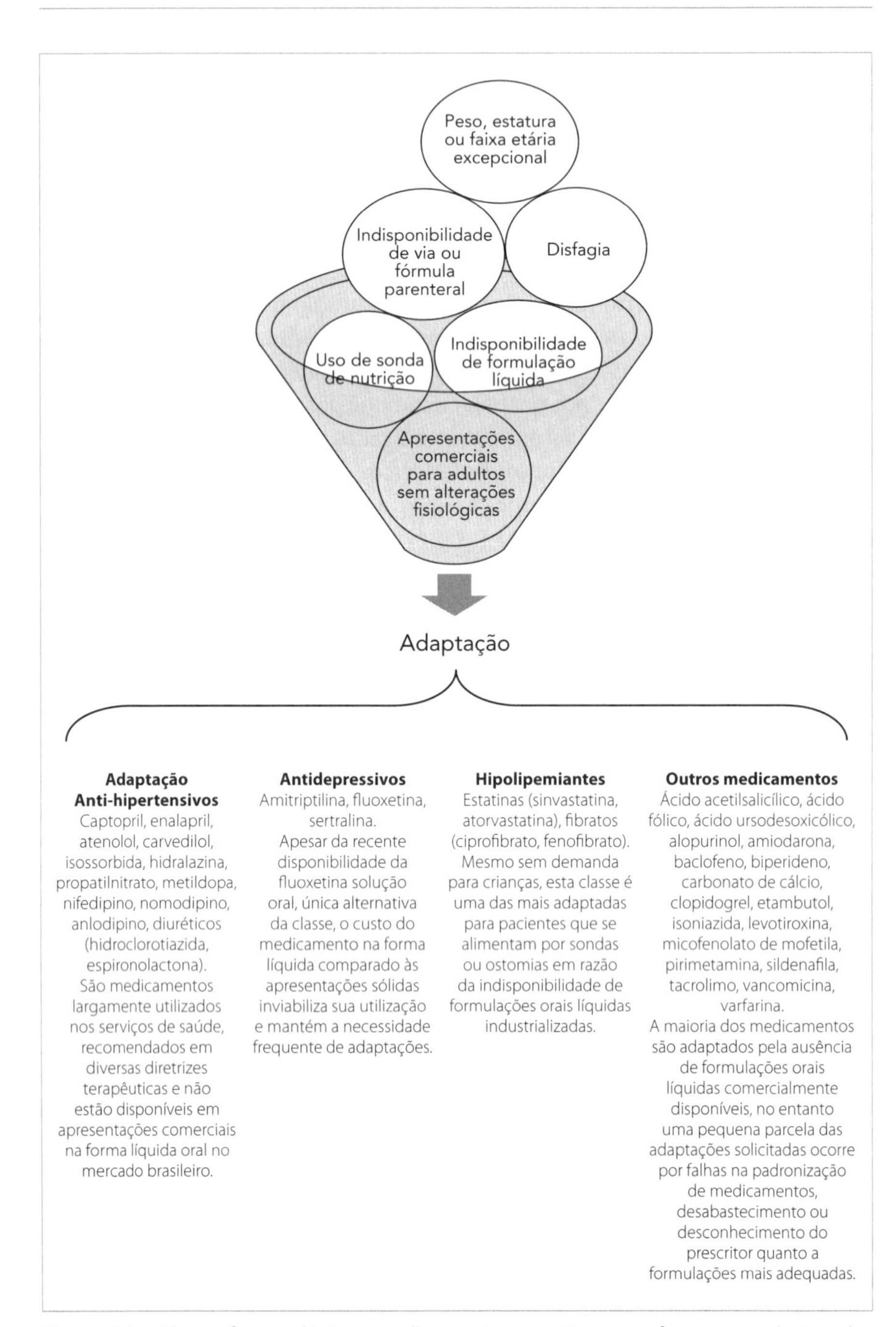

Figura 7.4 Classes farmacológicas, medicamentos e motivos mais frequentes relacionados à adaptação de forma farmacêutica em serviços de saúde[18-24].

O pH tem relação com o grau de ionização dos fármacos, portanto interfere na solubilidade lipídica, na permeabilidade através das membranas e na absorção. É recomendável que as substâncias que entrarão em contato com os fluidos corporais sejam isotônicas e tenham pH fisiológico. No sangue, um pH muito elevado ou muito baixo, assim como soluções hipertônicas, pode causar tromboflebite e hemólise[25,26]. Na Tabela 7.3 estão os principais locais de absorção, seu pH fisiológico e o pH ideal das formulações utilizadas nesses locais pela via de administração correspondente.

Outros parâmetros farmacotécnicos podem ser importantes nas adaptações de via, a exemplo do uso do pó liófilo da vancomicina em frasco-ampola por via oral, indicada no tratamento da colite pseudomembranosa nas infecções por *Clostridium difficile*, em que pouco importa a absorção do fármaco, mas sim sua atividade tópica, portanto a viscosidade da solução é um parâmetro que pode ampliar a superfície de contato por meio de excipientes que confiram melhor adesividade e melhorem o efeito terapêutico. As formulações para uso via intramuscular podem ser suspensões ou emulsões delineadas para liberação modificada ou controlada, o que as torna incompatíveis com a via endovenosa, mesmo que tenham uma faixa de pH adequada (Tabela 7.3)[25,26].

Tabela 7.3 pH fisiológico e das formulações adequadas para cada via de administração[25,26]

Local de absorção	pH fisiológico	Via de administração	pH da formulação
Saco conjuntival	7,3 – 8	Ocular	7,4 (isotônica)
Ouvido	5 – 7,8	Otológica	~5
Mucosa nasal	5,5 – 6,5	Intranasal	5,5-6,5 (isotônica)
Pulmão		Inalatória	3-8,5 (isotônica)
Cavidade oral	6,2 – 7,2	Sublingual/tópica/bucal	
Estômago	1 – 3,5		
Duodeno	5 – 7	Oral	~7
Jejuno	4,4 – 6,5		
Mucosa retal	~7,5	Retal	
Sangue	7,2 – 7,6	Parenteral	3-9 (ideal 7,4 – isotônica)
Pele, cabelos e unhas	4 – 7	Tópica	4-7
Mucosa vaginal	4 – 4,5	Vaginal	4-4,5

Além da importância farmacocinética, o pH influencia na estabilidade fisicoquímica das soluções. Há muitos casos em que não é possível delinear um medicamento com o pH adequado ao local de absorção, pois a substância não mantém a estabilidade fisicoquímica necessária. Desse modo, não é regra que as formulações estejam no pH ideal para absorção, como proposto na Tabela 7.3, portanto muitos fármacos são delineados com excipientes que viabilizam sua estabilidade e absorção simultaneamente[25,26]. Ao analisar o uso do medicamento em uma via diferente da recomendada pelo fabricante, é fundamental que o farmacêutico avalie o pH do local de absorção, o pH do medicamento e o sistema de liberação do fármaco. As informações sobre o pH dos medicamentos podem ser encontradas na bula para profissionais ou nas farmacopeias.

No contexto das adaptações farmacotécnicas, além de considerar todo o conteúdo citado, é necessário conhecer os sistemas de liberação modificados das formas farmacêuticas, especialmente as sólidas. Medicamentos delineados sob sistemas de liberação modificado na maioria das situações não devem ser adaptados. Os sistemas de liberação modificados ou controlados incluem formas farmacêuticas com características de liberação com base no tempo, duração e/ou localização, desenvolvidas para alcançar objetivos terapêuticos não compreendidos pelas formulações de liberação imediata ou convencionais. A Tabela 7.4 resume as principais informações sobre os sistemas de liberação modificados existentes, as siglas das denominações comerciais correspondentes e a conduta geral recomendada nas adaptações[25,26].

O controle da liberação de fármacos é feito com excipientes empregados na produção de revestimentos ou sistemas matriciais, a depender do objetivo terapêutico. Nem todos os revestimentos estão relacionados a tecnologias de liberação modificada: alguns têm finalidade estética, de fotoproteção ou melhora da palatabilidade. Portanto, além das tecnologias de liberação do fármaco, as adaptações farmacotécnicas de uso oral devem levar em consideração as potenciais interações do fármaco com alimentos e com os dispositivos de alimentação, a técnica de preparo, a solução na qual o pó será incorporado, sua estabilidade e a provável imprecisão da dose, entre outros fatores que deverão ser monitorados pelo farmacêutico responsável pela assistência[18,24-26].

B. Fontes de informação para tomada de decisão e orientações sobre adaptação de forma farmacêutica

A literatura científica ainda é escassa quanto a informações que ofereçam suporte à adaptação de forma farmacêutica. Na maioria das bulas dos medicamentos, a possibilidade de adaptação não é mencionada ou não é recomendada. Bases de dados sobre medicamentos são fontes atualizadas e de acesso rápido e

Tabela 7.4 Sistemas de liberação de fármacos

Sistemas de liberação	Siglas e nomenclaturas comerciais	Considerações sobre adaptação farmacotécnica da forma farmacêutica (transformação/partição)
Liberação retardada. O fármaco não é liberado imediatamente após a administração. O atraso pode ser determinado em razão do tempo ou pela influência das condições do meio, como o pH gastrointestinal.	**CD** (*controlled diffusion*): difusão controlada **CLR** (cronoliberação regulada): possibilita liberação lenta, gradual e progressiva **Chronos:** liberação retardada **CR** (*controlled release*): liberação controlada **CRT** (*controlled release tablet*): comprimido de liberação controlada **DL:** desagregação lenta **Duriles:** desintegração equilibrada **Repetabs:** tablete duplo de repetição **Retard:** ação retardada **Spandets:** comprimido especial de liberação controlada **SR** (*sustained release*) – liberação estendida que permite a rápida liberação de uma dose ou fração do princípio ativo, seguida de liberação prolongada da dose restante	Os sistemas de liberação retardada podem controlar a liberação do fármaco, protegendo-o com um revestimento ou incorporando-o a um sistema matricial. A trituração ou partição de comprimidos ou grânulos de liberação retardada pode expor a substância à degradação ou provocar toxicidade. Cada situação deve ser analisada individualmente pelo farmacêutico, no entanto, de modo geral, não se recomenda a adaptação de comprimidos ou cápsulas de liberação retardada.
▪ Sistemas gastrorresistentes ou de revestimento entérico: tipo de liberação retardada em que o fármaco é liberado quando é alcançado determinado pH. Empregado comumente para proteger moléculas da ação do ácido clorídrico no estômago.		As adaptações de formas sólidas com revestimentos entéricos somente podem ser consideradas para utilização via sondas de nutrição nasoenteral e ostomias, posicionadas no intestino, quando não houver disponibilidade de formulação adequada e seu uso for indispensável. Recomenda-se, ainda, evitar essa prática em razão da interação do medicamento com a dieta e do risco de obstrução do dispositivo de alimentação.

Continua

Tabela 7.4 Sistemas de liberação de fármacos *(continuação)*

Sistemas de liberação	Siglas e nomenclaturas comerciais	Considerações sobre adaptação farmacotécnica da forma farmacêutica (transformação/partição)
▪ Sistemas direcionados ou vetorizados: tipo de liberação retardada que direciona o fármaco e/ou o concentra em um sítio específico para absorção ou ação		Adaptações em sistemas vetorizados podem impedir a ação do fármaco por meio de sua degradação ou impedindo-o de alcançar o sítio de ação. A depender do medicamento e do objetivo terapêutico, qualquer adaptação pode inviabilizar seu uso, portanto são restritas.
▪ Ação repetida: tipo de liberação retardada que contém mais de uma dose do fármaco, a primeira para liberação imediata e as demais de liberação retardada, com ou sem ação prolongada		Os sistemas de liberação retardada de ação repetida contêm uma quantidade de fármaco geralmente superior a uma dose usual, o que pode provocar reações adversas e toxicidade. As adaptações nesse contexto devem ser contraindicadas.
Liberação prolongada ou sustentada. Possibilitam a redução da frequência das administrações que seriam necessárias com o uso de uma forma farmacêutica convencional.	**AP:** ação prolongada **Depor:** substância depositada em uma área do corpo, e a partir da qual pode ser distribuída **HBS** (*hydrodynamically balanced system*): sistema que propicia uma liberação prolongada das substâncias ativas no estômago **LA** (*long acting*): ação prolongada **LP:** liberação prolongada **Oros** (*osmotic* [*controlled*] release oral [*delivery*] system): sistema oral de liberação osmótica para ação prolongada **SA** (*sustained action*): ação sustentada **SRO** (*sustained release oral*): liberação sustentada/prolongada **XR** ou **XL** (*extended release*): liberação estendida	Triturar ou partir um comprimido de ação prolongada anulará a tecnologia da fórmula, que não contará mais com a liberação sustentada e a consequente manutenção dos níveis plasmáticos do fármaco. Esse sistema também pode ocorrer por meio de revestimento ou de sistemas matriciais, os quais podem abrigar uma dose muito superior à dose usual do fármaco, portanto a adaptação promove risco de toxicidade e não deve ser comumente recomendada. As solicitações devem ser analisadas pelo farmacêutico considerando as particularidades de cada caso.

fácil, que podem dispor de informações relevantes sobre a utilização do medicamento em situações incomuns, pois agrupam informações do fabricante e estudos científicos que embasam as condutas propostas. O acesso a algumas dessas bases de dados requer pagamento pela assinatura, no entanto existem diversas alternativas de acesso gratuito.

Na Tabela 7.5 estão listadas as principais fontes de informações sobre adaptação de forma farmacêutica. Os manuais e guias contêm orientações importantes, as quais fornecem base para a tomada de decisão sobre adaptações farmacotécnicas de medicamentos, com a finalidade de definir a melhor conduta diante da literatura científica disponível[27]. O *Handbook of pharmaceutical excipients* tanto auxilia na identificação da composição dos medicamentos (p. ex., permitindo compreender a finalidade de um revestimento) como na seleção de substâncias que possam melhorar a eficiência de uma transformação de forma farmacêutica, além do suporte ao desenvolvimento de formulações magistrais e oficinais[28].

O *Handbook of drug administration via enteral feeding tubes* agrupa informações sobre a administração de medicamentos por meio de dispositivos de alimentação gastroenteral, independentemente da forma farmacêutica; entretanto, para as formas sólidas, o manual traz recomendações técnicas quanto à transformação para a forma líquida. É importante observar a marca do medicamento analisado e só reproduzir as mesmas recomendações para medicamentos cuja composição seja equivalente, pois a mudança nos excipientes aos quais o princípio ativo está incorporado pode interferir no perfil de segurança da adaptação recomendada[29].

C. Estratégias para evitar eventos adversos relacionados à adaptação de forma farmacêutica

A falta de uma regulamentação específica que considere as adaptações de formas farmacêuticas como uma realidade frequente nos hospitais brasileiros tem impossibilitado muitos serviços de farmácia hospitalar de assumir o preparo dessas adaptações, ficando sob responsabilidade da equipe de enfermagem, uma vez que muitos serviços de saúde não conseguem atender aos requisitos de boas práticas de manipulação exigidos para produção magistral na RDC 67/2007. No entanto, por se tratar de uso "sem licença", as adaptações devem ser feitas sob supervisão do farmacêutico, em ambiente exclusivo cuja infraestrutura atenda às normas sanitárias descritas na RDC 67/2007, norma que melhor orienta esse processo[4].

Considerando os requisitos dispostos nos anexos I e VI da referida RDC, a expressiva demanda por adaptações farmacotécnicas em alguns hospitais nos leva a propor estratégias que tornem essa prática possível e segura. Pesquisas da Colleges of Pharmacy and Medicine - Ohio State University no Nationwide Children's Hospital propõem a incorporação de comprimidos triturados ou conteúdo das cápsulas em bases líquidas pré-formuladas, com o objetivo de melhorar

Tabela 7.5 Suporte à informação sobre adaptação de forma farmacêutica

Quais as principais fontes de informação?	Como localizar a informação?	Como acessar?
Bases de dados sobre medicamentos ▪ Micromedex (Drugdex) ▪ UpToDate ▪ Medscape	Pesquisar o nome do medicamento e acessar monografia da apresentação correspondente. No campo "*Administration*" estarão compiladas todas as informações disponíveis na literatura sobre as mais diversas condições de administração do medicamento	Podem ser acessadas via *web* nos endereços eletrônicos: https://www.micromedexsolutions.com https://www.uptodate.com/ https://www.medscape.com/ Ou via aplicativo para *smartphone*
Manuais e Guias ▪ *Modric* – Manipulação de medicamentos necessários para crianças: um guia para profissionais de saúde[27] ▪ *Handbook of pharmaceutical excipients*[28] ▪ *Handbook of drug administration via enteral feeding tubes*[29]	As informações estão agrupadas de forma sistematizada em tabelas e quadros com informações sobre as apresentações medicamentosas, composição, recomendações e segurança dos processos de adaptação de forma farmacêutica	O Modric está disponível para *download*, em língua portuguesa, no *site* da Sbrafh (http://www.sbrafh.org.br) Os *Handbooks* estão disponíveis somente em língua inglesa no *site* oficial da editora Pharmaceutical Press (https://www.pharmpress.com) Não há versão português nem venda dos livros impressos no Brasil, no entanto é possível ter acesso ao material no formato digital.
Artigos científicos ▪ *Revista Brasileira de Farmácia Hospitalar e Serviços de Saúde* ▪ *Annals of Pharmacotherapy* ▪ *American Journal of Health-System Pharmacy* ▪ *International Journal of Pharmaceutical Compounding* ▪ *Revista Latino-Americana de Enfermagem*	Um conjunto de palavras-chave que incluam o nome do medicamento pode ser pesquisado nos *sites* das revistas que mais publicam sobre o tema, ou em plataformas que agrupam artigos de diversas revistas científicas	Diretamente nos *sites* das principais revistas: https://rbfhss.org.br/sbrafh https://journals.sagepub.com/home/aop https://academic.oup.com/ajhp https://ijpc.com/ http://rlae.eerp.usp.br/ Ou nas bases de dados de artigos científicos que indexam revistas da área farmacêutica

a uniformidade de conteúdo e a consequente precisão da dose, além de ampliar a estabilidade dessas formulações. Os estudos de Nahata e colaboradores apresentam testes de estabilidade de formas farmacêuticas sólidas incorporadas a xarope dietético à base de metilcelulose e a suspensões de base industrializadas, como Ora-Sweet® e Ora-Plus®, que obtiveram formulações com até 90 dias de estabilidade. A manipulação de formulações líquidas mais estáveis, a partir de formas farmacêuticas preexistentes, reduz o tempo de preparo das transformações, torna esse processo mais seguro para os pacientes e profissionais de saúde e melhora a qualidade da terapia, perante a indisponibilidade de fórmulas líquidas industrializadas ou a inviabilidade da produção de fórmulas magistrais[18,23,30].

No Brasil, bases semelhantes estão disponíveis comercialmente, como o SuspenMix®, agente suspensor em pó composto por celulose, isomalte, lecitina de soja e goma xantana, que, quando adicionado à água, mantém a suspensão uniforme do fármaco e pode melhorar a estabilidade das transformações realizadas pela farmacotécnica hospitalar. A estabilidade de formulações líquidas manipuladas a partir de formas farmacêuticas sólidas pode ser verificada por meio de testes baseados nos critérios para a realização de estudos de estabilidade de medicamentos da Anvisa, descritos na RDC 318, de 6 de novembro de 2019[31].

O serviço de farmacotécnica hospitalar pode padronizar bases galênicas para as transformações de formas farmacêuticas. Contudo, na escolha dos excipientes, é importante considerar os efeitos indesejáveis de algumas substâncias para populações específicas e os excipientes comumente alérgenos, o que também deve ser avaliado na seleção de medicamentos industrializados, conforme a Tabela 7.6[25].

Tabela 7.6 Excipientes e seus possíveis efeitos indesejáveis em populações específicas

Substância	População	Efeitos
Álcool benzílico	Neonatos e crianças até 6 meses	Neurotoxicidade, acidose metabólica
Azocorantes	Alérgicos	Urticária, broncoconstrição, angioedema
Etanol	Neonatos e crianças até 6 meses	Neurotoxicidade
Cloreto de benzalcônio	Alérgicos	Broncoconstrição
Parabenos	Alérgicos	Alergias, dermatites de contato
Polietilenoglicol	Neonatos, crianças até 6 meses e pacientes com função renal reduzida	Acidose metabólica

Continua

Tabela 7.6 Excipientes e seus possíveis efeitos indesejáveis em populações específicas *(continuação)*

Substância	População	Efeitos
Polissorbato 20 e 80	Neonatos e crianças até 6 meses	Insuficiência hepática e renal
Propilenoglicol	Neonatos, crianças até 6 meses e pacientes com função renal reduzida	Convulsões, neurotoxicidade, hiperosmolaridade
Sais de alumínio	Pacientes com função renal reduzida	Encefalopatia, anemia microcítica, osteodistrofia
Sulfatos, bissulfatos	Alérgicos	Ataques de asma, pruridos, transtorno abdominal

MANIPULAÇÃO DE PRODUTOS ESTÉREIS

O farmacêutico deve assegurar a qualidade microbiológica, química e física dos medicamentos preparados no hospital, de acordo com a RDC 67/2007, que estabelece parâmetros de infraestrutura, recursos humanos e materiais para a manipulação de substâncias estéreis, em seu anexo IV, e coloca sob responsabilidade do farmacêutico todo o processo de preparo e dispensação das substâncias de uso endovenoso no hospital, que deverá ocorrer sob sua supervisão a fim de garantir a qualidade da assistência e a segurança do paciente. Misturas intravenosas específicas devem ser preparadas exclusivamente pelo farmacêutico tecnicamente habilitado em ambiente restrito. A seguir serão apresentadas as recomendações específicas para a manipulação de medicamentos citostáticos, contemplada no Anexo III da RDC 67/2007, e os requisitos para a manipulação de Nutrição Parenteral, regulamentados na Portaria SVS/MS n. 272[4].

Terapia antineoplásica

A terapia antineoplásica (TA) constitui o conjunto de procedimentos medicamentosos aplicado ao paciente oncológico ou a quem deles necessitar[32].

O câncer se caracteriza pelo crescimento desordenado de células que invadem os tecidos e órgãos, podendo espalhar-se para outras regiões do corpo. Estima-se que, por ano, aproximadamente 14 milhões de novos casos de câncer sejam diagnosticados no mundo, sendo os tumores de mama e de pulmão os mais incidentes, e que ocorram 8,2 milhões de mortes provocadas pela doença[33]. Esse cenário revela a gravidade do problema e a necessidade de adoção de medidas para sua prevenção e controle.

Nesse sentido, é essencial que ocorra uma ampliação e maior qualificação dos serviços de TA. Serão abordados neste tópico aspectos que envolvem todo o processo de manipulação dos agentes antineoplásicos, dentro de um contexto hospitalar, visando orientar o farmacêutico para a prestação de cuidado de qualidade e segurança ao paciente oncológico.

A TA exige o comprometimento e a capacitação de uma equipe multiprofissional, visando à garantia de sua efetividade e segurança. Essa equipe deve ser constituída por, no mínimo, um farmacêutico, enfermeiro e médico especialista. O Serviço de Terapia Antineoplásica (STA) é o serviço de saúde especializado na atenção à saúde de pacientes oncológicos que necessitem de tratamento medicamentoso[32].

A centralização da manipulação da terapia antineoplásica visa assegurar um adequado nível de qualidade, uma manipulação segura, custo-efetiva, e o fornecimento do medicamento ao paciente no momento adequado para sua administração. Além disso, deve estabelecer sistemas de medida de resultados e programas de melhoria contínua[34,35].

Dentro do processo global de tratamento com antineoplásicos, existem diversas etapas em que podem ocorrer erros. Por isso, é necessário estabelecer estratégias para reduzir a possibilidade de ocorrência de erro em qualquer uma delas, desde a prescrição até a administração.

Para os farmacêuticos hospitalares, presume-se maior implicação, não somente aos aspectos relativos à manipulação, mas também às atividades de cuidados farmacêuticos ao paciente[36].

Este capítulo analisa as etapas que permeiam as atividades envolvidas no processo de manipulação e controle de qualidade da preparação de antineoplásicos e propõe processos de avaliação e medidas de controle, com base nas recomendações de instituições certificadoras da qualidade, em especial a ABNT-NBR-ISO 9001[36].

O modelo internacional de qualidade ABNT-NBR-ISO 9001 (International Organization for Standardization) visa assegurar a qualidade dos sistemas e a qualidade dos produtos finais, promovendo a gestão por processos por meio da identificação e definição dos serviços de acordo com as necessidades dos clientes e dos processos desenvolvidos[36].

Foram estabelecidas as etapas e/ou atividades que compõem o processo de TA para fins de análise (Figura 7.5).

Definidas as etapas do processo, foram determinados os padrões de qualidade, elementos de mensuração e um roteiro final, de forma a garantir a qualidade do processo (Figura 7.6), com os quais se pode comparar os valores obtidos em cada período avaliado.

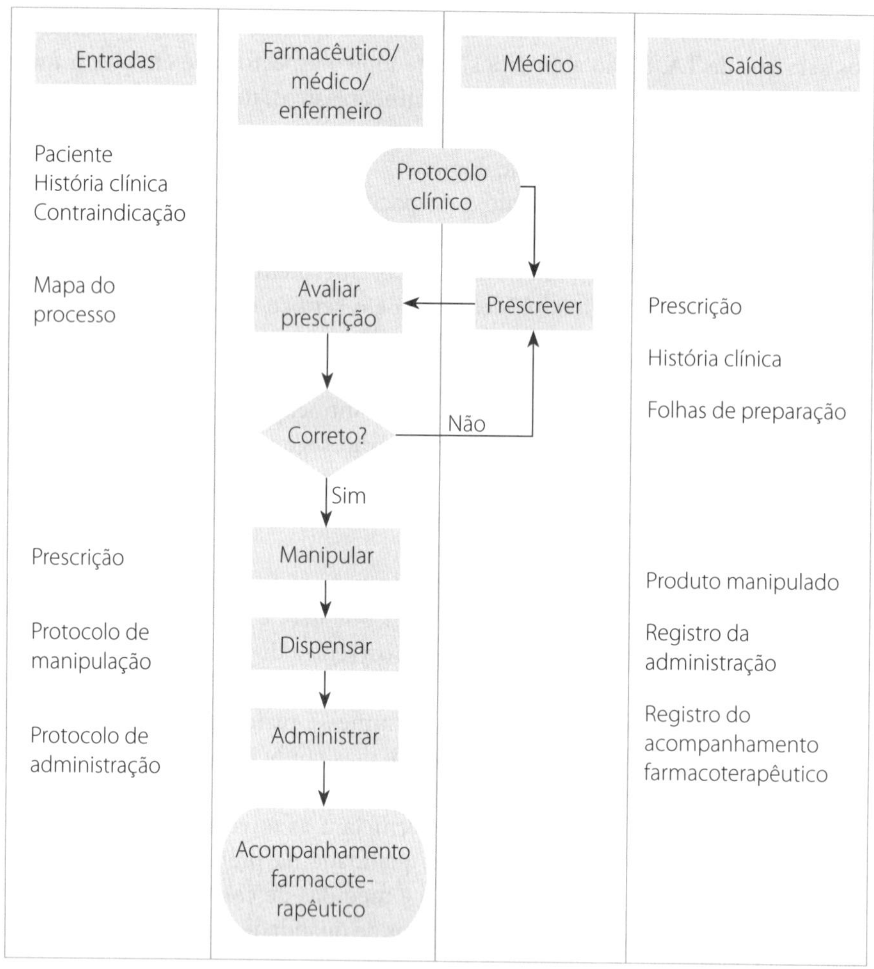

Figura 7.5 Fluxograma do processo de terapia antineoplásica.

Mediante a análise periódica dos elementos de mensuração, por comparação com os padrões, avalia-se a atividade desenvolvida e se conhece o nível de qualidade oferecida. A obtenção de parâmetros divergentes aos estabelecidos como padrões informa a respeito do risco de não satisfazer os requisitos de qualidade marcados como objetivo, podendo justificar a necessidade de mais recursos.

A. Aspectos da legislação vigente

No âmbito de atuação do farmacêutico, até o ano de 2002 as recomendações eram somente as internacionais, principalmente para definir os critérios operacionais e de estrutura[38].

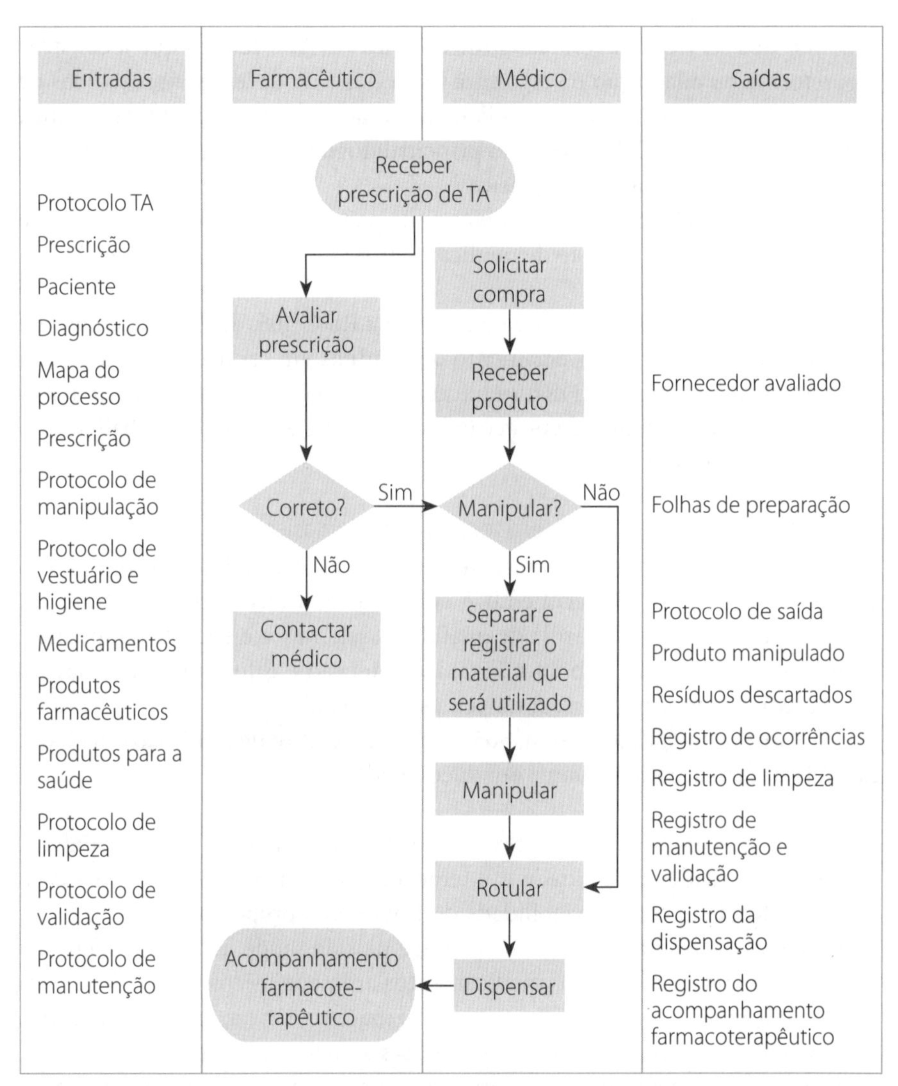

Figura 7.6 Fluxograma do processo de manipulação de medicamentos antineoplásicos.

Em 2002 foi publicada a RDC n. 50, de 21 de fevereiro de 2002, que dispõe sobre o regulamento técnico para planejamento, programação, elaboração e avaliação de projetos físicos de estabelecimentos assistenciais de saúde. No tocante à manipulação e administração de medicamentos antineoplásicos, essa RDC descreve requisitos mínimos para a área física[39].

Em 2004, foi publicada a RDC n. 220, de 21 de setembro de 2004, que aprova o regulamento técnico que fixa os requisitos mínimos exigidos para o funcionamento dos serviços de terapia antineoplásica (STA) e reforça que a construção, reforma ou adaptação na estrutura física dos STA devem ser precedidas de aprovação do projeto junto à autoridade sanitária local, em conformidade com a RDC 50/2002. A RDC 220/2004 é o principal documento de referência para os profissionais da terapia antineoplásica[32].

Em 2007, a RDC 67/2007 estabeleceu os padrões mínimos de qualidade e boas práticas na manipulação de medicamentos antineoplásicos em seu Anexo III[4].

Outras legislações de interesse da área são a RDC 306, de 7 de dezembro de 2004, que versa sobre o gerenciamento de resíduos em serviços de saúde[40], e a Norma Regulamentadora (NR), publicada em 2005, que estabelece diretrizes para implementar medidas de proteção à segurança e à saúde dos trabalhadores dos serviços de saúde[41].

B. Atribuições do farmacêutico em terapia antineoplásica

O farmacêutico deve estar presente em todas as atividades envolvendo medicamentos, desde o abastecimento e em cada uma das etapas constitutivas, incluindo conservação, controle de qualidade, segurança e eficácia terapêutica, acompanhamento, avaliação da utilização, obtenção e difusão de informações sobre medicamentos para assegurar seu uso racional[42].

De acordo com a Resolução n. 565, de 6 de dezembro de 2012, são atividades cabíveis ao farmacêutico atuante em oncologia[43]:

1. Avaliar os componentes da prescrição médica quanto à dose, qualidade, compatibilidade, estabilidade e interações com outros medicamentos e/ou alimentos, bem como a viabilidade do tratamento proposto.
2. Orientar e capacitar a equipe de profissionais de saúde no que se refere aos processos relacionados aos medicamentos antineoplásicos e contribuir para elaboração de protocolos, clínicos e de farmacovigilância, para detecção, tratamento e notificação das reações adversas a medicamentos (RAM).
3. Proceder ao preparo dos medicamentos segundo a prescrição médica, atendendo aos aspectos galênicos de cada produto, em concordância com o que é preconizado na literatura científica e pelo fabricante do produto; manipular antineoplásicos em condições assépticas, obedecendo aos critérios de biossegurança dispostos na legislação sanitária em vigor.
4. Assegurar o adequado preenchimento do rótulo de cada dose manipulada, verificando a exatidão das informações contidas na prescrição médica, a saber: nome completo do paciente, número do leito e registro hospitalar, identificação do médico prescritor e do farmacêutico responsável pela ma-

nipulação, volume total e dose de cada componente adicionado, data e hora da manipulação, bem como as recomendações de uso e relativas à validade, condições de armazenamento, transporte e administração.

5. Registrar cada dose manipulada de modo sequencial, por meio impresso ou eletrônico, de forma a permitir a rastreabilidade de todas as informações referentes aos produtos utilizados no preparo das doses, dados dos pacientes e responsáveis pela prescrição e manipulação.
6. Elaborar e acompanhar o plano de gerenciamento de resíduos, de acordo com a legislação sanitária em vigor.
7. Observar as normas de segurança individuais e coletivas para o preparo destes produtos, recomendadas nacionalmente e internacionalmente, de acordo com a legislação vigente.
8. Participar de estudos de utilização de medicamentos relacionados à terapia antineoplásica com foco em farmacoeconomia e farmacovigilância.
9. Participar das visitas aos pacientes, reuniões, discussões de casos clínicos, elaboração de protocolos clínicos e de outras atividades técnico-científicas junto à equipe multiprofissional de terapia antineoplásica, bem como prestar orientação farmacêutica aos pacientes.
10. Disponibilizar, a todos os que compõem a equipe multiprofissional de terapia antineoplásica, informações toxicológicas sobre os medicamentos e orientação quanto ao uso de equipamentos de proteção individual - EPI e *kit* de derramamento.
11. Desenvolver e participar de pesquisas clínicas de medicamentos para a terapia antineoplásica, nas áreas hospitalar e industrial.
12. Participar, elaborar e atualizar artigos técnico-científicos relacionados às características, manuseio, toxicidade, ordem e tempo de infusão, incompatibilidades e interações, bem como a outros aspectos referentes à atuação do farmacêutico na terapia antineoplásica.
13. Prestar cuidados farmacêuticos aos pacientes submetidos à terapia antineoplásica, observando as particularidades de cada via de administração, a fim de contribuir a adesão ao tratamento e ao uso racional desses medicamentos.
14. Participar do desenvolvimento de ferramentas tecnológicas (*softwares*) para utilização nas unidades assistenciais de saúde (prescrição eletrônica, validação farmacêutica, emissão eletrônica de ordens de manipulação e rótulos e registros de preparações).
15. Zelar pela execução de um Programa de Controle Médico de Saúde Ocupacional - PCMSO e pelo Programa de Prevenção de Riscos Ambientais - PPRA, de acordo com a legislação trabalhista em vigor, acompanhando os resultados e encaminhando as devidas ações.

O preparo dos antineoplásicos e demais medicamentos que possam causar risco ocupacional ao manipulador (teratogenicidade, carcinogenicidade e/ou mutagenicidade) nos estabelecimentos de saúde é atribuição privativa do farmacêutico especialista em oncologia, conforme os requisitos mínimos de experiência profissional, formação e titulação estabelecidos pela Resolução CFF n. 640, de 27 de abril de 2017, ou norma que venha a substituí-la[44].

C. Organização do Setor de Terapia Antineoplásica

A assistência farmacêutica é um preditivo de qualidade em TA. Conforme a Política Nacional de Medicamentos[45], é o grupo de atividades relacionadas com o medicamento, destinadas a apoiar as ações de saúde demandadas por uma comunidade. Envolve o abastecimento de medicamentos em todas e em cada uma de suas etapas constitutivas: conservação e controle de qualidade, segurança e eficácia terapêutica dos medicamentos, acompanhamento e avaliação da utilização, obtenção e difusão de informação sobre medicamentos e educação permanente dos profissionais de saúde, do paciente e da comunidade, para assegurar o uso racional de medicamentos[46].

O gestor deve planejar, organizar, coordenar, acompanhar e avaliar o trabalho desenvolvido com racionalidade para que a assistência farmacêutica prestada ao paciente oncológico atinja seus objetivos. A estruturação e a organização de STA devem atender aos objetivos da instituição.

O processo administrativo ocorre em todos os níveis de atividades da organização, reforçando a necessidade de organização e de um gerenciamento eficiente. A farmácia hospitalar deve ter um organograma que demonstre possuir estrutura organizacional e de pessoal suficiente para garantir que a central de manipulação de antineoplásicos seja desenvolvida dentro dos padrões de qualidade.

A farmácia hospitalar deve contar com pessoal qualificado e em quantidade suficiente para o desempenho de todas as tarefas preestabelecidas, para que todas as operações sejam executadas corretamente. Deve haver programas de educação e treinamento continuado da equipe com evidências de melhoria e impacto nos processos de logística farmacêutica utilizados na manipulação dos medicamentos antineoplásicos[5,34,42].

A organização deve:

- Conhecer as expectativas do cliente em cada etapa da assistência.
- Garantir que a política e os objetivos da qualidade sejam compreendidos por todos.
- Garantir que as atividades sejam executadas conforme o padrão.
- Estabelecer métodos para validar seus processos de forma sistemática em cada etapa da assistência.

- Definir os meios para prevenir não conformidades e eliminar suas causas.
- Garantir a melhoria contínua dos processos.
- Identificar as necessidades do cliente.
- Identificar as necessidades de treinamento dos colaboradores.
- Avaliar a eficácia do treinamento inicial e contínuo dos funcionários e que eles sejam adaptados conforme as necessidades.
- Identificar não conformidades e estabelecer ações corretivas.
- Identificar potenciais de melhoria nos processos.
- Aprovar os procedimentos relativos à execução das atividades da assistência e garantir sua implementação.
- Utilizar indicadores e monitorar processos.

D. Aquisição de medicamentos, produtos farmacêuticos e produtos para a saúde

Cada organização necessita estabelecer os padrões para o processo logístico, no que se refere às etapas de controle da qualidade que deve avaliar todos os aspectos relativos aos medicamentos, produtos farmacêuticos, produtos para a saúde, materiais de embalagem, procedimentos de limpeza, desinfecção, conservação e transporte da TA, garantindo as especificações e critérios estabelecidos por regulamentos técnicos. Os controles de qualidade necessários para avaliar os produtos e os processos de manipulação da TA devem ser realizados de acordo com procedimentos escritos. Os pontos críticos do processo devem ser periodicamente avaliados e registrados. As ações corretivas e processos de melhoria contínua devem ser implementados.

Todos os medicamentos, produtos farmacêuticos e produtos para a saúde utilizados pelo STA devem estar regularizados junto à Anvisa/MS.

Os medicamentos, produtos farmacêuticos e produtos para a saúde devem ser adquiridos somente de fornecedores qualificados quanto aos critérios de qualidade, sendo documentada quanto ao procedimento utilizado, com os respectivos registros.

A organização deve:

- Garantir a aquisição de medicamentos, produtos farmacêuticos e produtos para a saúde com qualidade assegurada e que atendam à especificação técnica requerida pela Equipe Multiprofissional de Terapia Antineoplásica (EMTA).
- Garantir a aquisição de medicamentos, produtos farmacêuticos e produtos para a saúde somente de fornecedores qualificados quanto aos critérios de qualidade.
- Manter um cadastro atualizado e reavaliado dos fornecedores de medicamentos e produtos farmacêuticos adquiridos para a TA.

- Garantir verificação documentada no recebimento de medicamentos, produtos farmacêuticos e produtos para a saúde.
- Garantir o armazenamento adequado de medicamentos, produtos farmacêuticos e produtos para a saúde.
- Garantir a conservação e o transporte das preparações.
- Identificar, definir, padronizar e documentar os processos logísticos.
- Identificar os fornecedores e clientes, bem como sua interação sistêmica.
- Documentar (procedimentos e registros) e mantê-los atualizados.
- Realizar programas de treinamento continuados da equipe com evidências de melhoria e impacto nos processos de logística farmacêutica dos insumos utilizados na manipulação da terapia antineoplásica.

E. Saúde, higiene e vestuário dos funcionários

A organização é responsável por implementar medidas de proteção à segurança e à saúde do trabalhador. As diretrizes estão estabelecidas na Norma Regulatória (NR) 32, aplicada a todos os serviços de saúde[41]. Essa NR descreve, em capítulo específico, aspectos dos quimioterápicos antineoplásicos.

A admissão dos funcionários deve ser precedida de exames médicos, sendo obrigatória a realização de avaliações médicas anuais dos trabalhadores (ou em intervalos menores, de acordo com a necessidade e a critério médico). Também deverão ser avaliados após acidentes e na demissão, conforme Programa de Controle Médico de Saúde Ocupacional (PCMSO)[41]. Os exames compreendem a avaliação clínica (anamnese ocupacional, exames físico e mental) e exames complementares (hemograma completo, provas de função hepática e renal e análise de urina)[42].

Cabe destacar que gestantes e lactantes deverão ser afastadas de qualquer atividade em que haja risco de exposição a medicamentos carcinogênicos, teratogênicos e/ou mutagênicos[41].

Equipamentos de proteção individual (EPI) devem ser avaliados permanentemente quanto ao estado de conservação e segurança, estar armazenados em locais de fácil acesso e em quantidade suficiente para imediata substituição, segundo as exigências do procedimento ou em caso de contaminação ou dano. Equipamentos de proteção individual incluem aventais ou macacões estéreis, dois pares de luvas, botas impermeáveis com solado antiderrapante, máscaras (descartáveis com referência PFF2/N95), gorro descartável ou capuz impermeável e óculos de proteção[32,42].

Os aventais ou macacões utilizados nas áreas limpas devem ser confeccionados de material impermeável, com baixa liberação de partículas, com frente resistente e fechado nas costas, manga comprida, gola ajustável e punho justo, quando de seu preparo e administração. Luvas (tipo cirúrgica) de látex, punho longo, sem talco e estéreis[32]. Em situações de desabastecimento de luvas de látex ou em caso de profissionais que tenham alergia ao látex, é facultado o uso de luvas de nitrila, neoprene ou poliuretano[42].

O STA deve gerenciar os resíduos segundo o Plano de Gerenciamento de Resíduos de Serviços de Saúde (PGRSS), que deve abranger todas as etapas de planejamento dos recursos físicos, materiais e de capacitação dos recursos humanos envolvidos no manejo dos resíduos[40].

A organização deve:

- Manter um cadastro atualizado dos colaboradores.
- Educar e treinar todos os profissionais (técnicos, farmacêuticos e gestores) sobre a sua função na atividade-fim.
- Disponibilizar em manuais ou documento equivalente, para imediata utilização, os procedimentos relativos a limpeza, descontaminação e desinfecção de todas as áreas, incluindo superfícies, instalações, equipamentos, mobiliário, vestimentas, EPI e materiais.
- Gerenciar os resíduos.
- Descrever as responsabilidades de cada profissional e fazer a descrição atualizada do cargo.
- Descrever o plano de treinamento para assegurar que os profissionais cumpram suas responsabilidades com eficiência.
- Identificar, definir, padronizar e documentar os processos, procedimentos e indicadores.
- Manter a documentação (normas e procedimentos padronizados, protocolos e registros) atualizada e disponível em relação ao manuseio, preparo, transporte, administração, distribuição e descarte dos quimioterápicos antineoplásicos, assim como em relação às normas e aos procedimentos a serem adotados no caso da ocorrência de acidentes.
- Medir e avaliar os resultados dos processos.

F. Infraestrutura necessária para a manipulação de antineoplásicos

Para preparação dos antineoplásicos, a farmácia deve estar em conformidade com os requisitos contidos nas RDC 50/2002, 220/2004 e 67/2007 e suas atualizações, ou outro instrumento legal que venha substituí-las[4,32,39]. Deve contar com área de apoio administrativo e recepção de pacientes, área para recepção de materiais e medicamentos e inspeção e área para dispensação[38]. Também deve atender aos requisitos mínimos de área destinada à paramentação, que deve ser provida de lavatório e sala exclusiva para preparação de medicamentos para TA, com área mínima de 5 m^2 por cabine de segurança biológica e área de armazenamento exclusiva para estocagem de medicamentos específicos da TA para manipulações próprias e restritas ao prazo de 48 horas[32].

Os antineoplásicos só devem ser preparados em área com acesso restrito aos profissionais envolvidos e, segundo a NR 32/2005[41], deve dispor minimamente de:

- Vestiário de barreira com dupla câmara que disponha de pia, lava-olhos, chuveiro de emergência e armários para guarda de pertences.
- Sala de preparo de antineoplásico.
- Local destinado para áreas administrativas.
- Local de armazenamento exclusivo.

Além disso, deve ter uma sala para limpeza e higienização de medicamentos classe ISO 8 (100.000 partículas por pé cúbico de ar) contígua à sala de manipulação. A sala destinada à manipulação deve conter cabine de segurança biológica classe ISO 5 (100 partículas/pé cúbico de ar) e possuir classificação de ar ISO 7 (Classe 10.000 partículas/pé cúbico de ar) e pressão negativa em relação às salas adjacentes[32,39,42]. Se a sala de rotulagem e embalagem for contígua à sala de manipulação, deverá possuir classificação de ar ISO 8 (100.000 partículas por pé cúbico de ar)[42].

A Figura 7.7 ilustra um modelo de planta física destinada à área limpa para manipulação de nutrição parenteral e de medicamentos antineoplásicos, separadamente.

A organização deve:

- Assegurar que o local utilizado nas preparações estéreis seja criteriosamente analisado.
- Assegurar que o local seja detentor de requisitos estruturais e formais com relação ao piso, teto e parede (em nível liso, livre de rachaduras, de material impermeável, fácil de limpar e desinfetar, cantos abaulados, os forros devem ser selados para facilitar a limpeza, tubulações e dutos sem espaços que dificultem a limpeza, alarme sonoro e/ou luminoso, que alerte para a abertura simultânea das portas da antecâmara)[36].
- Assegurar que a unidade da farmácia destinada à preparação de estéreis esteja localizada, projetada e construída de forma a se adequar às operações desenvolvidas e a garantir a qualidade das preparações.
- Manter o revestimento de pisos, paredes e teto sem rachaduras, com material resistente aos desinfetantes e que não desprenda partículas.
- Manter as áreas e instalações adequadas e dimensionadas para o desenvolvimento das operações, dispondo de todos os equipamentos e materiais de forma organizada e racional, de forma a evitar os riscos de contaminação.
- Manter iluminação e ventilação suficientes para que a temperatura e a umidade relativa não deteriorem os produtos farmacêuticos e correlatos, bem como a precisão e o funcionamento dos equipamentos.

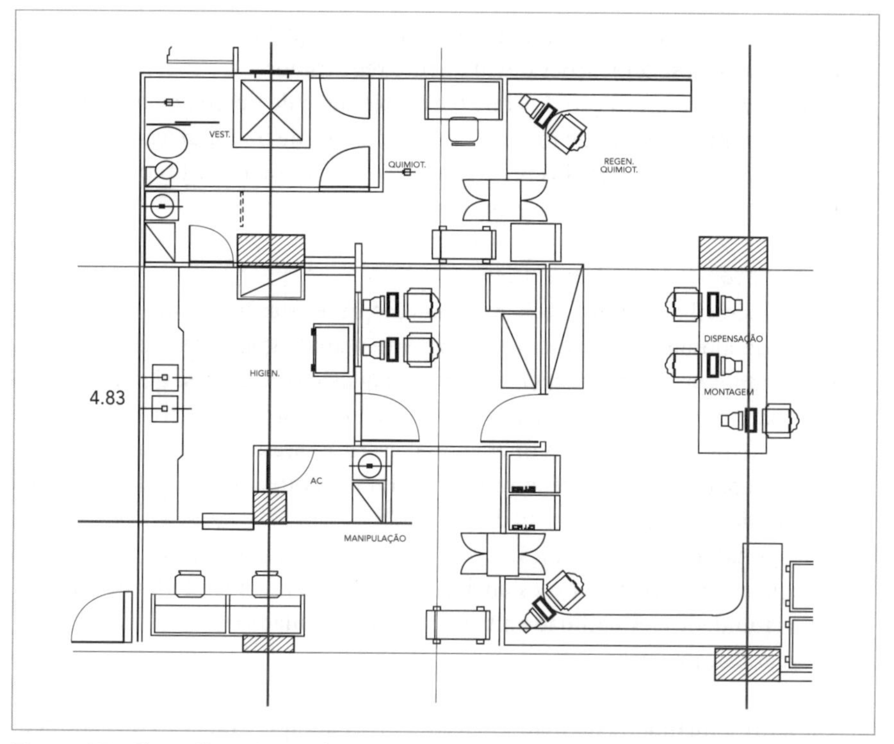

Figura 7.7 Planta física de área limpa, setores de nutrição parenteral e citostáticos.

- Projetar a sala destinada à manipulação da TA de forma independente, dotada de filtros de ar para retenção de partículas e microrganismos de forma a garantir os graus recomendados para área limpa e com entrada através de antecâmara (vestiário de barreira).
- Manter os vestiários ventilados, com ar filtrado com pressão inferior à da área de manipulação e superior à área externa.
- Manter as portas das câmaras com um sistema de travas e de alerta visual e/ou auditivo para evitar sua abertura simultânea.
- Projetar os lavatórios com torneiras ou comandos do tipo que dispensem o contato das mãos para seu fechamento. Junto ao lavatório deve existir provisão de sabão líquido ou antisséptico e recurso para secagem das mãos.
- Assegurar que a área de armazenamento tenha capacidade suficiente para assegurar a estocagem.
- Assegurar área segregada para estocagem de medicamentos, produtos farmacêuticos, produtos para a saúde reprovados, recolhidos ou devolvidos.
- Assegurar que os equipamentos sejam localizados, projetados, instalados, limpos e mantidos de forma a estarem adequados às operações a serem realizadas.

- Manter a calibração e a validação periódica dos equipamentos conforme procedimentos e especificações devidamente registrados.
- Assegurar a monitoração do controle ambiental e de saúde dos funcionários para garantir a qualidade microbiológica da área de manipulação.
- Avaliar o cumprimento dos procedimentos operacionais de limpeza e desinfecção das áreas, instalações e equipamento.

G. Manipulação da terapia antineoplásica

O profissional responsável pela manipulação deve estar preparado tanto para o manuseio de substâncias perigosas quanto para a manutenção da técnica asséptica[35].

Para manusear adequadamente os antineoplásicos, é necessário adotar precauções para minimizar a formação de aerossol no ambiente de trabalho[47,48].

Deve existir procedimento operacional escrito para todas as etapas do processo de preparação e ficha técnica sobre cada produto a fim de garantir o fácil acesso às informações sobre o medicamento[32].

O responsável pela preparação deve avaliar a prescrição médica observando sua adequação aos protocolos estabelecidos pela EMTA, a legibilidade da prescrição, viabilidade e estabilidade antes da sua manipulação[32].

A organização deve:

- Garantir a qualidade da manipulação e proceder à formulação dos antineoplásicos segundo prescrição médica, em concordância com o preconizado em literatura.
- Garantir o cumprimento das normas de segurança e da manipulação de medicamentos antineoplásicos em ambientes e condições assépticos.
- Garantir que o rótulo de identificação de cada unidade de antineoplásico seja preparado, com identificação nome do paciente, número do leito e registro hospitalar (se for o caso), composição qualitativa e quantitativa de todos os componentes, volume total, data e hora da manipulação, cuidados na administração, prazo de validade, condições de temperatura para conservação e transporte, identificação do responsável pela manipulação, com o registro do conselho profissional.
- Garantir a validade para cada unidade de antineoplásico de acordo com as condições de preparo e características da substância.
- Assegurar destino seguro para os resíduos dos antineoplásicos.
- Assegurar a observância das normas de segurança individuais e coletivas para a manipulação de antineoplásicos recomendadas em nível nacional e internacional.
- Garantir que a manipulação da TA seja realizada em cabine de segurança biológica (CSB) classe II B2, dentro de uma área confinada de trabalho. Todos

os materiais devem ser armazenados sob condições apropriadas, de modo a preservar sua identidade e integridade, e de forma ordenada, para que possa ser feita a separação dos lotes e a rotação do estoque.

- Garantir que os materiais sejam estocados em locais identificados, de modo a facilitar sua localização para uso, sem riscos de troca e acidentes.
- Garantir que todos os medicamentos sejam limpos e desinfetados na superfície externa antes da entrada na sala de preparo da TA.
- Assegurar o transporte seguro de substâncias antineoplásicas de forma a garantir a integridade, prevenir derramamentos e consequente contaminação ambiental.
- Garantir que no processo de manipulação sejam usados dois pares de luvas estéreis, trocados a cada hora ou sempre que sua integridade estiver comprometida.
- Garantir a identificação do paciente e sua correspondência com a formulação prescrita, antes, durante e após a manipulação da TA.
- Garantir a inspeção visual do produto final, observando a existência de perfurações e/ou vazamentos, corpos estranhos ou precipitações na solução.
- Assegurar que os frascos e equipos atendam aos padrões recomendados pela Anvisa, observando critérios específicos de compatibilidade, estabilidade e fotossensibilidade dos produtos.
- Garantir que a TA rotulada seja acondicionada em embalagem impermeável e transparente para manter a integridade do rótulo e permitir sua perfeita identificação durante a conservação e o transporte.
- Assegurar que toda TA apresente no rótulo prazo de validade e indicação das condições para sua conservação.
- Assegurar que a determinação do prazo de validade seja baseada em informações da estabilidade fisicoquímica dos medicamentos, desde que garantida sua esterilidade.
- Assegurar que as fontes de informações sobre a estabilidade fisicoquímica dos medicamentos sejam baseadas em referências de compêndios oficiais, recomendações dos fabricantes e pesquisas publicadas.

O farmacêutico deve:

- Manter registro do paciente, no qual deve constar: nome do paciente, data, número do prontuário, localização, diagnóstico, esquema quimioterápico, medicamentos, dosagens e forma de administração.
- Efetuar o registro do número sequencial de controle de cada um dos produtos utilizados na manipulação dos medicamentos da TA, indicando inclusive seus fabricantes. Antes do processo de desinfecção para entrada na área de manipulação, os produtos devem ser inspecionados visualmente para verificar sua

integridade física, ausência de partículas e as informações dos rótulos de cada unidade do lote (100%).

- Realizar a validação do processo e garantir que a manutenção dos equipamentos seja executada e registrada e que os relatórios sejam colocados à disposição.
- Fazer registros que permitam a rastreabilidade total da preparação.

H. Controle de qualidade da TA

Consiste em um conjunto de normas e procedimentos, incluindo a aquisição dos medicamentos, produtos farmacêuticos e produtos para a saúde, qualificação de fornecedores, manutenção de área física adequada, avaliação dos métodos de desinfecção e limpeza da área física, validação dos processos de manipulação, treinamento dos profissionais envolvidos, avaliação periódica das instalações e filtros da cabine e avaliação de todos os fatores potencialmente interferentes na qualidade final do produto[32,34].

O STA deve possuir um sistema de garantia da qualidade (SGQ) que incorpore as boas práticas de preparação da terapia antineoplásica (BPPTA) e um efetivo controle de qualidade documentado e monitorado[32]. Também deve assegurar que os controles de qualidade necessária para avaliar os produtos, o processo de preparação e a TA sejam realizados de acordo com procedimentos escritos, que os pontos críticos do processo sejam periodicamente avaliados e registrados e que as ações corretivas e processos de melhoria contínua sejam implementados[32].

A queixa técnica, ou seja, notificação referente ao desvio de qualidade da TA ou das atividades relacionadas à TA, deve ser feita por escrito e analisada pela EMTA. A notificação deve incluir informações do paciente, do produto, natureza do desvio de qualidade e do notificador.

A EMTA, ao analisar a notificação, deve estabelecer as investigações a serem efetuadas e os responsáveis por elas. Todas as etapas do processo investigativo e as ações corretivas implantadas devem ser registradas. A EMTA, com base nas conclusões da investigação, deve prestar esclarecimentos por escrito ao notificador.

Para atingir os objetivos da garantia da qualidade na preparação de TA, a farmácia deve possuir um SGQ que incorpore as BPPTA e um efetivo controle de qualidade totalmente documentado e monitorado por meio de auditorias da qualidade. Estas visam oferecer subsídios para a implementação de ações corretivas, de modo a assegurar um processo de melhoria contínua.

Todos esses cuidados são realizados visando à garantia da qualidade da solução final e, consequentemente, o bem-estar do paciente. A garantia da qualidade tem como objetivo assegurar que os produtos e serviços estejam dentro dos padrões de qualidade exigidos.

A organização deve:

- Assegurar que as operações de preparação da TA sejam claramente especificadas por escrito e que as exigências das BPPTA sejam cumpridas.
- Garantir os controles de qualidade necessários para avaliar os produtos farmacêuticos, os correlatos, o processo de preparação (avaliação farmacêutica, manipulação, conservação e transporte) da TA realizada de acordo com procedimentos escritos e devidamente registrados.
- Assegurar que os pontos críticos do processo sejam periodicamente validados, com registros disponíveis.
- Garantir que os equipamentos e instrumentos sejam calibrados, com documentação comprobatória.
- Assegurar que a TA seja corretamente preparada, segundo procedimentos apropriados.
- Assegurar que a TA seja fornecida após o farmacêutico responsável ter atestado formalmente que o produto foi manipulado dentro dos padrões específicos pelas BPPTA.
- Assegurar que a TA seja manipulada, conservada e transportada de forma que sua qualidade seja mantida até seu uso.
- Garantir controle de qualidade de todos os aspectos relativos aos produtos farmacêuticos, correlatos, materiais de embalagem, TA, procedimentos de limpeza, higiene e sanitização, conservação e transporte da TA, de modo a garantir que as especificações e os critérios estabelecidos estejam atendidos.
- Garantir que a TA pronta para uso seja submetida a inspeção visual em 100% das amostras, para assegurar a integridade física da embalagem e ausência de partículas e que seja verificada a exatidão das informações do rótulo.
- Garantir que número e tamanho das partículas no ar em áreas limpas sejam adequados ao preconizado nas normas técnicas.
- Estabelecer os aspectos relativos aos medicamentos, produtos farmacêuticos, produtos para a saúde, procedimentos de limpeza, higiene e desinfecção, conservação e transporte da TA, de modo a garantir que suas especificações e critérios estabelecidos para assegurar a qualidade sejam atendidos.
- Inspecionar os medicamentos, produtos farmacêuticos, produtos para a saúde no recebimento e antes da preparação para verificar a integridade física da embalagem, ausência de partículas e as informações dos rótulos de cada unidade do lote.
- Analisar o laudo de análise de cada produto farmacêutico e correlato emitido pelo fabricante.
- Avaliar a manipulação quanto à existência, adequação e cumprimento de procedimentos padronizados e escritos.
- Realizar no produto manipulado a inspeção visual em 100% das amostras, para assegurar a integridade física da embalagem e a ausência de partículas.

- Analisar a exatidão das informações do rótulo da TA.
- Validar o procedimento de manipulação asséptica para garantir a obtenção da TA com esterilidade, estabilidade e compatibilidade química e de acordo com os padrões de qualidade para a formulação de soluções parenterais.
- Descrever o processo de validação, incluindo a avaliação da técnica adotada por meio de um procedimento simulado, a metodologia empregada e o manipulador. Sempre que houver qualquer alteração nas condições validadas, o procedimento deve ser revalidado.
- Revalidar a competência técnica do manipulador pelo menos uma vez ao ano ou todas as vezes que houver alteração significativa do processo.
- Descrever no rótulo da TA o prazo de validade com indicação das condições para sua conservação.

I. Comunicação e acompanhamento do paciente pelo farmacêutico

A interação entre médico, farmacêutico, enfermeiro e pacientes é essencial para o êxito do tratamento, que depende não somente de um diagnóstico e indicação corretos da TA, mas também da adesão e aceitação do tratamento pelo paciente, estando este hospitalizado ou recebendo a TA em STA em regime ambulatorial.

A organização deve:

- Garantir que seus profissionais estabeleçam comunicação adequada e respeitosa com os pacientes e assegurar que o paciente recebeu orientação e aconselhamentos apropriados para a TA.
- Assegurar o monitoramento do paciente quanto à eficácia e à segurança do tratamento e adequação da terapêutica conforme a resposta ao tratamento.
- Assegurar a administração adequada de antineoplásicos com o objetivo de reduzir riscos de extravasamento.
- Estabelecer comunicação de forma respeitosa com o paciente, médico, enfermeiro e demais membros da equipe de TA.
- Possuir guia, de fácil acesso, para orientações sobre o tratamento de extravasamento com indicação dos antídotos apropriados.
- Verificar se o paciente entendeu com clareza as orientações e aconselhamentos apropriados para a TA.
- Atuar no programa de monitoração e documentação de erros de medicação e prescrição para segurança do paciente.
- Monitorar o paciente quanto à eficácia e aos efeitos adversos, indicar à equipe de TA o ajuste ou a troca de protocolo de TA conforme a resposta do paciente à terapêutica, respeitando o sigilo das informações e a ética profissional.
- Notificar ao médico prescritor da TA os problemas relacionados com a prescrição para as providências necessárias.

Terapia nutricional parenteral

A terapia nutricional constitui-se como um conjunto de procedimentos cujo objetivo é manter ou recuperar o estado nutricional do paciente por meio da administração de alimentos de forma artificial. O paciente em estado crítico requer o uso da terapia nutricional (enteral ou parenteral), principalmente para minimizar a redução do estresse fisiológico e dos efeitos adversos do catabolismo protéico[49,50].

A nutrição parenteral (NP) total ou parcial constitui parte dos cuidados de assistência ao paciente que está impossibilitado de receber os nutrientes através do sistema digestório, em quantidade e qualidade que atendam às suas necessidades metabólicas. A NP é indicada na profilaxia e tratamento da desnutrição aguda, mediante o fornecimento de energia e proteínas para prevenir o catabolismo proteico do paciente, em regime hospitalar ou domiciliar[49-52].

Doenças respiratórias, capacidade gástrica diminuída, retardo do esvaziamento gástrico, incompetência do esfíncter esofágico inferior e diminuição na motilidade intestinal, enterocolite necrosante, erros inatos do metabolismo e prematuridade, pré e pós-operatório, síndromes do intestino curto e fístulas são algumas das situações clínicas em que está indicada a nutrição parenteral[50-52].

De acordo com as necessidades calóricas do paciente e a via de acesso indicada pelo médico, a nutrição parenteral pode ser administrada por veia central ou periférica.

A terapia nutricional parenteral exige o comprometimento e a capacitação de uma equipe multiprofissional, visando à garantia de sua eficácia e segurança. Essa equipe deve ser constituída por profissionais farmacêuticos, médicos, nutricionistas e enfermeiros, psicólogos, microbiologistas e fisiatras, entre outros, resultando em ações mais especializadas ao paciente[51,52].

A manipulação da nutrição parenteral é um processo que utiliza procedimentos padronizados e validados, a fim de assegurar qualidade, esterilidade e estabilidade fisicoquímica da nutrição parenteral até sua administração ao paciente. Além das atividades de supervisão na manipulação das formulações e controle de qualidade, o farmacêutico deve participar, com a equipe multidisciplinar, do acompanhamento clínico do paciente.

A seguir, serão descritos os padrões relativos à manipulação e gestão da qualidade dos produtos com o objetivo de gerar padrões mínimos e indicadores de desempenho dos serviços e produtos elaborados.

A. Aspectos conceituais e legais

A NP pode ser uma solução ou emulsão, dependendo de sua composição. Além de ser estéril, a NP possui uma composição complexa, pois é elaborada por nutrientes que variam de acordo com as necessidades calórico-proteicas do paciente, entre eles macro e micronutrientes como glicose, aminoácidos, lipídeos, vitaminas, eletrólitos, minerais e vitaminas, passíveis de interações entre si. Na NP podem ser prescritos fármacos que, quando aditivados no mesmo recipiente, podem potencializar o aparecimento de interações químicas e potencialmente letais ao paciente. A gravidade, a intensidade e a causalidade das interações medicamentosas são muitas vezes desconhecidas pela equipe de saúde[51,52].

No âmbito de atuação do farmacêutico, o Decreto-lei n. 85.878, de 7 de abril de 1981, estabeleceu como privativa dessa classe a manipulação de medicamentos e afins[53]. Posteriormente, as Resoluções do Conselho Federal de Enfermagem (Cofen) n. 161/93[54] e do Conselho Federal de Farmácia (CFF) n. 247/93[55], alteradas pela Resolução CFF n. 292, de 24 de maio de 1996[56], destacaram as responsabilidades e atribuições do farmacêutico no preparo das nutrições parenterais.

A Portaria n. 272 SVS/MS, de 8 de abril de 1998, normatizou os requisitos estruturais e ambientais nas boas práticas de manipulação, armazenamento e transporte da nutrição parenteral, além de recomendar que a assistência ao paciente fosse realizada por uma equipe multiprofissional, composta por especialistas em terapia nutricional, entre eles o farmacêutico, que possui atribuições específicas[57].

A NP é indicada em pacientes que possuem o sistema digestório impossibilitado de receber alimentos, bem como quando há perda de peso superior a 10% ou quando ocorre intolerância à nutrição enteral[58-60].

A NP possui, entretanto, algumas desvantagens em relação à nutrição enteral, pois, além de não ser fisiológica, apresenta maior número de contraindicações, como em casos clínicos instáveis hemodinamicamente, com edema agudo de pulmão, pacientes anúricos não dialíticos, com distúrbios hidroeletrolíticos e/ou metabólicos graves, além de apresentar maior prevalência de complicações infecciosas e mecânicas, relacionadas ao acesso venoso central, que apresentam alto risco de infecção, acidentes durante a punção ou durante a manutenção do cateter, bem como maiores chances de o paciente apresentar distúrbios metabólicos como hiperglicemia e, mais raramente, colestase[49,52,58].

O farmacêutico deve revisar as prescrições de NP, analisar a adequação, concentração e compatibilidade fisicoquímica dos componentes, realizar todas as operações inerentes ao desenvolvimento, manipulação, controle de qualidade, conservação e transporte da NP, atendendo às recomendações das BPPNP, conforme o Anexo II da Portaria n. 272 SVS/MS, de 8 abril de 1998[57]. Qualquer alteração que se fizer necessária na formulação deve ser discutida com o médico responsável[52].

B. Processos executados pelo setor de manipulação de nutrição parenteral

O modelo internacional de qualidade ABNT-NBR-ISO 9001:2000 visa assegurar a qualidade dos sistemas e qualidade dos produtos finais, promovendo a gestão por processos por intermédio da identificação e definição dos serviços de acordo com as necessidades dos clientes e dos processos desenvolvidos[61].

Definidas as etapas do processo, foram determinados os itens de avaliação segundo padrões de qualidade estabelecidos de forma a garantir a qualidade do processo com os quais se podem obter os parâmetros de avaliação. Esses parâmetros podem se adequar ou sofrer modificações, dependendo das características do serviço. A Figura 7.8 apresenta o fluxograma de trabalho referente ao processo de avaliação farmacêutica da prescrição de nutrição parenteral, e a Figura 7.9 ilustra o fluxograma da preparação das formulações[62].

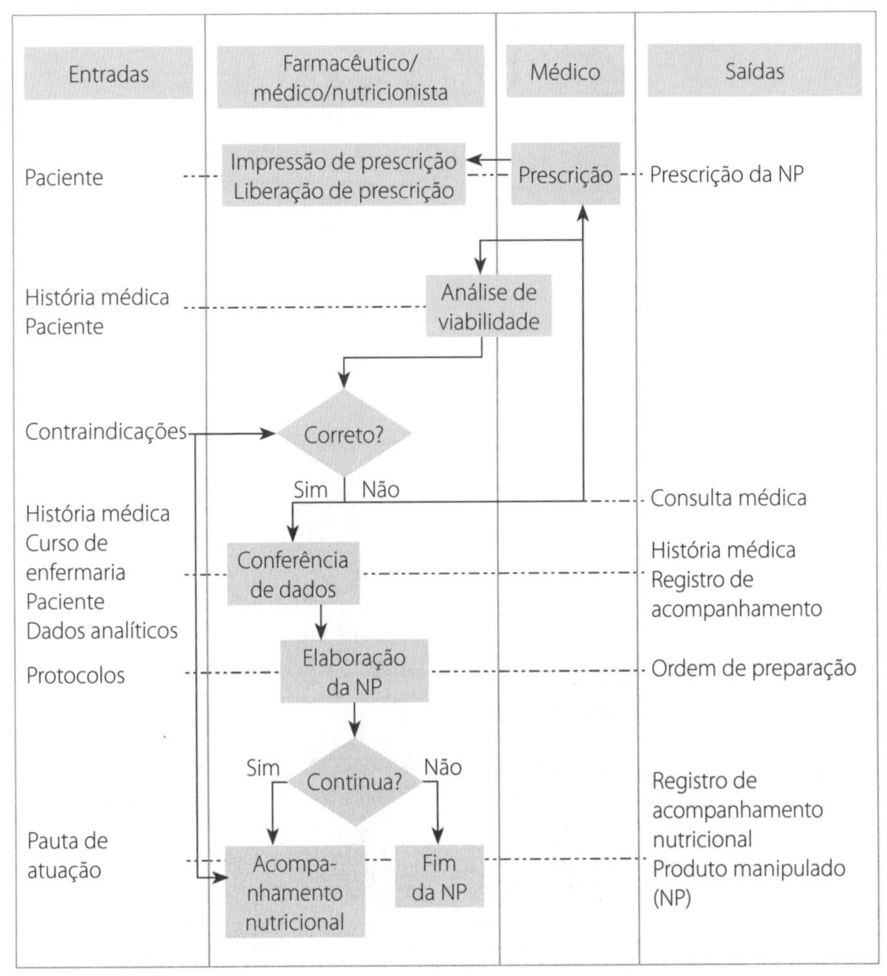

Figura 7.8 Fluxograma do processo de validação e acompanhamento da NP.

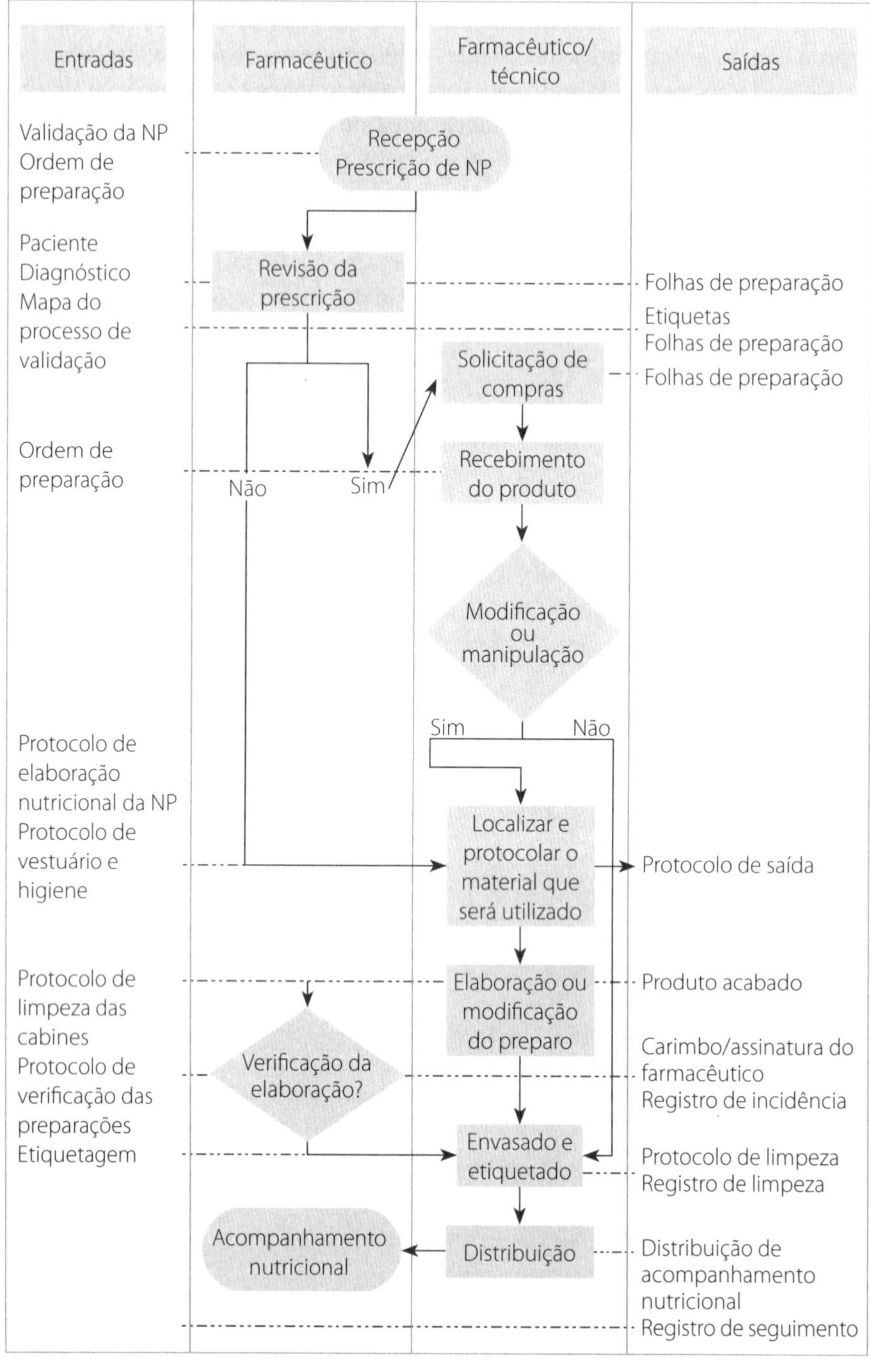

Figura 7.9 Fluxograma do processo de elaboração de NP.

C. Indicadores de desempenho em terapia nutricional[62]

Mediante a avaliação periódica dos indicadores, por comparação com os padrões, se quantifica a atividade desenvolvida e se conhece o nível de qualidade oferecida. A obtenção de valores discrepantes dos estabelecidos como padrões informa a respeito do risco de não satisfazer os requisitos de qualidade marcados como objetivo, podendo justificar a necessidade de mais recursos[62-64].

A Tabela 7.7 apresenta os itens de suporte à elaboração de indicadores de desempenho.

Tabela 7.7 Itens de verificação para elaboração de indicadores de desempenho

Assunto	O que avaliar
Organização do setor	▪ Atendimento das necessidades dos fornecedores e clientes, bem como sua interação sistêmica ▪ Necessidades de treinamento dos colaboradores ▪ Eficácia do treinamento inicial e contínuo dos funcionários ▪ Tratamento das não conformidades e ações corretivas ▪ Potenciais de melhoria nos processos ▪ Procedimentos documentados das atividades da assistência ▪ Avaliação dos processos
Aquisição de medicamentos, produtos farmacêuticos e produtos para a saúde	▪ Processos para suprimentos e logística padronizados e documentados ▪ Fornecedores cadastrados e avaliados
Saúde, higiene e vestuário dos funcionários	▪ Descrição atualizada de cargos e responsabilidades de cada profissional ▪ Documentação (normas e procedimentos padronizados, protocolos e registros) atualizada e disponível relativa à manipulação, transporte e administração ▪ Programas de treinamento continuado da equipe com evidências de melhoria e impacto nos processos de limpeza, desinfecção do material, manipulação e controle de qualidade da NP ▪ Procedimentos escritos de limpeza, desinfecção e esterilização, quando aplicável, das superfícies, instalações, equipamentos, artigos e materiais
Infraestrutura	▪ Requisitos estruturais da área física ▪ Dimensionamento da área ▪ Disponibilidade e manutenção de equipamentos ▪ Requisitos ambientais de temperatura e umidade ▪ Condições de organização e limpeza da área física e equipamentos ▪ Cumprimento dos procedimentos operacionais de limpeza e desinfecção das áreas, instalações e equipamento

Continua

Tabela 7.7 Itens de verificação para elaboração de indicadores de desempenho *(continuação)*

Assunto	O que avaliar
Manipulação da NP	▪ Registro do paciente e da sessão de manipulação ▪ Registros que permitam a rastreabilidade total da preparação
Controle de qualidade da NP	▪ Aspectos relativos aos nutrimentos, produtos farmacêuticos, produtos para a saúde, procedimentos de limpeza, higiene e desinfecção, conservação e transporte da NP, segundo critérios estabelecidos no manual ou documento equivalente ▪ Inspeção no início, durante e no final de processo ▪ Validação do procedimento de manipulação asséptica ▪ Validação da competência técnica do manipulador
Comunicação e acompanhamento do paciente pelo farmacêutico	▪ Sistema de comunicação entre equipe de suporte nutricional e seus registros ▪ Sistema de comunicação entre farmacêutico e paciente e seus registros ▪ Monitoramento do paciente, instrumentos e registros

D. Organização do setor[62]

Toda farmácia deve ter um organograma que demonstre possuir estrutura organizacional e de pessoal suficiente para garantir que a nutrição parenteral seja desenvolvida dentro dos padrões de qualidade[52].

A farmácia hospitalar deve contar com pessoal qualificado e em quantidade suficiente para o desempenho de todas as tarefas preestabelecidas, para que todas as operações sejam executadas corretamente. Deve haver programas de educação e treinamento continuado da equipe com evidências de melhoria e impacto nos processos de logística farmacêutica dos insumos utilizados na manipulação da nutrição parenteral[52,53,61,63].

O farmacêutico é responsável pela supervisão da preparação das nutrições parenterais e deve possuir conhecimentos científicos e experiência prática na atividade. Cada prescrição médica deve ser avaliada quanto à viabilidade técnica de sua preparação e compatibilidade dos componentes entre si e suas concentrações máximas, antes de sua manipulação[51].

A organização deve:

- Garantir a aquisição de produtos farmacêuticos, correlatos e materiais de embalagem com qualidade assegurada.
- Garantir a qualidade da NP manipulada em consonância com a prescrição médica e as necessidades do paciente.

- Garantir que somente pessoas autorizadas e devidamente paramentadas entrem nas áreas de manipulação.
- Identificar as necessidades de treinamento dos funcionários, da área de preparação, limpeza e manutenção, processo que deverá ser contínuo e documentado quanto aos procedimentos e indicadores.
- Manipular a nutrição parenteral de acordo com a prescrição médica e os procedimentos adequados para que seja obtida a qualidade exigida.
- Aprovar os procedimentos relativos às operações de preparação e garantir sua implementação.
- Realizar a validação do processo e a calibração dos equipamentos e assegurar-se que estas sejam executadas e registradas, e que os relatórios sejam colocados à disposição.
- Realizar treinamento inicial e contínuo dos funcionários e que eles sejam adaptados conforme as necessidades.

E. Aquisição de medicamentos, nutrientes e produtos para a saúde

Cada instituição necessita estabelecer o tipo e o nível de excelência do processo logístico, em especial no que se refere aos insumos utilizados no preparo da NP e ao treinamento dos profissionais para trabalhar em cada etapa do processo, e documentar os procedimentos específicos para essa farmácia hospitalar, de acordo com a realidade e missão institucionais[51,52].

O profissional é responsável pela avaliação farmacêutica da prescrição, logística farmacêutica de medicamentos e produtos para a saúde, bem como a análise dos equipamentos necessários à manipulação e administração da terapia nutricional parenteral, seguindo padrões de qualidade e a legislação vigente[51,52].

Os nutrientes, medicamentos e produtos para a saúde adquiridos para o preparo da NP devem ter registro na Anvisa e certificado de análise emitido pelo fabricante, que garanta a esterilidade e as características fisicoquímicas de cada produto, bem como o atendimento das especificações estabelecidas[52].

A organização deve:

- Fazer a seleção, aquisição, recebimento, armazenamento, procedimentos e documentação de todos os lotes dos nutrientes e produtos para a saúde adquiridos pela instituição, com vistas à melhoria dos processos relacionados à logística farmacêutica.
- Manter a documentação (procedimentos e registros) atualizada disponível e aplicada.
- Manter um cadastro atualizado e reavaliado dos fornecedores de nutrientes, medicamentos e produtos farmacêuticos adquiridos para a manipulação da NP.

- Promover melhorias na gestão de processos relacionados à logística farmacêutica.
- Identificar, definir, padronizar e documentar os processos logísticos, procedimentos e indicadores.
- Identificar os fornecedores e clientes, bem como sua interação sistêmica.
- Documentar (procedimentos e registros) e mantê-los atualizados.
- Realizar programas de treinamento continuados da equipe com evidências de melhoria e impacto nos processos de logística farmacêutica dos insumos utilizados na manipulação da nutrição parenteral.

F. Saúde, higiene e vestuário dos funcionários[62]

A admissão dos funcionários deve ser precedida de exames médicos, sendo obrigatória a realização de avaliações médicas periódicas dos funcionários diretamente envolvidos na manipulação das soluções parenterais e que atenda ao Controle Médico de Saúde Ocupacional[64].

Não é permitido conversar, fumar, comer, beber, mascar chicletes ou manter plantas, alimentos, bebidas, fumo e medicamentos pessoais nas áreas de manipulação[52,53].

Os procedimentos de higiene pessoal e a utilização de roupas protetoras devem ser exigidos de todas as pessoas para entrarem na área de manipulação, sejam elas funcionários, visitantes, administradores ou inspetores[52,53].

A colocação dos uniformes e calçados, bem como a higiene preparatória para entrada nas áreas limpas, deve ser realizada em áreas especificamente designadas para vestiário e seguir procedimento recomendado para evitar contaminação.

Os uniformes e calçados utilizados nas áreas limpas devem cobrir completamente o corpo, constituindo barreira à liberação de partículas (respiração, tosse, espirro, suor, pele, cabelo e cosméticos). O uniforme usado na área limpa, inclusive máscaras e luvas, deve ser esterilizado e substituído a cada sessão de trabalho[52,53].

- A instituição deverá manter um cadastro atualizado e reavaliado dos servidores.
- A instituição educa e treina todos os profissionais (técnicos, farmacêuticos e gestores) sobre sua função na atividade-fim.
- Os gestores gerenciam os processos sistematicamente, estabelecendo medições e avaliações dos processos e promovendo treinamentos continuados visando à melhoria de processos.

A organização deve:

- Descrever as responsabilidades de cada profissional e a descrição atualizada do cargo.

- Descrever o plano de treinamento para assegurar que os profissionais cumpram suas responsabilidades com eficiência.
- Identificar, definir, padronizar e documentar os processos, procedimentos e indicadores.
- Manter a documentação (procedimentos, protocolos e registros) atualizada e disponível.
- Medir e avaliar os resultados dos processos.
- Programar o treinamento continuado da equipe com evidências de melhoria e impacto nos processos de limpeza, desinfecção do material, manipulação e controle de qualidade da NP.

G. Infraestrutura necessária para a manipulação de nutrição parenteral

Para preparação da NP, a farmácia deve estar em conformidade com os critérios de circulações internas e externas e de instalações elétricas necessárias para garantir a qualidade[64-66].

Os hospitais que não possuam as condições previstas quanto à estrutura física, organizacional e recursos humanos capacitados podem contratar firmas prestadoras de bens e serviços, devidamente licenciadas e atuando em conformidade com a Portaria SVS n. 272, de 8 abril de 1998, para o fornecimento da nutrição parenteral e assistência ao paciente. O farmacêutico e a equipe deverão estar habilitados para prestar assistência ao paciente em domicílio[57].

A Figura 7.7, apresentada no item "Terapia antineoplásica", ilustra um modelo de planta física destinada à área limpa para manipulação de nutrição parenteral e citostáticos, separadamente[62].

O local utilizado no preparo das alimentações parenterais também deve ser criteriosamente analisado. Deve ser detentor de requisitos estruturais e formais com relação ao piso, teto e parede: em nível, liso, livre de rachaduras, de material impermeável, fácil de limpar e desinfetar, cantos abaulados, iluminação central e difusa com acrílico protetor para facilitar a limpeza[51-53].

A farmácia destinada à preparação de NP deve estar localizada, projetada e construída de forma a se adequar às operações desenvolvidas e a assegurar a qualidade das preparações, possuindo, no mínimo, os seguintes ambientes:

- Área de acesso ao setor.
- Área para limpeza e desinfecção dos produtos farmacêuticos e correlatos.
- Área para manipulação.
- Vestiários.
- Áreas de armazenamento.
- Área destinada à saída da NP das unidades hospitalares.

A organização deve:

- Manter o revestimento de pisos, paredes e teto sem rachaduras, com material resistente aos desinfetantes e que não desprendam partículas.
- Manter as áreas e instalações adequadas e dimensionadas para o desenvolvimento das operações, dispondo de todos os equipamentos e materiais de forma organizada e racional, de modo a evitar os riscos de contaminação.
- Manter os ralos sifonados e fechados, considerando que na área de manipulação, limpeza e desinfecção é vedada a existência de ralos.
- Manter iluminação e ventilação suficientes para que a temperatura e a umidade relativa não deteriorem os produtos farmacêuticos e correlatos, bem como a precisão e o funcionamento dos equipamentos.
- Projetar as salas de descanso e refeitório separadas dos demais ambientes de manipulação.
- Proteger as instalações e os reservatórios de água potável para evitar contaminações por microrganismos, insetos, roedores e poeira.
- Projetar a sala destinada à manipulação da NP de forma independente, dotada de filtros de ar para retenção de partículas e microrganismos de forma a garantir os graus recomendados para área limpa e com entrada através de antecâmara (vestiário de barreira).
- Manter os vestiários ventilados, com ar filtrado com pressão inferior à da área de manipulação e superior à da área externa.
- As portas das câmaras devem possuir um sistema de travas e de alerta visual e/ou auditivo para evitar sua abertura simultânea.
- Projetar os lavatórios com torneiras ou comandos do tipo que dispensem o contato das mãos para seu fechamento. Junto ao lavatório deve existir provisão de sabão líquido ou antisséptico e recurso para secagem das mãos.
- Assegurar que a área de armazenamento tenha capacidade suficiente para assegurar a estocagem ordenada das diversas categorias de produtos farmacêuticos, correlatos e materiais de embalagem.
- Assegurar área segregada para estocagem de produtos farmacêuticos, correlatos, materiais de embalagem e soluções parenterais reprovadas, recolhidas ou devolvidas.
- Assegurar que os equipamentos sejam localizados, projetados, instalados, limpos e mantidos de forma a estarem adequados às operações a serem realizadas.
- Manter a calibração e a validação periódica dos equipamentos conforme procedimentos e especificações devidamente registrados.
- Assegurar a monitoração do controle ambiental e de saúde dos funcionários, para garantir a qualidade microbiológica da área de manipulação.

- Avaliar o cumprimento dos procedimentos operacionais de limpeza e desinfecção das áreas, instalações, equipamentos e materiais empregados na manipulação da NP.
- Assegurar que o envase da NP seja realizado em recipiente que garanta sua estabilidade fisicoquímica e microbiológica.

H. Manipulação da nutrição parenteral[62]

A formulação de solução de NP deve ser adaptada às necessidades calórico-proteicas do paciente, metas do suporte nutricional e a via de acesso adequada à situação clínica. O suporte nutricional ótimo, tanto para a manutenção como para a depleção da composição corporal normal, em um indivíduo normal ou portador de algum tipo de enfermidade, depende de provisão adequada e deve incluir carboidratos, gorduras, aminoácidos, eletrólitos, minerais, oligoelementos e vitaminas[49-51].

A formulação de solução de NPT é um procedimento que deve ser adaptado às necessidades individuais de cada paciente beneficiário. Assim, a solução de NPT deve sofrer alteração em sua composição na medida da variação das condições mórbidas do paciente[59].

Os pacientes que recebem a NP devem ser submetidos a um rígido controle clínico e laboratorial, antes e durante a administração da NP, para identificar as anormalidades metabólicas que requeiram tratamento[52].

A obtenção e a manutenção da esterilidade na nutrição parenteral e preparações estéreis são dependentes da qualidade dos componentes aditivados, da técnica de manipulação rigorosamente asséptica e das condições ambientais sob as quais o processo é realizado[4].

O farmacêutico deve garantir o fornecimento de nutrição parenteral estável, contendo nutrientes quimicamente compatíveis, nas dosagens adequadas, estéreis e apirogênicas. A possibilidade de interação entre componentes é bastante alta na nutrição parenteral por sua complexidade e multiplicidade e deve ser avaliada previamente em todas as soluções nutritivas. As interações entre nutrientes podem ocorrer na forma pré-absortiva ou pós-absortiva[59].

A prescrição inicial baseia-se na determinação das necessidades calórico-proteicas do paciente, e em metas do suporte nutricional. Deve-se fazer um requerimento diário de todos os macro e micronutrientes para obter uma indicação adequada.

No estômago, dietas com osmolaridade elevada reduzem os movimentos de propulsão, dificultando o esvaziamento gástrico, ao passo que mais distalmente, no duodeno e jejuno, alimentos hiperosmolares aumentam o peristaltismo e ativam a propulsão da dieta.

Fatores relacionados à NP, como osmolaridade, concentração dos aditivos, pH, temperatura, tempo e modo de estocagem, determinam sua estabilidade[52,53,59].

A osmolaridade sugerida pela literatura, em NP, varia em torno da osmolaridade plasmática. Assim, conforme os mOsm/L, as dietas podem ser isotônicas, moderadamente hipertônicas e hipertônicas[59].

Os componentes que influenciam a osmolaridade de uma solução são principalmente os açúcares mais simples (monossacarídeos, dissacarídeos), cloreto de sódio (NaCl) e os aminoácidos cristalinos. Os lípides não influenciam a osmolaridade dada sua insolubilidade em água[52,59].

As incompatibilidades se dividem em três grupos: físicas, químicas e terapêuticas e dependem da ordem de adição, pH, temperatura, concentração, luz, tipo de envase, ordem de aditivação[52,53].

A evidência de uma incompatibilidade nem sempre é visível, o que requer o estabelecimento de protocolos de boas práticas de manipulação e supervisão da qualidade da NP.

Deve haver especificação técnica detalhada de todos os materiais necessários à preparação de soluções parenterais, de modo a garantir que a aquisição atenda corretamente aos padrões de qualidade estabelecidos[52,59].

Para garantir a administração segura das soluções de nutrição parenteral, a farmácia do hospital deve ser capaz de preparar de forma asséptica as misturas intravenosas. Nenhuma solução deve ser misturada e nenhum aditivo deve ser injetado nos frascos fora do setor que a preparou. Todas as manipulações e adições devem ser feitas por farmacêutico especialista ou devidamente treinado para exercer a função.

A manipulação das nutrições parenterais deve ser realizada em capela de fluxo laminar horizontal, classe 100, fornecendo um fluxo de ar estéril dentro de uma área confinada de trabalho. A manipulação e/ou supervisão da nutrição parenteral é de competência do farmacêutico, que deverá exercê-la com responsabilidade[51-53,66].

Todas as NP devem apresentar rótulo com as seguintes informações: nome do paciente, número do leito e registro hospitalar, composição qualitativa de todos os componentes, osmolaridade, volume total, velocidade da infusão, via de acesso, data e hora da manipulação, prazo de validade, número sequencial de controle e condições de temperatura para conservação e transporte, nome e CRF do farmacêutico responsável. Deve ser conservada sob refrigeração, em geladeira exclusiva para medicamentos, com temperatura de 2-8 °C[60].

O transporte de soluções parenterais deve ser feito em recipientes térmicos exclusivos de modo a garantir que a temperatura se mantenha em torno de 2-20 °C durante o tempo de transporte, que não deve ultrapassar 12 horas, além de manter as soluções protegidas de intempéries e da incidência direta da luz solar[59,67].

- O farmacêutico deve revisar as prescrições de TNP, analisar sua adequação, concentração e compatibilidade fisicoquímica dos componentes, realizar todas as operações inerentes ao desenvolvimento, manipulação, controle de qualidade, conservação e transporte da NP, atendendo às recomendações das BPPNP, conforme o Anexo II da Portaria SVS/MS n. 272/98[57].
- Discutir as alterações necessárias na prescrição de NP com o médico responsável.
- Não administrar nenhum aditivo nos frascos de NP fora do setor que o preparou.
- Realizar a manipulação das nutrições parenterais em capela de fluxo laminar horizontal, classe 100, fornecendo um fluxo de ar estéril, dentro de uma área confinada de trabalho.
- Manter a esterilidade, estabilidade e apirogenicidade da NP durante sua preparação, conservação, transporte e administração.
- Rotular as NP com as seguintes informações: nome do paciente, número do leito, registro hospitalar, composição qualitativa e quantitativa de todos os componentes, osmolaridade, volume total, velocidade da infusão, via de acesso, data e hora da manipulação, prazo de validade, número sequencial de controle e condições de temperatura para conservação e transporte, nome e CRF do farmacêutico responsável.
- Manter a NP conservada sob refrigeração, em geladeira exclusiva para medicamentos, com temperatura de 2-8 °C.
- Transportar a NP em recipientes térmicos exclusivos de modo a garantir que a temperatura se mantenha em torno de 2-20 °C durante o tempo de transporte, que não deve ultrapassar 12 horas, além de estar protegida de intempéries e da incidência direta da luz solar.
- Utilizar na preparação bolsas em EVA, estéreis e apirigênicas, por sua menor permeabilidade ao oxigênio e multicapa caso contenham micronutrientes.
- Utilizar equipos de transferência acoplados às bolsas, com as mesmas especificações de esterilidade e apirogenicidade.
- Utilizar agulhas e seringas em quantidade e especificações necessárias para a aditivação dos eletrólitos, vitaminas e oligoelementos. Utilizar equipo de infusão, que será conectado à bolsa para realizar a infusão da NP, e este deverá ser adequado à bomba de infusão padronizada no hospital.
- Utilizar, na presença de constituintes fotossensíveis, uma capa exterior fotoprotetora para preservar a NP da luz ultravioleta até o final da administração.

I. Controle de qualidade da nutrição parenteral[62]

Consiste em um conjunto de normas e procedimentos, incluindo desde a aquisição dos constituintes até qualificação de fornecedores, área física adequada, avaliação dos métodos de desinfecção e limpeza da área física e da superfície externa dos constituintes utilizados nas amostras, validação dos processos de manipulação, esterilização do material, treinamento dos profissionais envolvidos, avaliação periódica das instalações e filtros da capela de fluxo laminar, avaliação de todos os fatores potencialmente interferentes na qualidade final do serviço[57,59].

A garantia da qualidade tem como objetivo assegurar que os produtos e serviços estejam dentro dos padrões de qualidade exigidos. Para atingir os objetivos da garantia da qualidade na preparação de NP, a farmácia deve possuir um SGQ que incorpore as BPPNP e um efetivo controle de qualidade totalmente documentado e monitorado por meio de auditorias da qualidade. Estas visam oferecer subsídios para a implementação de ações corretivas, de modo a assegurar um processo de melhoria contínua[52,53].

Um sistema de garantia de qualidade apropriado para a preparação de NP deve assegurar que:

- As operações de preparação da NP sejam claramente especificadas por escrito e que as exigências de BPPNP sejam cumpridas.
- Os controles de qualidade necessários para avaliar os produtos farmacêuticos, os correlatos, o processo de preparação (avaliação farmacêutica, manipulação, conservação e transporte) e a NP sejam realizados de acordo com procedimentos escritos e devidamente registrados.
- Os pontos críticos do processo devem ser periodicamente validados, com registros disponíveis.
- Os equipamentos e instrumentos sejam calibrados, com documentação comprobatória.
- A NP seja corretamente preparada, segundo procedimentos apropriados.
- A NP só seja fornecida após o farmacêutico responsável ter atestado formalmente que o produto foi manipulado dentro dos padrões específicos pelas BPPNP.
- A NP seja manipulada, conservada e transportada de forma que sua qualidade seja mantida até seu uso.

O controle de qualidade deve avaliar todos os aspectos relativos aos produtos farmacêuticos, correlatos, materiais de embalagem, NP, procedimentos de limpeza, higiene e sanitização, conservação e transporte da NP, de modo a garantir que suas especificações e critérios estabelecidos pelo regulamento estejam atendidos[52,53,59].

A NP pronta para uso deve ser submetida aos seguintes controles:

- Inspeção visual em 100% das amostras, para assegurar a integridade física da embalagem, ausência de partículas, precipitações e separação de fases.

- Verificação da exatidão das informações do rótulo. Teste de esterilidade em amostra representativa das manipulações realizadas em uma sessão de trabalho, para confirmar sua condição estéril.

As amostras para avaliação microbiológica laboratorial devem ser retiradas, estatisticamente, no início e no fim do processo de manipulação e conservadas sob refrigeração (2-8 °C) até a realização da análise.

As amostras para contraprova de cada NP preparada devem ser conservadas sob a refrigeração citada acima durante 7 dias após seu prazo de validade.

As condições de conservação e transporte devem ser verificadas semanalmente para assegurar a manutenção das características da NP.

O procedimento de manipulação asséptica deve ser validado para garantir a obtenção da NP estéril e com qualidade aceitável. A manipulação deve seguir procedimento escrito que inclua a avaliação da técnica adotada, o manipulador, as condições da área e dos equipamentos. Sempre que houver qualquer alteração nas condições validadas, o procedimento deve ser revalidado. As validações e revalidações devem ser documentadas e os documentos, arquivados durante 5 anos.

Toda NP deve apresentar no rótulo um prazo de validade com indicação das condições para sua conservação. A determinação do prazo de validade pode ser baseada em informações de avaliações da estabilidade fisicoquímica dos componentes e considerações sobre sua esterilidade, ou pela realização de testes de estabilidade.

Na interpretação das informações sobre estabilidade dos componentes da NP devem ser considerados todos os aspectos de acondicionamento e conservação. Os estudos da estabilidade devem ser realizados de acordo com uma programação escrita que abranja:

- Descrição completa da NP.
- Indicação de todos os parâmetros e métodos de teste que evidenciem a estabilidade da NP quanto às suas características físicas, pureza, potência, esterilidade e apirogenicidade.
- Indicação do tempo e das condições especiais de conservação, transporte e administração.
- Registro de todos os dados obtidos, com avaliação e conclusão dos estudos. Ocorrendo mudanças significativas no procedimento de preparação, preparador, equipamentos, produtos farmacêuticos, correlatos e materiais de embalagem, que possam afetar a estabilidade e, portanto, alterar o prazo de validade da NP, deve ser realizado novo estudo de estabilidade.

O número e o tamanho das partículas no ar, em áreas limpas, é outro fator que deve estar previsto na preparação e no controle de qualidade (Tabela 7.8). O limite estabelecido são partículas de 0,5 µm/m³ de ar[61,62].

Tabela 7.8 Classificação de partículas no ar

Classe		Tamanho da partícula
Classe ISO	U.S. FS 209E	ISO/m³
3	Classe I	35,2
4	Classe 10	352
5	Classe 100	3.520
6	Classe 1.000	35.200
7	Classe 10.000	352.000
8	Classe 100.000	3.520.000

Fonte: International Organization of Standardization (ISO 9001:2000)[61].

A organização deve:

- Avaliar os aspectos relativos aos produtos farmacêuticos, correlatos, materiais de embalagem, NP, procedimentos de limpeza, higiene e desinfecção, conservação e transporte da NP, de modo a garantir que suas especificações e critérios estabelecidos para assegurar a qualidade sejam atendidos.
- Inspecionar os produtos farmacêuticos e correlatos no recebimento e antes da preparação para verificar a integridade física da embalagem, ausência de partículas e as informações dos rótulos de cada unidade do lote.
- Analisar o certificado de análise de cada produto farmacêutico e correlato emitido pelo fabricante.
- Avaliar a manipulação quanto à existência, adequação e cumprimento de procedimentos padronizados e escritos.
- Realizar no produto manipulado a inspeção visual em 100% das amostras, para assegurar a integridade física da embalagem, ausência de partículas, precipitações e separação de fases.
- Analisar a exatidão das informações do rótulo da NP.
- Retirar as amostras para avaliação microbiológica e laboratorial, em quantidade significativa, no início e no fim do processo de manipulação e mantê-las conservadas sob refrigeração (2-8 °C) até a realização da análise.
- Retirar e guardar as amostras para contraprova de cada NP preparada, sob refrigeração, durante 7 dias após seu prazo de validade.
- As condições de conservação e transporte devem ser verificadas semanalmente para assegurar a manutenção das características da NP.

- Validar o procedimento de manipulação asséptica para garantir a obtenção da NP com esterilidade, apirogenicidade, estabilidade e compatibilidade química e de acordo com os padrões de qualidade para a formulação de soluções parenterais.
- Descrever o processo de validação, incluindo a avaliação da técnica adotada por meio de um procedimento simulado, a metodologia empregada, o manipulador, lotes usados de medicamentos e correlatos, as condições da área e dos equipamentos. Sempre que houver qualquer alteração nas condições validadas, o procedimento deve ser revalidado. O documento deverá ser arquivado por 5 anos.
- Revalidar a competência técnica do manipulador pelo menos uma vez ao ano ou todas as vezes que houver alteração significativa do processo.
- Descrever no rótulo da NP o prazo de validade com indicação das condições para sua conservação.

J. Comunicação e acompanhamento do paciente pelo farmacêutico

A interação entre prescritores, farmacêuticos, equipe de saúde e pacientes é essencial no êxito do tratamento, que depende não somente de um diagnóstico e indicação corretos da terapia nutricional, mas também da adesão e aceitação do tratamento pelo paciente, estando este hospitalizado ou recebendo a nutrição em domicílio.

O farmacêutico deve avaliar se as prescrições são adequadas ao paciente e se há, em termos de prognóstico, resultados claros que se busquem alcançar. Deve ainda manter uma comunicação adequada e respeitosa com os pacientes e seus cuidadores e deve estar seguro de que o paciente recebeu orientação e aconselhamentos apropriados para aquela terapia e verificar se o paciente e a equipe de saúde os entenderam com clareza. O paciente deve ser monitorado quanto à eficácia e aos efeitos adversos, e os objetivos da NP devem ser ajustados conforme a resposta terapêutica.

- O farmacêutico deve relacionar-se de forma respeitosa com o paciente, médico, enfermeiro, nutricionista e demais membros da equipe de suporte nutricional da instituição.
- O farmacêutico deve exercer a liderança no desenvolvimento de um programa de monitoração e documentação de erros de medicação e prescrição.
- O paciente deve ser monitorado quanto à eficácia e aos efeitos adversos, e os objetivos da NP devem ser ajustados conforme a resposta terapêutica, respeitando o sigilo das informações e a ética profissional.
- O médico prescritor da nutrição parenteral deve ser notificado pelo farmacêutico sobre os problemas relacionados com a prescrição para as providências necessárias.

ROTEIRO ORIENTATIVO QUANTO AOS PADRÕES DE QUALIDADE DA FARMACOTÉCNICA HOSPITALAR

Tabela 7.9 Preparações não estéreis

Assunto	O que avaliar
Organização do setor	▪ Atendimento das necessidades dos fornecedores e clientes, bem como sua interação sistêmica ▪ Necessidades de treinamento dos colaboradores ▪ Eficácia do treinamento inicial e contínuo dos funcionários ▪ Tratamento das não conformidades e ações corretivas ▪ Potenciais de melhoria nos processos ▪ Procedimentos documentados das atividades da assistência ▪ Avaliação dos processos
Aquisição de matéria--prima, insumos farmacêuticos e materiais de embalagem	▪ Processos para suprimentos e logística padronizados e documentados ▪ Fornecedores cadastrados e avaliados
Saúde, higiene e vestuário dos funcionários	▪ Descrição atualizada de cargos e responsabilidades de cada profissional ▪ Documentação (normas e procedimentos padronizados, protocolos e registros) atualizada e disponível relativa a manipulação e transporte ▪ Programas de treinamento continuado da equipe com evidências de melhoria e impacto nos processos de limpeza, manipulação e controle de qualidade ▪ Procedimentos escritos de limpeza, desinfecção e esterilização, quando aplicável, das superfícies, instalações, equipamentos, artigos e materiais ▪ EPI e EPP
Infraestrutura e condições específicas	▪ Requisitos estruturais da área física ▪ Dimensionamento da área ▪ Disponibilidade e manutenção de equipamentos ▪ Requisitos ambientais de luminosidade, ventilação, temperatura e umidade ▪ Condições de organização e limpeza da área física e equipamentos ▪ Cumprimento dos procedimentos operacionais de limpeza e desinfecção das áreas, instalações e equipamento ▪ Adequação da atividade executada com os requisitos estruturais
Manipulação, preparação de dose unitária e unitarização de doses de medicamento em serviços de saúde	▪ Registros que permitam a rastreabilidade total da preparação ▪ Requisitos gerais para a aquisição de matéria-prima, insumos farmacêuticos e materiais de embalagem, o armazenamento, a manipulação, a conservação, o transporte, a dispensação de fórmulas magistrais e oficinais, a aditivação e/ou o fracionamento de produtos industrializados

Continua

Tabela 7.9 Preparações não estéreis *(continuação)*

Assunto	O que avaliar
Controle de qualidade	▪ Aspectos relativos as matérias-primas, insumos farmacêuticos e materiais de embalagem, procedimentos de limpeza, higiene e desinfecção, conservação (prazo de validade), segundo critérios estabelecidos no manual ou documento equivalente ▪ Inspeção de início, meio e fim de processo ▪ Disponibilidade de equipamentos e procedimentos escritos para a realização dos testes, em amostras estatísticas das preparações com registros dos resultados

Tabela 7.10 Terapia antineoplásica

Assunto	O que avaliar
Organização do setor	▪ Atendimento das necessidades dos fornecedores e clientes, bem como sua interação sistêmica ▪ Necessidades de treinamento dos colaboradores ▪ Eficácia do treinamento inicial e contínuo dos funcionários ▪ Tratamento das não conformidades e ações corretivas ▪ Potenciais de melhoria nos processos ▪ Procedimentos documentados das atividades da assistência ▪ Avaliação dos processos
Aquisição de medicamentos, produtos farmacêuticos e produtos para a saúde	▪ Processos para suprimentos e logística padronizados e documentados ▪ Fornecedores cadastrados e avaliados
Saúde, higiene e vestuário dos funcionários	▪ Descrição atualizada de cargos e responsabilidades de cada profissional ▪ Documentação (normas e procedimentos padronizados, protocolos e registros) atualizada e disponível relativa ao manuseio, preparo, transporte, administração, distribuição e descarte dos quimioterápicos antineoplásicos; as normas e os procedimentos a serem adotadas no caso de ocorrência de acidentes ▪ Programas de treinamento continuado da equipe com evidências de melhoria e impacto nos processos de limpeza, desinfecção do material, manipulação e controle de qualidade da TA. ▪ Procedimentos escritos de limpeza, desinfecção e esterilização, quando aplicável, das superfícies, instalações, equipamentos, artigos e materiais

Continua

Tabela 7.10 Terapia antineoplásica *(continuação)*

Assunto	O que avaliar
Infraestrutura	▪ Requisitos estruturais da área física ▪ Dimensionamento da área ▪ Disponibilidade e manutenção de equipamentos ▪ Requisitos ambientais de temperatura e umidade ▪ Condições de organização e limpeza da área física e equipamentos ▪ Cumprimento dos procedimentos operacionais de limpeza e desinfecção das áreas, instalações e equipamento
Manipulação da terapia antineoplásica	▪ Registro do paciente e da sessão de manipulação ▪ Registros que permitam a rastreabilidade total da preparação ▪ Disposição final de resíduos
Controle de qualidade da TA	▪ Aspectos relativos aos medicamentos, produtos farmacêuticos, produtos para a saúde, procedimentos de limpeza, higiene e desinfecção, conservação e transporte da TA, segundo critérios estabelecidos no manual ou documento equivalente ▪ Inspeção de início, meio e fim de processo ▪ Validação do procedimento de manipulação asséptica ▪ Validação da competência técnica do manipulador
Comunicação e seguimento do paciente pelo farmacêutico	▪ Sistema de comunicação entre equipe de TA e seus registros ▪ Sistema de comunicação farmacêutico e paciente e seus registros ▪ Monitoramento do paciente, instrumentos e registros

Tabela 7.11 Nutrição parenteral

Assunto	O que avaliar
Organização do setor	▪ Atendimento das necessidades dos fornecedores e clientes, bem como sua interação sistêmica ▪ Necessidades de treinamento dos colaboradores ▪ Eficácia do treinamento inicial e contínuo dos funcionários ▪ Tratamento das não conformidades e ações corretivas ▪ Potenciais de melhoria nos processos ▪ Procedimentos documentados das atividades da assistência ▪ Avaliação dos processos
Aquisição de medicamentos, produtos farmacêuticos e produtos para a saúde	▪ Processos para suprimentos e logística padronizados e documentados ▪ Fornecedores cadastrados e avaliados

Continua

Tabela 7.11 Nutrição parenteral *(continuação)*

Assunto	O que avaliar
Saúde, higiene e vestuário dos funcionários	▪ Descrição atualizada de cargos e responsabilidades de cada profissional ▪ Documentação (normas e procedimentos padronizados, protocolos e registros) atualizada e disponível relativa a manipulação, transporte e administração ▪ Programas de treinamento continuado da equipe com evidências de melhoria e impacto nos processos de limpeza, desinfecção do material, manipulação e controle de qualidade da NP ▪ Procedimentos escritos de limpeza, desinfecção e esterilização, quando aplicável, das superfícies, instalações, equipamentos, artigos e materiais
Infraestrutura	▪ Requisitos estruturais da área física ▪ Dimensionamento da área ▪ Disponibilidade e manutenção de equipamentos ▪ Requisitos ambientais de temperatura e umidade ▪ Condições de organização e limpeza da área física e equipamentos ▪ Cumprimento dos procedimentos operacionais de limpeza e desinfecção das áreas, instalações e equipamento
Manipulação da NP	▪ Registro do paciente e da sessão de manipulação ▪ Registros que permitam a rastreabilidade total da preparação
Controle de qualidade da NP	▪ Aspectos relativos aos nutrimentos, produtos farmacêuticos, produtos para a saúde, procedimentos de limpeza, higiene e desinfecção, conservação e transporte da NP, segundo critérios estabelecidos no manual ou documento equivalente ▪ Inspeção de início, meio e fim de processo ▪ Validação do procedimento de manipulação asséptica ▪ Validação da competência técnica do manipulador
Comunicação e acompanhamento do paciente pelo farmacêutico	▪ Sistema de comunicação entre equipe de suporte nutricional e seus registros ▪ Sistema de comunicação farmacêutico e paciente e seus registros ▪ Monitoramento do paciente, instrumentos e registros

REFERÊNCIAS

1. Novaes MRCG. Apostila de farmacotécnica. Brasília: Curso de Ciências Farmacêuticas, Universidade de Brasília; 2002.
2. Trissel LA. Handbook of injectable drugs. 5. ed. Bethesda: American Society of Hospital Pharmacists; 1988.

3. American Pharmaceutical Association/The Pharmaceutical Society of Great Britain. Handbook of Pharmaceutical Excipients. Washington: APhA; 1986.
4. Brasil. Ministério da Saúde. Agência Nacional de Vigilância Sanitária (Anvisa). RDC 67, de 8 de outubro de 2007. Diário Oficial da União de 9 de outubro de 2007.
5. Sociedade Brasileira de Farmácia Hospitalar e Serviços de Saúde. Padrões mínimos para farmácia hospitalar e serviços de saúde. São Paulo: Sociedade Brasileira de Farmácia Hospitalar; 2017.
6. Gennaro A. Remington's pharmaceutical science. 18. ed. Easton: Mack; 1990.
7. Del Pozo A. Farmacia galénica especial. Barcelona: Romargraf; 1977-1979.
8. Royal Pharmaceutical Society of Great Britain. Martindale: The Extra Pharmacopoeia. 31. ed. London: Pharmaceutical Press; 1996.
9. Prista LN, Fonseca A. Manual de terapêutica dermatológica e cosmetológica. São Paulo: Roca; 1984.
10. Prista LN. Tecnologia farmacêutica. v. I, II, III. Lisboa: Fundação Calouste Gulbenkian; 1995.
11. Prista LN. Farmácia galênica. Lisboa: Fundação Calouste Gulbenkian; 1995. v. I, II, III.
12. Alberola C, Ausejo M, Delgado O, Ferrari JM, Herreros de Tejada A, Marfagón N. Manual de procedimientos del servicio de farmacia. Madrid: Hospital 12 de Octubre; 1992.
13. Alvarez MV, Molina MA, Escrivá AM, Vilanova I, Boltó M, Ibáñez A, et al. Manual de fórmulas magistrales y normalizadas. Palma de Mallorca: Prensa Universitaria; 1993.
14. Arias I, Concheiro A, Martinez R, Paradela A, Vila JL. Farmacotecnia. In: Farmacia hospitalaria. 2. ed. Madrid: Emisa; 1993. p.330-8.
15. Tejada AH. Guía para el desarrollo de serviços farmacéuticos hospitalarios: formulaciones magistrales. Washington: OPAS/OMS; 1997.
16. Costa PQ, Lima JES, Coelho HLL. Prescrição e preparo de medicamentos sem formulação adequada para crianças: um estudo de base hospitalar. Braz J Pharm Sci. 2009;45(1).
17. Glass BD, Haywood A. Stability considerations in liquid dosage forms extemporaneously preparared from commercially available products. J Pharm Pharmaceut Sci. 2006;9(3):398-426.
18. Nunes MS, Valença RCA, Gurgel RKC, Silva EIL, et al. Análise das solicitações de comprimidos adaptados para pacientes críticos de um hospital universitário. Rev Bras Farm Hosp Serv Saúde. 2013;23-30.
19. Basso AP, Pinheiro MS. Evaluation of drug therapy prescribed to patients in enteral nutrition therapy in ICU. Rev Bras Farm Hosp Serv Saúde. 2014;5(1):12-8.
20. Nóbrega E, Chagas S, Magalhães I. Evaluation of adaptation of pharmaceutical forms in a pediatric hospital in Manaus. Rev Bras Farm Hosp Serv Saúde. 2018;9(1):e091.005.
21. Santos G, Pinto J, Vasconcelos F, Fontenele A, Barros Neta M, Rios AJ, et al. Caracterização dos medicamentos administrados por sonda de nutrição e as possíveis interações farmaconutrição enteral. Rev Bras Farm Hosp Serv Saúde. 2018;08(3):31-6.
22. Rodrigues JB, Martins FJ, Raposo NRB, Chicourel EL. Perfil de utilização de medicamentos por sonda enteral em pacientes de um hospital universitário. Rev Bras Farm Hosp Serv Saúde. 2014;5(3):23-7.
23. Marinho RNA, Cabral CHK. Estudo de adaptações de formulações farmacêuticas em um hospital universitário pediátrico. Rev Bras Farm Hosp Serv Saúde. 2014;5(3):12-7.
24. Da Costa PQ, De Lima JES, Coelho HLL. Prescrição e preparo de medicamentos sem formulação adequada para crianças: um estudo de base hospitalar. Braz J Pharm Sci. 2009;45(1):57-66.
25. Aulton ME, Taylor KMG. Delineamento de formas farmacêuticas. Tradução Francisco Sandro Menezes et al. 4. ed. Rio de Janeiro: Elsevier; 2016.
26. Allen Jr LV, Popovich NG, Ansel HC. Formas farmacêuticas e sistemas de liberação de fármacos. Tradução Elenara Lemos-Senna et al. 9. ed. Porto Alegre; Artmed; 2013.
27. Barker C et al. (org.). Manipulação de medicamentos necessários para crianças. Tradução Elisangela da Costa Lima. São Paulo: Sociedade Brasileira de Farmácia Hospitalar e Serviços de Saúde; 2018. 91p.
28. Raymond CR, Paul JS, Marian EQ. Handbook of pharmaceutical excipients. 6. ed. Chicago: Pharmaceutical Press and American Pharmacists Association; 2009. 917p.

29. Rebecca W, Vicky B. Handbook of drug administration via enteral feeding tubes. 3. ed. London: Pharmaceutical Press; 2015. 753p.
30. Nahata MC AL, Allen Jr LV. Extemporaneous drug formulations. Clin Ther. 2008;30(11).
31. Brasil. Ministério da Saúde. Agência Nacional de Vigilância Sanitária (Anvisa). RDC 318, de 6 de novembro de 2019. Diário Oficial da União de 7 de novembro de 2019.
32. Brasil. Ministério da Saúde. Agência Nacional de Vigilância Sanitária (Anvisa). RDC 220, de 21 de setembro de 2004. Aprova o Regulamento Técnico de funcionamento dos Serviços de Terapia Antineoplásica. Diário Oficial da União de 23 de setembro de 2004.
33. Torre LA, Bray F, Siegel RL, Ferlay J, Lortet-Tieulent J, Jemal A. Global cancer statistics, 2012. CA Cancer J Clin. 2015;65(2):87-108.
34. International Society of Oncology Pharmacy Practitioners (ISOPP). Standards of practice safe handling of cytotoxics. J Oncol Pharm Pract. 2007;13(Suppl):1-81.
35. Easty AC, Coakley N, Cheng R, Cividino M, Savage P, Tozer R, White RE. Safe handling of cytotoxics: guideline recommendations. Curr Oncol. 2015;22(1):e27-e37.
36. Holle LM, Michaud LB. Oncology pharmacists in health care delivery: vital members of the cancer care team. J Oncol Pract. 2014;10(3):e142-145.
37. Associação Brasileira de Normas Técnicas (ABNT). NBR ISO 9001, de 30 de setembro de 2015. Sistema de Gestão da Qualidade - Requisitos. São Paulo: ABNT; 2015.
38. Escobar GF. Instalação e manutenção de serviço de terapia antineoplásica, São Paulo: Elsevier; 2008.
39. Brasil. Ministério da Saúde. Agência Nacional de Vigilância Sanitária (Anvisa). RDC 50, de 21 de fevereiro de 2002. Dispõe sobre o Regulamento Técnico para planejamento, programação, elaboração e avaliação de projetos físicos de estabelecimentos assistenciais de saúde. Diário Oficial da União de 20 de março de 2002.
40. Brasil. Ministério da Saúde. Agência Nacional de Vigilância Sanitária (Anvisa). RDC 306, de 7 de dezembro de 2004. Dispõe sobre o Regulamento Técnico para o gerenciamento de resíduos de serviços de saúde. Diário Oficial da União de 10 de dezembro de 2004.
41. Brasil. Ministério do Trabalho e Emprego. Portaria n. 485, de 11 de novembro de 2005. Aprova a Norma Regulamentadora 32 (Segurança e Saúde no Trabalho em Estabelecimentos de Saúde). Diário Oficial da União de 16 de novembro de 2005.
42. Sociedade Brasileira de Farmacêuticos em Oncologia (Sobrafo). I Consenso Brasileiro para Boas Práticas de Preparo da Terapia Antineoplásica. São Paulo: Segmento Farma; 2014.
43. Brasil. Conselho Federal de Farmácia (CFF). Resolução n. 565 de 6 de dezembro de 2012. Dá nova redação aos artigos 1º, 2º e 3º da Resolução/CFF n. 288 de 21 de março de 1996 (Dispõe sobre a competência legal para atuação do farmacêutico nos serviços de oncologia). Diário Oficial da União de 7 de dezembro de 2012.
44. Brasil. Conselho Federal de Farmácia (CFF). Resolução n, 640, de 27 de abril de 2017. Dá nova redação ao artigo 1º da Resolução/CFF n. 623/2016, estabelecendo titulação mínima para a atuação do farmacêutico na oncologia. Diário Oficial da União de 5 de maio de 2017.
45. Brasil. Ministério da Saúde. Portaria n. 3.916 de 30 de outubro de 1998. Aprova a Política Nacional de Medicamentos. Diário Oficial da União de 10 de novembro de 1998.
46. Brasil. Ministério da Saúde. Portaria n. 874 de 16 de maio de 2013. Institui a Política Nacional para a Prevenção e Controle do Câncer na Rede de Atenção à Saúde das Pessoas com Doenças Crônicas no âmbito do Sistema Único de Saúde (SUS). Diário Oficial da União de 17 de maio de 2013.
47. Connor TH, Lawson CC, Polovich M, McDiarmid MA. Reproductive health risks associated with occupational exposures to antineoplastic drugs in health care settings: a review of the evidence. J Occup Environ Med. 2014;56(9):901-10.
48. Vyas N, Yiannakis D, Turner A, Sewell GJ. Occupational exposure to anti-cancer drugs: a review of effects of new technology. J Oncol Pharm Pract. 2014;20(4):278-87.
49. Waitzberg DL. Nutrição oral, enteral e parenteral na prática clínica. 4. ed. São Paulo: Atheneu; 2009.

50. Federal Standard n. 209E, General Services Administration, Washington, DC, 20407 (US FS 209E, 1992).
51. Novaes MRCG. Terapia nutricional parenteral. In: Gomes MJVM, Reis AMM. Ciências farmacêuticas: uma abordagem em farmácia hospitalar. São Paulo: Atheneu; 2001.
52. Novaes MRCG. Nutrição parenteral. In: Storpirts S, Mori ALPM, Yochiy A, Ribeiro E, Porta V. Farmácia clínica e atenção farmacêutica. Rio de Janeiro: Guanabara Koogan; 2008.
53. Brasil. Decreto-lei n. 85.878, de 7 de outubro de 1981. Estabelece normas para execução de Lei n. 3.820, de 11 de novembro de 1960, sobre o exercício da profissão de farmacêutico, e dá outras providências. Disponível em: http://www.cff.org.br/userfiles/file/decretos/85878.pdf [Acesso em: 12 jan. 2020].
54. Conselho Federal de Enfermagem (CFF). Resolução 161, de 14 de maio de 1993.
55. Conselho Federal de Farmácia (CFF). Resolução 247, de 8 de março de 1993.
56. Conselho Federal de Farmácia (CFF). Resolução 292, de 21 de junho de 1996.
57. Brasil. Ministério da Saúde. Portaria n. 272, de 8 de abril de 1998. Diário Oficial da União de 15 de abril de 1999.
58. Sociedade Brasileira de Nutrição Parenteral e Enteral. Comitê de Farmácia. Recomendações no preparo de soluções estéreis. Rev Bras Nutr Clin. 1997;12(3):S1-S33.
59. Novaes MRCG, Lima LAM, Souza MV. Maillard's reaction in parenteral solutions supplemented with arginine. Arch Latinoamer Nutr. 2001;5:265.
60. Pontes FM, Novaes MRCG, Margotto PR, Costa CF. Nutrição parenteral. In: Margotto PR. Assistência ao recém-nascido de risco. 3. ed. Brasília: ESCS; 2013. 670p.
61. Mena MTM, Martínez SF, Púa YL, Suñé EL, Jané CC, Sala JR. Descrpción del proceso de certificación ISO 9001/2000 en el área de nutrición parenteral. Farm Hosp. 2007;31(6):370-4.
62. Sociedade Brasileira de Farmácia Hospitalar. Guia de Boas Práticas em Farmácia Hospitalar e Serviços de Saúde. São Paulo: Vide o Verso; 2009.
63. ASPEN. Board of Directors. Definitions of terms used in A.S.P.E.N. Guidelines and standards. NCP. 1995;10(1):1B3.
64. NR 07 MT. Programa de Controle Médico de Saúde Ocupacional – PCMSO.
65. Mascarenhas MBJ, Barros RS, Martins BCC, Loureiro CV, Araújo TDV, Ponciano MAS, Fonteles MMF. Soluções de nutrição parenteral neonatal em hospital de ensino brasileiro: da indicação à administração. Rev Bras Farm Hosp Serv Saúde São Paulo. 2015;6(2):18-23.
66. Silva RF, Novaes MRCG. Interactions between drugs and drugs-nutrient in enteral nutrition: a review based on evidences. Nutr Hosp. 2014;30:514-8.
67. Calvo MV, García-Rodicio S, Inaraja MT, Martinez-Vázquez MJ, Sirvent M. Estándares de práctica del farmacéutico de hospital en el soporte nutricional especializado. Farm Hosp. 2007;31(3):177-91.

8

Cuidado farmacêutico

Autores
Felipe Dias Carvalho
Michelle Silva Nunes
Maria Lúcia Rodrigues
Andréia Cordeiro Bolean

INTRODUÇÃO

O medicamento é a "ferramenta" terapêutica mais largamente utilizada em tratamentos de saúde. Em nível terciário de atenção, poucas são as situações nas quais um paciente é admitido em um hospital e recebe alta sem ter tido ao menos um medicamento prescrito, seja para fins profiláticos, seja curativo, paliativo ou diagnóstico.

Fatores de diversas naturezas, como culturais, sociais, econômicos e políticos, influenciam a prescrição e o uso de medicamentos em muitos países. A realidade brasileira não é diferente, sendo a assistência à saúde baseada em um modelo excessivamente medicalizado. Cabe aos medicamentos papel fundamental no processo terapêutico.

Infelizmente esse panorama favorece o uso indevido e/ou incorreto de medicamentos, constituindo grande problema de saúde pública de abrangência mundial que, além de causar danos aos pacientes, gera consequências econômicas negativas. Todavia, quando utilizados apropriadamente, os medicamentos são, na maioria das vezes, o recurso terapêutico mais eficaz no processo de restituição da saúde do paciente[1-3].

A utilização conveniente e adequada de medicamentos representa o chamado uso racional de medicamentos (URM), que é o processo que compreende a prescrição apropriada, a disponibilidade oportuna e a preços acessíveis, a dispensação em condições adequadas e o consumo nas doses indicadas, nos intervalos definidos e no período de tempo indicado, de medicamentos eficazes, seguros e de qualidade[4].

O URM favorece o alcance de resultados terapêuticos positivos por evitar a ocorrência de eventos adversos e outros problemas relacionados ao uso de medicamentos, com destaque para os erros de medicação e para a não adesão farmacoterapêutica. Desse modo, o URM pode evitar danos à saúde de usuários de medicamentos e hospitalizações custosas, tanto em termos de recursos monetários como de sofrimento para o paciente, devendo ser estimulado a partir da atenção básica[5-7]. Em nível terciário, o URM e de outras tecnologias sanitárias contribui sobremaneira para uma assistência mais efetiva, segura e menos onerosa, tornando o tratamento mais assertivo e diminuindo a estadia do paciente na instituição hospitalar.

Considerando as atribuições clínicas que lhe são pertinentes, o farmacêutico deve ser o principal profissional envolvido na promoção do URM, voltando seu olhar para uma visão holística do paciente, enxergando o medicamento apenas como uma parte, mesmo que essencial, de um tratamento que engloba uma série de outros fatores. É preciso que o farmacêutico transcenda a visão segmentada com foco apenas no produto farmacêutico e na preocupação de que chegue até o paciente, e se envolva cada vez mais com o uso do medicamento e, mais importante ainda, se comprometa com os resultados da terapia medicamentosa.

Historicamente, no âmbito hospitalar o farmacêutico possui papel de destaque pela aproximação com outros profissionais de saúde e pela inserção que conseguiu junto à equipe multiprofissional que presta cuidados diretamente ao paciente. Assim, o farmacêutico interage com os demais profissionais de saúde que atuam no hospital, podendo contribuir significativamente para melhora da farmacoterapia[8]. Ademais, o farmacêutico hospitalar pode atuar em contato direto com o próprio paciente, estando internado ou em atendimento ambulatorial.

Tal conjuntura favorece que o farmacêutico desempenhe atividades clínicas, seja de maneira pontual, seja de forma estruturada/sistematizada em seu conjunto como serviços clínicos, a partir das atribuições profissionais que lhe são inerentes. A importância da atuação clínica do farmacêutico foi confirmada por estudos diversos, dos quais alguns concluíram que a atuação desse profissional permitiu reduzir os erros de medicação em cerca de 66%, melhorou significativamente os resultados terapêuticos obtidos pelos pacientes e ajudou a modificar os padrões de qualidade da prescrição em populações especiais de pacientes. Uma revisão sistemática com metanálise sobre a atuação do farmacêutico na equipe multiprofissional em terapia intensiva demonstrou redução significativa na mortalidade, no tempo de internação na UTI e no número de eventos adversos preveníveis e não preveníveis[9,10].

Nesta edição do *Guia de boas práticas em farmácia hospitalar e serviços de saúde da Sbrafh*, a atuação clínica do farmacêutico hospitalar passa a ser abordada à luz da Resolução n. 585, de 29 de agosto de 2013, do Conselho Federal de Farmácia (CFF), que "regulamenta as atribuições clínicas do farmacêutico e dá outras providências"[11]. Tal abordagem visa a equalizar esta publicação com as diretrizes emanadas pelo órgão que regulamenta o exercício da profissão farmacêutica no Brasil, bem como com os conceitos e abordagens teórico-práticas que estão sendo considerados e utilizados na atualidade, em detrimento da abordagem clássica que trata da atuação clínica do farmacêutico apenas por meio das práticas de Farmácia Clínica e Atenção Farmacêutica.

Para fins de harmonização, considerando a grande variabilidade terminológica existente na literatura, este capítulo adotará como referência conceitual a publicação do CFF intitulada *Serviços farmacêuticos diretamente destinados ao paciente, à família e à comunidade: contextualização e arcabouço conceitual* para denominar os serviços farmacêuticos clínicos existentes nos hospitais[12].

Os serviços farmacêuticos compreendem um conjunto de atividades organizadas em um processo de trabalho, que visa a contribuir para a prevenção de doenças, a promoção, proteção e recuperação da saúde, e para a melhoria da qualidade de vida das pessoas. A Farmácia Clínica – área da Farmácia voltada à ciência e à prática do uso racional de medicamentos, na qual os farmacêuticos prestam cuidado ao paciente, com a finalidade de otimizar a farmacoterapia, promover saúde e bem-estar, e prevenir doenças – baseia-se no cuidado farmacêutico como modelo de prática, e orienta a provisão dos diferentes serviços farmacêuticos diretamente destinados ao paciente, à família e à comunidade. Como ciência, a Farmácia Clínica alicerça a provisão dos serviços e, em sua *práxis*, deve garantir que toda a terapia medicamentosa do paciente seja apropriadamente indicada para tratar seus problemas de saúde, que os medicamentos utilizados sejam os mais efetivos e seguros, e que haja adesão à terapia por parte do paciente[12].

ASPECTOS LEGAIS DO CUIDADO FARMACÊUTICO

Reconhecida no ano de 2013 pelo Ministério do Trabalho e Emprego, a partir da atualização da Classificação Brasileira de Ocupações (CBO) como um ramo de atuação do farmacêutico, sob o código 2234-45 – Farmacêutico hospitalar e clínico, a atuação clínica do farmacêutico representa hoje um vasto campo de atuação para o farmacêutico hospitalar, já consolidado em algumas regiões e hospitais do país, mas ainda a ser desbravado em muitos locais[13]. Em fevereiro de 2018, o Ministério da Saúde atualizou a tabela de procedimentos, medicamentos e OPME (Órteses, Próteses e Materiais Especiais) do SUS e vinculou o código 2234-05 – Farmacêutico – a 49 procedimentos remunerados pelo sistema.

Um dos marcos regulatórios mais importantes para o desenvolvimento da atuação clínica dos farmacêuticos foi o reconhecimento dessa área de atuação pelo Conselho Federal de Farmácia por meio da Resolução CFF 585/2013, que foi promulgada com o intuito de regulamentar as atribuições clínicas do farmacêutico no exercício de sua profissão dentro dos limites abrangidos pelo território brasileiro, nos diversos serviços e nos diferentes níveis de atenção à saúde.

Na sequência, transcreve-se o preâmbulo da referida resolução, que é autossuficiente na finalidade de apresentá-la:

> Esta resolução regulamenta as atribuições clínicas do farmacêutico que, por definição, constituem os direitos e responsabilidades desse profissional no que concerne à sua área de atuação. É necessário diferenciar o significado de "atribuições", escopo desta resolução, de "atividades" e de "serviços". As atividades correspondem às ações do processo de trabalho. O conjunto de atividades será identificado no plano institucional, pelo paciente ou pela sociedade como "serviços". Os diferentes serviços clínicos farmacêuticos, por exemplo, o acompanhamento farmacoterapêutico, a conciliação terapêutica ou a revisão da farmacoterapia caracterizam-se por um conjunto de atividades específicas de natureza técnica. A realização dessas atividades encontra embasamento legal na definição de atribuições clínicas do farmacêutico. Assim, uma lista de atribuições não corresponde, por definição, a uma lista de serviços. A Farmácia Clínica, que teve início no âmbito hospitalar, nos Estados Unidos, a partir da década de sessenta, atualmente incorpora a filosofia do *Pharmaceutical Care* e, como tal, expande-se a todos os níveis de atenção à saúde. Esta prática pode ser desenvolvida em hospitais, ambulatórios, unidades de atenção primária à saúde, farmácias comunitárias, instituições de longa permanência e domicílios de pacientes, entre outros. A expansão das atividades clínicas do farmacêutico ocorreu, em parte, como resposta ao fenômeno da transição demográfica e epidemiológica observado na sociedade. A crescente morbimortalidade relativa às doenças e agravos não transmissíveis e à farmacoterapia repercutiu nos sistemas de saúde e exigiu um novo perfil do farmacêutico. Nesse contexto, o farmacêutico contemporâneo atua no cuidado direto ao paciente, promove o uso racional de medicamentos e de outras tecnologias em saúde, redefinindo sua prática a partir das necessidades dos pacientes, família, cuidadores e sociedade. Por fim, é preciso reconhecer que a prática clínica do farmacêutico em nosso país avançou nas últimas décadas. Isso se deve ao esforço visionário daqueles que criaram os primeiros serviços de Farmácia Clínica no Brasil, assim como às ações lideradas por entidades profissionais, instituições acadêmicas, organismos internacionais e iniciativas governamentais. As distintas realidades e as necessidades singulares de saúde da população brasileira exigem bastante trabalho e união de todos. O êxito das atribuições descritas nesta resolução deverá ser medido pela efetividade das ações propostas e pelo reconhecimento por parte da sociedade do papel do farmacêutico no contexto da saúde.

A Resolução CFF 585/2013 agrupou as atribuições clínicas do farmacêutico em três blocos, conforme o Quadro 8.1, no qual estão resumidas as principais atribuições que se relacionam com os serviços clínicos na farmácia hospitalar.

Quadro 8.1. Atribuições clínicas do farmacêutico na farmácia hospitalar

Cuidado	▪ Promover o cuidado centrado no paciente ▪ Desenvolver ações de promoção, proteção, recuperação e educação em saúde, e de prevenção de doenças e agravos, integrado aos demais membros da equipe de saúde ▪ Acessar o prontuário do paciente, organizar, interpretar e resumir as informações necessárias para avaliar o paciente ▪ Fazer a anamnese farmacêutica ▪ Fazer a conciliação de medicamentos na admissão e nos momentos de transição do cuidado ▪ Participar do planejamento da farmacoterapia, avaliar e analisar a prescrição quanto aos aspectos legais e técnicos ▪ Solicitar exames laboratoriais, no âmbito de sua competência profissional, com a finalidade de monitorar os resultados da farmacoterapia ▪ Determinar parâmetros bioquímicos e fisiológicos do paciente, para fins de acompanhamento da farmacoterapia e rastreamento em saúde ▪ Prevenir, identificar, avaliar e intervir nos incidentes relacionados aos medicamentos e a outros problemas relacionados à farmacoterapia ▪ Elaborar o plano de cuidado farmacêutico do paciente ▪ Pactuar com o paciente e, se necessário, com outros profissionais da saúde as ações de seu plano de cuidado ▪ Orientar e auxiliar pacientes, cuidadores e equipe de saúde quanto à administração de formas farmacêuticas ▪ Realizar intervenções farmacêuticas e emitir parecer farmacêutico com o propósito de auxiliar na seleção, adição, substituição, ajuste ou interrupção da farmacoterapia do paciente ▪ Fazer a evolução farmacêutica e registrar no prontuário do paciente ▪ Avaliar, periodicamente, os resultados das intervenções farmacêuticas realizadas, construindo indicadores de qualidade dos serviços clínicos prestados ▪ Avaliar e acompanhar a adesão dos pacientes ao tratamento, e realizar ações para sua promoção ▪ Realizar ações de rastreamento em saúde, baseadas em evidências técnico-científicas e em consonância com as políticas de saúde vigentes
Comunicação e educação	▪ Estabelecer processo adequado de comunicação, individual e coletiva, com os pacientes, seus familiares e cuidadores, a equipe de saúde e a sociedade ▪ Fornecer informações sobre medicamentos à equipe de saúde, orientar e educar os pacientes, a família, os cuidadores e a sociedade sobre temas relacionados à saúde, ao uso racional de medicamentos e a outras tecnologias em saúde ▪ Desenvolver e participar de programas educativos, elaborar materiais destinados à promoção, proteção e recuperação da saúde e prevenção de doenças e de outros problemas relacionados para grupos de pacientes ▪ Desenvolver e participar de programas e cursos de formação profissional, treinamento e educação continuada de recursos humanos na área da saúde

(Continua)

Quadro 8.1. Atribuições clínicas do farmacêutico na farmácia hospitalar *(continuação)*

Gestão	▪ Participar da coordenação, supervisão, auditoria, acreditação e certificação de ações e serviços no âmbito das atividades clínicas do farmacêutico ▪ Aplicar a gestão de processos e projetos, por meio de ferramentas e indicadores de qualidade aos serviços clínicos prestados ▪ Gerenciar informações que orientem a tomada de decisões baseadas em evidência, no processo de cuidado à saúde e na avaliação de tecnologias de saúde ▪ Participar da elaboração e implementação de protocolos clínicos e diretrizes para a utilização de medicamentos e outras tecnologias em saúde, e demais normativas que envolvam as atividades clínicas ▪ Desenvolver ações para prevenção, identificação e notificação de incidentes e queixas técnicas relacionadas aos medicamentos e a outras tecnologias em saúde ▪ Participar de comissões e comitês voltados para a promoção do uso racional de medicamentos e da segurança do paciente ▪ Participar do planejamento, coordenação e execução de estudos epidemiológicos e demais investigações de caráter técnico-científico na área da saúde ▪ Documentar todo o processo de trabalho do farmacêutico

As atribuições expostas no Quadro 8.1 permitem ao farmacêutico proporcionar cuidados de modo a melhorar a qualidade de vida de pacientes, famílias e comunidade, principalmente por meio da otimização da terapia medicamentosa, realizando atividades de promoção, proteção e recuperação da saúde, além da prevenção de doenças e de outros agravos.

Tais atribuições constituem o arcabouço legal para a atuação clínica do farmacêutico no Brasil e refletem os direitos, deveres, responsabilidades e competências necessários a esse profissional para o desenvolvimento de atividades e para a estruturação de serviços clínicos na farmácia hospitalar, seja em âmbito público, seja privado, em conformidade com as políticas do Sistema Único de Saúde (SUS), da assistência suplementar e com as diretrizes institucionais de cada hospital.

Recentemente o CFF regulamentou as atribuições dos farmacêuticos em especialidades clínicas específicas, com a finalidade de atender a necessidades normativas inerentes a determinados serviços de saúde, como os serviços de diálise e as unidades de terapia intensiva.

A Resolução n. 672, de 18 de setembro de 2019, dispõe sobre as atribuições do farmacêutico no âmbito dos serviços de diálise e normatiza suas responsabilidades quanto ao cuidado de pacientes em diálise, o ensino e a pesquisa nesses serviços, a gestão da farmácia e dos serviços clínicos, bem como os aspectos sanitários e técnicos relativos à manipulação de soluções diálise, como o concentrado polieletrolítico para hemodiálise (CPHD)[14].

As unidades de terapia intensiva (UTI) internam pacientes em estado grave cujo nível de complexidade torna o cuidado farmacêutico essencial; portanto, é uma das especialidades clínicas em que farmacêuticos atuam há mais tempo. A Resolução n. 675, de 31 de outubro de 2019, regulamenta as atribuições do farmacêutico clínico em UTI, com base na Resolução n. 585/2013, e aborda aspectos particulares do cuidado a pacientes críticos, como o acompanhamento da terapia nutricional, a visita clínica à beira do leito para avaliação dos acessos venosos, incompatibilidades, adaptações de formas farmacêuticas e velocidade de infusão dos medicamentos, ajustes de doses e importância da integração multiprofissional, entre outros. A Resolução propõe que o farmacêutico clínico da UTI tenha dedicação exclusiva e seja responsável por até 15 pacientes, considerando as condições de trabalho oferecidas pelo hospital, com o objetivo de cumprir suas atribuições[15].

Adiante serão abordados os principais serviços clínicos farmacêuticos, à luz das publicações do CFF, da literatura científica e da aplicação prática dos princípios do cuidado farmacêutico.

RECURSOS HUMANOS

O cuidado farmacêutico é um exercício profissional que se responsabiliza pelas necessidades de saúde do indivíduo e da sociedade, de modo a estabelecer um compromisso na redução da morbidade e mortalidade relacionada a medicamentos e com a qualidade de vida do paciente. Para assumir tal responsabilidade, é necessário que o farmacêutico tenha uma preparação especial, novos conhecimentos, habilidades específicas e um sistema de valores fundamentado na pessoa humana[16].

O Committee on Clinical Pharmacy da American Society of Health-System Pharmacists (ASHP) define Farmácia Clínica como ciência da saúde cuja responsabilidade é assegurar, mediante a aplicação de conhecimentos e funções relacionadas com o cuidado de pacientes, que o uso dos medicamentos seja seguro e apropriado, e necessita de educação especializada ou treinamento estruturado. Requer também que a coleção e a interpretação de dados sejam rigorosas, que exista motivação pelo paciente e interação multiprofissional. Além das sete habilidades consideradas essenciais, pela OMS, para o desenvolvimento dos farmacêuticos, descritas no Capítulo 2, no item "Desenvolver pessoas e equipes", a ASHP propõe que esse profissional deve estar em contínuo desenvolvimento de suas competências, entre as quais se destacam:

1. Desenvolver o interesse genuíno pelo paciente como centro do cuidado.

2. Desenvolver a análise crítica.
3. Aprender a tomar a melhor decisão com base nas informações disponíveis.
4. Desenvolver uma comunicação efetiva[17].

É fundamental que os cursos de formação em farmácia hospitalar e clínica ofereçam uma educação humanística e ética, capaz de desenvolver as habilidades necessárias citadas, e que todos os profissionais que realizem serviços clínicos tenham consciência de sua responsabilidade e sustentem os seguintes valores éticos[12,16]:

- Fazer atendimento humanizado.
- Prestar cuidado centrado no paciente.
- Trabalhar com empatia, sensibilidade, paciência, compreensão e honestidade.
- Promover o respeito mútuo, confiança e confidencialidade.
- Contribuir para o desenvolvimento da autonomia do paciente.
- Desenvolver vínculo terapêutico com o paciente.
- Desempenhar seus serviços com respeito ao meio ambiente, paciente, família, comunidade e outros profissionais da saúde.
- Atuar considerando os preceitos de beneficência e de não maleficência.
- Buscar equidade do cuidado à saúde e entender o significado de atenção à saúde em uma perspectiva ampla de saúde coletiva, assim como das implicações de suas decisões.
- Atuar com cidadania.
- Promover o uso racional de medicamentos e outras tecnologias.
- Colaborar com os envolvidos no processo de cuidado: familiares, outros profissionais e comunidade.
- Tomar decisões com base em conhecimentos e informações pautados nas melhores evidências científicas disponíveis e na saúde baseada em valor.
- Documentar todo o processo de trabalho.
- Administrar o serviço (planejamento, monitoramento e avaliação).
- Ter competência para desempenhar os serviços clínicos e agir com responsabilidade, de modo a não praticar negligência, imperícia ou imprudência.

O Quadro 8.2 mostra os padrões mínimos da Sbrafh para recursos humanos em áreas ligadas ao desenvolvimento dos serviços clínicos no hospital[18].

Para o cuidado farmacêutico de pacientes críticos, a Resolução n. 675/2019 preconiza um farmacêutico para até 15 pacientes, como já mencionado. Além disso, as instituições de saúde devem viabilizar recursos humanos suficientes para atingir as metas do Ministério da Saúde e da OMS e prezar pela segurança do paciente, a qualidade da assistência, a efetividade da terapia medicamentosa,

Quadro 8.2. Padrões mínimos de recursos humanos preconizados pela Sbrafh relacionados às atividades e serviços farmacêuticos clínicos

Atividade	Recursos humanos
Programas de acompanhamento farmacêutico	1 farmacêutico por consultório do Programa de Atenção Farmacêutica (2 consultas/hora, primeira consulta com 1 hora de atendimento)
Atividades clínicas (paciente internado em unidades de baixa e média complexidade)	1 farmacêutico para cada unidade clínica com até 40 leitos
Atividades clínicas (pacientes internados em unidades de alta complexidade)	1 farmacêutico por unidade clínica (máximo de 30 leitos)
Assistência domiciliar	1 farmacêutico por turno de atendimento
Orientação farmacêutica	1 farmacêutico (dispensação orientada) para cada 100 pacientes/dia
Farmacovigilância	1 farmacêutico exclusivo
Informações sobre medicamentos	1 farmacêutico exclusivo
Pesquisa clínica (ensaios clínicos)	1 farmacêutico exclusivo

o uso racional de medicamentos e produtos para a saúde, o controle de infecção e o cumprimento da legislação sanitária vigente.

A atuação clínica dos farmacêuticos busca trocar o foco na técnica tradicional por atividades que assegurem melhor terapia medicamentosa e a segurança do paciente. Isso requer uma mudança na filosofia, organização e funções do farmacêutico, desde o ensino da farmácia. A reprofissionalização só será completa quando todos os farmacêuticos entenderem sua responsabilidade social em assegurar uma terapia medicamentosa segura e efetiva para cada paciente individualmente[19].

O EXERCÍCIO DO CUIDADO FARMACÊUTICO NOS SERVIÇOS DE SAÚDE

A necessidade do cuidado farmacêutico foi constata na década de 1960 pelo farmacêutico e filósofo Charles D. Hepler e seus colaboradores, que reuniram estudos científicos capazes de comprovar que o tratamento farmacológico implica riscos, que o custo da morbidade relacionada a medicamentos pode ser substancialmente maior que o tratamento em si, e que os serviços farmacêuticos podem melhorar os resultados da farmacoterapia e reduzir os custos da assistência[19]. Bem antes de a segurança do paciente se tornar política pública em todo o mundo, Hepler e colaboradores já argumentavam em suas publicações que os medicamentos industrializados não eram um fim em si mesmos e que o *pharmaceutical care* poderia minimizar os riscos do tratamento farmacológico e otimizar seus resultados, contribuindo para uma farmacoterapia racional e segura[19].

A percepção da necessidade de sistematizar o cuidado farmacêutico para concretizar seu exercício levou Linda Strand e colaboradores a desenvolverem o conceito de problema relacionado a medicamentos (PRM), com o intuito de direcionar o foco do cuidado farmacêutico à utilização dos medicamentos e categorizar suas intervenções. O PRM é um problema de saúde, relacionado ou suspeito de estar relacionado à farmacoterapia, que interfere ou pode interferir nos resultados terapêuticos e na qualidade de vida do usuário, como uma reação adversa ou o não uso de um medicamento necessário[20]. Essa classificação é a base dos resultados do primeiro método de sistematização do cuidado farmacêutico, proposto por um grupo de pesquisadores da Universidade de Minnesota, o *Pharmacist´s Workup of Drug Therapy* (PWDT), desenvolvido a partir de modelos de organização do prontuário médico, e que deu origem a diversos outros métodos, sobre os quais discorreremos adiante.

Com o avanço da discussão sobre os serviços clínicos farmacêuticos, a modernização dos sistemas de saúde e dos processos de trabalho, considerando as diferentes realidades entre países desenvolvidos e países em desenvolvimento, a classificação de PRM proposta pelo grupo de Minnesota vem se tornando obsoleta na prática clínica, uma vez que a ampliação dos desafios para o farmacêutico clínico envolve uma lógica de cuidado cada vez mais centrado na pessoa, e não no produto. Atualmente lidamos com mais e novos PRM, em um modelo de atenção integral à saúde que amplia o cuidado farmacêutico para além da utilização de medicamentos.

Novas propostas de classificação de PRM, a exemplo do terceiro consenso de Granada, têm surgido na literatura científica; no entanto, cada vez mais se percebe uma tendência a personalizar a categorização de PRM de acordo com o perfil da instituição de saúde, da linha de cuidado e dos pacientes atendidos. Desse modo, a compreensão da filosofia e princípios dessa classificação, além de seu desenvolvimento, pode ser muito mais útil para os serviços de saúde que a utilização de uma classificação predefinida[19,21]. Os métodos tradicionais de sistematização do cuidado farmacêutico igualmente passam por diversas transformações, a fim de suprir a necessidade contemporânea de um sistema de saúde universal, equitativo e integral, que procura suprir todas as necessidades de saúde do indivíduo na sociedade[22].

Independentemente dos métodos e classificações empregados, o objetivo do cuidado farmacêutico é alcançar resultados concretos que melhorem a qualidade de vida do paciente, seja por meio da cura da doença, da eliminação ou redução dos sinais e sintomas, da regressão do processo patológico ou da prevenção de novas doenças ou agravos. Qualquer metodologia que proponha sistematizar o cuidado farmacêutico precisa entregar resultados clínicos, econômicos e/ou humanísticos, de modo a comprovar eficiência na prevenção de riscos, na identificação de PRM e na otimização da farmacoterapia, portanto a validação científica de novos modelos de cuidado farmacêutico e dos serviços clínicos é imprescindível[16,19]. Os princípios fundamentais no desenvolvimento de novas metodologias envolvem os seguintes passos[12,19]:

- Manter o cuidado centrado no paciente.
- Identificar a maior demanda de serviços.
- Determinar indicadores de desempenho.
- Desenvolver novos métodos de gestão – planejamento, organização, controle, avaliação – com o objetivo de otimizar o tempo e documentar os resultados.
- Cultivar habilidades e conhecimentos da equipe.
- Desenvolver a análise crítica das informações.
- Tomar a melhor decisão com base nas informações disponíveis.
- Estabelecer uma comunicação efetiva.

O ciclo do cuidado farmacêutico, ilustrado na Figura 8.1, fundamenta-se na avaliação do paciente e da prescrição, para identificar as intervenções necessárias, com o objetivo de obter os melhores resultados. Como demonstrado no ciclo da assistência farmacêutica (Figura 1.1, Capítulo 1), a gestão do cuidado

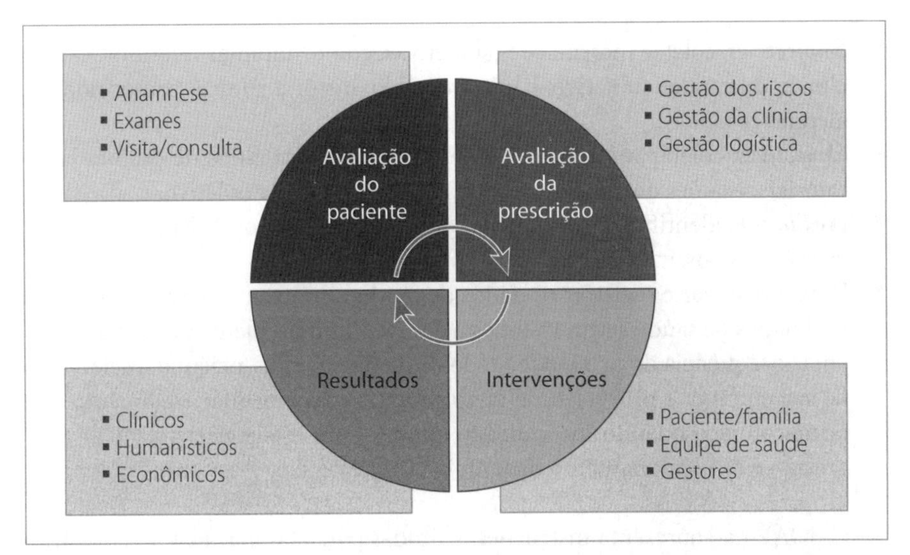

Figura 8.1 Ciclo do cuidado farmacêutico.

farmacêutico envolve os serviços clínicos e demais aspectos relacionados ao cuidado farmacêutico, que serão mais bem detalhados nos tópicos seguintes.

A complexidade do corpo humano e suas respostas subjetivas, especialmente em más condições de saúde, necessitam de uma organização das informações sobre o indivíduo que facilite os processos de avaliação, tomada de decisão, intervenção, registro e avaliação dos resultados (reavaliação). Os métodos de sistematização do cuidado garantem a comunicação entre a equipe de cuidadores e com o paciente, a continuidade do cuidado, e um banco de dados útil à pesquisa científica, além de segurança jurídica para os profissionais, instituições e pacientes, caso sejam documentados no prontuário do paciente.

O SOAP é um modelo de organização do prontuário clínico desenvolvido pelo médico Lawrence Weed na década de 1960 e tem sido o ponto de partida para o desenvolvimento das metodologias aplicadas ao cuidado farmacêutico[19,23]. Weed procurava um meio pelo qual seus alunos não precisassem buscar as mesmas informações diariamente, uma forma que os ajudasse a otimizar tempo para ampliar o cuidado e que os auxiliasse a conectar as informações de acordo com o diagnóstico e o tratamento dos pacientes. O SOAP é um mnemônico em que cada letra se refere a uma ação: o registro e a organização de informações sobre o estado de saúde do paciente, a avaliação com base nessas informações e a definição de um plano de cuidado, que deve ser avaliado diariamente de acordo com os resultados[23].

Para o cuidado farmacêutico, a aplicação do SOAP agrupa as seguintes atividades:

- **S***ubjectives*: coletar informações subjetivas, como sintomas referidos, exame clínico de caráter subjetivo, hábitos de vida, história clínica, comorbidades, alergias relatadas.
- **O***bjectives*: coletar informações objetivas, como resultados de exames laboratoriais, exames de imagem, exames físicos de caráter objetivo.
- **A***valiation*: identificar os problemas de saúde, detectar os PRM reais e potenciais e suas possíveis causas.
- **P***lan*: organizar e registrar os dados de modo a contribuir para que todos os problemas de saúde sejam tratados e que nenhum problema de saúde ocorra em consequência do uso inadequado de medicamentos, orientar a seleção da farmacoterapia e utilização de medicamentos, recomendar tratamento não farmacológico quando for indicado, monitorar e estabelecer metas de progressão e de escalonamento da terapia farmacológica.

O SOAP não apresenta instruções definidas para a avaliação e o plano. Essa versatilidade permite sua adaptação a diversos modelos de cuidado. Portanto, os métodos tradicionais de Farmácia Clínica, cujos principais estão descritos a seguir, foram desenvolvidos com base no SOAP, com o objetivo de propor modelos de avaliação e registros relacionados ao plano de cuidado. O SOAP e suas derivações são os melhores métodos empregados no ensino da Farmácia Clínica em ambiente hospitalar.

O PWDT (*pharmacist's workup of drug therapy*) é baseado no SOAP e foi desenvolvido na Universidade de Minnesota para o cuidado farmacêutico a pacientes hospitalizados. O método é composto por três passos: análise dos dados, plano de cuidado e monitoração/avaliação. Na análise de dados, propõe a avaliação do paciente por meio da anamnese e revisão dos sistemas fisiológicos. Estabelece diretrizes para a análise da prescrição por meio da identificação e classificação de PRM (Quadro 8.3) com o objetivo de elaborar um plano de cuidado que permita a monitoração da farmacoterapia e avaliação contínua da efetividade do tratamento farmacológico e não farmacológico selecionado[19,20].

Quadro 8.3 Classificação de PRM, segundo o grupo de Minnesota

Classificação	Problema farmacoterapêutico (PF)
Necessidade	PF 1: Necessita de tratamento farmacológico inicial
	PF 2: Tratamento farmacológico desnecessário
Efetividade	PF 3: Medicamento inadequado
	PF 4: Dose do medicamento inferior à necessitada
Segurança	PF 5: Dose do medicamento superior à necessitada
	PF 6: Reação adversa aos medicamentos
Adesão	PF 7: Adesão apropriada ao tratamento farmacológico

Para implementação do cuidado farmacêutico nos serviços de saúde no Brasil, o PWDT é considerado um método complexo, pois o modelo proposto de avaliação do paciente requer experiência e autonomia. A classificação de PRM não abrange a totalidade de problemas encontrados em nossa realidade, como incompatibilidades medicamentosas e adaptações de formas farmacêuticas. A documentação de informações necessita de disponibilidade de tempo do farmacêutico exclusiva para o cuidado, inexequível na maioria dos serviços. No entanto, os princípios do método podem ser utilizados para o desenvolvimento de instrumentos personalizados, capazes de documentar resultados dentro da realidade existente, de modo a unir práticas executáveis, de acordo com tempo e recursos.

O DADER foi desenvolvido por Maria José Faus Dader e colaboradores na Universidade de Granada. À prova do que foi dito anteriormente, este método é derivado do PWDT e foi desenvolvido para implementação do cuidado farmacêutico em farmácias comunitárias na Espanha. Incorpora elementos específicos à análise de dados, personalizados ao modelo de atenção nos estabelecimentos de saúde daquele país, como a oferta de serviços farmacêuticos e a solicitação ao paciente que leve até a farmácia a "sacola de medicamentos", ou seja, os medicamentos que usa e/ou armazena em casa. A metodologia DADER se desenvolve em quatro etapas:

1. Primeira entrevista – uma anamnese completa e focada na farmacoterapia.
2. Análise situacional – em que o farmacêutico estuda e avalia os dados, identifica e classifica os PRM (Quadro 8.4) e os resultados negativos relacionados a medicamentos (RNM – Quadro 8.5).
3. Intervenção – em que se estabelece a resolução ou prevenção dos PRM e RNM.
4. Avaliação e registro dos resultados das intervenções e nova análise situacional[21].

Quadro 8.4 Lista de PRM, segundo o Terceiro Consenso de Granada

Erro de administração
Características pessoais
Armazenamento inadequado
Contraindicações
Dose, horário e/ou duração insuficientes
Duplicidade
Erros de dispensação
Erros de prescrição
Não adesão ao tratamento
Interações medicamentosas
Outros problemas de saúde que afetam o tratamento
Probabilidade de efeitos adversos
Problema de saúde e insuficientemente tratada
Outro

A validação inicial e a atualização do método DADER ocorrem por meio de um consenso de especialistas, já realizado em três edições, na cidade de Granada (Espanha). O Terceiro Consenso de Granada propôs um conceito de PRM que ocorre naquelas situações em que o processo de uso de medicamentos pode causar ou conduzir ao aparecimento de um RNM. Os RNM são os resultados para a saúde do paciente não consistentes com os objetivos da farmacoterapia e estão associados com o uso de medicamentos ou erros de medicação. Uma suspeita de RNM é a situação em que o paciente está em risco, podendo sofrer um problema de saúde associado ao uso de medicamentos, geralmente pela existência de um ou mais PRM, que podem ser considerados fatores de risco para esse RNM[21].

Quadro 8.5 Classificação de RNM, baseada nas três necessidades fundamentais da farmacoterapia, segundo o Terceiro Consenso de Granada

Classificação	Resultados negativos associados aos medicamentos (RNM)
Necessidade	Problema de saúde não tratado: O paciente sofre um problema de saúde associado ao não recebimento de um medicamento de que precisa
	Efeito de medicação desnecessária: O paciente sofre um problema de saúde associado com o recebimento de um medicamento de que não precisa
Efetividade	Inefetividade não quantitativa: O paciente sofre um problema de saúde associado a uma inefetividade não quantitativa da medicação
	Inefetividade quantitativa: O paciente sofre um problema de saúde associado com inefetividade quantitativa da medicação
Segurança	Falta de segurança não quantitativa: O paciente sofre um problema de saúde associado a uma incerteza não quantitativa quanto a um medicamento
	Falta de segurança quantitativa: O paciente sofre um problema de saúde associado a uma insegurança quantitativa quanto a um medicamento

O modelo proposto pelo DADER para avaliação do paciente é de mais fácil aplicação, comparado ao PWDT; entretanto, as consultas e a documentação requerem extensa disponibilidade de tempo e infraestrutura adequada, fatores que podem ser limitantes no contexto das farmácias comunitárias no Brasil. É um dos melhores métodos para o ensino da Farmácia Clínica em farmácias comunitárias e ambulatoriais, e seus fundamentos podem ser utilizados no desenvolvimento de novas metodologias cientificamente validadas, adaptadas ao perfil desses serviços.

O TOM (*therapeutic outcomes monitoring*), também baseado no SOAP, foi desenvolvido por Charles D. Hepler e colaboradores, na Universidade da Flórida, para o cuidado farmacêutico na farmácia comunitária. Apesar de não ter avançado nos processos de validação e atualização, segundo conclusões do autor, por motivos de conflito com os objetivos de um mercado voltado para os produtos farmacêuticos nos Estados Unidos à época, o TOM propõe um modelo de cuidado farmacêutico simples, prático e com resultados relevantes. O método é voltado à gestão da condição de saúde e à prescrição de medicamentos, propondo uma avaliação mais direcionada pela definição de parâmetros de monitoração, e não determina uma classificação de PRM[24].

Os resultados da validação inicial do TOM demonstraram que diretrizes práticas úteis podem ser ensinadas aos farmacêuticos em um curto espaço de tempo, e implementadas no atendimento de pacientes. Médicos e pacientes também tiveram uma boa aceitação do método, que é realizado em seis etapas:

1. Registro e interpretação das informações do paciente (dados objetivos e subjetivos).
2. Identificação do objetivo terapêutico de cada medicamento prescrito.
3. Avaliação da evolução do tratamento de acordo com os objetivos.
4. Determinação dos parâmetros de monitoração de risco e benefício.
5. Dispensação e orientação.
6. Reavaliação dos PRM e dos resultados clínicos[24].

Considerando o perfil dos pacientes e serviços de saúde no Brasil, os princípios do TOM são recomendados para o desenvolvimento de modelos de cuidado farmacêutico para as farmácias comunitárias e ambulatoriais cuja prioridade seja o cuidado centrado no paciente.

Diversos métodos vêm sendo validados e publicados com o objetivo de propor ferramentas mais eficientes para obter resultados clínicos, humanísticos e econômicos por meio do cuidado farmacêutico. Metodologias personalizadas para um perfil de paciente, doença ou condição de saúde costumam ser mais bem reprodutíveis, no contexto para o qual foram desenvolvidas, especialmente quando a validação ocorre em múltiplos centros e com tratamento estatístico adequado. É importante que a metodologia escolhida seja capaz de otimizar a avaliação, as intervenções e os resultados, concernentes à documentação, ao registro e ao tempo. Dificilmente existirá uma metodologia universal, no entanto o método ideal precisa estar de acordo com os princípios do cuidado farmacêutico: o paciente no centro do cuidado, a integração multiprofissional e a responsabilidade com a morbidade e mortalidade relacionada a medicamentos.

Avaliação do paciente

A avaliação do paciente é um dos maiores desafios do cuidado farmacêutico, pois envolve limites éticos, habilidades e conhecimento técnico aprofundado. Essa avaliação deve ser feita continuamente, primeiro para conhecer o paciente e seus problemas de saúde, depois para monitorar a resposta e os riscos da farmacoterapia. A anamnese engloba os serviços de rastreamento em saúde e a conciliação de medicamentos, além da documentação de informações sobre o paciente. A interpretação dos exames requer uma análise crítica que permeia os problemas de saúde do paciente, e os PRM e a visita (à beira do leito) ou consulta farmacêutica (no ambulatório) são as atividades responsáveis pela continuidade do cuidado e reavaliação do paciente.

Anamnese

É definida como procedimento de coleta de dados sobre o paciente, realizada pelo farmacêutico por meio de entrevista, com a finalidade de conhecer sua história de saúde, elaborar o perfil farmacoterapêutico e identificar suas necessidades relacionadas à saúde[11]. O PWDT propõe um roteiro para a realização da anamnese, mas alguns métodos sugerem o preenchimento de um formulário. É importante que o paciente se sinta à vontade para relatar os fatos; portanto, uma abordagem dinâmica pode ser mais eficiente que uma entrevista formal. O Quadro 8.6 apresenta uma sugestão de guia para realização da anamnese[25,26].

Quadro 8.6 Guia para a realização de anamnese farmacêutica

Apresentação	Identifique-se, explique o objetivo do seu trabalho e a importância das informações das quais está em busca
Identificação do paciente	Nome, idade, sexo, peso, altura, procedência e contexto biopsicossocial
História da doença atual	Motivo do internamento (ou da consulta), sinais e sintomas, diagnósticos e comorbidades
Antecedentes patológicos	Alergias, histórico de doenças, tratamentos farmacológicos e não farmacológicos realizados e vacinas
Uso prévio de medicamentos (dados para conciliação de medicamentos)	Medicamentos que usava antes da internação e/ou ainda em uso, automedicação, indicação, posologia, reações adversas e adesão
Hábitos de vida	Horário de sono e refeições, dieta, atividades físicas, etilismo, tabagismo, drogadição
Finalização	Explique resumidamente o tratamento farmacológico, informe que você está monitorando esse tratamento para que não haja riscos, solicite que seja avisado(a) caso o paciente apresente efeitos indesejáveis, informe quando será a próxima visita ou consulta

Exames

Os exames laboratoriais cujos resultados sejam parâmetros de monitoração para os problemas de saúde identificados, ou que estejam alterados em relação aos valores de referência, devem ser documentados para fins de avaliação da resposta terapêutica e dos riscos da farmacoterapia. Igualmente, os sintomas referidos pelo paciente, os resultados dos exames físicos realizados por profissionais de saúde habilitados, a verificação dos sinais vitais e o laudo dos exames de imagens, que indiquem alterações fisiológicas, também devem ser documentados e monitorados continuamente. Os meios de documentar os resultados de exames são diversos; o modelo ideal é o que seja capaz de agrupar os resultados relevantes para o monitoramento contínuo da resposta terapêutica e a detecção de PRM, que contribua para a avaliação do paciente e que seja executado em tempo hábil. O farmacêutico poderá solicitar exames laboratoriais com o objetivo de monitorar os benefícios e riscos da farmacoterapia e interpretar seu resultado com o intuito de contribuir para a individualização da terapia farmacológica. As alterações percebidas devem ser informadas e discutidas com o médico responsável pelo paciente para definição das condutas[11,15].

Visita

A visita difere da consulta farmacêutica, descrita no item de mesmo nome. É a atividade mais importante relacionada à continuidade do cuidado e à comunicação com o paciente, seus familiares, acompanhantes e a equipe multiprofissional. A visita farmacêutica à beira do leito tem o objetivo de coletar informações para avaliação e reavaliação do paciente, estabelecer um vínculo de confiança, identificar suas necessidades de saúde, a efetividade e a segurança dos medicamentos utilizados[15,16].

A visita multiprofissional, composta por todos os membros da equipe de saúde que estão responsáveis pelo cuidado, tem o objetivo de discutir os casos de cada paciente, de forma que todos os membros da equipe de saúde contribuam para o atendimento de maneira coordenada e integrada, e visa à qualidade e à segurança, centrando suas ações nas necessidades em saúde dos pacientes[15]. A visita multiprofissional é um excelente meio de comunicação com a equipe, para discussão e definição de condutas, educação permanente e continuidade do cuidado.

A periodicidade dessas visitas dependerá da necessidade e da rotina de cada serviço hospitalar. O Quadro 8.7 sugere um roteiro para a visita farmacêutica.

Avaliação da prescrição

A avaliação da prescrição engloba os serviços de revisão da farmacoterapia, conciliação de medicamentos e dispensação, e é essencial para o acompanhamento farmacoterapêutico e a monitoração terapêutica de medicamentos. Essa análise é uma importante barreira de segurança, pois evita que potenciais erros de prescrição alcancem o paciente, além de permitir a otimização da farmacoterapia por meio do ajuste de doses, melhor aprazamento da administração de

Quadro 8.7 Guia para realização de visita farmacêutica

Apresentação	Identifique-se e recorde a primeira visita (anamnese)
Identificação do paciente	Confirme seu nome e mais alguma informação que o identifique (procedência, motivo da internação etc.)
Sinais e sintomas	Pergunte como o paciente se sente e deixe-o relatar espontaneamente, depois faça perguntas orientadas pelos parâmetros de resposta terapêutica. Ex.: se está usando um sedativo à noite, pergunte se dormiu bem
Pesquisa de PRM, alergias e RAM	Pergunte se o paciente sentiu algo diferente (sintoma) após o uso de algum medicamento. Faça perguntas orientadas pelos parâmetros de risco farmacoterapêutico mais frequentes. Ex.: se está usando anticolinérgico, pergunte se sente a boca seca (xerostomia)
Conhecimento da terapia farmacológica e automedicação	Pergunte se o paciente sabe quais medicamentos está tomando e os horários, e se está tomando algum medicamento por conta própria. Observe o nível de conhecimento e autonomia do paciente sobre seu tratamento
Educação	Selecione temas ou informações que sejam importantes para o processo de cuidado do paciente, inclusive o autocuidado, para ensinar gradualmente. Forneça informações por escrito e/ou ilustradas e certifique-se de que a informação foi compreendida corretamente (peça que explique o que entendeu)
Finalização	Verifique os medicamentos que estão sendo administrados (rótulo, dose e diluição, equipo, tempo de infusão, bombas de infusão contínua, conexões etc.), observe se há medicamentos armazenados no local destinado à guarda dos pertences do paciente. Reforce a importância de só usar medicamentos nos horários oferecidos pela equipe de enfermagem e sob autorização médica (prescrição), ainda que sejam medicamentos de uso próprio. Pergunte se há dúvidas e informe a data e horário da próxima visita

medicamentos, entre outras intervenções que levam em consideração a farmacocinética, farmacodinâmica, sistemas de liberação e delineamento dos fármacos, promovendo uma terapia segura e racional[11,12,25,27].

Gestão dos riscos

Um dos objetivos da avaliação da prescrição de medicamentos, especialmente no contexto da dispensação, é a revisão da farmacoterapia com foco na prevenção de eventos adversos relacionados a medicamentos[12,23,28].

- Verificar:
  - **Nome do medicamento** – precisa estar legível, preferencialmente conforme a Denominação Comum Brasileira (DCB) ou a Denominação Comum Internacional (DCI).
  - **Apresentação** – forma farmacêutica e dosagem ou concentração precisam estar adequadas à indicação e via de administração.
  - **Posologia** – dose correta, via adequada e frequência concernentes à farmacocinética, mecanismo de ação e indicação do medicamento, e condições fisiopatológicas do paciente.
  - **Adaptação de forma farmacêutica** – se necessária, deve considerar os aspectos legais e técnicos relacionados, com a finalidade de ampliar a segurança e eficácia (ver item "Aspectos legais e técnicos das adaptações de formas farmacêuticas" no Capítulo 7). Considerar a substituição por forma farmacêutica mais adequada à via de administração sempre que possível.
  - **Duplicidade** – associações de medicamentos com o mesmo mecanismo de ação e/ou efeito terapêutico, cujo sinergismo não seja benéfico ao paciente ou ofereça riscos, devem ser evitadas.
  - **Medicamentos-"gatilho"** – a presença de alguns medicamentos na prescrição pode sinalizar a ocorrência de reações adversas e alergias. É fundamental que o farmacêutico tome conhecimento da indicação de corticosteroides, antialérgicos e antídotos, ao menos com a finalidade de identificar possíveis alergias e reações adversas, notificar e orientar estratégias que minimizem os efeitos negativos.
  - **Instruções de preparo** – os frasco-ampolas devem ser reconstituídos com solução e volume recomendados pelo fabricante. O diluente deve ser compatível com o medicamento e estar dentro dos limites de concentração recomendados pelo fabricante e/ou na literatura científica.
  - **Tempo ou velocidade de infusão** – em todos os medicamentos administrados por via endovenosa devem constar o tempo ou velocidade de infusão.
  - **Aprazamento** – o aprazamento dos horários deve estar de acordo com a frequência de administração prescrita.

A gestão dos riscos é competência de todos os farmacêuticos responsáveis pela dispensação de medicamentos.

Gestão da clínica

Uma visão holística do paciente é fundamental para a concretização do cuidado integral. Compete ao farmacêutico clínico avaliar o paciente – conhecer sua condição de saúde, características particulares e estudar sua fisiopatologia – e avaliar a prescrição de medicamentos e demais cuidados – dominar a farmacologia, conhecer os aspectos farmacotécnicos e as tecnologias de liberação de fármacos, a terapia nutricional e demais alternativas não farmacológicas, as práticas integrativas em saúde, a política de assistência farmacêutica, os protocolos e diretrizes institucionais e os processos da farmácia hospitalar – para que consiga, além de prevenir eventos adversos e reduzir a morbidade e mortalidade relacionada a medicamentos, otimizar a terapia farmacológica de modo a promover a cura ou melhora da condição de saúde do paciente em menor tempo e ao menor custo.

Além das verificações listadas no item anterior, o farmacêutico clínico deve estar atento a muitos outros detalhes, em uma análise mais aprofundada do paciente e da terapia[16,19,29]. A seguir estão alguns dos elementos que compõem as responsabilidades do farmacêutico clínico em relação à terapia farmacológica e não farmacológica[25,27,29].

Indicação

- Verificar se o medicamento está indicado conforme a literatura de evidência, protocolos e diretrizes.
- Saber para qual problema de saúde cada medicamento está prescrito.
- Analisar as contraindicações de uso do medicamento, considerando as alergias e particularidades do paciente, bem como as precauções.
- Fazer a conciliação de medicamentos (ver item "Conciliação de medicamentos").
- Verificar se há duplicidade terapêutica – esquemas com o mesmo objetivo terapêutico que, associados, podem causar dano, além de não trazer benefícios.
- Detectar se há algum problema de saúde não tratado.
- Recomendar tratamento não farmacológico, quando indicado, previamente ao uso ou em associação com medicamentos.
- Avaliar as indicações relativas a terapia nutricional, fitoterápicos, homeopáticos, aromaterapia, terapia ortomolecular e outras terapias alternativas.

Dose-resposta

- Verificar se a dose prescrita está apoiada pela literatura de evidência, protocolos ou diretrizes atualizados.
- Investigar se a dose está adequada às condições fisiopatológicas do paciente:
  - Idade.
  - Peso.
  - Função renal.
  - Função hepática.

- Realizar o ajuste de dose, quando necessário, considerando:
  - A dose eficaz e segura para o paciente, tendo em vista suas características peculiares.
  - O cálculo da dose de acordo com o recomendado para cada faixa etária.
  - O tipo de peso recomendado para o ajuste de cada medicamento em pacientes obesos: peso total, peso ideal, peso ajustado, peso magro ou área de superfície corpórea[30].
  - A taxa de filtração glomerular, medida pelo *clearance* de creatinina, para o ajuste de acordo com a função real[31].
  - O escore Child-Pugh para o ajuste conforme a função hepática[32].
  - As recomendações disponíveis nas bases de dados sobre medicamentos, como: Micromedex®, UpToDate®, Medscape®, entre outras. No campo destinado ao ajuste de doses há instruções sobre o ajuste de cada medicamento para populações especiais e nas disfunções orgânicas, com as devidas referências científicas ou recomendações do fabricante. Na bula do medicamento também poderão constar tais informações.
  - Os resultados da monitoração terapêutica, quando disponíveis.
- Analisar a eficácia do tratamento a partir dos parâmetros de monitoração (grupo de exames e/ou testes clínicos, predefinidos, capazes de demonstrar os benefícios e os riscos da terapia medicamentosa).
- Monitorar e interpretar a dosagem sérica de medicamentos (monitoração terapêutica), quando possível. Propor a modificação da dose sempre que necessário, com o objetivo de atingir a concentração sérica recomendada e a melhor dose-resposta possível (ver o item "Monitoração terapêutica de medicamentos").

Utilização

- Avaliar a frequência de administração e o aprazamento, de acordo com as características farmacocinéticas do medicamento e as condições fisiopatológicas do paciente.
- Verificar a checagem da administração de medicamentos pela equipe de enfermagem e monitorar adesão à terapia e a execução do processo de medicação.
- Monitorar a adesão à terapia por meio dos parâmetros de monitoração e ferramentas validadas para medir adesão.
- Avaliar e monitorar a utilização de medicamentos fitoterápicos e preparações à base de plantas medicinais, homeopáticos, aromaterapia, terapia ortomolecular e outras terapias alternativas.
- Acompanhar a terapia nutricional do paciente.

- Avaliar a fórmula da nutrição parenteral e monitorar a resposta terapêutica considerando a adequação calórico-proteica, de aminoácidos e lipídeos, e o aporte de vitaminas, oligoelementos e imunomoduladores.
- Instruir a equipe multiprofissional, o paciente e seus cuidadores quanto ao preparo e à administração dos medicamentos prescritos.

Prevenção de eventos adversos

- Identificar e prevenir potenciais erros de medicação.
- Pesquisar sinais e sintomas que possam ser decorrentes da terapia medicamentosa, a partir dos parâmetros de monitoração.
- Definir medicamentos e exames "gatilho" para auxiliar na busca ativa de reações adversas a medicamentos.
- Identificar suspeitas de reação adversa.
- Pesquisar interações medicamentosas potenciais e preveni-las, quando possível (ver Quadro 8.8).
- Identificar as incompatibilidades medicamentosas e orientar a equipe assistencial a fim de prevenir danos durante a administração de medicamentos por via endovenosa (ver Quadro 8.9).
- Instruir a equipe multiprofissional, o paciente e seus cuidadores quanto à prescrição, ao preparo e à administração segura de formas farmacêuticas que necessitem de adaptação.
- Contribuir para a definição e implementação de ações de prevenção e na resolução de problemas relacionados a medicamentos.
- Monitorar a efetividade das condutas implementadas.
- Notificar ao Núcleo de Segurança do Paciente (NSP) e/ou Serviço de Farmacovigilância os problemas encontrados, para que deem seguimento às investigações relativas à ocorrência de erros de medicação e reações adversas.

Quadro 8.8 Guia para identificação e análise de interações medicamentosas

Interações medicamentosas
O efeito de um medicamento é alterado em razão da associação com outros medicamentos, nutrientes e outras substâncias químicas, administradas simultaneamente ou não.
Classificadas por: ▪ Índice de risco (A, B, C, D, X), em que cada letra sugere condutas para evitar a interação potencial. ▪ Índice de gravidade (maior, moderada e menor), que define o nível de gravidade, caso a interação ocorra. ▪ Índice de confiabilidade (excelente, regular e ruim), que classifica o nível de evidência da interação.
Principais bases de pesquisa: Micromedex®, UpToDate®, Medscape®, Drugs.com®.

Continua

Quadro 8.8 Guia para identificação e análise de interações medicamentosas *(continuação)*

Interações medicamentosas
Considerações: a classificação é uma forma didática de sistematizar as informações. Muitas interações descritas nas bases de dados são modelos teóricos que não se evidenciam na prática clínica; consequentemente, determinadas condutas propostas não se aplicam na prática. A análise do índice de confiabilidade e dos estudos que elucidaram a interação sinaliza sua potencialidade e deve ser considerada na tomada de decisão. Estudo, experiência clínica e ponderação são elementos necessários para formular intervenções adequadas.
Condutas aplicadas Medicamento-medicamento ▪ Ajustar a dose de um dos medicamentos: – Quando uma interação aumentar a toxicidade de um dos fármacos e houver estudos farmacocinéticos que fundamentem a redução da dose. – Quando uma interação reduzir o efeito de um dos fármacos e houver fundamento farmacocinético para aumentar a dose. ▪ Substituir um dos medicamentos: – Quando houver alternativa terapêutica com o mesmo efeito farmacológico e sem interação, com menos interações ou interações com menor índice de gravidade. ▪ Suspender um ou ambos medicamentos: – Quando não houver alternativas terapêuticas e o paciente apresentar sinais ou sintomas da interação. ▪ Monitorar a terapia: – Conduta mais frequente. Interação medicamentosa potencial sem que haja evidência de sinais ou sintomas relativos aos seus efeitos na avaliação do paciente e não for possível ou necessário implementar nenhuma das condutas anteriores. Medicamento-alimento – Dieta por via oral: • Administrar longe das refeições – 1h antes ou 2h depois. – Dieta via sonda de nutrição enteral ou ostomias: • Considerar a substituição do medicamento, quando houver alternativa. • Aumentar a dose do medicamento, quando houver estudos farmacocinéticos que fundamentem. • Fazer intervalo na dieta para administração em jejum (desligar 1h antes e retomar a infusão 2h depois). › Essa conduta só é recomendada para única administração diária e quando nenhuma das condutas anteriores for possível. › A decisão é multiprofissional e interfere nos processos de trabalho da nutrição e da enfermagem. Medicamento-exame laboratorial ▪ Quando o resultado do exame for incoerente com o quadro clínico, verificar se há interação com algum medicamento prescrito.

Quadro 8.9 Guia para identificação e análise de incompatibilidades medicamentosas

Incompatibilidades medicamentosas
Alterações de ordem física, química ou fisicoquímica decorrentes da associação de dois ou mais medicamentos, *in vitro*, ou da reação com compostos do recipiente.
Classificadas por: ▪ Tipo: – Física, química ou fisicoquímica. ▪ Principais alterações: – Precipitação. – Mudança de coloração. – Separação de fases. – Adsorção.
Principais bases de pesquisa: Micromedex®, Stabilis®.
Considerações: todas as incompatibilidades medicamentosas são evitáveis. Os serviços de saúde devem utilizar barreiras de segurança para evitar incompatibilidades, seja por meio da tecnologia da informação, ou pela disponibilidade de manuais e guias com instruções de preparo e administração das misturas intravenosas. Os serviços que dispõem de Central de Misturas Intravenosas (CMIV) têm menor risco de incompatibilidade durante o preparo. As bases de dados agrupam testes de estabilidade dessas associações sob diversas condições; portanto, é fundamental interpretar adequadamente as informações disponíveis e aplicar de acordo com a forma de preparo analisada. As incompatibilidades podem ocorrer com associações em frascos de solução de grande volume, em seringas ou na conexão duas vias.
Condutas aplicadas ▪ Evitar a associação de medicamentos na mesma solução. ▪ A associação só é justificada em condições que limitem o volume infundido. Para tanto, o farmacêutico deve considerar misturas compatíveis e suas concentrações, e orientar tecnicamente as associações quando necessário. ▪ Orientar a lavagem do cateter com soro fisiológico antes e depois de cada administração em bólus. ▪ Administrar medicamentos incompatíveis em horários diferentes, quando a infusão não for contínua. ▪ Considerar interromper a infusão para fazer a administração em bólus quando um dos medicamentos estiver em infusão contínua e na indisponibilidade de outro acesso venoso. ▪ Separar os acessos por meio de cateteres multilúmen ou punções em locais diferentes, quando ambos os medicamentos incompatíveis estiverem em infusão contínua ou infusão estendida.

Educação

- Promover e participar de ações de educação para prevenção de eventos adversos relacionados a medicamentos, como rodas de conversa, palestras, elaboração de impressos etc.
- Orientar a equipe multiprofissional sobre as boas práticas de prescrição, preparo e administração de medicamentos.

- Promover a reflexão sobre o erro e debater o processo relacionado no intuito de educar a equipe assistencial, reforçar os processos de trabalho e contribuir para a cultura de segurança.
- Orientar a utilização domiciliar de medicamentos e desenvolver estratégias capazes de melhorar a compreensão do paciente e seus cuidadores sobre a farmacoterapia e consequentemente melhorar a adesão. O Quadro 8.10 sugere um modelo de orientação por escrito, adaptável ao nível de compreensão de cada paciente, no qual as informações podem ser digitadas ou ilustradas.

Quadro 8.10. Modelo proposto de formulário de orientação para o uso domiciliar de medicamentos

Identificação da instituição Formulário de orientação para o uso domiciliar de medicamentos				
Nome do paciente:			Data: / /	
Medicamentos				Observações
Nome do medicamento e dose por escrito e/ou Ilustração da caixa do medicamento	Horário e quantidade por escrito e/ou Ilustração do horário adicionando os ponteiros ao relógio e ilustração da forma farmacêutica e sua quantidade			Adicionar informações sobre o modo de usar
Captopril **25 mg**	06h 1 comprimido	14h 1 comprimido	22h 1 comprimido	Tomar com 200 mL de água, longe das refeições
				Proibido Comer
Itraconazol **100 mg**	------------------	12h 2 cápsulas	00h 2 cápsulas	Tomar com 200 mL de água, após se alimentar
	------------------			
Legenda: Nome, CRF e assinatura do farmacêutico responsável				

Gestão logística

Para que todas as etapas anteriores sejam concretizadas, é primordial haver acesso aos medicamentos, portanto a avaliação da prescrição deve levar em conta a padronização de medicamentos do hospital, as condições de abastecimento e distribuição e o acesso a medicamentos não padronizados[4,18,29].

- Verificar se o medicamento prescrito faz parte da padronização.
- Se não, verificar se está disponível em um dos programas de assistência farmacêutica, com dispensação no SUS, e orientar o paciente e seus familiares na aquisição.
- Na indisponibilidade de acesso via SUS, orientar a aquisição nas farmácias privadas.
- Sugerir alternativas aos prescritores nas situações de desabastecimento ou dificuldade de acesso ao medicamento.
- Estabelecer medidas adequadas para armazenamento, dispensação e administração dos medicamentos próprios do paciente que serão utilizados durante a internação, a fim de evitar omissão ou duplicidade das doses.
- Informar à equipe responsável pela programação e aquisição de medicamentos mudanças nos protocolos ou no perfil epidemiológico dos pacientes que resultem em redução ou aumento do consumo de determinado medicamento, para evitar perdas por vencimento ou desabastecimento.

Intervenções

Os resultados alcançados por meio dos serviços clínicos são fruto de intervenções plurais, ou seja, o farmacêutico precisa interagir com o paciente, seus familiares e cuidadores, e com a equipe multiprofissional de saúde, para que possa implementar mudanças que promovam melhorias na resposta terapêutica. As intervenções com a equipe assistencial podem ser realizadas durante a reunião ou visita multiprofissional, quando essa rotina faz parte do serviço, na qual são discutidos os problemas e as condutas para cada paciente. Esse modelo de intervenção por comunicação interpessoal tem demonstrado impacto na redução da mortalidade e tempo de internamento nas UTI[10,16]. Na ausência de um espaço de debate com todos os profissionais da equipe, as intervenções podem ser realizadas por comunicação verbal individualmente: discussões sobre a prescrição com o médico, sobre o preparo e administração de medicamentos com a enfermagem, sobre a terapia nutricional com o nutricionista etc.

A comunicação verbal por meio da fala é tão importante como necessária para a realização de intervenções com os pacientes e seus familiares, embora não seja apropriada para informações técnicas de maior complexidade e nos exija a habilidade de alcançar o nível de compreensão de cada indivíduo. Todas as intervenções realizadas por comunicação verbal não escrita que resultarem em alguma mudança ou nova conduta devem ser documentadas na evolução farmacêutica no prontuário[16,33].

A comunicação verbal escrita é uma importante estratégia para intervenções com profissionais de saúde de outra instituição na qual o paciente é atendido, para utilizar em atendimento ambulatorial, e também nos serviços de saúde em que a equipe assistencial trabalha em sistema de plantão. É importante ressaltar que as intervenções escritas não devem ser feitas por meio da evolução farmacêutica, na qual se deve documentar o cuidado em saúde prestado, ou seja, relatar a intervenção já realizada e seu resultado[11,15]. Portanto, para as intervenções por escrito, é importante que o serviço disponibilize um formulário de comunicação destinado a esse fim e oficialize diretrizes para sua utilização.

A gestão deve ser contatada quando houver necessidade de intervenções relativas ao ciclo da assistência farmacêutica ou processos de trabalho que afetem o cuidado ao paciente. Essas intervenções e seus resultados também precisam ser documentados, de acordo com as diretrizes institucionais de comunicação interna.

Os farmacêuticos devem documentar os dados necessários à realização dos serviços clínicos, suas intervenções e os cuidados prestados na evolução do paciente. Em nenhum desses registros o profissional deve transgredir princípios legais, éticos ou técnicos. A evolução farmacêutica deve constar do cuidado prestado ao paciente, das recomendações propostas à equipe multiprofissional e seus resultados. A evolução não é o documento adequado para o registro de erros, solicitações de modificações na prescrição de medicamentos, falhas de processos ou discussões de conduta; nela devem-se registrar as condutas para prevenção e resolução de eventos adversos, as modificações realizadas na terapia e sua finalidade, entre outras condutas definidas, além da evolução do estado de saúde do paciente resultante da avaliação farmacêutica a partir dos parâmetros de monitoração e da farmacoterapia[11,34].

A literatura científica apresenta diversas formas de documentar o cuidado farmacêutico em evolução. Cada serviço deve definir seu modelo, conforme sua infraestrutura e processos. Independentemente do método escolhido, o mais importante é que o cuidado farmacêutico seja registrado no prontuário do paciente com diligência e ética.

Resultados

Há uma vasta discussão sobre o baixo nível de evidência de muitos estudos que pretendem demonstrar o impacto do cuidado farmacêutico. Em 2015, Rotta e colaboradores publicaram os resultados da análise de 49 revisões sistemáticas que avaliaram o impacto do cuidado farmacêutico ao paciente. Os resultados demonstraram que serviços de Farmácia Clínica direcionados a condições de saúde específicas foram mais conclusivos, ao passo que intervenções com uma meta mais ampla e parâmetros de monitoramento não muito claros ou avaliados de forma inconsistente entre os estudos foram inconclusivos. Esses achados despertaram a necessidade de definir melhor e padronizar indicadores capazes de avaliar o impacto do cuidado farmacêutico nos resultados de saúde do paciente[35].

A Sociedade Canadense de Farmácia Hospitalar (Canadian Society of Hospital Pharmacists - CSHP), na iniciativa de padronizar os indicadores dos serviços de Farmácia Clínica no país, realizou a seleção de indicadores por um painel de especialistas, que posteriormente foi validada nos serviços de saúde. O Consensus Clinical Pharmacy Performance Indicators (cpKPI) discutiu os conceitos de indicadores de processo (uma atividade relacionada à assistência médica para um paciente) e de indicadores de desempenho (estado de saúde de um paciente resultante de cuidados de saúde), propondo que o impacto do cuidado farmacêutico é mais bem evidenciado por indicadores de desempenho e, portanto, os indicadores ideais deveriam ser fórmulas compostas que correlacionassem intervenções do farmacêutico com dados clínicos do paciente[36,37].

O consenso canadense estabeleceu os seguintes critérios para um bom indicador:

- Refletir uma qualidade desejada de prática.
- Vincular aos cuidados do paciente.
- Ser apoiado por evidência de impacto nos resultados significativos do paciente.
- Ser sensível.
- Ser viável de medir.

Esses critérios podem ser utilizados no contexto dos serviços de saúde do Brasil, para a elaboração de indicadores. A padronização de indicadores permitiu à CSHP uma base de dados nacional com indicadores de processo e produtividade que vêm sendo relacionados ao cuidado farmacêutico de diversos serviços. Isso ajuda a delimitar as expectativas de atendimento ao paciente, descrever padrões de prática, permitir *benchmarking* entre organizações, elevar a responsabilidade profissional e a transparência[36,37].

Apesar dos esforços investidos e da importância dessa padronização, o consenso canadense não conseguiu selecionar indicadores de desempenho capazes de demonstrar o impacto clínico, humanístico e econômico do cuidado farmacêutico.

Um estudo realizado no Reino Unido, que avaliou artigos publicados com o objetivo de demonstrar os resultados econômicos, clínicos ou humanísticos do cuidado farmacêutico, concluiu que essas pesquisas muitas vezes têm um desenho metodológico inadequado, inconsistências nas intervenções, medições e resultados, em relação aos objetivos postulados para o cuidado farmacêutico. É proposto que os indicadores sejam classificados, conforme tais objetivos, em resultados clínicos, resultados econômicos e resultados humanísticos, de modo a direcionar a fórmula a uma medida de desempenho[38]. No Capítulo 3 deste guia encontram-se instruções para a elaboração de indicadores de desempenho.

Os métodos tradicionais de sistematização do cuidado farmacêutico, apresentados anteriormente, ainda não foram capazes de demonstrar resultados clínicos e humanísticos em pesquisas mais amplas. Os primeiros estudos com avaliação de resultados do PWDT[39] e do DADER[40] foram publicados muitos anos depois da implementação. Recentemente, o primeiro estudo de metanálise que comprovou o impacto do cuidado farmacêutico na redução da mortalidade, do tempo de internação e dos eventos adversos, em UTI, foi publicado demonstrando que a uniformidade e a padronização dos indicadores são o caminho para comprovar a importância do cuidado farmacêutico[10].

A Figura 8.2 sugere um fluxograma para a organização do raciocínio clínico, da documentação, das intervenções e dos resultados do cuidado farmacêutico.

SERVIÇOS CLÍNICOS DESTINADOS DIRETAMENTE AO PACIENTE NOS SERVIÇOS DE SAÚDE

O conceito de serviços clínicos amplia as possibilidades de implementação do cuidado farmacêutico e a obtenção de resultados positivos que afetem a segurança do paciente, nos resultados clínicos e nos custos em saúde, além de proporcionar aos serviços direcionamento e crescimento gradativo da Farmácia Clínica. A seguir, abordaremos os principais serviços farmacêuticos no cuidado de pacientes em serviços de saúde.

Rastreamento em saúde

Em virtude do contato próximo que o farmacêutico clínico estabelece com os pacientes, do ponto de vista tanto físico como emocional, considerando ainda o longo tempo de contato estabelecido quando o paciente tem uma internação prolongada ou quando o farmacêutico realiza o acompanhamento farmacoterapêutico em âmbito ambulatorial ou domiciliar, esse profissional tem oportunidade de identificar sinais e sintomas sugestivos de alguma doença ou agravo não diagnosticado, realizar a detecção precoce de sinais e sintomas ou mesmo detectar doenças ou agravos assintomáticos.

Para auxiliá-lo, o farmacêutico poderá lançar mão de procedimentos, da anamnese farmacêutica, solicitar exames e aplicar instrumentos de entrevista validados. Alguns exemplos de tais artifícios são: verificação da pressão arterial; medidas da glicemia, do colesterol e dos triglicerídeos; análises antropométricas; instrumentos diversos validados para a condução de entrevista com o paciente de acordo com a doença de base estabelecida ou suspeita. Idealmente, os procedimentos utilizados no rastreamento devem ser de baixo custo, boa acurácia e reprodutibilidade, fácil aplicação e o menos invasivos possível, para favorecer a aceitabilidade por parte dos pacientes e a atualização pelos farmacêuticos[12].

Caso o farmacêutico venha a suspeitar de que o paciente seja portador de algum agravo ou doença, tem o dever de orientá-lo e encaminhá-lo para atendimento pelo profissional de saúde que seja habilitado a diagnosticar e prescrever ao paciente tratamento adequado, medicamentoso ou não[11]. Cabe destacar que o rastreamento em saúde não é uma prova diagnóstica definitiva, senão um método primário de identificação de possíveis agravos e doenças[22].

Revisão da farmacoterapia

A revisão da farmacoterapia é um serviço clínico imprescindível para a prestação de uma adequada assistência farmacêutica em âmbito hospitalar. Neste serviço, o farmacêutico realiza uma análise crítica da(s) prescrição(ões) medicamentosa(s) destinada(s) a determinado paciente, de forma estruturada, visando minimizar a ocorrência de problemas relacionados à farmacoterapia, melhorar a adesão ao tratamento e os resultados terapêuticos, bem como reduzir o desperdício de recursos financeiros, ou seja, visa a propiciar o uso racional de medicamentos, permitindo otimizar os resultados da terapia medicamentosa, evitar a ocorrência de erros de medicação e outros eventos adversos, assuntos que são tratados no Capítulo 9, "Segurança do paciente e farmacovigilância"[12].

Devem ser analisados os dados necessários à avaliação da prescrição - ver item "Avaliação da prescrição" - e realizada a verificação da adequação dessa prescrição à relação de medicamentos padronizados pela instituição, bem como o atendimento de requisitos para a prescrição de medicamentos de uso restrito a determinada clínica, antimicrobianos, antirretrovirais, psicotrópicos, medicamentos de alto custo, antes da dispensação.

Existem diferentes propostas de processos de trabalho descritas na literatura para esse serviço, e os fatores que influenciam na forma ideal de realização da revisão da farmacoterapia incluem: a complexidade do paciente, o acesso às informações do paciente, a inserção do farmacêutico na equipe de saúde com

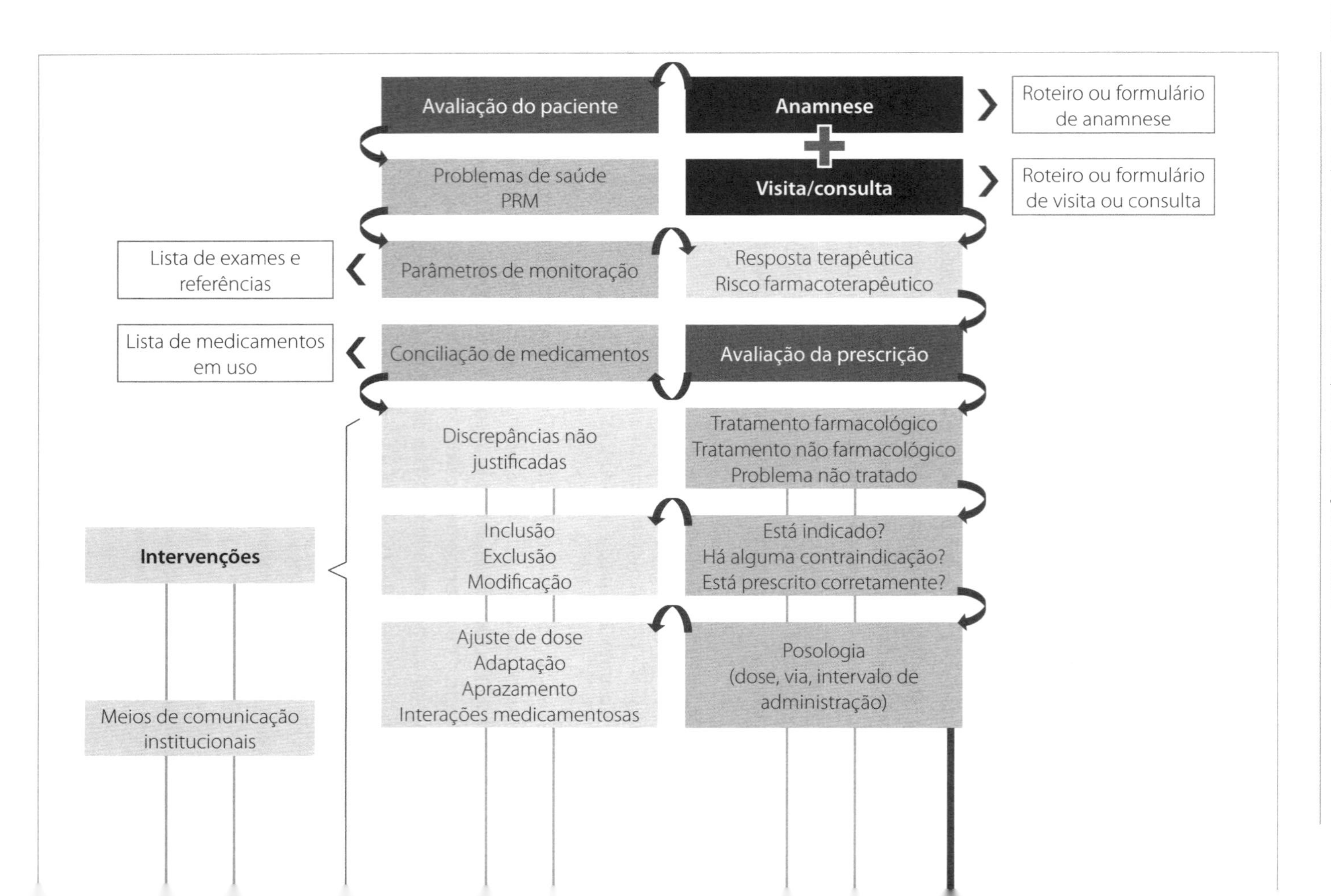
Avaliação do paciente
Anamnese
Roteiro ou formulário de anamnese
Problemas de saúde
PRM
Visita/consulta
Roteiro ou formulário de visita ou consulta
Lista de exames e referências
Parâmetros de monitoração
Resposta terapêutica
Risco farmacoterapêutico
Lista de medicamentos em uso
Conciliação de medicamentos
Avaliação da prescrição
Discrepâncias não justificadas
Tratamento farmacológico
Tratamento não farmacológico
Problema não tratado
Intervenções
Inclusão
Exclusão
Modificação
Está indicado?
Há alguma contraindicação?
Está prescrito corretamente?
Ajuste de dose
Adaptação
Aprazamento
Interações medicamentosas
Posologia
(dose, via, intervalo de administração)
Meios de comunicação institucionais

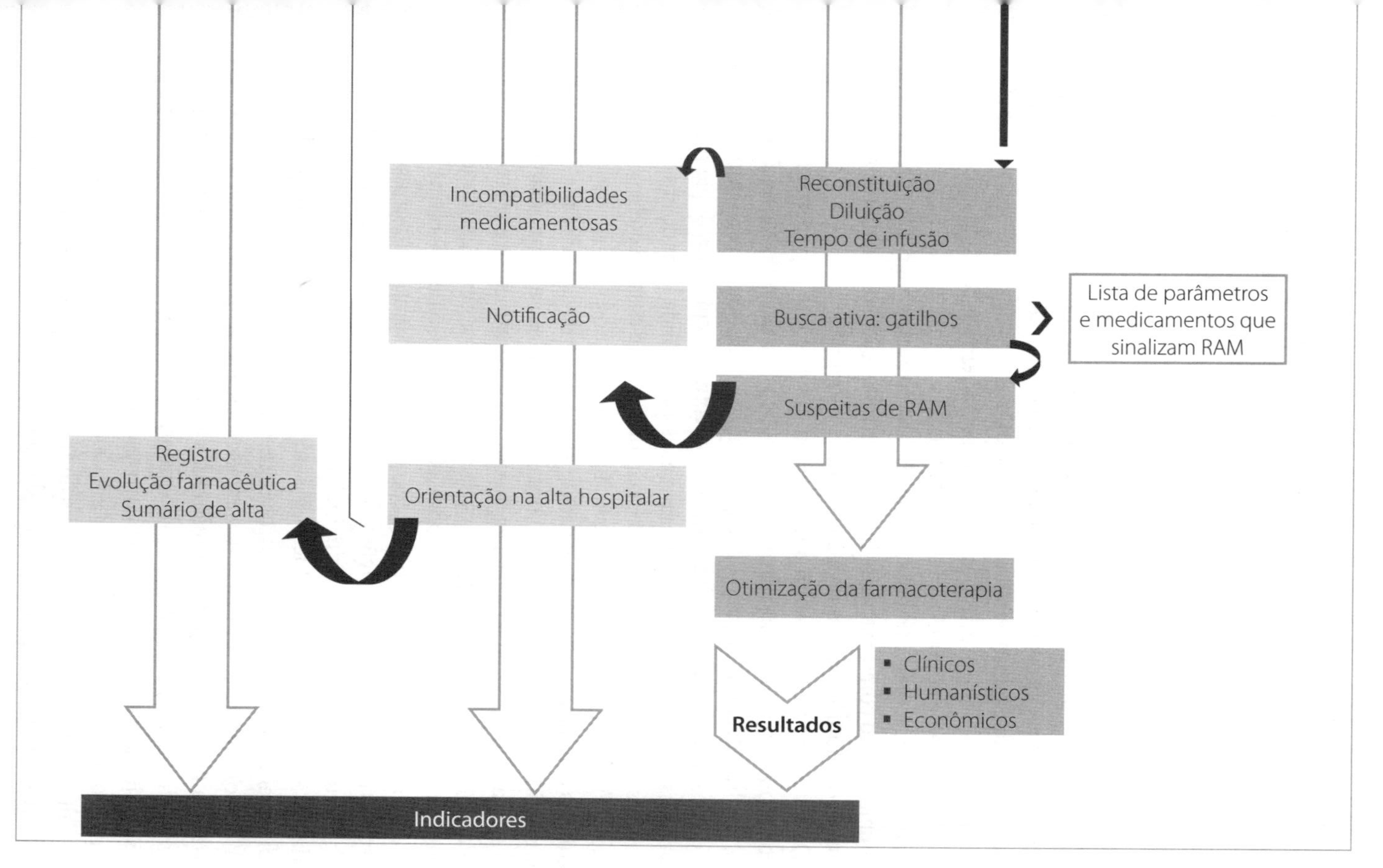

Figura 8.2. Fluxograma do acompanhamento farmacoterapêutico.

dedicação exclusiva ao cuidado de pacientes, a infraestrutura do serviço, entre outros. Desse modo, a revisão da farmacoterapia pode ser realizada sem contato direto com o paciente em algumas situações específicas. Idealmente, é importante que o profissional conheça o paciente, sua condição clínica, predisponibilidade a apresentar reações adversas e idiossincrasias, nível de adesão ao tratamento, possibilidade de redução do custo desse tratamento e, principalmente, os resultados terapêuticos esperados do tratamento medicamentoso[41].

Para pacientes sob regime de internação, a revisão da farmacoterapia ou análise farmacêutica da prescrição, sem necessidade do contato direto com o paciente, só se aplica às ocasiões nas quais não há disponibilidade de farmacêutico clínico dedicado exclusivamente ao acompanhamento dos pacientes nas unidades assistenciais, ou nas ocasiões nas quais os pacientes não estão em condições de estabelecer uma comunicação adequada com a equipe de saúde, seja por motivo de sedação, seja por trauma ou mesmo por aspectos cognitivos. A ausência de contato direto com o paciente inviabiliza a obtenção e consequente análise de alguns dados importantes à revisão da farmacoterapia.

De outro modo, em âmbito ambulatorial, mesmo que o paciente não esteja recebendo acompanhamento farmacoterapêutico por parte do farmacêutico clínico, geralmente, no momento da dispensação de medicamentos, o farmacêutico faz contato diretamente com o paciente e/ou com seu cuidador, o que permite a esse profissional realizar a revisão da farmacoterapia, ainda levando em consideração outros parâmetros: medicamentos não prescritos e chás medicinais que estão sendo utilizados pelo paciente; adequação da prescrição às características físicas, cognitivas e socioeconômicas do paciente, da família e da comunidade na qual ele está inserido; adesão do paciente ao tratamento; laudos de exames laboratoriais; ocorrência de eventos adversos relacionados aos medicamentos em uso[42].

Para hospitais que não disponham de farmacêuticos em quantidade suficiente para a realização da revisão de todas as prescrições, é desejável que se estabeleça uma amostra mínima de pacientes, geralmente composta por pacientes de maior criticidade, cujas prescrições deverão ser revisadas. Tal amostra pode ser estabelecida de acordo com a principal especialidade clínica que está prestando cuidados ao paciente, com o local de internação, a gravidade do quadro e os medicamentos em uso, dentre outros critérios.

É importante que, com base nas análises feitas e do registro dos achados da revisão da farmacoterapia, sejam realizadas ações de intervenção corretiva junto à equipe de saúde e, por vezes, junto ao próprio paciente, sua família e comunidade. Na prática, tais registros e ações corretivas podem gerar dados e informações que podem propiciar a construção de indicadores (p. ex., número de interações graves detectadas, vias de administração incorretas prescritas), que servirão de parâmetro para melhorar a qualidade das prescrições e trazer maior segurança e efetividade ao tratamento do paciente. Esses indicadores também servirão para demonstrar ao corpo clínico e diretivo do hospital a importância desse serviço clínico e assim subsidiar pleitos para que recursos necessários à extensão do trabalho, como ampliação do número de farmacêuticos e melhoria da infraestrutura, sejam conseguidos para viabilizar a extensão do serviço a mais pacientes.

Muitas vezes, durante a revisão da farmacoterapia, o farmacêutico também pode realizar o serviço de conciliação medicamentosa, caso seja necessário, contribuindo ainda mais para o cuidado ao paciente.

Conciliação de medicamentos

Tida como uma das principais estratégias para promover o uso seguro de medicamentos, a conciliação serve para organizar todos os medicamentos prescritos a um paciente, de modo a evitar duplicidades, interações medicamentosas, omissões e erros de prescrição.

Nesse serviço, o farmacêutico insere e organiza em uma listagem as informações relevantes de todos os medicamentos utilizados pelo paciente, incluindo aqueles isentos de prescrição, podendo também inserir suplementos alimentares e chás medicinais, de modo a orientar e esclarecer os nomes e formas farmacêuticas de cada um, dosagens, posologia considerando os melhores horários para administração, vias e uso de dispositivos de administração, tempo de uso, conciliando tais informações com as condições clínicas, socioeconômicas e cognitivas do paciente, entre outras que julgar pertinentes.

A conciliação é de fundamental importância quando o paciente transita pelos diferentes níveis de atenção ou por distintos serviços de saúde[42]. Em ambiente hospitalar, é necessária para organizar as prescrições que um paciente recebe de diferentes prescritores, seja de uma, seja de diversas especialidades ou equipes médicas, evitar duplicidades e erros, de modo a otimizar seu atendimento durante o período de internação ou orientar o paciente, familiares, cuidadores e equipe de saúde no momento de transferência para outro hospital ou no momento de alta, auxiliando na contrarreferência desse paciente para níveis de atenção menos complexos.

Dispensação

Ato privativo do farmacêutico, conforme o Decreto n. 85.878, de 7 de abril de 1981, a dispensação de medicamentos é muitas vezes erroneamente confundida com a mera entrega desses produtos a pacientes, familiares, cuidadores ou profissionais de saúde. Apesar de haver relação direta com a entrega de medicamentos, a dispensação só é caracterizada quando essa entrega é feita sob orientação adequada, para que seja viabilizada a correta utilização desses medicamentos e dos dispositivos necessários à sua administração e, para medicamentos sujeitos a prescrição, quando é precedida de avaliação farmacêutica da prescrição médica ou odontológica quanto aos aspectos técnicos e legais[28].

Assim, a dispensação está inserida no rol de atividades clínicas e não no rol de atividades logísticas do farmacêutico, o que requer formação específica desse profissional, visto que, no desenvolvimento de suas funções, desempenhará atividades relacionadas à avalição de prescrições, condições de saúde e características do paciente, devendo correlacioná-las de modo a identificar e analisar fatores que poderão interferir no resultado do tratamento e na segurança do paciente, além de realizar orientação quanto aos riscos e benefícios inerentes aos medicamentos a serem utilizados, métodos adequados de preparação e de administração dos medicamentos, sua conservação e descarte.

Pelo exposto, saliente-se que os sistemas adotados pelos hospitais para distribuição de medicamentos, sejam quais forem (dose coletiva, individualizada, unitária ou mista), são sistemas logísticos e não necessariamente possuem serviço de dispensação atrelados a eles.

Acompanhamento farmacoterapêutico

Também denominado seguimento farmacoterapêutico, o acompanhamento farmacoterapêutico é o serviço pelo qual o farmacêutico realiza o gerenciamento da terapia medicamentosa de forma sistemática, contínua e documentada, visando, por meio da otimização da farmacoterapia, do estímulo à adesão do paciente aos seus tratamentos e da prevenção, à detecção e resolução de problemas relacionados ao uso de medicamentos, redução da morbidade e mortalidade ocasionada por eles, melhorar condições clínicas e humanísticas dos pacientes, e assim contribuir para a melhoria da qualidade de vida. É estruturada a partir da atuação colaborativa entre o farmacêutico e outros atores, como o paciente, o cuidador, a família e a comunidade, além de outros profissionais de saúde[12,16,25].

O acompanhamento ou seguimento farmacoterapêutico é um serviço clínico provido a médio ou longo prazo e, como o próprio nome diz, remete à continuidade do cuidado farmacêutico. É desenvolvido durante vários encontros com o paciente, e, por essa característica longitudinal, é possível que muitos serviços clínicos farmacêuticos possam ser realizados durante o processo de acompanhamento[12].

Para a execução desse serviço, recomenda-se a elaboração de um plano de cuidado, que deve ser elaborado em conjunto entre todos os atores envolvidos. Para efeitos práticos, o trabalho de acompanhamento farmacoterapêutico, que demanda condições adequadas de infraestrutura, formação profissional e tempo de dedicação dos profissionais, conforme processos descritos no item "O exercício do cuidado farmacêutico nos serviços de saúde", também pode ser estabelecido de forma segmentada, levando em conta populações específicas de pacientes, classes farmacológicas ou condições de saúde determinadas, como critérios para seleção de pacientes, de modo a prestar um serviço de melhor qualidade e efetividade e que possibilite gerar indicadores que possam servir como provas na necessidade de expansão do serviço.

São exemplos de critérios para a seleção de pacientes:

- Pacientes mais vulneráveis a efeitos indesejáveis causados por medicamentos (idosos, crianças e portadores de disfunções orgânicas).
- Pacientes polimedicados.
- Pacientes em uso de medicamentos de alta vigilância.
- Pacientes em uso de antimicrobianos.
- Pacientes críticos.
- Pacientes oncológicos.
- Pacientes que necessitam de monitoração terapêutica de medicamentos.
- Pacientes incluídos em protocolos de segurança, como prevenção de quedas e lesão por pressão.

Uma vez selecionados os pacientes, algumas informações precisam ser coletadas para que o plano possa ser estabelecido, conforme avaliações descritas no item "O exercício do cuidado farmacêutico nos serviços de saúde". Aplicar os princípios da farmacoeconomia no plano de cuidado do serviço de acompanhamento farmacoterapêutico é uma iniciativa interessante, que pode gerar resultados financeiros significativos para o paciente, para o hospital e para o sistema de saúde, contribuindo para a elaboração de indicadores de gestão que servirão para subsidiar pleitos relativos ao apoio à continuidade e expansão do trabalho. Desse modo, devem-se acompanhar os resultados da farmacoterapia tanto do ponto de vista da efetividade e da segurança do tratamento como da relação custo *versus* desfecho clínico ou humanístico obtido, concernente ao que foi discutido no item "Resultados".

Neste serviço, o papel do farmacêutico clínico inclui a educação do paciente, família e comunidade, permitindo que haja compreensão da forma e da importância de seus tratamentos e da adesão a eles, além da necessidade de adoção de estilo de vida saudável visando ao alcance dos resultados esperados. Cabe também ao farmacêutico buscar o diálogo multidisciplinar para tomada de decisões importantes, como mudanças no plano de tratamento, notificação de eventos adversos e queixas técnicas ao serviço do farmacovigilância, avaliação de "alta" do serviço de acompanhamento farmacoterapêutico, dentre outras ações, detalhadas na Figura 8.2.

Monitoração terapêutica de medicamentos

A monitoração terapêutica de medicamentos compreende a mensuração e a interpretação dos níveis séricos de fármacos, com o objetivo de determinar as doses individualizadas necessárias para a obtenção de concentrações plasmáticas efetivas e seguras[12]. Esse serviço destina-se principalmente a monitorar níveis séricos de fármacos com janela terapêutica estreita ou baixo índice terapêutico, medicamentos com variabilidade farmacocinética, medicamentos de difícil monitoração e aqueles com grande potencial de causar reações adversas[44]. Pode ser útil ainda para identificar problemas relacionados à farmacoterapia, incluindo inefetividade terapêutica, eventos adversos e a não adesão do paciente ao tratamento.

Para tanto, pode-se lançar mão de técnicas e avaliações farmacêuticas, análises clínicas, farmacocinéticas e farmacodinâmicas, não se restringindo apenas à mensuração da concentração plasmática do fármaco, pois a variedade e o acesso à dosagem sérica de medicamentos é limitado a: vancomicina, gentamicina, amicacina, voriconazol, carbamazepina, fenitoína, ácido valproico, fenobarbital, tacolimo, sirolimo e ciclosporina[27].

Educação em saúde

Por meio de ações educativas, o farmacêutico hospitalar tem a possibilidade de mudar a postura de outros profissionais de saúde, pacientes, familiares e cuidadores diante dos tratamentos sanitários, principalmente quando se fala de tratamento farmacológico, por estimular o uso seguro e racional de medicamentos. Além disso, ações educativas podem mudar hábitos de vida dos pacientes, favorecendo a extinção de hábitos nocivos (tabagismo, alcoolismo, sedentarismo) e a adoção de hábitos saudáveis (prática de exercícios físicos, adoção de dieta balanceada e adequada às necessidades individuais, sono tranquilo e suficiente)[12].

Definida como o serviço que compreende diferentes estratégias educativas, as quais integram os saberes popular e científico, de modo a contribuir para ampliar o conhecimento, desenvolver habilidades e atitudes sobre os problemas de saúde e seus tratamentos, ou seja, adquirir competência, a educação em saúde é ferramenta fundamental para as atividades de promoção da saúde, prevenção e controle de doenças, e melhoria da qualidade de vida. Ademais, tem o potencial de empoderar pacientes, família e comunidade para que eles se tornem protagonistas dos cuidados com sua saúde e não deve ser entendida como um mero repasse de informações, em sentido único, do profissional para os indivíduos, sendo necessário que o farmacêutico esteja aberto a aprender com eles considerando cultura, hábitos de vida, condições biopsicossociais e econômicas e permitindo que o paciente tenha participação proativa nesse processo[33].

Entre os aspectos a serem trabalhados pelo farmacêutico durante a educação em saúde, destacam-se: mudanças de hábitos e estilo de vida; adesão ao tratamento; uso e descarte correto de medicamentos; objetivo do tratamento; informações sobre doenças, fatores de risco e condições de saúde. Para isso, o farmacêutico pode lançar mão de diferentes estratégias, como a utilização de tabelas que orientem quanto ao horário adequado para a administração de medicamentos (Quadro 8.10); adoção de dispositivos organizadores de medicamentos que auxiliam na adesão; uso de etiquetas ou rótulos com informações escritas e visuais, os chamados pictogramas; elaboração de fôlderes, panfletos, cartazes, vídeos educativos; listagem de todos os medicamentos utilizados pelo paciente; demonstração da técnica correta para o uso de dispositivos para administração de medicamentos (dispositivos inalatórios, seringas e canetas aplicadoras de insulina); demonstração da técnica correta no uso de aparelhos para monitoramento de parâmetros da saúde (glicosímetro, termômetro); elaboração de informe terapêutico e carta de alta ou parecer para outro profissional da saúde visando qualificar os processos de referência e contrarreferência no caminhar do paciente pelos diversos estabelecimentos de saúde que compõem o sistema; elaboração de diários de saúde do paciente para registrar dados de automonitoramento, sinais/sintomas, alimentação e administração de medicamentos.

Consulta farmacêutica

A consulta farmacêutica, entendida como um episódio de contato entre o farmacêutico e o paciente, com a finalidade de obter os melhores resultados com a farmacoterapia, promover o uso racional de medicamentos e de outras tecnologias em saúde, não é um serviço clínico. Trata-se de um encontro entre o farmacêutico e o paciente, no qual podem ser providos diferentes serviços ou procedimentos, conforme a complexidade do caso, a necessidade do paciente e as características da instituição de saúde à qual o profissional está vinculado[12].

Gestão da condição de saúde

A gestão da condição de saúde é um serviço voltado ao manejo das condições crônicas que necessitam de atenção por longo tempo e pode ser definida como o processo de gerenciamento de um fator de risco biopsicológico (dislipidemia, hipertensão arterial, depressão, pré-diabetes e outros) ou de determinada condição de saúde estabelecida (gravidez, puericultura, diabetes, asma, doença coronária e outras), por meio de um conjunto de intervenções gerenciais, educacionais e no cuidado, com o objetivo de alcançar bons resultados clínicos e de reduzir os riscos para os profissionais e para as pessoas usuárias, contribuindo para a melhoria da eficiência e da qualidade da atenção à saúde, sendo dirigida a uma população determinada, o que requer prévio conhecimento e relacionamento do profissional de saúde com o paciente[45].

Como serviço farmacêutico, a gestão da condição de saúde deve ser direcionada a uma doença ou condição específica de modo a propiciar ao paciente, à família e à comunidade condições necessárias para o autocuidado, ao passo que o acompanhamento farmacoterapêutico possui uma abordagem orientada ao gerenciamento global da farmacoterapia do paciente. Neste serviço, o farmacêutico trabalha com outros profissionais da saúde na busca de resultados terapêuticos preestabelecidos, geralmente definidos de acordo com as diretrizes e protocolos clínicos adotados para o manejo de determinada doença ou condição específica[46].

Os requisitos para estabelecimento e oferta, em âmbito hospitalar, do serviço de gestão da condição de saúde estão diretamente relacionados ao local no qual será realizado (ambulatório, enfermaria, setores especiais de internação) e às enfermidades e condições de saúde que serão abordadas. Adicionalmente, destaca-se que o estabelecimento e a oferta da gestão da condição de saúde estão inter-relacionados e são dependentes da existência de outros serviços clínicos farmacêuticos, como educação em saúde, revisão da farmacoterapia e acompanhamento farmacoterapêutico.

GESTÃO DE RISCOS SANITÁRIOS

Definida na Portaria n. 529/2013 como "aplicação sistêmica e contínua de iniciativas, procedimentos, condutas e recursos na avaliação e controle de riscos e eventos adversos que afetam a segurança, a saúde humana, a integridade profissional, o meio ambiente e a imagem institucional", a gestão de riscos lança mão de atividades como farmacovigilância, tecnovigilância, hemovigilância e biovigilância, entre outras no contexto da vigilância em saúde, para identificar, mensurar, gerar informações, monitorar e atuar para prevenir e dirimir os riscos inerentes a tratamentos de saúde e ao uso de tecnologias sanitárias. Contudo, a realização de atividades exclusivamente voltadas à gestão de riscos ou à vigilância em saúde, sem o contato direto do farmacêutico com o paciente, família e cuidadores, não caracteriza atuação clínica[12].

Os aspectos relativos à segurança do paciente serão mais bem abordados no Capítulo 9. Neste tópico, trataremos do papel do farmacêutico clínico no gerenciamento do uso de antimicrobianos no hospital.

A Portaria n. 2.616, de 12 de maio de 1998, coloca o farmacêutico no rol de membros consultores da Comissão de Controle de Infecção Hospitalar (CCIH); portanto, seu papel no gerenciamento do uso de antimicrobianos vai desde a seleção de medicamentos, passando pelo controle de dispensação até o monitoramento da utilização, em busca de doses racionais e seguras. Em 2017, a Anvisa publicou a Diretriz Nacional para Elaboração de Programa de Gerenciamento do Uso de Antimicrobianos em Serviços de Saúde, atendendo aos preceitos do Plano de Ação Global em Resistência a Antimicrobianos, proposto pela OMS em 2015, influenciada pelo conceito *stewardship program* – uma abordagem racional e sistemática do uso de agentes antimicrobianos para atingir os melhores resultados[47].

A Figura 8.3 ilustra as principais ações relacionadas ao gerenciamento do uso de antimicrobianos no hospital.

O farmacêutico clínico deve colaborar com todas ações representadas na imagem, mas suas principais atividades se concentram na seleção do antimicrobiano que será utilizado e no monitoramento e controle do uso. O foco da infecção, o perfil microbiológico da instituição, a farmacocinética e a farmacodinâmica do medicamento são fatores relevantes na escolha do antimicrobiano. Para tanto, um diagnóstico bem orientado é favorável ao sucesso terapêutico. Dose, concentração inibitória mínima (CIM) e tempo de infusão são fatores determinantes para otimização da terapia antimicrobiana e, juntamente com o tempo de tratamento e descalonamento, são elementos que podem induzir resistência[47].

Doses subótimas de antimicrobianos são mais letais que os efeitos tóxicos desses medicamentos, pois, além de não tratar a infecção, poderão induzir mecanismos

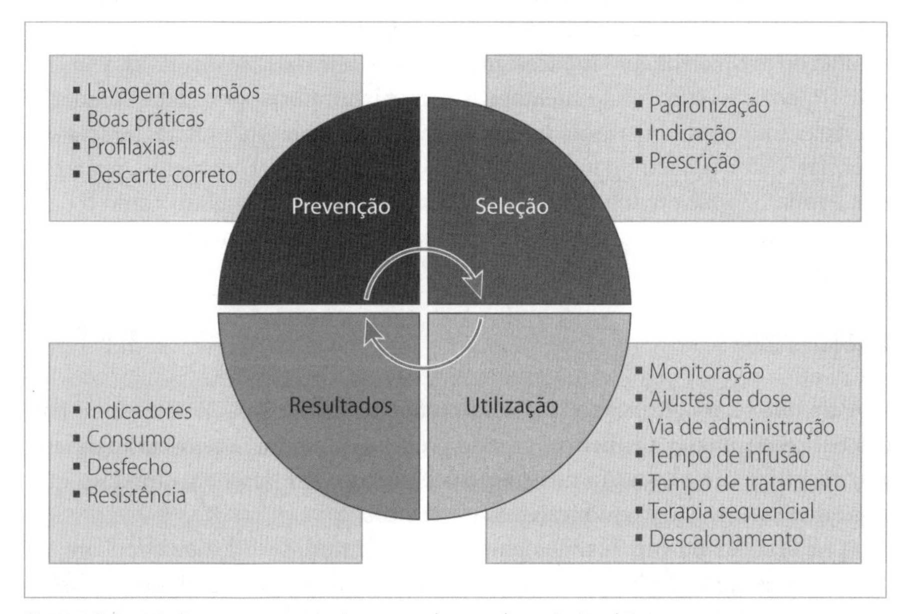

Figura 8.3. Ações para o gerenciamento do uso de antimicrobianos.

de resistência bacteriana e disseminá-los no hospital. A concentração plasmática e tecidual do fármaco precisa estar acima da CIM. Alguns antimicrobianos são tempo-dependentes, ou seja, quanto mais tempo permanecerem acima da CIM, melhor será seu efeito terapêutico. São exemplos os betalactâmicos e os carbapenêmicos, e isso justifica a importância da infusão estendida – e até mesmo contínua – na administração de antimicrobianos dessas subclasses. Outras subclasses são concentração-dependentes, como os aminoglicosídeos, que possuem efeito pós-antibiótico, necessitando apenas atingir a concentração plasmática máxima para garantir o melhor efeito. Portanto, recomenda-se administrá-los em dose única diária, também para evitar nefrotoxicidade. Os glicopeptídeos e a tigeciclina são exemplos do grupo de medicamentos que, para obter melhor efeito terapêutico, precisa se manter em toda a área sob a curva, ou seja, atingir a concentração plasmática máxima e passar o maior tempo possível acima da CIM; são concentração e tempo-dependentes[48].

O ajuste de doses de antimicrobianos requer atenção especial a fim de evitar subdoses, especialmente na sepse, quando o volume de distribuição no paciente é aumentado pela instabilidade hemodinâmica, ressuscitação volêmica e disfunção orgânica que pode reduzir a depuração renal. Fármacos cuja molécula é hidrofílica têm maior necessidade de ajuste de dose na disfunção renal, já as substâncias lipofílicas precisam de maior atenção na disfunção hepática[49].

O farmacêutico clínico também deve estar atento ao momento de suspender a terapia antimicrobiana, pois nem sempre é necessário concluir o número de dias de tratamento programado. Estudos comparativos têm mostrado que, se a escolha do antimicrobiano for acertada, ciclos de sete dias são desnecessários na maioria dos casos, havendo melhora clínica e laboratorial por volta do quarto dia. Substituir a administração endovenosa pelo uso por via oral, na terapia sequencial, reduz o risco de infecções e reduz os custos do tratamento, portanto essa é uma importante intervenção do farmacêutico clínico, assim como o descalonamento, que direciona a terapia guiada por antibiograma e/ou por melhor avaliação clínica, otimizando os resultados[47,50].

COMO FAZER?

Para que sejam alcançados resultados efetivos com a atuação clínica do farmacêutico hospitalar, primeiro é preciso prover a estrutura necessária ao desenvolvimento e à implantação dos serviços clínicos e, em seguida, é preciso que haja adequada gestão e condução desses serviços.

A realização de um planejamento bem estruturado e articulado com as instâncias gestoras do hospital, que preveja as possíveis facilidades e os obstáculos que poderão ser encontrados, que traga alternativas para transpor esses obstáculos, que contemple a mensuração de todos os recursos que serão demandados, bem como os mecanismos e ferramentas a serem adotados para execução e acompanhamento das atividades e para avaliação dos resultados obtidos, representa condição fundamental ao sucesso dos serviços clínicos farmacêuticos.

Para realizar o referido planejamento, sugere-se que sejam seguidos os seguintes passos:

1. Obter respaldo da direção da farmácia e do hospital.
2. Realizar um diagnóstico institucional sobre a necessidade de implantação dos serviços clínicos, sobre os possíveis impactos para os pacientes e para a instituição e sobre a aceitação da equipe de saúde. O diagnóstico deve identificar as condições da instituição para implantação de tais serviços e as áreas críticas, além de dados necessários para a implantação de plano de ação. O relatório de diagnóstico deve ser sintético, de fácil leitura, que ressalte a informação essencial, eliminando o que for dispensável para a ação; preciso, com os caminhos descritos de forma clara e emblemática, sem proselitismo; estruturado, de forma a contemplar as grandes linhas de orientação; coerente, garantindo a lógica da sucessão de ações descritas com títulos compatíveis com o conteúdo, argumentos claros e pertinentes; comprobatório, evitando conclusões frágeis e difíceis de serem provadas; impessoal, evitando críticas e citações de pessoas da organização relacionadas a áreas com problemas. Deve-se apresentar formalmente o relatório de diagnóstico ao gestor da farmácia e da instituição de saúde para esclarecimento de dúvidas e ajustes pertinentes.
3. Mapear todos os setores do hospital passíveis de receber tais serviços, destacando as peculiaridades e os requisitos de cada área.
4. Definir o escopo de atuação, filtrando e delimitando os setores que poderão ser contemplados e destacando aqueles que deverão ser priorizados.
5. Definir os requisitos (legais, gerenciais, operacionais, infraestrutura física, recursos materiais, recursos financeiros, recursos humanos).
6. Analisar os contextos institucional, local, estadual e nacional nos quais deverá se inserir o serviço, nos aspectos econômicos, social, político e jurídico.
7. Identificar políticas, projetos, programas que possam embasar a implantação de serviços clínicos farmacêuticos.
8. Levantar o que já é realizado em outras instituições de saúde do país e do exterior (*benchmarking*), somando-se a dados extraídos da literatura científica, de estatísticas oficiais e relatórios institucionais, de modo a esboçar um modelo a ser seguido.
9. Dimensionar e definir a equipe de trabalho.
10. Definir profissional farmacêutico que será o responsável técnico pelos serviços.

11. Sensibilizar os funcionários da farmácia, bem como os demais integrantes da equipe de saúde, sobre os serviços que serão implantados, disseminando informações gerais e específicas. Para tanto, devem-se promover reuniões com os vários setores do hospital para apresentar a ideia, o esquema de trabalho (plano de ação) e os resultados esperados; criar formas permanentes de comunicação com os colaboradores, como painéis, boletins, informes eletrônicos, e-mail, intranet, telefone; aplicar questionários aos pacientes e aos profissionais de saúde para conhecer a percepção e satisfação deles diante da possibilidade de implantação de serviços farmacêuticos clínicos.
12. Elaborar um plano de ação contendo etapas de trabalho, cronograma de atividades, resultados esperados, objetivos e metas a serem atingidas, indicando o momento adequado para dar início aos serviços clínicos.
13. Implantar, efetivamente, o rol de serviços farmacêuticos clínicos elegidos para serem oferecidos.

ITENS DE VERIFICAÇÃO

A avaliação de serviços farmacêuticos clínicos deve ocorrer frequentemente com o intuito de verificar se tais serviços cumprem os objetivos estipulados e estão propiciando os resultados esperados e o alcance das metas estabelecidas. Recomenda-se que os resultados e metas alcançadas sejam comparados periodicamente com outros serviços clínicos realizados em hospitais de porte e natureza semelhante para que a melhoria contínua desses serviços possa ser trabalhada, tendo também referenciais externos, além dos referenciais internos constantes nos planejamentos e nos planos de ações dos serviços clínicos. Para tanto, o estabelecimento de itens de verificação é fundamental, pois funcionam como ferramentas para captação de dados e geração de informações para fins de comparação, seja externa, com outros hospitais, ou interna, em determinado horizonte temporal.

Saliente-se que cada serviço clínico e cada hospital possui suas peculiaridades, que devem ser consideradas, como o local onde os serviços são prestados, a composição e formação da equipe de saúde, o perfil dos pacientes atendidos (socioeconômico, escolaridade, idade, sexo, religião, gestantes), perfil nosológico e perfil epidemiológico da região na qual o hospital está inserido, especialidades ou setores do hospital a serem contemplados, pois certamente influenciam nos resultados e no alcance das metas estabelecidas.

No Quadro 8.11 são propostos alguns itens de verificação para serviços farmacêuticos clínicos prestados em hospitais.

Quadro 8.11 Itens de verificação para avaliação de serviços farmacêuticos clínicos

Serviço clínico	O que verificar
Educação em saúde	▪ Existência de programa de educação em saúde junto aos pacientes e profissionais do hospital ▪ Conteúdo e periodicidade do programa de educação em saúde ▪ Existência de metodologia para verificar a absorção dos conhecimentos, aprimoramento das habilidades e mudança nas atitudes a partir das ações de educação em saúde, redundando em melhoria das competências pessoais e profissionais. ▪ Existência de centro (CIM) ou serviço (SIM) de informações sobre medicamentos
Rastreamento em saúde	▪ Existência de mecanismos, incluindo o uso de instrumentos diversos, para realização de rastreamento em saúde que possibilite identificar a ocorrência de doenças, eventos adversos ou outras condições de saúde indesejadas e não conhecidas nos pacientes acompanhados
Dispensação	▪ Existência de procedimento operacional padronizado para dispensação de medicamentos, contemplando as orientações básicas para uma adequada dispensação ▪ Existência de local adequado para realizar dispensação, seja diretamente ao paciente ou cuidador, seja para componentes da equipe de saúde
Conciliação de medicamentos	▪ Adoção de padrões, guias e *softwares* que permitam avaliar incompatibilidades e interações medicamentosas, em tempo oportuno, existentes na farmacoterapia prescrita ao paciente ▪ Existência de algoritmo ou questionário que permita realizar investigação acerca dos hábitos de vida dos pacientes, incluindo dados como dieta, uso de drogas lícitas e ilícitas, horários de trabalho e lazer
Monitorização farmacoterapêutica	▪ Existência de protocolos para monitoração farmacoterapêutica de determinados fármacos ▪ Existência de formulários ou campos específicos no prontuário do paciente para anotação da evolução do paciente no que tange à monitoração farmacoterapêutica
Revisão da farmacoterapia	▪ Existência de protocolo para revisão da farmacoterapia, contemplando discussão com a equipe multidisciplinar sobre os "achados inadequados" e a realização de ações para saná-los ▪ Disponibilidade de guias, *softwares* que facilitem a revisão da farmacoterapia prescrita ao paciente ▪ Existência de adequada infraestrutura física e de literatura necessária à revisão da farmacoterapia

Continua

Quadro 8.11 Itens de verificação para avaliação de serviços farmacêuticos clínicos *(continuação)*

Serviço clínico	O que verificar
Acompanhamento farmacoterapêutico	▪ Existência de planos de cuidados dos pacientes para realização do acompanhamento farmacoterapêutico ▪ Registros em prontuário das intervenções realizadas na farmacoterapia prescrita para cada paciente
Gestão da condição de saúde	▪ Programa formal para realização da gestão da condição de saúde ▪ Seguimento das diretrizes clínicas na instituição
Todos	▪ Existência de mecanismos e instrumentos para registro dos serviços clínicos ▪ Existência de mecanismos padronizados para comunicação com demais membros da equipe de saúde acerca dos serviços clínicos ▪ Existência de mecanismos padronizados para orientação ao paciente acerca dos serviços clínicos ▪ Existência de indicadores para avaliar os resultados dos serviços clínicos, destacando variáveis como satisfação dos usuários e de profissionais da equipe de saúde, efetividade dos serviços, quantidade de pacientes atendidos ▪ Disponibilidade e adequação de infraestrutura física e humana como salas, consultório privativo, móveis, computadores com *softwares* e *hardwares* necessários ao bom desenvolvimento dos serviços, funcionários qualificados e em número suficiente, material bibliográfico, acesso a bases de dados

CONSIDERAÇÕES FINAIS

No Brasil, além da garantia do acesso da população aos serviços de saúde e a medicamentos com qualidade, segurança e eficácia comprovados, é necessária a implantação de práticas assistenciais voltadas à prestação de cuidados aos pacientes que promovam o uso seguro e racional de medicamentos, propiciando resultados que influenciem diretamente os indicadores sanitários, visto que o país se encontra entre os dez maiores mercados consumidores de medicamentos do mundo. Nesse sentido, os serviços clínicos farmacêuticos têm grande potencial de contribuição e por isso devem ser fomentados nos diversos níveis de atenção para que passem a integrar o dia a dia dos estabelecimentos de saúde, especialmente dos hospitais.

Ainda hoje, em muitos estabelecimentos sanitários brasileiros o número de farmacêuticos é reduzido e esses profissionais ocupam a maior parte do seu tempo de trabalho com atividades administrativas de grande carga burocrática.

Desse modo, um dos principais desafios dos farmacêuticos é incorporar atividades clínicas à sua prática profissional diária, sendo de fundamental importância para isso buscar qualificação e conscientizar os demais membros da equipe de saúde, gestores e pacientes acerca dos benefícios propiciados pelos serviços clínicos farmacêuticos, demonstrando resultados e indicadores clínicos, humanísticos e econômicos desses serviços, que serão mais ou menos favoráveis de acordo com o nível de adoção de boas práticas e de acordo com o grau de organização dos processos da assistência farmacêutica hospitalar que dão suporte às atividades clínicas – incorporação, programação, aquisição, prescrição, preparo, controle de qualidade, armazenamento, distribuição, dispensação e administração de medicamentos.

Todos os serviços clínicos farmacêuticos descritos neste capítulo são facilitados quando compartilhados com a equipe multidisciplinar, cujos membros, trabalhando de forma integrada, devem desenvolver objetivos e planos terapêuticos em comum. A literatura recente tem descrito o uso da colaboração multidisciplinar na obtenção de desfechos clínicos relevantes como a melhora do tratamento da dor, a redução das reações adversas aos medicamentos, a redução de erros relacionados ao uso de medicamentos, melhoria da educação do paciente e redução de hospitalizações, entre outros benefícios.

REFERÊNCIAS

1. le Grand A, Hogerzeil HV, Haaijer-Ruskamp FM. Intervention in rational use of drugs: a review. Health Policy Plan. 1999;14(2):89-102.
2. McIsaac W, Naylor CD, Anderson GM, O'Brien BJ. Reflections on a month in the life of the Ontario Drug Benefit Plan. CMAJ. 1994;150:473-7.
3. Vieira FS. Possibilidades de contribuição do farmacêutico para a promoção da saúde. Cienc Saúde Coletiva. 2007;12(1):213-20.
4. Ministério da Saúde. Política Nacional de Medicamentos. Brasília: MS; 2001. 40p. (Série C. Projetos, Programas e Relatórios, n. 25).
5. Olsson J, Persson, U, Tollin, C, Nilsson S, Melander A. Comparison of excess costs of care and production losses because of morbidity in diabetic patients. Diabetes Care. 1994;17(11):1257-63.
6. Sullivan SD. Cost and cost-effectiveness in asthma: use of pharmacoeconomics to assess the value of asthma interventions. Immunol Allergy Clin North Am. 1996;16(4):819-39.
7. Hodgson TA, Cai L. Medical expenditures for hypertension: its complications, and its comorbidities. Medical Care. 2001;39(6):599-615.
8. O'Brien JM. How nurse practitioners obtained provider status: lessons for pharmacists. Am J Health Syst Pharm. 2003;60(22):2301-7.
9. Leape LL, Cullen DJ, Clapp MD, Burdick E, Demonaco HJ, Erickson Ji, Bates DW. Pharmacist participation on physician rounds and adverse drug events in the intensive care unit. JAMA. 1999;282:267-70.
10. Lee H, Ryu K, Sohn Y, Kim J, Suh GY, Kim E. Impact on patient outcomes of pharmacist participation in multidisciplinary critical care teams: a systematic review and meta-analysis. Crit Care Med. 2019;47:1243-50.

11. Brasil. Conselho Federal de Farmácia. Resolução n. 585, de 29 de agosto de 2013. Regulamenta as atribuições clínicas do farmacêutico e dá outras providências. Diário Oficial da União; 2013 Set 25;Seção 1:186.
12. Conselho Federal de Farmácia. Serviços farmacêuticos diretamente destinados ao paciente, à família e à comunidade: contextualização e arcabouço conceitual. Brasília: 2016. 200p.
13. Saavedra PAE, Tomazoli J, Maldonado JLM. Classificação brasileira de ocupações e normativa do exercício profissional do farmacêutico: análise comparativa. Rev Interdisc Cienc Médicas. 2018.
14. Brasil. Conselho Federal de Farmácia. Resolução n. 672, de 18 de setembro de 2019. Dispõe sobre as atribuições do farmacêutico no âmbito dos serviços de diálise. Diário Oficial da União; 2019 Set 27;Seção 1:294.
15. Brasil. Conselho Federal de Farmácia. Resolução n. 675, de 31 de outubro de 2019. Regulamenta as atribuições do farmacêutico clínico em unidades de terapia intensiva, e dá outras providências. Diário Oficial da União; 2019 Nov 21;Seção 1:130.
16. Cipolle RJ, Strand, LM, Morley PC. O exercício do cuidado farmacêutico. In: Zubioli A, Bittar D, editores. Brasília: Conselho Federal de Farmácia; 2006. 396p.
17. Saseen JJ, Ripley TL, Bondi D, Burke JM, Cohen LJ, McBane S, et al. ACCP Clinical Pharmacist Competencies. Pharmacotherapy. 2017;37(5):630-6.
18. Sociedade Brasileira de Farmácia Hospitalar e Serviços de Saúde. Padrões mínimos para farmácia hospitalar e serviços de saúde. São Paulo: Sociedade Brasileira de Farmácia Hospitalar; 2017.
19. Hepler CD, Strand LM. Opportunities and responsibilities in pharmaceutical care. Am J Hosp Pharm. 1990;47:533-43.
20. Strand LM, Morley PC, Cipolle R, Ramsey R, Lamsam GD. Drug related problems: their structure and function. Ann Pharmacother. 1990;24:1093-7.
21. Comité de Consenso GIAF-UGR, GIFAF-USE, GIF-UGR. Tercer Consenso de Granada sobre Problemas Relacionados con Medicamentos (PRM) y Resultados Negativos asociados a la Medicación (RNM). Ars Pharm. 2007;48(1):5-17.
22. Brasil. Ministério da Saúde. Secretaria de Atenção à Saúde. Departamento de Atenção Básica. Caderno de atenção primária: rastreamento. Brasília, 2010c. 95p. (Cadernos de Atenção Primária, n. 29).
23. Weed LL. Medical records, patient care, and medical education. Ir J Med Sci. 1964;39(6):271-82.
24. Grainger-Rousseau TJ, Miralles MA, Hepler CD, Segal R, Doty RE, Ben-Joseph R. Therapeutic outcomes monitoring: application of pharmaceutical care guidelines to community pharmacy. J Am Pharm Assoc. 1997;37(6):647-61.
25. Pinto VB, Rocha PA, Sforsin ACP. Atenção farmacêutica: gestão e prática do cuidado farmacêutico. Rio de Janeiro: Atheneu; 2017. p. 332.
26. Strand LM, Cipolle RJ, Morley PC. Documenting the clinical pharmacist's activities. Drug Intell Clin Pharm. 1988 Jan;22(1):63-7.
27. Carvalho DCMF, Barbosa LMG, Almeida IM, Cunha CHM. Moreno GGB. Manual de farmácia clínica e cuidado ao paciente. Rio de Janeiro: Atheneu; 2017. 303p.
28. Agência Nacional de Vigilância Sanitária. Protocolo de segurança na prescrição, uso e administração de medicamentos. Brasília: Agência Nacional de Vigilância Sanitária; 2013.
29. Storpirtis S, Ribeiro E, Marcolongo R. Novas diretrizes para assistência farmacêutica hospitalar: Atenção Farmacêutica/Farmácia Clínica. In: Gomes MJVM, Reis AMM. Ciências farmacêuticas: uma abordagem em farmácia hospitalar. São Paulo: Atheneu; 2001. p.521-33.
30. Barras M, Legg A. Drug dosing in obese adults. Aust Prescr. 2017;40(5):189-93.
31. Jodoin K. The renal drug handbook: the ultimate prescribing guide for renal practitioners, 4th ed. Eur J Hosp Pharm. 2016 Jul; 23(4):248.
32. Spray JW, Willett K, Chase D, Sindelar R, Connelly S. Dosage adjustment for hepatic dysfunction based on Child-Pugh scores. Am J Health Syst Pharm. 2007 Apr 1;64(7):690, 692-3.

33. Berger B. Habilidades de comunicação para farmacêuticos: construindo relacionamentos, otimizando o cuidado aos pacientes. Tradução Divaldo Pereira de Lyra Júnior et al. São Paulo: Pharmabooks; 2011.
34. Amorim SA, Lima AMA, Neto JMA, Andrade CC, Sidney KMM. Construção de um modelo de evolução farmacêutica em prontuário médico. Infarma CiEnc Farm. 2019;31:129-34.
35. Rotta I, Salgado TM, Silva ML, Correr CJ, Fernandez-Llimos F. Effectiveness of clinical pharmacy services: an overview of systematic reviews (2000-2010). Int J Clin Pharm. 2015;37(5):687-97.
36. Fernandes O, Gorman SK, Slavik RS, Semchuk WM, Shalansky S, Bussières JF, et al. Development of clinical pharmacy key performance indicators for hospital pharmacists using a modified Delphi approach. Ann Pharmacother. 2015;49(6):656-69.
37. Lo E, Rainkie D, Semchuk WM, Gorman SK, Toombs K, Slavik RS, et al. Measurement of clinical pharmacy key performance indicators to focus and improve your hospital pharmacy practice. Can J Hosp Pharm. 2016;69(2):149-55.
38. Onatade R, Appiah S, Stephens M, Garelick H. Evidence for the outcomes and impact of clinical pharmacy: context of UK hospital pharmacy practice. Eur J Hosp Pharm. 2018;25(e1):e21-8.
39. Strand LM, Cipolle RJ, Morley PC, Frakes MJ. The impact of pharmaceutical care practice on the practitioner and the patient in the ambulatory practice setting: twenty-five years of experience. Curr Pharm Des. 2004;10:3987-4001.
40. Jódar-Sánchez F, Malet-Larrea A, Martín J, Garcia L, López del AM, Martínez-Martínez F, et al. Cost-utility analysis of a medication review with follow-up for older people with polypharmacy in community pharmacies in Spain: conSIGUE program. Value Health. 2014 Nov;17(7):A511-2.
41. Clyne W, Blenkinsopp A, Seal RA. Guide to medication review. 2. ed. London: National Prescribing Centre; 2008. 39p.
42. Blenkinsopp A, Bond C, Raynor DK. Medication reviews. Br J Clin Pharmacol. v. 2012;74(4):573-80.
43. Kitts NK, Reeve AR, Tsul L. Care transitions in elderly heart failure patients: current practices and the pharmacist's role. Consult Pharm. 2014;29(3):179-90.
44. Kang JS, Lee MH. Overview of therapeutic drug monitoring. Korean J Intern Med. 2009;24(1):1-10.
45. Mendes EV. As redes de atenção à saúde. Brasília: Organização Pan-Americana da Saúde; 2011.
46. McGivney MS, Meyer SM, Duncan-Hewitt W, Hall DL, Goode JV, Smith RB. Medication therapy management: its relationship to patient counseling, disease management, and pharmaceutical care. J Am Pharm Assoc (2003). 2007 Sep-Oct;47(5):620-8.
47. Brasil. Agência Nacional de Vigilância Sanitária. Diretriz Nacional para o Uso de Antimicrobianos em Serviços de Saúde. Diretriz Nacional para Elaboração de Programa de Gerenciamento do Uso de Antimicrobianos em Serviços de Saúde. 2017;1-30.
48. Blot SI, Pea F, Lipman J. The effect of pathophysiology on pharmacokinetics in the critically ill patient: concepts appraised by the example of antimicrobial agents. Adv Drug Deliv Rev. 2014;77:3-11.
49. Blot S, Lipman J, Roberts DM, Roberts JA. The influence of acute kidney injury on antimicrobial dosing in critically ill patients: are dose reductions always necessary? Diagn Microbiol Infect Dis. 2014;79(1):77-84.
50. Wald-Dickler N, Spellberg B. Short-course antibiotic therapy-replacing Constantine units with "shorter is better". Clin Infect Dis. 2019;69(9):1476-9.

9

Segurança do paciente e farmacovigilância

Autores
Helaine Carneiro Capucho
Mário Borges Rosa
Mariana Martins Gonzaga do Nascimento
Raissa Carolina Fonseca Cândido
Danielly Botelho Soares

Coautora
Michelle Silva Nunes

SEGURANÇA DO PACIENTE NO BRASIL E NO MUNDO

A segurança do paciente tem sido tema de diversos eventos técnico-científicos no Brasil nos últimos anos, especialmente após o lançamento do Programa Nacional de Segurança do Paciente, em 2013. Entretanto, a temática vem sendo discutida há bastante tempo por grandes especialistas, como Florence Nightingale, Ignaz Semmelweis, Ernest Codman e Avedis Donabedian.

Durante a Guerra da Crimeia (1853-1856), Florence Nightingale, enfermeira inglesa, priorizou ações de boas práticas para os cuidados prestados aos soldados por meio da organização e higiene no ambiente em que eram atendidos[1].

Em 1846, Ignaz Semmelweis, médico húngaro, constatou a redução no número de mortes maternas em um hospital de Viena por infecção puerperal após a implantação da prática de higienização das mãos[2].

Ernest Codman, cirurgião norte-americano, propôs método de avaliação da eficácia do tratamento por meio do acompanhamento do paciente, partindo da premissa de que o estabelecimento de saúde deveria identificar a causa dos problemas verificados no tratamento e então estabelecer estratégias para que os tratamentos futuros fossem realizados com êxito[3].

Avedis Donabedian, pediatra armênio, abordou a segurança como dimensão da qualidade e, em 1988, preconizou que a avaliação da atenção à saúde relaciona-se a 3 dimensões: estrutura, processo e resultado. Esses 3 componentes são caracterizados pela assistência à saúde organizada e composta com recursos humanos e materiais qualificados e suficientes (estrutura), o que é feito e como as ações são realizadas (processo) e quais foram os desfechos para essas ações (resultado)[4,5].

O precursor dessa reflexão acerca da aplicação das melhores práticas para a obtenção da segurança do paciente, porém, foi o Pai da Medicina, Hipócrates, que escreveu uma das frases mais conhecidas na área da saúde: "*Primum non nocere*", que significa "Primeiro, não cause danos".

Muito embora essas personalidades da área da saúde tenham alertado de forma significativa para a implementação de boas práticas para a obtenção de melhores resultados na saúde, profissionais do mundo inteiro se voltaram para o tema em 1999, quando o famoso estudo realizado por Kohn e colaboradores[6], publicado pelo Institute of Medicine (IOM) no relatório "*To err is human*", estimou que entre 44 mil e 98 mil mortes por ano nos Estados Unidos ocorriam em decorrência de erros na assistência ao paciente. Esses números, quando apresentados, há quase 20 anos, causaram grande impacto para a saúde, pois ultrapassavam os índices de mortes por acidentes de trânsito, câncer e aids naquele país. Desde a publicação desse relatório, os resultados ou desfechos em saúde têm sido objeto de diferentes estudos, já que estão relacionados diretamente à qualidade e à segurança do paciente, esta última definida como o ato de evitar, prevenir ou melhorar os resultados adversos ou as lesões originadas no processo de atendimento médico-hospitalar[7].

A segurança do paciente foi incluída pelo IOM como uma das 6 dimensões nas quais a qualidade deve estar pautada[8]. Para diferentes autores, a segurança é parte essencial para o aprimoramento da assistência[5,9-11], que também deve ser efetiva, ter objetivos centrados no paciente, ser oportuna, ser eficiente e ter equidade[8].

Diante da mobilização mundial após a publicação do impactante relatório do IOM, a OMS, em sua 55ª Assembleia, ocorrida em maio de 2002, recomendou a todos os países que tivessem máxima atenção para a segurança do paciente, a fim de aumentar a qualidade do cuidado em saúde. Em outubro de 2004, a Organização lançou a Aliança Mundial para a Segurança do Paciente, despertando os países-membros para o compromisso de desenvolver políticas públicas e práticas voltadas para a segurança do paciente[12]. O Brasil também assumiu esse compromisso, considerando que a frequência de resultados negativos aumenta o tempo de internação, a morbidade e a mortalidade dos pacientes e, por consequência, aumenta os custos tanto para os hospitais como para a sociedade[13,14].

Países signatários da OMS mobilizaram-se por instituir programas nacionais de segurança do paciente, como Inglaterra e Espanha, o que o Brasil concretizou em 2013, com a publicação, pelo Ministério da Saúde, da Portaria n. 529, de 1º de abril de 2013[15], a qual instituiu o Programa Nacional de Segurança do Paciente (PNSP), que tem por objetivo geral contribuir para a qualificação do cuidado em saúde em todos os estabelecimentos de saúde do território nacional.

O PNSP conta com um Comitê de Implementação coordenado pela Agência Nacional de Vigilância Sanitária (Anvisa), que já vinha trabalhando a temática desde a instituição da Rede de Hospitais Sentinela, em 2002. Tal Comitê possui representantes de diferentes órgãos e entidades, incluindo o Conselho Federal de Farmácia, caracterizando-se como uma instância colegiada, de caráter consultivo, com a finalidade de promover ações que visem à melhoria da segurança do cuidado em saúde por meio de processo de construção consensual entre os diversos atores que dele participam[15].

O PNSP adota como conceitos básicos para a segurança dos pacientes aqueles utilizados pela OMS, quais sejam[15,16]:

- Segurança do paciente: redução, a um mínimo aceitável, do risco de dano desnecessário associado ao cuidado de saúde.
- Dano: comprometimento da estrutura ou função do corpo e/ou qualquer efeito dele oriundo, incluindo doenças, lesão, sofrimento, morte, incapacidade ou disfunção, podendo, assim, ser físico, social ou psicológico.
- Incidente: evento ou circunstância que poderia ter resultado, ou resultou, em dano desnecessário ao paciente.
- Evento adverso: incidente que resulta em dano ao paciente.
- Cultura de segurança: configura-se a partir de 5 características operacionalizadas pela gestão de segurança da organização:
  - A. Cultura na qual todos os trabalhadores, incluindo profissionais envolvidos no cuidado e gestores, assumem responsabilidade pela sua própria segurança, pela segurança de seus colegas, pacientes e familiares.
  - B. Cultura que prioriza a segurança acima de metas financeiras e operacionais.
  - C. Cultura que encoraja e recompensa a identificação, a notificação e a resolução dos problemas relacionados à segurança.
  - D. Cultura que, a partir da ocorrência de incidentes, promove o aprendizado organizacional.
  - E. Cultura que proporciona recursos, estrutura e responsabilização para a manutenção efetiva da segurança.
- Gestão de risco: aplicação sistêmica e contínua de iniciativas, procedimentos, condutas e recursos na avaliação e controle de riscos e eventos adversos que afetam a segurança, a saúde humana, a integridade profissional, o meio ambiente e a imagem institucional.

Em complemento à Portaria MS n. 529/2013, a Anvisa publicou a RDC n. 36, de 25 de julho de 2013[17], que instituiu ações para a segurança do paciente em serviços de saúde e deu outras providências, como o fluxo de notificações de incidentes em saúde para a Agência. A Resolução se aplica aos serviços de saúde, sejam eles públicos, sejam privados, filantrópicos, civis ou militares, incluindo os que exercem ações de ensino e pesquisa.

Nesse sentido, os estabelecimentos de saúde brasileiros devem implementar as ações previstas na legislação brasileira, como os 6 protocolos básicos, internacionalmente reconhecidos como boas práticas de alta evidência científica para a garantia da segurança do paciente, que estão relacionados à identificação correta dos pacientes, à cirurgia segura, à higienização correta das mãos, à prevenção de quedas e lesões de pele e ao uso seguro de medicamentos, este último intimamente relacionado ao trabalho dos farmacêuticos nos diferentes estabelecimentos, especialmente os hospitalares.

GESTÃO DE RISCOS EM SAÚDE

A monitoração dos incidentes é importante para a garantia da segurança dos pacientes e depende de esforços para que a identificação deles seja feita antes que causem danos, ou seja, os riscos devem ser identificados a tempo de implementar melhorias que evitem o resultado negativo. Esse processo deve ser contínuo, como propôs William Edwards Deming (1900-1993), americano considerado o pai da evolução da qualidade, visto que os riscos são inerentes a quaisquer processos complexos como os da saúde.

Os riscos podem ser definidos como a probabilidade de ocorrência de um incidente[16,18,19]. Ao contrário do que incialmente vem à mente do profissional, os riscos nem sempre são passíveis de serem eliminados, ou seja, por vezes o risco é inerente ao processo e somente poderá ser gerenciado, de acordo com a sua natureza. O que se deve fazer é garantir que sejam conhecidos os principais riscos e o que precisa ser feito para gerenciá-los de forma responsável. Quanto maior a incerteza e o desconhecimento sobre as consequências do risco, menor o controle sobre o processo e sobre os resultados que ele poderá alcançar (Figura 9.1)[21].

Por esse motivo, os riscos devem ser gerenciados a fim de evitar que o dano ocorra, mas sua redução depende de mudanças na cultura e nos processos de trabalho adotados nos hospitais. A gestão de risco vem ao encontro dessa perspectiva cultural e assistencial.

A gestão de riscos é um método de gestão da qualidade que tem sido cada vez mais incorporado à realidade dos hospitais brasileiros. A gestão de riscos hospitalares foi fortalecida no Brasil por meio da criação da Rede de Hospitais Sentinela da Anvisa, e seu conceito vem sendo ampliado para além da farmacovigilância, tecnovigilância e hemovigilância[21].

O Ministério da Saúde[15] define gestão de riscos como a "aplicação sistêmica e contínua de iniciativas, procedimentos, condutas e recursos na avaliação e controle de riscos e eventos adversos que afetam a segurança, a saúde humana, a integridade profissional, o meio ambiente e a imagem institucional".

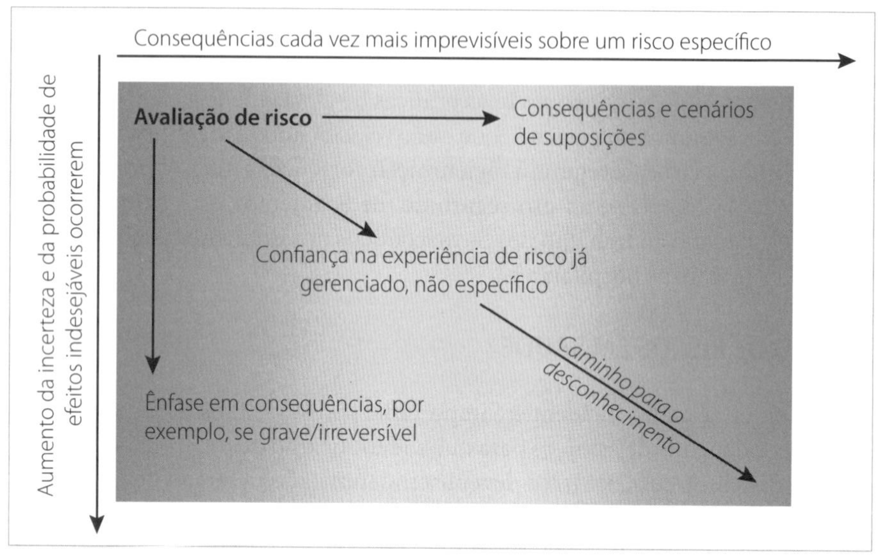

Figura 9.1 Processos de incerteza ao avaliar os riscos.
Fonte: adaptado de Health and Safety Executive[20].

A gestão de riscos está diretamente ligada a programas de segurança do paciente, que, por sua vez, estão incluídos nos programas de certificação de qualidade ou acreditação hospitalar. Ambos os conceitos, gestão de risco e segurança do paciente, bem como suas práticas, são indissociáveis, o que torna imprescindível que o farmacêutico os conheça e saiba aplicá-los na sua rotina técnico-assistencial[22].

Uma das principais ferramentas para a gestão de riscos prospectiva é a análise dos modos e efeitos de falha (do inglês *Failure Mode and Effects Analysis* - FMEA), desenvolvida pela NASA (sigla de National Aeronautics and Space Administration, agência norte-americana). O método FMEA caracteriza-se por ser proativo, prospectivo, não estatístico e sistematizado[23,24] e vem sendo recomendado por organizações internacionais da área da saúde, como Joint Commission, Institute for Healthcare Improvement e Institute for Safe Medication Practices, para identificar e analisar os modos de falha de processos de cuidado, seus efeitos e causas, estabelecer prioridades e traçar recomendações direcionadas a eliminar ou reduzir a possibilidade de ocorrência de falha[24].

No Brasil, nos últimos anos, não somente tem sido muito utilizado o método na saúde, mas também têm sido publicados estudos de utilização da ferramenta em diversos processos, incluindo o de utilização de medicamentos[25]. Tais estudos relatam como principais benefícios do uso do FMEA o conhecimento sobre os riscos inerentes aos processos e a priorização de ações para eliminar, reduzir ou mitigar riscos, bem como a integração dos diversos atores envolvidos no processo, visto que o método pressupõe a reunião dos diferentes profissionais envolvidos no processo a ser avaliado[24-27].

Basicamente, utiliza-se o FMEA para avaliar problemas nos processos e obter plano de ação baseado na priorização de riscos a serem tratados. As principais etapas do método são:

I. Definição do processo a ser analisado.
II. Reunião dos diferentes atores do processo para desenhá-lo e analisá-lo – recomenda-se que sejam os profissionais que realizam as tarefas, não somente os chefes ou seus representantes, para que a análise das falhas possa refletir a realidade da rotina de trabalho nessa instituição.
III. Identificação dos modos de falha: verificação das falhas do processo eleito, em reunião com os atores envolvidos no processo.
IV. Análise de riscos de cada modo de falha: quando se determina: 1) a gravidade da falha (se ela acontecer, qual a consequência disso para o paciente); 2) a ocorrência da falha (o quanto ela ocorre ou pode ocorrer); 3) a probabilidade de detecção da falha (quais as chances de se detectar com as barreiras que se têm no processo). Para cada item, há uma tabela com números que refletem a análise do risco, que são multiplicados e então se obtém o RPN (*risk priority number*).
V. Tratamento dos modos de falha: o RPN auxilia os avaliadores do risco a definirem quais são prioritários, ou seja, quais os de maior gravidade, maior chance de ocorrer e com barreiras mais frágeis para a detecção prévia. Com essa priorização, podem-se direcionar esforços no estabelecimento de ações para o tratamento das falhas.

O FMEA não é encerrado nessas etapas. Ele é cíclico, ou seja, novas avaliações devem ser feitas, simuladas ou reais, para verificar se as ações propostas são capazes de reduzir o RPN, ou seja, se as ações planejadas ou executadas serão ou foram capazes de reduzir o risco de um incidente ocorrer e, se ocorrer, que tenha grau de dano menor.

Outra ferramenta utilizada para auxiliar na gestão de riscos é a análise de causa raiz, que auxilia a conhecer as causas de um incidente que já ocorreu e, portanto, é retrospectiva. Apesar disso, torna-se uma importante ferramenta a ser utilizada para definir o problema e tratá-lo de modo que o incidente não volte a acontecer, ou seja, trata-se de método bastante utilizado na análise dos incidentes, não sendo indicado para a análise prospectiva de riscos.

A gestão de riscos é um processo que requer, inicialmente, que os gestores hospitalares e as lideranças setoriais, em especial o farmacêutico, incorporem a filosofia dessa estratégia e apoiem fortemente a sua implantação, vigilância, a divulgação das práticas mais seguras e a monitoração dos resultados[28].

Dessa forma, o processo de gerenciar os riscos em saúde pode se configurar em um modelo institucional de cultura de segurança do paciente, necessária para que se obtenha êxito nas ações de qualidade em saúde e segurança do paciente. Portanto, qualidade e segurança do paciente apropriam-se da gestão de riscos para maximizar a chance de ocorrerem os resultados desejados, preconizando minimizar ou evitar resultados negativos em saúde.

Os resultados negativos podem ser classificados como eventos adversos, porque são incidentes que acarretam dano ao paciente. Entretanto, também podem ser relacionados a incidente, definido como evento ou circunstância que poderia ter resultado ou que resultou em dano desnecessário ao paciente[15,16].

Os incidentes podem ser classificados em:

A. Circunstância de risco (houve potencial significativo para o dano, mas o incidente não ocorreu – pode também ser denominado circunstância notificável).
B. *Near miss* ou quase erro (incidente que poderia atingir o paciente, causando danos ou não, mas foi interceptado antes de chegar ao paciente).
C. Incidente sem dano (incidente que atingiu o paciente, mas não causou dano).
D. Incidente com dano ou evento adverso (incidente que resultou em dano ao paciente)[15].

Desafio para o farmacêutico hospitalar, a gestão integrada das equipes para redução dos riscos e evitar incidentes, especialmente os eventos adversos, tem exigido uma atuação proativa e permanente nos hospitais, uma vez que esse profissional é corresponsável por um dos processos mais complexos e de maior risco para o paciente dentro do hospital: o da cadeia terapêutica, que será tratada em tópico especial neste capítulo.

O processo de gestão de riscos é cíclico e com etapas bem definidas. Essas etapas foram bem retratadas na ABNT NBR ISO 31000:2009, normativa que trata da gestão de riscos, seus princípios e diretrizes, para diversas instituições da área da saúde ou não. Para melhor compreender o processo e suas etapas, ver a Figura 9.2.

Para cada etapa desse processo, o farmacêutico deverá ter competências, conhecimentos, habilidades e atitudes específicos, incluindo o conhecimento sobre métodos para identificação dos riscos, em especial o FMEA, a análise de causa raiz, métodos de busca ativa de incidentes em saúde e notificações voluntárias de riscos ou incidentes em saúde, além de categorização de riscos por gravidade, frequência e chance de detecção, dentre outros. Espera-se que, dentre suas

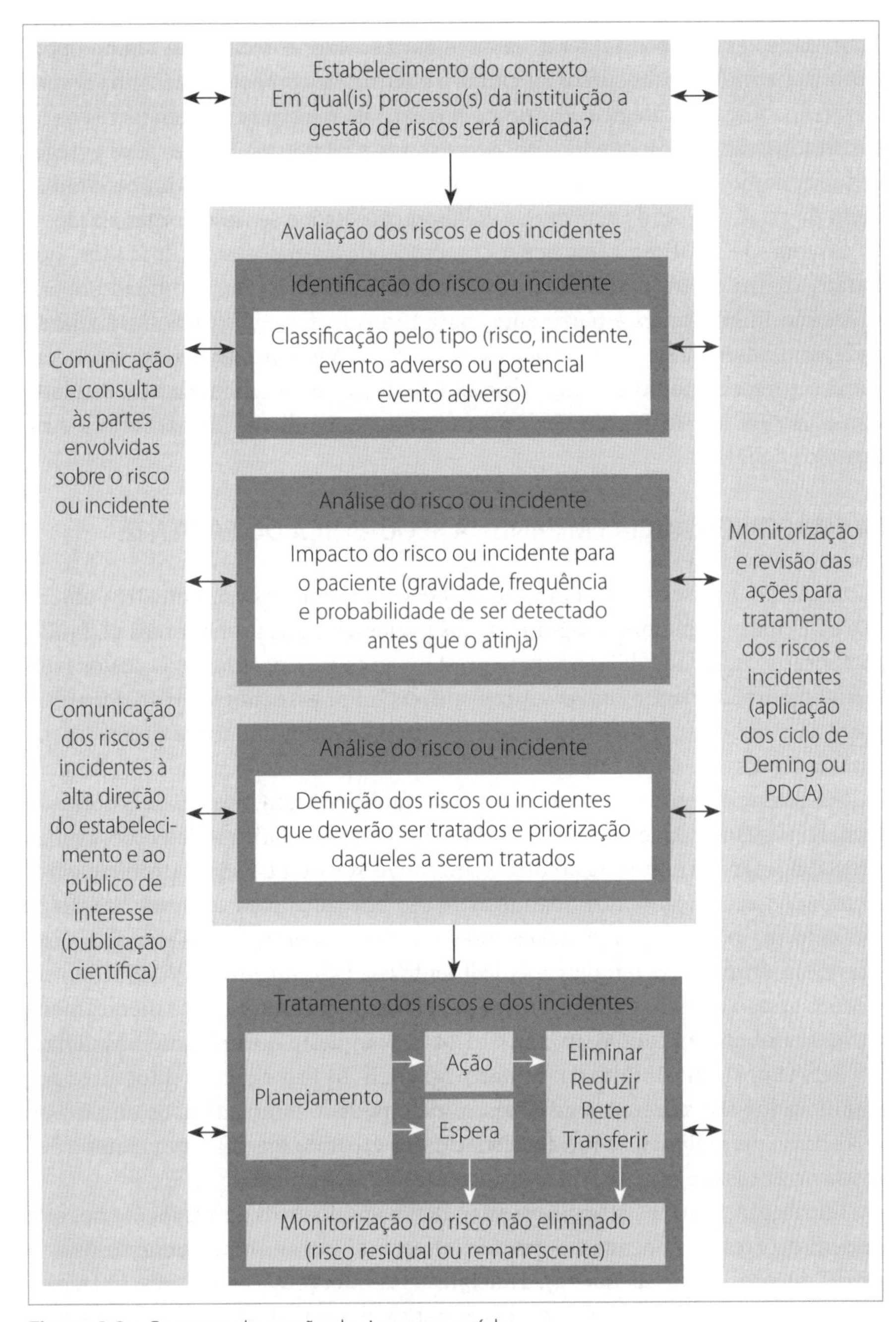

Figura 9.2 Processo de gestão de riscos em saúde.
Fonte: Capucho e Ricieri[22].

habilidades, esteja apto a liderar; saiba julgar, escolher e decidir em tempo oportuno; saiba mobilizar recursos (incluindo o tempo) e competências; saiba aprender; tenha visão estratégica. Por fim, o farmacêutico, para gerir bem os riscos na instituição, especialmente dos processos sob sua responsabilidade, deve agregar atitudes como a adaptabilidade, a coerência e o compromisso com resultados, além da criatividade, do espírito de colaboração, ética e senso de organização.

Apesar de existirem farmacêuticos especialistas em gestão de riscos, que atuam dentro e fora da farmácia, os conhecimentos básicos, habilidades e atitudes são interessantes e pertinentes para todos os farmacêuticos hospitalares, independentemente da função que exerçam, visto que a avaliação dos riscos costuma ser necessária no cotidiano, ainda que não esteja explicitada ou intitulada como gestão de riscos, como em sua atuação nos cuidados farmacêuticos e na farmacovigilância.

FARMACOVIGILÂNCIA EM PROL DA SEGURANÇA DO PACIENTE

A gestão de riscos em organizações de saúde tem, basicamente, três objetivos principais: aumentar a segurança dos pacientes e dos profissionais de saúde, melhorar a qualidade da assistência prestada e, com isso, reduzir os custos com o tratamento de eventos adversos preveníveis[29]. Por esse motivo, o acompanhamento da ocorrência de incidentes e da qualidade dos produtos utilizados na assistência à saúde é um importante instrumento para a segurança do paciente[30].

Ao gerenciamento de riscos relacionados aos medicamentos dá-se o nome de farmacovigilância, que, segundo a OMS, é a "ciência relativa a detecção, avaliação, compreensão e prevenção dos efeitos adversos ou quaisquer problemas relacionados a medicamentos quando estes são liberados para comercialização"[31]. Dessa forma, a farmacovigilância estuda os riscos e benefícios dos efeitos do uso, agudo ou crônico, de terapias medicamentosas. De acordo com o conceito da OMS, a gestão de riscos não está focada exclusivamente no produto medicamento, mas também em todo o processo de utilização deste no ambiente hospitalar.

Pelo exposto, no âmbito da farmacovigilância, os principais eventos adversos monitorados são as reações adversas, a inefetividade terapêutica, os desvios de qualidade que afetam a saúde dos usuários, os erros de medicação, as interações medicamentosas e os problemas decorrentes do uso *off-label*[32,33].

Entretanto, o farmacêutico deve estar atento aos diversos outros incidentes que podem ocorrer nos hospitais e que têm relação direta ou indireta com o uso de medicamentos, como as quedas, as flebites e as infecções hospitalares. O farmacêutico atuando junto aos núcleos de segurança do paciente das instituições tem o papel de identificar os riscos e incidentes que possam estar relacionados ao uso de medicamentos e propor ações para seu tratamento, evitando que voltem a ocorrer.

As instituições de saúde que queiram oferecer assistência segura para seus pacientes devem definir, como prioridade em suas estratégias, a gestão de riscos do processo de medicação, e para tanto é fundamental que se conheçam as características do sistema de medicação do estabelecimento de saúde, que se obtenha o apoio da alta administração e se estabeleça a infraestrutura necessária para iniciar as atividades de gerenciamento de riscos do uso de medicamentos, ou seja, atividades de farmacovigilância.

A atividade de farmacovigilância tem como principal objetivo a segurança dos usuários dos medicamentos, na medida em que pretende não só monitorar eventos adversos, mas também preveni-los, promovendo o uso racional de medicamentos, tema do próximo item deste capítulo. Assim, a implantação dessa atividade em um estabelecimento de saúde tem como objetivo prevenir e monitorar falhas em todo o ciclo dos medicamentos, desde a seleção até a destinação final, passando por fases importantes da assistência farmacêutica, como aquisição, prescrição e dispensação desses produtos.

A atividade de farmacovigilância deve ser estruturada de acordo com os recursos físicos, materiais e humanos disponíveis. Por esse motivo, para iniciar a estruturação dessa atividade, deve-se avaliar o perfil epidemiológico dos pacientes atendidos por cada instituição, as unidades que a compõem (se há atendimento ambulatorial, internação, PS), o tipo de assistência farmacêutica prestada aos pacientes (como é o sistema de distribuição e/ou dispensação de medicamentos, se há atividade de farmácia clínica e de atenção farmacêutica), ou seja, é necessário conhecer plenamente a instituição, delinear um plano bem estruturado que contemple todas as fases de implantação, incluindo objetivos, público-alvo e metodologia bem definidos, além dos resultados esperados. Para iniciá-la, conhecer outros serviços que realizam a atividade (*benchmarking*) também pode auxiliar, evitando despender esforços com algo que já não deu certo em uma instituição semelhante.

Os recursos físicos necessários são uma sala[34] climatizada de, no mínimo, 6 m^2 para uso exclusivo (se compartilhada, esse espaço deve ser respeitado para essa equipe). A sala pode estar localizada na farmácia ou ser independente desta, caso esteja ligada a outro serviço, como os escritórios de qualidade e gerências de risco. O tamanho da sala depende do tamanho da equipe de farmacovigilância e dos horários de escala de trabalho, visto que essas atividades também devem ser inerentes ao processo de cuidado farmacêutico à beira do leito.

Quanto aos recursos materiais, são necessários materiais de escritório, computadores com acesso à internet, telefone com linha interurbana, fontes de informação idôneas como livros e periódicos nacionais e internacionais, armários para arquivos das notificações e outros documentos, além de armários para guarda temporária de amostras.

Os Padrões Mínimos para a Farmácia Hospitalar e Serviços de Saúde[34] determinam que, para a realização da atividade de farmacovigilância, é necessário pelo menos um farmacêutico em tempo integral e dedicação exclusiva. O dimensionamento da equipe vai depender da complexidade do serviço de farmacovigilância prestado, do sistema de vigilância utilizado e da legislação vigente.

A farmacovigilância pode ser aplicada para todo um estabelecimento de saúde, assim como para uma unidade específica, como uma UTI. A atividade também pode estar voltada para monitorar todos os medicamentos utilizados pela instituição, bem como focar em algum ou em um elenco de medicamentos predeterminados, seja pelos efeitos adversos conhecidos, seja pela falta de experiência com o uso deles ou por sua importância econômica no orçamento do estabelecimento de saúde. Ainda, as duas situações extremas também podem ocorrer: monitorar todos os medicamentos em toda a instituição, assim como monitorar um medicamento em uma unidade específica. Dessa maneira, o público-alvo deve ser determinado de acordo com a necessidade da instituição, o perfil epidemiológico e a capacidade de monitoração, ou seja, a disponibilidade dos recursos necessários para a execução da atividade.

Basicamente, a farmacovigilância se dá em 3 fases: obtenção da informação (sistema de notificação e a monitoração de incidentes e queixas técnicas), análise e investigação do caso e tomada de ações preventivas e corretivas.

Tradicionalmente, os sistemas utilizados para a vigilância de incidentes em hospitais são a notificação voluntária, a monitoração intensiva e, mais recentemente, a vigilância baseada em sistemas de informação hospitalar, sendo o primeiro um tipo de vigilância passiva, o segundo um tipo de vigilância ativa e o terceiro uma ferramenta tanto para a vigilância passiva como para a vigilância ativa.

O sistema de vigilância passiva ou sistema de notificação voluntária consiste na comunicação espontânea de riscos e incidentes feita pelos usuários dos produtos e serviços de saúde. É a forma mais utilizada para obter informações sobre incidentes nas instituições de saúde do mundo inteiro, já que é mais simples e barata[13].

Wachter[35] sugere que a base para um programa de segurança do paciente sejam os sistemas de notificações voluntárias, já que as notificações podem conter informações relevantes acerca da estrutura, do processo e dos resultados em saúde, visto que são feitas pelos profissionais que prestam assistência direta e que são os conhecedores da situação clínica dos pacientes, facilitando a identificação de riscos e incidentes que porventura afetem a segurança deles, o que, por consequência, pode aumentar a eficiência da organização na promoção da melhoria da qualidade.

Um sistema de notificações voluntárias pode ser estabelecido por meio da elaboração do instrumento de notificação, quando esta pode se dar por diferentes meios, como manuscrito, por telefone, intranet ou internet. Atualmente, o meio mais utilizado pelos hospitais é o manuscrito, contando com um formulário a ser preenchido. O instrumento de notificação deve ser de fácil preenchimento e apresentar informações claras. A forma de *checklist* tende a dar velocidade e evitar dúvidas durante o preenchimento do instrumento. Além disso, essa forma facilita a análise da notificação e reduz problemas de grafias ilegíveis. Ainda assim, o instrumento deve conter um espaço para que o notificador descreva o incidente e faça suas observações, sendo, portanto, de livre preenchimento.

A seguir, deve ser estabelecido um fluxograma de notificação, indicando aos notificadores para onde a notificação será enviada e como ela será analisada, contemplando todas as instâncias pelas quais deve passar. Por fim, deve ser realizada a divulgação do instrumento e do fluxograma, que é a parte que requer maior empenho, já que se deve educar os colaboradores do hospital para utilizar o instrumento e seguir o fluxograma predeterminado[36].

De acordo com a OMS, para que sejam efetivos, os sistemas de notificações de incidentes em saúde devem apresentar as características descritas no Quadro 9.1[12].

Quadro 9.1 Características desejáveis para Sistemas de Notificação de Sucesso, segundo a Organização Mundial de Saúde[12]

Característica	Descrição
Não punitiva	Notificadores livres de retaliação ou punição por ter notificado
Confidencialidade	A identificação do notificador nunca é revelada
Independente	O sistema de notificação é independente de qualquer autoridade com poder para punir
Análise por especialistas	As notificações são avaliadas por especialistas que entendam aspectos clínicos e reconheçam as possíveis causas do evento
Agilidade	As notificações são analisadas rapidamente e as recomendações são prontamente divulgadas para os interessados, especialmente nos casos graves
Foco no sistema	As recomendações incidem sobre as mudanças nos sistemas, processos ou produtos e não estão orientadas para o indivíduo
Sensibilidade	O setor que recebe as notificações dissemina as recomendações e a organização de saúde compromete-se a implementá-la, sempre que possível

Além da notificação voluntária, outro método que pode ser utilizado para conhecer incidentes decorrentes da assistência à saúde é a monitoração intensiva, que pode ser retrospectiva, realizada por meio de análises de antigas anotações em prontuários, ou prospectiva, realizada pelo monitoramento de prescrições médicas e resultados de exames laboratoriais, por exemplo.

A monitoração intensiva prospectiva é conhecida como busca ativa, pois é realizada proativamente pelo setor ou pessoa interessada em determinada informação sobre incidentes ou sobre a segurança de alguma tecnologia de saúde[37,38]. Esse tipo de monitoração caracteriza-se por fazer a vigilância de determinado risco ou tecnologia de saúde por um período definido, a fim de detectar ou prevenir a ocorrência de evento adverso relacionado à prestação de serviços de saúde.

A busca ativa também pode ocorrer por meio do método de "garimpo de dados" ou da utilização de "informações-gatilho", e é uma tendência em serviços de saúde de países desenvolvidos. No Brasil também tem sido utilizada por diversas instituições. Denomina-se garimpo de dados porque nesse método de monitoração intensiva há a busca de dados que indiquem problemas na assistência ao paciente, especialmente aqueles relacionados à terapia medicamentosa. Nessa busca, identificam-se em prontuário prescrições, exames laboratoriais, informatizados ou não, dados que são utilizados como rastreadores, marcadores ou sinalizadores de potenciais eventos adversos. Esses dados são considerados de gatilho, ou seja, quando encontrados na busca, devem ser investigados e tratados a fim de que eventos adversos sejam evitados.

Por fim, muitas instituições têm aplicado a vigilância baseada em sistemas de informação hospitalar, que é o mais oneroso para aplicação prática. A informatização das bases de dados facilita a gestão da informação sobre incidentes e torna essas bases passíveis de serem analisadas por meio de abordagens estatísticas, como é o garimpo de dados. O garimpo de dados em sistemas informatizados apresenta a vantagem de oferecer dados mais confiáveis, além de favorecer o cálculo de incidência de e dos custos de incidentes, quando comparados à notificação voluntária e à monitoração intensiva com buscas em prontuários[39,40]. Essa estratégia também tem sido cada vez mais aplicada pelas agências regulatórias de diferentes países, o que não significa que a informatização seja a solução para a detecção de incidentes, pois não extingue a necessidade da notificação voluntária e tampouco elimina o processo investigativo[41].

Independentemente do método utilizado para obtenção da informação, ela deve ser avaliada. Nesse sentido, quanto melhor for a qualidade da descrição dos eventos adversos nas notificações, mais precisa poderá ser sua avaliação.

A identificação de oportunidades de melhoria é o principal objetivo do processo interno de investigação a partir das notificações de incidentes, e não apenas determinar a frequência com que esses eventos ocorrem. Deficiências no processo investigativo comprometem a conclusão dos casos e as ações de melhoria contínua, pois vários são os fatores que podem favorecer a ocorrência de incidentes em saúde. Portanto, um processo investigativo realizado com qualidade é fundamental para a tomada de decisões em farmacovigilância, fomentando ações corretivas e preventivas, promovendo, assim, a segurança dos pacientes.

Para iniciar a investigação de qualquer notificação, devem-se considerar fatores como a qualidade da documentação (dados completos sobre o paciente, medicamento e descrição do evento) e a relevância da notificação (eventos adversos graves e não descritos devem ter prioridade de investigação). Outro fator que deve ser analisado é a causalidade do evento, ou seja, a probabilidade de o evento adverso ter sido causado por determinado medicamento.

Nos casos de suspeitas de reações adversas relacionadas aos medicamentos e inefetividade terapêutica, esses eventos podem ocorrer por problemas com a qualidade do medicamento, interações medicamentosas, uso inadequado, sensibilidade, resistência ou tolerância do paciente ao medicamento.

Após a análise das notificações de suspeitas de efeitos adversos e queixas técnicas relacionadas aos diferentes medicamentos, sugere-se que as decisões sejam tomadas de acordo com o tipo de problema relatado, com a gravidade, frequência com que ocorre e impacto econômico. Devem-se considerar o risco intrínseco ao medicamento e o risco de a queixa notificada causar dano, ou seja, deve-se priorizar uma suspeita de contaminação em uma solução parenteral de grande volume em detrimento de uma falta de rótulo em um frasco de solução oral. Salienta-se que a priorização é um mecanismo importante quando se tem número de informações tal que se tenha de decidir entre uma e outra informação para realizar a investigação. Entretanto, priorizar não quer dizer negligenciar casos menos graves.

Algumas condutas diante das notificações devem ser padronizadas, como se haverá interrupção do fornecimento do medicamento, como uma interdição, ou reprovação da marca para evitar novas aquisições. Deve-se ter consentimento da administração do estabelecimento de saúde sobre estas condutas, ou seja, as atribuições da farmacovigilância devem estar descritas e aprovadas pela administração, para que se tenha respaldo às ações tomadas.

Sugere-se também padronizar a maneira de se relacionar com os fornecedores e fabricantes dos medicamentos. Deve-se primar pela isonomia, ou seja, todos devem ter direito a conhecer os problemas relatados e direito à resposta, podendo ou não ser acatada pelo estabelecimento de saúde. Sugere-se que em momento algum seja revelado quem relatou, devendo ser preservada a identidade do notificador, a fim de evitar represálias e constrangimentos dos colaboradores em seu ambiente de trabalho. Caso isso aconteça, reduzirá a chance de o funcionário notificar outra vez, o que prejudica o sistema passivo de notificações.

Todas as ações realizadas devem ser devidamente documentadas. O que não está escrito não foi realizado. Há que se ter evidências. Além de descritas, a investigação, bem como as ações que derivaram dela, deve ser amplamente divulgada na instituição, mesmo que tenham sido identificados problemas em processos internos, e deve ser publicada na forma de alertas e informes, devendo ser encaminhada a todas as unidades envolvidas no processo de assistência ao paciente.

Após a finalização da investigação, a equipe de farmacovigilância deve encaminhar uma resposta ao notificador, como uma carta, *e-mail* ou até mesmo telefonema de agradecimento, informando as ações tomadas e o agradecendo pela notificação.

Em complementação, dados sobre os diferentes fabricantes fornecidos pelas notificações devem ser utilizados como um dos critérios para a qualificação de fornecedores, aumentando a qualidade do processo de aquisição e até de seleção de medicamentos utilizados pelo estabelecimento de saúde, o que reduz riscos e aumenta a segurança da assistência prestada aos usuários dos sistemas de saúde brasileiros.

Por fim, após a realização das intervenções, deverá haver o monitoramento dos resultados, a fim de saber se as ações foram efetivas. Caso não tenham sido, a equipe deverá desenvolver nova estratégia de gerenciamento dos riscos. Esse monitoramento deve ser contínuo, para que efeitos sazonais, como menor contingente de pessoal por férias ou efeitos pontuais, como greves nas organizações, sejam também contemplados na avaliação dos resultados da efetividade e eficácia do método aplicado.

Pelo exposto, não resta dúvida de que as atividades de farmacovigilância sejam essenciais para a melhoria da qualidade do processo de utilização de medicamentos e, consequentemente, para a segurança dos pacientes. Mais do que realizar ações de tratamento dos riscos e incidentes relacionados ao uso dessas tecnologias em saúde, a promoção de seu uso seguro parece ser o caminho mais custo-efetivo para as instituições e sistemas de saúde.

USO SEGURO DE MEDICAMENTOS

A complexidade de recursos envolvida na prestação de cuidados em saúde pode resultar em benefícios significativos para a saúde dos pacientes, contudo também envolve um risco potencial inevitável de ocorrência de incidentes. A ocorrência desses eventos não se restringe a um ambiente específico de assistência à saúde, embora grande parte das evidências disponíveis esteja relacionada à assistência hospitalar e as estratégias de prevenção sejam mais bem documentadas nesse ambiente[42].

Em 2016, em uma avaliação do número de óbitos causados por eventos adversos relacionados à assistência à saúde entre 1999 e 2013, contatou-se que os eventos adversos são a terceira causa de mortes nos Estados Unidos, resultando em mais de 251 mil óbitos por ano[43]. No mesmo ano, no Brasil, estimou-se que eventos adversos são a quinta causa de mortes no país, sendo superados apenas pelas doenças dos aparelhos circulatório e respiratório, neoplasias e causas externas[44].

Os erros de medicação são incidentes frequentes. Eles estão entre as principais causas de danos evitáveis nos sistemas de saúde em todo o mundo, e o custo associado à sua ocorrência foi estimado, globalmente, em 42 bilhões de dólares por ano[45].

Entende-se por erro de medicação qualquer evento evitável que, efetiva ou potencialmente, possa resultar no uso inadequado de um medicamento ou dano ao paciente, quando o medicamento está sob o controle de profissionais de saúde, de pacientes ou do consumidor. Os erros de medicação podem ocorrer em qualquer uma das etapas do processo de utilização de medicamentos – prescrição, dispensação, preparo, administração, monitoramento – e estar relacionados à prática profissional, aos produtos utilizados na área da saúde, aos procedimentos e a problemas de comunicação, incluindo aqueles relativos aos rótulos, embalagens, nome do medicamento, educação e qualquer uma das etapas de utilização[46,47].

Classificação dos erros de medicação

Os erros de medicação podem ser classificados, de forma didática, conforme a etapa do processo de utilização de medicamentos, em erro de prescrição, erro de transcrição (nas instituições em que a transcrição de prescrições é adotada), erro de dispensação e erro de administração. No entanto, outras classificações podem ser empregadas concomitantemente.

Uma classificação amplamente adotada é a classificação de erros de medicação criada em 1998 pela National Coordinating Council for Medication Error Reporting and Prevention (NCCMERP). Nessa classificação, atualizada em 2001, os erros de medicação são divididos em 9 categorias (de A a I), definidas conforme a gravidade, ocorrência ou não de danos ao paciente, duração e extensão desse dano e necessidade de alguma intervenção (Figura 9.3)[48,49].

Essa classificação, com a permissão da United States Pharmacopeia (USP), foi adaptada em 2002 por um grupo de farmacêuticos hospitalares espanhóis, coordenado pelo Instituto para El Uso Seguro de Los Medicamentos (ISMP Espanha), e atualizada em 2008 (Quadro 9.2)[50].

É importante ressaltar que um mesmo erro de medicação pode ser classificado em mais de um tipo ou subtipo, não sendo as categorias dessa classificação excludentes. Logo, é preciso atenção para que um mesmo erro não seja registrado mais de uma vez para fins de avaliação e cálculo de indicadores. Ademais, é preciso considerar que, embora essa classificação contribua para o aprimoramento do registro de informações sobre erros de medicação em instituições de saúde brasileiras e auxilie na elaboração de estratégias de prevenção, ainda não existem evidências suficientes que respaldem a elaboração de uma classificação totalmente adequada à realidade do Brasil.

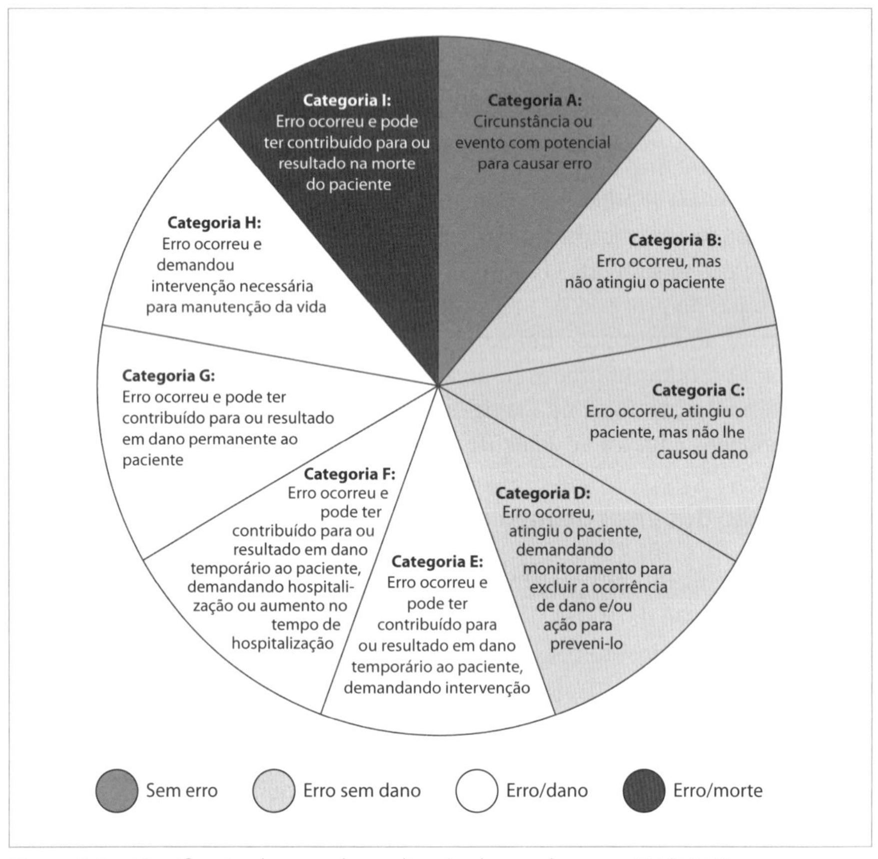

Figura 9.3 Classificação de erros de medicação de acordo com a NCCMERP.
Fonte: traduzido e adaptado de National Coordinating Council for Medication Error Reporting and Prevention[49].

Causas dos erros de medicação

A análise dos erros de medicação ocorridos nos Estados Unidos e reportados aos sistemas de notificações como o Med Watch Program, da Food and Drug Administration (FDA), e o Medication Errors Reporting, criado pela USP e pelo ISMP Estados Unidos, mostra que as causas de um erro são multifatoriais, e muitos deles ocorrem em circunstâncias semelhantes[51]. Observa-se que a ocorrência de erros de medicação muitas vezes está associada direta ou indiretamente a falhas humanas. No entanto, experiências mundiais mostram que raramente erros são cometidos por negligência, mas pelo fato de sistemas de medicação serem falhos e inseguros[45]. Sistemas de medicação são conceituados como o perfil e a

Quadro 9.2 Classificação de erros de medicação de acordo com o ISMP Espanha

1. Medicamento errado 1.1. Prescrição inadequada do medicamento 1.1.1. Medicamento não indicado/inapropriado para o diagnóstico que se pretende tratar 1.1.2. História prévia de alergia ou reação adversa similar 1.1.3. Medicamento inadequado para o paciente por causa da idade, situação clínica etc. 1.1.4. Medicamento contraindicado 1.1.5. Interação medicamento-medicamento 1.1.6. Interação medicamento-alimento 1.1.7. Duplicidade terapêutica 1.1.8. Medicamento desnecessário
1.2. Transcrição/dispensação/administração de um medicamento diferente do prescrito
2. Omissão de dose ou do medicamento 2.1. Falta de prescrição de um medicamento necessário 2.2. Omissão na transcrição 2.3. Omissão na dispensação 2.4. Omissão na administração
3. Dose errada 3.1. Dose maior 3.2. Dose menor 3.3. Dose extra
4. Frequência de administração errada
5. Forma farmacêutica errada
6. Erro de preparo, manipulação e/ou acondicionamento
7. Técnica de administração errada
8. Via de administração errada
9. Velocidade de administração errada
10. Horário errado de administração
11. Paciente errado
12. Duração do tratamento errada 12.1. Duração maior 12.2. Duração menor
13. Monitoração insuficiente do tratamento 13.1. Falta de revisão clínica 13.2. Falta de controles analíticos
14. Medicamento deteriorado
15. Falta de adesão do paciente
16. Outros tipos
17. Não se aplica

Fonte: traduzido e adaptado de Otero López et al.[50].

organização de processos, procedimentos, equipamentos e condições de trabalhos envolvidos no processo de utilização de medicamentos. Seu delineamento e aprimoramento com foco em segurança deve ser prioritário para a prevenção de erros de medicação[52].

As causas mais comuns de erros de medicação incluem: falhas de comunicação; ambiguidades nos nomes dos medicamentos, escrita e instruções de uso; uso de abreviaturas; falhas na execução de procedimentos ou técnicas; falta de conhecimento sobre os medicamentos; falta de informação sobre os pacientes; mau uso do medicamento pelo paciente por falta de orientação ou informação; ambiente de trabalho inadequado; problemas de rotulagem ou embalagens semelhantes; violação de regras; deslizes e lapsos de memória; erros de transcrição; falhas na interação com outros serviços; falhas na conferência das doses; problemas relacionados a bombas e dispositivos de infusão de medicamentos; monitoramento inadequado do paciente; problemas no armazenamento e dispensação; erros de preparo; e falta de padronização dos medicamentos[51,53].

Tendo em vista as causas associadas aos erros, o ISMP Estados Unidos identificou os 10 elementos-chave que mais influenciam na segurança do sistema de medicação:

1. Informações sobre pacientes.
2. Informações sobre medicamentos.
3. Prescrição e comunicação de informações sobre medicamentos.
4. Rotulagem, embalagem e nomenclatura de medicamentos.
5. Padronização, armazenamento e distribuição de medicamentos.
6. Aquisição, uso e monitoramento de dispositivos para preparo e administração de medicamentos.
7. Fatores ambientais, fluxos de trabalho e recursos humanos.
8. Competências e treinamento dos profissionais.
9. Educação do paciente.
10. Processos de qualidade de gestão de risco[51,52].

Estratégias voltadas para a promoção da segurança do paciente devem, portanto, englobar o desenvolvimento e a implantação de medidas para avaliar tais elementos, identificar seus riscos e mitigá-los[52].

Desafio Global de Segurança do Paciente – "Uso Seguro de Medicamentos"

A ocorrência de eventos adversos decorrentes do processo de assistência à saúde é frequente em todo o mundo. Diante disso, em 2004, a OMS lançou o programa Aliança Mundial para a Segurança do Paciente (hoje chamado Programa de Segurança do Paciente), na qual todos os países-membros se comprometem a desenvolver e implantar medidas que assegurem a qualidade e a segurança da assistência à saúde[54].

O primeiro Desafio Global de Segurança do Paciente foi lançando em 2005 e o segundo em 2008, com os temas Higienização das Mãos e Cirurgia Segura, respectivamente[55,56]. Ambos tinham como objetivo fortalecer o compromisso estabelecido com a Aliança Mundial e ser o ponto de partida para a redução de infecções associadas aos cuidados em saúde e o risco associado a cirurgias[57].

Em 2017, a OMS lançou o terceiro Desafio Global, com o tema Uso Seguro de Medicamentos (em inglês, *Medication Without Harm*), em reconhecimento ao risco significativo que os erros de medicação representam para a segurança do paciente. A abordagem desse desafio, diante da complexidade envolvida nesse tema, visa diminuir a mortalidade e os demais danos causados por práticas inseguras e erros de medicação, tendo como foco específico as deficiências nos processos de prestação de cuidados em saúde. O objetivo principal é reduzir em 50% os danos graves, se evitáveis, decorrentes de erros de medicação, ao longo dos próximos 5 anos, desenvolvendo sistemas de saúde mais seguros e eficientes em cada etapa do processo de medicação: prescrição, distribuição, administração, monitoramento e uso. Para alcançar esse objetivo, foram definidos cinco objetivos específicos[45]:

1. **Avaliar** o escopo e a natureza dos danos evitáveis, e fortalecer os sistemas de monitoramento a fim de detectar e rastrear esses danos.
2. **Criar** um plano de ação focado nos pacientes, profissionais de saúde e países-membros para facilitar a implantação de melhorias na prescrição, preparo, dispensação, administração e monitoramento de medicamentos.
3. **Desenvolver** guias, materiais, tecnologias e ferramentas para dar suporte à criação de sistemas de utilização de medicamentos mais seguros, resultando na diminuição da ocorrência de erros de medicação.
4. **Engajar** os setores envolvidos, parceiros e indústria para sensibilizá-los quanto aos problemas de segurança na medicação, levando-os a ativamente buscar maneiras de mitigá-los.
5. **Empoderar** pacientes, familiares e cuidadores a participar ativamente e de forma engajada nas decisões relacionadas à assistência à saúde, fazendo perguntas, identificando erros e gerenciando ativamente os seus medicamentos.

As ações do Desafio estão organizadas, ainda, em 3 áreas-chaves: "ações prioritárias", "programas de desenvolvimento" e "ação global". Assim, foi estabelecido que os países-membros devem: 1) priorizar a adoção de medidas efetivas de gerenciamento e prevenção de danos em situações de alto risco, polifarmácia e transição de cuidados; e 2) reunir líderes, especialistas e profissionais da área da saúde para elaborar programas específicos para melhoria da segurança do paciente, focados em cada um dos 4 eixos centrais estabelecidos no Desafio (pacientes e público, medicamentos, profissionais de saúde, sistemas e práticas de medicação). As ações globais, a cargo da OMS, estarão centradas em suporte, orientação e fortalecimento de iniciativas e estratégias desenvolvidas dentro de cada um dos objetivos específicos mencionados[45].

Estratégias para o uso seguro de medicamentos

Identificar a natureza dos erros de medicação e seus determinantes como forma de dirigir ações para a prevenção é de extrema relevância diante do dano potencial em razão de sua ocorrência. Em estudo realizado na Espanha, observou-se que 37,4% dos eventos adversos detectados em pacientes hospitalizados foram causados por medicamentos, dos quais 34,8% eram evitáveis[52,57-59].

A. Práticas seguras na prescrição de medicamentos

O sistema de medicação é multidisciplinar e envolve vários profissionais, sendo eles profissionais de saúde ou não. Ele se inicia com a prescrição, de forma que os erros de prescrição são os mais graves que podem ocorrer na utilização de medicamentos. Qualquer falha nessa fase pode levar a problemas nos estágios subsequentes, afetando a segurança do paciente[60].

Erro de prescrição com significância clínica é definido como um erro de decisão ou de redação, não intencional, que pode reduzir a probabilidade de o tratamento ser efetivo ou aumentar o risco de lesão no paciente, quando comparado com as práticas clínicas recomendadas[61,62]. Pode ocorrer, ainda, em decorrência da falta de prescrição de um medicamento que seria necessário, conforme as condições clínicas do paciente[61].

O processo de prescrição deve apresentar barreiras para a prevenção de erros de medicação na etapa de decisão terapêutica e redação da prescrição.

B. Decisão terapêutica

A seleção adequada do medicamento a ser utilizado é a primeira etapa do processo de decisão terapêutica e deve estar fundamentada nas melhores evidências científicas disponíveis. A disponibilização de uma lista de medicamentos selecionados/padronizados possibilita ao prescritor maior familiaridade com os medicamentos e as apresentações disponíveis na instituição, e, como consequência, torna o processo de utilização de medicamentos mais seguro. A definição de protocolos institucionais com os procedimentos para prescrição de medicamentos não padronizados, bem como protocolos clínicos baseados em evidência para prescrição dos itens padronizados, também contribui para o uso seguro de medicamentos[51].

A investigação do histórico de utilização de medicamentos do paciente é outro aspecto importante no momento da prescrição. Segundo Runciman et al.[63], 75% das reações alérgicas prévias a medicamentos não são registradas em prontuário, reforçando a importância da investigação do histórico de alergias junto ao paciente/acompanhante e de seu registro em todas as prescrições e no prontuário, fornecendo à equipe de saúde informação para que possa atuar como uma barreira adicional de prevenção dos erros. Dados sobre reações alérgicas e uso de medicamentos prévios devem ser coletados no processo de conciliação medicamentosa, que garante a transferência da informação completa e correta dos medicamentos em uso nas interfaces do cuidado por meio da compilação do melhor histórico medicamentoso possível antes mesmo da elaboração da primeira prescrição, sempre que possível[64]. Ela deve ser realizada na admissão e na alta do paciente no serviço e nos demais pontos de transição do cuidado, sejam eles hospitalares (p. ex., entre leitos, alas, unidades de internação, instituições) ou ambulatoriais (p. ex., entre níveis de atenção, clínicas)[65,66].

O cálculo da dose de medicamentos é outra etapa do processo de decisão terapêutica considerada uma fonte importante de erros graves. A familiaridade do prescritor com o medicamento e a conferência do cálculo da dose por mais de um profissional são fundamentais para minimizar a ocorrência de erros. Além disso, a instituição deve contar com fontes de informação atualizadas sobre as doses usuais para as diferentes indicações terapêuticas, faixas etárias (sobretudo em pediatria, neonatologia e geriatria), doses máximas de medicamentos potencialmente perigosos e de índice terapêutico estreito e medicamentos que necessitam de ajuste de dose em casos de disfunção hepática e renal, e em casos de hemodiálise/diálise peritoneal. O acesso a fontes de informação e a atuação clínica do farmacêutico são medidas importantes para a prevenção desses erros[67].

Para medicamentos em que o cálculo da dose é baseado no peso ou na superfície corporal do paciente, os cálculos devem ser realizados com cautela e passar por dupla checagem independente. Para isso, o prescritor deve sempre anotar na prescrição o peso/superfície corporal do paciente, ou campos obrigatórios de preenchimento devem ser criados em prescrições eletrônicas, permitindo a conferência do cálculo por parte da farmácia e da enfermagem[59]. No caso de medicamentos que requerem ajuste de dose de acordo com sua dosagem plasmática (p. ex., vancomicina, aminoglicosídeos) ou parâmetros laboratoriais (p. ex., varfarina), protocolos de monitoramento devem ser desenvolvidos, divulgados e acompanhados.

A definição da posologia deve considerar as doses máximas preconizadas e proporcionar melhor comodidade ao paciente e ao serviço de enfermagem, melhorando a adesão ao tratamento e reduzindo o risco de erros de administração. Recomenda-se prescrever medicamentos com o menor número de doses diárias, sempre que possível, facilitando a adesão do paciente ao tratamento. No caso dos medicamentos injetáveis, a reconstituição e diluição dos medicamentos é etapa importante e que gera impacto sobre a estabilidade e até mesmo sobre a efetividade do medicamento. Portanto, os diluentes devem ser selecionados e incluídos no texto da prescrição, levando em conta o grau de compatibilidade farmacêutica, bem como o volume a ser utilizado ou a concentração final da solução. É indispensável constar na prescrição velocidade de infusão, considerando-se a melhor evidência científica disponível e as peculiaridades clínicas do paciente, de forma a garantir sua efetividade e prevenir problemas com instabilidade do fármaco em solução e incidentes com dano (p. ex., síndrome do homem vermelho)[59].

A participação clínica do farmacêutico no processo de decisão terapêutica (processo compartilhado de definição e checagem do medicamento, dose e posologia a serem prescritos) também deve ser incentivada, assim como a implementação de sistemas de prescrição eletrônica com suporte clínico, que sabidamente possuem impacto considerável de redução na ocorrência de erros de medicação[68].

C. Redação da prescrição

Após a decisão terapêutica, a redação da prescrição é a etapa que permitirá a comunicação do tratamento à equipe e viabilizará o processo de medicação em si. A prescrição deve trazer de forma objetiva, legível e dentro dos padrões definidos pelos órgãos reguladores, todas as orientações sobre o tratamento medicamentoso e/ou não medicamentoso a ser seguido pelo paciente[69]. Todas as prescrições devem apresentar identificação da instituição, do prescritor (nome completo e registro no conselho profissional) e do paciente (nome completo, número de registro/prontuário, leito, serviço, setor, andar) e ser datadas[18].

A adoção de prescrições digitadas, sistema de prescrição eletrônica ou formulários pode ter forte impacto na redução dos erros de prescrição, embora seu custo elevado possa ser considerado impeditivo por parte dos hospitais brasileiros. Recomenda-se evitar ao máximo as prescrições escritas a mão, adotando-se a prescrição pré-digitada ou editada[70].

Os medicamentos devem ser prescritos utilizando a denominação comum brasileira, evitando ao máximo o uso de siglas e abreviaturas, pois aumentam a ocorrência de erro de medicação[59,71]. Nos casos em que seja indispensável o uso de siglas e abreviaturas em meio hospitalar, a instituição deve elaborar, formalizar e divulgar uma lista de abreviaturas padronizadas, garantindo a adequada comunicação entre os membros da equipe de saúde. No entanto, algumas abreviaturas não devem ser utilizadas por seu envolvimento frequente em erros.

Dentre elas estão as fórmulas químicas (KCl, NaCl, $KMnO_4$ e outras), os nomes de medicamentos (HCTZ, RIP, PEN BEZ, MTX, SMZ-TMP e outros) e as siglas "U" (unidades) e UI (unidades internacionais). Estas duas últimas siglas são consideradas as abreviaturas de maior risco, pois podem provocar a administração de doses 10 vezes maiores que as prescritas caso a letra "U" seja confundida com um "0" (zero)[50,59,71,72].

Medicamentos com grafias ou sons semelhantes também podem gerar confusões e são causas comuns de erros nas diversas etapas do processo de utilização de medicamentos. Portanto, o emprego de letra maiúscula e em negrito para destacar partes diferentes de nomes semelhantes deve ser adotado em prescrições manuais ou eletrônicas, sistemas informatizados, etiquetas e áreas de armazenamento de medicamentos (p. ex., **DOP**amina e **DOBUT**amina). Também é recomendado que exista e seja divulgada na instituição uma lista padronizada de medicamentos com grafias ou sons semelhantes[72].

Expressões vagas como "usar como de costume", "a critério médico", "uso contínuo" devem ser abolidas das prescrições. No caso do uso da expressão "se necessário", devem-se definir obrigatoriamente a dose, a posologia, a dose máxima e a condição que determina a interrupção do uso do medicamento. Ademais, alterações no texto da prescrição devem ser realizadas em todas as vias e de forma clara, legível e sem rasuras. Prescrições verbais devem ser restritas às situações de emergência, e, no caso da ordem verbal absolutamente necessária, esta deve ser clara e o indivíduo que a recebeu deve repetir de volta o que foi dito, para que seja confirmado pelo prescritor[59].

Práticas seguras na dispensação de medicamentos

A dispensação é uma das últimas barreiras de segurança na utilização de medicamentos, uma vez que falhas nessa etapa favorecem a ocorrência de erros de administração que podem atingir os pacientes e resultar em danos graves. Dessa forma, a fim de garantir o uso seguro e correto dos medicamentos, as farmácias devem adotar processos de dispensação que garantam a dispensação segura dos medicamentos de acordo com a prescrição médica, nas quantidades e conforme as especificações solicitadas, e no prazo requerido[67].

O erro de dispensação é definido como a discrepância entre uma prescrição e o medicamento que a farmácia dispensa, incluindo a dispensação de um medicamento que apresente qualidade farmacêutica ou informação inferiores ao preconizado[73]. Devem ser prevenidos com a adoção de fluxos de trabalho e ambiente adequados para o processo de dispensação de medicamentos e estratégias de dispensação segura.

A. Sistemas de dispensação

As causas de erros de dispensação são diversas, mas a mais comum está relacionada aos sistemas de dispensação de medicamentos. Os sistemas de dispensação coletivos devem ser abolidos; eles se baseiam na dispensação por unidade de internação ou serviço mediante solicitação da enfermagem para todos os pacientes da unidade, propiciando a ocorrência de erros. Deve-se encorajar a adoção do sistema individualizado (dispensação de medicamentos por paciente) e com o maior número de doses unitárias possível (distribuição do medicamento com dose pronta para uso conforme a prescrição). Isso melhora a qualidade do armazenamento dos medicamentos e diminui o risco de ocorrência de erros de dispensação e administração[59].

B. Armazenamento e ambiente da farmácia

As boas práticas de armazenamento devem ter foco na segurança da dispensação, buscando minimizar o risco de troca entre medicamentos. A organização dos medicamentos pode ser em ordem alfabética e/ou por forma farmacêutica. Contudo, recomenda-se que medicamentos com sons e grafias semelhantes ou com rótulos e embalagens similares sejam armazenados em locais distantes um do outro e identificados. Para a identificação dos locais de armazenamento e das embalagens dos medicamentos, medicamentos com sons e grafias semelhantes devem ter as diferentes partes de seus nomes destacadas em caixa alta (p. ex., **LAMI**vudina e **ZIDO**vudina)[59,72].

É essencial que a farmácia seja mantida organizada, limpa, bem iluminada, com controle e registro de temperatura. Seu ambiente deve conferir maior segurança ao processo de dispensação, e o local da dispensação deve ser reservado, possuir fluxo restrito de pessoas, ser tranquilo e com o mínimo de fontes de interrupção e distração (p. ex.: rádio, televisão, telefone fixo e celular)[59].

C. Dispensação segura

A análise da prescrição deve ser considerada uma etapa importante para garantir a dispensação segura de medicamentos. Ao realizar a revisão de prescrições médicas antes da dispensação e administração dos medicamentos, o farmacêutico desempenha um papel importante na redução dos riscos ao paciente, otimizando a segurança dos sistemas de gerenciamento de medicamentos, resultando em diminuição significativa dos eventos adversos evitáveis[74]. O farmacêutico deve avaliar indicação; contraindicação; duplicidades terapêuticas; alergias; compatibilidade fisicoquímica e farmacológica; dose; concentração; via, velocidade de infusão e horários de administração; interações medicamentosas que tenham significância clínica; e alertas para nomes semelhantes. Sempre que não for possível realizar a análise de todas as prescrições, devem-se priorizar prescrições que contenham antimicrobianos e medicamentos potencialmente perigosos. Todas as intervenções farmacêuticas devem ser registradas no prontuário do paciente[59].

É importante destacar, no entanto, que, nos casos em que a instituição de saúde dispuser de sistema informatizado de prescrição, o farmacêutico deve, sempre que possível, trabalhar junto à equipe de tecnologia da informação para ajustar a parametrização do sistema de forma a garantir que erros de medicação recorrentes sejam bloqueados. Como exemplo tem-se o bloqueio de prescrição de doses acima das doses máximas de determinados medicamentos ou da prescrição de cloreto de potássio sem diluente[75]. Além disso, deve-se garantir que as intervenções farmacêuticas realizadas, bem como os alertas do sistema informatizado de prescrição, tenham foco em situações clinicamente relevantes para o perfil de pacientes atendidos na instituição e, preferencialmente, sejam contextualizados no estado clínico individualizado de cada paciente, aumentando a aceitação das intervenções farmacêuticas e prevenindo o desenvolvimento do fenômeno "fadiga de alerta", que se relaciona com o alto número de alertas computadorizados que acabam sendo ignorados pelo prescritor[76].

As prescrições devem ser separadas uma a uma, sendo conferidas posteriormente, de preferência por outro funcionário da farmácia e com o auxílio de códigos de barras. Os medicamentos devem ser mantidos devidamente separados em embalagens plásticas e/ou carros de medicação durante todo o processo de dispensação, de modo a dificultar a troca da prescrição de um paciente por outro[59].

A dispensação de medicamentos por meio de ordem verbal deve ser restrita exclusivamente a situações de urgência e emergência, devendo o profissional que ouviu a ordem verbal escrever a solicitação e depois repetir o que escutou/escreveu para certificar-se da informação, evitando a ocorrência de erros. A dispensação deve ser realizada em seguida e sua ocorrência, registrada em formulário específico. Tão logo a situação que gerou a ordem se normalize, a prescrição do medicamento deverá ser entregue na farmácia[59].

Práticas seguras na administração de medicamentos

A prevenção de erros de administração de medicamentos é uma etapa de grande importância para a promoção da segurança do paciente, pois representa a última barreira para evitar que o erro, derivado dos processos de prescrição e dispensação, chegue ao paciente, aumentando, com isso, a responsabilidade do profissional que administra os medicamentos. Este é conceituado como um erro decorrente de qualquer desvio no preparo e na administração de medicamentos de acordo com a prescrição médica, da não observância das recomendações ou guias do hospital ou das instruções técnicas do produto[58,59].

Em um estudo recente, observou-se que o profissional que prepara e administra medicamentos é propenso a cometer atos inseguros, entretanto seus erros são fortemente influenciados pelas condições locais de trabalho[73]. Assim como durante a dispensação, essa etapa requer um ambiente adequado, iluminado, organizado e com o mínimo de interrupções, reservado para a realização de cálculos e preparo de medicamentos.

Além disso, é fundamental a execução atenta e segura da administração de medicamentos, sendo necessário seguir "os 9 certos da administração de medicamentos": **1.** Paciente certo; **2.** Medicamento certo; **3.** Via certa; **4.** Hora certa; **5.** Dose certa; **6.** Registro certo; **7.** Orientação correta; **8.** Forma certa; **9.** Resposta certa.

Também constitui uma importante barreira para erros de medicação a prática de dupla checagem independente por dois profissionais para cálculo de dose, diluição, administração e programação de bombas de infusão, pelo menos dos medicamentos potencialmente perigosos.

Medicamentos potencialmente perigosos

Alguns medicamentos apresentam risco inerente elevado de lesar o paciente quando existe falha no processo de sua utilização, sendo denominados medicamentos potencialmente perigosos (do inglês *high-alert medications*), ou ainda medicamentos de alta vigilância. Essa definição não indica que os erros com esses medicamentos sejam os mais frequentes, porém suas consequências tendem a ser mais graves, podendo provocar lesões mais graves, como lesões permanentes e morte[70,77].

O ISMP Brasil ressalta a importância de cada instituição de saúde estabelecer e divulgar a própria lista de medicamentos potencialmente perigosos e permanecer atuante na prevenção de erros associados a esse grupo de medicamentos.

As recomendações para a prevenção de erros de medicação envolvendo medicamentos potencialmente perigosos são baseadas em 3 princípios: 1) reduzir a possibilidade de ocorrência de erros; 2) tornar os erros visíveis; e 3) minimizar as consequências dos erros. No Quadro 9.3 são apresentadas 10 recomendações de segurança para a prevenção de erros de medicação envolvendo medicamentos potencialmente perigosos, de acordo com o ISMP Brasil. O uso de medicamentos é um processo multidisciplinar e, portanto, o desenvolvimento e a implantação de programas de prevenção de erros devem proporcionar a interação de todos os profissionais envolvidos, incluindo os pacientes[78].

Quadro 9.3 Recomendações de segurança para a prevenção de erros de medicação envolvendo medicamentos potencialmente perigosos

Recomendações
Implantar barreiras que reduzam, dificultem ou eliminem a possibilidade da ocorrência de erros ▪ Empregar seringas para administração de soluções orais com conexões que não se adaptem em sistemas de administração endovenosa. ▪ Identificar as seringas, utilizando etiquetas contendo nome do paciente, nome da solução, concentração e via de administração. ▪ Recolher as ampolas de cloreto de potássio concentrado dos estoques existentes nas unidades assistenciais. As ampolas DEVEM SER IDENTIFICADAS COM ETIQUETAS DE ALERTA, ressaltando que o medicamento pode ser fatal se administrado sem diluição. ▪ Bolsas de infusão com preparações de vincristina DEVEM SER IDENTIFICADAS COM ETIQUETAS DE ALERTA: "USO SOMENTE POR VIA ENDOVENOSA – FATAL SE ADMINISTRADO POR OUTRA VIA".
Adotar protocolos elaborando documentos claros e detalhados para a utilização de medicamentos potencialmente perigosos ▪ Criar protocolos que apresentem múltiplas barreiras para erros ao longo do sistema de utilização de medicamentos. ▪ Padronizar medicamentos e doses que devem ser utilizadas, reduzindo a dependência da memorização e permitindo a execução segura de procedimentos. ▪ Implantar protocolos de tratamentos quimioterápicos, uso de medicamentos para procedimentos cirúrgicos, procedimentos complexos (p. ex., uso de medicamentos potencialmente perigosos em UTI), situações clínicas que exigem anticoagulação, dentre outros.
Revisar continuamente a padronização de medicamentos potencialmente perigosos ▪ Revisar continuamente as especialidades de medicamentos potencialmente perigosos incluídas na padronização para evitar erros decorrentes da semelhança de nomes (grafia e som), rótulos e embalagens. ▪ Aplicar medidas corretivas ao identificar situações de risco, como retirar o medicamento da padronização, substituí-lo por outra especialidade, armazená-lo em local diferente do habitual ou usar etiquetas que ressaltem a diferença na sua grafia e som utilizando letra maiúscula e negrito.
Reduzir o número de alternativas terapêuticas ▪ Reduzir ao mínimo necessário o número de apresentações de um mesmo medicamento disponíveis na instituição (concentrações e volumes) e nos estoques disponíveis nas unidades.
Centralizar os processos com elevado potencial de indução de erros ▪ Centralizar o preparo de misturas endovenosas contendo medicamentos potencialmente perigosos na farmácia hospitalar. A farmácia hospitalar deverá possuir as condições adequadas para preparar os medicamentos em dose unitária.

Continua

Quadro 9.3 Recomendações de segurança para a prevenção de erros de medicação envolvendo medicamentos potencialmente perigosos *(continuação)*

Usar procedimentos de dupla checagem dos medicamentos ▪ Identificar processos de maior risco e empregar a dupla checagem (duplo *check*) independente. A dupla checagem independente deve se limitar aos pontos mais vulneráveis do sistema e a grupos de pacientes de risco, pois a presença de um elevado número de pontos de controle pode diminuir a eficiência dessa medida. ▪ Empregar tecnologias que facilitem a operacionalização e permitam a checagem automática.
Incorporar alertas automáticos nos sistemas informatizados ▪ Implantar sistema de prescrição eletrônica com suporte clínico como medida de prevenção de erros. ▪ Disponibilizar bases de informações integradas aos sistemas de prescrição e dispensação para alertar sobre situações de risco nos momentos de prescrição e dispensação (p. ex., limites de dose, necessidade de diluição e histórico de alergia do paciente).
Fornecer e melhorar o acesso à informação por profissionais de saúde e pacientes ▪ Ampliar o treinamento dos profissionais de saúde envolvidos na utilização de medicamentos. ▪ Divulgar a lista de medicamentos potencialmente perigosos disponíveis na instituição. ▪ Fornecer informações técnicas sobre os medicamentos (p. ex., doses máximas permitidas dos medicamentos potencialmente perigosos). ▪ Informar ao paciente, à família ou ao cuidador, de forma impressa e verbal, utilizando linguagem clara e acessível, o tratamento prescrito para que ele fique alerta e ajude a evitar possíveis erros. ▪ Capacitar um familiar ou cuidador para auxiliar no monitoramento nos casos em que o paciente não for capaz de monitorar seu tratamento.
Estabelecer protocolos com o objetivo de minimizar as consequências dos erros ▪ Elaborar e implantar diretrizes e protocolos de atuação para reduzir as consequências e danos aos pacientes atingidos por erros, especialmente envolvendo quimioterápicos, anticoagulantes, opioides e insulina. ▪ Implantar protocolos de comunicação da ocorrência de um evento adverso aos pacientes e familiares (*disclosure* inicial e final).
Monitorar o desempenho das estratégias de prevenção de erros ▪ Analisar o resultado das estratégias de prevenção por meio de dados objetivos, com o uso de indicadores medidos ao longo do sistema de utilização de medicamentos. ▪ Identificar pontos críticos do sistema de utilização de medicamentos e direcionar para eles os programas de prevenção e os indicadores a serem utilizados.

Fonte: adaptado de ISMP Brasil[78].

Monitoramento e avaliação do uso seguro de medicamentos

A investigação e o conhecimento dos fatores determinantes da ocorrência dos erros de medicação permitem a elaboração de procedimentos operacionais mais seguros para a utilização de medicamentos. A utilização de indicadores de erros possibilita o reconhecimento das falhas no sistema de medicação e nos processos de trabalho, sinalizando os avanços nos processos, permitindo o monitoramento dos resultados e o estabelecimento da melhoria contínua dos serviços prestados aos pacientes e à equipe de saúde, objetivando a redução e a prevenção dos erros.

Os indicadores a serem utilizados e a periodicidade da coleta devem ser definidos de acordo com a capacidade operacional de cada instituição para coletar os dados, entretanto é fundamental que sejam coletados continuamente e seus resultados sejam monitorados para aprimorar os processos de trabalho, auxiliando no planejamento das mudanças necessárias[79-82].

O Protocolo de Segurança na Prescrição, Uso e Administração de Medicamentos publicado pelo Ministério da Saúde[59] propõe indicadores mínimos, que devem ser avaliados periodicamente, com o objetivo de alcançar o aperfeiçoamento contínuo do processo de medicação:

- Taxa de erros na prescrição de medicamentos:

$$\frac{\text{N. de medicamentos prescritos com erro} \times 100}{\text{N. total de medicamentos prescritos}}$$

Os dados devem ser coletados da própria prescrição, considerando que os "medicamentos prescritos com erro" seriam os prescritos faltando dose, forma farmacêutica, via de administração, posologia, tempo de infusão, diluente, volume, velocidade de infusão ou com o uso de abreviaturas contraindicadas; e "n. total de medicamentos prescritos" são todos os medicamentos prescritos em determinado período de tempo[59].

- Taxa de erros na dispensação de medicamentos:

$$\frac{\text{N. de medicamentos dispensados com erro} \times 100}{\text{N. total de medicamentos dispensados}}$$

O número de "medicamentos dispensados com erro" seriam aqueles com erro de omissão (prescritos, mas não dispensados – nenhuma unidade ou um dado número de unidades a menos), de concentração/forma farmacêutica (quando o medicamento é dispensado na concentração ou forma farmacêutica diferente do prescrito) ou dispensação de medicamento errado (quando um medicamento é prescrito e outro é dispensado). O cálculo desse numerador deve se restringir ao determinado no protocolo institucional e deve ser coletado verificando-se a prescrição separada e já conferida. Enquanto o denominador, "n. total de medicamentos dispensados", seriam todos os medicamentos dispensados em determinado período.

- Taxa de erros na administração de medicamentos:

$$\frac{\text{N. de medicamentos com erro de omissão} \times 100}{\text{N. total de medicamentos administrados}}$$

Deve ser calculado pelo enfermeiro, e consiste na análise da proporção de "medicamentos administrados com erro de omissão", que seriam aqueles prescritos, mas não administrados.

O monitoramento por meio de indicadores é uma etapa fundamental no processo de melhoria da qualidade dos serviços de saúde, devendo ser calculados no mínimo um dia por mês. Os indicadores propostos no protocolo são apenas uma exigência mínima do caminho a ser seguido no monitoramento de erros de medicação. Dessa forma, sugere-se o cálculo de indicadores adicionais, e periodicidades mais intensivas também podem ser estabelecidas nas instituições.

REFERÊNCIAS

1. Brasil. Agência Nacional de Vigilância Sanitária (Anvisa). Assistência segura: uma reflexão teórica aplicada à prática. Série Segurança do Paciente e Qualidade em Serviços de Saúde. Brasília: Anvisa; 2013. Disponível em: http://portal.anvisa.gov.br/documents/33852/3507912/Caderno+1+-+Assistencia+Segura+-+Uma+Reflexao+Teorica+Aplicada+a+Pratica/97881798-cea0-4974-9d9b-077528ea1573. Acesso em: 4 dez. 2019.
2. Puccini PT. Perspectivas do controle da infecção hospitalar e as novas forças sociais em defesa da saúde. Ciênc Saúde Coletiva. 2011;16(7):3043-9.
3. Feldman L, Cunha I. Identificação dos critérios de avaliação de resultados do serviço de enfermagem nos programas de acreditação hospitalar. Rev Lat Am Enfermagem. 2006;14(4):540-5.
4. Donabedian A. The quality of care: how can it be assessed? J Am Med Assoc. 1988;260(12):1743-8.
5. Sousa P, Mendes W. Segurança do paciente: conhecendo os riscos nas organizações de saúde. Rio de Janeiro: Fiocruz; 2014.
6. Kohn LT, Corrigan JM, Donaldson MS (eds.). To err is human: building a safer health system. Washington, DC: National Academy Press; 1999.
7. Vincent C. Segurança do paciente: orientações para evitar eventos adversos. São Caetano do Sul: Yendis; 2009.
8. Institute of Medicine. Committee on Quality on Healthcare in America, Institute of Medicine. Crossing the quality chasm: a new health system for the 21th century. Washington, DC: National Academy Press; 2001.

9. Classen DC, Metzger J. Improving medication safety: the measurement conundrum and where to start. Int J Qual Health Care. 2003;15 Suppl 1:i41-7.
10. Cassiani SHB. A segurança do paciente e o paradoxo no uso de medicamentos. Rev Bras Enferm. 2005;58(1):95-9.
11. Otero López MJ, Alonso-Hernández P, Maderuelo-Fernández JA, Garrido-Corro B, Domínguez-Gil A, Sánchez-Rodríguez A. Acontecimientos adversos prevenibles por medicamentos en pacientes hospitalizados. Med Clin (Barc). 2006;126:81-7.
12. World Health Organization (WHO). World Alliance for Patient Safety. WHO Draft Guidelines for Adverse Event Reporting and Learning Systems. From information to action. Geneva: World Health Organization; 2005.
13. Camargo A, Ferreira MC, Heineck I. Adverse drug reactions: a cohort study in internal medicine units at a university hospital. Eur J Clin Pharmacol. 2006;62(2):143-9.
14. Krähenbühl-Melcher A, Schlienger R, Lampert M, Haschke M, Drewe J, Krähenbühl S. Drug-related problems in hospitals: a review of the recent literature. Drug Saf. 2007;30(5):379-407.
15. Brasil. Ministério da Saúde. Portaria MS/GM n. 529, de 1º de abril de 2013. Institui o Programa Nacional de Segurança do Paciente. Diário Oficial da União, Brasília, 2 abr. 2013.
16. World Health Organization (WHO). The Conceptual Framework for the International Classification for Patient Safety. Version 1.1. Final Technical Report. Chapter 3. The International Classification for Patient Safety. Key Concepts and Preferred Terms [Internet]. WHO; 2009. Disponível em: http://www.who.int/patientsafety/taxonomy/icps_chapter3.pdf. Acesso em: 4 jul. 2013.
17. Brasil. Agência Nacional de Vigilância Sanitária (Anvisa). Resolução de Diretoria Colegiada (RDC) n. 36, de 25 de julho de 2013. Institui ações para a segurança do paciente em serviços de saúde e dá outras providências. Diário Oficial da União, Brasília, n. 143, 26 jul. 2013.
18. Brasil. Agência Nacional de Vigilância Sanitária (Anvisa). Resolução de Diretoria Colegiada (RDC) n. 2, de 25 de janeiro de 2010. Dispõe sobre o gerenciamento de tecnologias em saúde em estabelecimentos de saúde. Disponível em: https://www.cevs.rs.gov.br/upload/arquivos/201612/15133010-rdc-n-2-2010-tecnologia-em-saude.pdf. Acesso em: 4 dez. 2019.
19. Lopes CD, Lopes FFP. Do risco à qualidade: a vigilância sanitária nos serviços de saúde. Brasília: Anvisa; 2008.
20. Health and Safety Executive. Reducing risks, protecting people: HSE's decision-making process. 2001. Disponível em: http://www.hse.gov.uk/risk/theory/r2p2.pdf. Acesso em: 15 set. 2017.
21. Petramale CA. O projeto dos hospitais sentinela e a gerência de risco sanitário hospitalar. In: Capucho HC, Carvalho FD, Cassiani SHB (org.). Farmacovigilância: gerenciamento de riscos da terapia medicamentosa para a segurança do paciente. São Caetano do Sul: Yendis; 2011.
22. Capucho HC, Ricieri MC. Gestão de riscos sanitários e segurança do paciente. In: Carvalho FD, Capucho HC, Bisson MP (org.). Farmacêutico hospitalar: conhecimentos, habilidades e atitudes. Barueri: Manole; 2013. p.179-84.
23. Stamatis DH. Failure mode and effect analysis: FMEA from theory to execution. 2.ed. Milwaukee, WI: ASQ, Quality Press; 2003.
24. Silva AEBC, Cassiani SHB. Análise prospectiva de risco do processo de administração de medicamentos anti-infecciosos. Rev Lat Am Enfermagem Enferm. [Internet]. jan/fev 2013. Disponível em: http://www.revistas.usp.br/rlae/article/view/52947/56952. Acesso em: 4 dez. 2019.
25. Coelho ML, Barros IC, Carvalho MNB, Araújo RLS, Borges JJD, Feitosa TCB, et al. Farmacêutico e a segurança dos usuários de medicamentos: aplicação da ferramenta FMEA no serviço de farmácia de um hospital público de Teresina. Experiências Exitosas de Farmacêuticos no SUS. 2016;4(4):154-65.
26. Barcelos MN, Peres PP, Pereira IO, Chavasco LS, Freitas DF. Aplicação do método FMEA na identificação de impactos ambientais causados pelo descarte doméstico de medicamentos. Engenharia Ambiental. out/dez 2011;8(4):62-8.
27. Caixeiro FTO. Aplicação do método Análise dos Modos de Falha e seus Efeitos (FMEA) para a prospecção de riscos nos cuidados hospitalares no Brasil [Dissertação]. Rio de Janeiro: Escola Nacional de Saúde Pública Sergio Arouca; 2011.

28. National Patient Safety Agency (NPSA). Risk assessment programme overview. London: NPSA; 2006;25p.
29. López FJM, Ortega JMR. Concepto y metodología de la gestión de riesgos sanitarios. In: López FJM, Ortega JMR (eds.). Manual de gestión de riesgos sanitarios. Madrid: Díaz de Santos; 2001. p.53-67.
30. Bezerra ALQ, Silva AEBC, Branquinho NCSS, Paranaguá TTB. Análise de queixas técnicas e eventos adversos notificados em um hospital sentinela. Rev Enferm UERJ. 2009;17(4):467-72.
31. Organização Mundial de Saúde (OMS). A importância da farmacovigilância. Monitorização da segurança dos medicamentos. Brasília: OPAS/OMS; 2005.
32. Dias MF, Souza NR, Bittencourt MO, Nogueira MS. Vigilância sanitária e gerenciamento do risco em medicamento. Fármacos & Medicamentos. 2007;2(3):1-9.
33. Brasil. Agência Nacional de Vigilância Sanitária (Anvisa). Resolução da Diretoria Colegiada (RDC) n. 4, de 10 de fevereiro de 2009. Dispõe sobre as normas de farmacovigilância para os detentores de registro de medicamentos de uso humano [Resolução na internet]. Diário Oficial da União n. 29, 11 fev. 2009.
34. Sociedade Brasileira de Farmácia Hospitalar e Serviços de Saúde. Padrões mínimos para farmácia hospitalar e serviços de saúde. São Paulo: Sociedade Brasileira de Farmácia Hospitalar; 2017.
35. Wachter RM. Compreendendo a segurança do paciente. Porto Alegre: Artmed; 2010. p.43-56.
36. Cassiani SHB, Miasso AI, Gabriel CS, Silva AEBC, Reis AMM, Oliveira RC, et al. Hospitais e medicamentos: impacto na segurança dos pacientes. São Caetano do Sul: Yendis; 2010.
37. Härmark L, Kabel JS, van Puijenbroek EP, van Grootheest AC. Web-based intensive monitoring, a new patient based tool for early signal detection. Drug Saf. 2006;29(10):911-1010.
38. Mendes W, Travassos C, Martins M, Marques PM. Adaptação dos instrumentos de avaliação de eventos adversos para uso em hospitais brasileiros. Rev Bras Epidemiol. 2008;11(1):55-66.
39. García FD. Principales resultados del sistema cubano de farmacovigilancia en el año 2004. Rev Cub Farm. 2005;39(3).
40. Koop BJ, Erstad BL, Allen ME, Theodorou AA, Priestley G. Medication errors and adverse drug events in an intensive care unit: direct observation approach for detection. Crit Care Med. 2006;34(2).
41. Brown JS, Kulldorff M, Chan KA, Davis RL, Graham D, Pettus PT, et al. Early detection of adverse drug events within population-based health networks: application of sequential testing methods. Pharmacoepidemiol Drug Saf, 2007;16(12):1275-84.
42. World Health Organization (WHO). Quality of care: patient safety. Geneva: WHO; 2002.
43. Makary MA, Daniel M. Medical error: the third leading cause of death in the US. BMJ. 2016;353:i2139.
44. Couto RC, Pedrosa TGM, Rosa MB. Erros acontecem: a força da transparência no enfrentamento dos eventos adversos assistenciais em pacientes hospitalizados. Belo Horizonte: Instituto de Estudos de Saúde Suplementar; 2016.
45. World Health Organization (WHO). Medication Without Harm: WHO's Third Global Patient Safety Challenge. Geneva: WHO; 2017.
46. Organização Mundial da Saúde (OMS). Estrutura conceitual da classificação internacional sobre segurança do doente. OMS; 2011.
47. Institute for Safe Medication Practices Canada. Canadian Medication Incident Reporting and Prevention System – Definitions of Terms [Internet]. 2009. Disponível em: https://www.ismp-canada.org/definitions.htm [Acesso em: 04 dez. 2019].
48. National Coordinating Council for Medication Error Reporting and Prevention. Taxonomy of medication errors – 1998-1999 [Internet]. Disponível em: http://www.nccmerp.org/public/aboutmederror.htm. Acesso em: 9 jul. 2017.
49. National Coordinating Council for Medication Error Reporting and Prevention (NCCMERP). Types of medication errors, 2001. Disponível em: http://www.nccmerp.org/types-medication-errors. Acesso em: 4 dez. 2019.

50. Otero López MJ, Castaño Rodriguez B, Pérez Encinas M, Codina Jane C, Tamés Alonso MJ, Sánchez Muñoz T. Actualización de la clasificación de errores de medicación del grupo Ruiz-Jarabo 2000. Farm Hosp. 2008;32(1):38-52.
51. Cohen MR. Medication errors. 2.ed. Washington: American Pharmacists Association; 2006.
52. Instituto para Práticas Seguras no Uso de Medicamentos. Questionário de Autoavaliação sobre a Segurança do Sistema de Utilização de Medicamentos em Hospitais. Belo Horizonte: ISMP Brasil; 2015 [Internet]. Disponível em: http://questionario.ismp-brasil.org/QUESTIONARIO_ISMP_BRASIL.pdf. Acesso em: 4 dez. 2019.
53. U.S. Food and Drug Administration. Medication Error Reports [Internet]. Last Updated: 10/20/2016. Disponível em: https://www.fda.gov/Drugs/DrugSafety/MedicationErrors/ucm080629.htm. Acesso em: 9 jul. 2017.
54. World Health Organization (WHO). World Alliance for Patient Safety: Forward Programme 2006-2007. Geneva: WHO; 2006.
55. World Health Organization (WHO). WHO Global Patient Safety Challenge: Clean Care is Safer Care. Geneva: WHO; 2005.
56. World Health Organization (WHO). The Second Global Patient Safety Challenge: Safe Surgery Saves Lives. Geneva: WHO; 2008.
57. Agencia de Calidad del Sistema Nacional de Salud. Estudio Nacional sobre los Efectos Adversos ligados a la hospitalización (ENEAS 2005). Informe. Madrid: Ministerio de Sanidad y Consumo; 2006.
58. Otero López MJ, Martín R, Robles MD, Codina C. Errores de medicación. In: Planas MCG (coord.). Farmacia hospitalaria. 2.ed. Madrid: SEFH; 2002. p.714-47.
59. Brasil. Ministério da Saúde, Anvisa, Fiocruz, Fhemig. Anexo 3 da Portaria MS n. 2.095 (24.09.2013) – Protocolo de Segurança na Prescrição, uso e administração de medicamentos. 2013.
60. Miasso AI, Oliveira RC, Silva AEBC, Lyra Junior DP, Gimenes FRE, Fakih FT, Cassiani SHB. Prescription errors in Brazilian hospitals: a multi-centre exploratory survey. Cad Saúde Pública. 2009;25(2):313-20.
61. Barber N, Rawlins M, Dean FB. Reducing prescribing error: competence, control, and culture. Qual Saf Health Care. 2003 Dec;12 Suppl 1:i29-i32.
62. Dean B, Barber N, Schachter M. What is a prescribing error? Qual Health Care. 2000 Dec;9(4):232-7.
63. Runciman WB, Roughead EE, Semple SJ, Adams RJ. Adverse drug events and medication errors in Australia. Int J Qual Health Care. 2003;15(1):149-59.
64. World Health Organization (WHO). The High 5s Project Standard Operating Protocol for Medication Reconciliation – Assuring Medication Accuracy at Transitions in Care: Medication Reconciliation [Internet]. Disponível em: http://www.who.int/patientsafety/implementation/solutions/high5s/h5s-sop.pdf. Acesso em: 4 dez. 2019.
65. Magalhães GF, Santos GBNC, Rosa MB, Noblat LACB. Medication reconciliation in patients hospitalized in a cardiology unit. PLoS One. 2014;9(12):e115491.
66. World Health Organization (WHO). High 5s: Action on Patient Safety Standard Operating Protocol Fact Sheet: Medication Reconciliation. WHO; 2012.
67. Shekelle PG, Wachter RM, Pronovost PJ, Schoelles K, McDonald KM, Dy SM, et al. Making health care safer II: an updated critical analysis of the evidence for patient safety practices. Rockville, MD: Agency for Healthcare Research and Quality; 2013 Mar. Report No.: 211.
68. Institute of Medicine. Preventing Medication Errors: Quality Chasm Series –2007 [Internet]. Disponível em: https://www.nap.edu/read/11623/chapter/1. Acesso em: 4 dez. 2019.
69. Organização Pan-Americana da Saúde/Organização Mundial da Saúde. Uso racional de medicamentos: fundamentação em condutas terapêuticas e nos macroprocessos da Assistência Farmacêutica. Santi LQ. Prescrição: o que levar em conta? Brasília: OPAS/OMS; 2016. V.1, n.14.
70. Rosa MB, Perini E, Anacleto TA, Neiva HM, Bogutchi T. Errors in hospital prescriptions of high--alert medications. Rev Saúde Pública. 2009 Jun;43(3):490-8.

71. Instituto para Práticas Seguras no Uso de Medicamentos. Erros de medicação associados a abreviaturas, siglas e símbolos. Boletim ISMP Brasil. 2015 Jun;4(2):1-8.
72. Instituto para Práticas Seguras no Uso de Medicamentos. Nomes de medicamentos com grafia ou som semelhantes: como evitar os erros? Boletim ISMP Brasil. 2014 abr; 3(6):1-8.
73. Cheung KC, Bouvy ML, De Smet P. Medication errors: the importance of safe dispensing. Br J Clin Pharmacol. 2009;67:676-80.
74. Burgess LH, Cohen MR, Denham CR. A new leadership role for pharmacists: a prescription for change. J Patient Saf. 2010;6:31-7.
75. Lee JH, Han H, Ock M, Lee S, Lee SG, Jo MW. Impact of a clinical decision support system for high-alert medications on the prevention of prescription errors. Int J Med Inform. 2013;83(12):929-40.
76. Beeler PE, Bates DW, Hug BL. Clinical decision support systems. Swiss Med Wkly. 2014;144:w14073.
77. Keers RN, Williams SD, Cooke J, Ashcroft DM. Causes of medication administration errors in hospitals: a systematic review of quantitative and qualitative evidence. Drug Saf. 2013 Nov;36(11):1045-67.
78. Instituto para Práticas Seguras no Uso de Medicamentos. Medicamentos potencialmente perigosos de uso hospitalar e ambulatorial – Listas atualizadas 2015. Boletim ISMP Brasil. 2015 set; 4(3):1-10.
79. Gouvêa C, Travassos C, Caixeiro F, Carvalho LS, Pontes B. Desenvolvimento de indicadores de segurança para o monitoramento de cuidado em hospitais brasileiros de pacientes agudos. Rio de Janeiro: Proqualis; 2015.
80. Cipriano SL. Desenvolvimento de um modelo de construção e aplicação de um conjunto de indicadores de desempenho na farmácia hospitalar com foco na comparabilidade [Tese]. São Paulo: Universidade de São Paulo – Faculdade de Saúde Pública; 2009.
81. Instituto para Práticas Seguras no Uso de Medicamentos. Programa Nacional de Segurança do Paciente: indicadores para avaliação da prescrição, do uso e da administração de medicamentos – Parte I. Boletim ISMP Brasil. 2016 maio;5(1):1-6.
82. Instituto para Práticas Seguras no Uso de Medicamentos. Programa Nacional de Segurança do Paciente: indicadores para avaliação da prescrição, do uso e da administração de medicamentos – Parte II. Boletim ISMP Brasil. 2016 jun;5(2):1-9.

10

Ensino em farmácia hospitalar

Autores
Maria Rita Carvalho Garbi Novaes
Eugenie Desirèe Rabelo Néri
Elisangela da Costa Lima-Dellamora
Diana Mendonça Silva Guerra

INTRODUÇÃO

O rápido desenvolvimento das organizações requer a discussão de modelos e práticas gerenciais para o atendimento da demanda de desenvolvimento de pessoas, visando à aprendizagem permanente, à capacitação e à motivação dos profissionais para contemplar as exigências dos clientes sobre produtos e serviços ofertados. Entre as exigências despontam a elevada carga de valores intangíveis como a segurança, a exclusividade, a diferenciação no atendimento, entre outros, que inovam e agregam valor ao produto ou serviço ofertado.

A aprendizagem na organização e na farmácia hospitalar deve ser fundamentada nos princípios da andragogia, isto é, a pedagogia aplicada à metacognição e à formação de indivíduos adultos, e ter estabelecido, de forma clara, o método, o planejamento e o monitoramento dos resultados, estando, dessa forma, associada a ganhos competitivos, crescimento e redução de custos[1]. Para possibilitar um maior comprometimento do profissional, é necessário que ele compreenda o sentido de sua missão institucional para atuar e intervir na realidade, o que poderá ser obtido por meio da compreensão sistematizada do processo de assistência farmacêutica e, por conseguinte, das repercussões ou consequências da não execução de tarefas/deveres que lhe competem em relação aos resultados organizacionais.

As atividades acadêmicas referentes à graduação, pós-graduação e extensão e as relativas à educação permanente na organização são consideradas essenciais ao desenvolvimento da plena práxis farmacêutica no âmbito dos hospitais e demais serviços de saúde.

A farmácia deverá promover, participar e apoiar ações de educação permanente e ensino, em suas diversas atividades, quer sejam administrativas, técnicas e/ou clínicas, com a participação de farmacêuticos, outros profissionais de saúde e estudantes, sempre com foco na segurança do paciente e na qualidade dos serviços ofertados. Essas ações deverão ser consoantes aos objetivos e recursos humanos, estruturais e financeiros da unidade e do sistema de saúde e devem estar integradas às demais ações institucionais, produzindo informações e conhecimentos que possam aperfeiçoar as práticas e os processos de utilização de medicamentos.

A ORGANIZAÇÃO E O PROCESSO DE APRENDIZAGEM

As organizações, em seus mais variados segmentos, vivem momentos de intensa mudança nas relações internas e externas com seus clientes. De um lado os clientes, que se comunicam amplamente, conhecem e exercem cada vez mais seus direitos de cidadania, buscam a satisfação quanto à qualidade e ao desempenho dos serviços recebidos. Do outro lado os funcionários, que necessitam encontrar na organização um alinhamento com seus valores pessoais, perspectivas de crescimento e carreira profissional ajustados a uma remuneração justa, além de espaço para inovar e crescer profissionalmente na organização, conciliando essas tarefas com sua vida pessoal.

Para atender à necessidade de se manter competitiva e responder às mais variadas demandas internas e externas, a organização deve adquirir a capacidade de gerar e absorver o conhecimento produzido. Dessa forma, a gestão do conhecimento torna-se fator essencial para vincular a ciência e a tecnologia ao desenvolvimento[2] e para conseguir atrair e reter os profissionais talentosos, de forma a obter produtos e serviços com os valores intangíveis desejados pela instituição e pelos consumidores.

No Brasil, a atividade de ensino e pesquisa em hospitais está histórica e fortemente associada aos classificados como universitários pelos Ministérios da Educação e da Saúde, porém atualmente essas atividades acadêmicas também ocorrem em hospitais de ensino, que recebem estudantes para a realização de estágios curriculares e para especializações *stricto sensu*, como a residência uni e multiprofissional.

Nesse cenário de ensino-aprendizagem, marcado pela busca contínua de melhores resultados, torna-se necessário contemplar técnicas e métodos pedagógicos centrados no estudante, como a problematização, a aprendizagem baseada em problemas, a discussão de casos clínicos e a simulação da práticas que podem incluir oficinas em áreas específicas do conhecimento médico e farmacêutico, para que melhores resultados sejam obtidos[1].

O processo de aprendizagem nas organizações tem evoluído da aplicação de treinamento para a capacitação. Não basta reproduzir o *modus operandi* ou a forma de agir, ou realizar uma tarefa seguindo sempre os mesmos procedimentos. É necessário promover a educação do profissional e também da própria organização, o que significa, sobretudo: em primeiro lugar, criar uma cultura voltada ao autoaprendizado crítico (metacognição), ou seja, aprender a aprender com os próprios erros e acertos, estabelecendo metas e referenciais de melhoria contínua considerando a estrutura e os processos viáveis diante do próprio contexto organizacional.

Nesse sentido, processos e práticas pedagógicas de educação para adultos ganham especial importância, visto que suas premissas devem ser consideradas no planejamento e aplicação em capacitação nas organizações. Essa capacitação deve ser estruturada sob os pilares da importância de aprender fazendo (prática), da experiência, da aplicabilidade e da motivação, reconhecendo o indivíduo como autogestor de seu aprendizado[1].

ESTRATÉGIAS UTILIZADAS NO PROCESSO DE CAPACITAÇÃO E DESENVOLVIMENTO DE PESSOAS EM FARMÁCIA HOSPITALAR

A promoção, a execução e o desenvolvimento de ações de assistência farmacêutica hospitalar são responsabilidades da unidade de farmácia.

Tais ações compreendem: seleção, programação, aquisição, armazenamento, distribuição e utilização de medicamentos e produtos para a saúde, sendo importante a adoção de diferentes estratégias educativas para o corpo técnico e de auxiliares. Cada instituição deverá desencadear as estratégias, focadas em suas metas e na segurança do paciente, observando a legislação. Para todas as atividades mencionadas devem existir metas, padrões e/ou níveis de excelência a serem alcançados[3].

A elaboração e a definição de estratégias para a capacitação e o desenvolvimento de pessoas deve ter como alicerce o conhecimento sobre a organização, o mercado, a legislação sanitária e as múltiplas faces da segurança do paciente. Devem ser consideradas, ainda, a missão, a visão e os valores da instituição para que essas atividades atinjam os objetivos propostos pela unidade e planejados para os egressos desses cursos.

O farmacêutico deve preparar sua equipe para atender às demandas futuras (médio e longo prazos), analisando as tendências e visando não somente responder de forma imediatista às necessidades (curto prazo). O plano de capacitação deve ser realizado considerando as metas estabelecidas pela unidade de farmácia a partir de um diagnóstico situacional que responda onde a farmácia hospitalar deseja chegar. Diante da resposta a esse questionamento, definem-se os passos para atingir a meta e, analisando essa meta e o atual cenário de capacitação da equipe da farmácia, deve-se estabelecer quais as capacitações necessárias. Uma ferramenta que poderá ser facilmente utilizada para elaborar esse plano é o 5W2H (o quê?; por que?; como?; quem?; quando?; onde?; e quanto custa?).

Destaca-se que o plano deverá ser elaborado com uma visão voltada para a melhoria do desempenho da equipe assistencial, tendo sempre caráter integrador, articulando o uso de tecnologias, técnica, diferentes pessoas e setores que se relacionam nos processos de trabalho, resultando em uma construção coletiva e em aprendizado organizacional.

Cabe ao gestor do serviço farmacêutico a responsabilidade de levantar a demanda e a necessidade de capacitar sua equipe para desenvolver adequadamente as tarefas e a missão do serviço e da instituição, cabendo-lhe, ainda, decidir sobre admissões, transferências, avaliação de desempenho, mérito, capacitação, desligamentos etc.

No entanto, para a realização dessas ações, é salutar a parceria com um órgão interno de *staff* (assessoria e consultoria) que proporcione ao gestor orientação quanto à política de recursos humanos institucional, que se concretiza por meio dos regulamentos, das normas e procedimentos sobre a gestão dos profissionais, bem como apoio para ações como recrutamento, seleção, análise e avaliação de cargos etc. Não somente nos hospitais, mas nas organizações de modo geral, a unidade que realiza o papel de *staff* é o RH (recursos humanos). Logo, a parceria da farmácia com a unidade de RH é fundamental para o processo de capacitação/educação dos profissionais.

PROGRAMAS, METODOLOGIAS E TECNOLOGIAS DA EDUCAÇÃO

Recomenda-se que seja elaborado um programa de capacitação, com avaliações anuais e submetido à avaliação da gerência hierárquica superior visando à aprovação. Esse plano deverá conter a introdução, a definição do alinhamento estratégico e possíveis desdobramentos, as metas e as diretrizes, a justificativa, a descrição geral do projeto, os resultados esperados com indicadores, o público-alvo, a estratégia de implementação contendo o cronograma e o investimento necessário[1].

Ainda se devem considerar no planejamento os aspectos estruturais e físicos, como espaço para execução de capacitações e dos processos assistenciais. A fase de preparação de uma ação de capacitação é fundamental para seu sucesso. Os objetivos a serem alcançados, o público-alvo, o horário, o local de realização, o conteúdo, os instrutores e a metodologia definem o êxito.

A definição da metodologia a ser empregada favorece a assimilação do conteúdo e contribui para o desenvolvimento de competências dos participantes. Para cada ação, um programa deverá ser montado, contendo minimamente as seguintes informações: justificativa, objetivos gerais e específicos, público-alvo, critérios para seleção dos participantes, forma de inscrição, competências a serem desenvolvidas, metodologias, duração, cronograma, instrutores, local, horário e equipamentos.

São exemplos de programas comumente realizados nas instituições e dos quais a farmácia poderá participar ou desenvolver:

- **Programa de integração ou recepção a novos funcionários:** comumente utilizados para receber novos integrantes na equipe, inserindo-os no contexto organizacional e no funcionamento geral da farmácia. Esse tipo de programa também é conhecido como "cidadania corporativa"[1] e traz ao novo funcionário o sentimento de valorização, além da rapidez na apresentação dos valores da instituição no qual ele está trabalhando.
- **Programas de estágio e *trainee*:** ambos visam identificar novos talentos, entretanto o programa de estágio é voltado para alunos durante a graduação ou o Ensino Médio. Em contraponto, o programa de *trainee* é voltado para profissionais graduados recentemente ou pós-graduados recentes, sendo uma das características que os distinguem[1].

  A farmácia hospitalar pode optar por ter uma ou as duas modalidades de programas. A seleção e a permanência dos estagiários devem obedecer à lei de estágio (Lei n. 11.788, de 25 de setembro de 2008) e, para o programa de *trainee*, a CLT, visto este último ter como pré-requisito o vínculo empregatício.
- **Programa Jovem Aprendiz:** este programa se concretiza a partir de parceria entre governo, sociedade e organizações, para permitir maior inclusão social de jovens de baixa renda no mercado de trabalho. A farmácia poderá se beneficiar deste programa, por possibilitar o desenvolvimento de auxiliares mais qualificados e alinhados com a cultura do serviço e a cultura corporativa. Os benefícios deste programa são inúmeros[1].
- **Programa de multiplicadores internos:** este tipo de programa é bastante comum nas farmácias hospitalares e se caracteriza pela identificação de profissionais internos ao serviço e à organização para transmitir seu conhecimento sobre temáticas específicas, normalmente por meio de palestras, seminários, cursos, *workshops* etc. Este tipo de programa valoriza os colaboradores internos, aumenta a integração e estimula o constante desenvolvimento de competências[1], devendo ser estimulado nas farmácias hospitalares. O programa em geral possui baixo investimento adicional da organização. Sugere-se que seja empregado para multiplicar conhecimentos adquiridos em congressos, seminários e cursos.

É importante destacar o papel da escolha da corrente de pensamento na aplicação dos programas. Atualmente, tem-se recomendado o modelo construtivista, que estimula uma forma ativa de pensar do aprendiz, para que adote atitudes proativas, refletindo sobre seu cotidiano e suas práticas, dando novo significado aos objetos e fatos a partir de toda a sua bagagem de vida. Estimula ainda que o sujeito seja mobilizado em torno de uma consciência de responsabilidade na construção coletiva[1]. Vale reforçar a assertiva de que, em áreas técnicas de atuação como a farmácia (e muitas outras), sem entendimento não há grandes possibilidades de envolvimento profissional, de motivação, de comprometimento com resultados, uma vez que não há construção, pelo executor, de sentido ou razão de ser para sua ação. Daí a relevância da utilização do modelo construtivista para o aprendizado organizacional.

As principais metodologias utilizadas atualmente na elaboração de programas de educação corporativa estão exemplificadas[1] no Quadro 10.1.

Outras metodologias podem ainda ser utilizadas para permitir ações de ensino na farmácia hospitalar, como: participação em projetos, jogos, comunidades de prática, *coaching* e aprendizado por investigação.

Cabe ressaltar ainda que, nos serviços de saúde, não são incomuns as situações gerenciais e/ou clínicas que demandam competências específicas. A obtenção e o desenvolvimento de conhecimentos, habilidades e atitudes na atenção hospitalar requer o uso de métodos ativos que podem congregar algumas estratégias descritas anteriormente como estudo de caso, dramatização e debate. Dois exemplos importantes que vêm se destacando no ensino de profissionais de saúde no Brasil são a aprendizagem baseada em problemas (*problem-based learning – PBL*) e a simulação realística.

O PBL é um exemplo de método ativo, organizado em etapas, que trabalha com pequenos grupos (no máximo 12 pessoas) e valoriza o conhecimento prévio na discussão de possíveis situações a serem enfrentadas[4,5]. São etapas do PBL: (i) identificação e esclarecimento de termos desconhecidos em determinados cenários (ii); definição do problema a ser discutido; (iii) discussão do problema, com sugestão de possíveis explicações pelo grupo; (iv) revisão das etapas ii e iii para registro, organização e resumo de possíveis hipóteses explicativas; (v) formulação dos objetivos de aprendizagem a partir do consenso entre o grupo sobre aqueles relacionados ao caso, viáveis, abrangentes e apropriados; (vi) estudo individual para reunião de informações relacionadas a cada objetivo; (vii) compartilhamento dos resultados para discussão coletiva diante das novas informações[6,7].

A simulação realística baseia-se na criação de situações da vida real, por meio de cenários com simuladores, robôs, manequins ou atores. O método permite a interação e o treinamento prático do aluno em ambiente controlado. A simulação pode ser filmada para facilitar o *debriefing* (momento em que os participantes fazem a autoavaliação de suas atitudes e desempenho no cenário). Além de estrutura física e financeira para criação dos cenários, é necessária a definição dos objetivos do cenário, elaboração da sinopse, discussão prévia e ensaio dos atores e demais aspectos do cenário, tópicos para *debriefing*. A simulação pode ser reaplicada para avaliação da melhora do desempenho[8].

Quadro 10. 1 Estratégias para programas de educação corporativa[1]

Estratégia/Descrição	Forças	Fragilidades
Autoinstrução – ocorre por meio de leitura, pesquisas específicas e investigação de temas. Geralmente é associada a outras técnicas, como *e-learning* e orientação a distância	Estimula a autonomia do indivíduo na gestão do tempo para estudo	Depende do grau de maturidade emocional e do desenvolvimento intelectual do participante
Exposição – método tradicional de apresentação de conteúdos por meio de explanação oral, com o objetivo de transmitir conhecimentos	Possibilita a transmissão de conhecimento simultaneamente a um maior número de pessoas	Favorece a passividade entre os participantes
Debate – metodologia segundo a qual um tema é posto para ampla análise e discussão por parte de um grupo de pessoas	Possibilita a reflexão crítica de um tema e sua discussão conjunta, promovendo o diálogo	Existe o risco de discussões vazias e de perda do objetivo. Recomenda-se a participação de um moderador
Demonstração – metodologia aplicada para a introdução do uso de novos procedimentos, equipamentos, instrumentos ou dispositivos, na qual é detalhado o funcionamento, com espaço para a prática do que está sendo demonstrado	Permite o manuseio da tecnologia e a retirada de dúvidas	Mais bem aplicado para pequeno número de pessoas. Requer boa sistemática de ação do facilitador
Estudo de caso – método de apresentação e discussão de casos reais ou fictícios, podendo ser escrito ou verbal, apresentando o detalhamento do contexto	Os participantes são convidados a oferecer possíveis soluções para os problemas identificados. Aplica-se a casos clínicos e administrativos	Dificuldade em obter relatos detalhados de sucesso em instituições na área da saúde para discussão, a fim de serem utilizados nessa modalidade
Dramatização – técnica que utiliza a representação de papéis para a transferência de conhecimentos e habilidades, por meio da representação de situações reais já ocorridas ou possíveis	Provoca a reflexão quanto à necessidade da mudança de comportamento diante das situações cotidianas	Requer planejamento detalhado e acompanhamento da aplicação, levando os participantes à reflexão sobre atitudes e comportamentos, com vistas a melhorá-los ou prevenir situações-problema. Há risco de criação de estereótipos de comportamento

Continua

Quadro 10. 1 Estratégias para programas de educação corporativa[1] *(continuação)*

Estratégia/Descrição	Forças	Fragilidades
Workshop – evento que pode ser realizado por uma ou mais pessoas com o objetivo de passar o máximo de informações no menor tempo possível. Pode durar de um dia a uma semana	Permite a participação simultânea de muitas pessoas	Exige rigoroso planejamento de temas e seleção de facilitadores para que o objetivo seja atingido. Sofre grande influência do grau de maturidade dos participantes quanto ao tema
Oficinas de trabalho – metodologia aplicada quando se buscam resultados concretos para problemas do dia a dia, por meio da construção coletiva e compartilhada de produtos, programas, projetos, documentos ou outros	Permite mais sentimento de responsabilização pelos resultados, visto que é fruto da construção coletiva	Requer a identificação e a captação de facilitador com conhecimento técnico sobre a temática a ser trabalhada
Benchmarking – técnica de observação das experiências vivenciadas em outras organizações, com o propósito de aprendizagem e adaptação das práticas corporativas	Fornece um referencial positivo externo, estimulando a busca da excelência	Extrema dificuldade para a obtenção dos dados, com o detalhamento necessário, na área da saúde
Job rotation – metodologia que proporciona aos colaboradores de uma empresa vivenciar experiências em vários setores da organização	Permite a preparação dos membros da equipe para atuação em diferentes frentes, ampliando o alinhamento estratégico e a visão sistêmica dos envolvidos. Além disso, facilita o desenvolvimento de novas competências, por meio de conhecimentos compartilhados; eleva os níveis de desempenho; promove maior interatividade entre os colaboradores	O planejamento deve ser rigoroso, e os objetivos e tempos devem ser claros para os colaboradores envolvidos, caso contrário poderá gerar no colaborador a sensação de que não pertence a nenhum lugar ou de que não é suficientemente bom para se fixar em um setor
Ensino a distância – metodologia que se utiliza de meios de comunicação como internet, canais de televisão, manuais, entre outros, para transmitir conhecimentos ao maior número possível de pessoas	Facilita o acesso e permite maior democratização do conhecimento; favorece a autonomia de aprendizagem e reduz custos	Reduz o contato entre as pessoas; depende da capacidade individual de gerenciar o tempo

Fonte: adaptado de Pacheco et al.[1].

Essas estratégias vêm sendo implementadas ao longo dos últimos anos no Brasil. Pode-se destacar o uso do método de simulação realística com a técnica de *role playing* (atribuições de papéis entre os participantes) para o desenvolvimento de competências em farmácia clínica nas disciplinas relacionadas à assistência farmacêutica hospitalar em cursos de graduação em farmácia de universidades federais (Rio Grande do Sul e Rio de Janeiro), do Centro Universitário do Estado do Pará (Cesupa) e da Universidade Anhembi Morumbi, em São Paulo. Também ocorrem cursos de residência multiprofissional em saúde e de capacitação para farmacêuticos realizados no Centro de Simulação Realística do Instituto Israelita de Ensino e Pesquisa do Hospital Albert Einstein e no Cesupa com o objetivo de desenvolver um conjunto de habilidades clínicas no contexto hospitalar por intermédio da simulação de situações-problema em diversos cenários que simulam, por exemplo, a orientação de alta em consultórios, a discussão de eventos adversos com a equipe multidisciplinar, a conciliação medicamentosa e visitas farmacêuticas a enfermarias e UTI[9-12].

Todos os programas de educação necessitam de instrumentos de avaliação para aferir seus ganhos. Para tanto, o farmacêutico poderá lançar mão de autoavaliações, avaliação de reação e satisfação, avaliação por competências, avaliação de resultados, avaliação de processos e ROI (*return on investiment*)[13].

É importante que a avaliação considere todas as categorias do domínio cognitivo, exemplificadas no Quadro 10.2.

Quadro 10.2 Categorias do domínio cognitivo

Categoria	Descrição
Conhecimento	Capacidade de lembrar de informações e conteúdos previamente abordados
Compreensão	Entendimento e habilidade de dar significado ao conteúdo
Aplicação	Habilidade de aplicar informações, métodos e conteúdos aprendidos em novas situações concretas
Análise	Capacidade de subdividir o conteúdo em partes menores com a finalidade de entender a estrutura final
Síntese	Habilidade para agregar partes com a finalidade de criar um novo todo
Avaliação	Capacidade de julgar o valor do material (proposta, pesquisa, projeto) para um propósito específico

Fonte: adaptado de Bloom et al., apud Ferraz e Belhot[14].

PROGRAMAS FORMAIS: GRADUAÇÃO, ESTÁGIOS CURRICULARES E EXTRACURRICULARES, PÓS-GRADUAÇÃO *LATO* E *STRICTO SENSU*

As atividades de ensino deverão estabelecer mecanismos focados nas necessidades do Sistema Único de Saúde (SUS) e da população em geral, favorecendo a coerência entre as políticas oriundas das áreas de educação e pesquisa em saúde, levando à formação de profissionais com perfil e competências compatíveis com essas necessidades. As atividades de ensino englobam programas de educação permanente em serviço e programas formais, como graduação, estágio curricular e extracurricular, bem como pós-graduação (*lato* e *stricto sensu*), inclusive residência em farmácia hospitalar.

Os Ministérios da Saúde, da Educação e as Entidades da Categoria Farmacêutica devem identificar e credenciar as farmácias que atuarão como polos de referência nas áreas de ensino e pesquisa em assistência farmacêutica.

Considerando a relevância da promoção de ações de educação permanente para a implementação da assistência farmacêutica com qualidade nos serviços de saúde, inclusive nos pertencentes ao SUS, são consideradas prioritárias as seguintes medidas[15]:

- Estabelecer pactos de integração entre serviços de saúde e unidades de ensino, para incentivar e propiciar a realização de investigações que beneficiem usuários e instituições.
- Articular parcerias entre o SUS e universidades para a realização de cursos de especialização, residência farmacêutica e mestrado profissionalizante, dirigidos aos farmacêuticos que atuem em hospitais e demais serviços de saúde.
- Utilizar os polos de educação permanente em saúde dos estados e do Distrito Federal para desenvolver programas de educação permanente destinados a farmacêuticos, abordando temas como gestão, ações clínico-assistenciais, farmacologia e terapêutica.
- Estimular os cursos de graduação em farmácia a incluir conteúdos programáticos que abordem, de forma integrada, a assistência farmacêutica em hospitais e demais serviços de saúde.
- Sensibilizar os gestores das três esferas de governo a conceder incentivos aos profissionais de saúde para participar de eventos científicos e publicar trabalhos científicos relativos à assistência farmacêutica hospitalar.

As atividades de capacitação deverão ser desenvolvidas prioritariamente de forma multidisciplinar, com os demais atores da equipe de saúde hospitalar, sendo focada nas necessidades dos pacientes, da população e na formação para o uso racional de medicamentos e demais produtos para a saúde[15].

PROGRAMAS FORMAIS

Os programas formais de ensino constituem atividades e processos relacionados a programas de educação formalmente reconhecidos, como graduação, estágio curricular e extracurricular, e também pós-graduação (*lato* e *stricto sensu*), inclusive residência em farmácia hospitalar.

Os programas formais deverão obedecer à legislação de ensino vigente no país, devendo estar vinculadas à instituição de ensino superior.

Graduação, estágios curriculares e extracurriculares

As unidades de farmácia dos hospitais e demais serviços de saúde poderão, em concordância com a missão institucional, ser campo prático para o desenvolvimento de disciplinas durante a graduação em farmácia, bem como propiciar campo de estágio curricular e extracurricular.

As disciplinas de curso de graduação, bem como os estágios curriculares (obrigatório) e extracurriculares (não obrigatório), deverão obedecer à legislação. Entende-se por estágio obrigatório ou curricular aquele desenvolvido como tal no projeto do curso, cuja carga horária é requisito para aprovação e obtenção de diploma, e estágio não obrigatório ou extracurricular é aquele desenvolvido como atividade opcional, acrescida à carga horária regular e obrigatória[16].

Pós-graduação *lato* e *stricto sensu* (inclusive residência)

As unidades de farmácia deverão estimular, participar e/ou desenvolver programas de pós-graduação *lato* e *stricto sensu*, inclusive mestrado, doutorado e residência, esta última em farmácia hospitalar e multiprofissional, em parceria com instituições de ensino superior, de forma a cooperar para o maior aprimoramento técnico dos farmacêuticos no segmento hospitalar.

Quando não participarem diretamente do desenvolvimento dos programas de pós-graduação, as unidades de farmácia deverão buscar parceria com outras instituições (universidades, escolas de saúde pública, dentre outros), de forma a inserir membros de seu corpo técnico em programas de pós-graduação, segundo plano de qualificação técnica da unidade.

EDUCAÇÃO PERMANENTE

O ensino pode ser compreendido como uma forma sistemática de transmissão de *conhecimentos* utilizada pelos *humanos* para instruir e *educar* seus semelhantes[23]. É basicamente um processo de aprendizagem tanto do indivíduo que a realiza como da sociedade na qual ela se desenvolve.

As atividades de ensino devem buscar atender às necessidades da sociedade, favorecendo a harmonização entre as políticas oriundas das áreas de educação e de saúde, levando à formação de profissionais com perfil e competências compatíveis com essas necessidades.

Ribeiro e Motta sugerem que se faça uma distinção clara e inequívoca entre educação continuada e permanente, pois, apesar de ambas conferirem uma dimensão temporal de continuidade ao processo de educação, correspondente às necessidades das pessoas durante toda a vida, assentam-se em princípios metodológicos diversos[24].

Nesse contexto, educação continuada englobaria as atividades de ensino após o curso de graduação com finalidades mais restritas de atualização, aquisição de novas informações e/ou atividades de duração definida e por intermédio de metodologias tradicionais. Nessas atividades estão inseridas participações em cursos, congressos e eventos por interesses pessoais e profissionais. Ribeiro e Motta, citando Mejia, conceituam a educação continuada como "o conjunto de experiências que se seguem à formação inicial e que permitem ao trabalhador manter, aumentar ou melhorar sua competência para que ela seja compatível com o desenvolvimento de suas responsabilidades". Sob essa ótica, caracteriza-se a competência como atributo individual vinculado ao domínio de conhecimento e habilidades para as quais, sem dúvida, as ações de educação continuada podem contribuir de forma valorosa[24].

Analisando o conceito de educação continuada e diante da observância de que o aumento ou a atualização de conhecimentos *per se* não se traduz, necessariamente, em modificação dos processos de trabalho e das relações de trabalho entre os profissionais, foram definidas as diretrizes para a implementação de Política Nacional de Educação Permanente em Saúde no Brasil[24,25]. Dessa forma, a educação permanente em saúde é definida no Anexo II da Portaria do Ministério da Saúde n. 1.996 (20.08.2007) como "aprendizagem no trabalho, onde o aprender e o ensinar se incorporam ao cotidiano das organizações e ao trabalho"[25].

A educação permanente se baseia na aprendizagem significativa e na possibilidade de transformar as práticas profissionais, ou seja, ela pode ser compreendida como aprendizagem-trabalho e acontece no cotidiano das pessoas e das organizações. É feita a partir dos problemas enfrentados na realidade e leva em consideração o conhecimento e as experiências que as pessoas já possuem. Propõe que os processos de educação dos profissionais de saúde se façam a partir da problematização do processo de trabalho e considera que as necessidades de formação e desenvolvimento dos trabalhadores sejam pautadas pelas necessidades de saúde das pessoas e das populações atendidas[25].

Ambos os programas (educação continuada e permanente) possuem seu valor, porém deve-se buscar privilegiar as práticas centradas nas necessidades dos pacientes atendidos e que tenham impacto direto sobre a melhoria da qualidade assistencial. A lógica ou marco conceitual, ponto de partida da educação permanente, é aceitar que formação e desenvolvimento devem ser feitos de modo descentralizado, ascendente e transdisciplinar para propiciar desenvolvimento da capacidade de aprendizagem, de enfrentamento criativo das situações em saúde, trabalho em equipes matriciais, constituição de práticas tecnológicas, éticas e humanísticas, levando à melhoria permanente da qualidade do cuidado à saúde[26].

Os programas de educação permanente e de desenvolvimento de recursos humanos em saúde devem ser planejados em consonância com a Lei n. 8.080/90, a Política Nacional de Medicamentos, as diretrizes da Política Nacional de Educação Permanente (Portaria GM n. 1.996, de 20.08.2007) e outras políticas da Secretaria de Gestão do Trabalho e da Educação na Saúde do Ministério da Saúde. Para Farmácia Hospitalar, deve-se considerar ainda a Portaria n. 4.283, de 30 de dezembro de 2010, que aprova as diretrizes e estratégias para organização, fortalecimento e aprimoramento das ações e serviços de farmácia no âmbito dos hospitais.

A formação, capacitação e qualificação dos recursos humanos devem ser permanentes, sistemáticas, com qualidade e devidamente documentadas, de forma a possibilitar a avaliação do impacto das ações sobre as atividades de assistência farmacêutica. Devem seguir as recomendações citadas nas diretrizes curriculares para o ensino de graduação em farmácia do Ministério da Educação (MEC), as recomendações do Conselho Federal de Farmácia e da Sociedade Brasileira de Farmácia Hospitalar (Sbrafh) e das associações internacionais de farmácia hospitalar, respeitando a legislação brasileira.

A educação permanente é aprendizagem no trabalho, em que o aprender e o ensinar se incorporam ao cotidiano das organizações e ao trabalho[3] e constituem atividades e processos sistematizados voltados para a capacitação da equipe do serviço: gestores, farmacêuticos e auxiliares da farmácia hospitalar, garantindo a atualização da equipe técnica no tema objeto do trabalho e da legislação vigente, além de contemplar atividades de educação em saúde, inclusive as voltadas para a população usuária.

As atividades de educação permanente deverão ser baseadas na reflexão crítica sobre as necessidades de saúde das pessoas e da população, da gestão setorial e do controle social em saúde, por meio da identificação de nós críticos, tendo como objetivo a transformação das práticas profissionais e da própria organização do trabalho, sendo estruturadas a partir de problematização e realizadas em equipes. As atividades educativas deverão ser articuladas com as medidas para a reorganização do sistema[5].

O corpo profissional da farmácia hospitalar (farmacêuticos e auxiliares) necessita ser capacitado para desempenhar suas funções em todas as atividades planejadas na farmácia hospitalar, entre elas seleção, programação, aquisição, armazenamento, distribuição e utilização de medicamentos e outros produtos para a saúde, além de atividades de produção, de acordo com as características da instituição. Essa capacitação deverá ser fundamentada no modelo da aprendizagem significativa (tem de fazer sentido para quem participa e ser aplicável) e objetivar a transformação de práticas, rumo à excelência do processo assistencial.

Cada instituição necessita estabelecer o tipo e o nível de excelência da capacitação dos profissionais, planejar, executar e documentar o programa específico para a farmácia hospitalar ou de serviços de saúde, de acordo com a missão institucional. As metodologias a serem empregadas podem variar entre metodologias ativas de ensino-aprendizagem, atividades em grupo ou problematização, desde que satisfaçam as necessidades de capacitação do corpo profissional, da instituição e do cliente. A instituição deve documentar quais foram os profissionais capacitados e o impacto da referida capacitação nos serviços e atividades a eles delegadas.

VISITAS TÉCNICAS

A farmácia hospitalar e de serviços de saúde poderá, em concordância com as normas da instituição, receber profissionais e acadêmicos de farmácia, enfermagem, administração, medicina, dentre outros, para visita técnica em suas instalações.

Essas visitas deverão ser solicitadas previamente e autorizadas pelo centro de estudos ou equivalente em cada instituição, devendo ser devidamente registradas.

O planejamento das visitas técnicas poderá ser um diferencial para a unidade de farmácia. Nesse planejamento deverão constar, minimamente: períodos (dias e horários) para recebimento de visitas; o fluxo de agendamento; profissionais responsáveis, incluindo sua preparação para o recebimento de visitantes; roteiro de realização da visita (áreas físicas, processos, instrumentos de trabalho a apresentar); forma(s) de registro da visita; materiais a entregar (*folders*, textos, informes etc.). Essa ação simples agrega valor ao processo de visita técnica, tanto para o visitado como para o visitante, ao passo que se constitui em qualificação da visita técnica.

PADRÕES MÍNIMOS

A farmácia hospitalar deve assegurar ações de educação permanente, ensino e pesquisa, para farmacêuticos e demais profissionais e estudantes, nas atividades administrativas, técnicas e clínicas. Devem ser adequadas em conteúdo e metodologia, de forma a proporcionar o desenvolvimento das melhores práticas, voltadas para a segurança do paciente, atualizadas e alinhadas estrategicamente com a instituição. As ações podem ser realizadas pela farmácia, isoladamente ou em parceria com o setor de recursos humanos da instituição, e com outras unidades de saúde, devendo ser devidamente registradas[15].

ROTEIRO DE VISITAS

A avaliação das ações de educação permanente realizadas pela farmácia deve ocorrer para certificar que tais serviços cumprem os objetivos planejados, recomendações preconizadas na literatura e legislação vigente. A avaliação e a determinação da eficiência das ações e seus impactos sobre a segurança assistencial e sobre o processo de trabalho podem ser feitas com o auxílio do roteiro nas Tabelas 10.1 e 10.2, que apresentam os requisitos obrigatórios e desejáveis para a certificação da farmácia hospitalar.

Tabela 10.1 Roteiro de ensino (lista de verificação)

Requisitos obrigatórios		
1	Existem evidências do planejamento e realização de ações de educação permanente dirigida a farmacêuticos e equipe auxiliar, considerando as áreas existentes na instituição e contempladas na Portaria n. 4.283/2010 do Ministério da Saúde e outras de natureza legal?	(S)(N)
2	Existem evidências de treinamentos focados em problemas do cotidiano, com modificação do cenário institucional?	(S)(N)
3	Estão definidas e escritas as habilidades, conhecimentos e atitudes esperadas de cada membro do corpo profissional da farmácia hospitalar?	(S)(N)
4	São aplicadas ferramentas de avaliação do impacto do processo de educação/treinamento, com evidência de melhoria no processo de trabalho e na qualidade assistencial?	(S)(N)
5	Existem evidências de que a instituição conta com preceptores devidamente qualificados para acompanhar estagiários curriculares, extracurriculares e pós-graduandos na farmácia hospitalar, quando aplicável?	(S)(N)
6	Existem evidências de que os procedimentos relacionados ao ensino são identificados, definidos, padronizados e documentados, sendo avaliados por meio de indicadores?	(S)(N)
Requisitos desejáveis		
1	A documentação sobre ações de educação, treinamento e visita técnica está ordenada, atualizada e disponível?	(S)(N)
2	O licenciamento, a educação, o treinamento e a experiência dos farmacêuticos são reavaliados e documentados periodicamente em sua ficha funcional?	(S)(N)

Continua

Tabela 10.1 Roteiro de ensino (lista de verificação) *(continuação)*

Requisitos desejáveis		
3	A ficha funcional contém cópias de licenças, certificações ou registros necessários?	(S)(N)
4	Existem evidências de que os profissionais são informados sobre as oportunidades de treinamento e atividades de educação permanente e outras experiências de treinamento?	(S)(N)
5	Existem evidências de que a instituição incentiva a participação dos profissionais em eventos de interesse da instituição, de acordo com a sua missão e recursos disponíveis?	(S)(N)

Tabela 10.2 Indicadores sugeridos

Nome do indicador	Índice de capacitação homem-hora/treinamento/ano
Objetivo	Identificar a oferta de horas de ações de educação permanente por colaborador
Fórmula	No total de horas de capacitação ofertadas no ano para farmacêuticos e corpo de auxiliares No total de funcionários da farmácia
Nome do indicador	**Número de não conformidades em processo de trabalho (definir o processo que se quer avaliar)**
Objetivo	Identificar o impacto do treinamento sobre a redução de não conformidade no processo escolhido
Fórmula	Número absoluto de não conformidades identificadas após a realização do treinamento
Nome do indicador	**Número de eventos adversos relacionados à dispensação ocorridos após o treinamento**
Objetivo	Identificar o impacto do treinamento sobre a redução de eventos adversos relacionados à dispensação de medicamentos
Fórmula	Número absoluto de eventos adversos relacionados à dispensação de medicamentos identificados após o treinamento

OUTROS CURSOS DE PÓS-GRADUAÇÃO

Os cursos de pós-graduação *lato sensu* compreendem programas de especialização incluindo os cursos designados como MBA (*Master of Business Administration*), com duração mínima de 360 horas. Ao final do curso, será emitido certificado e não diploma. São abertos a candidatos diplomados em cursos superiores e que atendam às exigências das instituições de ensino[21].

O curso de pós-graduação *lato sensu* na modalidade residência possui duração mínima de 5.760 horas e sua principal característica é o treinamento em serviço. Esses cursos estão ligados a instituições de ensino, e ao final é emitido certificado, que pode ser registrado no Conselho Federal de Farmácia (CFF). São cursos abertos a candidatos diplomados em cursos superiores e que atendam às exigências das instituições de ensino[21].

Os cursos de pós-graduação *stricto sensu* são destinados a candidatos diplomados em cursos superiores de graduação, compreendendo os programas de mestrado e doutorado. Devem atender às exigências das instituições de ensino e ao edital de seleção dos alunos (art. 44, III, da Lei n. 9.394/96). Ao final do curso, o aluno receberá diploma[22].

Existe também a modalidade curso livre, que compreende os ofertados por entidades distintas das que estão sob regulamentação do Ministério da Educação para a pós-graduação *lato sensu* e *stricto sensu*[20].

O CFF, por meio da Resolução n. 674, de 29 de agosto de 2019, dispõe sobre a regulamentação de cursos livres de formação complementar que não compreendam pós-graduação *lato e stricto sensu* a serem reconhecidos, por meio do registro da formação em sua carteira de identidade profissional[23].

Em 24 de abril de 2019, o CFF, em reunião plenária, aprovou documento em que apresenta os referenciais mínimos para o reconhecimento de cursos livres em farmácia clínica/cuidado farmacêutico, destinados à especialização profissional farmacêutica, com carga horária de 540 horas[24].

Outra titulação disponível se refere ao título de especialista profissional farmacêutico, que não tem caráter acadêmico como os demais descritos, e que foi instituído pela Resolução n. 643 de 27 de julho de 2017, do CFF, que dispõe sobre os procedimentos e critérios necessários para sua certificação e registro[25].

Esse título não equivale à pós-graduação *lato sensu* e é concedido ao farmacêutico por sociedades, organizações, associações profissionais ou outras instituições de natureza científica, técnica ou profissional que congregam farmacêuticos, credenciadas pelo CFF, mediante o preenchimento dos seguintes requisitos: realização de concurso de título ou realização de cursos livres[25].

Entende-se por concurso de título aquele realizado por sociedades científicas ou associações profissionais, que certificam competências no âmbito profissional, sem caráter acadêmico, consistindo em uma avaliação de conhecimentos específicos e na análise curricular[25].

CONSIDERAÇÕES FINAIS

A promoção de ações de ensino no âmbito da assistência farmacêutica hospitalar e demais serviços de saúde, de forma a atender às necessidades das políticas de saúde, reúne práticas que necessitam ser ampliadas no cotidiano das instituições no país. Essa ampliação deve ser feita em bases sólidas de conhecimento, respeitando a legislação, buscando atender aos melhores padrões de qualidade e aos preceitos éticos. A Sociedade Brasileira de Farmácia Hospitalar (Sbrafh) se coloca como parceira de cada farmacêutico hospitalar e de serviços de saúde na busca pela efetiva atualização e capacitação, bem como ampliação do desenvolvimento e divulgação de pesquisas no âmbito da assistência farmacêutica.

REFERÊNCIAS

1. Pacheco L, Scofano AC, Beekert M, de Souza V. Capacitação e desenvolvimento de pessoas. 2.ed. Rio de Janeiro: FGV; 2009. p.17-103.
2. Padilha RQ. Parte 4, capítulo 4. In: Vecina Neto G, Malik AM. Gestão em saúde. Rio de Janeiro: Guanabara Koogan; 2011. p.346-50.
3. Organização Nacional de Acreditação. Manual da Organização Nacional de Acreditação – Manual das Organizações Prestadoras de Serviços Hospitalares. Brasília: ONA; 2010.
4. Snellen-Balendong H, Dolman D. Block construction: problem construction. Maastricht University; 2009.
5. Associação Brasileira de Ensino Farmacêutico e Bioquímico (Abenfarbio). Metodologias ativas. Aplicações e Vivências em Educação Farmacêutica. Brasília: Abenfarbio; 2010.
6. Dolman D, Snellen-Balendong H. Problem constrution. Maastricht University; 2009.
7. Farias PAM, Martin ALAR, Cristo CS. Aprendizagem ativa na educação em saúde: percurso histórico e aplicações. Rev Bras Ed Med. 2015;39(1):143-58.
8. Couto TM. Simulação realística no ensino de emergências pediátricas na graduação [Dissertação]. São Paulo: Faculdade de Medicina, Universidade de São Paulo; 2014.
9. Barbosa APO. Simulação de práticas clínicas em farmácia: desenvolvimento de estrutura e simulador de processo de cuidado à saúde [Tese]. Porto Alegre: Programa de Pós-Graduação em Ciências Farmacêuticas da Faculdade de Farmácia da Universidade Federal do Rio Grande do Sul; 2015.
10. Oliveira GA, Quilici AP, Araújo MTS. A experiência da Universidade Anhembi Morumbi no uso da simulação em educação farmacêutica. Anais do Congresso Brasileiro de Educação Farmacêutica. Salvador; 2015. p.138.
11. Sousa PLC, Rodrigues LMP, Silva WB, Souza LWC, Souza CAS, Silva JYT, Silva MVS. O uso da simulação realística como metodologia de ensino na formação de farmacêuticos clínicos. Anais do Congresso Brasileiro de Educação Farmacêutica. Salvador; 2015. p.170.
12. Sousa PLC, Rodrigues LMP, Souza LWC, Silva WB, Silva MVS, Andrade M. A simulação realística como estratégia de desenvolvimento de habilidades clínicas na graduação em farmácia. Anais do Congresso Brasileiro de Educação Farmacêutica. Salvador; 2015. p.171.
13. Perrenoud P. Avaliação: da excelência à regulação das aprendizagens. Porto Alegre: Artmed; 1999.
14. Ferraz APCM, Belhot RV. Taxonomia de Bloom: revisão teórica e apresentação das adequações do instrumento para definição de objetivos instrucionais. Gest Prod. 2010;17(2):421-31.
15. Sociedade Brasileira de Farmácia Hospitalar (Sbrafh). Padrões mínimos para a farmácia hospitalar e serviços de saúde. Goiânia: Sbrafh; 2007.
16. Brasil. Ministério do Planejamento, orçamento e gestão. Secretaria de Recursos Humanos. Orientação Normativa n. 7, 30 de outubro de 2008. Estabelece orientação sobre a aceitação de estagiários no âmbito da Administração Pública Federal direta, autárquica e fundacional.
17. Ribeiro EC O, Motta JIJ. Educação permanente como estratégia na reorganização dos serviços de saúde. Universidade Federal da Bahia. Instituto da Saúde Coletiva. Secretaria Executiva da Rede IDA-Brasil. Disponível em: http://www.redeunida.org.br/arquivos/educacao.rff. Acesso em: 18 ago. 2008.

18. Brasil. Ministério da Saúde. Portaria GM/MS n. 1996, de 20 de agosto de 2007. Disponível em: http://bvsms.saude.gov.br/bvs/saudelegis/gm/2007/prt1996_20_08_2007.html. Acesso em: 9 dez. 2019.
19. Brasil. Ministério da Saúde. Secretaria da Gestão do Trabalho e da Educação na Saúde. Departamento de Gestão da Educação na Saúde. Política de educação e desenvolvimento para o SUS: caminhos para a educação permanente em saúde: polos de educação permanente em saúde. Brasília: Ministério da Saúde; 2004. Disponível em: http://bvms.saude.gov.br/bvs/publicações/politica2vpdf.pdf. Acesso em: 1º set. 2008.
20. Brasil. Ministério da Educação. Resolução n. 1, de 8 de junho de 2007. Estabelece normas para o funcionamento de cursos de pós-graduação lato sensu, em nível de especialização. Disponível em: http://portal.mec.gov.br/cne/arquivos/pdf/rces001_07.pdf. Acesso em: 9 dez. 2019.
21. Brasil. Ministério da Educação. Notícias MEC: Residência multiprofissional. Disponível em: http://portal.mec.gov.br. Acesso em: 25 nov. 2019.
22. Brasil. Ministério da Educação. Lei n. 9.394/1996, de 20 de dezembro de 1996. Disponível em: http://portal.mec.gov.br. Acesso em: 25 de nov. 2019.
23. Resolução n. 674, de 29 de agosto de 2019. Dispõe sobre a regulamentação dos cursos livres, de formação complementar, que não compreendam pós-graduação lato sensu e stricto sensu, a serem credenciados pelo Conselho Federal de Farmácia. Disponível em: http://www.cff.org.br/userfiles/file/resolucoes/354.pdf. Acesso em: 9 dez. 2019.
24. Brasil. Conselho Federal de Farmácia (CFF). Notícias do CFF: Referenciais mínimos para cursos de farmácia clínica. Disponível em: https://cff-br.implanta.net.br/portaltransparencia/#publico/Listas?id=f8400c7c-1c54-46d9-aa76-8f7297842c44. Acesso em: 9 dez. 2019.
25. Brasil. Conselho Federal de Farmácia (CFF). Resolução n. 643, 27 de julho de 2017. Institui o Título de Especialista Profissional Farmacêutico, sem caráter acadêmico, dispondo sobre os procedimentos e critérios necessários para a sua certificação e registro. Diário Oficial da União, 5 set. 2013.

11

Atuação do farmacêutico hospitalar em pesquisa

Autores
Maria Rita Carvalho Garbi Novaes
Eugenie Desirèe Rabelo Néri
Elisangela da Costa Lima-Dellamora

Coautora
Diana Mendonça Silva Guerra

INTRODUÇÃO

O Brasil, como um país em desenvolvimento, enfrenta problemas de acesso aos serviços de saúde. Sofre com a presença de doenças negligenciadas, emergentes e infectocontagiosas, bem como doenças típicas de sociedades desenvolvidas, como obesidade, diabetes e doenças cardiovasculares, o que demanda a realização de pesquisas clínicas, epidemiológicas e em assistência farmacêutica que gerem resultados e indicadores que apoiem as políticas públicas de saúde[1].

O mercantilismo crescente das investigações biomédicas atinge principalmente o médico e o farmacêutico, que têm prescrito e manipulado medicamentos sob a influência de interesses econômicos de indústrias farmacêuticas, provenientes de ensaios e protocolos clínicos cujas eficácia, efetividade e segurança ainda não foram comprovadas[1].

Essa situação pode ser evidenciada pelo exemplo da Secretaria de Saúde do Distrito Federal (SES/DF), no ano de 2009, quando foi alvo de 130 ações judiciais para a aquisição de 195 medicamentos, com custo total de R$ 4.300.000,00. Essas demandas judiciais incluíram medicamentos em fase experimental, sem registro/autorização pela Agência Nacional de Vigilância Sanitária (Anvisa) para comercialização no Brasil e de alto custo, favorecendo a iniquidade na distribuição de recursos públicos no Sistema Único de Saúde (SUS)[2].

O Brasil tem sediado muitos estudos provenientes de patrocinadores internacionais e indústrias farmacêuticas, por possuir grande demanda de pacientes virgens de tratamento e que aceitam participar de estudos experimentais, além de apresentar legislação para a condução de pesquisa clínica (Resoluções CNS/MS n. 466/2012 e complementares) aceita por instituições internacionais para o registro de medicamentos como a Food and Drug Administration (FDA) e a European Patent Office (EPO)[3-6].

A ética deverá estar associada à pesquisa não somente na elaboração do projeto, mas também na condução e na divulgação científica. Os pesquisadores, a instituição e o comitê de ética devem ser igualmente responsáveis pela pesquisa e devem respeitar preceitos bioéticos como a autonomia, entendida como o respeito e a autodeterminação do paciente; a beneficência, com a avaliação entre os riscos e os benefícios envolvidos; a não maleficência, buscando-se não produzir dano ao participante/sujeito da pesquisa; a justiça, que faz referência ao trato equitativo ao uso racional dos recursos de saúde[7,8].

Entende-se como preceitos bioéticos o estudo sistemático da conduta humana na atenção à saúde à luz de valores e princípios morais. Abrange dilemas éticos e deontológicos relacionados à ética em saúde, incluindo assistência à saúde, investigações biomédicas em seres humanos e as questões humanísticas e sociais como o acesso e o direito à saúde, recursos e políticas públicas de atenção à saúde[8].

O caráter dialógico da bioética e a natureza integradora e interdisciplinar dos conteúdos biológicos, filosóficos e sociais permitem a reflexão ética dos dilemas em saúde, respeitando as distintas crenças fortalecidas na pesquisa e no exercício profissional. A bioética se fundamenta em princípios, valores e virtudes como a justiça, a beneficência, a não maleficência, a equidade e a autonomia, o que pressupõe nas relações humanas a responsabilidade, o livre-arbítrio, a consciência, a decisão moral e o respeito à dignidade do ser humano na assistência, pesquisa e convívio social[1].

O farmacêutico, como profissional de saúde, tende a lançar um olhar técnico-científico sobre o sujeito adoecido, enquanto o paciente, nesse momento, carrega consigo a dor de estar doente. Os dilemas éticos são parte da complexa interação entre os profissionais de saúde, os pacientes, os estudantes, os gestores e o sistema de saúde.

OBJETIVO DO CAPÍTULO

O objetivo deste capítulo é discutir alguns preceitos e normatizações importantes à condução ética da pesquisa científica no Brasil.

PROPÓSITOS DO CAPÍTULO

Apresentar conceitos, legislação e diretrizes, bem como sugerir protocolos e processos de trabalho que auxiliem os farmacêuticos hospitalares a realizarem atividades de pesquisa clínica.

REQUISITOS LEGAIS

- Resolução CNS/MS n. 129/96.
- Resolução CNS/MS n. 251/97.
- Resolução CNS/MS n. 292/99.
- Resolução CNS/MS n. 301/00.
- Resolução CNS/MS n. 303/00.
- Resolução CNS/MS n. 304/00.
- Resolução CNS/MS n. 340/04.
- Resolução CNS/MS n. 341/11.
- Resolução CNS/MS n. 466/12.
- Resolução RDC/ANVISA n. 9/15.

CONTEÚDO TEÓRICO

Regulamentação da pesquisa em seres humanos no Brasil

Em 1996, o Tratado do Mercado Comum do Sul (Mercosul) elaborou a Resolução n. 129/96, intitulada Boas Práticas Clínicas[9]. Essa resolução teve como objetivo normatizar a pesquisa clínica quanto aos aspectos: autorização e acompanhamento do estudo; responsabilidade do pesquisador e do patrocinador; requisitos éticos e metodológicos a serem seguidos; e a necessidade de obtenção de dados pré-clínicos e clínicos para dar prosseguimento às novas investigações[9].

Posteriormente, a Resolução CNS/MS n. 196/96, revogada pela Resolução CNS/MS n. 466/2012, que estabelece diretrizes e normas regulamentadoras de pesquisas envolvendo seres humanos, manteve os aspectos descritos anteriormente e inseriu maior proteção aos sujeitos da pesquisa, evitando sua identificação de forma que possam sofrer algum estigma por sua participação na pesquisa, mediante a aplicação de princípios bioéticos como autonomia, beneficência, não maleficência, justiça, confidencialidade, privacidade, voluntariedade e equidade[6]. Além disso, a Resolução CNS/MS n. 466/12 tornou obrigatória a ciência e a concordância por crianças por meio do Termo Assertivo, com grau cognitivo compatível, para a participação em pesquisas clínicas, com respaldo legal pelo responsável[9,10].

Diretrizes adicionais foram elaboradas no Brasil para ampliar as possibilidades de reflexão sobre dilemas éticos causados pelo crescimento das ciências biomédicas e tecnológicas em atividades clínicas, assistenciais e de pesquisa e abordam temas específicos como a Resolução CNS/MS n. 251/97 (área de novos medicamentos, vacinas e exames diagnósticos), a Resolução CNS/MS n. 292/99 (cooperação financeira com recursos do exterior), a Resolução CNS/MS n. 301/00 (garantir o melhor tratamento diagnóstico ou terapêutico), a Resolução CNS/MS n. 303/00 (reprodução humana), a Resolução CNS/MS n. 304/00 (pesquisa com povos indígenas), a Resolução CNS/MS n. 340/04 (genética humana), a Resolução CNS/MS n. 341/11 (armazenamento e uso de materiais biológicos e biobancos)[9,10].

O farmacêutico e a condução da pesquisa científica

Pesquisas clínicas com fármacos são amplamente realizadas em todo o mundo, possuindo grande importância por permitir a identificação e a utilização de novos agentes terapêuticos, em geral mais eficientes e seguros, contribuindo assim para a melhoria da qualidade de vida da população[11,12]. Os pesquisadores e os profissionais de saúde envolvidos na condução de pesquisas clínicas são responsáveis por assegurar credibilidade à pesquisa e proteção dos seres humanos envolvidos[8,11].

A pesquisa clínica pode ser definida como qualquer investigação em seres humanos. O ensaio clínico é uma modalidade de pesquisa clínica e pode envolver intervenção terapêutica e diagnóstica com produtos registrados ou passíveis de registro na Anvisa, objetivando descobrir ou verificar os efeitos farmacodinâmicos, farmacocinéticos, farmacológicos, clínicos e/ou outros efeitos do medicamento ou produto em investigação, como reações adversas, efeitos colaterais, efetividade, eficácia e segurança, que poderão subsidiar seu registro ou sua alteração na Anvisa[14]. Os produtos a serem pesquisados podem ser medicamentos, cirurgias, vacinas, dietas e outros procedimentos médicos[14].

Quanto à finalidade, o ensaio clínico pode ser subdividido em 4 grupos: estudos de farmacologia humana (farmacocinética e farmacodinâmica, fase I), estudos terapêuticos ou profiláticos de exploração (fase II), estudos terapêuticos ou profiláticos confirmatórios (fase III) e ensaios pós-comercialização (fase IV)[1,8,12]. Com relação ao método de investigação, a pesquisa pode ser classificada em estudo unicêntrico (ocorre em somente um centro de pesquisa, hospital ou complexo hospitalar/instituição) ou estudo multicêntrico (ocorre em 2 ou mais centros/instituições de pesquisa ou hospital). A pesquisa pode ser conduzida por intermédio de estudos controlados (com grupos experimentais para comparação dos resultados) e não controlados (nos quais há ausência de comparação entre um grupo controle e um experimental)[1,8,12].

Quanto à alocação dos pacientes em pesquisas clínicas e/ou em tratamentos experimentais, como em casos de acesso expandido, o estudo pode ser conduzido por intermédio de ensaios randomizados (aleatorizados) ou não randomizados. Os estudos randomizados podem ainda conter grupo controle, com segmento aberto (pesquisadores e pacientes sabem a qual grupo de intervenção o paciente pertence) ou fechado e cego (simples cego, duplo cego ou triplo cego), quando os pacientes são codificados e o pesquisador/equipe e o paciente não têm conhecimento a respeito do grupo de estudo/intervenção em que o paciente foi alocado, o que garante a isenção na avaliação e subjetividade dos resultados[8].

A Resolução CNS/MS n. 466/12 tornou obrigatória a manutenção do medicamento em estudo ao paciente após o término do período de experimentação, desde que comprovados os benefícios terapêuticos[10].

O serviço de farmácia pode participar de pesquisa clínica envolvendo medicamentos, substâncias biológicas, terapia gênica ou radiofarmácia. Deve, para tanto, possuir estrutura física e equipe técnica adequadas, de forma a assegurar o cumprimento das recomendações específicas para cada pesquisa e o cumprimento dos requisitos legais quanto à observância dos protocolos clínicos, recebimento, preparo e armazenamento de formulações com ou sem registro em instituições sanitárias brasileiras[8,15].

Os hospitais, centros de pesquisa e serviços de saúde que participam de pesquisa clínica deverão designar um farmacêutico para ser o responsável pelo cumprimento e acompanhamento das atividades farmacêuticas, com conhecimento e experiência na legislação brasileira e internacional em vigor para a atuação na pesquisa clínica. O farmacêutico será o responsável por orientar toda a equipe de farmacêuticos de forma a assegurar a homogeneidade de condutas quanto à dispensação e aos controles fisicoquímicos na estocagem e diluições dos medicamentos e/ou produtos para administração nos pacientes alocados em pesquisa clínica[14,15].

É atribuição privativa do farmacêutico atuante em pesquisa clínica (artigo 3º da Resolução CFF n. 509/09):

> I – Zelar pelo cumprimento da legislação sanitária e demais legislações correlatas, orientando quanto às adequações necessárias para o cumprimento das normas relativas ao recebimento, armazenamento e dispensação de medicamentos e produtos para saúde;
> II – Supervisionar e/ou definir a adequação da área física, instalações, e procedimentos do local de armazenamento e dispensação de medicamentos e produtos para saúde;
> III – Atuar de maneira efetiva no armazenamento, dispensação, preparo e transporte de medicamentos e/ou produtos para saúde destinados a estudos clínicos.

Dessa forma, o farmacêutico deverá desenvolver e implementar procedimentos que assegurem o eficiente controle e administração dos medicamentos e/ou produtos utilizados em pesquisa clínica, observando as peculiaridades do estudo, necessidades e grau de organização requeridos, para garantir a segurança do paciente, com mínimos ou inexistentes eventos adversos e a confiabilidade e exatidão requeridas na execução de um protocolo experimental[15-17].

O efetivo relacionamento entre o farmacêutico e os investigadores, equipe de pesquisa e auditores funciona como suporte ao adequado provimento de serviços farmacêuticos[8,15]. Contudo, espera-se do farmacêutico, bem como dos demais profissionais envolvidos, conduta ética para notificar as suspeitas de problemas, de fraudes, condutas inapropriadas ou outros incidentes como reações adversas a medicamentos ao setor responsável pela pesquisa clínica na instituição[8].

A farmácia deverá possuir estrutura física que permita a estocagem separada dos produtos de pesquisa clínica, em relação aos demais produtos, devendo essa área ter acesso restrito. A temperatura e umidade deverão ser monitoradas, com registros realizados e arquivados para auditorias posteriores. Deverá existir ainda protocolo de conduta, escrito, para casos de pane elétrica[18,19].

A farmácia deverá possuir área para arquivamento de documentos, que permita a rápida e imediata localização dos registros por parte de auditores e outros profissionais envolvidos na pesquisa[19].

Todos os medicamentos e/ou produtos envolvidos em uma pesquisa devem ser armazenados, dispensados e gerenciados pela farmácia seguindo os mesmos padrões dos produtos licenciados e integrados aos demais sistemas de dispensação da instituição. Quando, por questões operacionais, os medicamentos e/ou produtos não puderem ser estocados na farmácia, a equipe responsável pela pesquisa deverá designar um farmacêutico para controlar as condições de armazenamento, mantendo as características organolépticas, farmacotécnicas, fisicoquímicas e de estabilidade do medicamento e/ou produto para a saúde humana[17,19].

Os farmacêuticos poderão ser remunerados para realizar pesquisas ou prover serviços em pesquisa clínica. Essa remuneração deverá ser compatível com os valores aplicados no mercado e estar de acordo com o grau de complexidade das ações desenvolvidas[19].

O farmacêutico deve desenvolver diversas ações no contexto da pesquisa clínica, a saber[14,15,17]:

A. Assegurar que a farmácia somente participe de projetos de pesquisa clínica aprovados pelo órgão regulador no país e pelo Comitê de Ética em Pesquisa (CEP) da instituição.

B. Certificar-se de que a farmácia possua uma cópia da última versão do protocolo da pesquisa clínica.

C. Proteger o sujeito da pesquisa e profissionais de saúde envolvidos, garantindo a segurança do paciente e a credibilidade do estudo, por meio da adequada gestão dos produtos nele envolvidos.

D. Assegurar que os produtos sejam gerenciados e dispensados para os pacientes, em concordância com os critérios estabelecidos no protocolo e somente para pacientes cujas receitas foram elaboradas por prescritores autorizados em cada protocolo de pesquisa.

E. Assegurar que todos os procedimentos nos quais ocorra a participação do farmacêutico cumpram as recomendações relevantes e os aspectos legais da pesquisa envolvendo seres humanos.

F. Averiguar embalagens e rótulos, assegurando que estejam legíveis e compreensíveis para o sujeito da pesquisa.

G. Preparar ficha de controle do medicamento e/ou produto sob investigação, contendo minimamente as seguintes informações: nome do produto, forma farmacêutica, dosagem, número do lote, prazo de validade, nome e endereço do patrocinador, número do protocolo, condições de estocagem (temperatura, luminosidade e umidade), quantidades recebidas, transferidas, dispensadas e devolvidas, além de informações complementares necessárias para a dispensação.

H. Preparar ficha técnica do produto, para ser distribuída entre os pesquisadores envolvidos (médicos, farmacêuticos e enfermeiros), bem como nas unidades onde o medicamento será administrado, abordando aspectos referentes à sua utilização segura, com base no protocolo.

I. Notificar prontamente as suspeitas de reações adversas ocorridas com pacientes para o investigador principal e patrocinador, assegurando a presença da informação no relatório de condução da pesquisa.

J. Orientar a equipe da pesquisa clínica sobre o correto uso e estocagem dos produtos envolvidos em pesquisa clínica.

K. Possuir procedimentos escritos para recepção, dispensação segura, quebra de código-fonte, manipulação de medicamentos, devolução de produtos, registros, reconciliação de produtos, descarte, treinamento da equipe de pesquisa clínica e de farmácia, arquivamento e manutenção de arquivo.

L. Monitorar a adesão do paciente ao protocolo, encorajando os pacientes a aderirem ao protocolo, e comunicar quaisquer desvios ao investigador.

M. Emitir anualmente relatório para a Comissão de Farmácia e Terapêutica e Núcleo de Apoio ao Pesquisador ou seu equivalente na instituição sobre as pesquisas em desenvolvimento e as concluídas.

N. Ao final do estudo, o farmacêutico deverá seguir as orientações do patrocinador e da legislação, para tornar inutilizáveis os produtos remanescentes do estudo.

O. O farmacêutico deverá declarar qualquer possível conflito de interesse existente. As atribuições privativas do farmacêutico em pesquisas clínicas, segundo o Conselho Federal de Farmácia, relacionam-se às atividades de: (i) recebimento; (ii) armazenamento; (iii) preparo; (iv) dispensação; e (v) transporte de medicamentos e produtos para saúde investigados (Figura 11.1)[20].

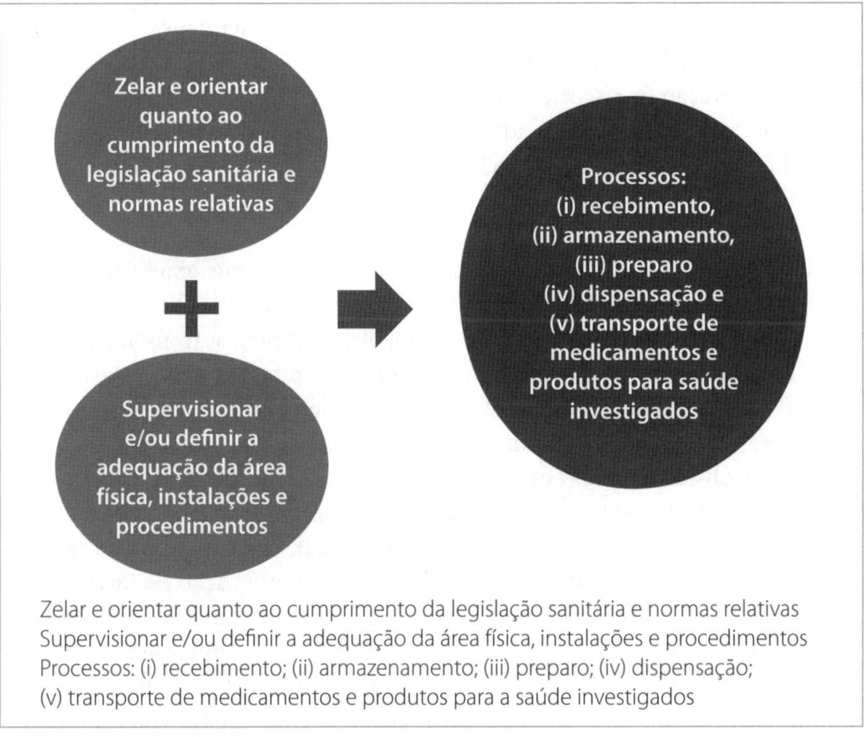

Figura 11.1 Síntese das atribuições privativas do farmacêutico em pesquisas clínicas.
Fonte: adaptado de CFF[20].

Além das atividades relacionadas a pesquisas e ensaios clínicos, o farmacêutico, em unidades hospitalares, pode desenhar, conduzir e participar de pesquisas no âmbito da organização da assistência farmacêutica, especialmente relacionados à seleção, programação, aquisição e ao armazenamento de medicamentos e demais produtos para a saúde; manipulação estéril e não estéril, distribuição e dispensação de medicamentos e produtos para a saúde; acompanhamento da utilização e provimento de informação e orientação a pacientes e equipe de saúde[16,17].

Segundo os Padrões Mínimos para Farmácia Hospitalar e Serviços de Saúde[18], são relevantes para a farmácia hospitalar, além dos estudos clínicos, os estudos farmacoepidemiológicos, farmacoeconômicos e de desenvolvimento e avaliação de produtos e processos que subsidiem:

- A formação e a revisão de políticas institucionais de medicamentos e de saúde.
- O aprimoramento da farmacoterapia e o uso racional de medicamentos e demais produtos para a saúde.
- O desenvolvimento de produtos e adequação de formas farmacêuticas.

- O desenvolvimento de indicadores de qualidade dos serviços.
- A otimização dos processos de gestão.
- A monitoração de riscos e de biossegurança.
- A monitoração de eventos adversos, erros de medicação e quaisquer outros problemas relacionados ao ciclo de utilização de medicamentos e demais produtos para a saúde.

Nesse sentido, cabe especial destaque às investigações que objetivem a conjugação ou transformação dos resultados da pesquisa básica ou clínica em melhores estratégias de cuidado em saúde, chamadas de pesquisa translacional. Para tanto, a aproximação de pesquisadores do campo de prática é necessária e permite: (i) a proposição de projetos relacionados às demandas de hospitais e outros serviços sanitários; e (ii) a qualificação dos profissionais de saúde[21].

Estudos observacionais conduzidos nas farmácias hospitalares (ou em colaboração com elas) possuem esse potencial para a construção de pontes e a transferência de informação e conhecimento. No Brasil, observa-se o crescimento dessas pesquisas. Estão sendo publicados estudos de utilização de medicamentos (EUM) na atenção de alta complexidade, baseados em métodos qualitativos e quantitativos acerca, sobretudo, da prescrição e uso de antimicrobianos[22]. Também são encontrados trabalhos que focam na segurança do paciente, a partir do monitoramento da ocorrência de reações adversas e de erros envolvendo medicamentos potencialmente perigosos[23,24]. Por fim, ressaltam-se as análises dos resultados do acompanhamento farmacoterapêutico de pacientes hospitalizados, realizado por farmacêuticos[24].

Em pediatria, por exemplo, a avaliação de reações adversas graves relacionadas ao uso da enzima asparaginase no tratamento de 100 pacientes com leucemia linfocítica aguda em um hospital universitário brasileiro fundamentou a criação de um novo procedimento para monitoramento da infusão da enzima, que foi pactuado pelos hematologistas, enfermeiros e farmacêuticos da equipe multiprofissional[25].

No que tange aos aspectos éticos, esses estudos também demandam a comunicação e aprovação por Comitês de Ética em Pesquisa. Alguns desenhos, no entanto, podem prever a dispensa de Termo de Consentimento Livre e Esclarecido (TCLE)[22].

Processo de obtenção do consentimento do paciente para participar em pesquisa clínica

O vínculo de participação deve ser reafirmado pelos participantes da pesquisa durante toda a condução da investigação e considerar os aspectos socioeconômicos e demográficos como a escolaridade, as condições de moradia, os valores, as crenças e a religião dos participantes, uma vez que tais aspectos podem limitar os comportamentos adotados. Em uma pesquisa clínica também deve ser respeitada a decisão do participante de retirar seu consentimento a qualquer momento, cancelando sua participação com a retirada de informações pessoais que foram obtidas durante a pesquisa[5].

O consentimento pode ser dado pelo paciente por escrito ou verbalmente – outorgado ao investigador, gravado ou obtido na presença de testemunhas. Esse momento simboliza a aceitação do indivíduo em participar da investigação e tem como contrapartida o respeito aos participantes[8].

O consentimento deve ser livre, esclarecido e elaborado pelo pesquisador em linguagem clara e acessível para facilitar a compreensão do participante da pesquisa, subsidiando a decisão autônoma para que o indivíduo disponha do livre exercício da escolha e do reconhecimento dos seus direitos, sendo seu próprio defensor[4].

Deve-se, portanto, observar alguns aspectos importantes sobre o vínculo que se estabelece entre o pesquisador e os sujeitos da pesquisa, que devem ser cuidadosamente observados na avaliação ética para assegurar a autonomia dos participantes, ou seja, não devem ocorrer relações hierárquicas e de poder, exploração e coerção para que um indivíduo participe de uma pesquisa, evitando-se o abuso desse poder[4].

Uma forma de abordagem dessa problemática é por intermédio do estudo sobre o tema relacionado à ética na pesquisa e à formação acadêmica de profissionais da saúde, de forma a ampliar a discussão e transcender os aspectos deontológicos, possibilitando não somente uma abordagem integral de pacientes e participantes de pesquisas clínicas, mas também o avanço da ciência acompanhado de melhorias na saúde da população brasileira[18,19].

ROTEIRO DE VISITAS

A avaliação das ações de pesquisa realizadas pela farmácia deve ocorrer para certificar que tais serviços cumprem os objetivos planejados, recomendações preconizadas na literatura e legislação vigente. A avaliação e a determinação da eficiência das ações e seus impactos sobre a segurança assistencial e sobre o processo de trabalho podem ser feitas com o auxílio do roteiro na Tabela 11.1, que apresenta os requisitos obrigatórios e os desejáveis para a certificação da farmácia hospitalar.

Tabela 11.1 Roteiro de visitas (lista de verificação)

	Requisitos obrigatórios	
1	Existem evidências do planejamento e realização de ações de pesquisa clínica na farmácia da instituição, conforme contemplado na legislação pertinente?	(S)(N)
2	A farmácia atende aos requisitos formais, técnicos e de estrutura para o desenvolvimento de pesquisa, conforme a legislação vigente no Brasil?	(S)(N)
3	A instituição dispõe de farmacêutico habilitado e experiente para atuar em pesquisa clínica?	(S)(N)
4	A instituição somente permite a execução de pesquisas clínicas após a autorização do comitê de ética em pesquisa e estando de acordo com a legislação nacional em vigor?	(S)(N)
5	Existem evidências de que o farmacêutico participa das equipes de pesquisas e ensaios clínicos?	(S)(N)
6	Existem evidências de que o farmacêutico participa dos protocolos clínicos de investigação, desenvolvendo e implementando procedimentos que assegurem o controle dos produtos utilizados em pesquisa clínica?	(S)(N)
7	A farmácia hospitalar armazena os medicamentos dos ensaios clínicos realizados na instituição, mantendo-os em local separado dos demais medicamentos e com acesso restrito?	(S)(N)
8	A farmácia possui controle dos medicamentos envolvidos nas pesquisas clínicas?	(S)(N)
9	Os medicamentos de ensaios clínicos são dispensados somente mediante prescrição dos pesquisadores autorizados e credenciados?	(S)(N)
10	Os protocolos clínicos de investigação descrevem as atividades de farmacovigilância que deverão ser realizadas, dentre outros, pelo farmacêutico?	(S)(N)
11	Existem evidências de que o farmacêutico monitora e notifica reações adversas aos medicamentos descritos em ensaios clínicos?	(S)(N)
12	Existem rotinas escritas sobre os procedimentos adotados pelo farmacêutico e equipe da farmácia para a realização de ensaios clínicos?	(S)(N)
13	A instituição mantém arquivo atualizado das pesquisas clínicas realizadas?	(S)(N)
14	A instituição envia documentos à Anvisa e ao Conep periodicamente, informando sobre relatos de reações adversas de medicamentos de protocolos de pesquisa?	(S)(N)
15	Existe na farmácia uma cópia do protocolo de pesquisa dos medicamentos envolvidos em pesquisas aprovadas pelo CEP e uma brochura do investigador no idioma português?	(S)(N)
Requisitos desejáveis		
1	Existem evidências de que o farmacêutico monitora a adesão dos pacientes ao esquema terapêutico da pesquisa/ensaio clínico e informa à equipe técnica?	(S)(N)
2	Existe evidência de que o farmacêutico prepara a ficha técnica dos fármacos envolvidos na pesquisa/ensaio clínico?	(S)(N)

Tabela 11.2 Indicadores sugeridos

Nome do indicador	Índice de participação do farmacêutico hospitalar em pesquisa clínica com medicamentos e produtos para a saúde
Objetivo	Identificar o grau de participação do farmacêutico nas pesquisas clínicas da instituição
Fórmula	Número total de pesquisas realizadas com participação do farmacêutico Número total de pesquisas clínicas com medicamentos e produtos para a saúde
Nome do indicador	Índice de conformidade na dispensação de medicamentos e produtos para a saúde em pesquisa clínica
Objetivo	Identificar o grau de conformidade na dispensação de medicamentos e produtos para a saúde em pesquisa clínica
Fórmula	Número total de não conformidades Número total de pesquisas clínicas com medicamentos e produtos para a saúde
Nome do indicador	Número de rotinas escritas na farmácia, sobre procedimentos adotados pelo farmacêutico e equipe da farmácia para a realização de ensaios clínicos
Objetivo	Identificar o número de rotinas escritas na farmácia, sobre procedimentos adotados pelo farmacêutico e equipe da farmácia para a realização de ensaios clínicos
Fórmula	Número total de rotinas escritas sobre os procedimentos adotados pelo farmacêutico e equipe da farmácia para a realização de ensaios clínicos

CONSIDERAÇÕES FINAIS

A pesquisa no âmbito da assistência farmacêutica hospitalar deve conduzir a melhorias na saúde e qualidade de vida, gerar conhecimento e assegurar, sobretudo, a não maleficência e trazer beneficência ao participante do estudo. No que concerne aos aspectos éticos, a pesquisa clínica que envolve seres humanos suscita inúmeras situações que podem desrespeitar os direitos e a autonomia dos participantes alocados na pesquisa e trazer agravos à sua saúde, muitas vezes irreversíveis e letais.

A ampliação e o fortalecimento da participação do farmacêutico em pesquisas clínicas e/ou no âmbito da assistência farmacêutica hospitalar e demais serviços de saúde brasileiros contribuem para o atendimento aos padrões de qualidade e aos preceitos éticos requeridos.

REFERÊNCIAS

1. Da Silva RE, Amato AA, Novaes MRCG. Pharmaceutical innovation and technological dependence: a study of the Brazilian scenario. Int J Clin Trials. 2016;3(1):15-23.
2. Karnikowski MGO, Silva KM, Salgado FXC, Novaes MRCG. Aspectos farmacoeconômicos das ações judiciais impetradas à Secretaria de Estado de Saúde do Distrito Federal. Brasília Med. 2012;49(3):170-9.
3. Campbell EG, Gruen R, Mountford J, Miller LG, Cleary PD, Blumenthal D. A national survey of physician-industry relationships. N Engl J Med. 2007;356:1742-50.
4. Moreno, RP. La investigación de la industria farmacéutica: ¿condicionada por los intereses del mercado? Acta Bioethica. 2011;17(2):237-46.
5. Glickman SW, Hutchinson JG, Peterson ED, Cairns ChB, Harrington RA, Califf RM, et al. Ethical and scientific implications of the globalization of clinical research. N Engl J Med. 2009;360(8):816-23.
6. Angell M. Is academic medicine for sale? N Engl J Med. 2000;342(20):1516-18.
7. Novaes MRCG, Guilhem D, Lolas F. Ethical conduct in research involving human beings in Brazil. Arch Med. 2009;23(4):145-150.
8. Novaes MRCG, Lolas F, Quezada A. Ética y farmacia: una perspectiva latinoamericana. Monografías de Acta Bioethica n. 2. Programa de Bioética da OPS/OMS; 2009.
9. Mercosul. Grupo Mercado Comum. Resolução n. 129/96. Boas práticas clínicas. Disponível em: http://www.ufrgs.br/bioetica/bpcmerco.htm. Acesso em: 3 abr. 2008.
10. Brasil. Ministério da Saúde. Conselho Nacional de Saúde. Resoluções do Conselho Nacional de Saúde: 196/96; 240/97; 251/97; 251/97; 292/99; 301/00; 303/00; 204/00; 346/05; 347/05; 370/07. Disponível em: http://www.conselho.saude.gov.br/comissao/conep/relatorio.doc. Acesso em: 31 mar. 2008.
11. Novaes MRCG, Guilhem D, Lolas F. Ten years of experience do Research Ethics Committee in Secretary of the Federal District, Brazil. Acta Bioethica. 2008;14(2):185-92.
12. López Guzmán J. Ética en la industria farmacéutica: entre la economía y la salud. Pamplona: Universidad de Navarra; 2005.
13. Light DW, Lexchin JR. Pharmaceutical research and development: what do we get for all that money? BMJ. 2012;344:e4348.
14. Pan American Health Organization. Competencies of the pharmacist for the development of pharmaceutical services based on primary health care and good pharmacy practice. Technical Group for the Development of Competencies for Pharmaceutical Services; 2013. Disponível em: http://www.paho.org/hq/index.php?option=com_content&view=category&layout=blog&id=1265&Itemid=1177&lang=en&limitstart=5. Acesso em: 11 abr. 2013.
15. Royal Pharmaceutical Society/Institute of Clinical Research. Practice Guidance on Pharmacy Services for Clinical Trials. London; 2005.
16. Castro LLC. Farmacoepidemiologia no Brasil: evolução e perspectivas. Ciênc Saúde Coletiva. 1999;4(2):405-10.
17. Magarinos Torres R, Osório de Castro CGS, Pepe VLE. Atividades da farmácia hospitalar brasileira para com pacientes hospitalizados: uma revisão da literatura. Ciênc Saúde Coletiva. 2007;12(4):973-84.
18. Sociedade Brasileira de Farmácia Hospitalar (Sbrafh). Padrões mínimos para a farmácia hospitalar e serviços de saúde. Goiânia: Sbrafh; 2017.
19. Brasil. Ministério da Saúde. Conselho Nacional de Saúde. Resolução n. 466, de 12 de dezembro de 2012.
20. Conselho Federal de Farmácia. Resolução n. 509, de 29 de julho de 2009. Regula a atuação do farmacêutico em centros de pesquisa clínica, organizações representativas de pesquisa clínica, indústria ou outras instituições que realizem pesquisa clínica.
21. Lima-Dellamora EC, Peak M. Pesquisa translacional e a contribuição de farmacêuticos clínicos nos serviços de saúde. Rev Bras Farm Hosp Serv Saúde. 2015;6(4):4-5.

22. Leite SN, Veira M, Vebere AP. Estudos de utilização de medicamentos: uma síntese de artigos publicados no Brasil e América Latina. Ciênc Saúde Coletiva. 2008;13(suppl.):793-802.
23. Rosa MB, Perini E, Anacleto TA, Neiva HM. Erros na prescrição hospitalar de medicamentos potencialmente perigosos. Rev Saúde Pública. 2009;43(3):490-8.
24. Santos AC, Silva NP, Lima-Dellamora EC, Land MGP. Reações de hipersensibilidade a asparaginase em crianças com leucemia. V Jornada Integrada de Pós-Graduação da Área da Farmácia da UFRJ. Rio de Janeiro, 29-30 de setembro de 2016.
25. Esher A, Azeredo TB. Algumas considerações éticas sobre o uso de dados secundários em pesquisas com seres humanos. Rev Bras Farm Hosp Serv Saúde. 2015;6(3):4-5.

12

A legislação e a farmácia hospitalar

Autores
Cleuber Esteves Chaves
Ilenir Leão Tuma
José Ferreira Marcos

Coautora
Michelle Silva Nunes

INTRODUÇÃO

Para prestação da assistência farmacêutica, o farmacêutico hospitalar deve observar os preceitos técnicos e a legislação que regulamenta o sistema de saúde, que têm por objetivo a promoção, prevenção, proteção e recuperação da saúde. O profissional farmacêutico tem papel importante na saúde, por ser o profissional habilitado para gerenciar medicamentos e produtos para a saúde, que possuem grande impacto na assistência ao paciente.

Os medicamentos e produtos para a saúde devem ser pautados em rigorosas normas, visando à segurança, qualidade e eficácia. Para tanto, são necessárias normas que estabeleçam padrões mínimos para bens e serviços de saúde, de modo que os usuários recebam produtos adequados para o restabelecimento de sua saúde.

Este capítulo tem por objetivo citar a legislação, de âmbito federal, aplicável ou relacionada à farmácia hospitalar e serviços de saúde, que devem ser seguidas pelo farmacêutico na execução da assistência farmacêutica. Na Tabela 12.1, a seguir, a legislação relacionada com a farmácia hospitalar está organizada conforme a hierarquia dos atos e em cronologia decrescente, e está correlacionada em grupos de assuntos:

- Responsabilidade técnica, âmbito profissional, código de ética (RT/AP/CE).
- Seleção, padronização de medicamentos e controle de infecção hospitalar (SPM/CIH).
- Farmacotécnica e reprocessamento de produtos médicos (FCT/RPM).
- Aquisição, seleção e avalição de fornecedores (A/S/AF).
- Prescrição e dispensação (P/D).
- Farmácia clínica e atenção farmacêutica (FC/AF).

- Segurança do paciente (SP).
- Saúde e segurança ocupacional (SSO).
- Pesquisa clínica (PC).
- Gerenciamento (GER).
- Ensino (ENS).
- Planejamento de área física e outros (PAF/O).

Tabela 12.1 Legislação relacionada à farmácia hospitalar

Ato e ementa	Órgão	RT/AP/CE	SPM/CIH	FCT/RPM	A/S/AF	P/D	FC/AF	SP	SSO	PC	GER	ENS	PAF/O
Lei n. 13.454, de 23 de junho de 2017. Autoriza a produção, a comercialização e o consumo, sob prescrição médica, dos anorexígenos sibutramina, anfepramona, femproporex e mazindol[1]	PR					X							
Lei n. 13.021, de 8 de agosto de 2014. Dispõe sobre o exercício e a fiscalização das atividades farmacêuticas[2]	PR	X				X	X	X					
Lei n. 11.788, de 25 de setembro de 2008. Dispõe sobre o estágio de estudantes; altera a redação do art. 428 da Consolidação das Leis do Trabalho – CLT, aprovada pelo Decreto-Lei n. 5.452, de 1º de maio de 1943, e a Lei n. 9.394, de 20 de dezembro de 1996; revoga as Leis ns. 6.494, de 7 de dezembro de 1977, e 8.859, de 23 de março de 1994, o parágrafo único do art. 82 da Lei n. 9.394, de 20 de dezembro de 1996, e o art. 6º da Medida Provisória n. 2.164-41, de 24 de agosto de 2001; e dá outras providências[3]	PR											X	
Lei n. 10.520, de 17 de julho de 2002. Institui, no âmbito da União, Estados, Distrito Federal e Municípios, nos termos do art. 37, inciso XXI, da Constituição Federal, modalidade de licitação denominada pregão, para aquisição de bens e serviços comuns, e dá outras providências[4]	PR				X								
Lei n. 9.787, de 10 de fevereiro de 1999. Altera a Lei n. 6.360, de 23 de setembro de 1976, que dispõe sobre a vigilância sanitária, estabelece o medicamento genérico, dispõe sobre a utilização de nomes genéricos em produtos farmacêuticos[5]	PR				X	X							
Lei n. 8.666, de 21 de junho de 1993 (Versão republicada – 06/07/1994). Regulamenta o art. 37, inciso XXI, da Constituição Federal. Institui normas para licitações e contratos da administração pública e dá outras providências[6]	PR				X								

Continua

Tabela 12.1 Legislação relacionada à farmácia hospitalar *(continuação)*

Ato e ementa	Órgão	RT/AP/CE	SPM/CIH	FCT/RPM	A/S/AF	P/D	FC/AF	SP	SSO	PC	GER	ENS	PAF/O
Decreto n. 5.450, de 31 de maio de 2005. Regulamenta o pregão, na forma eletrônica, para aquisição de bens e serviços comuns, e dá outras providências[7]	PR				X								
Decreto n. 4.342, de 23 de agosto de 2002. Altera dispositivos do Decreto n. 3.931, de 19 de setembro de 2001, que regulamenta o sistema de registro de preços previsto no art. 15 da Lei n. 8.666, de 21 de junho de 1993, e dá outras providências[8]	PR				X								
Decreto n. 3.931, de 19 de setembro de 2001. Regulamenta o sistema de registro de preços previsto no art. 15 da Lei n. 8.666, de 21 de junho de 1993, e dá outras providências[9]	PR				X								
Decreto n. 3.555, de 8 de agosto de 2000. Aprova o regulamento para a modalidade de licitação denominada pregão, para aquisição de bens e serviços comuns[10]	PR				X								
Decreto n. 85.878, de 7 de abril de 1981. Âmbito profissional do farmacêutico. Estabelece normas para execução de Lei n. 3.820, de 11 de novembro de 1960, sobre o exercício da profissão de farmacêutico, e dá outras providências[11]	PR	X		X									
Portaria n. 1.554, de 30 de julho de 2013. Dispõe sobre as regras de financiamento e execução do Componente Especializado da Assistência Farmacêutica no âmbito do Sistema[12]	MS		X			X							
Portaria n. 1.555, de 30 de julho de 2013. Dispõe sobre as normas de financiamento e de execução do Componente Básico da Assistência Farmacêutica no âmbito do Sistema Único de Saúde (SUS)[13]	MS		X			X							
Portaria n. 529, de 1º de abril de 2013. Institui o Programa Nacional de Segurança do Paciente (PNSP)[14]	MS		X	X		X	X	X			X		

Continua

Tabela 12.1 Legislação relacionada à farmácia hospitalar *(continuação)*

Ato e ementa	Órgão	RT/AP/CE	SPM/CIH	FCT/RPM	A/S/AF	P/D	FC/AF	SP	SSO	PC	GER	ENS	PAF/O
Portaria n. 4.283, de 30 de dezembro de 2010. Aprova as diretrizes e estratégias para organização, fortalecimento e aprimoramento das ações e serviços de farmácia no âmbito dos hospitais[15]	MS		X	X	X	X	X	X			X	X	
Portaria n. 375, de 28 de fevereiro de 2008. Institui, no âmbito do Sistema Único de Saúde – SUS, o Programa Nacional para Qualificação, Produção e Inovação em Equipamentos e Materiais de Uso em Saúde no Complexo Industrial da Saúde[16]	MS				X								
Portaria n. 1.017, de 20 de dezembro de 2002. Estabelece que as farmácias hospitalares e/ou dispensários de medicamentos existentes nos hospitais integrantes do Sistema Único de Saúde deverão funcionar, obrigatoriamente, sob a responsabilidade técnica de profissional farmacêutico devidamente inscrito no respectivo Conselho Regional de Farmácia[17]	MS	X											
Portaria n. 312, de 30 de abril de 2002 (Versão republicada – 12/06/2002). Estabelece, para utilização nos hospitais integrantes do SUS, a padronização da nomenclatura do censo hospitalar constante em anexo[18]	MS										X		
Portaria n. 356, de 20 de fevereiro de 2002. Aprova o glossário de termos comuns nos serviços de saúde do Mercosul, em sua versão em português[19]	MS										X		
Portaria Interministerial n. 482, de 16 de abril de 1999. Aprova o regulamento técnico e seus anexos, objeto desta portaria, contendo disposições sobre os procedimentos de instalações de unidade de esterilização por óxido de etileno e de suas misturas e seu uso, bem como, de acordo com as suas competências, estabelecer as ações sob a responsabilidade do Ministério da Saúde e Ministério do Trabalho e Emprego[20]	MS												X

Continua

Tabela 12.1 Legislação relacionada à farmácia hospitalar *(continuação)*

Ato e ementa	Órgão	RT/AP/CE	SPM/CIH	FCT/RPM	A/S/AF	P/D	FC/AF	SP	SSO	PC	GER	ENS	PAF/O
Portaria n. 185, de 8 de março de 1999 (Versão republicada – 15/03/1999). Aprova a relação de documentos necessários à formação de processos para autorização de funcionamento de empresa com atividade de importação de produtos farmacêuticos[21]	MS				X								
Portaria n. 1.052, de 29 de dezembro de 1998. Aprova a relação de documentos necessários para habilitar a empresa a exercer a atividade de transporte de produtos farmacêuticos e farmoquímicos, sujeitos à vigilância sanitária[22]	MS				X								
Portaria n. 3.916, de 30 de outubro de 1998. Aprova a Política Nacional de Medicamentos[23]	MS		X			X							
Portaria n. 2.814, de 29 de maio de 1998 (Versão republicada – 18/11/1998). Estabelece procedimentos a serem observados pelas empresas produtoras, importadoras, distribuidoras e do comércio farmacêutico, objetivando a comprovação, em caráter de urgência, da identidade e qualidade de medicamento, objeto de denúncia sobre possível falsificação, adulteração e fraude[24]	MS				X								
Portaria n. 344, de 12 de maio de 1998 (Versão republicada – 01/02/1999). Aprova o regulamento técnico sobre substâncias e medicamentos sujeitos a controle especial[25]	MS	X		X		X							
Portaria n. 2.616, de 12 de maio de 1998. Expede, na forma dos anexos I, II, III, IV, V, diretrizes e normas para a prevenção e o controle das infecções hospitalares tais como: herpes simples, toxoplasmose, rubéola, citomegalovirose, sífilis, aids[26]	MS		X										

Continua

Tabela 12.1 Legislação relacionada à farmácia hospitalar *(continuação)*

Ato e ementa	Órgão	RT/AP/CE	SPM/CIH	FCT/RPM	A/S/AF	P/D	FC/AF	SP	SSO	PC	GER	ENS	PAF/O
Portaria n. 272, de 8 de abril de 1998 (Versão republicada – 15/04/1999). Aprova o regulamento técnico para fixar os requisitos mínimos exigidos para a terapia de nutrição parenteral[27]	MS			X	X	X	X						X
Portaria n. 1.818, de 2 de dezembro de 1997 (Versão republicada – 02/02/1998). Recomenda que nas compras de licitações públicas de produtos farmacêuticos realizadas nos níveis federal, estadual e municipal pelos serviços governamentais, conveniados e contratados pelo SUS, sejam incluídas exigências sobre requisitos de qualidade a serem cumpridas pelos fabricantes e fornecedores desses produtos[28]	MS				X								
Portaria n. 485, de 11 de novembro de 2005. Aprova a Norma Regulamentadora n. 32 – Segurança e saúde no trabalho em estabelecimentos de saúde[29]	MTE								X				
Portaria n. 3.214, de 8 de junho de 1978. NR 5 – Comissão Interna de Prevenção de Acidentes – CIPA[30]	MTE								X				
Portaria n. 3.214, de 8 de junho de 1978. NR 6 – Equipamento de proteção individual – EPI [31]	MTE								X				
Portaria n. 3.214, de 8 de junho de 1978. NR 7 – Programa de controle médico de saúde ocupacional[32]	MTE								X				
Resolução RE n. 2.606, de 11 de agosto de 2006. Dispõe sobre as diretrizes para elaboração, validação e implantação de protocolos de reprocessamento de produtos médicos e dá outras providências[33]	Anvisa			X									
Resolução n. 329, de 22 de julho de 1999. Institui o roteiro de inspeção para transportadoras de medicamentos, drogas e insumos farmacêuticos[34]	Anvisa				X								

Continua

Tabela 12.1 Legislação relacionada à farmácia hospitalar *(continuação)*

Ato e ementa	Órgão	RT/AP/CE	SPM/CIH	FCT/RPM	A/S/AF	P/D	FC/AF	SP	SSO	PC	GER	ENS	PAF/O
Resolução nº 675, de 31 de outubro de 2019. Regulamenta as atribuições do farmacêutico clínico em unidades de terapia intensiva, e dá outras providências.	CFF	X					X	X			X		
Resolução nº 674, de 29 de agosto de 2019. Dispõe sobre a regulamentação dos cursos livres, de formação complementar, que não compreendam pós-graduação lato sensu e stricto sensu, a serem credenciados pelo Conselho Federal de Farmácia.	CFF											X	
Resolução nº 673, de 18 de setembro de 2019. Dispõe sobre as atribuições e competências do farmacêutico em serviços de hemoterapia e/ou bancos de sangue.	CFF	X	X	X	X	X	X	X			X		
Resolução nº 672, de 18 de setembro de 2019. Dispõe sobre as atribuições do farmacêutico no âmbito dos serviços de diálise.	CFF	X	X	X	X		X	X			X		
Resolução nº 671, de 25 de julho de 2019. Regulamenta a atuação do farmacêutico na prestação de serviços e assessoramento técnico relacionados à informação sobre medicamentos e outros produtos para a saúde no Serviço de Informação sobre Medicamentos (SIM), Centro de Informação sobre Medicamentos (CIM) e Núcleo de Apoio e/ou Assessoramento Técnico (NAT).	CFF	X				X					X		
Resolução nº 661, de 25 de outubro de 2018. Dispõe sobre o cuidado farmacêutico relacionado a suplementos alimentares e demais categorias de alimentos na farmácia comunitária, consultório farmacêutico e estabelecimentos comerciais de alimentos e dá outras providências.	CFF	X				X	X	X					
Resolução n. 656, de 24 de maio de 2018. Dá nova redação aos artigos 1º, 2º e 3º da Resolução/CFF n. 486/08, estabelecendo critérios para a atuação do farmacêutico em radiofarmácia[35]	CFF	X		X					X				

Continua

Tabela 12.1 Legislação relacionada à farmácia hospitalar *(continuação)*

Ato e ementa	Órgão	RT/AP/CE	SPM/CIH	FCT/RPM	A/S/AF	P/D	FC/AF	SP	SSO	PC	GER	ENS	PAF/O
Resolução n. 640, de 27 de abril de 2017. Dá nova redação ao artigo 1º da Resolução/CFF n. 623/16, estabelecendo titulação mínima para a atuação do farmacêutico em oncologia[36]	CFF	X		X									
Resolução n. 625, de 14 de julho de 2016. Determina a aplicação dos cálculos de correções em insumos utilizados nas preparações farmacêuticas dentro da competência e âmbito do farmacêutico e dá outras providências[37]	CFF	X		X									
Resolução n. 623, de 29 de abril de 2016. Dá nova redação ao artigo 1º da Resolução/CFF n. 565/12, estabelecendo titulação mínima para a atuação do farmacêutico na oncologia[38]	CFF	X		X									
Resolução n. 619, de 27 de novembro de 2015. Dá nova redação aos artigos 1º e 2º da Resolução/CFF n. 449 de 24 de outubro de 2006, que dispõe sobre as atribuições do Farmacêutico na Comissão de Farmácia e Terapêutica[39]	CFF	X	X										
Resolução n. 602, de 30 de outubro de 2014. Altera dispositivos da Resolução/CFF n. 505/09[40]	CFF	X				X	X						
Resolução n. 586, de 29 de agosto de 2013. Regula a prescrição farmacêutica e dá outras providências[41]	CFF	X				X	X						
Resolução n. 585, de 29 de agosto de 2013. Regulamenta as atribuições clínicas do farmacêutico e dá outras providências[42]	CFF	X				X	X						
Resolução n. 578, de 26 de julho de 2013. Regulamenta as atribuições técnico-gerenciais do farmacêutico na gestão da assistência farmacêutica no âmbito do Sistema Único de Saúde (SUS)[43]	CFF	X									X		

Continua

Tabela 12.1 Legislação relacionada à farmácia hospitalar *(continuação)*

Ato e ementa	Órgão	RT/AP/CE	SPM/CIH	FCT/RPM	A/S/AF	P/D	FC/AF	SP	SSO	PC	GER	ENS	PAF/O
Resolução n. 577, de 25 de julho de 2013. Dispõe sobre a direção técnica ou responsabilidade técnica de empresas ou estabelecimentos que dispensam, comercializam, fornecem e distribuem produtos farmacêuticos, cosméticos e produtos para a saúde[44]	CFF	X											
Resolução n. 571, de 25 de abril de 2013. Dá nova redação ao parágrafo único, do artigo 1º da Resolução CFF n. 542, de 19 de janeiro de 2011, que dispõe sobre as atribuições do farmacêutico na dispensação e no controle dos antimicrobianos[45]	CFF	X	X			X	X						
Resolução n. 572, de 25 de abril de 2013. Dispõe sobre a regulamentação das especialidades farmacêuticas, por linhas de atuação[46]	CFF	X					X						
Resolução n. 568, de 6 de dezembro de 2012. Dá nova redação aos artigos 1º ao 6º da Resolução/CFF n. 492, de 26 de novembro de 2008, que regulamenta o exercício profissional nos serviços de atendimento pré-hospitalar, na farmácia hospitalar e em outros serviços de saúde, de natureza pública ou privada[47]	CFF	X				X	X						
Resolução n. 565, de 6 de dezembro de 2012. Dá nova redação aos artigos 1º, 2º e 3º da Resolução/CFF n. 288 de 21 de março de 1996[48]	CFF	X		X		X	X		X				
Resolução n. 555, de 30 de novembro de 2011. Regulamenta o registro, a guarda e o manuseio de informações resultantes da prática da assistência farmacêutica nos serviços de saúde[49]	CFF	X				X	X						
Resolução n. 549, de 25 de agosto de 2011. Dispõe sobre as atribuições do farmacêutico no exercício da gestão de produtos para a saúde, e dá outras providências[50]	CFF	X											
Resolução n. 545, de 18 de maio de 2011. Dá nova redação ao artigo 2º da Resolução n. 542/11 do Conselho Federal de Farmácia[51]	CFF	X	X			X	X						

Continua

Tabela 12.1 Legislação relacionada à farmácia hospitalar *(continuação)*

Ato e ementa	Órgão	RT/AP/CE	SPM/CIH	FCT/RPM	A/S/AF	P/D	FC/AF	SP	SSO	PC	GER	ENS	PAF/O
Resolução n. 542, de 19 de janeiro de 2011. Dispõe sobre as atribuições do farmacêutico na dispensação e no controle de antimicrobianos[52]	CFF	X	X			X	X						
Resolução n. 508, de 29 de julho de 2009. Dispõe sobre as atribuições do farmacêutico no exercício de auditorias e dá outras providências[53]	CFF	X									X		
Resolução n. 509, de 29 de julho de 2009. Regula a atuação do farmacêutico em centros de pesquisa clínica, organizações representativas de pesquisa clínica, indústria ou outras instituições que realizem pesquisa clínica[54]	CFF	X								X			
Resolução n. 505, de 23 de junho de 2009. Revoga os artigos 2º e 34 e dá nova redação aos artigos 1º, 10, 11, parágrafo único, bem como ao Capítulo III e aos Anexos I e II da Resolução n. 499/08 do Conselho Federal de Farmácia[55]	CFF	X				X	X						
Resolução n. 500, de 19 de janeiro de 2009. Dispõe sobre as atribuições do farmacêutico no âmbito dos Serviços de Diálise, de natureza pública ou privada[56]	CFF	X				X	X						
Resolução n. 499, de 17 de dezembro de 2008. Dispõe sobre a prestação de serviços farmacêuticos, em farmácias e drogarias, e dá outras providências[57]	CFF	X				X	X						
Resolução n. 492, de 26 de novembro de 2008. Regulamenta o exercício profissional nos serviços de atendimento pré-hospitalar, na farmácia hospitalar e em outros serviços de saúde, de natureza pública ou privada[58]	CFF	X					X						
Resolução n. 486, de 23 de setembro de 2008. Dispõe sobre as atribuições do farmacêutico na área de radiofarmácia e dá outras providências[59]	CFF	X											
Resolução n. 479, de 26 de junho de 2008. Dispõe sobre a manipulação de medicamentos[60]	CFF	X											

Continua

Tabela 12.1 Legislação relacionada à farmácia hospitalar *(continuação)*

Ato e ementa	Órgão	RT/AP/CE	SPM/CIH	FCT/RPM	A/S/AF	P/D	FC/AF	SP	SSO	PC	GER	ENS	PAF/O
Resolução n. 481, de 25 de junho de 2008. Dispõe sobre as atribuições do farmacêutico nas atividades de meio ambiente, segurança no trabalho, saúde ocupacional e responsabilidade social, respeitadas as atividades afins com outras profissões[61]	CFF	X											
Resolução n. 470, de 28 de março de 2008. Regula as atividades do farmacêutico em gases e misturas de uso terapêutico e para fins de diagnóstico[62]	CFF	X											
Resolução n. 467, de 28 de novembro de 2007. Define, regulamenta e estabelece as atribuições e competências do farmacêutico na manipulação de medicamentos e de outros produtos farmacêuticos[63]	CFF	X		X		X	X						
Resolução n. 461, de 2 de maio de 2007. Sanções éticas e disciplinares aplicáveis aos farmacêuticos[64]	CFF	X											
Resolução n. 449, de 24 de outubro de 2006. Dispõe sobre as atribuições do farmacêutico na Comissão de Farmácia e Terapêutica[65]	CFF	X	X										
Resolução n. 437, de 28 de julho de 2005. Regulamenta a atividade profissional do farmacêutico no fracionamento de medicamentos[66]	CFF	X											
Resolução n. 430, de 17 de fevereiro de 2005. Dispõe sobre o exercício profissional do farmacêutico com formação de acordo com a Resolução CNE/CES n. 2, de 19 de fevereiro de 2002[67]	CFF	X											
Resolução n. 417, de 29 de setembro de 2004 (Versão republicada – 06/05/2005). Aprova o Código de Ética da profissão farmacêutica[68]	CFF	X											

Continua

Tabela 12.1 Legislação relacionada à farmácia hospitalar *(continuação)*

Ato e ementa	Órgão	RT/AP/CE	SPM/CIH	FCT/RPM	A/S/AF	P/D	FC/AF	SP	SSO	PC	GER	ENS	PAF/O
Resolução n. 418, de 29 de setembro de 2004 (Versão republicada – 06/05/2005). Aprova o Código de Processo Ético da profissão farmacêutica[69]	CFF	X											
Resolução n. 415, de 29 de junho de 2004. Dispõe sobre as atribuições do farmacêutico no gerenciamento dos resíduos dos serviços de saúde[70]	CFF	X											
Resolução n. 386, de 12 de novembro de 2002. Dispõe sobre as atribuições do farmacêutico no âmbito da assistência domiciliar em equipes multidisciplinares[71]	CFF	X					X						
Resolução n. 357, de 20 de abril de 2001. Aprova o regulamento técnico das boas práticas de farmácia[72]	CFF	X	X	X	X	X	X	X		X	X	X	
Resolução n. 354, de 20 de setembro de 2000. Dispõe sobre a assistência farmacêutica em atendimento pré-hospitalar às urgências/emergências[73]	CFF	X											
Resolução n. 349, de 20 de janeiro de 2000. Estabelece a competência do farmacêutico em proceder a intercambialidade ou substituição genérica de medicamentos[74]	CFF	X											
Resolução n. 308, de 2 de maio de 1997. Dispõe sobre a assistência farmacêutica em farmácias e drogarias[75]	CFF	X											
Resolução n. 292, de 24 de maio de 1996. Ratifica competência legal para o exercício da atividade de nutrição parenteral e enteral, pelo farmacêutico[76]	CFF	X											
Resolução n. 288, de 21 de março de 1996. Dispõe sobre a competência legal para o exercício da manipulação de drogas antineoplásicas pelo farmacêutico[77]	CFF	X											

Continua

Tabela 12.1 Legislação relacionada à farmácia hospitalar *(continuação)*

Ato e ementa	Órgão	RT/AP/CE	SPM/CIH	FCT/RPM	A/S/AF	P/D	FC/AF	SP	SSO	PC	GER	ENS	PAF/O
Resolução n. 2, de 19 de fevereiro de 2002. Institui diretrizes curriculares nacionais do curso de graduação em farmácia[78]	CNE	X					X						
Resolução n. 338, de 6 de maio de 2004. Aprova a Política Nacional de Assistência Farmacêutica[79]	MS					X	X						
Resolução n. 196, de 10 de outubro de 1996. Aprova as diretrizes e normas regulamentadoras de pesquisa envolvendo seres humanos[80]	MS									X			
Resolução RDC n. 277, de 16 de abril de 2019. Dispõe sobre a atualização do Anexo I (Listas de Substâncias Entorpecentes, Psicotrópicas, Precursoras e Outras sob Controle Especial) da Portaria SVS/MS n. 344, de 12 de maio de 1998[81]	Anvisa					X							
Resolução RDC n. 275, de 9 de abril de 2019. Dispõe sobre procedimentos para a concessão, alteração e cancelamento da Autorização de Funcionamento (AFE) e de Autorização Especial (AE) de farmácias e drogarias[82]	Anvisa			X									
Resolução RDC n. 271, de 14 de março de 2019. Dispõe, em caráter provisório, sobre o reprocessamento de cânulas para perfusão de cirurgias cardíacas e cateteres utilizados em procedimentos eletrofisiológicos[83]	Anvisa			X									
Resolução RDC n. 269, de 25 de fevereiro de 2019. Dispõe sobre a atualização da lista de Denominações Comuns Brasileiras (DCB)[84]	Anvisa			X	X	X							
Resolução RDC n. 263, de 4 de fevereiro de 2019. Dispõe sobre o registro de medicamentos radiofármacos de uso consagrado fabricados em território nacional e sobre a alteração da Resolução da Diretoria Colegiada – RDC n. 64, de 18 de dezembro de 2009, que dispõe sobre o registro de Radiofármacos[85]	Anvisa				X								

Continua

Tabela 12.1 Legislação relacionada à farmácia hospitalar *(continuação)*

Ato e ementa	Órgão	RT/AP/CE	SPM/CIH	FCT/RPM	A/S/AF	P/D	FC/AF	SP	SSO	PC	GER	ENS	PAF/O
Resolução RDC n. 260, de 21 de dezembro de 2018. Dispõe sobre as regras para a realização de ensaios clínicos com produto de terapia avançada investigacional no Brasil, e dá outras providências[86]	Anvisa									X			
Resolução RDC n. 222, de 28 de março de 2018. Regulamenta as Boas Práticas de Gerenciamento dos Resíduos de Serviços de Saúde e dá outras providências[87]	Anvisa			X	X	X							
Resolução RDC n. 205, de 28 de dezembro de 2017. Estabelece procedimento especial para anuência de ensaios clínicos, certificação de boas práticas de fabricação e registro de novos medicamentos para tratamento, diagnóstico ou prevenção de doenças raras[88]	Anvisa				X					X			
Resolução RDC n. 203, de 26 de dezembro de 2017. Dispõe sobre os critérios e procedimentos para importação, em caráter de excepcionalidade, de produtos sujeitos à vigilância sanitária sem registro na Anvisa[89]	Anvisa				X								
Resolução RDC n. 167, de 24 de julho de 2017. Dispõe sobre a aprovação do 2º Suplemento da Farmacopeia Brasileira, 5ª edição[90]	Anvisa			X									
Resolução RDC n. 117, de 19 de outubro de 2016. Dispõe sobre a atualização do Anexo I (Listas de substâncias entorpecentes, psicotrópicas, precursoras e outras sob controle especial) da Portaria SVS/MS n. 344, de 12 de maio de 1998[91]	Anvisa					X							
Resolução RDC n. 103, de 31 de agosto de 2016. Dispõe sobre a atualização do Anexo I (Listas de substâncias entorpecentes, psicotrópicas, precursoras e outras sob controle especial) da Portaria SVS/MS n. 344, de 12 de maio de 1998, e dá outras providências[92]	Anvisa					X							

Continua

Tabela 12.1 Legislação relacionada à farmácia hospitalar *(continuação)*

Ato e ementa	Órgão	RT/AP/CE	SPM/CIH	FCT/RPM	A/S/AF	P/D	FC/AF	SP	SSO	PC	GER	ENS	PAF/O
Resolução RDC n. 59, de 3 de fevereiro de 2016. Aprova o primeiro suplemento da Farmacopeia Brasileira, 5ª edição, e dá outras providências[93]	Anvisa			X									
Resolução RDC n. 50, de 11 de novembro de 2015. Dispõe sobre a atualização do Anexo III, indicações previstas para tratamento com a talidomida, da RDC n. 11, de 22 de março de 2011[94]	Anvisa					X							
Resolução RDC n. 58, de 10 de outubro de 2014. Dispõe sobre as medidas a serem adotadas junto à Anvisa pelos titulares de registro de medicamentos para a intercambialidade de medicamentos similares com o medicamento de referência[95]	Anvisa				X	X							
Resolução RDC n. 54, de 10 de dezembro de 2013. Dispõe sobre a implantação do sistema nacional de controle de medicamentos e os mecanismos e procedimentos para rastreamento de medicamentos na cadeia dos produtos farmacêuticos e dá outras providências[96]	Anvisa				X			X					
Resolução RDC n. 36, de 25 de julho de 2013. Institui ações para a segurança do paciente em serviços de saúde e dá outras providências[97]	Anvisa		X	X		X	X	X			X		
Resolução RDC n. 64, de 28 de dezembro de 2012. Publica a lista das Denominações Comuns Brasileiras – DCB da Farmacopeia Brasileira[98]	Anvisa			X	X	X							
Resolução RDC n. 35, de 15 de junho de 2012. Dispõe sobre os critérios de indicação, inclusão e exclusão de medicamentos na Lista de Medicamentos de Referência[99]	Anvisa				X								
Resolução RDC n. 24, de 12 de abril de 2012. Dispõe sobre a atualização do Anexo III, indicações previstas para tratamento com a talidomida, da RDC n. 11 de 22 de março de 2011[100]	Anvisa					X							

Continua

Tabela 12.1 Legislação relacionada à farmácia hospitalar *(continuação)*

Ato e ementa	Órgão	RT/AP/CE	SPM/CIH	FCT/RPM	A/S/AF	P/D	FC/AF	SP	SSO	PC	GER	ENS	PAF/O
Resolução RDC n. 63, de 25 de novembro de 2011. Dispõe sobre os requisitos de Boas Práticas de Funcionamento para os Serviços de Saúde[101]	Anvisa	X	X		X			X	X		X		
Resolução RDC n. 67, de 13 de novembro de 2011. Aprova o Formulário Nacional da Farmacopeia Brasileira, segunda edição, e dá outras providências[102]	Anvisa			X									
Resolução RDC n. 52, de 6 de outubro de 2011. Dispõe sobre a proibição do uso das substâncias anfepramona, femproprex e mazindol, seus sais e isômeros, bem como intermediários e medidas de controle da prescrição e dispensação de medicamentos que contenham a substância sibutramina, seus sais e isômeros, bem como intermediários e dá outras providências[103]	Anvisa		X	X	X	X		X					
Resolução RDC n. 20, de 5 de maio de 2011. Dispõe sobre o controle de medicamentos à base de substâncias classificadas como antimicrobianos, de uso sob prescrição, isoladas ou em associação[104]	Anvisa					X							
Resolução RDC n. 11, de 22 de março de 2011. Dispõe sobre o controle da substância talidomida e medicamento que a contenha[105]	Anvisa					X		X					
Resolução RDC n. 55, de 16 de dezembro de 2010. Dispõe sobre o registro de produtos biológicos novos e produtos biológicos e dá outras providências[106]	Anvisa				X								
Resolução RDC n. 49, de 23 de novembro de 2010. Aprova a Farmacopeia Brasileira, 5ª edição e dá outras providências[107]	Anvisa			X									
Resolução RDC n. 42, de 25 de outubro de 2010. Dispõe sobre a obrigatoriedade de disponibilização de preparação alcoólica para fricção antisséptica das mãos, pelos serviços de saúde do País, e dá outras providências[108]	Anvisa												

Continua

Tabela 12.1 Legislação relacionada à farmácia hospitalar *(continuação)*

Ato e ementa	Órgão	RT/AP/CE	SPM/CIH	FCT/RPM	A/S/AF	P/D	FC/AF	SP	SSO	PC	GER	ENS	PAF/O
Resolução RDC n. 17, de 16 de abril de 2010. Dispõe sobre as Boas Práticas de Fabricação de Medicamentos[109]	Anvisa			X	X								X
Resolução RDC n. 7, de 24 de fevereiro de 2010. Dispõe sobre os requisitos mínimos para funcionamento de Unidades de Terapia Intensiva e dá outras providências[110]	Anvisa						X						
Resolução RDC n. 2, de 25 de janeiro de 2010. Dispõe sobre o gerenciamento de tecnologias em saúde em estabelecimentos de saúde[111]	Anvisa		X								X		
Resolução RDC n. 71, de 22 de dezembro de 2009. Estabelece regras para a rotulagem de medicamentos[112]	Anvisa				X								
Resolução RDC n. 47, de 8 de setembro de 2009. Estabelece regras para elaboração, harmonização, atualização, publicação e disponibilização de bulas de medicamentos para pacientes e para profissionais de saúde[113]	Anvisa				X	X	X						
Resolução RDC n. 44, de 17 de agosto de 2009. Dispõe sobre Boas Práticas Farmacêuticas para o controle sanitário do funcionamento, da dispensação e da comercialização de produtos e da prestação de serviços farmacêuticos em farmácias e drogarias e dá outras providências[114]	Anvisa	X		X		X	X		X		X		X
Resolução RDC n. 21, de 21 de maio de 2009. Altera o item 2.7, do Anexo III, da Resolução RCD n. 67, de 8 de outubro de 2007[115]	Anvisa			X									
Resolução RDC n. 87, de 21 de novembro de 2008. Altera o regulamento técnico sobre boas práticas de manipulação em farmácias[116]	Anvisa			X	X	X							
Resolução RDC n. 70, de 1º de outubro de 2008. Dispõe sobre a notificação de gases medicinais[117]	Anvisa				X								

Continua

Tabela 12.1 Legislação relacionada à farmácia hospitalar *(continuação)*

Ato e ementa	Órgão	RT/AP/CE	SPM/CIH	FCT/RPM	A/S/AF	P/D	FC/AF	SP	SSO	PC	GER	ENS	PAF/O
Resolução RDC n. 69, de 1º de outubro de 2008. Dispõe sobre as boas práticas de fabricação de gases medicinais[118]	Anvisa				X								
Resolução RDC n. 38, de 4 de junho de 2008. Dispõe sobre a instalação e o funcionamento de Serviços de Medicina Nuclear *in vivo*[119]	Anvisa	X		X					X				X
Resolução RDC n. 67, de 8 de outubro de 2007. Dispõe sobre boas práticas de manipulação de preparações magistrais e oficinais para uso humano em farmácias[120]	Anvisa			X	X	X	X						X
Resolução RDC n. 58, de 5 de setembro de 2007. Dispõe sobre o aperfeiçoamento do controle e fiscalização de substâncias psicotrópicas anorexígenas e dá outras providências[121]	Anvisa					X							
Resolução RDC n. 29, de 17 de abril de 2007. Dispõe sobre as regras referentes ao registro e comercialização para a substituição do sistema de infusão aberto para fechado em soluções parenterais de grande volume[122]	Anvisa				X								
Resolução RDC n. 16, de 2 de março de 2007. Aprova o regulamento técnico para medicamentos genéricos[123]	Anvisa				X	X							
Resolução RDC n. 17, de 2 de março de 2007. Aprova o regulamento técnico para registro de medicamento similar[124]	Anvisa				X								
Resolução RDC n. 204, de 14 de novembro de 2006. Determina a todos os estabelecimentos que exerçam as atividades de importar, exportar, distribuir, expedir, armazenar, fracionar e embalar insumos farmacêuticos o cumprimento das diretrizes estabelecidas no regulamento técnico de boas práticas de distribuição e fracionamento de insumos farmacêuticos[125]	Anvisa				X								

Continua

Tabela 12.1 Legislação relacionada à farmácia hospitalar *(continuação)*

Ato e ementa	Órgão	RT/AP/CE	SPM/CIH	FCT/RPM	A/S/AF	P/D	FC/AF	SP	SSO	PC	GER	ENS	PAF/O
Resolução RDC n. 169, de 21 de agosto de 2006. Inclui a Farmacopeia Portuguesa na relação de compêndios de que trata o art. 1° da Resolução da Diretoria Colegiada – RDC n. 79, de 11 de abril de 2003[126]	Anvisa			X									
Resolução RDC n. 156, de 11 de agosto de 2006. Dispõe sobre o registro, rotulagem e reprocessamento de produtos médicos, e dá outras providências[127]	Anvisa				X								
Resolução RDC n. 80, de 11 de maio de 2006. As farmácias e drogarias poderão fracionar medicamentos a partir de embalagens especialmente desenvolvidas para essa finalidade de modo que possam ser dispensados em quantidades individualizadas para atender às necessidades terapêuticas dos consumidores e usuários desses produtos, desde que garantidas as características asseguradas no produto original registrado e observadas as condições técnicas e operacionais estabelecidas nesta resolução[128]	Anvisa			X									
Resolução RDC n. 350, de 28 de dezembro de 2005. Dispõe sobre o regulamento técnico de vigilância sanitária de mercadorias importadas[129]	Anvisa				X								
Resolução RDC n. 249, de 13 de setembro de 2005. Determina a todos os estabelecimentos fabricantes de produtos intermediários e de insumos farmacêuticos ativos, o cumprimento das diretrizes estabelecidas no regulamento técnico das boas práticas de fabricação de produtos intermediários e insumos farmacêuticos ativos[130]	Anvisa			X	X								
Resolução RDC n. 220, de 21 de setembro de 2004. Aprova o regulamento técnico de funcionamento dos serviços de terapia antineoplásica[131]	Anvisa			X									
Resolução RDC n. 186, de 27 de julho de 2004. Dispõe sobre a notificação de drogas ou insumos farmacêuticos com desvios de qualidade comprovados pelas empresas fabricantes de medicamentos, importadoras, fracionadoras, distribuidoras e farmácias[132]	Anvisa			X									

Continua

Tabela 12.1 Legislação relacionada à farmácia hospitalar *(continuação)*

Ato e ementa	Órgão	RT/AP/CE	SPM/CIH	FCT/RPM	A/S/AF	P/D	FC/AF	SP	SSO	PC	GER	ENS	PAF/O
Resolução RDC n. 134, de 29 de maio de 2003. Dispõe sobre a adequação dos medicamentos já registrados[133]	Anvisa				X								
Resolução RDC n. 136, de 29 de maio de 2003. Dispõe sobre o registro de medicamento novo[134]	Anvisa				X								
Resolução RDC n. 132, de 29 de maio de 2003. Dispõe sobre o registro de medicamentos específicos[135]	Anvisa				X								
Resolução RDC n. 139, de 29 de maio de 2003 (Versão republicada – 05/08/2003). Dispõe sobre o registro e a isenção de registro de medicamentos homeopáticos industrializados[136]	Anvisa												
Resolução RDC n. 79, de 11 de abril de 2003. Na ausência de monografia oficial de matéria-prima, formas farmacêuticas, correlatos e métodos gerais inscritos na Farmacopeia Brasileira[137]	Anvisa			X									
Resolução RDC n. 45, de 12 de março de 2003. Dispõe sobre o regulamento técnico de boas práticas de utilização das soluções parenterais (SP) em serviços de saúde[138]	Anvisa			X	X								
Resolução RDC n. 320, de 22 de novembro de 2002 (Versão republicada – 27/11/2002). Dispõe sobre deveres das empresas distribuidoras de produtos farmacêuticos[139]	Anvisa				X								
Resolução RDC n. 50, de 21 de fevereiro de 2002 (Versão consolidada pela GGTES). Aprova o regulamento técnico destinado ao planejamento, programação, elaboração, avaliação e aprovação de projetos físicos de estabelecimentos assistenciais de saúde, em anexo a esta Resolução a ser observado em todo território nacional[140]	Anvisa												X

Continua

Tabela 12.1 Legislação relacionada à farmácia hospitalar *(continuação)*

Ato e ementa	Órgão	RT/AP/CE	SPM/CIH	FCT/RPM	A/S/AF	P/D	FC/AF	SP	SSO	PC	GER	ENS	PAF/O
Resolução RDC n. 8, de 2 de janeiro de 2001. Aprova o regulamento técnico que institui as boas práticas de fabricação do concentrado polieletrolítico para hemodiálise – CPHD[141]	Anvisa			X	X								X
Resolução RDC n. 63, de 6 de julho de 2000. Aprova o regulamento técnico para fixar os requisitos mínimos exigidos para a terapia de nutrição enteral[142]	Anvisa			X		X	X						
Resolução RDC n. 59, de 27 de junho de 2000. Determina a todos fornecedores de produtos médicos, o cumprimento dos requisitos estabelecidos pelas boas práticas de fabricação de produtos médicos[143]	Anvisa				X								
Resolução RDC n. 48, de 2 de junho de 2000. Aprova o roteiro de inspeção do programa de controle de infecção hospitalar[144]	Anvisa		X										
Resolução RDC n. 46, de 18 de maio de 2000. Normatiza os processos de produção e controle de qualidade, a aquisição e distribuição dos medicamentos hemoderivados para uso humano[145]	Anvisa				X								
Orientação Normativa n. 7, de 30 de outubro 2008 (Versão republicada – 04/11/2008). Estabelece orientação sobre a aceitação de estagiários no âmbito da administração pública federal direta, autárquica e fundacional[146]	MPOG											X	
Portaria n. 1, de 2 de janeiro de 2015. Estabelece a Relação Nacional de Medicamentos Essenciais – RENAME 2014 no âmbito do Sistema Único de Saúde (SUS) por meio da atualização do elenco de medicamentos e insumos da Relação Nacional de Medicamentos Essenciais – RENAME 2012[147]	Anvisa		X										

ACESSO ÀS BASES DE DADOS DE LEGISLAÇÃO

A legislação aplicável à farmácia hospitalar e serviços de saúde é publicada por meio dos Diários Oficiais da União, Estados e Municípios e por várias entidades do governo, como Ministério da Saúde, Agência Nacional de Vigilância Sanitária, Conselhos Federal e Regionais de Farmácia, Secretarias Estaduais e Municipais de Saúde, Secretarias de Vigilância Sanitária etc.

Para que o farmacêutico se mantenha atualizado quanto às normas vigentes, deve realizar pesquisas periódicas nos jornais oficiais ou nos *sites* dessas entidades, que possuem banco de dados da legislação, disponibilizando-os para consulta.

Cita-se a seguir como se pode ter acesso às principais bases de dados de legislação:

- Agência Nacional de Vigilância Sanitária:
  - A. Acessar o *site* da Anvisa: http://portal.anvisa.gov.br/.
  - B. Clicar no *link* "Legislação", que aparece na barra superior da página principal.
  - C. Será aberta a página de Legislação da Anvisa, com as últimas normas publicadas, que também pode ser acessada diretamente por meio do endereço http://portal.anvisa.gov.br/legislacao#/. Nela o farmacêutico poderá fazer a pesquisa por palavras constantes das ementas, número, data e tipo de ato, assunto ou *status* (vigente, vigente com alteração, revogado). Nesta página também são listados os últimos atos publicados.
- Conselho Federal de Farmácia:
  - A. Acessar o *site* do CFF: http://www.cff.org.br.
  - B. Clicar no *link* "Legislação", que aparece na barra de menu da lateral esquerda da página principal.
  - C. Será aberta a página de Legislação do CFF, que também pode ser acessada diretamente por meio do endereço http://www.cff.org.br/pagina.php?id=5&menu=5&titulo=Legislação. Nela o farmacêutico poderá fazer consulta na legislação do CFF ou em legislação em geral.
- Ministério da Saúde:
  - A. Acessar o *site* do Ministério da Saúde: http://portalsaude.saude.gov.br/.
  - B. Clicar no *link* "Legislação", que aparece na barra superior esquerda da página principal.
  - C. Será aberta a página de Legislação do Palácio do Planalto, na qual o farmacêutico poderá acessar normas federais, estaduais etc.
  - D. Clicar em Pesquisa de Legislação, que aparece na barra de menu na lateral esquerda da página principal, para realizar buscas por meio de termos, tipo de ato, número e data.

- Diário Oficial da União:
  A. Acessar o *site* da Imprensa Nacional: http://portal.imprensanacional.gov.br/.
  B. Será aberta a página de Pesquisa, que também pode ser acessada diretamente por meio do endereço http://portal.imprensanacional.gov.br/verificacao-autenticidade. Nela o farmacêutico poderá fazer a pesquisa por palavras, tipo de jornal, seção e data.

CONSIDERAÇÕES FINAIS

O farmacêutico hospitalar, além de observar e seguir a legislação citada neste capítulo, deve, ainda, pesquisar as normas específicas de seus Estados e Municípios, pois os códigos sanitários são aprovados pelas respectivas Câmaras estaduais e municipais, conforme preconizado pela Constituição da República Federativa do Brasil.

Deve-se considerar a necessidade de consulta contínua às bases de dados para verificar atualizações da legislação sanitária.

REFERÊNCIAS

1. Brasil. Agência Nacional de Vigilância Sanitária. Resolução nº 329, de 22 de julho de 1999. Institui o roteiro de inspeção para transportadoras de medicamentos, drogas e insumos farmacêuticos. Diário Oficial da União, Brasília (DF); 1999 Jul 26.
2. Brasil. Agência Nacional de Vigilância Sanitária. Resolução RDC nº 103, de 31 de agosto de 2016. Dispõe sobre a atualização do Anexo I (Listas de substâncias entorpecentes, psicotrópicas, precursoras e outras sob controle especial) da Portaria SVS/MS nº 344, de 12 de maio de 1998, e dá outras providências. Diário Oficial da União, Brasília (DF); 2016 Set 1; Seção 1:39.
3. Brasil. Agência Nacional de Vigilância Sanitária. Resolução RDC nº 11, de 22 de março de 2011. Dispõe sobre o controle da substância talidomida e medicamento que a contenha. Diário Oficial da União, Brasília (DF); 2011 Mar 23; Seção 1:79.
4. Brasil. Agência Nacional de Vigilância Sanitária. Resolução RDC nº 117, de 19 de outubro de 2016. Dispõe sobre a atualização do Anexo I (Listas de substâncias entorpecentes, psicotrópicas, precursoras e outras sob controle especial) da Portaria SVS/MS nº 344, de 12 de maio de 1998. Diário Oficial da União, Brasília (DF); 2016 Out 20; Seção 1:32.
5. Brasil. Agência Nacional de Vigilância Sanitária. Resolução RDC nº 132, de 29 de maio de 2003. Dispõe sobre o registro de medicamentos específicos. Diário Oficial da União, Brasília (DF); 2003 Jun 2; Seção 1:24.
6. Brasil. Agência Nacional de Vigilância Sanitária. Resolução RDC nº 134, de 29 de maio de 2003. Dispõe sobre a adequação dos medicamentos já registrados. Diário Oficial da União, Brasília (DF); 2003 Jun 2; Seção 1:26-8.
7. Brasil. Agência Nacional de Vigilância Sanitária. Resolução RDC nº 136, de 29 de maio de 2003. Dispõe sobre o registro de medicamento novo. Diário Oficial da União, Brasília (DF); 2003 Jun 2; Seção 1:30-1.
8. Brasil. Agência Nacional de Vigilância Sanitária. Resolução RDC nº 139, de 29 de maio de 2003 (Versão republicada - 05/08/2003). Dispõe sobre o registro e a isenção de registro de medicamentos homeopáticos industrializados. Diário Oficial da União, Brasília (DF); 2003 Ago 5.

9. Brasil. Agência Nacional de Vigilância Sanitária. Resolução RDC nº 156, de 11 de agosto de 2006. Dispõe sobre o registro, rotulagem e re-processamento de produtos médicos, e dá outras providências. Diário Oficial da União, Brasília (DF); 2006 Ago 14.
10. Brasil. Agência Nacional de Vigilância Sanitária. Resolução RDC nº 16, de 2 de março de 2007. Aprova o Regulamento Técnico para Medicamentos Genéricos, anexo I. Acompanha esse Regulamento o Anexo II, intitulado "Folha de rosto do processo de registro e pós-registro de medicamentos genéricos". Diário Oficial da União, Brasília (DF); 2007 Mar 5; Seção 1:4.
11. Brasil. Agência Nacional de Vigilância Sanitária. Resolução RDC nº 167, de 24 de julho de 2017. Dispõe sobre a aprovação do 2º Suplemento da Farmacopeia Brasileira, 5ª edição. Diário Oficial da União, Brasília (DF); 2017 Jul 25; Seção 1:90.
12. Brasil. Agência Nacional de Vigilância Sanitária. Resolução RDC nº 169, de 21 de agosto de 2006. Inclui a Farmacopéia Portuguesa na relação de compêndios de que trata o art.1° da Resolução da Diretoria Colegiada - RDC n° 79, de 11 de abril de 2003. Diário Oficial da União, Brasília (DF); 2006 Set 4; Seção 1:96.
13. Brasil. Agência Nacional de Vigilância Sanitária. Resolução RDC nº 17, de 16 de abril de 2010. Dispõe sobre as Boas Práticas de Fabricação de Medicamentos. Diário Oficial da União, Brasília (DF); 2010 Abr 19; Seção 1:94.
14. Brasil. Agência Nacional de Vigilância Sanitária. Resolução RDC nº 17, de 2 de março de 2007. Aprovar o regulamento técnico para registro de medicamento similar. Diário Oficial da União, Brasília (DF); 2007 Mar 5; Seção 1:6.
15. Brasil. Agência Nacional de Vigilância Sanitária. Resolução RDC nº 186, de 27 de julho de 2004. Dispõe sobre a notificação de drogas ou insumos farmacêuticos com desvios de qualidade comprovados pelas empresas fabricantes de medicamentos, importadoras, fracionadoras, distribuidoras e farmácias. Diário Oficial da União, Brasília (DF); 2004 Jul 28.
16. Brasil. Agência Nacional de Vigilância Sanitária. Resolução RDC nº 2, de 25 de janeiro de 2010. Dispõe sobre o gerenciamento de tecnologias em saúde em estabelecimentos de saúde. Diário Oficial da União, Brasília (DF); 2010 Jan 26; Seção 1:79.
17. Brasil. Agência Nacional de Vigilância Sanitária. Resolução RDC nº 20, de 5 de maio de 2011. Dispõe sobre o controle de medicamentos à base de substâncias classificadas como antimicrobianos, de uso sob prescrição, isoladas ou em associação. Diário Oficial da União, Brasília (DF); 2011 Mai 9; Seção 1:39.
18. Brasil. Agência Nacional de Vigilância Sanitária. Resolução RDC nº 203, de 26 de dezembro de 2017. Dispõe sobre os critérios e procedimentos para importação, em caráter de excepcionalidade, de produtos sujeitos à vigilância sanitária sem registro na Anvisa. Diário Oficial da União, Brasília (DF); 2017 Dez 27; Seção 1:120.
19. Brasil. Agência Nacional de Vigilância Sanitária. Resolução RDC nº 204, de 14 de novembro de 2006. Determina a todos os estabelecimentos que exerçam as atividades de importar, exportar, distribuir, expedir, armazenar, fracionar e embalar insumos farmacêuticos o cumprimento das diretrizes estabelecidas no regulamento técnico de boas práticas de distribuição e fracionamento de insumos farmacêuticos. Diário Oficial da União, Brasília (DF); 2006 Nov 16.
20. Brasil. Agência Nacional de Vigilância Sanitária. Resolução RDC nº 205, de 28 de dezembro de 2017. Estabelece procedimento especial para anuência de ensaios clínicos, certificação de boas práticas de fabricação e registro de novos medicamentos para tratamento, diagnóstico ou prevenção de doenças raras. Diário Oficial da União, Brasília (DF); 2017 Dez 29; Seção 1:113.
21. Brasil. Agência Nacional de Vigilância Sanitária. Resolução RDC nº 21, de 21 de maio de 2009. Altera o item 2.7, do Anexo III, da Resolução RCD nº. 67, de 8 de outubro de 2007. Diário Oficial da União, Brasília (DF); 2009 Mai 21; Seção 1:53.
22. Brasil. Agência Nacional de Vigilância Sanitária. Resolução RDC nº 220, de 21 de setembro de 2004. Aprova o regulamento técnico de funcionamento dos serviços de terapia antineoplásica. Diário Oficial da União, Brasília (DF); 2004 Set 23.

23. Brasil. Agência Nacional de Vigilância Sanitária. Resolução RDC nº 222, de 28 de março de 2018. Regulamenta as Boas Práticas de Gerenciamento dos Resíduos de Serviços de Saúde e dá outras providências. Diário Oficial da União, Brasília (DF); 2018 Mar 29; Seção 1:228.
24. Brasil. Agência Nacional de Vigilância Sanitária. Resolução RDC nº 24, de 12 de abril de 2012. Dispõe sobre a atualização do anexo III, indicações previstas para tratamento com a talidomida, da RDC nº 11 de 22 de março de 2011. Diário Oficial da União, Brasília (DF); 2012 Abr 13; Seção 1:39.
25. Brasil. Agência Nacional de Vigilância Sanitária. Resolução RDC nº 249, de 13 de setembro de 2005. Determina a todos os estabelecimentos fabricantes de produtos intermediários e de insumos farmacêuticos ativos, o cumprimento das diretrizes estabelecidas no regulamento técnico das boas práticas de fabricação de produtos intermediários e insumos farmacêuticos ativos. Diário Oficial da União, Brasília (DF); 2005 Set 26.
26. Brasil. Agência Nacional de Vigilância Sanitária. Resolução RDC nº 260, de 21 de dezembro de 2018. Dispõe sobre as regras para a realização de ensaios clínicos com produto de terapia avançada investigacional no Brasil, e dá outras providências. Diário Oficial da União, Brasília (DF); 2018 Dez 28; Seção 1:417.
27. Brasil. Agência Nacional de Vigilância Sanitária. Resolução RDC nº 263, de 4 de fevereiro de 2019. Dispõe sobre o registro de medicamentos radiofármacos de uso consagrado fabricados em território nacional e sobre a alteração da Resolução da Diretoria Colegiada - RDC nº 64, de 18 de dezembro de 2009, que dispõe sobre o registro de Radiofármacos. Diário Oficial da União, Brasília (DF); 2019 Fev 5; Seção 1:31.
28. Brasil. Agência Nacional de Vigilância Sanitária. Resolução RDC nº 269, de 25 de fevereiro de 2019. Dispõe sobre a atualização da lista de Denominações Comuns Brasileiras (DCB). Diário Oficial da União, Brasília (DF); 2019 Fev 26; Seção 1:56.
29. Brasil. Agência Nacional de Vigilância Sanitária. Resolução RDC nº 271, de 14 de março de 2019. Dispõe, em caráter provisório, sobre o reprocessamento de cânulas para perfusão de cirurgias cardíacas e cateteres utilizados em procedimentos eletrofisiológicos. Diário Oficial da União, Brasília (DF); 2019 Mar 18; Seção 1:194.
30. Brasil. Agência Nacional de Vigilância Sanitária. Resolução RDC nº 275, de 9 de abril de 2019. Dispõe sobre procedimentos para a concessão, alteração e cancelamento da Autorização de Funcionamento (AFE) e de Autorização Especial (AE) de farmácias e drogarias. Diário Oficial da União, Brasília (DF); 2019 Abr 10; Seção 1:138.
31. Brasil. Agência Nacional de Vigilância Sanitária. Resolução RDC nº 277, de 16 de abril de 2019. Dispõe sobre a atualização do Anexo I (Listas de Substâncias Entorpecentes, Psicotrópicas, Precursoras e Outras sob Controle Especial) da Portaria SVS/MS nº 344, de 12 de maio de 1998. Diário Oficial da União, Brasília (DF); 2019 Mai 17; Seção 1:191.
32. Brasil. Agência Nacional de Vigilância Sanitária. Resolução RDC nº 29, de 17 de abril de 2007. Dispõe sobre as regras referentes ao registro e comercialização para a substituição do sistema de infusão aberto para fechado em soluções parenterais de grande volume. Diário Oficial da União, Brasília (DF); 2007 Abr 18; Seção 1:37.
33. Brasil. Agência Nacional de Vigilância Sanitária. Resolução RDC nº 320, de 22 de novembro de 2002 (Versão republicada - 27/11/2002). Dispõe sobre deveres das empresas distribuidoras de produtos farmacêuticos. Diário Oficial da União, Brasília (DF); 2002 Nov 27.
34. Brasil. Agência Nacional de Vigilância Sanitária. Resolução RDC nº 350, de 28 de dezembro de 2005. Dispõe sobre o regulamento técnico de vigilância sanitária de mercadorias importadas. Diário Oficial da União, Brasília (DF); 2006 Jan 2.
35. Brasil. Agência Nacional de Vigilância Sanitária. Resolução RDC nº 36, de 25 de julho de 2013. Institui ações para a segurança do paciente em serviços de saúde e dá outras providências. Diário Oficial da União, Brasília (DF); 2013 Jul 26; Seção 1:32.
36. Brasil. Agência Nacional de Vigilância Sanitária. Resolução RDC nº 38, de 04 de junho de 2008. Dispõe sobre a instalação e o funcionamento de Serviços de Medicina Nuclear in vivo. Diário Oficial da União, Brasília (DF); 2008 Jun 5; Seção 1:55.

37. Brasil. Agência Nacional de Vigilância Sanitária. Resolução RDC nº 42, de 25 de outubro de 2010. Dispõe sobre a obrigatoriedade de disponibilização de preparação alcoólica para fricção antisséptica das mãos, pelos serviços de saúde do País, e dá outras providências. Diário Oficial da União, Brasília (DF); 2010 Out 26; Seção 1:27.
38. Brasil. Agência Nacional de Vigilância Sanitária. Resolução RDC nº 44, de 17 de agosto de 2009. Dispõe sobre Boas Práticas Farmacêuticas para o controle sanitário do funcionamento, da dispensação e da comercialização de produtos e da prestação de serviços farmacêuticos em farmácias e drogarias e dá outras providências. Diário Oficial da União, Brasília (DF); 2009 Ago 18; Seção 1:78.
39. Brasil. Agência Nacional de Vigilância Sanitária. Resolução RDC nº 45, de 12 de março de 2003. Dispõe sobre o regulamento técnico de boas práticas de utilização das soluções parenterais (SP) em serviços de saúde. Diário Oficial da União, Brasília (DF); 2003 Mar 13.
40. Brasil. Agência Nacional de Vigilância Sanitária. Resolução RDC nº 46, de 18 de maio de 2000. Normatiza os processos de produção e controle de qualidade, a aquisição e distribuição dos medicamentos hemoderivados para uso humano. Diário Oficial da União, Brasília (DF); 2000 Mai 19.
41. Brasil. Agência Nacional de Vigilância Sanitária. Resolução RDC nº 47, de 8 de setembro de 2009. Estabelece regras para elaboração, harmonização, atualização, publicação e disponibilização de bulas de medicamentos para pacientes e para profissionais de saúde. Diário Oficial da União, Brasília (DF); 2009 Set 9; Seção 1:31.
42. Brasil. Agência Nacional de Vigilância Sanitária. Resolução RDC nº 48, de 2 de junho de 2000. Aprova o roteiro de inspeção do programa de controle de infecção hospitalar. Diário Oficial da União, Brasília (DF); 2000 Jun 6.
43. Brasil. Agência Nacional de Vigilância Sanitária. Resolução RDC nº 49, de 23 de novembro de 2010. Aprova a Farmacopeia Brasileira, 5ª edição e dá outras providências. Diário Oficial da União, Brasília (DF); 2010 Nov 24; Seção 1:80.
44. Brasil. Agência Nacional de Vigilância Sanitária. Resolução RDC nº 50, de 11 de novembro de 2015. Dispõe sobre a atualização do Anexo III, indicações previstas para tratamento com a talidomida, da RDC nº. 11, de 22 de março de 2011. Diário Oficial da União, Brasília (DF); 2015 Nov 12; Seção 1:56.
45. Brasil. Agência Nacional de Vigilância Sanitária. Resolução RDC nº 50, de 21 de fevereiro de 2002 (Versão consolidada pela GGTES). Aprova o regulamento técnico destinado ao planejamento, programação, elaboração, avaliação e aprovação de projetos físicos de estabelecimentos assistenciais de saúde, em anexo a esta Resolução a ser observado em todo território nacional. Diário Oficial da União, Brasília (DF); 2002 Mar 20.
46. Brasil. Agência Nacional de Vigilância Sanitária. Resolução RDC nº 52, de 6 de outubro de 2011. Dispõe sobre a proibição do uso das substâncias anfepramona, femproprex e mazindol, seus sais e isômeros, bem como intermediários e medidas de controle da prescrição e dispensação de medicamentos que contenham a substância sibutramina, seu sais e isômeros, bem como intermediários e dá outras providências. Diário Oficial da União, Brasília (DF); 2011 Out 6; Seção 1:55.
47. Brasil. Agência Nacional de Vigilância Sanitária. Resolução RDC nº 54, de 10 de dezembro de 2013. Dispõe sobre a implantação do sistema nacional de controle de medicamentos e os mecanismos e procedimentos para rastreamento de medicamentos na cadeia dos produtos farmacêuticos e dá outras providências. Diário Oficial da União, Brasília (DF); 2013 Dez 11; Seção 1:76.
48. Brasil. Agência Nacional de Vigilância Sanitária. Resolução RDC nº 55, de 16 de dezembro de 2010. Dispõe sobre o registro de produtos biológicos novos e produtos biológicos e dá outras providências. Diário Oficial da União, Brasília (DF); 2010 Dez 17; Seção 1:110.
49. Brasil. Agência Nacional de Vigilância Sanitária. Resolução RDC nº 58, de 10 de outubro de 2014. Dispõe sobre as medidas a serem adotadas junto à Anvisa pelos titulares de registro de medicamentos para a intercambialidade de medicamentos similares com o medicamento de referência. Diário Oficial da União, Brasília (DF); 2014 Out 13; Seção 1:659.

50. Brasil. Agência Nacional de Vigilância Sanitária. Resolução RDC nº 58, de 5 de setembro de 2007. Dispõe sobre o aperfeiçoamento do controle e fiscalização de substâncias psicotrópicas anorexígenas e dá outras providências. Diário Oficial da União, Brasília (DF); 2007 Set 6; Seção 1:156.
51. Brasil. Agência Nacional de Vigilância Sanitária. Resolução RDC nº 59, de 27 de junho de 2000. Determina a todos fornecedores de produtos médicos, o cumprimento dos requisitos estabelecidos pelas boas práticas de fabricação de produtos médicos. Diário Oficial da União, Brasília (DF); 2000 Jun 29.
52. Brasil. Agência Nacional de Vigilância Sanitária. Resolução RDC nº 59, de 3 de fevereiro de 2016. Aprova o primeiro suplemento da Farmacopeia Brasileira, 5ª edição, e dá outras providências. Diário Oficial da União, Brasília (DF); 2016 Fev 4; Seção 1:48.
53. Brasil. Agência Nacional de Vigilância Sanitária. Resolução RDC nº 63, de 25 de novembro de 2011. Dispõe sobre os requisitos de Boas Práticas de Funcionamento para os Serviços de Saúde. Diário Oficial da União, Brasília (DF); 2011 Nov 28; Seção 1:44.
54. Brasil. Agência Nacional de Vigilância Sanitária. Resolução RDC nº 63, de 6 de julho de 2000. Aprova o regulamento técnico para fixar os requisitos mínimos exigidos para a terapia de nutrição enteral. Diário Oficial da União, Brasília (DF); 2000 Jul 7.
55. Brasil. Agência Nacional de Vigilância Sanitária. Resolução RDC nº 64, de 28 de dezembro de 2012. Publica a lista das Denominações Comuns Brasileiras - DCB da Farmacopeia Brasileira. Diário Oficial da União, Brasília (DF); 2012 Dez 31; Seção 1:52.
56. Brasil. Agência Nacional de Vigilância Sanitária. Resolução RDC nº 67, de 13 de novembro de 2011. Aprova o Formulário Nacional da Farmacopeia Brasileira, segunda edição, e dá outras providências. Diário Oficial da União, Brasília (DF); 2011 Dez 14; Seção 1:52.
57. Brasil. Agência Nacional de Vigilância Sanitária. Resolução RDC nº 67, de 8 de outubro de 2007. Dispõe sobre boas práticas de manipulação de preparações magistrais e oficinais para uso humano em farmácias. Diário Oficial da União, Brasília (DF); 2007 Out 9; Seção 1:29.
58. Brasil. Agência Nacional de Vigilância Sanitária. Resolução RDC nº 69, de 1º de outubro de 2008. Dispõe sobre as boas práticas de fabricação de gases medicinais. Diário Oficial da União, Brasília (DF); 2008 Out 2; Seção 1:38.
59. Brasil. Agência Nacional de Vigilância Sanitária. Resolução RDC nº 7, de 24 de fevereiro de 2010. Dispõe sobre os requisitos mínimos para funcionamento de Unidades de Terapia Intensiva e dá outras providências. Diário Oficial da União, Brasília (DF); 2010 Fev 25; Seção 1:48.
60. Brasil. Agência Nacional de Vigilância Sanitária. Resolução RDC nº 70, de 1º de outubro de 2008. Dispõe sobre a notificação de gases medicinais. Diário Oficial da União, Brasília (DF); 2008 Out 2; Seção 1:40.
61. Brasil. Agência Nacional de Vigilância Sanitária. Resolução RDC nº 71, de 22 de dezembro de 2009. Estabelece regras para a rotulagem de medicamentos. Diário Oficial da União, Brasília (DF); 2009 Dez 23; Seção 1:75.
62. Brasil. Agência Nacional de Vigilância Sanitária. Resolução RDC nº 79, de 11 de abril de 2003. Na ausência de monografia oficial de matéria-prima, formas farmacêuticas, correlatos e métodos gerais inscritos na Farmacopéia Brasileira. Diário Oficial da União, Brasília (DF); 2003 Abr 14.
63. Brasil. Agência Nacional de Vigilância Sanitária. Resolução RDC nº 8, de 2 de janeiro de 2001. Aprovar o regulamento técnico que institui as boas práticas de fabricação do concentrado polieletrolítico para hemodiálise – CPHD. Diário Oficial da União, Brasília (DF); 2001 Jan 10.
64. Brasil. Agência Nacional de Vigilância Sanitária. Resolução RDC nº 80, de 11 de maio de 2006. As farmácias e drogarias poderão fracionar medicamentos a partir de embalagens especialmente desenvolvidas para essa finalidade de modo que possam ser dispensados em quantidades individualizadas para atender às necessidades terapêuticas dos consumidores e usuários desses produtos, desde que garantidas as características asseguradas no produto original registrado e observadas as condições técnicas e operacionais estabelecidas nesta resolução. Diário Oficial da União, Brasília (DF); 2006 Mai 12; Seção 1:58.

65. Brasil. Agência Nacional de Vigilância Sanitária. Resolução RDC nº 87, de 21 de novembro de 2008. Altera o regulamento técnico sobre boas práticas de manipulação em farmácias. Diário Oficial da União, Brasília (DF); 2008 Nov 24; Seção 1:58.
66. Brasil. Agência Nacional de Vigilância Sanitária. Resolução RE nº 2.606, de 11 de agosto de 2006. Dispõe sobre as diretrizes para elaboração, validação e implantação de protocolos de reprocessamento de produtos médicos e dá outras providências. Diário Oficial da União, Brasília (DF); 2006 Ago 14; Seção 1:37.
67. Brasil. Agência Nacional de Vigilância Sanitária. Resolução-RDC nº 35, de 15 de junho de 2012. Dispõe sobre os critérios de indicação, inclusão e exclusão de medicamentos na Lista de Medicamentos de Referência. Diário Oficial da União, Brasília (DF); 2012 Jun 19; Seção 1:49.
68. Brasil. Conselho Federal de Farmácia. Resolução nº 288, de 21 de março de 1996. Dispõe sobre a competência legal para o exercício da manipulação de drogas antineoplásicas pelo farmacêutico. Diário Oficial da União, Brasília (DF); 1996 Mai 17; Seção 1:8618.
69. Brasil. Conselho Federal de Farmácia. Resolução nº 292, de 24 de maio de 1996. Ratifica competência legal para o exercício da atividade de nutrição parenteral e enteral, pelo farmacêutico. Diário Oficial da União, Brasília (DF); 1996 Jun 21; Seção 1:11123.
70. Brasil. Conselho Federal de Farmácia. Resolução nº 308, de 2 de maio de 1997. Dispõe sobre a assistência farmacêutica em farmácias e drogarias. Diário Oficial da União, Brasília (DF); 1997 Mai 22; Seção 1:10695.
71. Brasil. Conselho Federal de Farmácia. Resolução nº 349, de 20 de janeiro de 2000. Estabelece a competência do farmacêutico em proceder a intercambialidade ou substituição genérica de medicamentos. Diário Oficial da União, Brasília (DF); 2000 Jan 24; Seção 1:61.
72. Brasil. Conselho Federal de Farmácia. Resolução nº 354, de 20 de setembro de 2000. Dispõe sobre a assistência farmacêutica em atendimento pré-hospitalar às urgências/emergências. Diário Oficial da União, Brasília (DF); 2000 Out 17; Seção 1:23.
73. Brasil. Conselho Federal de Farmácia. Resolução nº 357, de 20 de abril de 2001. Aprova o regulamento técnico das boas práticas de farmácia. Diário Oficial da União, Brasília (DF); 2001 Abr 27; Seção 1:24.
74. Brasil. Conselho Federal de Farmácia. Resolução nº 386, de 12 de novembro de 2002. Dispõe sobre as atribuições do farmacêutico no âmbito da assistência domiciliar em equipes multidisciplinares. Diário Oficial da União, Brasília (DF); 2002 Dez 16; Seção 1:162.
75. Brasil. Conselho Federal de Farmácia. Resolução nº 415, de 29 de junho de 2004. Dispõe sobre as atribuições do farmacêutico no gerenciamento dos resíduos dos serviços de saúde. Diário Oficial da União, Brasília (DF); 2004 Jul 9; Seção 1:265.
76. Brasil. Conselho Federal de Farmácia. Resolução nº 417, de 29 de setembro de 2004 (Versão republicada - 06/05/2005). Aprova o Código de Ética da profissão farmacêutica. Diário Oficial da União, Brasília (DF); 2005 Mai 9; Seção 1:189.
77. Brasil. Conselho Federal de Farmácia. Resolução nº 418, de 29 de setembro de 2004 (Versão republicada - 06/05/2005). Aprova o Código de Processo Ético da profissão farmacêutica. Diário Oficial da União, Brasília (DF); 2005 Mai 9; Seção 1:190.
78. Brasil. Conselho Federal de Farmácia. Resolução nº 430, de 17 de fevereiro de 2005. Dispõe sobre o exercício profissional do farmacêutico com formação de acordo com a Resolução CNE/CES nº 2, de 19 de fevereiro de 2002. Diário Oficial da União, Brasília (DF); 2005 Fev 22; Seção 1:123.
79. Brasil. Conselho Federal de Farmácia. Resolução nº 437, de 28 de julho de 2005. Regulamenta a atividade profissional do farmacêutico no fracionamento de medicamentos. Diário Oficial da União, Brasília (DF); 2005 Ago 2; Seção 1:41.
80. Brasil. Conselho Federal de Farmácia. Resolução nº 449, de 24 de outubro de 2006. Dispõe sobre as atribuições do farmacêutico na Comissão de Farmácia e Terapêutica. Diário Oficial da União, Brasília (DF); 2006 Out 27; Seção 1:157.
81. Brasil. Conselho Federal de Farmácia. Resolução nº 461, de 2 de maio de 2007. Sanções éticas e disciplinares aplicáveis aos farmacêuticos. Diário Oficial da União, Brasília (DF); 2007 Mai 7; Seção 1:87.

82. Brasil. Conselho Federal de Farmácia. Resolução nº 467, de 28 de novembro de 2007. Define, regulamenta e estabelece as atribuições e competências do farmacêutico na manipulação de medicamentos e de outros produtos farmacêuticos. Diário Oficial da União, Brasília (DF); 2007 Dez 19; Seção 1:76.
83. Brasil. Conselho Federal de Farmácia. Resolução nº 470, de 28 de março de 2008. Regula as atividades do farmacêutico em gases e misturas de uso terapêutico e para fins de diagnóstico. Diário Oficial da União, Brasília (DF); 2008 Abr 11; Seção 1:197.
84. Brasil. Conselho Federal de Farmácia. Resolução nº 479, de 26 de junho de 2008. Dispõe sobre a manipulação de medicamentos. Diário Oficial da União, Brasília (DF); 2008 Jun 30; Seção 1:126.
85. Brasil. Conselho Federal de Farmácia. Resolução nº 481, de 25 de junho de 2008. Dispõe sobre as atribuições do farmacêutico nas atividades de meio ambiente, segurança no trabalho, saúde ocupacional e responsabilidade social, respeitadas as atividades afins com outras profissões. Diário Oficial da União, Brasília (DF); 2008 Jul 2; Seção 1:83.
86. Brasil. Conselho Federal de Farmácia. Resolução nº 486, de 23 de setembro de 2008. Dispõe sobre as atribuições do farmacêutico na área de radiofarmácia e dá outras providências. Diário Oficial da União, Brasília (DF); 2008 Out 3; Seção 1:133.
87. Brasil. Conselho Federal de Farmácia. Resolução nº 492, de 26 de novembro de 2008. Regulamenta o exercício profissional nos serviços de atendimento pré-hospitalar, na farmácia hospitalar e em outros serviços de saúde, de natureza pública ou privada. Diário Oficial da União, Brasília (DF); 2008 Dez 5; Seção 1:151.
88. Brasil. Conselho Federal de Farmácia. Resolução nº 499, de 17 de dezembro de 2008. Dispõe sobre a prestação de serviços farmacêuticos, em farmácias e drogarias, e dá outras providências. Diário Oficial da União, Brasília (DF); 2008 Dez 23; Seção 1:164.
89. Brasil. Conselho Federal de Farmácia. Resolução nº 500, de 19 de janeiro de 2009. Dispõe sobre as atribuições do farmacêutico no âmbito dos Serviços de Diálise, de natureza pública ou privada. Diário Oficial da União, Brasília (DF); 2009 Jan 20; Seção 1:123.
90. Brasil. Conselho Federal de Farmácia. Resolução nº 505, de 23 de junho de 2009. Revoga os artigos 2º e 34 e dá nova redação aos artigos 1º, 10, 11, parágrafo único, bem como ao Capítulo III e aos Anexos I e II da Resolução nº 499/08 do Conselho Federal de Farmácia. Diário Oficial da União, Brasília (DF); 2009 Jul 16; Seção 1:75.
91. Brasil. Conselho Federal de Farmácia. Resolução nº 508, de 29 de julho de 2009. Dispõe sobre as atribuições do farmacêutico no exercício de auditorias e dá outras providências. Diário Oficial da União, Brasília (DF); 2009 Ago 5; Seção 1:67.
92. Brasil. Conselho Federal de Farmácia. Resolução nº 509, de 29 de julho de 2009. Regula a atuação do farmacêutico em centros de pesquisa clínica, organizações representativas de pesquisa clínica, indústria ou outras instituições que realizem pesquisa clínica. Diário Oficial da União, Brasília (DF); 2009 Ago 6; Seção 1:55.
93. Brasil. Conselho Federal de Farmácia. Resolução nº 542, DE 19 DE JANEIRO DE 2011. Dispõe sobre as atribuições do farmacêutico na dispensação e no controle de antimicrobianos. Diário Oficial da União, Brasília (DF); 2011 Jan 28; Seção 1:237.
94. Brasil. Conselho Federal de Farmácia. Resolução nº 545, de 18 de maio de 2011. Dá nova redação ao artigo 2º da Resolução nº 542/11 do Conselho Federal de Farmácia. Diário Oficial da União, Brasília (DF); 2011 Mai 23; Seção 1:158.
95. Brasil. Conselho Federal de Farmácia. Resolução nº 549, de 25 de agosto de 2011. Dispõe sobre as atribuições do farmacêutico no exercício da gestão de produtos para a saúde, e dá outras providências. Diário Oficial da União, Brasília (DF); 2011 Nov 2; Seção 1:235.
96. Brasil. Conselho Federal de Farmácia. Resolução nº 555, de 30 de novembro de 2011. Regulamenta o registro, a guarda e o manuseio de informações resultantes da prática da assistência farmacêutica nos serviços de saúde. Diário Oficial da União, Brasília (DF); 2011 Dez 14; Seção 1:188.
97. Brasil. Conselho Federal de Farmácia. Resolução nº 565, de 6 de dezembro de 2012. Dá nova redação aos artigos 1º, 2º e 3º da Resolução/CFF nº 288 de 21 de março de 1996. Diário Oficial da União, Brasília (DF); 2012 Dez 7; Seção 1:350.

98. Brasil. Conselho Federal de Farmácia. Resolução nº 568, de 6 de dezembro de 2012. Dá nova redação aos artigos 1º ao 6º da Resolução/CFF nº 492, de 26 de novembro de 2008, que regulamenta o exercício profissional nos serviços de atendimento pré-hospitalar, na farmácia hospitalar e em outros serviços de saúde, de natureza pública ou privada. Diário Oficial da União, Brasília (DF); 2012 Dez 7; Seção 1:353.
99. Brasil. Conselho Federal de Farmácia. Resolução nº 571, de 25 de abril de 2013. Dá nova redação ao parágrafo único, do artigo 1º da Resolução CFF nº 542, de 19 de janeiro de 2011, que dispõe sobre as atribuições do farmacêutico na dispensação e no controle dos antimicrobianos. Diário Oficial da União, Brasília (DF); 2013 Abr 30; Seção 1:106.
100. Brasil. Conselho Federal de Farmácia. Resolução nº 572, de 25 de abril de 2013. Dispõe sobre a regulamentação das especialidades farmacêuticas, por linhas de atuação. Diário Oficial da União, Brasília (DF); 2013 Mai 6; Seção 1:143.
101. Brasil. Conselho Federal de Farmácia. Resolução nº 577, de 25 de julho de 2013. Dispõe sobre a direção técnica ou responsabilidade técnica de empresas ou estabelecimentos que dispensam, comercializam, fornecem e distribuem produtos farmacêuticos, cosméticos e produtos para a saúde. Diário Oficial da União, Brasília (DF); 2013 Ago 19; Seção 1:150.
102. Brasil. Conselho Federal de Farmácia. Resolução nº 578, de 26 de julho de 2013. Regulamenta as atribuições técnico-gerenciais do farmacêutico na gestão da assistência farmacêutica no âmbito do Sistema Único de Saúde (SUS). Diário Oficial da União, Brasília (DF); 2013 Ago 19; Seção 1:151.
103. Brasil. Conselho Federal de Farmácia. Resolução nº 585, de 29 de agosto de 2013. Regulamenta as atribuições clínicas do farmacêutico e dá outras providências. Diário Oficial da União, Brasília (DF); 2013 Set 25; Seção 1:186.
104. Brasil. Conselho Federal de Farmácia. Resolução nº 586, de 29 de agosto de 2013. Regula a prescrição farmacêutica e dá outras providências. Diário Oficial da União, Brasília (DF); 2013 Set 26; Seção 1:136.
105. Brasil. Conselho Federal de Farmácia. Resolução nº 602, de 30 de outubro de 2014. Altera dispositivos da Resolução/CFF nº 505/09. Diário Oficial da União, Brasília (DF); 2014 Nov 5; Seção 1:111.
106. Brasil. Conselho Federal de Farmácia. Resolução nº 619, de 27 de novembro de 2015. Dá nova redação aos artigos 1º e 2º da Resolução/CFF nº 449 de 24 de outubro de 2006, que dispõe sobre as atribuições do Farmacêutico na Comissão de Farmácia e Terapêutica. Diário Oficial da União, Brasília (DF); 2015 Dez 7; Seção 1:115.
107. Brasil. Conselho Federal de Farmácia. Resolução nº 623, de 29 de abril de 2016. Dá nova redação ao artigo 1º da Resolução/CFF nº 565/12, estabelecendo titulação mínima para a atuação do farmacêutico na oncologia. Diário Oficial da União, Brasília (DF); 2016 Mai 3; Seção 1:84.
108. Brasil. Conselho Federal de Farmácia. Resolução nº 625, de 14 de julho de 2016. Determina a aplicação dos cálculos de correções em insumos utilizados nas preparações farmacêuticas dentro da competência e âmbito do farmacêutico e dá outras providências. Diário Oficial da União, Brasília (DF); 2016 Jul 18; Seção 1:166.
109. Brasil. Conselho Federal de Farmácia. Resolução nº 640, de 27 de abril de 2017. Dá nova redação ao artigo 1º da Resolução/CFF nº 623/16, estabelecendo titulação mínima para a atuação do farmacêutico em oncologia. Diário Oficial da União, Brasília (DF); 2017 Mai 8; Seção 1:121.
110. Brasil. Conselho Federal de Farmácia. Resolução nº 656, de 24 de maio de 2018. Dá nova redação aos artigos 1º, 2º e 3º da Resolução/CFF nº 486/08, estabelecendo critérios para a atuação do farmacêutico em radiofarmácia. Diário Oficial da União, Brasília (DF); 2018 Mai 29; Seção 1:139.
111. Brasil. Conselho Federal de Farmácia. Resolução nº 661, de 25 de outubro de 2018. Dispõe sobre o cuidado farmacêutico relacionado a suplementos alimentares e demais categorias de alimentos na farmácia comunitária, consultório farmacêutico e estabelecimentos comerciais de alimentos e dá outras providências. Diário Oficial da União, Brasília (DF); 2018 Out 31; Seção 1:122.

112. Brasil. Conselho Federal de Farmácia. Resolução nº 671, de 25 de julho de 2019. Regulamenta a atuação do farmacêutico na prestação de serviços e assessoramento técnico relacionados à informação sobre medicamentos e outros produtos para a saúde no Serviço de Informação sobre Medicamentos (SIM), Centro de Informação sobre Medicamentos (CIM) e Núcleo de Apoio e/ou Assessoramento Técnico (NAT). Diário Oficial da União, Brasília (DF); 2019 Jul 30; Seção 1:121.
113. Brasil. Conselho Federal de Farmácia. Resolução nº 672, de 18 de setembro de 2019. Dispõe sobre as atribuições do farmacêutico no âmbito dos serviços de diálise. Diário Oficial da União, Brasília (DF); 2019 Set 27; Seção 1: 294.
114. Brasil. Conselho Federal de Farmácia. Resolução nº 673, de 18 de setembro de 2019. Dispõe sobre as atribuições e competências do farmacêutico em serviços de hemoterapia e/ou bancos de sangue. Diário Oficial da União, Brasília (DF); 2019 Set 27; Seção 1: 296.
115. Brasil. Conselho Federal de Farmácia. Resolução nº 674, de 29 de agosto de 2019. Dispõe sobre a regulamentação dos cursos livres, de formação complementar, que não compreendam pós-graduação lato sensu e stricto sensu, a serem credenciados pelo Conselho Federal de Farmácia. Diário Oficial da União, Brasília (DF); 2019 Nov 13; Seção 1: 124.
116. Brasil. Conselho Federal de Farmácia. Resolução nº 675, de 31 de outubro de 2019. Regulamenta as atribuições do farmacêutico clínico em unidades de terapia intensiva, e dá outras providências. Diário Oficial da União, Brasília (DF); 2019 Nov 21; Seção 1: 130.
117. Brasil. Conselho Nacional de Educação. Câmara de Educação Superior. Resolução nº 2, de 19 de fevereiro de 2002. Institui diretrizes curriculares nacionais do curso de graduação em farmácia. Diário Oficial da União, Brasília (DF); 2002 Mar 4; Seção 1:9.
118. Brasil. Ministério da Saúde. Conselho Nacional de Saúde. Resolução nº 196, de 10 de outubro de 1996. Aprova as diretrizes e normas regulamentadoras de pesquisa envolvendo seres humanos. Diário Oficial da União, Brasília (DF); 1996 Out 16; Seção 1: 21082.
119. Brasil. Ministério da Saúde. Conselho Nacional de Saúde. Resolução nº 338, de 6 de maio de 2004. Aprova a Política Nacional de Assistência Farmacêutica. Diário Oficial da União, Brasília (DF); 2004 Mai 20; Seção 1:52.
120. Brasil. Ministério da Saúde. Gabinete do Ministro. Portaria Interministerial nº 482, de 16 de abril de 1999. Aprova o regulamento técnico e seus anexos, objeto desta portaria, contendo disposições sobre os procedimentos de instalações de unidade de esterilização por óxido de etileno e de suas misturas e seu uso, bem como, de acordo com as suas competências, estabelecer as ações sob a responsabilidade do Ministério da Saúde e Ministério do Trabalho e Emprego. Diário Oficial da União, Brasília (DF); Diário Oficial da União, Brasília (DF); 1999 Abr 19; Seção 1:15.
121. "Brasil. Ministério da Saúde. Gabinete do Ministro. Portaria nº 1, de 2 de janeiro de 2015. Estabelece a Relação Nacional de Medicamentos
122. Essenciais - RENAME 2014 no âmbito do Sistema Único de Saúde (SUS) por meio da atualização do elenco de medicamentos e insumos da Relação Nacional de Medicamentos Essenciais - RENAME 2012. Diário Oficial da União, Brasília (DF); 2015 Jan 5; Seção 1:132."
123. Brasil. Ministério da Saúde. Gabinete do Ministro. Portaria nº 1.554, de 30 de julho de 2013. Dispõe sobre as regras de financiamento e execução do Componente Especializado da Assistência Farmacêutica no âmbito do Sistema. Diário Oficial da União, Brasília (DF); 2013 Jul 31; Seção 1:69.
124. Brasil. Ministério da Saúde. Gabinete do Ministro. Portaria nº 1.555, de 30 de julho de 2013. Dispõe sobre as normas de financiamento e de execução do Componente Básico da Assistência Farmacêutica no âmbito do Sistema Único de Saúde (SUS). Diário Oficial da União, Brasília (DF); 2013 Jul 31; Seção 1:146.
125. Brasil. Ministério da Saúde. Gabinete do Ministro. Portaria nº 1.818, de 2 de dezembro de 1997 (Versão republicada – 02/02/1998). Recomenda que nas compras de licitações públicas de produtos farmacêuticos realizadas nos níveis federal, estadual e municipal pelos serviços governamentais, conveniados e contratados pelo SUS, sejam incluídas exigências sobre requisitos de qualidade a serem cumpridas pelos fabricantes e fornecedores desses produtos. Diário Oficial da União, Brasília (DF); 1998 Fev 2; Seção 1:1.

126. Brasil. Ministério da Saúde. Gabinete do Ministro. Portaria nº 2.814, de 29 de maio de 1998 (Versão republicada – 18/11/1998). Estabelece procedimentos a serem observados pelas empresas produtoras, importadoras, distribuidoras e do comércio farmacêutico, objetivando a comprovação, em caráter de urgência, da identidade e qualidade de medicamento, objeto de denuncia sobre possível falsificação, adulteração e fraude. Diário Oficial da União, Brasília (DF); 1998 Nov 18; Seção 1:7.
127. Brasil. Ministério da Saúde. Gabinete do Ministro. Portaria nº 3.916, de 30 de outubro de 1998. Aprova a Política Nacional de Medicamentos. Diário Oficial da União, Brasília (DF); 1998 Nov 10; Seção 1:18.
128. Brasil. Ministério da Saúde. Gabinete do Ministro. Portaria nº 375, de 28 de fevereiro de 2008. Institui, no âmbito do Sistema Único de Saúde - SUS, o programa nacional para qualificação, produção e inovação em equipamentos e materiais de uso em saúde no complexo industrial da saúde. Diário Oficial da União, Brasília (DF); 2008 Fev 29; Seção 1:119.
129. Brasil. Ministério da Saúde. Gabinete do Ministro. Portaria nº 529, de 1º de abril de 2013. Institui o Programa Nacional de Segurança do Paciente (PNSP). Diário Oficial da União, Brasília (DF); 2013 Abr 2; Seção 1:43.
130. Brasil. Ministério da Saúde. Portaria nº 2.616, de 12 de maio de 1998. Expede, na forma dos anexos I, II, III, IV, V, diretrizes e normas para a prevenção e o controle das infecções hospitalares tais como: herpes simples, toxoplasmose, rubéola, citomegalovirose, sífilis, aids. Diário Oficial da União, Brasília (DF); 1998 Mai 13; Seção 1:133.
131. Brasil. Ministério da Saúde. Portaria nº 356, de 20 de fevereiro de 2002. Aprova o glossário de termos comuns nos serviços de saúde do MERCOSUL, em sua versão em português. Diário Oficial da União, Brasília (DF); 2002 Fev 22; Seção 1:54.
132. Brasil. Ministério da Saúde. Portaria nº 4.283, de 30 de dezembro de 2010. Aprova as diretrizes e estratégias para organização, fortalecimento e aprimoramento das ações e serviços de farmácia no âmbito dos hospitais. Diário Oficial da União, Brasília (DF); 2010 Dez 31; Seção 1:94.
133. Brasil. Ministério da Saúde. Secretaria de Atenção à Saúde. Portaria nº 1.017, de 20 de dezembro de 2002. Estabelece que as farmácias hospitalares e/ou dispensários de medicamentos existentes nos hospitais integrantes do Sistema Único de Saúde deverão funcionar, obrigatoriamente, sob a responsabilidade técnica de profissional farmacêutico devidamente inscrito no respectivo Conselho Regional de Farmácia. Diário Oficial da União, Brasília (DF); 2002 Dez 24; Seção 1:249.
134. Brasil. Ministério da Saúde. Secretaria de Atenção à Saúde. Portaria nº 312, de 30 de abril de 2002 (Versão republica - 12/06/2002). Estabelece, para utilização nos hospitais integrantes do SUS, a padronização da nomenclatura do censo hospitalar constante em anexo. Diário Oficial da União, Brasília (DF); 2002 Jun 12; Seção 1:71.
135. Brasil. Ministério da Saúde. Secretaria de Vigilância Sanitária. Portaria nº 1.052, de 29 de dezembro de 1998. Aprova a relação de documentos necessários para habilitar a empresa a exercer a atividade de transporte de produtos farmacêuticos e farmoquímicos, sujeitos à vigilância sanitária. Diário Oficial da União, Brasília (DF); 1998 Dez 31; Seção 1:25.
136. Brasil. Ministério da Saúde. Secretaria de Vigilância Sanitária. Portaria nº 185, de 8 de março de 1999 (Versão republicada – 15/03/1999). Aprova a relação de documentos necessários à formação de processos para autorização de funcionamento de empresa com atividade de importação de produtos farmacêuticos. Diário Oficial da União, Brasília (DF); 1999 Mar 15; Seção 1:20.
137. Brasil. Ministério da Saúde. Secretaria de Vigilância Sanitária. Portaria nº 272, de 8 de abril de 1998 (Versão republicada – 15/04/1999). Aprova o regulamento técnico para fixar os requisitos mínimos exigidos para a terapia de nutrição parenteral. Diário Oficial da União, Brasília (DF); 1999 Abr 15; Seção 1:78.
138. Brasil. Ministério da Saúde. Secretaria de Vigilância Sanitária. Portaria nº 344, de 12 de maio de 1998 (Versão republicada – 01/02/1999). Aprova o regulamento técnico sobre substâncias e medicamentos sujeitos a controle especial. Diário Oficial da União, Brasília (DF); 1999 Fev 1; Seção 1:29.

139. Brasil. Ministério do Planejamento, Orçamento e Gestão. Secretaria de Recursos Humanos. Orientação Normativa nº 7, de 30 de outubro 2008 (Versão republicada - 04/11/2008). Estabelece orientação sobre a aceitação de estagiários no âmbito da administração pública federal direta, autárquica e fundacional. Diário Oficial da União, Brasília (DF); 2008 Nov 4; Seção 1:80.
140. Brasil. Ministério do Trabalho e Emprego. Gabinete do Ministro. Portaria nº 3.214, de 8 de junho de 1978. NR 6 - Equipamento de proteção individual - EPI. [Internet]. [citado 2008 Ago 25]. Disponível em: http://www.mte.gov.br/legislacao/normas_regulamentadoras/default.asp.
141. Brasil. Ministério do Trabalho e Emprego. Gabinete do Ministro. Portaria nº 3.214, de 8 de junho de 1978. NR 7 - Programa de controle médico de saúde ocupacional. [Internet]. [citado 2008 Ago 25]. Disponível em: http://www.mte.gov.br/legislacao/normas_regulamentadoras/default.asp.
142. Brasil. Ministério do Trabalho e Emprego. Gabinete do Ministro. Portaria nº 3.214, de 8 de junho de 1978. NR-05 - Comissão Interna de Prevenção de Acidentes - CIPA. [Internet]. [citado 2008 Ago 25]. Disponível em: http://www.mte.gov.br/legislacao/normas_regulamentadoras/default.asp.
143. Brasil. Ministério do Trabalho e Emprego. Portaria nº 485, de 11 de novembro de 2005. Aprova a Norma Regulamentadora nº 32 - Segurança e saúde no trabalho em estabelecimentos de saúde. [Internet]. [citado 2008 Ago 25]. Disponível em: http://www.mte.gov.br/legislacao/normas_regulamentadoras/default.asp.
144. Brasil. Presidência da República. Casa Civil. Subchefia para Assuntos Jurídicos. Lei nº 11.788, de 25 de setembro de 2008. Dispõe sobre o estágio de estudantes; altera a redação do art. 428 da Consolidação das Leis do Trabalho - CLT, aprovada pelo Decreto-Lei no 5.452, de 1o de maio de 1943, e a Lei no 9.394, de 20 de dezembro de 1996; revoga as Leis nos 6.494, de 7 de dezembro de 1977, e 8.859, de 23 de março de 1994, o parágrafo único do art. 82 da Lei no 9.394, de 20 de dezembro de 1996, e o art. 6o da Medida Provisória no 2.164-41, de 24 de agosto de 2001; e dá outras providências. Diário Oficial da União, Brasília (DF); 2008 Set 26; Seção 1:3.
145. Brasil. Presidência da República. Decreto nº 3.555, de 8 de agosto de 2000. Aprova o regulamento para a modalidade de licitação denominada pregão, para aquisição de bens e serviços comuns. Diário Oficial da União, Brasília (DF); 2000 Ago 9; Seção 1:1.
146. Brasil. Presidência da República. Decreto nº 3.931, de 19 de setembro de 2001. Regulamenta o sistema de registro de preços previsto no art. 15 da Lei 8.666, de 21 de junho de 1993, e dá outras providências. Diário Oficial da União, Brasília (DF); 2001 Set 20; Seção 1:9.
147. Brasil. Presidência da República. Decreto nº 4.342, de 23 de agosto de 2002. Altera dispositivos do Decreto nº 3.931, de 19 de setembro de 2001, que regulamenta o sistema de registro de preços previsto no art. 15 da Lei nº 8.666, de 21 de junho de 1993, e dá outras providências. Diário Oficial da União, Brasília (DF); 2002 Ago 26; Seção 1:1.
148. Brasil. Presidência da República. Decreto nº 5.450, de 31 de maio de 2005. Regulamenta o pregão, na forma eletrônica, para aquisição de bens e serviços comuns, e dá outras providências. Diário Oficial da União, Brasília (DF); 2005 Jun 1; Seção 1:5.
149. Brasil. Presidência da República. Decreto nº 85.878, de 07 de abril de 1981. Âmbito profissional do farmacêutico. Estabelece normas para execução de Lei nº 3.820, de 11 de novembro de 1960, sobre o exercício da profissão de farmacêutico, e dá outras providências. Diário Oficial da União, Brasília (DF); 1981 Abr 9.
150. Brasil. Presidência da República. Lei nº 10.520, de 17 de julho de 2002. Institui, no âmbito da União, Estados, Distrito Federal e Municípios, nos termos do art. 37, inciso XXI, da Constituição Federal, modalidade de licitação denominada pregão, para aquisição de bens e serviços comuns, e dá outras providências. Diário Oficial da União, Brasília (DF); Diário Oficial da União, Brasília (DF); 2002 Jul 18; Seção 1:1.
151. Brasil. Presidência da República. Lei nº 13.021, de 8 de agosto de 2014. Dispõe sobre o exercício e a fiscalização das atividades farmacêuticas. Diário Oficial da União, Brasília (DF); 2014 Ago 11; Seção 1:1.

152. Brasil. Presidência da República. Lei nº 13.454, de 23 de junho de 2017. Autoriza a produção, a comercialização e o consumo, sob prescrição médica, dos anorexígenos sibutramina, anfepramona, femproporex e mazindol. Diário Oficial da União, Brasília (DF); 2017 Jun 26; Seção 1:1.
153. Brasil. Presidência da República. Lei nº 8.666, de 21 de junho de 1993 (Versão republicada - 06/07/1994). Regulamenta o art. 37, inciso XXI, da Constituição Federal. Institui normas para licitações e contratos da administração pública e dá outras providências. Diário Oficial da União, Brasília (DF); 1994 Jul 6.
154. Brasil. Presidência da República. Lei nº 9.787, de 10 de fevereiro de 1999. Altera a Lei nº 6.360, de 23 de setembro de 1976, que dispõe sobre a vigilância sanitária, estabelece o medicamento genérico, dispõe sobre a utilização de nomes genéricos em produtos farmacêuticos. Diário Oficial da União, Brasília (DF); 1999 Fev 11; Seção 1:1.

Glossário

Autores
Cleuber Esteves Chaves
José Ferreira Marcos
Felipe Dias Carvalho
Michelle Silva Nunes

Este glossário apresenta termos técnicos, regulamentados pelas diversas legislações e citados em literaturas técnicas. Alguns termos possuem mais de uma conceituação/definição de acordo com a referência bibliográfica consultada.

Ação corretiva[1,2]**.** Ação implementada para eliminar as causas de uma não conformidade, de um defeito ou de outra situação indesejável existente, a fim de prevenir sua repetição.

Ação preventiva[1]**.** Ação para eliminar a causa de uma potencial não conformidade ou outra situação potencialmente indesejável.

Acompanhamento farmacoterapêutico[3]**.** Componente da atenção farmacêutica que configura um processo no qual o farmacêutico se responsabiliza pelo acompanhamento do uso dos medicamentos pelo usuário, visando ao seu uso racional e à melhoria da qualidade de vida.

Acreditação[3,4]**.** Procedimento de avaliação dos estabelecimentos de saúde, voluntário, periódico e reservado, que tende a garantir a qualidade da assistência integral, por meio de padrões previamente aceitos. Acreditação pressupõe avaliação da estrutura, de processos e resultados, e o estabelecimento será acreditado quando a disposição e a organização dos recursos e atividades conformem um processo cujo resultado é uma assistência à saúde de qualidade.

Acreditação hospitalar[5]**.** Método de consenso, racionalização e ordenação das instituições hospitalares e, principalmente, de educação permanente dos seus profissionais, que se expressa pela realização de um procedimento de avaliação dos recursos institucionais, voluntário, periódico e reservado, que tende a garantir a qualidade da assistência por meio de padrões previamente estabelecidos.

Adaptação de forma farmacêutica[5]**.** Ato de modificar a forma física ou a via de administração de um medicamento previamente formulado, com o intuito de atender às necessidades fisiopatológicas específicas dos pacientes, de modo a suprir a inexistência ou indisponibilidade de determinada apresentação de um medicamento.

Administração de medicamentos[3,6]. Ato de aplicar ao paciente o medicamento previamente prescrito, utilizando-se técnicas específicas recomendadas.

Água para produtos estéreis[7]. Água que atende às especificações farmacopeicas para "água para injetáveis".

Água purificada[7]. Água que atende às especificações farmacopeicas para esse tipo de água.

Águas aromáticas[8,9]. Soluções saturadas de óleos essenciais ou outras substâncias aromáticas em água. Possuem odor característico das drogas com as quais são preparadas, recebendo também seu nome.

Ajuste[7]. Operação destinada a fazer com que um instrumento de medida tenha desempenho compatível com seu uso, utilizando-se como referência um padrão de trabalho (padrão de controle).

Alça de sustentação[10]. Alça localizada na extremidade oposta aos tubos de transferência ou de conexão.

Alérgenos[11]. Substâncias, geralmente de origem proteica, presentes em animais ou vegetais, capazes de induzir uma resposta IgE e/ou uma reação de alérgica do tipo I.

Alerta de medicamento[12]. A ação de notificar, a uma audiência maior que a dos detentores iniciais da informação, uma suspeita de associação entre um medicamento e uma reação adversa. Observe que o termo é usado em contextos diferentes. Por exemplo, um alerta pode ser de um fabricante para um regulador ou de um regulador para o público.

Alerta de segurança[13]. Alerta que contém informações sobre a segurança de um medicamento e que é amplamente divulgado.

Alerta rápido[13]. Alerta que deve ser feito de maneira urgente para iniciar o procedimento de recolhimento de um medicamento ou outro.

Alerta restrito[13]. Alerta que contém informações sobre a segurança de um medicamento e que é direcionado para grupos específicos de usuários ou instituições, em virtude de peculiaridades de uso ou da administração de determinados medicamentos.

Aliança Mundial para a Segurança do Paciente[14]. Iniciativa da Organização Mundial de Saúde criada em 2004 com o propósito de mobilizar a cooperação internacional entre os países para promover ações de melhoria da qualidade da assistência e da segurança do paciente em serviços de saúde. No Brasil, esse compromisso foi formalizado em 2007, por meio da assinatura do Ministro da Saúde na Declaração de Compromisso na Luta contra as Infecções Relacionadas à Assistência à Saúde. O elemento central da Aliança é o Desafio Global para a Segurança do Paciente, sendo a "Higienização das Mãos em Serviços de Saúde" um dos grandes desafios.

Alojamento conjunto[4]**.** Sistema hospitalar em que o recém-nascido sadio, logo após o nascimento, permanece ao lado da mãe 24 horas por dia, em um mesmo ambiente, até a alta.

Alta[4]**.** Ato médico que determina a finalização de uma modalidade de assistência que vinha sendo prestada ao paciente até o momento, por cura, melhora, inalterado, por pedido ou transferência. O paciente poderá, caso necessário, passar a receber outra modalidade de assistência, seja no mesmo estabelecimento, seja em outro ou no próprio domicílio.

Alta direção[1]**.** Pessoa ou grupo de pessoas que dirige e controla uma organização no mais alto nível.

Ambiente[7]**.** Espaço fisicamente determinado e especializado para o desenvolvimento de determinada(s) atividade(s), caracterizado por dimensões e instalações diferenciadas. Um ambiente pode se constituir de uma sala ou de uma área.

Ambiente de trabalho[1]**.** Conjunto de condições sob as quais um trabalho é realizado. Inclui os fatores físicos, sociais, psicológicos e ambientais (como temperatura, formas de reconhecimento, ergonomia).

Ambulatório[4]**.** Local onde se presta assistência a pacientes, em regime de não internação.

Análise crítica[1]**.** Atividade realizada para determinar a pertinência, a adequação e a eficácia do que está sendo examinado, para alcançar os objetivos estabelecidos.

***Anatomical Therapeutic Chemical classification* (ATC)**[13]**.** Classificação química, terapêutica e anatômica. É uma classificação de medicamentos desenvolvida em Oslo, na Noruega, pelo Centro Colaborador da OMS para Metodologias Estatísticas de Medicamentos, o qual também foi responsável pelo desenvolvimento das doses diárias definidas.

Antecâmara[7]**.** Espaço fechado com duas ou mais portas, interposto entre duas ou mais áreas, com o objetivo de controlar o fluxo de ar entre ambas, quando precisarem ser adentradas.

Anticorpos monoclonais[11]**.** Imunoglobulinas derivadas de um mesmo clone de linfócito B, cujas clonagem e propagação se efetuam em linhas de células contínuas.

Aprendizado organizacional[15]**.** Busca e alcance de um novo patamar de conhecimento para a organização por meio da percepção, reflexão, avaliação e compartilhamento de experiências.

Aquisição em serviços de saúde[3]**.** Conjunto de procedimentos que consiste em adquirir medicamentos e produtos em serviços de saúde, definidos em uma programação previamente estabelecida para suprir o serviço de saúde, em quantidade e qualidade.

Área[7]**.** Ambiente aberto, sem paredes em uma ou mais de uma das faces.

Área de dispensação[7]**.** Área de atendimento ao usuário destinada especificamente para a entrega dos produtos e orientação farmacêutica.

Armazenamento em serviços de saúde[3,16]**.** Procedimento que possibilita o estoque ordenado e racional de várias categorias de medicamentos e produtos em serviços de saúde, assegurando a manutenção de suas características originais.

Assistência ambulatorial[4]**.** Modalidade de atuação realizada por um ou mais integrantes da equipe de saúde a pacientes em regime de não internação.

Assistência de enfermagem[4]**.** Modalidade de atuação realizada por um ou mais integrantes da equipe de enfermagem na promoção e proteção da saúde e na recuperação e reabilitação de doentes.

Assistência domiciliar[4]**.** Modalidade de atuação realizada por um ou mais integrantes da equipe de saúde no domicílio do paciente.

Assistência farmacêutica[7,17-19]**.** 1. Conjunto de ações e serviços relacionados com o medicamento, destinado a apoiar as ações de saúde demandadas por uma comunidade. Envolve o abastecimento de medicamentos em todas e em cada uma de suas etapas constitutivas, a conservação e o controle de qualidade, a segurança e a eficácia terapêutica dos medicamentos, o acompanhamento e a avaliação da utilização, a obtenção e a difusão de informação sobre medicamentos e a educação permanente dos profissionais de saúde, do paciente e da comunidade para assegurar o uso racional de medicamentos. 2. Conjunto de ações voltadas à promoção, à proteção e à recuperação da saúde, tanto individual como coletiva, tendo o medicamento como insumo essencial e visando ao acesso e ao seu uso racional. Esse conjunto envolve a pesquisa, o desenvolvimento e a produção de medicamentos e insumos, bem como sua seleção, programação, aquisição, distribuição, dispensação, garantia da qualidade dos produtos e serviços, acompanhamento e avaliação de sua utilização, na perspectiva da obtenção de resultados concretos e da melhoria da qualidade de vida da população.

Assistência hospitalar[4]**.** Modalidade de atuação realizada por um ou mais integrantes da equipe de saúde a pacientes em regime de internação.

Assistência médica[4]**.** Modalidade de atuação realizada por médico na promoção e prevenção da saúde e na recuperação e reabilitação de doentes.

Assistência odontológica[4]**.** Modalidade de atuação realizada pela equipe de odontologia na promoção e proteção à saúde e na recuperação e reabilitação de doentes.

Assistência sanitária[4]**.** Modalidade de atuação realizada pela equipe de saúde junto à população na promoção e proteção da saúde.

Ata[20]. Registro escrito no qual se relata o que se passou em uma sessão, convenção, congresso. Relato.

Atenção farmacêutica[7,21,22]. Modelo de prática farmacêutica, desenvolvida no contexto da assistência farmacêutica e compreendendo atitudes, valores éticos, comportamentos, habilidades, compromissos e corresponsabilidades na prevenção de doenças, promoção e recuperação da saúde, de forma integrada à equipe de saúde. É a interação direta do farmacêutico com o usuário, visando a uma farmacoterapia racional e à obtenção de resultados definidos e mensuráveis, voltados para a melhoria da qualidade de vida. Essa interação também deve envolver as concepções de seus sujeitos, respeitadas as suas especificidades biopsicossociais, sob a ótica da integralidade das ações de saúde.

Atendimento pré-hospitalar[17]. Atendimento emergencial em ambiente extra-hospitalar destinado às vítimas de trauma (acidentes de trânsito, acidentes industriais, acidentes aéreos etc.), violência urbana (ferimentos a bala, a faca etc.), mal súbito (emergências cardiológicas, neurológicas etc.) e distúrbios psiquiátricos visando a sua estabilização clínica e remoção para uma unidade hospitalar adequada.

Atividade biológica[11]. Habilidade específica ou capacidade de o produto atingir um efeito biológico definido.

Ativos intangíveis[23]. Bens e direitos não palpáveis reconhecidos pelas partes interessadas como "patrimônio" da organização e considerados relevantes para determinar seu valor. Exemplos: a marca, os sistemas e processos da organização.

Atributos do produto[23]. Características importantes do produto que, na percepção do cliente, podem influir em sua preferência. Exemplos: funcionalidade, disponibilidade, preço e valor para o cliente.

Auditoria[1]. Processo sistemático, documentado e independente, para obter evidência da auditoria e avaliá-la objetivamente para determinar a extensão na qual os critérios de auditoria são atendidos.

Autoisoterápico[7]. Bioterápico cujo insumo ativo é obtido do próprio paciente (cálculos, fezes, sangue, secreções, urina e outros) e só a ele destinado.

Automedicação[18]. Uso de medicamento sem a prescrição, orientação e/ou o acompanhamento do médico ou dentista.

Autoridade sanitária[4]. Autoridade competente no âmbito da área da saúde com poderes legais para estabelecer regulamentos e executar licenciamento (habilitação) e fiscalização.

Autorização[4]. Ato administrativo pelo qual a autoridade competente emite um documento permitindo ao requerente executar uma prática ou qualquer ação especifica.

Autorização Especial[16]. Licença concedida pela Secretaria de Vigilância Sanitária do Ministério da Saúde (SVS/MS) a empresas, instituições e órgãos, para o exercício de atividades de extração, produção, transformação, fabricação, fracionamento, manipulação, embalagem, distribuição, transporte, reembalagem, importação e exportação das substâncias constantes das listas anexas a Portaria n. 3.916/98, bem como os medicamentos que as contenham.

Auxiliares de farmácia[24]**.** Profissional com Ensino Médio completo e curso de informática que, quando treinado pelo farmacêutico, auxilia-o nas atividades do cotidiano da farmácia hospitalar e dos demais serviços de saúde, desempenhando atividades delegadas e orientadas por ele, dentre elas registros manuais e informatizados, recepção, armazenamento e distribuição de medicamentos, envase e rotulagem de produtos, sempre sob total responsabilidade do farmacêutico responsável.

Auxiliares de laboratório da saúde[24]**.** Compreendem: auxiliar de banco de sangue – flebotomista, auxiliar de farmácia de manipulação, auxiliar de laboratório de análises clínicas, auxiliar de laboratório de imunobiológicos, auxiliar de produção farmacêutica – e ajudante de laboratório. Coletam material biológico, orientando e verificando o preparo do paciente para o exame. Auxiliam os técnicos no preparo de vacinas e aviam fórmulas sob orientação e supervisão. Preparam meios de cultura, estabilizantes e hemoderivados. Organizam o trabalho e recuperam material de trabalho, lavando, secando, separando e embalando. Trabalham em conformidade com normas e procedimentos técnicos e de biossegurança.

Avaliação[3]**.** Exame sistemático do grau em que um produto, processo ou serviço atende aos requisitos especificados.

Avaliação do risco[12]**.** Processo complexo de determinar o significado ou valor dos perigos identificados e estimar os riscos para os interessados ou afetados pelo processo.

Base galênica[7]**.** Preparação composta de uma ou mais matérias-primas, com fórmula definida, destinada a ser utilizada como veículo/excipiente de preparações farmacêuticas.

Benchmark[23]**.** Ver Referencial de excelência.

Benchmarking[23]**.** Refere-se à identificação de processos e resultados que representam as melhores práticas e desempenho para atividades similares, dentro ou fora do setor de atuação da organização.

Benefício[12]**.** Ganho estimado para um indivíduo ou uma população. Ver também: Efetividade/risco; Benefício/dano.

Benefício/dano[12]**.** Benefício e dano são experiências qualitativas subjetivas, positivas e negativas, dos pacientes. Elas normalmente não são avaliadas, exceto nos estudos modernos de qualidade de vida ou em notificações de casos. Pode-se também considerar benefício e dano no plano da sociedade, porém devem-se incluir efetividade e risco relativos, o impacto de todos os resultados na sociedade e a análise de custo.

Biodisponibilidade[13,25]**.** Indica a velocidade e a extensão de absorção de um princípio ativo em forma de dosagem, a partir de sua curva concentração/tempo na circulação sistêmica ou sua excreção na urina.

Biodisponibilidade relativa[26]**.** Quociente da quantidade e velocidade de princípio ativo que chega à circulação sistêmica a partir da administração extravascular de um preparado e a quantidade e velocidade de princípio ativo que chega à circulação sistêmica a partir da administração extravascular de um produto de referência que contenha o mesmo princípio ativo.

Bioequivalência[25]**.** Consiste na demonstração de equivalência farmacêutica entre produtos apresentados sob a mesma forma farmacêutica, contendo idêntica composição qualitativa e quantitativa de princípio(s) ativo(s), e que tenham comparável biodisponibilidade, quando estudados sob um mesmo desenho experimental.

Biomedicamentos[11]**.** Medicamentos obtidos a partir de fluidos biológicos ou de tecidos de origem animal ou medicamentos obtidos por procedimentos biotecnológicos.

Bioterápico[7]**.** Preparação medicamentosa de uso homeopático obtida a partir de produtos biológicos, quimicamente indefinidos: secreções, excreções, tecidos e órgãos, patológicos ou não, produtos de origem microbiana e alérgenos.

Bioterápico de estoque[7]**.** Produto cujo insumo ativo é constituído por amostras preparadas e fornecidas por laboratórios especializados.

Boas práticas de funcionamento do serviço de saúde[27]**.** Componentes da garantia da qualidade que asseguram que os serviços são ofertados com padrões de qualidade adequados.

Boas práticas de manipulação em farmácias (BPMF)[7,14]**.** Conjunto de medidas que visam assegurar que os produtos manipulados sejam consistentemente manipulados e controlados, com padrões de qualidade apropriados para o uso pretendido e requerido na prescrição.

Brainstorming[20]**.** Técnica de reunião em que os participantes, usualmente de diferentes especialidades, expõem livremente suas ideias, em busca de solução criativa para um dado problema.

Bula[27]**.** Documento legal sanitário que contém informações técnico-científicas e orientadoras sobre os medicamentos para seu uso racional.

Cadastro de fornecedores[29]**.** Registros sistemáticos e atualizados de informações sobre fornecedores habituais, eventuais e potenciais. Os cadastros devem conter: identificação completa da empresa, contato, preço das últimas compras, prazos concedidos, pontualidade, lote comprado, qualidade dos produtos etc.

Cadeia de suprimento[23]**.** Fluxo de informações e de produtos, que vão do fornecedor ao cliente, tendo como contrapartida os fluxos financeiros.

Cadeia dos produtos farmacêuticos[30]**.** Fluxo da origem ao consumo de produtos farmacêuticos abrangendo as seguintes etapas: produção, importação, distribuição, transporte, armazenagem e dispensação de medicamentos, bem como os demais tipos de movimentação previstos pelos controles sanitários.

Calibração[7]**.** Conjunto de operações que estabelecem, sob condições especificadas, a relação entre os valores indicados por um instrumento de medição, sistema ou valores apresentados por um material de medida, comparados aos obtidos com um padrão de referência correspondente.

Calor excessivo[8,9]**.** Indica temperaturas acima de 40 °C.

Capacitação de equipe[31]**.** Processo de orientação profissional a fim de conhecer novos procedimentos e ferramentas para melhorar o desempenho de suas funções.

Capacitação profissional[32]**.** Ação desenvolvida para a qualificação de pessoal para o desempenho de funções específicas ou a execução de determinado trabalho.

Cápsulas[8,9]**.** Formas farmacêuticas sólidas destinadas à administração oral. Possuem tamanhos e capacidades variáveis e, usualmente, contêm dose única do princípio ativo. O invólucro pode ser constituído de amido ou de gelatina.

Catálogo de compras ou manual de especificação técnica. Conjunto de informações específicas sobre os medicamentos e os produtos para a saúde a serem adquiridos.

Categorização[4]**.** Procedimento relacionado para a classificação de serviços ambulatoriais e de internação de acordo com o critério adotado (complexidade, resolução de riscos e outros) que permite definir os níveis, concentrar atividades, classificar os benefícios de acordo com sua validade, segundo o tipo de estabelecimento analisado.

Censo diário hospitalar[4]**.** Contagem do número de leitos ocupados a cada 24 horas.

Centrais farmacêuticas[18]**.** Almoxarifados centrais de medicamentos, geralmente na esfera estadual, onde são feitas a estocagem e a distribuição para hospitais, ambulatórios e postos de saúde.

Central de Abastecimento Farmacêutico (CAF)[3]**.** Área específica destinada às atividades de recebimento, armazenagem, distribuição e expedição de medicamentos e produtos em serviços de saúde, necessariamente vinculados a uma unidade de saúde ou a um gestor do sistema de saúde.

Central de armazenamento em serviços de saúde[3]**.** Área específica destinada às atividades de recebimento, armazenagem, distribuição e expedição de produtos para a saúde, de higiene e saneantes em serviços de saúde, necessariamente vinculados a uma unidade ou ao gestor do sistema.

Centro de Pesquisa[16]**.** Organização pública ou privada, legitimamente constituída, na qual são realizadas pesquisas clínicas. Um Centro de Pesquisa pode ou não estar inserido em um hospital ou em uma clínica.

Certificação[33]**.** 1. Processo ou ação pelo qual uma organização autorizada avalia e certifica que um indivíduo, instituição ou programa atende a exigências como padrões. A certificação difere da acreditação, pois a certificação também pode ser aplicada a pessoas (p. ex., um médico especialista).
2. Processo por meio do qual uma agência ou associação não governamental certifica que determinado indivíduo atende às qualificações predeterminadas especificadas pela agência ou associação.

Chemical Abstracts Service **(CAS)**[7]**.** Referência internacional de substâncias químicas.

Cilindro de gás[8,9]**.** Recipiente metálico perfeitamente fechado, de paredes resistentes, destinado a conter gás sob pressão, obturado por válvula regulável, capaz de manter a saída do gás em vazão determinada.

Classe mundial[23]**.** Expressão utilizada para caracterizar uma organização considerada entre as melhores do mundo.

Classificação de risco[13]**.** Classificação utilizada por diversos países para qualificar o risco a que uma população está exposta, dependendo da classe terapêutica, do tipo de desvio de qualidade, da doença e da população exposta ao risco com o uso desse medicamento.

Cliente[1,23]**.** Organização ou pessoa que recebe um produto. Exemplos: consumidor, usuário final, varejista, beneficiário e comprador.

Clima organizacional[34]**.** Qualidade de um ambiente interno de uma organização, que resulta do comportamento e conduta de seus membros. Serve como base para interpretar a situação e age também como uma fonte de pressão, direcionando as atividades.

Colírio[7]**.** Solução ou suspensão estéril, aquosa ou oleosa, contendo uma ou várias substâncias medicamentosas destinadas à instilação ocular.

Comissão de Farmácia e Terapêutica (CFT)[3]**.** Organismo técnico e multidisciplinar, subordinado à direção de um serviço de saúde ou à instância gestora do sistema, capaz de assessorar os serviços clínicos, gestores e os setores administrativos sobre os medicamentos.

Comissão Nacional de Ética em Pesquisa (Conep)[16]**.** Instância colegiada, de natureza consultiva, deliberativa, normativa, educativa, independente, vinculada ao Conselho Nacional de Saúde, criada pela Resolução CNS 196/96.

Comitê[20]**.** Comissão. Grupo de pessoas com funções especiais, ou incumbidas de tratar de determinado assunto.

Comitê de Ética em Pesquisa (CEP)[12,16]**.** 1. Organismo independente (conselho de revisão ou comitê institucional, regional ou nacional), composto de profissionais da saúde e membros de outras áreas, cujas responsabilidades são proteger a segurança, a integridade e os direitos humanos dos sujeitos participantes em determinada pesquisa clínica e cuidar das questões éticas gerais da pesquisa, promovendo, assim, a confiança pública. Os comitês de ética devem ser constituídos e funcionar de forma que suas tarefas possam ser executadas livres de parcialidades e de qualquer influência daqueles que conduzem a pesquisa.

2. Colegiado interdisciplinar e independente, com múnus público, de caráter consultivo, deliberativo e educativo, registrado na Comissão Nacional de Ética em Pesquisa (Conep) conforme a Resolução CNS 196/96, criado para defender os interesses, a segurança e o bem-estar dos sujeitos da pesquisa em sua integridade e dignidade e para contribuir para o desenvolvimento da pesquisa dentro dos padrões éticos.

Comparabilidade[11]. Comparação científica, no que diz respeito a parâmetros não clínicos e clínicos em termos de qualidade, eficácia e segurança, de um produto biológico com um produto biológico comparador, com o objetivo de estabelecer que não existem diferenças detectáveis em termos de qualidade, eficácia e segurança entre os produtos.

Competência[1]. Capacidade demonstrada para aplicar conhecimento e habilidades.

Comprimidos[8,9]. Formas farmacêuticas sólidas obtidas por compressão, contendo dose única com um ou mais princípios ativos.

Comunicação[20]. Ato ou efeito de emitir, transmitir e receber mensagens por meio de métodos e/ou processos convencionados, quer por pela linguagem falada ou escrita, quer por outros sinais, signos ou símbolos, quer pelo aparelhamento técnico especializado, sonoro e/ou visual.

Comunidade[20]. Qualquer grupo social cujos membros habitam uma região determinada, têm um mesmo governo e estão irmanados por uma mesma herança cultural e histórica. Grupo de pessoas considerado, dentro de uma formação social complexa, em suas características específicas e individualizantes.

Concentrado polieletrolítico para hemodiálise (CPHD)[35]. Concentrado de eletrólitos, com ou sem glicose, apresentado na forma sólida ou líquida para ser empregado na terapia de diálise renal, após diluição recomendada pelo fabricante e utilizando equipamento específico.

Conciliação de medicamentos[5]. Serviço pelo qual o farmacêutico elabora uma lista precisa de todos os medicamentos (nome ou formulação, concentração/dinamização, forma farmacêutica, dose, via de administração e frequência de uso, duração do tratamento) utilizados pelo paciente, conciliando as informações do prontuário, da prescrição, do paciente e de cuidadores, entre outras. Esse serviço é geralmente prestado quando o paciente transita pelos diferentes níveis de atenção ou por distintos serviços de saúde, com o objetivo de diminuir as discrepâncias não intencionais da farmacoterapia.

Confidencialidade[33]. 1. Acesso a dados e informações restrito a indivíduos que tenham necessidade, razão ou permissão para esse acesso.
2. Direito de determinado indivíduo à privacidade quanto a informações pessoais, inclusive as registradas no seu prontuário.

Confidencialidade das informações[23]. Aspecto relacionado à segurança das informações sobre as garantias necessárias para que somente pessoas autorizadas tenham acesso à informação.

Conformidade[1]. Atendimento a um requisito.

Congelador[8,9]. Em temperatura entre –20 °C e 0 °C.

Conhecimento[20]. Ideia, noção. Prática da vida, experiência.

Conservação[10]. Manutenção da NP em condições higiênicas e sob refrigeração controlada a temperatura de 2 °C a 8 °C, assegurando sua estabilidade fisicoquímica e pureza microbiológica.

Consulta[4]. Procedimento prestado a um paciente, por um integrante da equipe de saúde com título universitário para fins de diagnóstico e/ou orientação terapêutica.

Consulta de primeira vez[4]. Primeira assistência sanitária ambulatorial, prestada por integrante de nível superior da equipe de saúde na unidade a um paciente, após sua matrícula. Para fins de programação e avaliação, considerar como primeira consulta do ano. É o mesmo que primeira consulta.

Consulta ulterior[4]. Consulta que sucede a primeira consulta em um estabelecimento de saúde.

Consultoria[3]. Atividade profissional de diagnóstico e formulação de soluções acerca de um assunto ou especialidade; o profissional desta área é chamado de consultor.

Consumo[37]. Quantidade de medicamento utilizada no serviço de saúde em intervalos de tempo (dias, semanas, meses, anos).

Contaminação cruzada[7]. Contaminação de determinada matéria-prima, produto intermediário ou produto acabado com outra matéria-prima ou produto, durante o processo de manipulação.

Contaminantes[11]. Impurezas indesejadas de natureza química, microbiológica ou de corpos estranhos, introduzidos nas matérias-primas ou produtos intermediários durante a produção, amostragem, embalagem ou reembalagem, armazenamento ou transporte.

Contrarreferência[4]. Ato formal de retorno de um paciente ao estabelecimento de origem (que o referiu) após resolução da causa responsável pela referência e sempre acompanhado das informações necessárias a seu seguimento, no seu estabelecimento de origem.

Controle[3]. Monitoramento de processos (normas e eventos), com o objetivo de verificar a conformidade aos padrões estabelecidos e de detectar situações de alarme que requeiram uma avaliação detalhada e profunda.

Controle da qualidade[1,7]. 1. Conjunto de operações (programação, coordenação e execução) com o objetivo de verificar a conformidade das matérias-primas, materiais de embalagem e do produto acabado, com as especificações estabelecidas.
2. Parte da gestão da qualidade focada no atendimento aos requisitos da qualidade.

Controle em processo[7]. Verificações realizadas durante a manipulação de forma a assegurar que o produto esteja em conformidade com suas especificações.

Corpo estranho[6]. Corpo não inerente ao produto presente na solução.

Corpo profissional da farmácia hospitalar. Conjunto de profissionais que atuam na farmácia hospitalar e de serviços de saúde, sendo constituído de farmacêuticos (técnico responsável) e auxiliares.

Corpo técnico. Equipe de farmacêuticos.

Cosmético[36]. Produto de uso externo, destinado à proteção ou ao embelezamento das diferentes partes do corpo.

Credenciais[33]. Evidências de competência, licença atual e pertinente, formação, treinamento e experiência. Outros critérios podem ser acrescentados pela instituição de saúde. Ver Competência; Credenciamento.

Credenciamento[33]. Processo de obtenção, verificação e avaliação das qualificações de um profissional de saúde. O processo determina se um indivíduo pode prestar serviços de cuidado ao paciente em uma instituição ou rede de assistência à saúde. O processo de verificar periodicamente as qualificações dos profissionais é conhecido como recredenciamento.

Cremes[8]. Preparações semissólidas, obtidas por meio de bases emulsivas do tipo A/O ou O/A, contendo um ou mais princípios ativos ou aditivos dissolvidos ou dispersos na base adequada.

Cuidado farmacêutico[5]. Modelo de prática que orienta a provisão de diferentes serviços farmacêuticos diretamente destinados ao paciente, à família e à comunidade, visando à prevenção e à resolução de problemas da farmacoterapia, ao uso racional e ótimo dos medicamentos, à promoção, proteção e recuperação da saúde, bem como à prevenção de doenças e de outros problemas de saúde.

Cultura da segurança[27]. Conjunto de valores, atitudes, competências e comportamentos que determinam o comprometimento com a gestão da saúde e da segurança, substituindo a culpa e a punição pela oportunidade de aprender com as falhas e melhorar a atenção à saúde.

Custo paciente-dia[4]. Unidade de gasto representado pela média dos gastos diretos e indireto dos serviços prestados a pacientes internados, em um dia hospitalar.

Dados[33]. Fatos, observações clínicas ou medidas coletadas durante uma atividade de avaliação. Os dados antes da análise são chamados de dados brutos.

Dano[27]. Comprometimento da estrutura ou função do corpo e/ou qualquer efeito dele oriundo, incluindo doenças, lesão, sofrimento, morte, incapacidade ou disfunção, podendo, assim, ser físico, social ou psicológico.

Data de validade[7]. Data impressa no recipiente ou no rótulo do produto, informando o tempo durante o qual se espera que ele mantenha as especificações estabelecidas, desde que estocado nas condições recomendadas.

Demanda[37]. Necessidades identificadas, atendidas ou não.

Demanda não atendida[37]. Quantidade de medicamento prescrito e não atendido.

Demanda total ou real[37]. Soma das demandas atendidas e não atendidas.

Denominação Comum Brasileira (DCB)[7]. Nome do fármaco ou princípio farmacologicamente ativo aprovado pelo órgão federal responsável pela vigilância sanitária.

Denominação Comum Internacional (DCI)[7]. Nome do fármaco ou princípio farmacologicamente ativo aprovado pela Organização Mundial da Saúde.

Descrição do cargo[33]. Descrição de um cargo ou posto de trabalho, compreendendo os deveres, responsabilidades e condições necessárias para desempenhá-lo.

Desdobramento[20]. Desenvolvimento, incremento, aumento. Empenhar-se a fundo em qualquer atividade.

Desempenho[20]. Execução de um trabalho, atividade ou empreendimento que exige competência e/ou eficiência.

Desenvolvimento sustentável[23]. Aquele que atende às necessidades do presente sem comprometer a possibilidade de as gerações futuras atenderem às próprias necessidades. A convergência entre os propósitos econômicos, ecológicos e sociais que privilegiam sua conservação e perenidade constitui a base do desenvolvimento sustentável.

Desinfetante[7]. Saneante domissanitário destinado a destruir, indiscriminada ou seletivamente, microrganismos, quando aplicado em objetos inanimados ou ambientes.

Destinação comercial[28]. Venda permitida para farmácias e drogarias.

Destinação hospitalar[28]. Venda permitida para hospitais, clínicas e ambulatórios.

Destinação institucional[28]. Venda permitida para os programas governamentais com destino aos postos de dispensação de medicamentos vinculados ao Sistema Único de Saúde.

Destinação profissional/empresa especializada[28]**.** Venda permitida para profissionais ou empresa especializada.

Desvio de qualidade[7]**.** Não atendimento dos parâmetros de qualidade estabelecidos para um produto ou processo.

Dia hospitalar[4]**.** Período de trabalho compreendido entre dois censos hospitalares consecutivos.

Dialisato[35]**.** Solução obtida após diluição do CPHD, na proporção adequada para uso.

Dinamização[7]**.** Resultado do processo de diluição seguida de sucussões e/ou triturações sucessivas do fármaco em insumo inerte adequado, com a finalidade de desenvolvimento do poder medicamentoso.

Direção[23]**.** Grupo de dirigentes responsável pelo desempenho da organização.

Diretrizes[20]**.** Conjunto de instruções ou indicações para tratar e levar a termo um plano, uma ação, um negócio.

Dispensação[16,18]**.** Ato profissional farmacêutico de proporcionar um ou mais medicamentos a um paciente, geralmente como resposta à apresentação de uma receita elaborada por um profissional autorizado. Neste ato o farmacêutico informa e orienta o paciente sobre o uso adequado do medicamento. São elementos importantes da orientação, entre outros, a ênfase no cumprimento da dosagem, a influência dos alimentos, a interação com outros medicamentos, o reconhecimento de reações adversas potenciais e as condições de conservação dos produtos.

Disponibilidade da informação[23]**.** Garantia de que os usuários autorizados obtenham acesso à informação sempre que necessário.

Disseminação[20]**.** Espalhamento, difusão, propagação.

Distribuição de medicamentos em serviços de saúde[3]**.** Ato de fornecimento de medicamentos, mediante prescrição em unidades de internação e requisição para as Centrais de Abastecimento Farmacêutico (CAF).

Distribuidora[6]**.** Empresa que exerce o comércio atacadista de medicamentos e produtos para a saúde.

Divisão[20]**.** Subdivisão organizacional de departamento, diretoria.

Documentação normativa[7]**.** Procedimentos escritos que definem a especificidade das operações para permitir o rastreamento dos produtos manipulados nos casos de desvios da qualidade.

Doenças crônico-degenerativas[18]**.** Doenças que apresentam evolução de longa duração, acompanhada de alterações degenerativas em tecidos do corpo humano.

Dose unitária[7]**.** Adequação da forma farmacêutica à quantidade correspondente à dose prescrita, preservadas suas características de qualidade e rastreamento.

Dose unitarizada[7]. Adequação da forma farmacêutica em doses previamente selecionadas para atendimento a prescrições nos serviços de saúde.

Dossiê completo[11]. Conjunto total de documentos apresentados à Agência Nacional de Vigilância Sanitária (Anvisa) para demonstração dos atributos de qualidade, segurança e eficácia de um produto biológico. Esse dossiê é composto pela caracterização completa do produto e descrição detalhada do processo produtivo, demonstrando a consistência na manufatura do medicamento, além de substanciais evidências de segurança e eficácia clínicas, demonstradas por meio de estudos não clínicos e clínicos de fases I, II e III.

Dossiê de anuência de pesquisa[16]. Coletânea de documentos protocolizados na Anvisa, dentre estes: formulários de petição, descrição das etapas da pesquisa e seus aspectos fundamentais, informações relativas ao sujeito da pesquisa e à qualificação dos pesquisadores e da equipe responsável pelo estudo.

Droga[8]. Toda substância de origem animal, vegetal ou mineral de onde é extraído o princípio ativo que possui ação farmacológica.

Droga vegetal[8]. Planta medicinal ou suas partes, após processos de coleta de estabilização e de secagem, podendo ser íntegra, rasurada, triturada ou pulverizada.

Ecossistema[23]. Elementos, vivos ou não vivos, orgânicos ou inorgânicos, que mantêm uma relação de interdependência contínua e estável para formar um todo unificado que realiza trocas de matéria e energia, interna e externamente. É considerado como a unidade ecológica. O conjunto de todos os ecossistemas do planeta forma a biosfera, ou seja, a parte do planeta que abriga a vida.

Educação continuada[20]. Processo de desenvolvimento da capacidade física, intelectual e moral da criança e do ser humano em geral, visando à sua melhor integração individual e social. Aperfeiçoamento integral de todas as faculdades humanas.

Educação continuada em estabelecimento de saúde (educação permanente)[3,36]. Processo de permanente aquisição de informações pelo trabalhador, de todo e qualquer conhecimento, por meio de escolarização formal, vivências, experiências laborais e emocionais, no âmbito institucional ou fora dele.

Efeito colateral[12,38]. Qualquer efeito não intencional de um produto farmacêutico que ocorre em doses normalmente utilizadas por um paciente, relacionadas às propriedades farmacológicas do medicamento. Os elementos essenciais desta definição são a natureza farmacológica do efeito, o fato de o fenômeno não ser intencional e de não haver nenhuma evidência de superdose.

Efeito extrínseco[13]. Expressão utilizada para designar as reações adversas não relacionadas ao princípio ativo do medicamento, mas relacionadas a causas diversas, como excipientes, contaminações, materiais defeituosos, problemas de produção, embalagem, estocagem ou preparações inapropriadas.

Efetividade/risco[12]**.** Relação entre a taxa de efetividade de um medicamento e o risco de dano, é uma avaliação quantitativa do mérito de um medicamento, utilizada em práticas clínicas rotineiras. Informações comparativas entre terapias são mais úteis que as previsões de eficácia e predição de risco das informações pré-comercialização, que estão limitadas e se baseiam em sujeitos de pesquisa selecionados.

Eficácia[1]**.** Extensão na qual as atividades planejadas são realizadas e os resultados planejados, alcançados.

Eficácia do medicamento[18]**.** A capacidade de o medicamento atingir o efeito terapêutico visado.

Eficiência[33]**.** Relação entre os serviços produzidos e os recursos utilizados para produzir os serviços. Aumentar a eficiência envolve realizar os mesmos serviços com menos recursos ou mais serviços com a mesma quantidade de recursos.

Elixires[8,9]**.** Preparações líquidas, límpidas, hidroalcoólicas, apresentando teor alcoólico na faixa de 20 a 50%. Os elixires são preparados por dissolução simples e devem ser envasados em frascos de cor âmbar e mantidos em lugar fresco e ao abrigo da luz.

Embalagem[28]**.** Invólucro, recipiente ou qualquer forma de acondicionamento, removível ou não, destinado a cobrir, empacotar, envasar, proteger ou manter medicamentos, especificamente ou não.

Embalagem de transporte[28,30]**.** Embalagem utilizada para o transporte de medicamentos acondicionados em suas embalagens primárias ou secundárias.

Embalagem hospitalar[28]**.** Embalagem secundária de medicamentos de venda com ou sem exigência de prescrição médica, utilizada para o acondicionamento de medicamentos com destinação hospitalar.

Embalagem múltipla[28]**.** Embalagem secundária de medicamentos de venda sem exigência de prescrição médica dispensados exclusivamente nas embalagens primárias.

Embalagem original[7]**.** Embalagem aprovada junto ao órgão competente.

Embalagem original para fracionáveis[7]**.** Acondicionamento que contém embalagem primária fracionável.

Embalagem primária[7,11,28]**.** Acondicionamento que está em contato direto com o produto e que pode se constituir em recipiente, envoltório ou qualquer outra forma de proteção, removível ou não, destinado a envasar ou manter, cobrir ou empacotar matérias-primas, produtos semielaborados ou produtos acabados.

Embalagem primária fracionada[7]**.** Menor fração da embalagem primária fracionável que mantenha a qualidade e segurança do medicamento, os dados de identificação e as características da unidade posológica que a compõem, sem o rompimento da embalagem primária.

Embalagem primária fracionável[7]. Acondicionamento adequado à subdivisão mediante a existência de mecanismos que assegurem a presença dos dados de identificação e as mesmas características de qualidade e segurança do medicamento em cada embalagem primária fracionada.

Embalagem secundária[7,11,28]. 1. A que protege a embalagem primária para transporte, armazenamento, distribuição e dispensação.
2. Embalagem externa do produto, que está em contato com a embalagem primária ou envoltório intermediário, podendo conter uma ou mais embalagens primárias.

Empresas prestadoras de bens e ou serviços (EPBS)[39]. Organização capacitada, de acordo com a legislação vigente, para oferecer bens e/ou serviços em terapia nutricional.

Emulsões[8,9]. Preparações farmacêuticas obtidas pela dispersão de duas fases líquidas imiscíveis ou praticamente imiscíveis. De acordo com a hidrofilia ou lipofilia da fase dispersante, os sistemas classificam-se em óleo em água (O/A) ou água em óleo (A/O). Quando são para uso injetável, devem atender às exigências de esterilidade e pirogênios.

Ensaios clínicos[5,18]. Qualquer pesquisa que, individual ou coletivamente, envolva o ser humano, de forma direta ou indireta, em sua totalidade ou partes dele, incluindo o manejo de informações ou materiais.

Envoltório intermediário[28]. Embalagem opcional que está em contato com a embalagem primária e constitui um envoltório ou qualquer outra forma de proteção removível, podendo conter uma ou mais embalagens primárias, conforme aprovação da Anvisa.

Equipamento de apoio[36]. Equipamento ou sistema inclusive acessório e periférico que compõe uma unidade funcional, com características de apoio à área assistencial. São considerados equipamentos de apoio: cabine de segurança biológica, destilador, deionizador, liquidificador, batedeira, banho-maria, balanças, refrigerador, autoclave, dentre outros.

Equipamento de infraestrutura[36]. Equipamento ou sistema inclusive acessório e periférico que compõe as instalações elétrica, eletrônica, hidráulica, fluido-mecânica ou de climatização ou de circulação vertical destinadas a dar suporte ao funcionamento adequado das unidades assistenciais e aos setores de apoio.

Equipamento de proteção individual[36]. Dispositivo ou produto de uso individual utilizado pelo trabalhador, destinado à proteção de riscos suscetíveis de ameaçar a segurança e a saúde no trabalho.

Equipamento de proteção individual (EPI)[3,7]. 1. Dispositivo ou produto de uso individual utilizado pelo trabalhador, destinado à proteção de riscos que podem ameaçar a segurança e a saúde no trabalho.
2. Equipamentos ou vestimentas apropriadas para proteção das mãos (luvas), dos olhos (óculos), da cabeça (toucas), do corpo (aventais com mangas longas), dos pés (sapatos próprios para a atividade ou protetores de calçados) e respiratória (máscaras).

Equipamento de saúde[36]. Conjunto de aparelhos e máquinas, suas partes e acessórios utilizados por um estabelecimento de saúde onde são desenvolvidas ações de diagnose, terapia e monitoramento. São considerados equipamentos de saúde os equipamentos de apoio, os de infraestrutura, os gerais e os médico-assistenciais.

Equipamento médico-assistencial[36]. Equipamento ou sistema, inclusive seus acessórios e partes, de uso ou aplicação médica, odontológica ou laboratorial, utilizado direta ou indiretamente para diagnóstico, terapia e monitoração na assistência à saúde da população, e que não utiliza meio farmacológico, imunológico ou metabólico para realizar sua principal função em seres humanos, podendo, entretanto, ser auxiliado em suas funções por tais meios.

Equipamentos fixos[4]. Equipamentos cujo uso se restringe a um ambiente exclusivo de operação.

Equipamentos gerais[36]. Conjunto de móveis e utensílios com características de uso geral, e não específico, da área hospitalar. São considerados equipamentos gerais: mobiliário, máquinas de escritório, sistema de processamento de dados, sistema de telefonia, sistema de prevenção contra incêndio, dentre outros.

Equipamentos móveis[4]. Aqueles que podem ser deslocados (transportados) para diversos ambientes. Também são denominados equipamentos transportáveis.

Equipe Multiprofissional de Terapia Nutricional (EMTN)[10,39]. Grupo formal e obrigatoriamente constituído de pelo menos um profissional de cada categoria, a saber: médico, nutricionista, enfermeiro e farmacêutico, podendo ainda incluir profissional de outras categorias, habilitados e com treinamento específico para a prática da terapia nutricional (TN).

Equivalência terapêutica[40]. Dois medicamentos são considerados terapeuticamente equivalentes se são equivalentes farmacêuticos e, após administração na mesma dose molar, seus efeitos em relação à eficácia e segurança são essencialmente os mesmos, o que se avalia por meio de estudos de bioequivalência apropriados, ensaios farmacodinâmicos, ensaios clínicos ou estudos *in vitro*.

Equivalentes farmacêuticos[13,26]. São medicamentos que contêm o mesmo fármaco, isto é, mesmo sal ou éster da mesma molécula terapeuticamente ativa, na mesma quantidade e forma farmacêutica, podendo ou não conter excipientes idênticos. Devem cumprir as mesmas especificações atualizadas da *Farmacopeia Brasileira* e, na ausência destas, as de outros códigos autorizados pela legislação vigente ou, ainda, outros padrões aplicáveis de qualidade, relacionados à identidade, dosagem, pureza, potência, uniformidade de conteúdo, tempo de desintegração e velocidade de dissolução, quando for o caso.

Ergonomia[20]. Conjunto de estudos que visam à organização metódica do trabalho em função do fim proposto e das relações entre o homem e a máquina.

Erro de medicação[41]. Erro (na prescrição, aviamento ou administração dos medicamentos) que faz o paciente não receber a medicação correta ou a dosagem indicada da própria droga.

Escopo da prática[33]. Espectro das atividades desempenhadas pelos profissionais em uma instituição de saúde. O escopo é determinado pelo treinamento, tradição, leis ou regulamentos ou pela instituição.

Escopo dos serviços[33]. Espectro das atividades desempenhadas pelos funcionários do governo, gerência, clínica e apoio.

Especialidade farmacêutica[7]. Produto oriundo da indústria farmacêutica com registro na Anvisa e disponível no mercado.

Especialidades médicas básicas[4]. São quatro: clínica médica, clínica cirúrgica, clínica gineco-obstétrica e clínica pediátrica.

Especialidades médicas críticas (estratégicas)[4]. Especialidades médicas que em sua área geográfica determinada assumem maior importância diante da prevalência de doenças específicas ou da dificuldade de acesso a um estabelecimento de maior categoria.

Especialista[1]. Pessoa que tem conhecimento ou experiência específicos em um assunto.

Espíritos[8,9]. Preparações líquidas alcoólicas ou hidroalcoólicas, contendo princípios aromáticos ou medicamentosos e classificados em simples e compostos. Os espíritos são obtidos pela dissolução de substâncias aromáticas no álcool, geralmente na proporção de 5% (p/V).

Estabelecimento de saúde[7,36]. 1. Nome genérico dado a qualquer local ou ambiente físico destinado à prestação de assistência sanitária à população em regime de internação e/ou não internação, qualquer que seja o nível de categorização.

2. Denominação dada a qualquer local destinado a realização de ações e serviços de saúde, coletiva ou individual, qualquer que seja seu porte ou nível de complexidade.

Estabelecimento de saúde com internação[4]. Estabelecimento destinado a prestar assistência à saúde em regime de internação, podendo ou não dispor de atenção ambulatorial.

Estabelecimento de saúde sem internação[4]. Estabelecimento destinado a prestar assistência à saúde em regime exclusivamente ambulatorial.

Estágio[42]. Ato educativo escolar supervisionado, desenvolvido no ambiente de trabalho, que visa à preparação para o trabalho produtivo de educandos que estejam frequentando o ensino regular em instituições de Educação Superior, de Educação Profissional, de Ensino Médio, da Educação Especial e dos anos finais do Ensino Fundamental, na modalidade profissional da Educação de Jovens e Adultos.

Estágio não obrigatório ou extracurricular[42,43]. Aquele desenvolvido como atividade opcional, acrescido à carga horária regular e obrigatória.

Estágio obrigatório ou curricular[42,43]. Aquele desenvolvido como tal no projeto do curso, cuja carga horária é requisito para aprovação e obtenção de diploma.

Estratégia[23]. Caminho escolhido para concentrar esforços com o objetivo de tornar real a visão da organização.

Estrutura de cargos[23]. Arranjo ordenado de responsabilidades, autonomia e tarefas atribuídas às pessoas, individualmente ou em grupo. Usualmente, considera a descrição de cargos, funções e competências requeridas.

Estrutura organizacional[44]. Responsabilidades, vinculações hierárquicas e relacionamentos, configurados segundo um modelo, pelo qual uma organização executa suas funções.

Estudo de estabilidade acelerado[45]. Estudo projetado para acelerar a degradação química e/ou as mudanças físicas de um produto farmacêutico em condições forçadas de armazenamento. Os dados assim obtidos, com aqueles derivados dos estudos de longa duração, podem ser usados para avaliar efeitos químicos e físicos prolongados em condições não aceleradas e para avaliar o impacto de curtas exposições a condições fora das estabelecidas no rótulo do produto, que podem ocorrer durante o transporte.

Estudo de estabilidade de acompanhamento[45]. Estudo realizado para verificar que o produto farmacêutico mantém suas características físicas, químicas, biológicas e microbiológicas conforme os resultados obtidos nos estudos de estabilidade de longa duração.

Estudo de estabilidade de longa duração[45]. Estudo projetado para verificação das características físicas, químicas, biológicas e microbiológicas de um produto farmacêutico durante e, opcionalmente, depois do prazo de validade esperado. Os resultados são usados para estabelecer ou confirmar o prazo de validade e recomendar as condições de armazenamento.

Estudos clínicos[16]**.** Estudo sistemático, seguindo integralmente as pautas do método científico em seres humanos voluntários, sadios ou doentes, realizado com medicamentos e/ou especialidades medicinais com o objetivo de descobrir ou verificar os efeitos e/ou identificar reações adversas do produto sob investigação e/ou estudar absorção, distribuição, metabolismo (biotransformação) e excreção dos princípios ativos a fim de estabelecer sua eficácia e segurança.

Estudos de utilização de medicamentos (EUM)[18]**.** Aqueles relacionados à comercialização, distribuição, prescrição e o uso de medicamentos em uma sociedade, com ênfase sobre as consequências médicas, sociais e econômicas resultantes; complementarmente, têm-se os estudos de farmacovigilância e os ensaios clínicos.

Estudos fase IV[13]**.** Termo regulatório aplicado a estudos farmacoepidemiológicos realizados após a aprovação da comercialização de um medicamento.

Estudos pré-clínicos (Farmacologia pré-clínica - Fase 0)[16]**.** No desenvolvimento de um medicamento, estudos pré-clínicos são todos aqueles que se realizam *in vitro* e/ou em animais de experimentação (cobaias), desenhados com a finalidade de obter a informação necessária para decidir se é justificável a realização de estudos mais amplos em seres humanos, sem expô-los a riscos injustificáveis. Embora muitos dos estudos pré-clínicos devam anteceder os estudos clínicos, aqueles que requerem períodos prolongados para sua execução ou são estudos especiais prosseguem durante as primeiras fases dos estudos clínicos.

EVA[10]**.** Etileno acetato de vinila.

Evento adverso[5,6,12,27,36,38]**.** 1. Qualquer ocorrência médica desfavorável, que pode surgir durante o tratamento com um medicamento, mas que não tem, necessariamente, relação causal com esse tratamento. Todo evento adverso pode ser considerado uma suspeita de reação adversa a um medicamento. O ponto básico aqui é a coincidência no tempo sem qualquer suspeita de relação causal.

2. Agravo à saúde ocasionado a um paciente ou usuário em decorrência do uso de um produto submetido ao regime de vigilância sanitária, sendo utilizado nas condições e parâmetros prescritos pelo fabricante.

3. Incidente que resulta em dano à saúde.

4. Qualquer ocorrência não desejável que pode estar relacionada ao uso de um produto farmacêutico, mas que não necessariamente possui relação causal com o tratamento, devendo estar obrigatoriamente registrada no prontuário do paciente e, opcionalmente, em livro específico.

Evento adverso grave[13]**.** Efeito nocivo que ocorra na vigência de um tratamento medicamentoso que ameace a vida ou resulte em morte, incapacidade significativa ou permanente, em anomalia congênita, em hospitalização ou prolongue uma hospitalização já existente.

Evento adverso inesperado[13]. Qualquer experiência nociva que não esteja descrita na bula do medicamento, incluindo eventos que possam ser sintomática e fisiopatologicamente relacionados a um evento descrito na bula, mas que diferem desse evento pela gravidade e especificidade. Além disso, é considerado inesperado o evento adverso cuja natureza, gravidade ou desfecho é inconsistente com a informação contida na bula.

Evidência objetiva[1]. Dados que apoiam a existência ou a veracidade de alguma coisa.

Evolução farmacêutica[5]. Registros efetuados pelo farmacêutico no prontuário do paciente, com a finalidade de documentar o cuidado em saúde prestado, propiciando a comunicação entre os diversos membros da equipe de saúde.

Extratos[8,9]. Preparações de consistência líquida, sólida ou intermediária, obtidas a partir de material vegetal ou animal. O material utilizado na preparação de extratos pode sofrer tratamento preliminar, como inativação de enzimas, moagem ou desengorduramento. Os extratos são preparados por percolação, maceração ou outro método adequado e validado, utilizando como solvente álcool etílico, água ou outro solvente adequado. Após a extração, materiais indesejáveis podem ser eliminados.

Extratos fluidos[8,9]. Preparações líquidas nas quais, exceto quando especificado diferentemente. Uma parte do extrato, em massa ou volume, corresponde a uma parte, em massa, da droga seca utilizada em sua preparação. Os extratos fluidos podem ser padronizados, em termos de concentração do solvente, do teor dos constituintes ou do resíduo seco. Se necessário, podem ser adicionados de conservantes inibidores do crescimento microbiano.

Extratos hidroglicólicos (extratos glicólicos)[8]. Contêm as frações aromáticas intactas (óleos essenciais) e hidrossolúveis (taninos, aminoácidos etc.) de maneira perfeitamente assimilável. Contêm concentrações próximas a 50% do peso da planta fresca. São solúveis em água e produzem uma solução transparente ou ligeiramente turva. Glicóis = glicerina, propilenoglicol.

Extratos moles[8]. Preparações de consistência pastosa obtidas por evaporação parcial do solvente utilizado na sua preparação. São obtidos utilizando-se como solvente unicamente álcool etílico, água ou misturas álcool etílico/água em proporção adequada. Apresentam no mínimo 70% de resíduo seco (p/p). Aos extratos moles podem ser adicionados conservantes para inibir o crescimento microbiano.

Extratos secos[8]. Preparações sólidas obtidas pela evaporação do solvente utilizado na sua preparação. Apresentam, no mínimo, 95% de resíduo seco, calculados como percentagem de massa. Os extratos secos podem ser adicionados de materiais inertes adequados. Os extratos secos padronizados têm o teor de seus constituintes ajustado pela adição de materiais inertes adequados ou pela adição de extratos secos obtidos com a mesma droga utilizada na preparação.

Fabricante[6]. Empresa que realiza as operações de fabricação até o produto acabado.

Familiares[33]. A(s) pessoa(s) que te(ê)m papel importante na vida do paciente. Isso pode incluir pessoa(s) que não tenha(m) relação(ões) formal(is) legal(is) com o paciente. Essa(s) pessoa(s) é(são) com frequência indicada(s) para tomar decisão como intermediário se for(em) autorizada(s) a tomar decisões sobre o cuidado ao paciente caso ele perca a capacidade de tomar decisões.

Farmácia[3,7,17]. Estabelecimento de manipulação de fórmulas magistrais e oficinais, de comércio de drogas, medicamentos, insumos farmacêuticos e produtos para a saúde (correlatos), compreendendo o de dispensação e o de atendimento privativo de unidade hospitalar ou de qualquer outra equivalente de assistência médica.

Farmácia clínica[5,46]. 1. Ciência da saúde cuja responsabilidade é assegurar, mediante a aplicação de conhecimentos e funções relacionadas ao cuidado dos pacientes, que o uso de medicamentos seja seguro e apropriado; necessita, portanto, de educação especializada e treinamento estruturado, além da coleta e interpretação de dados, da motivação pelo paciente e de interações multiprofissionais.

2. Área da farmácia voltada à ciência e prática do uso racional de medicamentos, na qual os farmacêuticos prestam cuidado ao paciente, de forma a otimizar a farmacoterapia, promover saúde e bem-estar e prevenir doenças.

Farmácia hospitalar (farmácia de atendimento privativo de unidade hospitalar)[7,17,19]. 1. Unidade clínico-assistencial, técnica e administrativa, onde se processam as atividades relacionadas à assistência farmacêutica, dirigida exclusivamente por farmacêutico, compondo a estrutura organizacional do hospital e integrada funcionalmente com as demais unidades administrativas e de assistência ao paciente.

2. Unidade clínica de assistência técnica e administrativa, dirigida por farmacêutico, integrada funcional e hierarquicamente às atividades hospitalares.

Fármaco/princípio ativo[8]. Substância quimicamente caracterizada, cuja ação farmacológica é conhecida e responsável total ou parcialmente pelos efeitos terapêuticos do medicamento.

Farmacoeconomia[31]. Conjunto de atividades dedicadas, de modo geral, à análise econômica no campo da assistência farmacêutica, como a gestão de serviços farmacêuticos, a avaliação da prática profissional e a avaliação econômica de medicamento e, de modo específico, à descrição e à análise dos custos e das consequências da farmacoterapia para o paciente, o sistema de saúde e a sociedade.

Farmacoepidemiologia[18]. Aplicação do método e raciocínio epidemiológico no estudo dos efeitos – benéficos e adversos – e do uso de medicamentos em populações humanas.

Farmacopeia[18]. Conjunto de normas e monografias de farmoquímicos, estabelecido por e para um país.

Farmacopeico[8,9]. A expressão "farmacopeico" substitui as expressões "oficial" e "oficinal", utilizadas em edições anteriores da *Farmacopeia Brasileira* e do Formulário Nacional, equivalendo-se as três expressões para todos os efeitos.

Farmacoterapia[18]. Aplicação dos medicamentos na prevenção ou tratamento de doenças.

Farmacovigilância[12]. Ciência e atividades relativas a detecção, avaliação, compreensão e prevenção de efeitos adversos ou quaisquer outros possíveis problemas relacionados a medicamentos.

Farmoquímicos[18]. Todas as substâncias ativas ou inativas empregadas na fabricação de produtos farmacêuticos.

Filtro HEPA[7]. Filtro para ar de alta eficiência com a capacidade de reter 99,97% das partículas maiores de 0,3 μm de diâmetro.

Fitoterápico[8]. Medicamento obtido empregando-se exclusivamente matérias-primas ativas vegetais. É caracterizado pelo conhecimento da espécie vegetal, de sua eficácia e dos riscos de seu uso, assim como pela reprodutibilidade e constância de sua qualidade. Sua eficácia e segurança são validadas por meio de levantamentos etnofarmacológicos, de documentações tecnocientíficas em publicações ou de ensaios clínicos fase 3. Não se considera medicamento fitoterápico aquele que, na sua composição, inclua substâncias ativas isoladas, de qualquer origem, nem as associações dessas com extratos vegetais.

Fluxograma[44]. Diagrama que apresenta o fluxo ou sequência normal de um trabalho ou um processo, por meio de simbologia própria. Maneira gráfica de visualizar as etapas de um processo.

Ferramenta ou instrumento e técnica de melhoramento da qualidade que consiste em representar ordenadamente em um gráfico todos os passos de uma função ou processo. Descrição do que "entra" e "sai" de um departamento ou seção. As rotinas operacionais são as bases para o desenho dos fluxogramas.

Força de trabalho[23]. Pessoas que compõem uma organização e que contribuem para a consecução de suas estratégias, objetivos e metas, como empregados em tempo integral ou parcial, temporários, autônomos e contratados de terceiros que trabalham sob a coordenação direta da organização.

Forma farmacêutica[7]**.** Estado final de apresentação que os princípios ativos farmacêuticos possuem após uma ou mais operações farmacêuticas executadas com ou sem a adição de excipientes apropriados, a fim de facilitar sua utilização e obter o efeito terapêutico desejado, com características apropriadas a determinada via de administração.

Forma farmacêutica básica[7]**.** Preparação que constitui o ponto inicial para a obtenção das formas farmacêuticas derivadas.

Forma farmacêutica derivada[7]**.** Preparação oriunda da forma farmacêutica básica ou da própria droga e obtida pelo processo de dinamização.

Fórmula padrão[7]**.** Documento ou grupo de documentos que especificam as matérias-primas com respectivas quantidades e os materiais de embalagem, com a descrição dos procedimentos, incluindo instruções sobre o controle em processo e precauções necessárias para a manipulação de determinada quantidade (lote) de um produto.

Formulação farmacêutica[18]**.** Relação quantitativa dos farmoquímicos que compõem um medicamento.

Formulação padronizada de nutrição parenteral[10]**.** Toda formulação para nutrição parenteral, sob prescrição médica, cujos componentes são previamente estabelecidos, com estudos de estabilidade realizados e prazo de validade definido, podendo ser empregada para diversos pacientes.

Formulário terapêutico[3]**.** Formulário contendo informações técnicas orientadoras à prescrição, dispensação, manipulação, administração e acompanhamento da utilização, sobre cada medicamento e insumo farmacêutico constante na lista de seleção do serviço de saúde.

Formulário Terapêutico Nacional[18]**.** Documento que reúne os medicamentos disponíveis em um país e que apresenta informações farmacológicas destinadas a promover o uso efetivo, seguro e econômico desses produtos.

Fornecedor[23]**.** Organização ou pessoa que fornece um produto. Exemplos: produtor, distribuidor, varejista ou comerciante de um produto ou prestador de um serviço ou informação.

Fracionamento[7]**.** Procedimento que integra a dispensação de medicamentos na forma fracionada efetuado sob a supervisão e responsabilidade de profissional farmacêutico habilitado, para atender à prescrição ou ao tratamento correspondente nos casos de medicamentos isentos de prescrição, caracterizado pela subdivisão de um medicamento em frações individualizadas, a partir de sua embalagem original, sem rompimento da embalagem primária, mantendo seus dados de identificação.

Fracionamento em serviços de saúde[7]**.** Procedimento realizado sob responsabilidade e orientação do farmacêutico, que consiste na subdivisão da embalagem primária do medicamento em frações menores, a partir de sua embalagem original, mantendo seus dados de identificação e qualidade.

Franquia[7]**.** Contrato no qual uma empresa, mediante pagamento, permite a outra explorar sua marca e seus produtos, prestando-lhe contínuo auxílio técnico.

Fricção antisséptica das mãos com preparação alcoólica[14]**.** Aplicação de preparação alcoólica nas mãos para reduzir a carga de microrganismos sem a necessidade de enxágue em água ou secagem com papel toalha ou outros equipamentos.

Garantia da qualidade[7]**.** Esforço organizado e documentado dentro de uma empresa para assegurar as características do produto, de modo que cada unidade esteja de acordo com suas especificações.

Garantia da qualidade[4,27,47]**.** 1. Conjunto de ações sistemáticas e planejadas destinadas a garantir a conformidade adequada quanto ao funcionamento de uma estrutura, de um sistema, de componentes ou procedimentos de acordo com padrões aprovados.
2. Totalidade das ações sistemáticas necessárias para garantir que os serviços prestados estejam dentro dos padrões de qualidade exigidos para os fins a que se propõem.

Géis[8]**.** Sistemas semissólidos que consistem em suspensões de pequenas partículas inorgânicas ou grandes moléculas orgânicas interpenetradas por um líquido.

Gerenciamento de informação[33]**.** Criação, utilização, compartilhamento e descarte de dados ou informações na instituição. Essa prática é crítica para o funcionamento eficaz e efetivo das atividades da instituição. Isso inclui o papel do gerenciamento na produção e no controle da utilização de dados e informações nas atividades de trabalho, no gerenciamento dos recursos, tecnologias e serviços de informação.

Gerenciamento de medicamentos e insumos farmacêuticos[3]**.** Conjunto de ações que visam assegurar que os medicamentos e insumos farmacêuticos submetidos ao plano de gerenciamento sejam selecionados, adquiridos, transportados, recebidos, armazenados, conservados, distribuídos, dispensados, utilizados e descartados de modo a garantir sua rastreabilidade, qualidade, eficácia e segurança.

Gerenciamento de produtos para saúde, de higiene e saneantes[3]**.** Conjunto de ações que visam à garantia da qualidade assegurando que os produtos para a saúde, de higiene e saneantes submetidos ao plano de gerenciamento sejam selecionados, adquiridos, transportados, recebidos, armazenados, conservados, distribuídos, utilizados e descartados de modo a garantir sua rastreabilidade, qualidade, eficácia e segurança.

Gerenciamento de risco (gestão de risco)[12,19,27,36]**.** 1. Tomada de decisões relativas aos riscos ou a ação para reduzir as consequências ou a probabilidade de ocorrência.
2. Aplicação sistemática de políticas de gestão, procedimentos e práticas na análise, avaliação, controle e monitoramento de risco.
3. Aplicação sistêmica e contínua de políticas, procedimentos, condutas e recursos na identificação, análise, avaliação, comunicação e controle de riscos e eventos adversos que afetam a segurança, a saúde humana, a integridade profissional, o meio ambiente e a imagem institucional.

Gerenciamento de tecnologias[36,47]**.** Procedimentos de gestão, planejados e implementados a partir de bases científicas e técnicas, normativas e legais, com o objetivo de garantir a rastreabilidade, qualidade, eficácia, efetividade, segurança e, em alguns casos, o desempenho das tecnologias de saúde utilizadas na prestação de serviços de saúde, abrangendo cada etapa do gerenciamento, desde o planejamento e entrada das tecnologias no estabelecimento de saúde até seu descarte, visando à proteção dos trabalhadores, à preservação da saúde pública e do meio ambiente e à segurança do paciente.

Germicida[7]**.** Produto que destrói microrganismos, especialmente os patogênicos.

Gestão[1]**.** Atividades coordenadas para dirigir e controlar uma organização.

Gestão da qualidade[1]**.** Atividades coordenadas para dirigir e controlar uma organização, no que diz respeito à qualidade.

Glosa[3]**.** Supressão total ou parcial de uma quantia averbada em um escrito ou em uma conta.

Governança[23]**.** Sistema de gestão e controles exercidos na administração da organização. Compreende as responsabilidades dos acionistas, proprietários, conselhos de administração, diretoria e presidente. Acordos corporativos, estatutos e políticas documentam os direitos e as responsabilidades de cada parte e descrevem como a organização será dirigida e controlada para assegurar: a) a prestação de contas aos acionistas, proprietários e outras partes interessadas; b) a transparência nas operações; c) o tratamento justo de todas as partes interessadas. O sistema de governança pode incluir processos como aprovação dos objetivos estratégicos, avaliação e monitoramento do desempenho do presidente, planejamento da sucessão, auditoria financeira, estabelecimento de benefícios e compensações aos executivos, gestão de risco, divulgações e relatos financeiros. Assegurar a eficácia da governança é importante para a confiança das partes interessadas e de toda a sociedade, bem como para a eficácia organizacional.

Guias terapêuticos padronizados[18]**.** Coleções de roteiros terapêuticos preconizados para doenças diversas.

Habilitação[4]. Procedimento executado pela autoridade sanitária jurisdicional que autoriza o funcionamento de um estabelecimento, sob condições estabelecidas em leis e regulamentos. Normalmente é realizado antes do início do funcionamento do estabelecimento, definindo as condições do espaço físico de recursos humanos e equipamentos do estabelecimento em questão. É formalizado por documento de autorização sanitária (alvará de funcionamento, alvará sanitário). O mesmo que licença.

Habilitação (alvará) de funcionamento[4]. Documento de autorização de funcionamento ou operação de serviço, prestada pela autoridade sanitária local, também chamada de licença ou permissão sanitária.

Habilitação (alvará) sanitário[4]. Ver habilitação de funcionamento.

Hemoderivados[11,18]. 1. Medicamentos produzidos a partir do sangue humano ou de suas frações.
2. Produtos farmacêuticos obtidos a partir do plasma humano, submetidos a processos de industrialização e normatização que lhes conferem qualidade, estabilidade, atividade e especificidade.

Heteroisoterápico[7]. Bioterápico cujos insumos ativos são externos ao paciente e que, de alguma forma, o sensibilizam (alérgenos, poeira, pólen, solvente e outros).

Higienização antisséptica das mãos[14]. Ato de higienizar as mãos com água e sabonete associado a agente antisséptico.

Higienização das mãos[14]. Termo genérico aplicável à higienização simples das mãos, higienização antisséptica das mãos, fricção antisséptica das mãos com preparação alcoólica e antissepsia cirúrgica das mãos ou preparo pré-operatório de mãos.

Higienização simples das mãos[14]. Ato de higienizar as mãos com água e sabonete comum, sob a forma líquida.

História clínica[4]. Documento médico legal constituído por formulários padronizados ou não, destinados ao registro da atenção prestada ao paciente.

Hospital[4]. Estabelecimento de saúde destinado a prestar assistência sanitária em regime de internação à população, podendo dispor de assistência ambulatorial ou de outros serviços. Para o Paraguai e Uruguai, é o mesmo que sanatório.

Hospital especializado[4]. Hospital monovalente destinado a prestar assistência à saúde em uma especialidade.

Hospital geral[4]. Hospital polivalente destinado a prestar assistência à saúde nas seguintes especialidades: clínica médica, pediatria, gineco-obstetrícia, cirurgia e outras.

Humanização da atenção e gestão da saúde[47]. Valorização da dimensão subjetiva e social, em todas as práticas de atenção e de gestão da saúde, fortalecendo o compromisso com os direitos do cidadão, destacando-se o respeito às questões de gênero, etnia, raça, orientação sexual e às populações específicas, garantindo o acesso dos usuários às informações sobre saúde, inclusive sobre os profissionais que cuidam de sua saúde, respeitando o direito ao acompanhamento de pessoas de sua rede social (de livre escolha) e a valorização do trabalho e dos trabalhadores.

Identificação exclusiva de produtos[30]**.** Atribuição de código Identificador Único de Medicamentos (IUM), correspondente à menor unidade de comercialização, conforme disposto na Resolução RDC n. 54, de 10 de dezembro de 2013.

Identificador único de medicamento (IUM)[30]**.** Uma série de caracteres numéricos, alfanuméricos ou especiais, criada por padrões de identificação e codificação, que permite a identificação exclusiva e inequívoca de cada unidade específica de medicamento comercializada no mercado, conforme disposto na presente norma.

Imagem[20]**.** Conceito genérico resultante de todas as experiências, impressões, posições e sentimentos que as pessoas apresentam em relação a uma empresa, produto e personalidade.

Impureza[11]**.** É qualquer componente da substância ativa ou do produto acabado que não seja a entidade química definida como substância ativa, um excipiente ou outros aditivos do produto acabado.

Imunogenicidade[11]**.** Habilidade de uma substância ativar uma resposta ou reação imune, como o desenvolvimento de anticorpos específicos, respostas de células T, reações alérgicas ou anafiláticas.

Inativação[7]**.** Processo pelo qual se elimina, por meio de calor, a energia medicamentosa impregnada nos utensílios e embalagem primária para sua utilização.

Inativação microbiana[7]**.** Eliminação da patogenicidade dos autoisoterápicos e bioterápicos pela ação de agentes físicos e/ou químicos.

Incidente[27]**.** Evento ou circunstância que poderia ter resultado, ou resultou, em dano desnecessário à saúde.

Incompatibilidade medicamentosa[5]**.** Interações do tipo fisicoquímicas que ocorrem fora do organismo durante o preparo e a administração dos medicamentos de uso parenteral, inviabilizando a terapêutica clínica. Pode ocorrer das seguintes formas: medicamento-medicamento, medicamento-solução, medicamento-veículo, medicamento-material de embalagem, medicamento--recipiente, medicamento-impureza; frequentemente resulta no aparecimento de coloração diferente, precipitação ou turvação de uma solução, floculação, liberação de gás, formação de espuma ou inativação do princípio ativo.

Indicador[33]**.** 1. Medida de desempenho de funções, sistemas ou processos ao longo do tempo.

2. Valor estatístico que indica a condição ou direção do desempenho de um processo ou a realização de um resultado ao longo do tempo.
3. Medida variável (ou característica) utilizada para determinar o grau de conformidade de determinado padrão ou a qualidade do objeto atingido.

Informação comparativa pertinente[23]. Informação comparativa advinda de uma organização considerada um referencial apropriado para efeitos de comparação considerando as estratégias da própria organização que busca a informação. Informações comparativas incluem informações advindas de competidores ou de referenciais de excelência.

Infraestrutura[1]. Sistema de instalações, equipamentos e serviços necessários para a operação de uma organização.

Injetável[7]. Preparação para uso parenteral, estéril e apirogênica, destinada a ser injetada no corpo humano.

Inscrição[4]. Ver Matrícula.

Inspeção[1]. Avaliação da conformidade pela observação e julgamento, acompanhada, se necessário, de medições, ensaios ou comparação com padrões.

Instituição de pesquisa[16]. Organização, pública ou privada, legitimamente constituída e habilitada na qual são realizadas investigações científicas.

Instituição de saúde[33]. Termo genérico utilizado para descrever vários tipos de organizações que prestam serviços de assistência à saúde. Isso inclui os centros de cuidado ambulatorial, instituições de saúde comportamental/mental, organizações de cuidado domiciliar, hospitais, laboratórios e organizações de cuidado prolongado.

Instrumentais cirúrgicos reutilizáveis[3]. Instrumento destinado a uso cirúrgico para cortar, furar, serrar, fresar, raspar, grampear, retirar, pinçar ou realizar qualquer outro procedimento similar, sem conexão com qualquer produto médico ativo e que pode ser reutilizado após ser submetido a procedimentos apropriados.

Insumo[7]. Matéria-prima e materiais de embalagem empregados na manipulação e no acondicionamento de preparações magistrais e oficinais.

Insumo ativo homeopático[7]. Droga, fármaco ou forma farmacêutica básica ou derivada que constitui insumo ativo para o prosseguimento das dinamizações.

Insumo inerte[7]. Substância complementar, de natureza definida, desprovida de propriedades farmacológicas ou terapêuticas, nas concentrações utilizadas, e empregada como veículo ou excipiente, na composição do produto.

Insumos farmacêuticos[18]. Qualquer produto químico ou material (p. ex., embalagem) utilizado no processo de fabricação de um medicamento, seja na sua formulação, seja no envase ou no acondicionamento.

Integridade da informação[23]. Aspecto relacionado à segurança das informações que trata da salvaguarda da exatidão e completeza da informação e dos métodos de processamento. Exemplos de informações passíveis de proteção, de acordo com o perfil da organização e de seu nível requerido de segurança, são aquelas: armazenadas em computadores; transmitidas por meio de redes; impressas em meio físico; enviadas por fac-símile; armazenadas em fitas ou discos; enviadas por correio eletrônico; e trocadas em conversas telefônicas.

Interdisciplinaridade[48]**.** Partindo-se do conceito de disciplina, compreendido, no meio da saúde, como profissão, interdisciplinaridade é a união dos componentes distintos de duas ou mais disciplinas.

Internação[4]**.** Admissão de um paciente para ocupar um leito hospitalar por um período igual ou maior que 24 horas.

Interação medicamentosa[5]**.** Resposta farmacológica ou clínica causada pela interação medicamento-medicamento, medicamento-alimento, medicamento-substância química, medicamento-exame laboratorial e não laboratorial, medicamento-planta medicinal ou medicamento-doença, cujo resultado pode ser a alteração dos efeitos desejados ou a ocorrência de eventos adversos.

Intervenção farmacêutica[22]**.** Ato planejado, documentado e realizado junto ao usuário e a profissionais de saúde, que visa a resolver ou prevenir problemas que interferem ou podem interferir na farmacoterapia, sendo parte integrante do processo de acompanhamento/seguimento farmacoterapêutico.

Isoterápico[7]**.** Bioterápico cujo insumo ativo pode ser de origem endógena ou exógena (alérgenos, alimentos, cosméticos, medicamentos, toxinas e outros).

Laboratório industrial homeopático[7]**.** Aquele que fabrica produtos oficinais e outros, de uso em homeopatia, para venda a terceiros devidamente legalizados perante as autoridades competentes.

Layout**.** Disposição e forma de organização do espaço físico, dos equipamentos, mobiliários, acessórios e materiais, possibilitando um fluxo adequado e permitindo a utilização eficiente do espaço físico, para melhor aproveitamento da área disponível, maior agilidade na execução das atividades e melhoria das condições de trabalho.

Leito auxiliar reversível[4]**.** Leito auxiliar incluído na capacidade de emergência do hospital, podendo ser utilizado em caráter excepcional.

Leito de longa permanência/estadia[4]**.** Leito hospitalar cuja utilização supera a média de permanência de 30 dias.

Leito de observação ou leito auxiliar[4]**.** Leito destinado a pacientes que necessitam estar sob supervisão médica e/ou de enfermagem para fins de diagnóstico ou tratamento durante um período menor que 24 horas.

Leito especializado[4]**.** Leito hospitalar destinado a pacientes em determinadas especialidades médicas.

Leito indiferenciado[4]**.** Leito hospitalar destinado a acomodar pacientes de qualquer especialidade médica.

Leito-dia[4]. Unidade de medida que representa disponibilidade de leito hospitalar em um dia hospitalar.

Licença[4]. Documento pelo qual a autoridade sanitária autoriza o requerente a executar determinada prática sob condições estabelecidas em leis, regulamentos e as especificadas na mesma licença.

Licenciamento[4]. Operação administrativa de autorização para execução de uma prática em que a entidade responsável por ela comprova e se submete à avaliação dos requisitos estabelecidos pela autoridade sanitária.

Licitação[31]. Procedimento administrativo de caráter preliminar, mediante o qual a administração, com base em critérios prévios, seleciona, entre várias propostas, os preços de obras ou de serviços que ofereçam vantagens e atendam aos interesses públicos. Notas: i) A licitação é feita com o objetivo de celebrar contrato com o responsável pela proposta mais vantajosa. ii). As modalidades de licitação estão escalonadas segundo o valor estimado – concorrência, tomada de preços e carta convite – ou pelas características da modalidade – concurso, leilão e pregão.

Líderes[33]. Pessoas que determinam expectativas, desenvolvem planos e implementam procedimentos. Essas atividades são definidas para avaliar e melhorar a qualidade do governo e o gerenciamento de funções clínicas e de suporte aos processos da instituição. Os líderes incluem os proprietários, membros do governo, presidente e os gerentes seniores, os executivos de enfermagem e outros enfermeiros seniores, e os líderes de médicos autônomos licenciados, como for aplicável à estrutura da instituição.

Local[7]. Espaço fisicamente definido dentro de uma área ou sala para o desenvolvimento de determinada atividade.

Local de preparo[6]. Espaço controlado e especificamente destinado ao preparo das soluções parenterais (SP).

Local fresco[8,9]. Ambiente cuja temperatura permanece entre 8 e 15 °C.

Local frio[8,9]. Ambiente cuja temperatura não excede 8 °C.

Local quente[8,9]. Ambiente cuja temperatura permanece entre 30 e 35 °C.

Loções[8,9]. Preparações líquidas aquosas ou hidroalcoólicas, com viscosidade variável, para aplicação na pele, incluindo o couro cabeludo. Podem ser soluções, emulsões ou suspensões contendo um ou mais princípios ativos ou adjuvantes.

Logística[20]. Projeto e desenvolvimento, obtenção, armazenamento, transporte, distribuição, reparação, manutenção e evacuação de material, para fins operativos ou administrativos.

Lote[6,7,45]. Quantidade definida do produto ou outro material que tenha características e identidade uniformes, dentro de limites especificados, produzidos em um mesmo ciclo de fabricação, atendendo a uma única ordem de produção e caracterizando-se pela homogeneidade.

Lote em escala piloto[45]**.** Um lote de produto farmacêutico produzido por um processo totalmente representativo simulando o lote de produção industrial e estabelecido por uma quantidade mínima equivalente a 10% do lote industrial previsto, ou quantidade equivalente à capacidade mínima do equipamento industrial a ser utilizado.

Lote ou partida[3]**.** Quantidade definida de matéria-prima, material de embalagem ou produto obtidos em um único processo, cuja característica essencial é a homogeneidade.

Lúdico[20]**.** Referente a, ou que tem o caráter de jogos, brinquedos e divertimentos.

Manipulação[7]**.** Conjunto de operações farmacotécnicas, com a finalidade de elaborar preparações magistrais e oficinais e fracionar especialidades farmacêuticas para uso humano.

Manipulação de nutrição parenteral[10]**.** Mistura de produtos farmacêuticos para uso parenteral, realizado em condições assépticas, atendendo à prescrição médica.

Manual da qualidade[1]**.** Documento que especifica o sistema de gestão da qualidade de uma organização

Mãos visivelmente sujas[14]**.** Mãos que mostram sujidade visível ou que estejam visivelmente contaminadas por sangue, fluidos ou excreções corporais.

Mapa do negócio[23]**.** Ver Modelo de negócio.

Mapa estratégico[49]**.** Descrição de como a organização cria valor. Representação gráfica da relação de causa e efeito entre os objetivos e indicadores estratégicos. Representação visual das relações de causa e efeito entre os componentes das estratégias de uma organização.

Material de embalagem[7]**.** Recipientes, rótulos e caixas para acondicionamento das preparações manipuladas.

Matéria-prima[7]**.** Substância ativa ou inativa com especificação definida, que se emprega na preparação dos medicamentos e demais produtos.

Matrícula[4]**.** Inscrição que habilita a atenção de um paciente em um estabelecimento de saúde (Brasil). Em outros países, é o registro de pacientes. Na Argentina, a matrícula equivale ao registro de profissionais e não profissionais que os habilita ao exercício.

Matriz[4]**.** Forma farmacêutica derivada, preparada segundo os compêndios homeopáticos reconhecidos internacionalmente, que constitui estoque para as preparações homeopáticas.

Medicação[50]**.** Ato de medicar. Medicamento.

Medicamento[3,6-9,16,18,36]**.** Produto farmacêutico, tecnicamente obtido ou elaborado, que contém um ou mais fármacos com outras substâncias, com finalidade profilática, curativa, paliativa ou para fins de diagnóstico.

Medicamento banido/proscrito[13]. Refere-se à suspensão da autorização de comercialização de um medicamento, por uma Agência Reguladora, relacionada a questões de segurança.

Medicamento biológico[13]. Produto farmacêutico, de origem biológica, tecnicamente obtido ou elaborado, com finalidade profilática, curativa, paliativa ou para fins de diagnóstico.

Medicamento de referência[25,40]. Medicamento inovador registrado no órgão federal responsável pela vigilância sanitária e comercializado no País, cuja eficácia, segurança e qualidade foram comprovadas cientificamente junto ao órgão federal competente, por ocasião do registro.

Medicamento falsificado[12]. Medicamento que tem sua rotulagem deliberada e fraudulentamente adulterada com respeito à sua identidade e/ou conteúdo e/ou fonte.

Medicamento fitoterápico[12]. Inclui plantas, insumos fitoterápicos, preparações fitoterápicas e produtos fitoterápicos finalizados.

Medicamento genérico[13,25]. Medicamento similar a um produto de referência ou inovador, que se pretende ser com este intercambiável, geralmente produzido após a expiração ou renúncia da proteção patentária ou de outros direitos de exclusividade, comprovada sua eficácia, segurança e qualidade, e designado pela DCB ou, na sua ausência, pela DCI.

Medicamento homeopático[7]. Toda preparação farmacêutica preparada segundo os compêndios homeopáticos reconhecidos internacionalmente, obtida pelo método de diluições seguidas de sucussões e/ou triturações sucessivas, para ser usada segundo a lei dos semelhantes de forma preventiva e/ou terapêutica.

Medicamento inovador[13,26]. Medicamento comercializado no mercado nacional composto por, pelo menos, um fármaco ativo, o qual deve ter sido objeto de patente, mesmo já extinta, por parte da empresa responsável por seu desenvolvimento e introdução no mercado do país de origem, ou o primeiro medicamento a descrever um novo mecanismo de ação, ou aquele definido pela Anvisa que tenha comprovado eficácia, segurança e qualidade.

Medicamento similar[12,25,40]. Aquele que contém o mesmo ou os mesmos princípios ativos, apresenta a mesma concentração, forma farmacêutica, via de administração, posologia e indicação terapêutica, e que é equivalente ao medicamento registrado no órgão federal responsável pela Vigilância Sanitária, podendo diferir somente em características relativas ao tamanho e à forma do produto, prazo de validade, embalagem, rotulagem, excipientes e veículos, devendo sempre ser identificado por nome comercial ou marca.

Medicamentos bioequivalentes[40]. Equivalentes farmacêuticos que, ao serem administrados na mesma dose molar e nas mesmas condições experimentais, não apresentam diferenças estatisticamente significativas em relação à biodisponibilidade.

Medicamentos de controle especial[16]**.** Medicamentos entorpecentes ou psicotrópicos e outros, relacionados pela Anvisa, capazes de causar dependência física ou psíquicas.

Medicamentos de dispensação em caráter excepcional[181]**.** Medicamentos utilizados em doenças raras, geralmente de custo elevado, cuja dispensação atende a casos específicos.

Medicamentos de interesse em saúde pública[18]**.** Medicamentos utilizados no controle de doenças que, em determinada comunidade, têm magnitude, transcendência ou vulnerabilidade relevante e cuja estratégia básica de combate é o tratamento dos doentes.

Medicamentos de uso contínuo[18]**.** Medicamentos empregados no tratamento de doenças crônicas e/ou degenerativas, utilizados continuamente.

Medicamentos de venda livre[18]**.** Medicamentos cuja dispensação não requer autorização, ou seja, receita expedida por profissional.

Medicamentos essenciais[18]**.** Medicamentos considerados básicos e indispensáveis para atender à maioria dos problemas de saúde da população.

Medicamentos para a atenção básica[18]**.** Produtos necessários à prestação do elenco de ações e procedimentos compreendidos na atenção básica de saúde.

Medicamentos tarjados[18]**.** Medicamentos cujo uso requer a prescrição do médico ou dentista e que apresentam, em sua embalagem, tarja (vermelha ou preta) indicativa dessa necessidade.

Medida[33]**.** Coleta de dados quantificáveis sobre uma função, sistema ou processo.

Melhoria contínua[1]**.** Atividade recorrente para aumentar a capacidade de atender a requisitos.

Metas[23]**.** Níveis de desempenho pretendidos para determinado período.

Missão[23]**.** Razão de ser de uma organização. Compreende as necessidades sociais a que ela atende e seu foco fundamental de atividades.

Modelo de negócio[23]**.** Concepção estratégica da forma de atuação da organização, podendo compreender definições como produtos a serem fabricados, local de instalação de suas unidades, seleção de mercados-alvo e clientes-alvo, escolha de parceiros, forma de relacionamento com fornecedores e distribuidores e outros aspectos considerados relevantes para o sucesso do negócio.

Monitoramento[33]**.** Revisão periódica das informações. O objetivo do monitoramento é identificar as alterações de determinada situação.

Monitoração de eventos relacionados à prescrição (*prescription event monitoring* – PEM)[12]**.** Sistema criado para monitorar eventos adversos a medicamentos em uma população. Os prescritores são requisitados a informar todos os eventos, independentemente do fato de serem eventos adversos suspeitos, que ocorram com pacientes identificados que estejam recebendo um determinado medicamento.

Monitoração de medicamentos[13]**.** Pode ser utilizada como sinônimo de farmacovigilância ou vigilância de medicamentos.

Monitoração terapêutica de medicamentos[5]**.** Serviço que compreende a mensuração e a interpretação dos níveis séricos de fármacos, com o objetivo de determinar as doses individualizadas necessárias para a obtenção de concentrações plasmáticas efetivas e seguras.

Morbimortalidade[18]**.** Impacto das doenças e dos óbitos que incidem em uma população.

Movimentação[30]**.** Todas as transações que se referem ao deslocamento das unidades de medicamentos entre quaisquer estabelecimentos ao longo da cadeia dos produtos farmacêuticos, a dispensação, bem como os casos de devolução e recolhimento de medicamentos já dispensados.

Não conformidade[1,3]**.** 1. Não atendimento a um requisito.
2. Ausência ou incapacidade da organização auditada em atender ao requisito do padrão ou à norma como um todo.

Natureza da movimentação[30]**.** Título a que a movimentação ocorre, como venda, doação, transferências, devolução, recolhimento, descarte, perdas, entre outros.

Necessidade[20]**.** Aquilo que é absolutamente necessário; exigência.

Necessidade (medicamentos)[37]**.** Quantidade de medicamentos prevista para uso, de acordo com o perfil epidemiológico local, a oferta de serviços, o nível de complexidade de serviços de saúde, os registros fidedignos e atualizados, entre outros.

Níveis de complexidade[4]**.** Limites utilizados para hierarquizar os estabelecimentos do sistema de saúde, segundo a disponibilidade de recursos, a diversificação de atividades prestadas e sua frequência.

Níveis de resolução[4]**.** Limites utilizados para hierarquizar os estabelecimentos de saúde segundo sua capacidade de resolver os problemas de saúde da população (alta, média e baixa resolutividade), de acordo com os recursos disponíveis (planta física, recursos humanos e equipamentos).

Nomenclatura[7]**.** Nome científico, de acordo com as regras dos códigos internacionais de nomenclatura botânica, zoológica, biológica, química e farmacêutica, assim como nomes homeopáticos consagrados pelo uso e os existentes em farmacopeias, códices, matérias médicas e obras científicas reconhecidas, para designação das preparações homeopáticas.

Norma[3]**.** Aquilo que se estabelece como base ou medida para a realização ou a avaliação de um produto, processo ou serviço; princípio, preceito, regra ou lei.

Notificação[20]**.** Conhecimento ou notícia de; comunicação; participação; notícia.

Notificação de recolhimento[13]**.** Notificação oficial feita pela Anvisa, ao detentor do registro do medicamento, para que se inicie o procedimento de recolhimento de um produto farmacêutico.

Notificação de seguimento[13]**.** Notificação de acompanhamento de uma suspeita de reação adversa previamente notificada contendo dados adicionais, clínicos ou de exames complementares, a fim de melhor elucidar a relação de causalidade entre o efeito descrito e o medicamento suspeito.

Notificação espontânea[12]**.** Sistema em que notificações de casos de eventos adversos a medicamentos são submetidas espontaneamente pelos profissionais da saúde e empresas farmacêuticas à autoridade regulatória nacional.

Núcleo de segurança do paciente (NSP)[27]**.** Instância do serviço de saúde criada para promover e apoiar a implementação de ações voltadas à segurança do paciente.

Número do lote[6,7,10]**.** Qualquer combinação de letras, números ou símbolos impressos no rótulo de cada unidade do produto, que permita identificar o lote a que este pertence e, em caso de necessidade, localizar e revisar todas as operações de fabricação, controle e inspeção praticados durante a produção, a embalagem, o armazenamento e a distribuição das soluções parenterais, garantindo sua rastreabilidade.

Número serial[30]**.** Número individual, contido no Identificador Único de Medicamento (IUM), não repetitivo, de 13 dígitos, correspondente a cada unidade de medicamento a ser comercializada no território brasileiro, codificado no código de barras bidimensional e inscrito de forma legível a olho humano na embalagem de comercialização, conforme disposto na presente norma.

Nutrição enteral (NE)[39]**.** Alimento para fins especiais, com ingestão controlada de nutrientes, na forma isolada ou combinada, de composição definida ou estimada, especialmente formulada e elaborada para uso por sondas ou via oral, industrializado ou não, utilizado exclusiva ou parcialmente para substituir ou complementar a alimentação oral em pacientes desnutridos ou não, conforme suas necessidades nutricionais, em regime hospitalar, ambulatorial ou domiciliar, visando à síntese ou manutenção dos tecidos, órgãos ou sistemas.

Nutrição enteral em sistema aberto[39]**.** Nutrição enteral que requer manipulação prévia à sua administração, para uso imediato ou atendendo a orientação do fabricante.

Nutrição enteral em sistema fechado[39]**.** Nutrição enteral industrializada, estéril, acondicionada em recipiente hermeticamente fechado e apropriado para conexão ao equipo de administração.

Nutrição parenteral (NP)[10]. Solução ou emulsão, composta basicamente de carboidratos, aminoácidos, lipídeos, vitaminas e minerais, estéril e apirogênica, acondicionada em recipiente de vidro ou plástico, destinada à administração intravenosa em pacientes desnutridos ou não, em regime hospitalar, ambulatorial ou domiciliar, visando à síntese ou manutenção dos tecidos, órgãos ou sistemas.

Oficina[20]. Ambiente destinado ao desenvolvimento das aptidões e habilidades, mediante atividades laborativas orientadas por professores capacitados e em que estão disponíveis diferentes tipos de equipamentos e materiais para o ensino ou aprendizagem, nas diversas áreas do desempenho profissional.

Ordem de manipulação[7]. Documento destinado a acompanhar todas as etapas de manipulação.

Organização[3,23]. 1. Combinação de esforços individuais que tem por finalidade realizar propósitos coletivos. São empresas, associações, órgãos do governo ou qualquer entidade pública ou privada, compostas de estrutura física, tecnológica e pessoas.

2. Companhia, corporação, firma, órgão, instituição ou empresa, ou uma unidade destas, pública ou privada, sociedade anônima, limitada ou com outra forma estatutária, que tem funções e estruturas administrativas próprias e autônomas, no setor público ou privado, com ou sem finalidade de lucro, de porte pequeno, médio ou grande.

Organização do trabalho[23]. Divisão do trabalho entre unidades, equipes e funções, permanentes ou temporárias, incluindo a definição de suas atribuições e vínculos.

Organograma da instituição[33]. Representação gráfica da hierarquia na instituição.

Otimização da farmacoterapia[5]. Processo pelo qual se obtêm os melhores resultados possíveis da farmacoterapia do paciente, considerando suas necessidades individuais, expectativas, condições de saúde, contexto cultural e determinantes de saúde.

Óvulos[8,9]. Preparações farmacêuticas sólidas, com formato adequado, para aplicação vaginal. Devem-se dispersar ou fundir à temperatura do organismo.

Paciente[4]. Usuário dos estabelecimentos de saúde.

Paciente ambulatorial[4]. Paciente que pode ser inscrito ou matriculado em um estabelecimento de saúde, recebendo assistência ambulatorial ou de emergência. É o mesmo que paciente externo.

Paciente de risco[4]. Paciente que tem alguma condição predeterminada que possa ser potencialmente instável.

Paciente externo[4]. Ver Paciente ambulatorial.

Paciente grave[4]. Paciente que apresenta instabilidade de um ou mais de seus sistemas orgânicos, em decorrência de alterações agudas ou agudizadas que ameaçam sua vida.

Paciente internado[4]. Paciente que, admitido em um hospital, passa a ocupar um leito por um período maior que 24 horas.

Paciente novo[4]. Paciente que, logo ao ser inscrito, é assistido pela primeira vez em um estabelecimento de saúde.

Paciente-dia[4]. Unidade de medida da assistência prestada, em um dia hospitalar, a um paciente internado. O dia da alta somente será computado se for o mesmo dia da sua internação.

Padrão[3,33]. 1. Um nível esperado de desempenho que, se atingido, levaria aos mais altos níveis de qualidade em um sistema.
2. Documento aprovado por uma instituição reconhecida que provê, pelo uso comum e repetitivo, regras, diretrizes ou características de produtos, processos ou serviços.

Padrão de trabalho[23]. Regras de funcionamento das práticas de gestão. Podem ser expressas na forma de procedimentos, rotinas de trabalho, normas administrativas, fluxogramas, comportamentos coletivos ou qualquer meio que permita orientar a execução das práticas.

Paradigma[20]. Modelo, padrão.

Partes interessadas[23]. Indivíduo ou grupo de indivíduos com interesse comum no desempenho da organização e no ambiente em que opera. A maioria das organizações apresenta as seguintes partes interessadas: clientes; força de trabalho; acionistas e proprietários; fornecedores; e a sociedade. A quantidade e a denominação das partes interessadas podem variar de acordo com o perfil da organização.

Pastas[8]. Formas farmacêuticas semissólidas que contêm uma elevada concentração de pós finamente dispersos, cujo conteúdo varia normalmente de 20 até 60%, sendo mais firmes e espessas que as pomadas, mas sendo, geralmente, menos gordurosas que elas. Destinam-se à aplicação externa e geralmente apresentam comportamento reológico dilatante.

Perda de eficácia[12]. Falha inesperada de um medicamento em produzir o efeito planejado como determinado por investigação científica prévia.

Perfil de dissolução[7]. Representação gráfica ou numérica de vários pontos resultantes da quantificação do fármaco, ou componente de interesse, em períodos determinados, associado à desintegração dos elementos constituintes de um medicamento ou produto, em um meio definido e em condições específicas.

Perfil epidemiológico[18]. Estado de saúde de determinada comunidade.

Perfil nosológico[18]. Conjunto de doenças prevalentes e/ou incidentes em determinada comunidade.

Pesquisa[16]. Classe de atividades cujo objetivo é desenvolver ou contribuir para o conhecimento generalizável. O conhecimento generalizável consiste em teorias, relações ou princípios ou no acúmulo de informações sobre as quais estão baseados, que possam ser corroborados por métodos científicos aceitos de observação e inferência.

Pesquisa clínica (ensaio clínico)[12,16,51]. 1. Estudo planejado cuja finalidade primária seria a avaliação da eficácia e da segurança de intervenções sanitárias, médicas ou cirúrgicas.

2. Estudo sistemático sobre medicamentos em sujeitos humanos (pacientes e outros voluntários), com a finalidade de descobrir ou verificar seus efeitos e/ou identificar qualquer reação adversa ao produto sob investigação, e/ou estudar absorção, distribuição, metabolismo e excreção dos produtos com o objetivo de averiguar sua eficácia e segurança. As pesquisas clínicas geralmente são classificadas em fases de I a IV. As pesquisas da fase IV são os estudos executados após a comercialização do medicamento. Elas são desenvolvidas com base nas características do produto para o qual a autorização de comercialização foi concedida e normalmente estão na forma de vigilância pós-comercialização.

3. Qualquer investigação em seres humanos envolvendo intervenção terapêutica e diagnóstica com produtos registrados ou passíveis de registro, objetivando descobrir ou verificar os efeitos farmacodinâmicos, farmacocinéticos, farmacológicos, clínicos e/ou outros efeitos do(s) produto(s) investigado(s), e/ou identificar eventos adversos ao(s) produto(s) em investigação, averiguando sua segurança e/ou eficácia, que poderão subsidiar seu registro ou a alteração deste junto à Anvisa. Os ensaios podem ser enquadrados em quatro grupos: estudos de farmacologia humana (fase I); estudos terapêuticos ou profiláticos de exploração (fase II); estudos terapêuticos ou profiláticos confirmatórios (fase III); e ensaios pós-comercialização (fase IV).

Pesquisa envolvendo seres humanos[16]. Pesquisa que, individual ou coletivamente, envolva o ser humano, de forma direta ou indireta, em sua totalidade ou partes dele, incluindo o manejo de informações ou materiais.

Pesquisador responsável[16]. Pessoa capacitada e treinada (dependendo da área da pesquisa clínica) responsável pela coordenação e condução do protocolo clínico, de acordo com as descrições apresentadas no dossiê autorizado pela Anvisa, sendo também responsável pela integridade e pelo bem-estar dos sujeitos da pesquisa, sem prejuízo das responsabilidades do patrocinador, após a assinatura do Termo de Consentimento Livre e Esclarecido, com respeito à manutenção dos critérios éticos para todos os procedimentos ao longo do estudo pela coordenação e realização da pesquisa em determinado centro, e pela integridade e bem-estar dos sujeitos da pesquisa, durante e após a assinatura do Termo de Consentimento Livre e Esclarecido. A responsabilidade do pesquisador é indelegável, indeclinável e compreende os aspectos éticos e legais, de acordo com o inciso IX, alínea IX. 2, da Resolução n. 196/96. Para essa resolução, os termos "pesquisador responsável" e "investigador responsável" são considerados sinônimos.

Pesquisas com novos fármacos, medicamentos, vacinas ou testes diagnósticos[16]. Refere-se às pesquisas com esses tipos de produtos em fases I, II ou III, ou não registrados no país, ainda que em fase IV, quando a pesquisa for referente ao seu uso com modalidades, indicações, doses ou vias de administração diferentes das estabelecidas quando da autorização do registro, incluindo seu emprego em combinações, bem como os estudos de biodisponibilidade e ou bioequivalência.

Plano de ação[31]. Ação que se constitui em um instrumento de programação para alcançar o objetivo de um programa, envolvendo um conjunto de operações, limitadas no tempo, das quais resulta um produto.

Plano de contingência[19]. Plano que descreve as medidas a serem tomadas, em momento de risco, por um estabelecimento de saúde, incluindo a ativação de processos manuais, para fazer que os processos vitais voltem a funcionar plenamente, ou em um estado minimamente aceitável, o mais rapidamente possível, evitando paralisação prolongada que possa gerar danos aos pacientes ou prejuízos financeiros à instituição.

Plano de cuidado[5]. Planejamento documentado para a gestão clínica das doenças, de outros problemas de saúde e da terapia do paciente, delineado para atingir os objetivos do tratamento. Inclui as responsabilidades e atividades pactuadas entre o paciente e o farmacêutico, a definição das metas terapêuticas, as intervenções farmacêuticas, as ações a serem realizadas pelo paciente e o agendamento para retorno e acompanhamento.

Plano de gerenciamento[36]. Documento que aponta e descreve os critérios estabelecidos pelo estabelecimento de saúde para a execução das etapas do gerenciamento das diferentes tecnologias em saúde submetidas ao controle e fiscalização sanitária abrangidas na RDC n. 2, de 25 de janeiro de 2010, desde o planejamento e entrada no estabelecimento de saúde até sua utilização no serviço de saúde e descarte.

Plano de gerenciamento de medicamentos e insumos farmacêuticos[3]. Documento que aponta e descreve os critérios estabelecidos para seleção, programação, aquisição, recebimento, transporte, armazenamento, distribuição, dispensação, administração, descarte e avaliação e investigação de eventos adversos e/ou queixas técnicas associáveis a medicamentos e insumos farmacêuticos, bem como a organização, estrutura física e gestão das informações relacionadas ao gerenciamento de medicamentos e insumos farmacêuticos em serviços de saúde.

Plano de gerenciamento de produtos para a saúde, de higiene e saneantes[3]. Documento que aponta e descreve os critérios estabelecidos para seleção, programação, aquisição, recebimento, transporte, armazenamento, distribuição, uso, descarte e avaliação e investigação de eventos adversos e/ou queixas técnicas associáveis a produtos para saúde, de higiene e saneantes, bem como a organização, estrutura física e gestão das informações relacionadas ao gerenciamento de produtos para a saúde, de higiene e saneantes em serviços de saúde.

Plano de gerenciamento de resíduos de serviço de saúde (PGRSS)[47,52]. Documento que aponta e descreve as ações relativas ao manejo dos resíduos sólidos, observadas suas características e riscos, no âmbito dos estabelecimentos, contemplando os aspectos referentes à geração, segregação, acondicionamento, coleta, armazenamento, transporte, tratamento e disposição final, bem como as ações de proteção à saúde pública e ao meio ambiente.

Plano de segurança do paciente em serviços de saúde[27]. Documento que aponta situações de risco e descreve as estratégias e ações definidas pelo serviço de saúde para a gestão de risco visando à prevenção e à mitigação dos incidentes, desde a admissão até a transferência, a alta ou o óbito do paciente no serviço de saúde.

Política de compras. Diretrizes referentes às compras de medicamentos e produtos para a saúde.

Política de qualidade[1,47]. Refere-se às intenções e diretrizes globais relativas à qualidade, formalmente expressa e autorizada pela direção do serviço de saúde.

Pomadas[8,9]. São preparações para aplicação tópica, constituídas de base monofásica na qual podem estar dispersas substâncias sólidas ou líquidas.

Ponto de assistência e tratamento[14]. Local onde ocorrem simultaneamente as presenças do paciente e do profissional de saúde e a prestação da assistência ou tratamento, envolvendo o contato com o paciente.

Porcentagens[8,9]. As concentrações em porcentagem são expressas como segue:

- por cento p/p (peso em peso) ou % (p/p) — expressa o número de g de componentes em 100 g de mistura;
- por cento p/V (peso em volume) ou % (p/V) — expressa o número de g de um componente em 100 ml da solução;
- por cento V/V (volume em volume) ou % (V/V) — expressa o número de ml de um componente em 100 ml de solução;
- por cento V/p (volume em peso) ou % (V/p) — expressa o número de ml de um componente em 100 g da mistura.

A expressão por cento usada sem outra atribuição significa: para mistura de sólidos e semissólidos, por cento p/p; para soluções ou suspensões de sólidos em líquidos, por cento p/V; para soluções de líquidos, por cento V/V; para soluções de gases em líquidos, por cento p/V; para expressar teor de óleos essenciais em drogas vegetais, por cento V/p.

***Postmarketing surveillance*[13].** Estudo do uso e dos efeitos dos medicamentos após a liberação de comercialização. Este termo é, às vezes, usado como sinônimo de "farmacoepidemiologia", mas este último pode ser relevante para os estudos "pré-comercialização". Reciprocamente, o termo *postmarketing surveillance* às vezes é aplicado somente em estudos conduzidos após a comercialização de medicamentos que sistematicamente procuram por efeitos adversos aos medicamentos.

Prática[20]. Ato ou efeito de fazer, realizar, executar. Uso, experiência, exercício.

Prática de gestão (ou prática gerencial)[23]. Processo gerencial como efetivamente implementado pela organização.

Prazo de validade[7-9]. 1. Período durante o qual o produto se mantém dentro dos limites especificados de pureza, qualidade e identidade, na embalagem adotada e estocado nas condições recomendadas no rótulo.
2. O prazo de validade limita o tempo durante o qual o produto poderá ser usado. Essa data identifica o tempo durante o qual o produto estará em condições ao uso, desde que conservado conforme indicação. Quando o prazo de validade for indicado apenas pelo mês e ano, entende-se como vencimento do prazo o último dia desse mês.

Preparação[7]. Procedimento farmacotécnico para obtenção do produto manipulado, compreendendo a avaliação farmacêutica da prescrição, a manipulação, o fracionamento de substâncias ou produtos industrializados, o envase, a rotulagem e a conservação das preparações.

Preparação alcoólica para higienização das mãos sob a forma líquida[14]. Preparação contendo álcool, na concentração final entre 60 a 80% destinada à aplicação nas mãos para reduzir o número de microrganismos. Recomenda-se que contenha emolientes em sua formulação para evitar o ressecamento da pele.

Preparação alcoólica para higienização das mãos sob as formas gel, espuma e outras[14]. Preparações contendo álcool, na concentração final mínima de 70% com atividade antibacteriana comprovada por testes de laboratório *in vitro* (teste de suspensão) ou *in vivo*, destinadas a reduzir o número de microrganismos. Recomenda-se que contenha emolientes em sua formulação para evitar o ressecamento da pele.

Preparação de dose unitária de medicamento[7]. Procedimento efetuado sob responsabilidade e orientação do farmacêutico, incluindo fracionamento em serviços de saúde, subdivisão de forma farmacêutica ou transformação/derivação, desde que se destinem à elaboração de doses unitárias visando atender às necessidades terapêuticas exclusivas de pacientes em atendimento nos serviços de saúde.

Preparação extemporânea[7]**.** Toda preparação para uso em até 48 horas após sua manipulação, sob prescrição médica, com formulação individualizada.

Preparação extemporânea em nutrição parenteral[10]**.** Toda nutrição parenteral para início de uso em até 24 horas após sua preparação, sob prescrição médica, com formulação individualizada.

Preparação magistral[7]**.** Preparação realizada na farmácia, a partir de prescrição de profissional habilitado, destinada a um paciente individualizado e que estabeleça em detalhes sua composição, forma farmacêutica, posologia e modo de usar.

Preparação oficinal[7]**.** Preparação realizada na farmácia cuja fórmula esteja inscrita no formulário nacional ou em formulários internacionais reconhecidos pela Anvisa.

Preparações tópicas semissólidas[8,9]**.** Preparações destinadas para aplicação na pele ou mucosas para ação local, ou ainda por sua ação emoliente ou protetora. As preparações destinadas ao uso oftálmico, ao tratamento de feridas ou à aplicação sobre lesões extensas da pele devem satisfazer às exigências do teste de esterilidade. Distinguem-se quatro categorias de preparações semissólidas: pomadas; cremes; géis; pastas.

Prescrição[7]**.** Ato de indicar o medicamento a ser utilizado pelo paciente, de acordo com a proposta de tratamento farmacoterapêutico, que é privativo de profissional habilitado e se traduz pela emissão de uma receita.

Prescrição dietética da NE[39]**.** Determinação de nutrientes ou da composição de nutrientes da nutrição enteral, mais adequada às necessidades específicas do paciente, de acordo com a prescrição médica.

Prescrição médica da terapia de nutrição enteral (TNE)[39]**.** Determinação das diretrizes, prescrição e conduta necessárias para a prática da TNE, baseadas no estado clínico nutricional do paciente.

Prescritores[18]**.** Profissionais de saúde credenciados para definir o medicamento a ser usado (médico ou dentista).

Prestadores de serviços[30]**.** Fabricantes/empresas produtoras, atacadistas, varejistas e importadores de medicamentos; transportadores, compradores, unidades de dispensação e prescritores do medicamento.

Princípio ativo[11]**.** Substância com efeito farmacológico para a atividade terapêutica pretendida, utilizada na produção de determinado produto biológico.

Probióticos[11]**.** Preparações ou produtos contendo microrganismos definidos e viáveis em quantidade suficiente para alterar a microbiota, por implantação ou colonização de um compartimento do hospedeiro e, assim, exercer efeito benéfico sobre a saúde desse hospedeiro.

Problemas relacionados a medicamento[13]. Qualquer afastamento dos parâmetros de conformidade e no ciclo do medicamento que possa trazer risco ao usuário.

Procedimento[1]. Forma especificada de executar uma atividade ou um processo.

Procedimento[4]. Conjunto de ações realizadas de forma simultânea ou sequencial por um ou mais dos integrantes da equipe de saúde dentro de um período de assistência a um paciente.

Procedimento asséptico[7]. Operação realizada com a finalidade de preparar produtos para uso parenteral e ocular com a garantia de sua esterilidade.

Procedimento de emergência[4]. Conjunto de ações empregadas na recuperação de pacientes cujos agravos da saúde necessitam de assistência imediata por apresentar risco de vida.

Procedimento de urgência[4]. Conjunto de ações empregadas na recuperação de pacientes cujos agravos da saúde necessitam de assistência imediata.

Procedimento operacional padrão (POP)[7]. Descrição pormenorizada de técnicas e operações a serem utilizadas na farmácia, visando a proteger e garantir a preservação da qualidade das preparações manipuladas e a segurança dos manipuladores.

Processo[1,23]. Conjunto de atividades inter-relacionadas ou interativas que transformam insumos (entradas) em produtos (saídas). Nota: a) Os insumos (entradas) para um processo são geralmente produtos (saídas) de outro processo; b) os processos em uma organização são geralmente planejados e realizados sob condições controladas para agregar valor.

Processo de qualificação[1]. Processo para demonstrar a capacidade de atender a requisitos especificados.

Processo gerencial (processo de gestão)[23]. Processo de natureza gerencial, não operacional; processo relativo aos critérios de 1 a 7. Ver também Prática de gestão e Processos de apoio.

Processos de agregação de valor[23]. Processos por meio dos quais uma organização gera benefícios para seus clientes e para o negócio da organização. Os processos de agregação de valor diferem muito entre as organizações, dependendo de muitos fatores, os quais incluem a natureza dos produtos, como são produzidos e entregues, relacionamento com os fornecedores, os clientes e a sociedade, importância da pesquisa e desenvolvimento, tecnologia, requisitos ambientais e estratégias de crescimento. Os processos de agregação de valor usualmente são classificados em processos principais do negócio e processos de apoio.

Processos de apoio[23]. Processos que sustentam os processos principais do negócio e a si mesmos, fornecendo produtos e insumos adquiridos, equipamentos, tecnologia, *softwares*, recursos humanos e informações. Entre os processos de apoio incluem-se os processos gerenciais relativos aos critérios de 1 a 7.

Processos principais do negócio[23]. Processos que agregam valor diretamente para os clientes. Estão envolvidos na geração do produto e na sua venda e transferência para o comprador, bem como na assistência após a venda e disposição final. Notas: a) a denominação "processos principais do negócio" é uma adaptação da expressão inglesa *primary activities*; b) os processos principais do negócio também são conhecidos como processos-fim ou processos primários.

Produto[1,23]. Resultado de atividades ou processos. Considerar que:

- O termo "produto" pode incluir serviços, materiais e equipamentos, informações ou uma combinação desses elementos.
- Um produto pode ser tangível (p. ex., equipamentos ou materiais) ou intangível (p. ex., conhecimento ou conceitos), ou uma combinação dos dois.
- Um produto pode ser intencional (p. ex., oferta aos clientes) ou não intencional (p. ex., um poluente ou efeitos indesejáveis).

Produto biológico[11]. Medicamento biológico não novo ou conhecido que contém molécula com atividade biológica conhecida, já registrado no Brasil e que tenha passado por todas as etapas de fabricação (formulação, envase, liofilização, rotulagem, embalagem, armazenamento, controle de qualidade e liberação do lote de produto biológico para uso).

Produto biológico a granel[11]. Produto biológico que tenha completado todas as etapas de produção, formulado em sua forma farmacêutica final, a granel, contido em recipiente único, estéril, se aplicável, e liberado pelo controle de qualidade do fabricante.

Produto biológico comparador[11]. Produto biológico já registrado na Anvisa com base na submissão de um dossiê completo e que já tenha sido comercializado no País.

Produto biológico em sua embalagem primária[11]. Produto biológico que tenha completado todas as etapas de produção, formulado em sua forma farmacêutica final, contido em seu recipiente final (embalagem primária), estéril, se aplicável, sem incluir o processo de rotulagem e embalagem e liberado pelo controle de qualidade do fabricante.

Produto biológico intermediário[11]. Produto farmacêutico, de origem biológica, parcialmente processado, que será submetido às subsequentes etapas de fabricação, antes de se tornar um produto a granel.

Produto biológico novo[11]. Medicamento biológico que contém molécula com atividade biológica conhecida, ainda não registrado no Brasil e que tenha passado por todas as etapas de fabricação (formulação, envase, liofilização, rotulagem, embalagem, armazenamento, controle de qualidade e liberação do lote de medicamento biológico novo para uso).

Produto biológico terminado[11]. Produto farmacêutico, de origem biológica, que tenha completado todas as fases de produção, incluindo o processo de rotulagem e embalagem.

Produto biotecnológico[11]. Produto farmacêutico, de origem biológica, obtido por processo biotecnológico, com finalidades profiláticas, curativas, paliativas ou para fins de diagnóstico *in vivo*.

Produto de higiene[7,36]. Produto para uso externo, antisséptico ou não, destinado ao asseio ou à desinfecção corporal, compreendendo os sabonetes, xampus, dentifrícios, enxaguatórios bucais, antiperspirantes, desodorantes, produtos para barbear e após o barbear, estípticos e outros.

Produto estéril[7]. Produto utilizado para aplicação parenteral ou ocular, contido em recipiente apropriado.

Produto farmacêutico intercambiável[25]. Equivalente terapêutico de um medicamento de referência, comprovados, essencialmente, os mesmos efeitos de eficácia e segurança.

Produto médico[3,36,57]. Produto para a saúde, tal como equipamento, aparelho, material, artigo ou sistema de uso ou aplicação médica, odontológica ou laboratorial, destinado à prevenção, diagnóstico, tratamento, reabilitação ou anticoncepção e que não utiliza meio farmacológico, imunológico ou metabólico para realizar sua principal função em seres humanos, podendo, entretanto, ser auxiliado em suas funções por tais meios.

Produto médico implantável[3]. Qualquer produto médico projetado para ser totalmente introduzido no corpo humano ou para substituir uma superfície epitelial ou ocular, por meio de intervenção cirúrgica, e destinado a permanecer no local após a intervenção. Também é considerado um produto médico implantável qualquer produto médico destinado a ser parcialmente introduzido no corpo humano através de intervenção cirúrgica e permanecer após essa intervenção por longo prazo.

Produto médico invasivo cirurgicamente[3]. Produto médico invasivo que penetra no interior do corpo humano através da superfície corporal por meio ou no contexto de uma intervenção cirúrgica.

Produto médico reutilizável[3]. Qualquer produto médico, odontológico e laboratorial destinado a ser usado na prevenção, diagnóstico, terapia, reabilitação ou anticoncepção, que pode ser reprocessado mediante protocolo validado.

Produto para a saúde[36,53]. Produtos definidos como correlatos estabelecidos nas Leis n. 5.991/73, n. 6.360/1976 e Decreto n. 79.094/77, que compreendem os produtos médicos, definidos na RDC 185/2001, compostos pelos equipamentos e materiais de uso em saúde, e os produtos para diagnósticos de uso *in vitro*, definidos na RDC 206/2006.

Produto para diagnóstico de uso *in vitro*[3,36]. Produto utilizado unicamente para prover informação sobre amostras obtidas do organismo humano e que contribui para realizar uma determinação qualitativa, quantitativa ou semiquantitativa de uma amostra proveniente do corpo humano, desde que não esteja destinado a cumprir alguma função anatômica, física ou terapêutica, e não seja ingerido, injetado ou inoculado em seres humanos.

Produtos biológicos[12]. Medicamento preparado a partir de material biológico humano, animal ou de origem microbiológica (como derivados do sangue, vacinas, insulina).

Produtos de higiene[3]. Produtos para uso externo, antissépticos ou não, destinados ao asseio ou à desinfecção corporal, compreendendo os sabonetes, xampus, dentifrícios, enxaguatórios bucais, antiperspirantes, desodorantes, produtos para barbear e após o barbear, estípticos e outros.

Produtos farmacêuticos[10]. Soluções parenterais de grande volume (SPGV) e soluções parenterais de pequeno volume (SPPV), empregadas como componentes para a manipulação da nutrição parenteral.

Produtos médicos[53]. Produtos para a saúde, como equipamento, aparelho, material, artigo ou sistema de uso ou aplicação médica, odontológica ou laboratorial, destinados à prevenção, diagnóstico, tratamento, reabilitação ou anticoncepção e que não utilizam meio farmacológico, imunológico ou metabólico para realizar sua principal função em seres humanos, podendo, entretanto, ser auxiliados em suas funções por tais meios.

Produtos para a saúde[3,6]. 1. Equipamentos e artigos destinados ao atendimento médico-hospitalar.
2. Produtos enquadrados como produto médico ou produto para diagnóstico de uso *in vitro*.

Produtos psicotrópicos[18]. Substâncias que afetam os processos mentais e podem produzir dependência.

Profissional legalmente habilitado[47]. Profissional com formação superior ou técnica com suas competências atribuídas por lei.

Profissional qualificado[33]. Um profissional ou funcionário que pode participar de uma ou mais atividades ou serviços de cuidado na instituição. A qualificação é determinada por formação, treinamento, experiência, competência, licença aplicável, leis ou regulamentos, registro ou certificação.

Programação[54]. Processo mediante o qual se determinam as necessidades de medicamentos e outros produtos para a saúde, para determinado período, com a finalidade de atender à demanda destes, estimando-se com base nos recursos financeiros disponíveis para o período. A decisão de quanto comprar deve ser estabelecida pela compatibilização das necessidades com os recursos orçamentários disponíveis. O quando comprar deve considerar a modalidade de compras adotada, a disponibilidade e a capacidade do fornecedor, a definição dos níveis de estoque e a capacidade de armazenamento.

Projeto[20]. Ideia que se forma de executar ou realizar algo no futuro; plano. Empreendimento a ser realizado dentro de determinado esquema.

Prontuário do paciente[47,55]. Documento único, constituído de um conjunto de informações, sinais e imagens registrados, gerados a partir de fatos, acontecimentos e situações sobre a saúde do paciente e a assistência a ele prestada, de caráter legal, sigiloso e científico, que possibilita a comunicação entre membros da equipe multiprofissional e interdisciplinar e a continuidade da assistência prestada ao indivíduo.

Propaganda de produtos farmacêuticos[18]. Divulgação do medicamento promovida pela indústria, com ênfase na marca, e realizada junto aos prescritores, comércio farmacêutico e população leiga.

Propósito[25]. Uma breve explicação da lógica, significado e importância de determinado padrão. Os propósitos podem conter expectativas detalhadas dos padrões que são avaliadas nos processos locais de análise.

Proteger da luz[8,9]. Significa que a substância deve ser conservada em recipiente opaco ou capaz de impedir a ação da luz.

Protocolo[3]. Conjunto de orientações técnicas e clínicas sobre diagnóstico, profilaxia e terapêutica, fundamentadas em evidências científicas.

Protocolo de pesquisa[16]. Documento contemplando a descrição da pesquisa em seus aspectos fundamentais, informações relativas ao sujeito da pesquisa, à qualificação dos pesquisadores e a todas as instâncias responsáveis.

Protocolos de intervenção terapêutica[18]. Roteiros de indicação e prescrição, graduados de acordo com as variações e a gravidade de cada afecção.

Qualidade[3,23]. 1. Propriedade, atributo ou condição das coisas ou das pessoas, capaz de distingui-las das outras e de lhes determinar a natureza, grau de perfeição, de precisão e de conformidade a certo padrão.

2. Totalidade de características de uma entidade (atividade ou processo, produto), organização, ou uma combinação destes, que lhe confere a capacidade de satisfazer as necessidades explícitas e implícitas dos clientes e demais partes interessadas.

Quarentena[7]. Retenção temporária de insumos, preparações básicas ou manipuladas, isolados fisicamente ou por outros meios que impeçam sua utilização, enquanto esperam decisão quanto à sua liberação ou rejeição.

Queixa técnica[13]. Notificação feita pelo profissional de saúde quando observado um afastamento dos parâmetros de qualidade exigidos para a comercialização ou aprovação no processo de registro de um produto farmacêutico.

Radiofármaco[56]. Medicamento com finalidade diagnóstica ou terapêutica que, quando pronto para o uso, contém um ou mais radionuclídeos.

Rastreabilidade[1,3,36]. Capacidade de recuperar o histórico, a aplicação ou a localização daquilo que está sendo considerado, por meio de informações previamente registradas.

Rastreamento[7]. Conjunto de informações que permite o acompanhamento e a revisão de todo o processo da preparação manipulada.

Rastreamento de medicamentos[30]. Conjunto de procedimentos que permitem traçar o histórico, a aplicação ou localização de medicamentos, por meio de informações previamente registradas, mediante sistema de identificação exclusivo dos produtos, prestadores de serviço e usuários, a ser aplicado no controle de toda e qualquer unidade de medicamento produzido, dispensado ou vendido no território nacional.

Reação adversa a medicamento (RAM)[5,12,38]. Reação nociva e não intencional a um medicamento, que normalmente ocorre em doses usadas no homem. Nesta descrição, a questão importante é que é uma reação do paciente, na qual fatores individuais podem desempenhar papel importante, e que o fenômeno é nocivo (uma reação terapêutica inesperada, p. ex., pode ser um efeito colateral, mas não uma reação adversa).

Reação adversa inesperada[12,38]. Reação adversa cuja natureza ou gravidade não são coerentes com as informações constantes na bula do medicamento ou no processo do registro sanitário no país, ou que seja inesperada de acordo com as características do medicamento.

Reanálise[7]. Análise realizada em matéria-prima previamente analisada e aprovada, para confirmar a manutenção das especificações estabelecidas pelo fabricante, dentro do seu prazo de validade.

Recebimento em serviços de saúde[3]. Ato de conferência no qual é verificado se os medicamentos e produtos entregues estão em conformidade com os requisitos previamente estabelecidos.

Receita[3]. Prescrição escrita de medicamento, contendo orientação de uso para o paciente, efetuada por profissional legalmente habilitado.

Recipiente[7]. Embalagem primária destinada ao acondicionamento, de vidro ou plástico, que atenda aos requisitos estabelecidos em legislação vigente.

Recipiente bem fechado[8,9]. Recipiente que protege seu conteúdo de perdas e contaminação por sólidos estranhos, nas condições usuais de manipulação, de transporte, de armazenagem e de distribuição.

Recipiente hermético[8,9]. Recipiente impermeável ao ar ou a qualquer outro gás, nas condições usuais de manipulação, transporte, armazenagem e distribuição.

Recipiente para dose única[8,9]. Recipiente hermético que contém determinada quantidade do medicamento destinado a ser administrado de uma só vez, o qual, uma vez aberto, não poderá ser fechado com garantia de esterilidade.

Recipiente para doses múltiplas[8,9]. Recipiente que permite a retirada de porções sucessivas de seu conteúdo, sem modificar a concentração, a pureza e a esterilidade da porção remanescente.

Recipiente perfeitamente fechado[8,9]. Recipiente que protege seu conteúdo de perdas e contaminação por sólidos, líquidos e vapores estranhos, eflorescência, deliquescência ou evaporação nas condições usuais de manipulação, de distribuição, de armazenagem e de transporte.

Recolhimento (*recall*)[3]. Ação que visa à imediata e eficaz retirada do mercado, de determinado(s) lote(s) de medicamento, com indícios suficientes ou comprovação de desvio de qualidade, que possa representar risco à saúde, ou por ocasião de cancelamento de registro, relacionado com a segurança e eficácia do produto, a ser implementada pelo detentor do registro e seus distribuidores.

Recurso não renovável[23]. Recurso que o homem não pode reproduzir ou fabricar, como o petróleo e a água.

Recurso renovável[23]. Recurso que pode ser reproduzido ou fabricado, como a madeira.

Redes de estabelecimentos de saúde[4]. Conjunto de estabelecimentos do sistema de saúde, regionalizado e hierarquizado por níveis de complexidade, capacitado para resolver todos os problemas de saúde da população de sua responsabilidade.

Referência[4]. Ato formal de envio de um paciente atendido em determinado estabelecimento de saúde para outro de maior complexidade. A referência sempre deve ser feita após a constatação da insuficiência da capacidade resolutiva e segundo normas e mecanismos preestabelecidos.

Referencial de excelência (*benchmark*)[23]. Organização, processo, produto ou resultado considerado o melhor da classe.

Refrigerador[8,9]. Em temperatura entre 2 e 8 °C.

Registro[1]. Documento que apresenta resultados obtidos ou fornece evidências de atividades realizadas.

Registro de medicamentos[18]. Ato privativo do órgão competente do Ministério da Saúde destinado a conceder o direito de fabricação do produto.

Registro farmacêutico em prontuário[55]. Anotação feita pelo farmacêutico, após a avaliação da prescrição e a elaboração do perfil farmacoterapêutico do paciente, de orientações/recomendações à equipe assistencial de saúde. Desse registro constam os problemas identificados (reais ou potencias), orientação farmacoterapêutica, sugestões de alteração de dose, dosagem, forma farmacêutica, técnica, via e horários de administração, dentre outros.

Regularização junto ao órgão sanitário competente[3]. Comprovação de que determinado produto ou serviço sujeito ao regime de vigilância sanitária obedece à legislação sanitária vigente.

Regularização junto ao órgão sanitário competente[14]. Comprovação, conforme dispositivos regulamentares, de que determinado produto ou serviço sujeito ao regime de vigilância sanitária obedece à legislação vigente.

Relatório de transferência[47]. Documento que deve acompanhar o paciente em caso de remoção para outro serviço, contendo minimamente dados de identificação, resumo clínico com dados que justifiquem a transferência e descrição ou cópia de laudos de exames realizados, quando existentes.

Reprocessamento[57]. Parte ou a totalidade da operação de fabricação destinada a corrigir a não conformidade de um componente ou de um produto acabado.

Requisito[23]. Tradução das necessidades e expectativas dos clientes ou das demais partes interessadas, expressas de maneira formal ou informal, em atributos do produto. Exemplos: prazo de entrega, tempo de garantia, especificação técnica, tempo de atendimento, qualificação de pessoal, condições de pagamento.

Resíduos de serviços de saúde (RSS)[3]. Todos os resíduos resultantes de atividades exercidas nos serviços de saúde, públicos ou privados, que, por suas características, necessitam de processos diferenciados em seu manejo, exigindo ou não tratamento prévio à sua disposição final.

Resolubilidade[3]. Exigência de que, quando um indivíduo busca o atendimento ou quando surge um problema de impacto coletivo sobre a saúde, o serviço correspondente esteja capacitado para enfrentá-lo e resolvê-lo até o nível de sua competência.

Responsável técnico (RT)[47]. Profissional de nível superior legalmente habilitado, que assume perante a Vigilância Sanitária a responsabilidade técnica pelo serviço de saúde, conforme a legislação vigente.

Restrição de destinação[28]. Limitação do estabelecimento alvo para a venda do medicamento. Uma mesma apresentação pode ter mais de uma destinação, podendo ser comercial, hospitalar, institucional e profissional/empresa especializada.

Restrição de prescrição[28]. Limitação de prescrição de um medicamento de acordo com sua categoria de venda, podendo ser de venda sem exigência de prescrição médica, venda sob prescrição médica, com ou sem retenção de receita, de acordo com norma específica.

Restrição de uso[28]. Limitação do uso de um medicamento quanto à população-alvo, podendo ser para uso pediátrico, uso adulto ou uso adulto e pediátrico.

Revisão da farmacoterapia[5]. Serviço pelo qual o farmacêutico faz uma análise estruturada e crítica dos medicamentos utilizados pelo paciente, com os objetivos de minimizar a ocorrência de problemas relacionados à farmacoterapia e melhorar a adesão ao tratamento e os resultados terapêuticos, bem como reduzir o desperdício de recursos.

Risco[23]**.** Combinação da probabilidade de ocorrência e da(s) consequência(s) de determinado evento não desejado.

Risco empresarial[23]**.** Obstáculo potencial à consecução dos objetivos de uma organização, à luz das incertezas do mercado e do setor de atuação da organização, do ambiente macroeconômico e dos próprios processos da organização. Considerar que o risco empresarial pode vir a ocorrer nas organizações por meio de vários eventos não desejados de acordo com o sentido de avaliação. Exemplos: risco de saúde e segurança, risco ambiental, risco financeiro, risco legal, risco do negócio, risco tecnológico, risco operacional, risco externo, risco interno, entre outros.

Risco químico[7]**.** Potencial mutagênico, carcinogênico e/ou teratogênico.

Rótulo[7,28]**.** Identificação impressa ou litografada, bem como os dizeres pintados ou gravados a fogo, pressão ou decalco, aplicado diretamente sobre a embalagem primária e secundária do produto.

Sala[7]**.** Ambiente envolto por paredes em todo seu perímetro e com porta(s).

Sala classificada ou sala limpa[7]**.** Sala com controle ambiental definido em termos de contaminação por partículas viáveis e não viáveis, projetada e utilizada de forma a reduzir a introdução, a geração e a retenção de contaminantes em seu interior.

Sala de manipulação[7]**.** Sala destinada à manipulação de fórmulas.

Sala de manipulação homeopática[7]**.** Sala destinada à manipulação exclusiva de preparações homeopáticas.

Sala de paramentação[7]**.** Sala de colocação de EPI que serve de barreira física para o acesso às salas de manipulação.

Sala para preparo de doses unitárias e unitarização de doses de medicamentos[7]**.** Sala identificada, que se destina às operações relacionadas à preparação de doses unitárias, para atender às necessidades dos pacientes em atendimento nos serviços de saúde.

Saneante[3,36]**.** Substâncias ou preparações destinadas à higienização, desinfecção ou desinfestação domiciliar, em ambientes coletivos, públicos e privados, em lugares de uso comum e no tratamento da água.

Saneante domissanitário[7]**.** Substância ou preparação destinada à higienização, desinfecção ou desinfestação de ambientes e superfícies.

Satisfação do cliente[1]**.** Percepção do cliente do grau no qual seus requisitos foram atendidos.

Saúde baseada em evidências[5]**.** Abordagem que utiliza as ferramentas da epidemiologia clínica, da estatística, da metodologia científica e da informática para trabalhar a pesquisa, o conhecimento e a atuação em saúde, com o objetivo de oferecer a melhor informação disponível para a tomada de decisão nesse campo.

Seção[20]. Cada uma das divisões ou subdivisões de uma repartição pública ou de um estabelecimento qualquer, correspondente a serviço ou assunto determinado; setor.

Seguimento farmacoterapêutico[22]. Processo no qual o farmacêutico se responsabiliza pelas necessidades do usuário relacionadas ao medicamento, por meio da detecção, prevenção e resolução de problemas relacionados aos medicamentos (PRM), de forma sistemática, contínua e documentada, com o objetivo de alcançar resultados definidos, buscando a melhoria da qualidade de vida do usuário.

Segurança do paciente[27,47]. 1. Redução, a um mínimo aceitável, do risco de dano desnecessário associado à atenção à saúde.
2. Conjunto de ações voltadas à proteção do paciente contra riscos, eventos adversos e danos desnecessários durante a atenção prestada nos serviços de saúde.

Seleção de medicamento e produtos em serviços de saúde[3]. Processo de escolha de medicamentos, insumos farmacêuticos, produtos para a saúde, de higiene e saneantes, baseada em critérios de eficácia, segurança e qualidade, com a finalidade de garantir uma terapêutica de qualidade, nos diversos níveis de atenção à saúde.

Serviço de saúde[3,6,14,27,47,55]. Estabelecimento destinado ao desenvolvimento de ações relacionadas à promoção, proteção, manutenção e recuperação da saúde, qualquer que seja seu nível de complexidade, em regime de internação ou não, incluindo a atenção realizada em consultórios, domicílios e unidades móveis.

Sessão de manipulação[7]. Tempo decorrido para uma ou mais manipulações sob as mesmas condições de trabalho, por um mesmo manipulador, sem qualquer interrupção do processo.

Setor[20]. Subdivisão de uma seção.

Sinal[12,38]. Refere-se à informação notificada sobre possível relação causal entre um evento adverso e um medicamento, e a relação é desconhecida ou foi documentada de forma incompleta anteriormente. Normalmente, mais de uma única notificação é necessária para gerar um sinal, dependendo da gravidade do evento e da qualidade da informação. Nessas definições, estão incluídas interações de medicamentos e interações alimentos-medicamentos. Deve-se acrescentar que muitos pacientes têm somente suspeita de reações adversas, em que a atribuição da causa ao medicamento não está comprovada e essa relação pode ser duvidosa, e que os dados da farmacovigilância normalmente se referem somente a reações adversas suspeitas e efeitos colaterais.

Sistema[23]**.** Conjunto de elementos com finalidade comum que se relacionam entre si formando um todo dinâmico.
Sistema aberto de administração de medicamentos[6]**.** Sistema de administração de solução parenteral que permite o contato da solução estéril com o meio ambiente, seja no momento da abertura do frasco, seja na adição de medicamentos ou na introdução de equipo para administração.
Sistema ativo de vigilância[12]**.** Coleta de informações sobre a segurança de um caso como um processo contínuo e pré-organizado.
Sistema Braille[28]**.** Processo de leitura e escrita em relevo, com base em 64 símbolos resultantes da combinação de 6 pontos, dispostos em duas colunas de 3 pontos.
Sistema de distribuição coletivo[3]**.** Sistema em que os medicamentos são distribuídos em suas embalagens originais conforme estoque mínimo e máximo de cada unidade solicitante ou solicitação da enfermagem.
Sistema de distribuição de medicamentos[3]**.** Sistema de fornecimento de medicamentos dentro de um serviço de saúde que, conforme a forma de condução, pode ser classificado em coletivo, por dose individualizada, por dose unitária e misto ou combinado.
Sistema de distribuição misto ou combinado[3]**.** Sistema que utiliza mais que um tipo de sistema de distribuição de medicamentos.
Sistema de distribuição por dose individualizada[3]**.** Sistema em que os medicamentos são distribuídos em doses individualizadas para atendimento de paciente específico por um período de 24 horas, de acordo com a prescrição médica.
Sistema de distribuição por dose unitária[3]**.** Sistema em que os medicamentos são distribuídos em uma quantidade ordenada com forma e dosagens prontas para serem administradas a um paciente específico e em horários predeterminados, de acordo com a prescrição médica.
Sistema de gestão[1]**.** Sistema para estabelecer política e objetivos, e para atingir esses objetivos.
Sistema de gestão da qualidade[1]**.** Sistema de gestão para dirigir e controlar uma organização, no que diz respeito à qualidade.
Sistema de liderança[23]**.** Sistema cuja finalidade é mobilizar as pessoas para a realização da visão da organização.
Sistema fechado de administração de medicamentos[6]**.** Sistema de administração de solução parenteral que, durante todo o preparo e administração, não permite o contato da solução com o meio ambiente.
Sistemas de infraestrutura[33]**.** Sistemas e equipamentos presentes em toda instituição, que deem suporte a: distribuição elétrica, força de emergência, água, transporte vertical e horizontal, aquecimento, ventilação e ar-condicionado,

bombeiro, aquecimento elétrico ou a vapor, gases, sistemas a vácuo, sistemas de comunicação. Também é possível incluir os sistemas de manutenção à vida, vigilância, prevenção e controle de infecção e suporte ambiental.

Sistematização[20]**.** Tornar ordenado, metódico.

Sociedade[20]**.** Corpo orgânico estruturado em todos os níveis da vida social, com base na reunião de indivíduos que vivem sob determinado sistema econômico de produção, distribuição e consumo, sob dado regime político, e obedientes a normas, leis e instituições necessárias à reprodução da sociedade como um todo; coletividade.

Solução[10]**.** Formulação farmacêutica aquosa que contém carboidratos, aminoácidos, vitaminas e minerais, estéril e apirogênica.

Solução parenteral (SP)[6]**.** Solução injetável, estéril e apirogênica, de grande ou pequeno volume, própria para administração por via parenteral.

Solução parenteral de grande volume (SPGV)[6,7]**.** Solução parenteral acondicionada em recipiente de dose única, com capacidade para 100 mL ou mais.

Solução parenteral de pequeno volume (SPPV)[6]**.** Solução parenteral acondicionada em recipiente com capacidade inferior a 100 mL.

Soros hiperimunes[11]**.** São imunoglobulinas heterólogas inteiras ou fragmentadas, purificadas, obtidas a partir de plasma de animais hiperimunizados com substâncias tóxicas originadas de animais, microrganismos ou vírus.

Subdivisão de formas farmacêuticas[7]**.** Clivagem ou partilha de forma farmacêutica.

Substância de baixo índice terapêutico[7]**.** Substância que apresenta estreita margem de segurança, cuja dose terapêutica é próxima da tóxica.

Supositórios[8]**.** Preparações farmacêuticas sólidas, de dose única, que podem conter um ou mais princípios ativos. Devem fundir-se à temperatura do organismo ou dispersar em meio aquoso. O formato e a consistência dos supositórios devem ser adequados para a administração retal.

Suspensões[8,9]**.** Preparações farmacêuticas obtidas pela dispersão de uma fase sólida insolúvel ou praticamente insolúvel em uma fase líquida. Quando se destinam a uso injetável, as suspensões devem satisfazer às exigências de esterilidade e não apresentar partículas maiores que 100 µm.

Técnico em farmácia e em manipulação farmacêutica[58]**.** Compreende: auxiliar técnico em laboratório de farmácia, auxiliar técnico de manipulação em laboratório de farmácia, técnico em laboratório de farmácia, manipulador em laboratório de farmácia e técnico em farmácia. Realizam operações farmacotécnicas, conferem fórmulas, efetuam manutenção de rotina em equipamentos, utensílios de laboratório e rótulos das matérias-primas. Controlam estoques, fazem testes de qualidade de matérias-primas, equipamentos e ambiente. Documentam atividades e procedimentos da manipulação farmacêutica. As atividades são desenvolvidas de acordo com as boas práticas de manipulação, sob supervisão direta do farmacêutico. Requer-se Ensino Médio e curso básico de qualificação profissional com mais de 400 horas-aula. Competências pessoais requeridas: dar provas de capacidade para cálculos, evidenciar habilidade manual, manifestar autodisciplina, demonstrar dinamismo, evidenciar capacidade de assumir erros, dar provas de concentração, trabalhar em equipe, utilizar recursos de informática, sugerir consulta com profissional habilitado, participar de campanhas sanitárias, transmitir confiança e trabalhar com segurança.

Tecnologias em saúde[17,19,27,36]. Conjunto de equipamentos, medicamentos, insumos e procedimentos utilizados na prestação de serviços de saúde, bem como das técnicas de infraestrutura desses serviços e de sua organização.

Temperatura ambiente[8,9]. Temperatura entre 15 e 30 °C.

Terapia de nutrição enteral (TNE)[39]. Conjunto de procedimentos terapêuticos para manutenção ou recuperação do estado nutricional do paciente por meio de NE.

Terapia de nutrição parenteral (TNP)[10]. Conjunto de procedimentos terapêuticos para manutenção ou recuperação do estado nutricional do paciente por meio de NP.

Terapia nutricional (TN)[10,39]. Conjunto de procedimentos terapêuticos para manutenção ou recuperação do estado nutricional do paciente por meio da nutrição parenteral e/ou enteral.

Termo de Consentimento Livre e Esclarecido[16]. Anuência do sujeito da pesquisa e/ou de seu representante legal, livre de vícios (simulação, fraude ou erro), dependência, subordinação ou intimidação, após explicação completa e pormenorizada sobre a natureza da pesquisa, seus objetivos, métodos, benefícios previstos, potenciais riscos e o incômodo que possa acarretar, formulada em termo de consentimento, autorizando sua participação voluntária na pesquisa.

Teste de estabilidade[45]. Conjunto de testes projetados para obter informações sobre a estabilidade de produtos farmacêuticos visando definir seu prazo de validade e o período de utilização em embalagem e condições de armazenamento especificadas.

Time[20]. Conjunto de indivíduos associados em uma ação comum, com vista a determinado fim.

Tintura-mãe[7]. Preparação líquida resultante da ação dissolvente e/ou extrativa de um insumo inerte sobre determinada droga, considerada uma forma farmacêutica básica.

Tinturas[8]. Preparações líquidas normalmente obtidas de substâncias de origem vegetal ou animal. As tinturas são usualmente obtidas utilizando uma parte da droga e 10 partes do solvente de extração ou uma parte da droga e 5 partes do solvente de extração. As tinturas são normalmente límpidas. Um pequeno sedimento pode se formar por deposição e é aceitável, desde que não haja modificação da composição. São baseadas na ação solubilizante do álcool etílico ou da glicerina sobre o pó seco da droga (planta), ao qual se pode agregar água em quantidade necessária para diminuir a concentração alcoólica. A graduação alcoólica da tintura varia de acordo com a solubilidade dos princípios ativos extraídos - normalmente entre 30 e 90 °GL. Atualmente, a glicerina, o propilenoglicol e o polietilenoglicol também têm sido empregados em misturas com água substituindo o álcool etílico.

Transformação/derivação[7]**.** Manipulação de especialidade farmacêutica visando ao preparo de uma forma farmacêutica a partir de outra.

Transportadora[6]**.** Empresa contratada para o transporte de medicamentos e produtos para a saúde.

Transportadora de medicamentos e insumos farmacêuticos[3]**.** Empresa devidamente regularizada perante a Vigilância Sanitária e licenciada conforme legislação vigente para o transporte de medicamentos e insumos farmacêuticos em serviços de saúde.

Unidade de Nutrição e Dietética (UND)[39]**.** Unidade que seleciona, adquire, armazena e distribui insumos, produtos e nutrição enteral industrializada ou não, produz bens e presta serviços, possuindo instalações e equipamentos específicos para a preparação da nutrição enteral, atendendo às exigências das boas práticas da preparação de nutrição enteral (BPPNE).

Unidade formadora de colônia (UFC)[7]**.** Colônias isoladas de microrganismos viáveis, passíveis de contagem e obtidas a partir da semeadura, em meio de cultura específico.

Unidade hospitalar (UH)[10,39]**.** Estabelecimento de saúde destinado a prestar assistência à população na promoção da saúde e na recuperação e reabilitação de doentes.

Unitarização de doses de medicamento[7]**.** Procedimento efetuado sob responsabilidade e orientação do farmacêutico, incluindo fracionamento em serviços de saúde, subdivisão de forma farmacêutica ou transformação/derivação em doses previamente selecionadas, desde que se destinem à elaboração de doses unitarizadas e estáveis por período e condições definidas, visando atender às necessidades terapêuticas exclusivas de pacientes em atendimento nos serviços de saúde.

Uso racional de medicamentos[3,18]**.** Processo que compreende a prescrição apropriada, a disponibilidade oportuna e a preços acessíveis, a dispensação em condições adequadas e o consumo nas doses indicadas, nos intervalos definidos e no período indicado de medicamentos eficazes, seguros e de qualidade.

Uso racional de produtos para a saúde, de higiene e saneantes[3]. Processo que compreende a seleção apropriada, a disponibilidade oportuna e a preços acessíveis, a distribuição em condições adequadas, no período e quantidades definidas, de modo a garantir o uso de produtos para a saúde, de higiene e saneantes eficazes, seguros e de qualidade.

Uso restrito a hospitais[28]. Medicamentos cuja administração é permitida apenas em ambiente hospitalar, independentemente da restrição de destinação, definidos em norma específica.

Uso seguro de medicamentos[5]. Inexistência de injúria acidental ou evitável durante o uso dos medicamentos. O uso seguro engloba atividades de prevenção e minimização dos danos provocados por eventos adversos, que resultam do processo de uso dos medicamentos.

Utensílio[7]. Objeto que serve de meio ou instrumento para as operações da manipulação farmacêutica.

Vacinas[11]. São medicamentos imunobiológicos que contêm uma ou mais substâncias antigênicas que, quando inoculadas, são capazes de induzir imunidade específica ativa, a fim de proteger contra, reduzir a gravidade ou combater a(s) doença(s) causada(s) pelo agente que originou o(s) antígeno(s).

Validação[7]. Ato documentado que ateste que qualquer procedimento, processo, material, atividade ou sistema esteja realmente conduzindo aos resultados esperados.

Valores[20]. Normas, princípios ou padrões sociais aceitos ou mantidos por indivíduo, classe, sociedade.

Verificação[1]. Comprovação, pelo fornecimento de evidência objetiva, de que requisitos especificados foram atendidos.

Vestiário[7]. Área para guarda de pertences pessoais, troca e colocação de uniformes.

Via de desenvolvimento individual[11]. Via regulatória que poderá ser utilizada por um produto biológico para obtenção de registro junto à autoridade regulatória, na qual é necessária a apresentação de dados totais sobre o desenvolvimento, produção, controle de qualidade e dados não clínicos e clínicos para demonstração da qualidade, eficácia e segurança do produto, de acordo com o estabelecido na Resolução RDC n. 55, de 16 de dezembro de 2010.

Via de desenvolvimento por comparabilidade[11]. Via regulatória que poderá ser utilizada por um produto biológico para obtenção de registro junto à autoridade regulatória, na qual foi utilizado o exercício de comparabilidade em termos de qualidade, eficácia e segurança entre o produto desenvolvido para ser comparável e o produto biológico comparador.

Via parenteral[6]**.** Acesso para administração de medicamentos que alcancem espaços internos do organismo, incluindo vasos sanguíneos, órgãos e tecidos.

Visão[23]**.** Estado que a organização deseja atingir no futuro. A explicitação da visão busca propiciar um direcionamento para a organização.

Visita multiprofissional[5]**.** Visita realizada à beira do leito para discutir os casos de cada paciente, de forma que todos os membros da equipe de saúde contribuam para o atendimento de maneira coordenada e integrada. Essa visita visa à qualidade e à segurança, centrando suas ações nas necessidades em saúde dos pacientes.

Xaropes[8]**.** Preparações aquosas caracterizadas pela alta viscosidade, que apresentam não menos que 45% (p/p) de sacarose ou outros açúcares em sua composição. Os xaropes geralmente contêm agentes flavorizantes. Quando não se destinam ao consumo imediato, devem ser adicionados de conservadores antimicrobianos autorizados.

REFERÊNCIAS

1. Associação Brasileira de Normas Técnicas (ABNT). NBR ISO 9000: sistemas de gestão da qualidade – fundamentos e vocabulário. Rio de Janeiro: Associação Brasileira de Normas Técnicas; 2000.
2. Brasil. Conselho Federal de Farmácia (CFF). Resolução 508, de 29 de julho de 2009. Dispõe sobre as atribuições do farmacêutico no exercício de auditorias e dá outras providências. Diário Oficial da União. 2009 ago. 5;Seção 1:67.
3. Brasil. Agência Nacional de Vigilância Sanitária (Anvisa). Consulta Pública 70, de 11 de julho de 2007. Consulta pública para apresentar críticas e sugestões sobre requisitos mínimos exigidos às boas práticas para o gerenciamento de medicamentos, insumos farmacêuticos, produtos para saúde, de higiene e saneantes em serviços de saúde. Diário Oficial da União. 2007 jul. 13;Seção 1:86.
4. Brasil. Ministério da Saúde. Portaria n. 356, de 20 de fevereiro de 2002. Aprova o glossário de termos comuns nos serviços de saúde do Mercosul, em sua versão em português. Diário Oficial da União. 2002 fev. 22;Seção 1:54.
5. Brasil. Conselho Federal de Farmácia (CFF). Resolução 675, de 31 de outubro de 2019. Regulamenta as atribuições do farmacêutico clínico em unidades de terapia intensiva, e dá outras providências. Diário Oficial da União. 2019 nov. 21;Seção 1:128.
6. Brasil. Agência Nacional de Vigilância Sanitária (Anvisa). Resolução RDC 45, de 12 de março de 2003. Dispõe sobre o regulamento técnico de boas práticas de utilização das soluções parenterais (SP) em serviços de saúde. Diário Oficial da União. 2003 mar. 13.
7. Brasil. Agência Nacional de Vigilância Sanitária (Anvisa). Resolução RDC 67, de 8 de outubro de 2007. Dispõe sobre boas práticas de manipulação de preparações magistrais e oficinais para uso humano em farmácias. Diário Oficial da União. 2007 out. 9;Seção 1:29.
8. Brasil. Ministério da Saúde. Agência Nacional de Vigilância Sanitária (Anvisa). Formulário Nacional. Brasília: Ministério da Saúde; 2005.
9. Farmacopeia Brasileira. 4.ed. Parte I. São Paulo: Atheneu; 1988.
10. Brasil. Ministério da Saúde. Secretaria de Vigilância Sanitária (Anvisa). Portaria n. 272, de 8 de abril de 1998 (Versão republicada – 15/04/1999). Aprova o regulamento técnico para fixar os requisitos mínimos exigidos para a terapia de nutrição parenteral. Diário Oficial da União. 1999 abr. 15;Seção 1:78.

11. Brasil. Agência Nacional de Vigilância Sanitária (Anvisa). Resolução RDC 55, de 16 de dezembro de 2010. Dispõe sobre o registro de produtos biológicos novos e produtos biológicos e dá outras providências. Diário Oficial da União. 2010 dez. 17;Seção 1:110.
12. Organização Mundial da Saúde. A importância da farmacovigilância: monitorização da segurança dos medicamentos. Brasília: Organização Pan-Americana da Saúde; 2005.
13. Brasil. Agência Nacional de Vigilância Sanitária (Anvisa). Farmacovigilância. Conceitos de farmacovigilância. Glossário [Internet]. Disponível em: http://portal.anvisa.gov.br/documents/33868/2894051/Gloss%C3%A1rio+da+Resolu%C3%A7%C3%A3o+RDC+n%C2%BA+4%2C+de+10+de+fevereiro+de+2009/61110af5-1749-47b4-9d81-ea5c6c1f322a [Acesso em: 17 fev. 2020].
14. Brasil. Agência Nacional de Vigilância Sanitária (Anvisa). Resolução RDC 42, de 25 de outubro de 2010. Dispõe sobre a obrigatoriedade de disponibilização de preparação alcoólica para fricção antisséptica das mãos, pelos serviços de saúde do País, e dá outras providências. Diário Oficial da União. 2010 out. 26;Seção 1:27.
15. Fundação Nacional da Qualidade. Cadernos de excelência: introdução ao modelo de excelência da gestão. São Paulo: Fundação Nacional da Qualidade; 2007.
16. Brasil. Conselho Federal de Farmácia (CFF). Resolução 509, de 29 de julho de 2009. Regula a atuação do farmacêutico em centros de pesquisa clínica, organizações representativas de pesquisa clínica, indústria ou outras instituições que realizem pesquisa clínica. Diário Oficial da União. 2009 ago. 6;Seção 1:55.
17. Brasil. Conselho Federal de Farmácia (CFF). Resolução 586, de 29 de agosto de 2013. Regula a prescrição farmacêutica e dá outras providências. Diário Oficial da União. 2013 set. 26;Seção 1:136.
18. Brasil. Ministério da Saúde. Gabinete do Ministro. Portaria n. 3.916, de 30 de outubro de 1998. Aprova a Política Nacional de Medicamentos. Diário Oficial da República Federativa do Brasil. 1998 nov. 10;Seção 1:18-22.
19. Brasil. Ministério da Saúde. Portaria n. 4.283, de 30 de dezembro de 2010. Aprova as diretrizes e estratégias para organização, fortalecimento e aprimoramento das ações e serviços de farmácia no âmbito dos hospitais. Diário Oficial da União. 2010 dez. 31;Seção 1:94.
20. Ferreira ABH. Novo Aurélio século XXI: o dicionário da língua portuguesa. 3. ed. Rio de Janeiro: Nova Fronteira; 1999.
21. Brasil. Ministério da Saúde. Conselho Nacional de Saúde. Resolução 338, de 6 de maio de 2004. Aprova a Política Nacional de Assistência Farmacêutica. Diário Oficial da União. 2004 maio 20;Seção 1:52.
22. Ivama AM, Noblat L, Castro MS, Jaramillo NM, Rech N. Consenso brasileiro de atenção farmacêutica: proposta. Brasília: Organização Pan-Americana da Saúde; 2002.
23. Fundação Nacional da Qualidade. Rumo à excelência e compromisso com a excelência. São Paulo: Fundação Nacional da Qualidade; 2007.
24. Brasil. Ministério do Trabalho e Emprego. Classificação brasileira de ocupações [Internet]. Disponível em: http://www.mtecbo.gov.br/busca/descricao.asp?codigo=5152-10.
25. Brasil. Presidência da República. Lei n. 9787, de 10 de fevereiro de 1999 (Versão consolidada pela Procuradoria da Anvisa). Altera a Lei n. 6.360, de 23 de setembro de 1976, que dispõe sobre a vigilância sanitária e estabelece o medicamento genérico. Dispõe sobre a utilização de nomes genéricos em produtos farmacêuticos e dá outras providências. Diário Oficial da União. 1999 fev. 11;Seção 1:1.
26. Brasil. Agência Nacional de Vigilância Sanitária (Anvisa). Resolução RDC 17, de 3 de março de 2007. Aprova o regulamento técnico para registro de medicamento similar. Diário Oficial da União. 2007 mar. 5;Seção 1:30.
27. Brasil. Agência Nacional de Vigilância Sanitária (Anvisa). Resolução RDC 36, de 25 de julho de 2013. Institui ações para a segurança do paciente em serviços de saúde e dá outras providências. Diário Oficial da União. 2013 jul. 26;Seção 1:32.

28. Brasil. Agência Nacional de Vigilância Sanitária (Anvisa). Resolução RDC 71, de 22 de dezembro de 2009. Estabelece regras para a rotulagem de medicamentos. Diário Oficial da União. 2009 dez. 23;Seção 1:75.
29. Maia-Neto JF. Farmácia hospitalar: e suas interfaces com a saúde. São Paulo: RX Editora e Publicidade; 2005.
30. Brasil. Agência Nacional de Vigilância Sanitária (Anvisa). Resolução RDC 54, de 10 de dezembro de 2013. Dispõe sobre a implantação do sistema nacional de controle de medicamentos e os mecanismos e procedimentos para rastreamento de medicamentos na cadeia dos produtos farmacêuticos e dá outras providências. Diário Oficial da União. 2013 dez. 11;Seção 1:76.
31. Brasil. Biblioteca Virtual em Saúde. Ministério da Saúde. Glossário eletrônico [Internet]. Disponível em: http://bvsms.saude.gov.br/cgi-bin/wxis.exe/iah/glossario/ [Acesso em: 17 fev. 2020].
32. Sena EC. Capacitação profissional [Internet]. Disponível em: http://www.entreamigos.com.br/textos/trabalho/capacitacao.htm.
33. Consórcio Brasileiro de Acreditação. Manual internacional de padrões de acreditação hospitalar. Rio de Janeiro: Consórcio Brasileiro de Acreditação de Sistemas e Serviços de Saúde; 2003.
34. Lima WD, Stano RCTM. Pesquisa de clima organizacional como ferramenta estratégica de gestão da qualidade de vida no trabalho. XI SIMPEP, Bauru, SP, Brasil, 8 a 10 de novembro de 2004.
35. Brasil. Agência Nacional de Vigilância Sanitária (Anvisa). Resolução RDC 8, de 2 de janeiro de 2001. Aprovar o regulamento técnico que institui as boas práticas de fabricação do concentrado polieletrolítico para hemodiálise - CPHD. Diário Oficial da União. 2001 jan. 10.
36. Agência Nacional de Vigilância Sanitária (Anvisa). Resolução RDC 2, de 25 de janeiro de 2010. Dispõe sobre o gerenciamento de tecnologias em saúde em estabelecimentos de saúde. Diário Oficial da União. 2010 jan. 26;Seção 1:79.
37. Brasil. Ministério da Saúde. Secretaria de Ciência, Tecnologia e Insumos Estratégicos. Departamento de Assistência Farmacêutica e Insumos Estratégicos. Assistência farmacêutica na atenção básica: instruções técnicas para sua organização. 2. ed. Brasília: Ministério da Saúde; 2006.
38. Organização Mundial da Saúde. Monitorização da segurança de medicamentos: diretrizes para criação e funcionamento de um Centro de Farmacovigilância. Brasília: Organização Pan-Americana da Saúde; 2005.
39. Brasil. Agência Nacional de Vigilância Sanitária (Anvisa). Resolução RDC 63, de 6 de julho de 2000. Aprova o regulamento técnico para fixar os requisitos mínimos exigidos para a terapia de nutrição enteral. Diário Oficial da União. 2000 jul. 7.
40. Brasil. Agência Nacional de Vigilância Sanitária (Anvisa). Resolução RDC 16, de 2 de março de 2007. Aprova o regulamento técnico para medicamentos genéricos. Diário Oficial da União. 2007 mar. 05; Seção 1:30.
41. Brasil. Biblioteca Virtual em Saúde. Descritores em ciência da saúde. Consulta ao DeCS [Internet]. Disponível em: http://decs.bvs.br/cgi-bin/wxis1660.exe/decsserver/.
42. Brasil. Presidência da República. Casa Civil. Subchefia para Assuntos Jurídicos. Lei n. 11.788, de 25 de setembro de 2008. Dispõe sobre o estágio de estudantes; altera a redação do art. 428 da Consolidação das Leis do Trabalho - CLT, aprovada pelo Decreto-Lei n. 5.452, de 1º de maio de 1943, e a Lei n. 9.394, de 20 de dezembro de 1996; revoga as Leis ns. 6.494, de 7 de dezembro de 1977, e 8.859, de 23 de março de 1994, o parágrafo único do art. 82 da Lei n. 9.394, de 20 de dezembro de 1996, e o art. 6º da Medida Provisória n. 2.164-41, de 24 de agosto de 2001; e dá outras providências. Diário Oficial da União. 2008 set. 26;Seção 1:3.
43. Brasil. Ministério do Planejamento, Orçamento e Gestão. Secretaria de Recursos Humanos. Orientação Normativa n. 7, de 30 de outubro 2008 (Versão republicada - 04/11/2008). Estabelece orientação sobre a aceitação de estagiários no âmbito da administração pública federal direta, autárquica e fundacional. Diário Oficial da União. 2008 nov. 4;Seção 1:80.
44. Brasil. Ministério da Saúde. Secretaria Executiva. Subsecretaria de Assuntos Administrativos. Vocabulário da saúde em qualidade e melhoria da gestão. Brasília: Ministério da Saúde; 2002.

45. Brasil. Agência Nacional de Vigilância Sanitária (Anvisa). Resolução RE 1, de 29 de julho de 2005. Autoriza *ad referendum*, a publicação do guia para a realização de estudos de estabilidade. Diário Oficial da União. 2005 ago. 1.
46. Porta V, Storpirtis S. Farmácia clínica. In: Storpirtis S, Mori ALPM, Yochiy A, Ribeiro E, Porta V. Farmácia clínica e atenção farmacêutica. Rio de Janeiro: Guanabara Koogan; 2008. p.291-7.
47. Brasil. Agência Nacional de Vigilância Sanitária (Anvisa). Resolução RDC 63, de 25 de novembro de 2011. Dispõe sobre os requisitos de Boas Práticas de Funcionamento para os Serviços de Saúde. Diário Oficial da União. 2011 nov. 28;Seção 1:44.
48. Ferracini FT, Filho WMB. Prática farmacêutica no ambiente hospitalar: do planejamento à realização. São Paulo: Atheneu; 2005.
49. Kaplan RS, Norton DP. Mapas estratégicos. *Balanced scorecard*: convertendo ativos intangíveis em resultados tangíveis. Rio de Janeiro: Elsevier; 2004.
50. Stedman: dicionário médico. 27. ed. Rio de Janeiro: Guanabara Koogan; 2003.
51. Oliveira GG, Oliveira SAH, Bonfim JRA. Os conceitos e as técnicas de ensaios clínicos. In: Oliveira GG. Ensaios clínicos: princípios e prática. Brasília: Ministério da Saúde: Agência Nacional de Vigilância Sanitária; 2006. p.120-47.
52. Brasil. Agência Nacional de Vigilância Sanitária (Anvisa). Resolução RDC 306, de 7 de dezembro de 2004. Dispõe sobre o regulamento técnico para o gerenciamento de resíduos de serviços de saúde. Diário Oficial da União. 2004 dez. 10.
53. Brasil. Conselho Federal de Farmácia (CFF). Resolução 549, de 25 de agosto de 2011. Dispõe sobre as atribuições do farmacêutico no exercício da gestão de produtos para a saúde, e dá outras providências. Diário Oficial da União. 2011 nov. 2;Seção 1:235.
54. Organización Panamericana de la Salud, Organización Mundial de la Salud. División de Desarrollo de Sistemas y Servicios de Salud. Guía para el Desarrollo de Servicios Farmacéuticos Hospitalarios: Logística del Suministro de Medicamentos. Serie Medicamentos Esenciales y Tecnología. Serie de Informes. Washington: Organización Panamericana de la Salud/Organización Mundial de la Salud; 1997.
55. Brasil. Conselho Federal de Farmácia (CFF). Resolução 555, de 30 de novembro de 2011. Regulamenta o registro, a guarda e o manuseio de informações resultantes da prática da assistência farmacêutica nos serviços de saúde. Diário Oficial da União. 2011 dez. 14;Seção 1:188.
56. Brasil. Agência Nacional de Vigilância Sanitária (Anvisa). Resolução RDC 38, de 4 de junho de 2008. Dispõe sobre a instalação e o funcionamento de Serviços de Medicina Nuclear *in vivo*. Diário Oficial da União. 2008 jun. 5;Seção 1:55.
57. Brasil. Agência Nacional de Vigilância Sanitária. Resolução RDC 59, de 27 de junho de 2000. Determina a todos fornecedores de produtos médicos, o cumprimento dos requisitos estabelecidos pelas boas práticas de fabricação de produtos médicos. Diário Oficial da União. 2000 jun. 29.
58. Brasil. Ministério do Trabalho e Emprego. Classificação brasileira de ocupações [Internet]. Disponível em: http://www.mtecbo.gov.br/busca/descricao.asp?codigo=3251-15

Índice remissivo

N

O

P

Q

R

S

T

U